周桂钿文集

中国传统科技 上

海峡出版发行集团｜福建教育出版社

《天地奥秘的探索历程》原版封面

《中国古人论天》原版封面

前　言

　　中国传统科技成就十分丰富，内容庞杂，主要有两项：一是天文学，一是医学。天文学被现代天文学所取代，还有两项成果遗存。汉代张衡的浑天说模型仍保存在现代球面天文学中，在浑天说理论指导下所创造的阴阳合历仍然有使用价值，无法取代。每月十五月圆，每天海水涨潮时间的推算，都离不开它。中国医学的特殊性，可与西医互补，使用草根治病的绿色药物副作用小，比化学药品更具优越性。

　　西方文化成为强势文化以后，许多人谈学术都以西方为标准，将与西方不同的学术否定掉，或者贬斥一番。例如，以西方天文学为标准，认为中国只有天学，没有天文学。中国古人在天上画经纬度，北极、赤道也都在天上，而西方都在地球上画。

　　在中国历史上，天是复杂的概念，有神灵的天，有自然的天，也有与地相对应的天，还有包罗万象的相当于宇宙的天。早在两千多年前，天就有符号，后人对天也有不同的理解，赋予天不同的内涵和意义。

　　西周开始讲天命，为了掌握天命，派专人观测、记录天象的变化。因此为后代天文学研究提供了丰富可靠的资料，这也说明宗教信仰对科学研究起了促进作用。后来天文学研究也为信仰提供了新的可靠的依据。宗教与科学并非绝对对立的，有时会产生相互促进的作用。

中国天文学在两千多年前就知道北极下地（即西方天文学中的地球北极）六月见日，六月不见日，赤道下地冬有夏生之物，用简单而易行的立竿测影的方法，连续观测数万年，得出一年长度的准确数字，比西方用许多轮环通过复杂计算，得出不太准确的数字，有明显的优势。中国以天干地支纪年纪日，六十一循环，数千年连续不断，保存了准确的时间。

张衡提出浑天说，可以用实验来证明，又能预告日食月食的时间，而且能作出正确的解释。由于月掩闭产生日食，张衡之前已有人发现。张衡对月食作出解释，他用一个概念"暗虚"，即黑暗的空间，就是地球的影锥，月亮与星经过那里就出现了月食、星食。张衡之后，经过一千几百年的辩论，由哲学家朱熹作出猜想，将"暗虚"理解为日射出暗气，使正对着它的月发生月食。这种误解被世界著名的科技史专家李约瑟博士所采信，收入他的巨著《中国科技史》。我于20世纪80年代发现这一误解，想写文章纠正，我的老师李秀林先生说："现在世界科技界都说中国落后，他写此书，对中国科技有所肯定，在西方有强烈反响。这是小问题，以后再找机会提出来。"

现在，李约瑟走了，我也老了，中国正在走向复兴，说清此事，无碍大局，正是时候。可叹的是，一些研究科技的人仍然不了解中国古代科技成就，还在迷途上徜徉。许多人只知道中国有四大发明，李约瑟列出中国发明创造26项，并说中国创造还有许多甚至很重要的发明没有列上，原因只是英文字母只有26个。同样是英国的科技史专家梅森在《自然科学史》中列出中国科技创造34项，这说明了很多中国人不了解世界历史的全面情况，盲目跟风，偏见无识，这种情况十分严重。

《天地奥秘的探索历程》出版以后，又写了一些文字，一部分是为了普及，用通俗的语言向读者介绍中国古人对天的探索。天好像大家都熟悉，特别有了现代天文学，似乎什么问题都解决了。这也是一种盲目性。汉代典籍中记载"两小儿辩日"的故事，某大学文学专家认为这一个问题有了现代科学就不成问题了。但是，像李约瑟这样的世界级科技史专家却无能为力，只好请两位博士帮他撰写这一段内容。对此，我尽力作出研究，最后未能得出最终结论，只是展示一下这一问题所包含的难点。中国历代哲学家都读到天，他们的天又各不相同，同中有异，异中有同，许多研究中国哲学史的人并不了解古人所讲的天，当然也包括我在内。我不懂王充讲的天，在北京天文馆馆长、现代天文学家陈遵妫先生的指导帮助下，研究一年以后，了解了中国古代天文学的基本常识，对王充的天论有所了解，并能作出一些评论。陈遵妫先生在80岁高龄的时候，要改写《中国古代天文学简史》，去掉"古代"和"简"两个词。我问他，写出来会有多少字，他说大概二百万字左右。他邀请我帮他撰写"中国古人论天"一章。他提供一些资料和思路，我对哲学家论天也进行一些研究，写成约五万字草稿。后来，他告诉我，他的助手认为这一章写的哲学过多，应进行删节。我取回哲学草稿，又进行几年研究，写成一个副产品——三十多万字的专著——《天地奥秘的探索历程》；而后又写了一本通俗著作《中国古人论天》；后来读到一些论文和著作，看到许多名家在讲哲学家论天时，多有误解，我写了一些商榷性的文章，一般不指名道姓，都采取正面论述的形式。天文学史界由于不熟悉国学基本功，缺乏校勘考证辨伪的功夫，其中有些文章有误，然而影响却较大，因此又写了一些哲学家论天的文章发表。许多国家将张衡定为中国古代伟大的天文学家，世界级重要的科学家。而有的中国人写中国论天的著作中却不提张衡，实在欠妥。

2015 年 5 月于三枣红楼

目　　录

天地奥秘的探索历程

中国古人论天

4

科海漫谈

天地奥秘的探索历程

引　言　谈天说地

在中国历史上，天地是古代天文学研究的主要对象，也是古代哲学探讨的重要课题。中国古代天文学和哲学如何探讨天地的问题呢？本书就是为了回答这个问题而写的。

天地是一般人都很熟悉的，仰首望天，低头看地，比亲爹娘还容易见面。但它们又是一切人都感到有无穷的奥秘需要探索的。

中国历史早期就已经有了关于某些天象的记载，并且开始了对天地奥秘的探索，而后的几千年从未停止过。这个探索历程是漫长的。它充满着对立和斗争，苦闷和欢乐，也有过许多奇异的猜想、天才的预言，还有过耐心的观察、仔细的测量、认真的计算、严肃的探讨、激烈的争论以及偶然的发现。一个又一个天说体系建立起来，又一个个被补充校正或推翻。在这个过程中，人们的认识在不断提高，思维在不断发展。因此，我们叙述这个天地奥秘的探索历程，是很有意义的。

中国古代，无论是诗词歌赋，还是散文政论，都经常要谈天说地，不同程度地反映了这个光辉的历程。诸如屈原的《天问》，荀卿的《天论》，淮南子的《天文训》，董仲舒的"天人三策"，王充的《谈天》、《说日》，柳宗元的

《天说》、《天对》，堪称千古名篇。诸如："天苍苍，野茫茫，风吹草低见牛羊。"① "天高地迥，觉宇宙之无穷；兴尽悲来，识盈虚之有数。"② "天地者，万物之逆旅；光阴者，百代之过客。"③ "明月几时有？把酒问青天。不知天上宫阙，今夕是何年？"④ 均为百代佳句。诸如天长地久、天时地利、天罗地网、天经地义、天荒地老、天崩地坼、天高地厚、天悬地隔、天翻地覆、天造地设，还有天堂地狱、天诛地灭以及天涯海角、天南海北等词语，已为常人所熟知。

要谈天说地，首先要讲一下天地究竟是什么？古人是怎么看的？地，就是人们脚底下踩的这一块实体。这是古今没有争议的问题。现在人们知道地是球形的，所以又叫地球。关于天，就大不一样了。古人对天的看法很不相同，从大的方面来分，大体上有三大类：一种认为天是最高的神，是宇宙的主宰者，相当于上帝。这种看法认为天在上面监视着人们的一切行动。对于人们的善恶，上天不但看得一清二楚，而且会表示喜怒好恶，甚至还会进行奖赏和惩罚。这是神秘的天，或宗教的天。另一种说法，认为天是自然的，没有目的的。同样，反过来，他们把一切自然的现象都叫做天，例如说牛和马都有四条腿，这也叫天，因为它不是人有意创造的。人的五官也是自然长成的，所以就叫天官。眼睛能看，耳朵能听，鼻子能闻，这些功能也是自然的，就叫做天职。总之，不是人为的，都叫天。这种天是与人为相对应的。我们现在所使用的天赋、天然、天性、天敌、天资、天工等词语中的"天"字仍然是自然的意思。这种天被称为自然的天。第三种说法，认为天是比较具体的、与地相对的自然物。这种天是天文学家研究的对象，因此，我们把它叫做科学的天。

对于宗教的天、自然的天和科学的天，中国古人作了大量的探索。我们这

① 郭茂倩：《乐府诗集·杂歌谣辞》。
② 王勃：《滕王阁序》。
③ 李白：《春夜宴桃李园序》。
④ 苏轼：《水调歌头（明月几时有）》。

里主要探讨古人对科学的天的探索历程，同时也在适当的章节论及另外两种天。本书从中国古代天文学和哲学结合的角度，探讨人类认识的发展过程。由于中国古代天文学和哲学都是用比较难懂的古文表述的，而天地问题又是人们普遍感兴趣的问题，因此，本书在写法上力求以通俗的语言来阐述学术问题，正文力求使有高中以上文化水平的读者看懂，重要的古文选译成白话文，注文为有较高水平的读者和研究工作者提供深入研究的资料和线索，希望达到雅俗共赏的目的。

第一章　天地起源

在中国古代探讨天地起源的众多科学家和思想家中，有的说天像伞盖子，这是哪一个高明的师傅制造的呢？有的说天像磨石，它是哪一位精巧的石匠雕琢出来的呢？有的说天像水果，它是什么树上长的呢？也有的说是像大瓜，那是什么藤上结的呢？又有说是像个大鸡蛋，下这么大鸡蛋的母鸡在哪里？还有说天只是一团气，这气是从何处来的？总之，天地究竟是怎么产生的呢？这个问题，在哲学上讲，是宇宙本原论的问题；在天文学上说，就是宇宙演化论的问题。关于天地起源问题，这是中国古代天文学家和哲学家共同探讨的问题。

宇宙最初是什么样子的？后来又是怎么演化的？最后如何形成现在这么浩茫而复杂的世界？这是很大很难的问题。屈原在《天问》中第一个问题就是："宇宙最初的情况，是谁传下来的呢？那时天地都还没有形成，从哪儿去考察呢？白天黑夜还不分明，谁能看清楚呢？整个宇宙只是茫茫一片，根据什么来认识它呢？"① 中国古人是根据对天象的观察和生活的经验，通过丰富的想象，来讨论天地起源问题的。他们想出各式各样的见解，这些见解大体可分为三类。下面分别叙述。

---

① 屈原《天问》。

（一）创世说。

这派学说认为天地都是神创造出来的。《天问》说："上下来形，何由考之？冥昭瞢暗，谁能极之？冯翼惟象，何以识之？"《淮南子》认为，在还没有天地的时候，没有任何形体，只是茫茫一片。后来产生出"二神"，这两个神创造了天地①。这茫茫的混沌状态是怎么产生的呢？有的说是"巨灵"创造出来的②。创世说影响最大的要算是盘古开天辟地的神话了。这是三国时吴国人徐整在《三五历纪》中首先提出的。因为这本书已经失传，只在其他书籍的引文中保存着一些片段。唐代的《艺文类聚》、《开元占经》和宋代的《太平御览》都引述过盘古开天辟地的传说。大意是说：天地没有分开的时候，就像一个鸡蛋，盘古就生在中间。经过一万八千年，这个像鸡蛋的东西破开了，清的阳气比较轻，就浮上去成了天，浊的阴气比较重，就沉下去凝结成地。盘古就在天地之间。盘古一天能变九次，比天地更加神通广大。天一日长高一丈，地一日加厚一丈，盘古一日也长高一丈。这样又经过一万八千年，天长到最高处，地落到最深处，盘古也长到了头。以后才有三皇时代。天地之间的距离就是这样从小到大，最后距离是九万里③。盘古死后，身体的各部分化成了日月星辰、风云、山川、田地、草木、金石。

（二）自无生有说。

这派学说认为由"无"或者非物质性的东西演化出天地万物来。持这种

---

① 《淮南子·精神训》："古未有天地之时，惟象无形，幽幽冥冥，茫茫昧昧，幕幕闵闵，鸿濛濛洞，莫知其门。有二神混沌生，经地营天。"高诱注曰："二神，经天营地之神。"（据《太平御览》卷一引。）
② 《太平御览》卷一引《遁甲开山图》曰："有巨灵者偏得元神之道，故与元气一时生混沌。"
③ 《太平御览》卷二载："徐整《三五历纪》曰：'天地浑沌如鸡子，盘古生其中，万八千岁，天地开辟，阳清为天，阴浊为地，盘古在其中，一日九变，神于天，圣于地。天日高一丈，地日厚一丈，盘古日长一丈，如此万八千岁，天数极高，地数极深，盘古极长，后乃有三皇。数起于一，立于三，成于五，盛于七，处于九，故天去地九万里。'"

见解的不在少数。最早要算春秋战国时代的《老子》一书。它说："道生一，一生二，二生三，三生万物。"① 又说："天下万物生于有，有生于无。"② 这两句话联系起来看，《老子》的宇宙演化论就是从"无"（又称"道"）开始的，从无生有，"有"只是"一"、"二"、"三"这些抽象的数，由这些虚的数生出实的万物来。西汉《淮南子》对道家的宇宙演化论作了概括："有生于无，实出于虚。"③ 道在"虚无"中④。虚无的道是宇宙的本原。

"道"是《老子》道家哲学的最高范畴，"不是物质性的实体"⑤。道与天地的关系怎么样呢？如果说天地包含着道，道作规律讲，那是唯物论的观点。如果说道在天地之前，能够派生出天地来，道又是虚无的，那么这就是从无生有的唯心论观点。《老子》说：道在天地以前就有了⑥。战国时的庄周继承《老子》的思想，他明确说："道在还没有天地的时候就已经存在着。它比鬼神和上帝都更要奇妙，能够生出天地来。"⑦ 可见，老庄道家认为天地是道派生的。

战国时代产生的《周易·系辞传》认为，天地是"太极"派生出来的⑧。宋代道学家周敦颐继承了这一思想，并在"太极"之上加一个更高的"无极"。他将宇宙演化过程绘制成所谓的"太极图"（见图一），并用文字加以说明，其大意是：无极产生太极，太极运动产生阳，运动到了极点就停止了，处于静止状态。静止产生阴。静止到了极点又会运动起来。动静交替产生，不断派生出阴和阳，于是形成了天地。阴阳结合产生出水、火、木、金、土。这五行的气流行下来，形成了四季。总之，五行归结为阴阳，阴阳统一于太极，太

①《老子》第四十二章。
②《老子》第四十章。
③《淮南子·原道训》。
④《淮南子·俶真训》："虚无者，道之舍"，《精神训》："虚无者，道之所居也。"
⑤ 张岱年：《老子哲学辨微》，见《中国哲学发微》，第341页，山西人民出版社，1981年。
⑥《老子》第二十五章："有物混成，先天地生……吾不知其名，字之曰道。"
⑦《庄子·大宗师》："夫道……未有天地，自古以固存。神鬼神帝，生天生地。"
⑧《周易·系辞传》："易有太极，是生两仪。"王弼注："夫有必始于无，故太极生两仪也。太极者，无称之称。"两仪指天地。

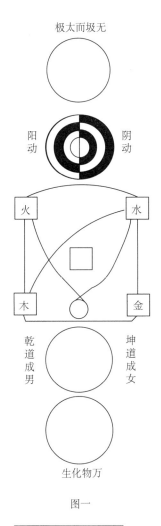

图一

极的根本是无极。五行产生以后，各有自己的属性。无极和阴阳五行结合，阳成为男，阴成为女。阴阳二气相互感应，就化生出万物来。万物繁衍而有无穷的变化①。在这里，周敦颐是把"无极"作为天地的终极本原的。

讨论宇宙本原问题，从战国后期到三国时代，比较热烈，特别是两汉时期，尤其如此。除了上述《淮南子》把虚无的道作为天地终极本原之外，还有把"太一"、"元"、"玄"、"太易"等非物质性的东西作为宇宙本原的。战国后期秦国宰相吕不韦主编的《吕氏春秋》说："太一出两仪。"三国时王肃编撰的《孔子家语》也说："太一分为天地。"② 两仪指天地。它们都认为天地是"太一"派生出来的。"太一"是什么呢？后人有的用"元气"等物质性的东西来解释它。西汉《淮南子》多次提到"太一"，东汉的许慎、高诱注文也说得很明确。他们都认为"太一"是天神③。董仲舒把"元"作为万物的根本，认为它在天地形成之前就已经存在了④。有的人以为董仲舒所讲的

①《太极图说》："无极而太极。太极动而生阳，动极而静，静而生阴。静极复动。一动一静，互为其根；分阴分阳，两仪立焉。阳变阴合而生水、火、木、金、土，五气顺布，四时行焉。五行一阴阳也，阴阳一太极也，太极本无极也。五行之生也，各一其性。无极之真，二五之精，妙合而凝。乾道成男，坤道成女。二气交感，化生万物，万物生而变化无穷焉。"转引自《中国古代著名哲学家评传》，第三卷（上册），第26页。齐鲁书社，1981年。
②《孔子家语》署孔安国序，据姚际恒和黄云眉考证，实属王肃伪撰。见姚著《古今伪书考》及黄著《古今伪书考补证》。
③《淮南子·诠言训》："洞同天地，浑沌为朴，未造而成物，谓之太一。"许慎注："太一，元神，总万物者。"《天文训》："太微者，太一之庭也；紫宫者，太一之居也，轩辕者，帝妃之舍也，咸池者，水鱼之囿也，天阿者，群神之阙也。"高诱注："太一，天神也。"
④ 董仲舒《春秋繁露·重政》："元者为万物之本，而人之本在焉。安在乎？乃在乎天地之前。"

"元"就是物质性的"元气"，实际上根据不足。在董仲舒看来，"元"就是"开始"和"根本"的意思①。在纪年上，"元"表示开始的意思，相当于序数"第一"，例如《春秋经》载"鲁隐公元年"，就是鲁隐公的第一年。元月指第一月，元旦指一年的第一天，至今仍是这种用法。如果将"鲁隐公元年"中的"元"字作为"气"来理解，那么，"鲁隐公气年"又是什么意思呢？很显然，董仲舒的"元"只是表示"开始"的纯时间概念，不包含任何物质性。

扬雄写了一本《太玄》，认为"玄"比黄泉还深，比苍天还高，大时可以包含元气，小时可以进入微尘②。实际上已经把"玄"当作宇宙的本原。既然"玄"大时可以包含元气，说明它本身并不是元气。"玄"是那样高深广大，又不是物质性的元气，那是什么呢？大概与《老子》的道、《汉易》的"太极"差不多，即把它作为宇宙本原的精神实体。

纬书③《易·乾凿度》提出了独特的宇宙演化论。它认为，宇宙最初阶段是太易，从太易到太初，太初又到太始，再到太素，最后才产生出天地万物来。在太易阶段，连气也不存在，是绝对的虚空。到了太初阶段才产生了气。到了太始阶段，气才逐渐凝聚成有形体的东西。有形体的东西具有自己的质，那是太素阶段。到了太素阶段以后，才进入物质世界，才有天地万物的变化问题④。那么，也就是说，

---

① 何休《春秋公羊传解诂》说："元者，气也。"《公羊传》、董仲舒、何休都属于公羊学派，因此今人有以此证明董仲舒的"元"即指"元气"的。并认为这种解释，比之后人根据不足的其他解释，更为可信。但是董仲舒自己的解释不是比几百年以后的何休的根据不足的解释更加可信吗？董仲舒在《春秋繁露》中解释道："元者，始也，言本正也。"（《王道》）"谓一元者，大始也。"（《玉英》）"元犹原也"（《重政》），"君人者，国之元"（《立元神》）。详见拙著《王充哲学思想新探》第169—172页。河北人民出版社，1984年。

② 《汉书·扬雄传》下收录扬雄《解嘲》，其中有客嘲扬子曰："……顾而作《太玄》五千文，支叶扶疏，独说十余万言，深者入黄泉，高者出苍天，大者含元气，纤者入无伦。"实是扬雄对自己"太玄"的描述。

③ 汉代建立统一政权以后，要求学术思想也统一于先秦儒家。因此先秦儒家的典籍成了经典，将《诗》、《书》、《礼》、《乐》、《易》、《春秋》，合称"六经"。研究经书成为一种专门的学问，叫"经学"。以后又出与经书相对应的纬书，如《易》经有《易纬》，《春秋》经有《春秋纬》。《易·乾凿度》就是《易纬》中的一篇。经学和纬书都是汉代特产。

④ 原文是："有太易，有太初，有太始，有太素也。太易者，未见气也；太初者，气之始也；太始者，形之始也；太素者，质之始也。气形质具而未离，故曰浑沦。浑沦者，言万物相浑成而未相离。"转引自冯友兰《中国哲学史新编》第二册，第194页，人民出版社，1965年。

在太素之前，是什么也没有的虚无阶段，从太素开始，无中生有，产生了物质世界①。据此可知所谓太易、太初、太始、太素的演化过程，不过是概念的演化过程。太初之气，太始之形，太素之质也都是虚无的，仅仅到了太素之后才有物质性的"浑沦"产生。《易·乾凿度》的这段话，与今本《列子·天瑞篇》的说法基本一致。如果《列子》是战国时列御寇所著，则《易纬》抄《列子》。如果《列子》属魏晋人所伪撰，则伪《列子》抄《易纬》。

汉代有一些思想家在论述宇宙演化问题时，总要在物质之前加上几个玄妙的概念，似乎只有这样，才显得高明，有理论深度，而实际上是画蛇添足。现在再举个典型的例子。《淮南子》的《天文训》中说：宇宙最初阶段叫太始。那时道开始派生出"虚霩"，"虚霩"以后生出"宇宙"，"宇宙"再生出气来。后来气分化了，清轻的阳气疏散为天，浊重的阴气凝聚成地。天地形成之后，天地之气产生了阴阳，阴阳就形成了四季的变化。四季的气候变化产生了万物②。用公式表示这个演化过程，就是：

太始（道）→虚霩→宇宙→气→天地→阴阳→四时→万物

我们可以把这里在天地之前的气理解为汉代比较流行的看法，即作为天地直接本原的物质性的混沌状态。根据同书《齐俗训》的"往古来今谓之宙，四方上下谓之宇"，可以认为宇宙就是指时间和空间。时间和空间是物质存在的形式，是不能脱离物质的。但是，《淮南子》却认为物质性的气是由宇宙（即时间和空间）产生的。在没产生物质的时候，这个时间和空间就是脱离物质的纯粹时空。世界上根本不存在纯粹的时空。一年就是地球绕太阳公转一

---

① 《帝王世纪》曰："形变有质，谓之太素。太素之前，幽清寂寞，不可为象，惟虚惟无，盖道之根，自道既建，犹无生有，太素质始，萌萌而未兆，谓之庞洪，盖道之干，既育，万物成体。"见《太平御览》卷一。顾公直答陆机曰："恢恢太素，万物初基。"太素是万物最初的基础。也见《太平御览》卷一。

② 原文是："天地未形，冯冯翼翼，洞洞灟灟，故曰太始（原作"太昭"，依王引之说改）。道始生虚霩（刘文典本作"始于"、《太平御览》卷一作"始生"），虚霩生宇宙，宇宙生气，气（《太平御览》此处两"气"作"元气"）有涯垠。清阳者薄靡而为天，重浊者凝滞而为地。清妙之合专易，重浊之凝竭难，故天先成而地后定。天地之袭精为阴阳，阴阳之专精为四时，四时之散精为万物。"

周，一月是月球绕地球一周，一天是地球自转一周。时间总是以物质运动来确定的。古代用观察日月星辰的运行来规定时间，又用滴水装置来计算时间，现在用钟表来计算时间。总之，时间是不能脱离物质运动的，脱离物质运动来谈时间问题，是唯心论的观点。空间也是这样。现在还是来考察《淮南子》的宇宙演化公式。物质性的气是由没有物质的时空产生的。这个纯粹时空的"宇宙"又是由虚霩派生的。"虚霩"阶段，宇宙中连时间和空间都不存在，更谈不上物质了。那么"虚霩"是什么呢？十分玄妙，不可捉摸！还有派生"虚霩"的"道"呢！"道"当然是玄而又玄的东西了，是一般人所无法理解的①。

在物质世界之前，设想几个玄妙的发展阶段，这种思想也影响到当时的科学家。汉代伟大的天文学家张衡也有这种思想。

张衡把宇宙的演化过程描述为道的发展外化的过程，并把这个过程分为三个不同阶段。第一阶段是"虚无"的"溟涬"阶段，这是道的根子。有了根子，就要长树干。道的干就是自无生有、混沌不分的"庬鸿"阶段。这是第二阶段。道的干继续生长，长叶、开花、结果，化生出天地万物来。这是第三阶段。张衡把这一阶段称为"天元"阶段，说是"盖乃道之实也"。也就是说，天地万物都是道结的果实，是道从无中生出来的。这三个阶段，实际上就是虚无的阶段、元气阶段和现实的物质世界阶段②。也就是说，物质世界在张衡看来不是从来就有的，而是无中生有的，是非物质性的道派生出来的，因此

---

① 关于宇宙演化论，《淮南子》一书还有多处论述。总之，我们以为，它的宇宙观是客观唯心主义。钟肇鹏、周桂钿《论〈淮南子〉宇宙观的唯心主义性质》一文有较详细的论证，见《晋阳学刊》1983 年第五期。我们在写作此文时，蔡四桂同志在来信中提了宝贵意见。

② 《后汉书·天文志》上刘昭注引张衡《灵宪》文曰："太素之前，幽清玄静，寂漠冥默，不可为象，厥中惟虚，厥外惟无。如是者永久焉，斯谓溟涬，盖乃道之根也。道根既建，自无生有。太素始萌，萌而未兆，并气同色，浑沌不分。故《道志》之言云：'有物混成，先天地生'，其气体固未可得而形，其迟速固未可得而纪也。如是者又永久焉，斯为庬鸿，盖乃道之干也。道干既育，有物成体。于是元气剖判，刚柔始分，清浊异位。天成于外，地定于内。天体于阳，故圆以动，地体于阴，故平以静。动以行施，静以合化，堙郁构精，时育庶类，斯谓太元，盖乃道之实也。在天成象，在地成形，……有象可效，有形可度。情性万殊，旁通感薄，自然相生，莫之能纪。"

张衡的宇宙本原论是唯心主义的。

张衡是中国古代伟大的科学家，著名的天文学家。他是东汉时代浑天说的重要代表，创制了世界上最早利用水力推动的"浑天仪"和测定地震的"候风地动仪"，正确地解释了月食的原因，认为月食是月球进入"暗虚"即地球影锥所造成的。在哲学方面他还对宇宙无限性作了明确论述。总之，张衡给中国人民和世界人民留下了不少珍贵的精神财富。他是中华民族的骄傲。后面我们还要经常提到他的思想和功迹。但是，他在宇宙本原问题上阐述了自无生有的唯心主义观点。这种情况在古今中外并不罕见。正如恩格斯所说："许许多多自然科学家已经给我们证明了，他们在他们自己那门科学的范围内是坚定的唯物主义者，但是在这以外就不仅是唯心主义者，而且甚至是虔诚的正教教徒。"①

（三）气化说。

主张气化说的人们认为天地万物都是由气或元气演化出来的。在宇宙之初只有物质性的气或元气。气化说是中国历史上唯物主义哲学的基本形式。它有两种不同的模式。一种把元气看作宇宙的唯一本原。一切东西，包括天地万物，都是由混沌的元气所派生的。另一种把气看作宇宙的唯一本原，认为天地万物都是气聚合而成的，所谓空间也都充满着气。万物的生灭都是气的聚散的结果。前者是元气一元论，我们又称它为元气本原论。后者是气一元论，我们又称它为气本体论。

风吹草动。风虽然看不见，人们却可以从摇摆着的草知道风的存在。风究竟是什么样的呢？人们可能从云雾中得到启发。云有厚薄，雾有浓淡，风可能是比薄云还薄、比淡雾更淡的一种物质形态。另外还有寒暑变化，人们可以感觉到变化，却看不见摸不着变化的根源。古人可能从这一类现象中产生了

---

① 《马克思恩格斯选集》第三卷，第528页，人民出版社，1972年。

"气"的概念。因此有阴气、阳气、风气、云气的说法①。

气的概念产生以后，古人就经常使用气来解释许多现象，也用来解释天地的形成过程。这种思想有一个长期发展的过程。最初，人们看到水遇热蒸发为气，受冷凝结成冰，因而联想到气和液体、固体的转化。由于制陶和冶炼的发展，泥土可以烧制成坚硬的陶器，金属可以在高温下熔为液体。这些现象使人们产生一个认识，万物和气是可以互相转化的，因而可以认为，万物都是气构成的。大约成书于战国时代的《管子·内业篇》提出精气"下生五谷，上为列星"的见解，认为五谷和列星是精气派生的，但它还没有说明天地是否也由精气派生出来的。《管子》和《孟子》都讲人的身体中充满着气②，但没说人体是否完全由气这一单一元素所构成的。《庄子》外篇对此则有发展，它明确指出人是由气聚合而成的③。并且认为一切有形的东西都是由无形的气变化出来的④，因此，可以说全天下只是一个气而已，万物都是一个气，人的生死也是这个气⑤。《庄子》已经把整个世界归结为统一的气。这一思想十分高明。可惜的是，他受老子思想的影响，认为气不是从来就有的，而是从无中产生的⑥。这就陷入自无生有的唯心主义。不过，他给以后的唯物主义提供了重要的思想资料。因为只要去掉自无生有的思想，承认气是从来就有的，就成了古代朴素唯物主义的气一元论。

据前人考证，《黄帝内经》一书的内容形成于战国到秦汉时代。这本书较

---

① 我国第一部字典《说文解字》曰："气，云气也，象形。"《史记·扁鹊仓公列传》："所以知齐王太后病者，臣意诊其脉，切其太阴之口，湿然风气也。"《春秋左传》昭公元年载医和的话说："天有六气……六气曰：阴、阳、风、雨、晦、明也。"又说：六气"过则为灾：阴淫寒疾，阳淫热疾，风淫末疾……"可见阴气属寒，阳气属热。另外，《黄帝内经》经常使用阴气、阳气的概念。

② 《管子·心术篇》："气者，身之充也。"《孟子·公孙丑上》："气，体之充也。"

③ 《庄子》外篇《知北游》："人之生，气之聚也。聚则为生，散则为死。"

④ 《庄子》外篇《至乐》："气变而有形，形变而有生。"

⑤ 《庄子》外篇《知北游》："生也死之徒，死也生之始，孰知其纪！……若死生为徒，吾又何患！故万物一也。是其所美者为神奇，其所恶者为臭腐。臭腐复化为神奇，神奇复化为臭腐。故曰：'通天下一气耳'。圣人故贵一。"

⑥ 《庄子》外篇《至乐》："本无气，杂乎芒芴之间，变而有气，气变而有形，形变而有生。今又变而之死。"

早用气来说明天地的形成。它认为阳气形成天，阴气聚成地①。这种思想影响很大，汉代许多著作都保存着这种思想，例如《淮南子》、纬书、《论衡》、《潜夫论》②。有的加进自无生有的思想，成了唯心论，如《淮南子》，已如上述。有的并不同意用气说明天地的起源，如《论衡》。有的则有发展，如《潜夫论》。

王符在《潜夫论·本训篇》中说："在远古时代，只有元气，没有形体，各种精英都混合在一起，互相作用。这样过了很长时间，元气自己发生了变化，清的气和浊的气分开，变成阴气和阳气。阴气形成了地体，阳气变成天体。这就形成了'两仪'。天地相互作用，又化生出万物来。其中阴阳平和的气产生了人类，由人类来主宰万物。"③ 这是元气本原论的系统论述。这里王符认为宇宙演化是从元气开始的，将元气之前的几个阶段一律取消。这就避免了《淮南子》和《灵宪》中的唯心主义错误。王符这一思想对后代颇有影响。例如，"竹林七贤"之一的嵇康就说过元气派生天地万物以及人类④。唐代柳宗元在回答屈原提出的问题时说：在天地形成之前，宇宙只有元气存在。元气经过相互作用，产生阴阳，形成天地⑤。晚唐无名氏的《无能子》也有类似思想。它说："天地没有形成的时候，只有一种混浊的气。这一种气充满宇宙，分为两部分，一部分是清的、轻的；另一部分是浊的、重的。轻清的气在上面，叫做阳或天；重浊的在下面，叫做阴或地。……天地有了一定位置，阴气

---

① 《黄帝内经·素问·阴阳应象大论》："积阳为天，积阴为地。""清阳为天，浊阴为地。"
② 《淮南子·天文训》："清阳者薄靡而为天，重浊者凝滞而为地。"纬书《河图括地象》："元气无形，汹汹隆隆，偃者为地，伏者为天。"《易纬·乾凿度》："清轻者上为天，重浊者下为地。"《论衡·谈天篇》："说《易》者曰：'元气未分，浑沌为一。'儒书又言：'溟涬濛澒，气未分之类也。及其分离，清者为天，浊者为地。'"
③ 原文："上古之世，太素之时，元气窈冥，未有形兆，万精合并，混而为一，莫制莫御，若斯久之，翻然自化，清浊分别，变成阴阳。阴阳有体，实生两仪。天地壹郁，万物化淳。和气生人，以统理之。"
④ 嵇康《太师箴》："浩浩太素，阳曜阴凝，二仪陶化，人伦肇兴。""浩浩太素"指元气，"二仪"指天地。《明胆论》："夫元气陶铄，众生禀焉。"
⑤ 《柳宗元集》《天对》："庞昧革化，惟元气存。""呼炎吹冷，交错而功。""冥凝玄厘，无功无作。"

和阳气交合，于是产生了裸虫、鳞虫、毛虫、羽虫、甲虫。人是裸虫，与鳞毛羽甲等虫一样，都是在天地之间，由气交合而生的，没有什么不一样。"①

汉唐之际，许多思想家把作为天地万物的本原的那种最初的气叫做元气。然后由元气分为阴阳，形成天地，派生万物。这就是那时元气本原论的一般模式。到了北宋，著名哲学家张载批判继承了古代气论思想，提出"太虚即气"的命题。他认为整个虚空都充满着气，气在不断地运动、聚合、疏散。太虚就是气的本来状态，万物是气聚合形成的②。这样很容易得出结论：天就是无形的虚空③，地就是气聚合而成的形体。这样，天就是虚空，虚空就是气的本来面目。于是，气是从来就有的，没有产生的过程，天也是从来就是这样的，没有起源的问题。宇宙间只有一种气，疏散于无限的空间，常常聚合成各种形体，形成万物。万物消灭，仍然返回无限的太虚（气）。我们把以张载为代表的这种唯物主义宇宙观称作气本体论，或气一元论。

以上讲到两种形式的朴素唯物主义的宇宙观。为了避免混淆，我想用两个通俗的比喻来说明。

所谓元气本原论，亦称元气一元论或元气论。讲的是宇宙最初的状态是混沌的元气，以后经过分化，清浊分开，形成天地，然后又由天地产生出万物来。这就像石油和其它石油产品的关系一样。石油从地下开采出来时是混沌状态的原油，就相当于元气。经过炼油，分析出汽油、煤油、柴油、凡士林、沥青等。这样清浊就分开了，汽油挥发就象阳气上升成为天，沥青铺路，好象阴气凝结成地。用煤油、柴油这些原料可以通过化学工业生产出各种塑料、尼纶、涤纶之类五花八门的工业品，就好比元气派生万物那样。

---

① 《无能子·圣过》："天地未分，混沌一炁。一炁充溢，分为二仪。有清浊焉，有轻重焉。轻清者上，为阳为天；重浊者下，为阴为地矣。……天地既位，阴阳炁交，于是裸虫、鳞虫、毛虫、羽虫、甲虫、生焉。人者，与夫鳞毛羽甲虫俱焉，同生天地，交炁而已，无所异也。"炁，气的异体字。见王明《无能子校注》，第 1 页，中华书局，1981 年。
② 《正蒙·太和篇》："太虚无形，气之本体，其聚其散，变化之客形尔。"
③ 《正蒙·太和篇》："由太虚，有天之名。"

所谓气本体论，也叫气一元论。它认为气可以变成万物，万物又可以复归于气。就像水可以凝结成冰，冰融化仍然是水。每年冬天，黑龙江省的哈尔滨市都搞一次冰灯游园，用冰雕刻成丰富多彩的形象，但是只要天气暖和，它们都会融化成水。也就是说，冰灯尽管千差万别，它们的本质却都是水。气本体论认为，世界尽管复杂，其本质就是气，也可以说宇宙的本体就是气，所以叫气本体论。这个冰水的比喻，不是我们想出来的，是古人用的比喻。《淮南子》用冰水来比喻人的死生①。《论衡》用冰水转化比喻气和人身的相互转化。它说："冬天的时候，由于寒气作用，水凝结成冰，春天过后，气候温暖，冰都融化为水。人生在天地中间，也像冰那样，阴气和阳气凝结成人，到年终寿尽的时候，人死了，又复归为气。"② 又说："人就像冰那样，水凝结成冰，气积聚成人。冰过一冬天就融化，人活到一百岁就死。"③ 张载采取前人的冰水比喻来说明他的气本体论思想，他说："气在太虚中聚合和疏散，就像水凝结成冰，冰融化为水那样。"④

从张载提出"太虚即气"以后，气本体论在宋元明清几百年历史上，成为唯物主义宇宙观的主要形式。从整个中国哲学史看，唯物主义宇宙观的主要形式，前期（汉唐时代）是元气本原论，后期是气本体论。

以上是大致分期，还有一些特殊情况。前面已经讲过，先秦《庄子》讲天下只有一种气，就包含气本体论的思想因素，后来被元气本原论所取代。到了北宋，由张载给予改造，发展成为系统的理论形式。北宋以后都讲气本体论，但是明代中期哲学家王廷相在讲气本体论时，又提起冷落了几百年的元气本原论。他讲的元气与过去又有一些区别。在汉代前期，一般讲元气是混沌状

---

① 《淮南子·精神训》："知未生之乐，则不可畏以死……冰之凝，不若其释也，又况不为冰乎？"
② 《论衡·论死篇》："隆冬之月，寒气用事，水凝为冰，逾春气温，冰释为水。人生于天地之间，其犹冰也。阴阳之气，凝而为人，年终寿尽，死还为气。"
③ 《论衡·道虚篇》："人之生，其犹冰也。水凝而为冰，气积而为人。冰极一冬而释，人竟百岁而死。"
④ 《正蒙·太和篇》："气之聚散于太虚，犹冰凝释于水。"

态的。到了后汉中期，王符讲元气是"万精合并"的，就是说在元气中包含着各种精英。王廷相把这一问题更加形象化，认为元气中包含万物的种子，也包含人的精神的种子。他认为正因为元气中有这么些种子，后来才会派生出天地万物来①。这样，他就有了特别的宇宙演化模式。他认为，太虚之气首先化生出天来，然后天又化生出日星雷电和月云雨露，接着化生水火，水火生土地，有土地以后才生出金和木②。值得注意的是，王廷相讲宇宙本原时，既讲元气，又讲太虚之气。他又说："天地没分开的时候，太虚中就是气，天地形成以后，中间空虚也是气。所以说天地万物都不能超出气的聚合和疏散。"③从这里我们可以看到，王廷相讲气本体论，也讲元气本原论，最后把元气叫做太虚之气，使元气本原论归结为气本体论。

以上说的是主要形式，这里再补充讲两种次要形式。中国古人以气为天地本原的说法很流行，还有一种不太流行的说法，是以水为天地本原的说法，这种说法在哲学上叫水一元论。有人说：《管子·水地篇》首先提出水一元论④。但是，我们细看这篇文章，其中虽然有一句水是"万物之本原"的话，如果从全文来看，这里的"万物"未必是我们所讲的宇宙间一切物质，所谓"本原"也未必是宇宙的本原那个意思。何以见得？它讲水产生于金石。水既是金石所生，自然不能是金石的本原，那么，上述"万物"就不应该包括金石。它讲地也是"万物之本原"，这就不是一元论了。水和地的关系如何呢？它讲水是地的血气，那就是说，水在地中流行，它不可能是地的本原，也像河流不

---

①《内台集·答何柏斋造化论》："元气之中，万有俱备"。"天地、水火、万物皆从元气而化，盖由元气本体具有此种，故能化出天地、水火、万物。""万有皆具于元气之始"，"元气未分之时，形、气、神，冲然皆具"。

②《慎言·道体篇》："天者，太虚气化之先物也，地不得而并焉。天体成，则气化属之天矣……一化而为日星雷电，一化而为月云雨露，则水火之种具矣。有水火则蒸结而土生焉。……有土则物之生益众，而地之化益大。金木者，水火土之所出，化之最末者也。"

③《慎言·乾运篇》："两仪未判，太虚固气也。天地既生，中虚亦气也。是天地万物不越乎气机聚散而已。"

④《管子·水地篇》："地者，万物之本原，诸生之根菀也。""水者何？万物之本原也，诸生之宗室也。""水者，地之血气，如筋脉之通流者也。"水"集于天地而藏于万物，产于金石，集于诸生"。

是大陆本原一样。它讲水"集于天地而藏于万物"。这里看不出水派生天地万物的思想。可见讲它提出水一元论思想，还缺乏明确的根据。而三国后期的吴国人杨泉在《物理论》中的说法似乎还可以说是水一元论。他说："地是天的根本"，又说："水是地的根本"，还说：水能"吐元气，发日月，经星辰"①。可见，他认为水是天地和元气的根本，万物都由这三者所派生。例如：星星是元气的精英所生的，人也是含气而生的。地下有黄泉，它循环运行产生了万物②。如此等等。但是，这一切的终极本原应该还是水。因此可以说杨泉是水一元论者，当然他还没有充分展开，又多受气论思想的影响。以致有些人以为他是气一元论者。与杨泉《物理论》对于水的论述相比，《管子·内业篇》对于精气的论述更不充分，但是，既然可以说《管子·内业篇》确立了"精气"一元论世界观③，为什么不能说《物理论》确立了水一元论世界观呢？

　　清朝后期有一个叫沈善登的哲学家，他在《需时眇言》书中提出光一元论的宇宙观，以光作为世界的本原，光生气，气生象，象生数，这才有了天地。因此他认为"光为大本"。但他的光一元论在思想界没有产生过多大影响。

　　综上所述，关于天地起源的说法有三大类，一是神创造天地说，二是自无生有说，三是由物质演化形成天地说，即由气、水、光等物质演化成为天地，其中由气演化成天地的说法比较流行。气化说还可以分两种类型，一是元气本原论，一是气本体论。从哲学上分类，创世说和自无生有说，都属于唯心主义阵营。创世说还是宗教神学唯心论。自无生有说一般是无神论，两相比较，还是有所区别的。第三大类则属于古代朴素的唯物主义宇宙观。以水、光等物质作为宇宙本原的学说体系一般都没有得到充分发展，因此都比不上气化说。在

---

① 《物理论》："地者，天之根本也"，"夫水，地之本也，吐元气，发日月，经星辰，皆由水而兴。""所以立天地者，水也。"
② 《物理论》："星者，元气之英也。""人含气而生"，"地发黄泉，周伏回转，以生万物。"
③ 肖萐父、李锦全主编《中国哲学史》上卷第162页说《管子》四篇"'精气'一元论世界观具有其产生的自然科学基础。"人民出版社，1982年。

气化说中，元气本原说认为元气是混浊的，其中包含以后化生万物的精华——王廷相称为万物的种子，并且认为"气种有定"，就是说气有多少种子和哪些种子都是确定了的，因而世界上有哪些物种也是固定的。这就否定了物种的进化，相当于西方形而上学的观点。只不过有一点差别，西方学者认为物种是造物主创造的，而王廷相认为是元气中包含着的。气本体论把宇宙万物统一于一种气，由于气的聚散变化而产生出万物来，而这种变化是无限的，物种的变化和发展也是无限的。两相比较，气本体论比元气本原论具有更多的辩证法思想。气本体论取代元气本原论，应该是中国古代哲学理论思维发展提高的表现。

元气本原论跟康德星云学说和现代科学的宇宙论述有惊人的相似之处，即都认为弥漫的浑浊的原始物质是形成天体的本原。气本体论与现代科学也有一致之处。有的认为气是微细的粒子，那就跟德谟克利特的原子论和现代科学对基本粒子的探讨有酷似之点，都认为宇宙是由单一的最微细的基本粒子所构成。将来的科学是否会证明这一点，还有待于今后的科学的实践。张载认为"太虚即气"，气不是微粒，不是与空间分离的个体，而是充满空间的弥散而连续的物质，类似于现代科学所谓的"场"，如磁场引力场之类。古人关于宇宙起源的各种猜测，往往与现代科学有一些相似之处。

以上讲的都是天地怎么产生出来的。我们还必须提到另外一种学说，即认为天地是从来就有的，从来就这样地存在着，根本没有产生的过程，自然也不存在起源的问题。这种思想是东汉唯物主义哲学家王充提出来的。他认为，天地既不从哪儿生出来，也不会消失到哪儿去，既没有开始，也没有终结，是长生不死的。天地过去是这样，现在也是这样，将来还是这样，从总体上说，是不会改变的①。恩格斯认为："凡是认为自然界是本原的，则属于唯物主义的

----

① 《论衡·道虚篇》："天地不生，故不死……唯无终始者，乃长生不死。"《齐世篇》："上世之天，下世之天也，天不变异。"

各种学派。"① 王充讲的"天地"即相当于我们现在所说的自然界，天地从来就是这样的，跟世界是从来就有的说法也相近。因此，可以认为王充哲学是属于唯物主义的一种特殊的学派。中国古代唯物主义哲学有气本体论、元气本原论和水一元论等，王充的哲学宇宙观应该叫做什么呢？就叫做天地本原论吧！

与天地起源说相对应的是天地毁灭说。中国古人对于天地会不会毁灭也作过大胆的探讨，其中也有许多可贵的思想，值得我们研究。

王充认为天地从来就是这样的，将来也永远不会改变，那么，当然不存在毁灭的问题。张载认为太虚就是气，这就是天，那么，天也就不存在生灭的问题。但是地却是一块形体，按他的哲学理论，地也是气聚合而成的。这些聚合的气一旦疏散开来，也像冰融化一样，地就自然不复存在了。也就是说，我们从张载的哲学可以推导出天不会生灭，地会生灭的结论，而地的生灭，也不过是气的聚散而已。如果天地就是整个宇宙，那也没有什么毁灭的问题。因此讨论天地毁灭的问题总是以宇宙是无限的空间，而天地只是其中一个物质结构体系为前提的。

中国古籍中有两次讨论天地毁灭问题的精彩描述：

一是《列子·天瑞篇》所记"杞人忧天"一节，大意是：杞国有一个人担忧天塌下来，地崩裂开，人身将失去依靠。这人竟然为这件事发愁得睡不着觉、吃不下饭。又有一个人担忧杞人愁坏了，就去开导他，说："天就是气。到处都是气，你呼吸着气，你一举一动都接触气，实际上，你整天就在天中间活动，为什么还怕它塌掉呢？"杞人还有疑虑，他说："天如果真的都是气，那么，日月和星宿不是应当掉下来吗？"那人又开导说："日月星宿也是气，只不过是会发光的气就是啦。即使掉下来，也不会打伤人的。"杞人又问："地如果塌下去怎么办呀？"那人说："地是一整块，四方都塞得满满的，没有空虚的地方，你整天都在地上奔走踏跳，怎么还怕它塌下去？"杞人听了这番

---

① 恩格斯：《路德维希·费尔巴哈和德国古典哲学的终结》，《马克思恩格斯选集》第四卷第220页。人民出版社，1972年。

话，放心了，感到很高兴。去开导他的人也因解除他的心病而感到欢喜。一个叫长庐子的人听到这件事感到很可笑。他说："彩虹、云雾、风雨、四季，这些气总合起来就是天；山岳、河海、金石、火木，这些有形的东西总合起来就是地。知道天就是指这些气，地就是指这些形体，怎么能说不坏呢？天地在宇宙空间中只是一个小物体，在我们所接触的物体中却是最巨大的。这本来是要经过很长很长的时间才会坏的，这本来也是人们很难知道它们到什么时候才会坏的。担忧天地的毁坏，想的也确实太远了。如果说天地永远不会毁坏，那也不对。天地不会不毁坏的，它们终归要毁坏的。正好遇到天地毁坏的时候，怎么会不发愁呢？"列御寇听了这话笑着说："说天地会毁坏是不对的，说天地不会毁坏也是错误的。天地会不会毁坏，这是我们所不能知道的。虽然这样，天地毁坏之前是一种状况，毁坏之后又是另一种状况，正如人活着的时候不知道死后是什么情况，死后也不知道活着的情况，生来不知道死去，死去也不知道生前。因此，天地会不会毁坏的问题，我们何必老是挂念在心上呢？"①

这段内容中，有四个人物对于天地是否会毁坏的问题发表了议论，他们的议论一个比一个深刻。"杞国无事忧天倾"，"杞人忧天"，已经是众所周知的话语。去开导的人也不过是一般人的认识水平。长庐子的说法有一定的辩证法思想。他认为一切具体物体都要毁坏，天地既然也是物体，自然也会毁坏，由于天地特别巨大，所以毁坏得慢一些。列子的说法水平更高。他认为所谓毁坏，从宏观上考察，只不过是物质的转化。这个天地毁坏了，所产生的新天地

---

① 原文是："杞国有人忧天地崩坠，身亡所寄，废寝食者。又有忧彼之所忧者，因往晓之，曰：'天，积气耳，亡处亡气。若屈伸呼吸，终日在天中行止，奈何忧崩坠乎？'其人曰：'天果积气，日月星宿，不当坠耶？'晓之者曰：'日月星宿，亦积气中之有光耀者，只使坠，亦不能有所中伤。'其人曰：'奈地坏何？'晓者曰：'地积块耳，充塞四虚，亡处亡块。若躇步跐蹈，终日在地上行止，奈何忧其坏？'其人舍然大喜，晓之者亦舍然大喜。长庐子闻而笑之，曰：'虹蜺也，云雾也，风雨也，四时也，此积气之成乎天者也；山岳也，河海也，金石也，火木也，此积形之成乎地者也，知积气也，知积块也，奚谓不坏？夫天地，空中之一细物，有中之最巨者。难终难穷，此固然矣；难测难识，此固然矣。忧其坏者，诚为大远；言其不坏者，亦为未是。天地不得不坏，则会归于坏。遇其坏时，奚为不忧哉？'子列子闻而笑曰：'言天地坏者亦谬，言天地不坏者亦谬。坏与不坏，吾所不能知也。虽然，彼一也，此一也。故生不知死，死不知生，来不知去，去不知来。坏与不坏，吾何容心哉？'"

未必都是坏事，也可能对人类生存更有利。因此不必为旧天地的毁坏而担心。这种思想在《列子》一书中以相对论的形式出现，实际上包含着革命性，因为它认为没有必要去维护现存的世界。

另一次讨论天地毁灭问题的是元代伊世珍写的《瑯嬛记》。他是用"姑射谪女"和"九天先生"一问一答的方式来讨论问题的。大意是：

姑射谪女问九天先生："天地会毁坏吗？"

九天先生答："天地也是物，如果物都会毁坏，那么天地怎么会不毁坏呢？"

问："既然天地也会毁坏，那什么时候才会重新形成呢？"

答；"这里死了人，怎么知道别处不会有人出生呢？这里的天地毁坏了，怎么知道不会在别处正形成新天地呢？"

问："人有这个那个的，天地也有这个那个的吗？"

答："人和万物是无穷数的，天地也是无穷数的。譬如蛔虫生活在人的肚子里，就不知道这个人之外，还有别人。人类生活在这个天地之间，就不知道这个天地之外，还有别的天地。所以，最高级的人坐着看天地，一批批地形成，又一批批地毁灭，就像大森林中花开花落那样，哪有什么尽头呀？"①

在这里，"九天先生"说的话表明，在宇宙空间中，有无数个天地。有些天地刚刚形成，另一些天地正在毁灭。在宇宙中，天地的生生灭灭，也像在森林中的野花开开落落一样。此生彼灭，此谢彼荣，没有穷尽。实际上，在这里已经明确表述了物质世界在时间和空间上的无限性。这是中国古代在时空观上的较高成就。

在中国古代，天地和宇宙有时是同一概念，有时却是两个不同的概念。所

---

① 原文是："姑射谪女问九天先生曰：'天地毁乎？'曰：'天地亦物也，若物有毁，则天地焉独不毁乎？'曰：'既有毁也，何当复成？'曰：'人亡于此，焉知不生于彼？天地毁于此，焉知不成于彼也？'曰：'人有彼此，天地亦有彼此乎？'曰：'人物无穷，天地亦无穷也。譬如蛔居人腹，不知是人之外，更有人也；人在天地腹，不知天地之外，更有天地也。故至人坐观天地，一成一毁，如林花之开谢耳，宁有既乎？'"见《津逮秘书》，博古斋民国十一年版。

谓"四方上下曰宇，往古来今曰宙"，宇宙包括通常所说的空间和时间，相当于现代所说的四维空间。但在实际运用上，宇宙多半只指无限的空间。宇宙作为无限空间，在中国古代有时叫做"太虚"，有时又称为"虚空"，当然有时也叫"宇宙"。而天地这一词组，有时泛指自然界，相当于我们今天所说的宇宙的概念，有时则指他们各自设想的天地结构模式，一般是无限宇宙中的有限的物质结构体系。汉代论天三家中，"宣夜说"认为天是没有形质的，只是无边的气，相当于虚空。"盖天说"认为天地像两块大磨石。这磨石究竟有多大呢？"盖天说"的代表作《周髀算经》所设想的"七衡图"，即用七个同心圆圈代表太阳在假想的天体上运行的轨道。最外也是最大的一圈（"外衡"）直径为四十七万六千里，太阳在外衡运行的时候，可以照亮的天体平面直径为八十一万里，周长为二百四十三万里。这就是"盖天说"认为可以看到的天体面积。在这个平面之外，它认为是一个未知的领域①，存而不论。"盖天说"的一个分支——"方天说"代表人物王充认为天地之间最多有三千个国家。整个大地的广度，大约东西十万里，南北十万里②。这也是说天地都是有限大的。"浑天说"认为天地结构体系像一个鸡蛋，是一个封闭型的。天像鸡蛋壳，地像蛋黄，在天的中央。这个天地体系当然也是有限的。这个封闭的天地体系之外是什么呢？张衡在《灵宪》中说："天地之外是未知的领域，这个未知的领域就是宇宙，宇宙是无穷无尽的。"③ 这是明确的天地有限、宇宙无限论的观点。

跟写《琅嬛记》的伊世珍同一时代的邓牧也有这种观点。他在《伯牙琴·超然观记》中说："天地虽然非常大，但它在虚空中不过像一粒粟而已。"后面用一系列比喻来说明天地和虚空的关系。天地在虚空中像树上的一个果，

---

① 《周髀算经》："过此而往者，未之或知。"
② 《论衡·艺增篇》："天之所覆，地之所载，尽于三千之中矣。"《谈天篇》："东西十万，南北十万，相承百万里。"
③ 《灵宪》："过此而往者，未之或知也。未之或知者，宇宙之谓也。宇之表无极，宙之端无穷。"

国中的一个人。树上还有许多果，国中还有许多人，天地之外怎么会没有其他天地了呢①？

不管古人用的什么比喻，是水果，还是粟子，或者是弹丸、鸡蛋，意思却是一样的：虚空是无限的，而天地体系则是有限的。在无限的虚空中，无数个天地体系在不断变化着，有的产生，有的发展，有的毁灭。如果我们把古人所说的天地体系理解为一个个天体，或者一个个恒星系统，如太阳系，或者更大的星系，如银河系，或者更大的超星系团，那么，说它有形成的过程，也有毁灭的时候，显然是有合理性的。从宏观角度来看，即使是跨度达十亿光年的超星系团，在无限虚空中，也可以说不过是一粒粟子而已。

关于天地起源和毁灭的问题，中国古人作过许多探讨，提出了许多猜想。有些猜想与现代科学有惊人的相似地方，与西方古代哲学家所见略同。这说明我国古人的理论思维水平不比外国人低，在某些方面还比别人进步。例如中国在公元元年前后提出了元气本原论，跟西方十八世纪康德提出的星云学说相一致，却早了近两千年。又如在公元一世纪，王充讲到过天地开始距离很近，经过很长时间以后，天地距离很远了②。这里说了类似现代宇宙膨胀说的观点。公元前道家学派提出自无生有的唯心主义理论，现代西方科学家之中还有人继承这一学说，如英国的邦迪、霍伊耳和哥尔德等人，他们计算出每五千亿年一公升体积内平均产生一个氢原子③。这种更具体的说法，似乎是比较科学的，实际上是更荒谬的。

---

① 原文是："且天地大矣，其在虚空中不过一粟耳。""虚空，木也；天地，犹果也。虚空，国也；天地，犹人也。一木所生，必非一果；一国所生，必非一人。谓天地之外无复天地焉，岂通论耶？"见邓牧《伯牙琴》，第23页，中华书局，1959年。

② 《论衡·谈天篇》："天地始分，形体尚小，相去近也。……从始立以来，年岁甚多，则天地相去，广狭远近，不可复计。"

③ 《中国大百科全书·天文学》中"稳恒态宇宙模型"条，中国大百科全书出版社，1980年。

第二章　天高地广

天地究竟有多大呢？有的人把整个宇宙、整个自然界叫做天地，那么，这个天地当然是无限大的。在中国历史上似乎还没有过宇宙空间有限的说法。中国历史上较多的人认为天地是有限的物质结构体系，而宇宙空间则是无限的。有的说，天像伞盖，地像棋盘，或天像盖着的斗笠，地像倒扣的盆子；有的又说，天地像个椭圆形鸡蛋、鸟卵，或者正圆的弹丸，有的还把天地在宇宙空间的地位比作树上的一颗水果，国家中的一个人，茫茫林海中的一朵野花，沧海中的一粒粟。总之，他们认为天地在宇宙间是很渺小的，但又是人们所能接触到的物体中最巨大的。

一、天高

这个天有多大呢？中国古人有过许多说法。有的说天的周长是一百零七万一千里，直径约为三十三万九千四百零一里①。有的说天地东西和南北的距离

---

① 《宋书·天文志》载："《洛书甄耀度》、《春秋考异邮》皆云周天一百七万一千里，……则天径三十三万九千四百一里一百二十二步三尺二寸一分七十一分分之九。"《晋书·天文志》也有同样内容。

都是三十五万七千里①。有的又说南北东西都是九千万里，或者天地都是五亿五万五千五百五十里②。还有的说，天圆南北二亿三万三千五百里七十五步，东西少四步，周长是六亿十万七百里二十五步③。而一种说法是天周长八十一万里，地是东西二万八千里，南北二万六千里④。可见有的认为天地是正圆的，有的认为天地是椭圆形的。关于天地的距离，说法也不一致，有的说相距十七万八千五百里⑤。浑天家代表张衡在《灵宪》中说：八极的直径是二亿三万二千三百里，从地到天的距离等于八极径长的一半，那就是一亿一万六千一百五十里⑥。古人对于天高地广的说法很多，不胜枚举。他们所列数字大小相差甚远，很难统一。我国最早的一部天文学著作——《周髀算经》给我们保存着一种测量和计算天高的方法，这是极为珍贵的资料。

首先，在周地树立一根垂直于地面的标竿，当时叫髀，后人称为周髀，又叫表。这根标竿长八尺。当时人每天中午观测标竿在地面的影子的长度，来研究太阳的运行情况。影子最长的那一天定为冬至，说明太阳运行到了最南方，叫南至，也是太阳离周地最远的日子。这一天定为冬至日，也是一年的开始，古代叫"岁首"。冬至以后，影子逐渐变短，说明太阳向北运行。影子最短的时候，说明太阳运行到了最北方，因此叫北至，也是太阳离周地最近的时候。这一天就定为夏至日。从上次冬至到下次冬至，也就是影子从最长变短又到最长，这一个周期叫一年。在中国古代历法上叫"岁实"，现在叫回归年。据古人观测，在周地测得夏至日标竿影长为一尺六寸。往南一千里，测得夏至日标

① 《晋书·天文志》引陆绩语。
② 《太平御览》卷二引《关令内传》。
③ 《太平御览》卷二引《广雅》。
④ 《古今图书集成》引宋程棨《三柳轩杂识》。《周髀算经》引"吕氏"曰："凡四海之内，东西二万八千里，南北二万六千里。"
⑤ 《隋书·天文志》引《考灵曜》，《太平御览》卷二引《洛书甄耀度》。
⑥ 《后汉书·天文志》刘昭注引《灵宪》曰："八极之维，径二亿三万二千三百里，……自地至天，半于八极，则地之深亦如之。"这里没有天地距离的具体数字。但《太平御览》卷二引张衡《灵宪》曰："天有九位，自地至天一亿万六千二百五十里。"如按刘昭注，《御览》中的"二百"应为"一百"，如按《御览》，刘昭注中的"三百"应为"五百"。此处"亿"为"十万"。

竿影长为一尺五寸，往北一千里则为一尺七寸。从而推出：南北地隔千里，夏至日中午，八尺高的标竿，落在平地上的影子长度相差一寸，这就是当时"千里一寸"的结论。后来许多天文学家都把这个结论作为定理加以普遍应用。

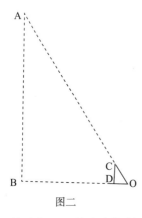
图二

第二步是测日高。根据周地夏至中午八尺高的标竿在地面的影长为一尺六寸，又根据"千里一寸"的结论，推算出从周地向南一万六千里的地方，夏至日立标竿中午不见影子，也就是说影子长度为零，说明那个地方那个时刻在太阳的正下方。按照这种计算方法，在春秋季节的某一天，大约在清明节后和处暑节后的某一天，八尺标竿的影子正好有六尺长。这表明这一天中午在标竿的正南方六万里的地方，正处在太阳的正下方。如图二所示，根据两个相似三角形各对应边成正比关系的原理，八尺标竿（CD）和六尺影长（OD）的比，与日高（AB）和南北距离（BO）的比相等。已知南北距离六万里，很容易就可以计算出太阳的高度。具体算法如下：

$$\frac{AB}{OB} = \frac{CD}{OD}$$

$$\frac{CD}{OD} = \frac{8}{6}$$

$$OB = 60000 \ （里）$$

$$AB = OB \times \frac{CD}{OD} = 60000 \times \frac{8}{6} = 80000 \ （里）$$

所以，太阳高度为八万里。

最后，根据日月都附着在天体上的说法，推论出太阳的高度也就是天体的高度，因此，天的高度也是八万里。古人以为天体朝下的平面和地体向上的平面是平行的，地面各处与相对应的天体之间的距离都是相等的，因此，任何地方的天高都是八万里，立标竿的地方距离上空的天体也是八万里。

另一种说法，认为天和地都是拱形的，天象斗笠盖在上面，地象倒扣着的盆子在下面，天地都是中央高，四周低的，而且曲率也一样，天的中央比四周高两万里，地的中央也比四周高出两万里。各处地方与相对应的天体的距离都是八万里，天的四周比地的中央只高出六万里。

还有一种说法，一方面根据测影计算结果，太阳离它底下的地方八万里，一方面根据浑天说的天体模式进行推论。古人在八尺标竿的下面安一个水平方向朝北的土圭，土圭长一尺五寸。古人认为，夏至日中午，八尺标竿的影子正好跟土圭一样长，即一尺五寸，那么，这个地方就是地的中央。经过测量，阳城就是地的中央。天体象圆的弹丸，地在中间，阳城又在地的中央，据此认为，阳城在春夏秋冬早晚午夜跟天的距离都是相等的。夏至日中午，阳城到太阳的距离就是这个常数。这个常数可以用勾股的办法求得。阳城日影长一尺五寸，阳城正南一万五千里就到太阳底下的地方，这段距离叫做"勾"。太阳底下的地方距离太阳八万里，这是"股"。太阳和阳城之间斜线距离就是"弦"。经计算，这个"弦"等于八万一千三百九十四里多。天是圆球形的，阳城在中心，因此，这个"弦"的长度就是天体半径长，乘二，得十六万二千七百八十八里多，这就是球形天体的直径长度。球形天体的周长是五十一万三千六百八十七里多①。这是浑天说天体大小的一种说法。另一种说法就是张衡《灵宪》说的，天体直径为二十三万二千三百里，按周三径一计算，天体周长为六十九万六千九百里。

以上计算方法采用了相似三角形对应边的成比例关系和勾股定理，说明古人在数学方面已经达到了一定的水平。但是，根据现代科学知识知道，他们计算的结果是错误的。问题在哪里呢？问题主要不在于计算过程，而在于计算的前提。例如他们把"千里一寸"的错误结论当作定理来运用，这就使结论不

———————

① 《晋书·天文志上》。

能不错。

关于"千里一寸"的问题，由于古代测量技术落后，用步行来测量两地间的距离，翻山越岭，道路曲折，极不准确。所谓千里，实际上不过几百里。而且测量的地方也不多，也许只测了某两地，然后进行推算，就得出结论。这是由于科学落后，方法不严密而导致的错误，跟唯心主义先验论是有区别的。因此，说"千里一寸"是"先验的产物"，说最早提到"千里一寸"的天文著作《周髀算经》是"唯心学派"① 的作品，我们认为都是不合适的。

"千里一寸"的说法可能产生于战国时代，到了汉朝已经相当流行。西汉前期成书的《淮南子》在测算天高的时候，已经在运用"千里一寸"的说法②。在西汉后期出现的纬书中也有这种说法③。东汉张衡在《灵宪》中也提到南移千里影长差一寸④。以后的郑玄、王蕃、陆绩等天文学家也都把这一传统说法当作定理⑤。在几百年中，没有人对此提出怀疑。

南北朝时，宋元嘉十九年壬午（即公元 442 年），政府派使者去交州测量日影。夏至那一天，影子在标竿的南边，有三寸二分长。在阳城测得夏至影子在标竿北边有一尺五寸长。估计阳城去交州有一万里路程，影子实际上差了一尺八寸二分。粗略计算，大约六百里影长差一寸。何承天（公元 370—447 年）根据这一测量，对"千里一寸"的传统说法最早产生了怀疑。另外，南北朝时，梁朝在金陵（即今南京）测得夏至影长一尺一寸七分长，而北魏在洛阳测得夏至影长为一尺五寸八分。同是夏至那一天，金陵和洛阳南北距离相当一千里，所测影长却差了四寸。二百五十里，影长就差了一寸。再加上道路迂回

---

① 竺可桢：《中国古代在天文学上的伟大贡献》，见《竺可桢科普创作选集》第 26 页，科学普及出版社，1981 年。

②《淮南子·天文训》："欲知天之高，树表高一丈，正南北相去千里，同日度其阴，北表二尺，南表尺九寸，是南千里阴短寸，南二万里则无景，是直日下也。"刘文典《淮南鸿烈集解》卷三，第 33 页，上海商务印书馆民国二十二年版。"北表二尺"，原误为"北表一尺"，据文意改。

③ 纬书《尚书·考灵曜》："日正南千里而（影）减一寸。"

④《灵宪》："悬天之景，薄地之义，皆移千里而差一寸得之。"

⑤《隋书·天文志上·盖图》："张衡、郑玄、王蕃、陆绩先儒等，皆以为影千里差一寸。"

曲折，直线距离就更短了。北魏信都芳于永平元年戊子（即公元 508 年）在洛阳参加测影，对传统说法进一步产生了怀疑。因此在注《周髀四术》时，认为"千里一寸"的说法是不可靠的。《周髀四术》注已失传，以上资料保存在《隋书·天文志》中。

隋初，天文学家刘焯给隋炀帝上书，认为"千里一寸"的说法没有根据，不能采用。他说："现在在交州、爱州那些地方，影子不在标竿的北边，距离没有一万里，也没到太阳的南边去。这样看来，千里一寸不是实际的差距。"又说："现在是太平天下，应该改正这些传统的错误说法。"如何改正，他还提出了具体的建议：请一个会计算的人，选择黄河南北一块平地，可以量几百里，使取的点都在正南北方向上，用漏壶来计时间，用绳子来量平地，按照季节来同时测量影子①。刘焯的建议没有被采用，不久，刘焯逝世，这个有意义的建议就没有人再提起了。

刘焯的正确建议为什么不被采纳呢？是以人废言的结果。当初天文学家张胄玄得到隋文帝的赏识，参加制定历法。张胄玄推荐袁充，以后他们结成党派，互相吹捧，张胄玄说袁充的历法"妙极前贤"，袁充说张胄玄的历术"冠于今古"。刘焯献上《七曜新术》，跟张胄玄的历法很不相同。袁充就跟张胄玄联合起来，攻击刘焯的"新术"。后来，刘焯写了《皇极历》和《稽极》，跟张胄玄进行历法辩论。由于袁充得到隋炀帝的宠幸，袁充支持张胄玄，共同排斥刘焯的《皇极历》，使这一"术士咸称其妙"②的历法终竟不能施行。在这种情况下，刘焯提出测影的建议，担心由于自己的不利处境，而使正确的建

---

① 《隋书·天文志》载刘焯云："寸差千里，亦无典说，明为意断，事不可依。今交、爱之州，表北无影，计无万里，南过戴日。是千里一寸，非其实差。……既大圣之年，升平之日，厘改群谬，斯正其时。请一水工，并解算术士，取河南、北平地之所，可量数百里，南北使正。审时以漏，平地以绳，随气至分，同日度影。得其差率，里即可知。则天地无所匿其形，辰象无所逃其数，超前显圣，效象除疑，请勿以人废言。"

② 《隋书·律历志》。

议不被采纳，特别希望隋炀帝"请勿以人废言"①，但是，隋炀帝仍然"以人废言"，不予采纳，致使这个重要问题在隋朝灭亡的时候也没有得到解决，到了唐代才由另外一批天文学家来解决。这一事实说明，科学的发展受到了政治斗争的干扰。在封建社会的专制制度下，历法的实施要有政权的支持。正确的科学思想，虽然由于政治的干扰，暂时得不到发扬，但它终究要得到人类的承认。从整个人类历史来看，科学的发展不断地改变着政治形式，而政治形式却不能阻挡科学的进步。政治对科学是有影响的。南北朝混乱政局使科学研究失去条件。隋朝政治斗争又使科学研究暂时中断。到了唐朝，统一昌盛的国家提供了科学研究的社会条件。唐开元十二年（即公元 724 年）曾经派使者到交州重新观测日影。夏至日影在标竿的南边，长度是三寸三分。跟元嘉年间所测的影长差不多。据唐代人估计，交州离洛阳大约九千多里路，如果按直线距离，可能不到五千里。如果按千里一寸计算，交州夏至的日影，应在标竿北边，长度为一尺一寸。而实际观测结果却是在标竿的南面有三寸长。这一测量结果使唐代天文学家普遍认为"千里一寸"是有问题的。为了进行更准确的测量，以便进一步验证"千里一寸"的结论是否正确，唐朝政府派太史监南宫说等人到河南选择一块平原地区进行定点观测。刘焯的建议在隋朝未能实行，到了一百年以后的唐朝，却得到比较完满的实现。

南宫说等人在河南选择了四个点，分别是：滑州白马县（即今滑县），汴州浚仪（即今开封市），许州扶沟县（即今扶沟县），豫州上蔡（即今上蔡县）。这四个点都在东经 114.3—114.5 度之间，基本上是在正南正北的位置上。南北距离都在一百六十到二百里之间。在滑州白马县测得日影长度是一尺五寸七分，向南一百九十八里多，在汴州浚仪测得影长为一尺五寸长，再向南一百六十七里，在许州扶沟县测得一尺四寸四分，又向南一百六十多里，在豫州上蔡为一尺三寸六分半。从以上数字可以看出许多问题。白马县到浚仪不及二百里，影长却差了

---

① 《隋书·天文志》。

六分多，照这个比例推算，南北地隔千里，影长要差三寸多。从白马县到上蔡一共五百二十六里，影长竟差两寸多，照此推算，相距千里，影长就要差四寸多。这说明"千里一寸"的说法是不对的。但是千里四寸对不对呢？也就是说，影长和南北距离是否成正比关系？如果成正比关系，那么，过去比率大了，现在可以测出准确的数据。实测结果也否定了二者之间的正比关系。扶沟县影长为一尺四寸四分，上蔡县为一尺三寸六分半，相差七分半，南北相隔只有一百六十里，而白马县到浚仪相距将近二百里，影长差却只有六分多。可见，影长和距离不成正比关系。南北地隔千里，影长差都在三寸以上。

实践是最高的权威，与实践结果相违背的任何结论都应予以更正。唐代天文学家们根据这次周密设计的观测试验，彻底推翻了"千里一寸"的传统的经典结论。由于这一结论被推翻，以此为基本前提而推导出来的一切结论也象大厦倒塌一样，全都崩溃了。例如他们由此推算出的日的高度为八万里，自然也不成立。我们现在知道，日地平均距离是一万四千九百六十万公里，是八万里的三千多倍！古人又以为日是附着在天体上，天地又是两块平行的平面体，于是得出日高就是天高的结论，天高也是八万里。因为全天的恒星都在作旋转运动，旋转的圆心是北极，北极附近的一颗星就成了北极星，古人以为北极星是不动的，其他星围绕着它转。这样就形成了北极星是天体的中心的概念。古人用车盖来比喻天，就把北极星比作车盖正中的帽顶。现在测定北极星距离地球约七百八十二光年。光一秒钟约走三十万公里，光一年所走的距离约为九万四千六百零五亿公里。天文学上把这个距离作为天文单位——光年。北极星离地球七百八十二光年，就是说，北极星上的光要经过七百八十二年才能照到地球。这个距离约为七千三百九十八万亿公里，是古人计算天高的两千亿倍。实际上，北极星还不是最远的，银河系的宽就有八万多光年。银河系在宇宙空间只像无边汪洋中的小岛。现代科学可以用射电望远镜探测到离地球一百亿光年外的天体，还看不到边。

唐代天文学家用实地观测的结果推翻了"千里一寸"和"天高八万里"的

传统说法。从这一事件中，人们可以引出什么结论呢？我们这里只想介绍两个比较典型的人物的很有代表性的观点，同时也谈谈我们的看法。一种是：过去一直作为经典的传统说法既然是错的，那么过去的一切都错了，而且连这一研究本身也错了。天无法度量，也无法认识，天文学家玩的全是骗人的把戏。抱这种悲观态度的就有当时的唯物主义哲学家、政治改革家柳宗元（公元773—819年）。他说："什么办法都用尽了，还是没能算出太阳一天走多远，看来这是无法度量的。"① 又说："天地广大无边，阴阳变化无穷，由于阴阳的作用，使得天体有合有分，或来或往，有时旋转，有时直行，这么复杂渺茫，谁能知道它的规律呢？"② 他还说："天文学家拿着竹片、苇茎在日光下摆弄，把天分为十二等分，不知是什么意思，所以我也没法告诉你什么。"③ 柳宗元不是天文学家，对天文学没有很深的研究，所以，他对天文学的发展进步却产生了误解，对天文学和天文学家的研究工作都产生了怀疑。这是外行人的特点。

另一种是：过去一直作为经典的传统说法经过实践检验是错了，但为什么错了呢？怎样才对呢？就是说，要总结前人认识错误的原因引以为教训，同时要探索新的正确的路子。持这种态度的代表人物是一位僧人叫一行，俗名张遂（公元673—727年）④。一行参加了唐代天文研究工作。他发现"千里一寸"和用勾股定理求出天高八万里错误以后，就探讨错误的原因。他认为："古人采用勾股方法，是因为勾股方法在小范围内可以得出正确的结论。但是，他们不知道眼睛不能清楚地辨别远处的事物，只要有一点误差，越远差距就越大，结果就产生了大错误。"⑤ 意思是说，用目测的方法只能在小范围内使用，搬

---

① 《天对》："度引久穷，不可以里。"
② 《非国语》："天地之无倪，阴阳之无穷，以浑洞轇輵乎其中，或会或离，或吸或吹，如轮如机，其孰能知之？"
③ 《天对》："折筹剡筵，午施旁竖，鞠明究曛，自取十二。非余之为，焉以告汝！"
④ 一行死于开元十五年（公元727年），《旧唐书》作"年四十五"，陈垣《释氏疑年录》据《释门正统》卷八，作"年五十五"，此依陈说。
⑤ 《旧唐书·天文志》："古人所以恃勾股之术，谓其有征于近事。顾未知目视不能远，浸成微分之差，其差不已，遂与术错。"

到广阔的宇宙空间去用，就会有很大误差。同时，他在否定旧结论时，力求寻找新的规律。在河南平原四点测量日影的时候，僧一行也参加了。他们在测日影的时候，同时也测量了北极星出地高度（即仰角度）。滑州是三十五度三分，浚仪是三十四度八分，武津是三十三度八分，计算结果，南北地隔三百五十一里八十步，北极星的高度差一度。现代天文工作者把它换算成现在单位，约是南北相距一百二十九点二二（129.22）公里，北极高度相差一度。这实际上就是地球子午线一度的长度。而现在测量出来的子午线一度的长度是一百一十一点二（111.2）公里。误差似乎还比较大。但是，过去的尺和步与现在的长度换算是否已很精确，还有待于研究。不过，我们从史书记载中可以看到他们的测量方法是正确的，只是技术水平影响了精确度。因此，南宫说和一行等人的实测是全世界第一次用科学的方法对子午线长度的实测。在几年天文研究的基础上，一行从公元725年开始着手编修新历，即"大衍历"。"大衍历"比过去的所有历法都更加精确。

从科学方面看，一行是中国历史上伟大的天文学家，从世界观上说，他又是一个唯心主义者、密宗佛教的重要教徒。死后，唐玄宗赐谥为"大慧禅师"。恩格斯认为有些自然科学家在自己研究的范围内是坚定的唯物主义者，而在这以外则是唯心主义者，甚至是虔诚的宗教徒。列宁说："彭加勒是一位卓越的物理学家、渺小的哲学家。"[①] 我们可以说一行是伟大的天文学家、渺小的哲学家。不能求备于一人。一行既然是有贡献的天文学家，就应该肯定；新旧《唐书》的《历志》和《天文志》都着重介绍过他的学术成果。不能仅仅因为他是一个佛教徒，就不予重视；欧阳修等人撰的《新唐书》竟不为他立传，这也失之偏颇。"我国古代士大夫这种封建的观念，不知道埋没了多少人才。"[②]

---

① 列宁：《唯物主义和经验批判主义》，见《列宁选集》第二卷，第166页。
② 竺可桢：《中国古代在天文学上的伟大贡献》，见《天文爱好者》1984年，2月号。

二、地广

中国古人对于地有多大的问题也作过长期的探索。传说大禹治水以后把天下分为九州，即：冀州、兖州、青州、徐州、扬州、荆州、豫州、梁州、雍州①。战国时代的邹衍认为禹时的所谓九州只是中国这块地方，叫赤县神州。在中国之外，象赤县神州这样的州还有八个，连赤县神州共有九个，这才是真正的九州。九州的周围有"裨海"环绕着，这就组成一个大州，这样大州也有九个，外面有所谓"大瀛海"环绕着，瀛海外就是天地的边界。因此，中国这个九州在天下只占八十一分中的一分。这就是被称为"闳大不经"的大九州说。邹衍所著的书均已失传，以上这些思想只是保存在《史记·孟子荀卿列传》中的一些片断，整个思想体系已不可考了。

另外，还有一种说法，也是从九州开始说开去的。例如《淮南子·地形训》说："九州之外，乃有八殥"，"八殥之外，而有八纮"，"八纮之外，乃有八极"。"八极"是天地的边界，有八山八门，它们是：东北方是方土之山，苍门；东方是东极之山，开明之门；东南方是波母之山，阳门；南方是南极之山，暑门；西南方是编驹之山，白门；西方是西极之山，阊阖之门；西北方是不周之山，幽都之门；北方是北极之山，寒门。这是九州八极的说法。还有四海四极和四海八极等各种说法，例如《尔雅》就是四海四极说，它说："东至于太远，西至于邠国，南至于濮铅，北至于祝栗，谓之四极。觚竹、北户、西王母、日下，谓之四荒。九夷、八狄、七戎、六蛮，谓之四海。"② 纬书《河

---

① 见《尚书·禹贡》，也见《史记·夏本纪》。
② 见《尔雅·释地》。这里所谓"四海"不是东海、西海、南海、北海，而是东夷、北狄、西戎、南蛮四方其他部族。与《礼记·祭义》的"四海"是不同的。

图括地象》就是讲四海八极的①。

不论九州八极，还是四海四极，这个世界究竟有多大呢？说法是不一样的。王充把邹衍的九州说加以简略计算，天下之大约为二十二万五千里②。王充自己作了估计，从洛阳往南五万里到日南，往北五万里到极北，南北十万里，东西也十万里，"相承百万里"③。南北和东西，距离相等，这是正方形或圆形。有的说法则与王充不同，例如《河图括地象》认为天地的东西南北并不一样长，它说："八极之广，东西二亿三万三千里，南北二亿三万一千五百里；夏禹所治四海内地东西二万八千里，南北二万六千里。"④ 东西宽而南北狭窄。这里讲的八极之广就是天地之大，而四海之内地仅是其中一部分。在《山海经》里，四海之地的长宽却成了天地的长宽，它说："天地之东西二万八千里，南北二万六千里。"⑤ 在《管子》中，大地的东西变成二万六千里。而《太平御览》引《私子》说："凡四海之内，断长补短，方三千里。"《淮南子》说："九州之大，纯方千里。"

天地有多大呢？中国古人有那么多种说法，他们的结论都是怎么得出来的呢？我们探讨一下这个问题也是饶有兴味的。首先，据说大禹派善于步行的助手竖亥和大章用步行去测量大地。《山海经·海外东经》说："帝令竖亥步自东极至于西极五亿十选九千八百八十步。"⑥《淮南子·地形训》却说："禹乃使太章，步自东极至于西极，二亿三万三千五百里七十五步，使竖亥，步自北极至于南极，二亿三万三千五百里七十五步。"这里，竖亥不是走东西纬线，而是走南北经线。所说的步数，东西与南北相等，也没有说谁的步子要大些，但是，"四海之内，东西二万八千里，南北二万六千

---

① 《太平御览》卷三十六引。
② 《论衡·谈天篇》。
③ 《论衡·谈天篇》。
④ 《太平御览》卷三十六引。
⑤ 《太平御览》卷三十六引。
⑥ 见《太平御览》卷三十六引。"选"，《艺文类聚》引作"万"。袁珂《山海经校注》"令"作"命"，后无"八十"。

里"，东西却比南北远了二千里。既然是步行，自然只能在四海之内走，总不能在海上步行。另外，《山海经》里讲的是五亿十万多步，比《淮南子》所说的步数多许多倍，但是得出的"天地"之大与《淮南子》中的"四海之内"的大小相等，也是"东西二万八千里，南北二万六千里"①。王充说："周时九州，东西五千里，南北亦五千里。"② 这说明大禹时所测的天地比九州大得多。跟邹衍的大九州相比又是另一种情况。九州东西南北各五千里，天下是中国九州八十一倍大，东西和南北至少各有四万五千里。比大禹时测量的天地又大多了，这里还没有包括州与州之间的海洋面积呢！古代的这些记载是很不严密的，也是很不一致的。同一本《淮南子》，在《地形训》说天地东西二亿三万三千五百里多，南北也是这样大，而在《天文训》中却说："八极之广，东西二亿三万三千里，南北二亿三万一千五百里。"一个是正圆形的天地，一个是椭圆形的天地，或者是正方形和长方形的区别。《天文训》还详细介绍了观测和计算的方法。这一节内容，如果用现代汉语解释，并用 A、B、C 等符号来标明示意图，列式计算，使艰涩的文字变成通俗的文字和计算过程，大意是这样：

要测量地的东西南北的广度，先在一块平地上树立四个标竿（A、B、C、D），各相邻标竿之间的距离为一里的正方形，如图三：在春分或秋分的前后的日子里，从北边的两个标竿（即 A 和 B）看望早晨刚出的太阳（G），使两个标竿和太阳（即 A、B、G）成为一条直线。然后再从南边的两个标竿（D、C）来眺望太阳。当西南那标竿（D）与太阳（G）成直线时，看这直线在东南标竿（C）的北边多远处（即 CE 的长度）。经过这么一番设计、观察、测量以后，就可以进入计算了。

---

① 见《太平御览》卷三十六引。
②《论衡·谈天篇》。

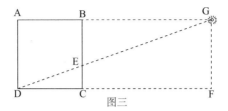

图三

具体计算如下：

$$\frac{CE}{FG} = \frac{CD}{DF}$$

$$AG = DF$$

$$CD = AB = FG = 1 \text{ 里}$$

$$\frac{CE}{CD} = \frac{AB}{AG}$$

已知　$CD = 1$ 里 $= 18000$ 寸

假设观测结果　$CE = 1$ 寸

那么

$$AG = AB \times \frac{CD}{CE} = 18000 \text{（里）}$$

如果　$CE = 0.5$ 寸

那么　AG 则为 36000 里。

古人认为太阳是从地的东极出来，所以，早晨测算出太阳的距离，就是从观测地到地的东极的距离。用同样的方法，观测日落时的远近，也就是观测地到西极的距离。从观测地到东极和西极的距离相加，就是东极到西极的距离，也就是大地的东西方向的广度。

要知道地南北的广度，也是要树立那样四个标竿。古人以为地是平方形的，而且以为夏至日那一天，太阳是从地的东北角升起，因此，《淮南子·天文训》的作者所采取的观测方法是：

四个标竿 A、B、C、D 组成边长为一里的正方形，AD 是南北方向，AB 是

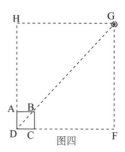

图四

东西方向。在夏至那一天，从西南标竿 D 向东北方向眺望日出，如果日出正好在东北标竿 B 处，也就是说，西南标竿 D 和东北标竿 B、太阳 G 在一条直线上，那么，这就说明，从观测地到北极 H 和到东极 F 的距离是相等的（见图四）。如果到东极是一万八千里，那么，到北极就也是一万八千星。加倍便是南北极的广度了。请记住：这里用的是"如果"！

另一种情况，如果从西南标竿观察夏至日出时，日不正好在东北标竿上，而在东北标竿南边一寸。也就是说，直线 DG 与 BC 的交点 E 在东北标竿 B 的南边一寸，即 BE = 1 寸。如图五所示：

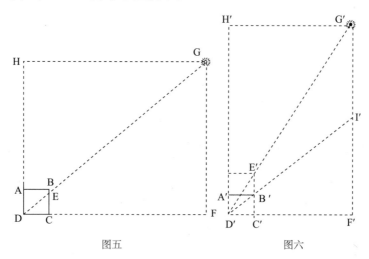

图五   图六

按照"一里一寸"的比例，那么北极就比东极离观测地近一里。同样道理，如果从 D′观测太阳 G′时，视线经过 B′北边一寸远的地方 E′，即 B′E′ = 1

寸，那么，北极离观测地就要比东极远一里①。见图六。

《淮南子·天文训》的作者在进行这些计算之前用了一个"假使"，从全文论述来看，也都是设想性质的，说明作者没有作过实测，或者，虽然几经实测，从未得出肯定的结果，因此写不出象样的实验报告，只好作纯理论的推算。可以说，这里所得数字不是实测计算出来的，而是推算出来的。也就是说，它给了观测和计算的方法，而自己却没有成功地使用这种方法。我们认为，之所以没有成功，主要有三个方面的原因：

一、作者根据古代天圆地方说，设想太阳是从地边升起来的，早晨距离太阳的远近就是大地东极的远近。这是计算的前提。这个前提是错误的。

二、凭肉眼观察一里远的标竿，很难辨别一两寸之间的差别。正如一行所说："目视不能远"，望远产生错觉，误差是难免的。这也许是作者没有测出结果的主要原因。

三、以上计算中也有一系列错误，例如，首先他用假设的观测结果计算出东极的距离为一万八千里。这不是实际观测的结果，却作为前提去推算北极的远近。一系列推算都是在假设的基础上推衍，没有一个确实的数字。另外，根据平面几何学来分析，他在后面的计算中也有错误。例如在最后一幅图中，我们可以加一条补助线 D′B′ 与 F′G′ 相交于 I′，就会发现离观测点 D′ 越远，G′I′ 线段就越长。他认为 B′E′ 是一寸时，G′I′ 就一定是一里，也就是说，G′I′ 是 E′B′ 的一万八千倍。实际上，这又是以东极为一万八千里这个并非实际数字为前提的。

---

① 原文是："欲知东西南北广袤之数者，立四表以为方一里距。先春分若秋分十余日，从距北表参望日始出，及旦，以候相应，相应则此与日直也。辄以南表参望之，以入前表数为法，除举广，除立表袤，以知从此东西之数也。假使视日出入前表中一寸，是寸得一里也。一里积万八千寸，得从此东万八千里。视日方入，入前表半寸，则半寸得一里，半寸而除一里，积寸得三万六千里。除则从此西里数也。并之东西里数也，则极径也。未春分而直，已秋分而不直，此处南也。未秋分而直，已春分而不直，此处北也。分至而直，此处南北中也。……欲知南北极远近，从西南表参望日，日夏至始出与北表参，则是东与东北表等也，正东万八千里，则从中北亦万八千里也。倍之，南北之里数也。其不从中之数也，以出入前表之数益损之，表入一寸，寸减日近一里。表出一寸，寸益远一里。"

总之，《淮南子·天文训》作者不是以实测为基础，因此所有结论都是错误的。既然得出了错误的结论，我们介绍他的计算方法还有什么意义呢？我们以为至少有两个方面的意义。首先它表明了汉代数学所达到的水平；其次说明中国古人利用数学知识去追求真理，去探索天地的奥秘，表明在作者的心目中，宇宙是可以认识的，并不是神秘莫测的。错误并不可怕，只要敢于探索，不断地用已有的科学知识进行新的探索，就会逐渐揭开天地的奥秘，日益丰富人类的知识。

东汉哲学家王充是怎样得出天地的大小的呢？他是根据已有的地理知识，对大地的面积作一约略估计。他说："现在从东海上观察太阳，跟从流沙地观察太阳，大小差不多。东海到流沙地东西相距近万里，所看到的太阳大小却差不多，可见，现在所知道的地面只占大地的一小部分。"① 王充也是把地看作一个平面体，东西相距万里，太阳的大小还看不出变化，说明太阳跟地的距离比一万里要大得多。这个猜测是对的，日地距离比一万里确实要大得多，但他却不能料到，日地距离竟是一万里的近三万倍！

王充还利用对北极星的观察来研究天地的大小。他说："洛阳是九州的中心地区。从洛阳向北看，北极星在正北的方向上。在洛阳往东三千里的东海边上，观察北极星，北极星也在正北的方向上。从而可以推算出，如果从西方流沙地观察北极星，也一定会在正北的方向上。东海边和流沙地是九州的尽东头和尽西头，东西距离有万里，都看到北极星在正北的方向上。可见，这是因为人们居住的地方狭小，不能够避开北极星。"② 王充根据东海与洛阳距离三千里，两地观察北极星都在北方，说明天地是极其广大的。天地究竟有多大呢？王充作一大略估计。他说："从洛阳往南两万里，可以到日的南方。现在从洛

---

① 《论衡·谈天篇》："今从东海上察日，及从流沙之地视日，小大同也。相去万里，小大不变，方今天下得地之广，少矣。"

② 《谈天篇》："洛阳，九州之中也。从洛阳北顾，极正在北。东海之上，去洛阳三千里，视极亦在北。推此以度，从流沙之地视极，亦必复在北焉。东海、流沙，九州东西之际也，相去万里，视极犹在北者，地小居狭，未能辟离极也。"

阳这个地方观察日的远近，跟北极星不一样远，北极星更远一些。现在要向北方走三万里，也还不能到北极星下的地区。假如能到极下地，那么，这三万里就叫做洛阳的'距极下'。从北极星下到日南约五万里。北极星是天的中央，北极星往北也有五万里。如果北极星往北是五万里，那么从北极星往东往西也都是五万里。这样，东西十万里，南北十万里，相乘有百万里。"① 这就是整个大地的大小。

我们现在已经知道，地球赤道长为四万多公里，相当于八万多里，正是毛泽东《七律·送瘟神》中的诗句所说的："坐地日行八万里"。十万里和八万里相差不多。汉代的长度单位比现在要短一些，这就更接近了②。王充根据地理知识和天文观察，提出了天才的猜测，是可贵的。但是，他的数字不是通过严密的观测计算得出来的结果，只是估计。而且他认为地是平面体，而不是球形的。因此，尽管他的猜测数字与实际情况很接近，也不是真正的科学精确度。因此，我们不宜给予过高的评价。

唐代否定"千里一寸"以后，天高问题似乎少有人研究，而对于地广问题还是不断有人探讨的。比较突出的是元朝天文学家扎马鲁丁。他于元世祖至元四年（公元1267年）创制了一些仪象，其中有一个相当于地球仪的仪器，蒙古语叫"苦来亦阿儿子"，汉言"地理志"。它是用木头做成一个圆球，七分是水，用绿色来表示，三分是陆地，用白色来表示。在陆地上还画出江河湖海。并且画出小方格来表示长宽、远近③。所谓"汉言地理志"，就是把地理志用仪象的方式来表达。水陆用不同的颜色来表示，并且用小方格来标明方

---

① 《论衡·谈天篇》："去洛阳二万里，乃为日南也。今从洛地察日之去远近，非与极同也，极为远也。今欲北行三万里，未能至极下也。假令之至，是则名为距极下也。以至日南五万里，极北亦五万里也。极北亦五万里，极东西亦皆五万里焉。东西十万，南北十万，相承百万里。"
② 《明史·天文志一》第341页，中华书局1974年版载西洋人说地的周长为九万里。明朝的华里比现在华里为短，汉朝的里比明朝的里也短一些，因此，王充所说十万里跟现代八万里很接近。
③ 见《元史·天文志》，原文是："苦来亦阿儿子，汉地理志也。其制以木为圆毯，七分为水，其色绿，三分为土地，其色白。画江河湖海，脉络贯串于其中。画作小方井，以计幅圆之广袤、道里之远近。"

位。这些小方格（古称"小方井"）就是现在地球仪上的经纬线。这大概是中国历史上第一个地球仪，而且出自少数民族，实在难能可贵！

　　明朝时候，西洋天文学传入中国，其中就有地圆说。明朝人认为西洋地圆说"与《元史》扎马鲁丁地圆之旨略同"①。当时的天文学家李之藻、徐光启、李天经、梅文鼎等都接受了地球说。徐光启主张制造"万国经纬地球"仪器。但是，有的哲学家却根据传统的说法和自己的生活经验，对地球说表示怀疑，著名的唯物论哲学家王夫之就是其中一个。

　　王夫之针对西洋人利玛窦的地球说，提出反驳：

　　一、人不能站在地外面来看地的整体，不能知道地是球形。地球周围只有九万里，我们从沙漠到交趾或者从辽左到葱岭，走这么远的路为什么感觉不到地是圆的呢？地面高低不平，没有一定形状。利玛窦把大地看作一个"丸"，"何其陋也"②！多么差劲呀！

　　二、利玛窦认为地形周围九万里，根据是人向北走二百五十里就可以看到北极升高一度。人的眼睛会有错觉，地面又有高低，看到一度怎么会就是一度呢？那又怎么能确定"地下之二百五十里为天上之一度邪？"地如果是圆的，人站在任何地方都是站在"绝顶"上，那么应该可以看到三分之二的天体，为什么只看到天体的一半呢？苏东坡诗云："不识庐山真面目，只缘身在此山中。"利玛窦身处大地之中，怎么能识这大地是圆球形的呢？

　　从第一点来看，王夫之是根据自己狭隘的经验作为论据的。第二点反驳是王夫之对天文测候的怀疑。利玛窦所谓"地下二百五十里"和"天上一度"，都不是步量目测的，而是用望远镜、浑天仪等仪器测量出来的。利玛窦的结论受到同行专家的肯定，说明其科学性。王夫之的反对只能说明他自己对此外行。

　　唐代否定"千里一寸"以后，天高八万里就成了过时的理论。明朝时代，

---

①《明史·天文志一》。
②《思问录·俟解》。

西方天文学传来了新的理论。这种西方近代天文学认为地球周围九万里，用圆周率计算，得出地球直径为"二万八千六百四十七里又九分里之八"①。"太阳最高距地为地半径者一千一百八十二，最卑一千一百零二"②。"地半径一万二千三百二十四里"③。那就是说，太阳离地球最近的距离是一千三百五十八万一千零四十八里。这是八万里的一百六十九倍多。据现代天文学计算结果，日地平均距离为一亿四千九百五十九万八千公里④，合二亿九千九百十九万六千里，是八万里的三千七百四十倍。

---

① 《明史·天文志一》。后面说的地半径不等前面说的地直径的一半，这与计算方法有关。
② ③ 同上。
④ 《中国大百科全书·天文学》，第 340 页。

第三章　天旋地动

一、天旋

古人很早就说天在旋转。他们怎么知道天在旋转呢？他们所谓天在旋转指的是什么呢？天如果都是青色的，象青石板那样，那么它的旋转是看不出来的。正如人们在大雨天看不见茫茫白云在移动一样。可见，天的旋转不是直接观察到的，而是间接观察出来的。古人以为星辰是镶嵌在天体上的，因此，人们可以通过星辰的移动来间接地了解到天体的旋转。《吕氏春秋·当赏》上说："民无道知天，民以四时寒暑、日月星辰之行知天。"① 日月星辰每天东升西落，证明天在旋转。也像我们晚上眺望远处的公路，虽然看不见汽车，只要看到明亮的车灯在移动，就可以知道那里有汽车正在行驶。

人们观察天体旋转中发现全天的星辰每天都整齐地东升西落，星与星的距离没有变化，这证明它们是镶嵌在一块固体的天上。他们还发现北极星没有动，从入夜到初晓，都在北方天空，而其他的星辰都绕着它旋转，一夜的运行

---

① 陈奇猷：《吕氏春秋校释》，学林出版社，1984 年。

轨迹都是在天上画的一条弧线。这就是孔子说的"北辰居其所，而众星共之。"①"北辰"就是指北极星。"共"就是"拱"，是环绕的意思。这样，人们就把北极星想象为天体的中心。后来有的人认为天象伞的形状，是一个拱形的天体，那么北极星又成了天顶，是天体的极高处。于是，人们居住的地方也就不是天下的中心了，而是在大地的中心的南方，或东南方。这样河水东流得到解释，北极星在北方天空也得到说明。

但有不同看法，例如《淮南子》对星辰移动作了另一种解释，在《天文训》中说，过去有共工和颛顼争着当统治者"帝"，共工失败了，怒触西北方向支持天体的不周之山，不周之山倾倒，天柱折断，维系大地的绳索也断绝。这样，天倾西北，所以日月星辰都向那边移动。东南方向维系大地的绳索断绝以后，东南地面下陷，所以，河水都向东南方向流去。在《原道训》中也说："昔共工之力，触不周之山，使地东南倾。"② 共工使地倾向于东南方的说法，由来已久。早在战国时代，屈原就已经在《天问》中把它作为一个问题提出来："康回冯怒，地何故以东南倾？"康回就是共工，冯怒即盛怒。共工盛怒，地为什么就向东南倾斜呢？《淮南子》的解释是：因为他怒触不周之山，使地维绝。再联系《地形训》中的"八紘"（即八维）、"八极"（即八柱），我们可以把《淮南子》的天地构成模式描绘出来：天地是两块固体，天在上面，由地的八极即八座大山作为天柱支撑着，所以不会落下来。地由天上的八根巨绳（即八紘、八维）维系着，所以不会陷下去。结果共工把西北极的不周之山这根天柱撞倒了，天体失去平衡，倾向西北，与此相应，天体的东南方翘了起来。由于天柱的支撑，东南方的地并没有被拉起来，却使维系大地的东南方的巨绳拉断了。这就是"天柱折"导致"地维绝"，形成了后来的"天倾西北"和"地倾东南"的新局面。这里的"倾"，都是向

---

① 《论语·为政篇》。
② 刘文典：《淮南鸿烈集解》卷一，商务印书馆民国廿二年版。

下倾斜的意思。"天倾西北，故日月星辰移焉；地不满东南，故水潦尘埃归焉。"① 这样，《淮南子》也解释了星辰西移、河水东流的现象。在这里，天和地都是不动的，只有星辰和河水在移动。这种说法也见于屈原《天问》。这可能是楚越文化的特点。

天体支撑在七根半的天柱上，虽然是倾斜的，却是不动的，因为当时人们还不会设想在天柱顶上安滚珠。这样就出了问题：日月星辰向西北移去以后，为什么又从东方出来呢？二十八宿周而复始，这是为什么呢？《淮南子》对此就难以解释了。因此后来的人几乎都赞成天体旋转的说法。我们现在已经知道，古人所谓天体旋转，实际上就是地球本身自转在天象上的反映。只不过因为人在地球上生活，总以为地是静止不动的，天在旋转。古人的这种看法曲折地反映了地球自转的实际情况，因此有它的合理性。

古人在长期观察中发现，满天星辰的相互之间的距离都保持一定，也就是相对位置不变，只有日月和另外五颗比较明亮的星有点特殊。多数星辰每日随天体旋转一周，古人称之为经星。五颗明亮的星有时走得快，有时走得慢，有时往东前进，有时向西后退，有时行进，有时似乎又不走了。后来，人们继续对它们追踪观察，发现它们的运行也有各自的规律，既有自己的运行轨道，也有各自的不同周期。例如一颗星是全天最亮的星，称为"太白"。在早晨出现时，人们称它为"启明"，在傍晚时出现，人们称它为"长庚"。另一颗星有时前进，有时后退，有时停留，使人感到迷惑不解，因此称它为"荧惑"。还有一颗星运行周期约是十二年，古人把天分为十二次，它一岁在一次，就命名为"岁星"。此外还有辰星、填星。后来，阴阳五行学说盛行，古人就把日称为"太阳"，月称为"太阴"，把那特殊的五颗行星都分别隶属于五行，太白属金，岁星属木，辰星属水，荧惑属火，填星属土。然后又把日月五星这七个天体合称为"七政"或"七曜"。许多星在天空的相对位置不变，现在叫"恒

---

① 刘文典：《淮南鸿烈集解》卷三。

星"。恒星按所在位置和所组成的形状，分为若干星座，古人分别赋予各种各样的名称。例如"四象"、"三垣"、"二十八宿"① 等等。这些星固定在天体上。它们虽然也东升西落，相对天体来说，却是不动的，是天体旋转带着它们东升西落。因此，古人认为在天上能够运动的只有七个东西，即七曜。张衡在《灵宪》中说："凡文耀丽乎天，其动者七，日月五星是也。"② 北宋张载也说："在天而运者，惟七曜而已。"③

最初，人们认为"天行健"，天体运动速度最快，一昼夜从东到西又从西到东旋转了一周。日稍慢一点，一昼夜旋转差一点一周，月就更慢了，每天都要落后好远。总之，日月五星和天体（恒星）都是从东向西运行的，只有快慢的不同。

又经过若干时日的观察，人们发现，如果把日每天所在恒星天④上的位置按顺序标点出来，这些点可以组成一个大圆圈。也就是说，日的移动轨迹是一个大圆圈，如果规定日每天在天上运行的轨迹为一度，那么，这一大圆圈就是三百六十五度又四分之一度。规定日走完这一圈为一年，那么，一年就是三百六十五日又四分之一日。这跟现代计算出的回归年精确值相比，一年只差了十一分钟多。在两千年以前，能够得出如此精确的数值，实在难能可贵！

古人把太阳在恒星天上所画出的轨道叫黄道。黄道附近有许多恒星。他们选择恰好在度上的恒星作为标记，共找到这样"当度"的恒星二十八颗。这些单个恒星难以辨认。为了易于辨认，古人把各个当度恒星分别和附近的一些恒星联成一个图形，然后根据图形特点，赋予各不相同的名称，总称叫"二十八宿"。北宋沈括在《梦溪笔谈》卷七中对此作了很好的说明，他说："天

① 这些内容后面第五章还要详细讲到。
②《后汉书·天文志》。
③《正蒙·参两篇》。
④ 恒星天是指以恒星为背景的天球面，古代也称"天体"，或叫"经星之天"。见《思问录·俟解》。

事本无度，推历者无以寓其数，乃以日所行分天为三百六十五度有奇。既分之，必有物记之，然后可窥而数，于是以当度之星记之。循黄道，日之所行一期，当者止二十八宿星而已。"他认为，这些都是"强名而已，非实有也"①。就是说，二十八宿不是本来就有的名称，只是历法家为了观测的需要所加上去的。它是人为的划分天区的记号。同样，古人把月在恒星天上的轨道叫做"白道"。一年十二个月，把月亮每个月所在的天区叫做"次"，这样又把全天分为十二区域，叫做"十二次"。明清之际的哲学家王夫之（公元 1619—1692 年）在《思问录外篇》中说："天无度，人以太阳一日所行之舍为之度。天无次，人以月建之域为之次。非天所有，名因人立。名非天造，必从其实。"② 名称不是天所固有的，是人确立的。人确立名称必须符合实际情况。

经过长期研究之后，古代天文学家认为，天是从东向西旋转，日月五星是从西向东旋转的。天旋转速度快，一天向西旋转一周，日月五星向东旋转速度比较慢，因此都被天体带着向西旋转。日月向东运动，日一天运行一度，月一天运行十三度多。这样，跟以前的传统说法就不一样了，于是引起了争论。对于天体从东向西运行（左旋）的问题，他们没有争议，问题在于日月是怎么运行的。认为日月也是从东向西运行的，随天体运行而稍微慢些。这是"左旋说"的基本看法。认为日月是从西向东运行，迎天而行，日行一度，月行十三度。这是"右旋说"的主要观点。从现有的资料来看，"左旋说"和"右旋说"的争论可能是从西汉开始的。

西汉时代有一本书，叫《夏历》。《夏历》这本书认为日月和列宿都是从东向西运行的。列宿最快，日稍慢一点，月最慢。所以，日和某一宿星在黄昏时一齐进入西方，往后九十一天，这一宿星到了北方，又过九十一天，当日西

---

① 《元刊梦溪笔谈》卷七，文物出版社 1975 年影印本。下引均据此书。
② 《思问录·俟解》。

落时，它已到了东方。再过九十一天呢？日落西山时，它就已出现在南方了。这说明日运行的速度比列宿慢。月初时，当日入西方的时候，月出现在西天上；到月中十五那一天，日入西方时，月才从东方出来；到了月末，日未东升，月已出现在东方了。这说明月的运行比日慢，也说明日月都是从东向西运行的，也就是说都是"左旋"的。当时，刘向（公元前77—前6年）根据《鸿范传》①的说法来驳斥《夏历》中的"左旋说"。《鸿范传》说：月末的时候，月亮出现在西方，叫做"朓"（读 tiǎo），朓是迅速的意思。月初的时候，月亮出现在东方，谓之侧匿。侧匿是缓慢不敢进的意思。另外，史官（负责记载历史事实和天象变化的官员）把星辰向西运行叫做"逆行"。也就是说，星辰向东运行是顺行，是正常现象。《夏历》说法与这三种说法都是相违背的，因此是不能成立的。②

汉代政治统一要求思想统一。"罢黜百家，独尊儒术"以后，儒家的几本著作就成了经典。研究这些经典，形成了一门学问——"经学"。给"经学"作注疏的叫"传"。圣人写经，贤者作传，圣贤说的话都是正确的。这是当时学者迷信圣贤、信师好古的流行观念。在那时，判断是非的标准是圣贤的话、是经传的文，而不是实际。这是十分糟糕的学术空气。连刘向这样相当著名的人物也不能摆脱当时的风气。本来右旋说和左旋说比较，略为优越。他在驳斥

①《鸿范传》，或作《洪范传》，古文"洪"与"鸿"通，如《文选》晋·张景阳《七命》："生必耀华名于玉牒，殁则勒洪伐于金册。"注："陈琳《韦端碑》：'撰勒洪伐，式昭德音。'"《晋书·张协传》作"没则勒鸿伐于金册"。

② 原文是："刘向《五纪》说，《夏历》以为列宿日月皆西移，列宿疾而日次之，月最迟。故日与列宿昏俱入西方；后九十一日，是宿在北方；又九十一日，是宿在东方；九十一日，在南方。此明日行迟于列宿也。月生三日，日入而月见西方；至十五日，日入而月见东方；将晦，日未出，乃见东方。以此明月行之迟于日，而皆西行也。向难之以《鸿范传》曰：'晦而月见西方，谓之朓。朓，疾也。朔而月见东方，谓之侧匿。侧匿，迟不敢进也。星辰西行，史官谓之逆行。此三说，《夏历》皆违之，迹其意，好异者之所作也。'"（《宋书·天文志一》）这里刘向引《鸿范传》文来驳斥《夏历》，说明《鸿范传》是前人之作，非刘向自著。《汉书·刘向传》说他著有《洪范五行传论》，与《鸿范传》为两本不同的书。《隋书》将《鸿范传》误为刘向所著。另外，"向难之以《鸿范传》"，说明刘向批驳《夏历》说法，认为它违背《鸿范传》的说法，是"好异者"的作品。郑文光误以为刘向依据"夏历"提出左旋说，这实在是弄颠倒了。见《中国天文学源流》第117页，科学出版社，1979年。

"左旋说"时，没有根据天象观察、天文研究来立论，只是引用《鸿范传》的话来论证，很显然，他的驳斥理由不很充足，而且他又没有正面阐述右旋说的观点，显得更加无力，只能算是一种质疑性质的问题。

东汉哲学家王充最早系统地阐述了右旋说的观点。他说："日月系在天体上，随着天体一年四季旋转运行。就好像蚂蚁在磨石上爬一样。日月运行迟缓，天体旋转迅速，天体带着日月旋转，所以，日月实际上是向东运行，却被天体带着向西旋转。"① 后来，《晋书·天文志》引用"周髀家"的右旋说观点时，也是用蚂蚁爬在磨石上来作比喻的。书载："周髀家云：'……天旁转如推磨而左行，日月右行，随天左转，故日月实东行，而天牵之以西没。譬之于蚁行磨石之上，磨左旋而蚁右去，磨疾而蚁迟，故不得不随磨以左回焉。……'"② 他们把王充的天文学思想当作盖天说的一个分支"周髀家"的观点。王充成了周髀家的代表人物。

以上资料说明汉代已有"右旋说"和"左旋说"的争论。再往前，战国时代是否也有这种争论呢？现在保存的先秦的文籍中还没有发现。屈原《天问》保存着很多古老的天文学内容，但也未见有右旋说的思想痕迹。没有右旋说思想，自然就不会有左右旋说之争了。

左右旋说都是以地球为静止中心、日月星辰围绕地球旋转的这一错误假设为前提的，本质上都是错误的。虽然都是错误的，也还有加以区别的必要，因为它们的合理性程度和实用价值是不一样的。

左旋说认为日月每天运行一周。这可以解释太阳的周日视运动。所谓周日视运动就是人们每天可以看到的太阳东升西落的运动。这种视运动反映了地球的自转运动。但是，左旋说不能解释冬季为什么太阳升于东南方、没于西南方，而夏季升于东北方，没于西北方这样一种周期性变化。也不能解释日月运

---

① 《论衡·说日篇》："日月……系于天，随天四时转行也。其喻若蚁行于砪上，日月行迟天行疾，天持日月转，故日月实东行，而反西旋也。"砪，读 wèi，即磨石。
② 《晋书·天文志上》。

行快慢变化的周期性，不能解释太阳的另一种视运动，即在恒星天上的周年视运动。前面已经讲到太阳一年在恒星天上画了一大圆圈。这就是太阳的周年视运动。它反映了地球绕太阳的公转运动。右旋说不仅能解释太阳的周日视运动，而且能解释太阳的周年视运动，还能对冬夏太阳出没、昼夜长短、运行快慢等问题作出令人满意的说明。同时，对于制订历法、预报日食、月食等方面都有一定的实用价值。两相比较，右旋说能说明的现象更多一些，有较高的实用价值。因此，汉代以后的天文学家、历法家都抛弃了比较粗疏的左旋说，信从右旋说，使右旋说在汉唐之间长期占着绝对的优势。左旋说虽然缺乏使用价值，由于它以直观观察为基础，易于为常人所理解，因此在天文学的门外汉那里、在不需要制订历法的普通人那里还有一些市场。但是，这些人在历代的天文历法界中没有发言权，所以，左旋说一直不受重视。北宋以后，情况发生了特殊的变化。一些哲学家在对天文学缺乏具体研究的情况下，发表了某些议论，说了一些外行话。由于哲学受到统治者的重视、提倡、甚至成了世俗学者追求名利的垫脚石、敲门砖，在社会上产生了广泛而深刻的影响。哲学家的外行话、粗疏的天文学见解也混杂在哲学理论中扩散到社会上去，被广大学者误认为也是天经地义的，千真万确的。

　　首先是"北宋五子"之一，"关学"首领张载（公元 1020—1077 年）曾经接触过古代的左右旋说。他叙述过左旋说的观点。他说："天左旋，处其中者顺之少迟，则反右矣。"① 所谓"处其中者"就是指日月五星，"顺之少迟"，就是说日月五星也是顺着天体左旋的，只是稍微慢一些，因此看起来就好像向右旋转了。这是明显的左旋说观点。同一个张载也叙述过右旋说的观点。他说："日月五星，逆天而行"，月"右行最速"，日"右行虽缓，亦不纯系乎天，如恒星不动。"② 所谓"恒星不动，纯系乎天"，就是说恒星完全跟天

① 《张载集·正蒙·参两篇》。
② 同上。

体一致，从东向西旋转，即左旋。日月五星，逆天而行，是从西向东运行，走的是与天相反的方向，即右旋。每天日行一度，月行十三度，所以月亮右行最速，而太阳右行比较缓慢。这些都是道地的右旋说观点。不管左旋说，还是右旋说，在天体左旋的问题上，观点还是一致的，争议只在于日月五星是往哪一个方向旋转的。但是，也是这一个张载，还是在《正蒙·参两篇》中提出了与前二者都不相同的观点，认为"古今谓天左旋，此直至粗之论耳。"① 那就是说，他对左右旋说都加以否定，认为它们都是粗疏的。那么，精密的见解是什么呢？他说："愚谓在天而运者，惟七曜而已。"② 那么，恒星不动为什么有昼夜的变化呢？他认为，恒星所以有昼夜变化，真正的原因是由于地在中间乘着气机旋转，所以人们看到恒星、银河的转动，日月的随天出现和隐没。实际上，天是太虚，太虚只是气，没有什么形体，没有什么东西可以证明天在外面移动。

王夫之对张载的说法作了正确的理解："此直谓天体不动，地自内圆转而见其差。"但是王夫之不同意这一观点，他说："地之不旋，明白易见。"因此他对于张载的地动说感到"于理未安"③。

南宋理学家朱熹（公元 1130—1200 年）也不赞成张载的地动说，就选择自以为是的左旋说，加以提倡。当有人问到天左旋、日月星辰右转的时候，朱熹说："以前儒家有过这种说法，后来人都守定这种观点。某看天上，只见日月星辰都是随着天体从东向西旋转，从来没见由西向东运行，只有左旋，不曾右转。天行健，转得极其迅速，今天，日月都在这个度上，明天旋转一周，天超过了一度，日慢一些，就少了一度，月亮更加迟缓，少了十三度多，岁星（即木星）转一周就差了三十度。""天和日月五星都是左旋的，只有速度快慢的差别。"所谓"右旋说"，朱熹认为是历法家为了计算方便，才提出的方法。

---

① 《张载集·正蒙·参两篇》。
② 同上。
③ 《张子正蒙注·参两篇》。

"进数为顺天而左，退数为逆天而右，历家以进数难算，只以退数算之，此是截法，故谓之右行，取其易。"① 从东往西是顺天左旋，从西往东是逆天而右旋。日按左旋计算，每日比天少一度，为三百六十四度多，这个数字复杂难算。按右旋计算，只退了一度，这样好算。朱熹认为就由于这一原因，才产生了右旋说。最后，朱熹引了张载一句话来支持自己的看法，"横渠曰：'天左旋，处其中者顺之少迟，则反右矣。'此说最好！"②

张载有三种说法：左旋说、右旋说、地动说。左旋说合理性最少，地动说合理性最多，正是地动说最能代表张载的观点，这一点将在后文详加论证。朱熹根据自己的见解，只取左旋一说，显然是片面的。张载明确说："古今谓天左旋，此直至粗之论尔"。朱熹却把张载认为"至粗"的左旋说当作张载的唯一见解加以宣扬。这能算继承了张载的思想吗？从而可见，所谓继承，不是原封不动的照搬，而是根据自己的认识，对前人的思想加以借鉴、发展和改造。任何人的行动都可以从前人的思想中找到根据，都可以说是继承了前人的思想。实际上，只要符合实践的思想就是正确的，不必事事找古人撑腰。但是在中国封建社会里，迷信成风，圣贤之言比实践有更高的权威，所以许多学者的思想受到局限，得不到充分发展。

朱熹根据自己的见解来选择张载的观点，朱熹的见解怎么来的呢？只有一个"某看天上"。一个人仰头看一看天，这就算对天文学有了研究？直观感觉可以代替科学研究吗？直观感觉只能认识事物的表现形式。要了解事物的本质需要深入的科学研究。"如果事物的表现形式和事物的本质是直接相符合的话，那么任何科学都是多余的了。"③ 如果看一眼，就可以了解一切天体的运行情况，那还要天文学干什么？但是，元明时代，朱熹的理学被统治者奉为正统儒学。他的《四书集注》是儒家经典的权威解释，成

---

① 《性理大全》引朱熹注张载《正蒙》。
② 《朱子语类·理气》。与《性理大全》引文大同小异，主左旋说则是一致的。
③ 马克思：《资本论》第三卷，第 959 页，人民出版社，1966 年。

了科举考试的依据。当朱熹思想成了统治思想以后，中国又进入了一个比较愚昧的时代。许多学者把朱熹的每一句话都奉为经典，不容置疑，于是，朱熹的左旋说粗疏的观点也成了唯一正确的说法。这样，冷落了一千年的左旋说重新抬头了，并在理学家（诸如魏了翁、史绳祖等人）中流传开了。相反，右旋说却很少有人提及。

朱熹的高足蔡沈（公元1167—1230年），号九峰先生，著有《洪范皇极》、《书经集传》等书。他在《书经集传》中宣扬左旋说的观点，对后世儒者颇有影响，甚至连至尊的皇帝也动摇不了。

明朝初期，农民起义的领袖朱元璋当了皇帝。有一天，明太祖朱元璋跟群臣讨论天和日月五星的运行问题。许多大臣都按蔡沈的说法来解释日月运行，宣扬左旋说。朱元璋很不满意，他说："我从起兵以来，经常观察天象，天体左旋，日月五星右旋，历法家的说法，的确符合天体运行实际。你们还守着蔡沈的说法，这难道就是你们所谓格物致知（做学问）的方法吗？"[1] 这是官方编修的史书上的记载，大概经过加工整理。私人笔记中可能保存着更原始的记载，虽然粗糙，也许更接近实际情况。在《明史》（公元1735年定稿，1739年刊行）的编撰之前，清初学者孙承泽（公元1592—1676年）在《春明梦余录》里也有一段类似的记载。其中记曰："洪武中，与侍臣论日月五星，侍臣以蔡氏左旋之说为对。上曰：'天左旋，日月五星右旋。盖二十八宿经也，附天体而不动；日月五星纬（也，丽）乎天者也。朕尝于天清气爽之夜，指一宿以为主，太阴居星宿之西，相去丈许，尽一夜则太阴渐过而东矣。由此观之，则是右旋。此历家尝言之，蔡氏特儒家之说耳。'"[2] 这里的"洪武中"，《历志》明确是洪武"十年三月"，即公元1377年。《历志》中只讲"仰观乾

---

[1]《明史·历志一》："十年三月，帝与群臣论天与七政之行，皆以蔡氏左旋之说对。帝曰：'朕自起兵以来，仰观乾象，天左旋，七政右旋，历家之论，确然不易。尔等犹守蔡氏之说，岂所谓格物致知之学乎？'"

[2] 孙承泽：《春明梦余录》卷59《钦天监二·观象台》，古香斋鉴赏袖珍本。

象"，不很具体。孙承泽所记则比较具体。在天清气爽的夜晚，指定一个星宿为标志，月亮在这一星宿的西边一丈左右。观察通宵，到黎明前，看见月亮渐渐地经过这一星宿向东边去了。这符合历家的右旋说，而蔡沈的说法是儒家主张的左旋说。戴震把《明史·历志》的这段话误为《天文志》。他引述后说："今考蔡氏说，本之张子、朱子，故自宋以来，儒者与步算家各持一议。"① 蔡沈的说法来自于张载、朱熹，这是儒家的左旋说。朱元璋以封建最高统治者皇帝的身分，亲自表态，支持右旋说，反对儒家的左旋说。当时，大官们鸦雀无声，不敢异议。但是，朱熹思想在社会上还有广泛的影响。许多儒者仍然信奉左旋说。记载朱元璋与群臣讨论左右旋说的孙承泽也是倾向左旋说的，在他的《春明梦余录》中多次引述左旋说的观点。他自己也说："日阳精，一日而绕地一周。"可见，一种思想一旦流行，要清除它，就不那么容易。但是，许多学者仍然信儒家观点，排斥其他说法，包括历家的说法。这样就从原则上肯定朱熹等儒家的左旋说，否定了非儒家的右旋说。例如明代总校《永乐大典》的翰林院学士瞿景淳就认为，只要读了《周易·系辞传》、周敦颐的《太极图》、邵雍的《皇极经世》和张载的《正蒙》，然后用朱熹的思想来领会以上各种思想，那么，自然界的所有知识就都被我们掌握了，何必再找别的什么书看呢？其他书看多了反而会"玩物丧志"②，把思想搞乱了。瞿景淳这种主张当纯儒的思想很有代表性。它代表当时迂腐儒者的守旧思想，代表着脱离实际、崇拜权威、空谈玄理的思想。

明代中期以后，朱熹学说虽然还是官方哲学，占着统治地位。但是，由于

---

① 《续天文略》卷上，见清曲阜孔继涵刊刻《微波榭丛书》。
② 《天文杂辩》："然则学者果何以折群疑乎？本之《系辞》，以穷其原；合之《太极图》，以尽其蕴；参之《经世》，以极其变；考之《正蒙》，以知其化；终之晦翁语，以会其全，则造化之意、言、象、数，皆在我矣，而奚必旁搜（搏放），以玩物丧志哉！"见《广古今议论参》卷一，明崇祯壬午年（公元 1642 年）刻本。"搏放"两字原残，"搏"不见手旁，似应为"博"字，"放"字左边剩上方一竖，右边剩下方一捺，似应为"採"字。旁搜博採，顺理成章。《明史·历志一》载："夫旁搜博採以续千百年之坠绪，亦礼失求野之意也，故备论之。"可见，"旁搜博採"是明清时代的通用词组。

官方政治削弱，异端蜂起。特别是李贽（公元 1527—1602 年）提出了反对以孔子的说法作为判断是非的标准的主张。他认为自汉代以来"咸以孔子之是非为是非，故未尝有是非"①，都认为孔子说对的就是对的，孔子说错的就是错的，这实际上没有真正的对错可言。李贽基本上是唯心主义哲学家，但他反对保守思想，反对偶像崇拜，反对迷信权威，这对于打破封建思想禁锢，冲决习惯势力，开拓新的领域，创立新的学说，无疑是有进步意义的。李贽和他的朋友经常嘲笑、抨击所谓"道学家"，实际上就是那些信奉程（颐）朱（熹）理学的儒者。批判思潮的兴起，使程朱理学受到猛烈冲击，使它的统治地位也受到严重削弱。明清之际，很多思想家都奋起批判程朱理学。在这种形势下，有两个人对朱熹的左旋说，从天文学和哲学的角度，作出了总结性的批判，一个是天文学家王锡阐，一个是哲学家王夫之。

王锡阐（公元 1628—1682 年），号晓菴，是清初重要的民间天文学家。他深入研究了中国古代天文学，"考证古法之误而存其是"，指出古人的错误，保留其中合理性因素；他也研究了西方近代天文学。"择取西法之长而去其短"，对于西法，他采取其长处，抛弃其短处。对于古今中外，他都采取择善而从的态度，没有什么偏见。这是做科学研究工作所必备的正确态度。他在吸取前人的研究成果的基础上，注意天文观测，积累丰富经验，"兼通中西之术"，"神解默悟，不由师传"②。没有老师教诲，完全靠自学，靠自己对前人和自己的经验作深入的研究，总结出一套独特的天文理论和历算方法，写出题为《晓菴新法》的科学专著。这本专著受到著名学者顾炎武（公元 1613—1682 年）和天文学家梅文鼎（公元 1633—1721 年）的高度赞扬。梅氏说他"能兼中西之长，且自有发明。"③

王锡阐在《晓庵新法·自序》中对历法发展史作了简明扼要的述评，

---

① 李贽：《藏书》《世纪列传总目前论》。
② 潘耒：《晓庵遗书序》，见乾隆《震泽县志》卷三十六《集文》。
③ 乾隆：《震泽县志》卷二十《隐逸》。

大意是：炎帝的时候定了八节（立春、立夏、立秋、立冬、春分、夏至、秋分、冬至），这是历法的开始，不过，炎帝没有书传下来。后来有黄帝、颛顼、虞、夏、殷、周、鲁等七种历法，以前儒者说是伪作。现在这七种历法都在，大体上跟汉历差不多，可见它们确实是汉代人所伪撰的。汉代《太初历》、《三统历》，方法虽然疏远，但创始的功劳，却是磨灭不了的。刘洪、姜岌继续阐明历法道理，何承天、祖冲之在标竿测量方面下了功夫，使历法更加准确。从那以后，南朝和北朝历法家都能够做到好学深思，又推导出许多新结论。这些都是没有深入研究的人所达不到的。只有唐代一行的《大衍历》比较精确。但是，开元甲子（公元 724 年）当时一行和其他天文学家计算结果认为会发生日食，而实际上没有日食。一行却对皇帝说了一些阿谀奉承的话来掩盖自己的计算错误，倒不如根据这次差错找出正确的结果呢[1]！王锡阐的这些说法都是很精当的。当论到宋以后的情况时，王锡阐说："至宋而历分两途，有儒家之历，有历家之历。儒家不知历数，而援虚理以立说；术士不知历理，而为定法以验天。天经地纬、躔离违合之原，概未有得也。"[2] 就是说，到了宋朝以后，历法分为两种，一种是儒家的历法，一种是历法家的历法。儒家不知道历法的规律，只根据抽象的哲学理论来建立自己的天文学说；有些专搞历法的人却不知道历法来自于对天象观测的道理，而用已有的结论来检验天象。这两种人对于探讨天地的奥秘，都没有什么收获。王锡阐在这里所批评的宋儒包括张载、朱熹等人。他们讨论历法问题往往用阴阳学说作为理论根据。例如张载是北

---

[1] 原文是："炎帝八节，历之始也，而其书不传。黄帝、颛顼、虞、夏、殷、周、鲁七历，先儒谓其伪作，今七历具存，大指与汉历相似，而章蔀气朔，未睹其真，其为汉人所托无疑。《太初》、《三统》，法虽疏远，而创始之功，不可泯也。刘洪、姜岌，次第阐明，何、祖专力表圭，益称精切，自此南北历家率能好学深思，多所推论，皆非浅近所及。唐历《大衍》稍亲，然开元甲子当食不食，一行乃为谀词以自解，何如因差以求合乎？"见《翠琅玕馆丛书》卷五。清光绪十四年（公元 1888 年）冯氏刻本。
[2]《翠琅玕馆丛书》，卷五。

宋时代著名的哲学家，他对天文学缺乏实践经验，虽然偶有天才的猜测，也都不过是哲学家论天，属于"援虚理以立说"的一类人。张载曾用阴阳的差别说明日月运行速度的差别。阳是活泼的、快速的，阴是静止的、缓慢的。阳动阴静、阳快阴慢，这就是古代阴阳学说的虚理。日属阳，月属阴，日的运行速度应该比月快。这是由虚理推导出来的结论。右旋说认为每天日行一度，月行十三度多，这是不符合虚理的。左旋说认为天行最快，日稍迟缓，月最慢，这是符合虚理的。以虚理来判断是非，这就是王锡阐说的"援虚理以立说"。张载说日月"顺天左旋"，由于"稍迟"，却给人向右移动的印象。月亮是"阴精"，所以它"右行最速"。王夫之注曰："右行最速，左行最缓也。"① 这就是说，月右行最快，实际上是说它左行最慢。用阴阳学说来说明月的运行，是不知历数的表现。实际上月每天所行度数是长期观测的结果。朱熹也是根据阴阳虚理来讨论日月运行的，如果说有一点差别的话，那就是还加上自己仰望一下天空的体会。这些都是缺乏科学根据的。

为了驳斥宋儒的荒谬说法，王锡阐跟王锡纶、沈令望专门讨论了左右旋说的问题。后来，沈令望追记讨论情况，写成文章，题为《日月左右旋问答》。后有"昭阳赤奋若秋七月令望记"②。文中记载王锡阐一步步论证右旋说的合理性，其中所列举的理由大体上有以下几个方面：

一、根据朓朒。朓，疾也，指运行速度快。朒，迟不敢进，刘向称"侧匿"，指运行速度慢。朓朒是有周期性的，这种现象是天体离地高低给人的感觉，所以又叫"视行"，现在叫"视运动"。天体运行是匀速的，有高低变化，才有朓朒现象，没有高低就没有朓朒。日的高低是一岁一个周期，月的高低是一月一周期。右旋说认为"日周于岁，月周于转"。左旋说认为日月都是一天

---

① 《张子正蒙注·参两篇》。张载这些说法只是他的一种说法，王锡阐是针对这种说法而发的。
② 《晓庵遗书·杂著·日月左右旋问答》。

一个周期，已知日月在一天中没有高低的周期变化，可见左旋说不符朓朒现象①。

二、根据黄道。赤道在两极的中间，黄道与赤道斜交。如果只沿赤道运行，那只有东西运行。如果沿黄道运行，那就在东西运行的同时也有南北变化。假使左旋说是对的，那么日月将要从东南出来到西北落下，或者从东北到西南。而现在实际上，夏天日从辰（即东北）方位出来，落入申（即西北）方位，冬日从寅（即东南）到戌（即西南）。为什么呢？这就是日沿黄道右旋，所以才有渐渐往南又渐渐回北的运行。如果只是被天拉着运行，那就只有与赤道平行的东升西降，绝没有南北的变化②。

三、根据经纬。现在设置黄道和赤道，从日右旋的经度求它的南北纬度，从数学计算出来跟浑仪旋转所看到的，完全符合。经度、纬度的宽狭、远近的关系也都可以看得十分清楚。③

四、根据天体浑圆。由于天体浑圆，从南极到北极划等分线，把赤道分成许多等线段，象切瓜那样。离赤道远的狭窄，离赤道近的度宽。黄道跟赤道斜交，冬至和夏至距离赤道远而与赤道又接近于平行（势直），所以黄道的经度要比赤道多十分之一。春分、秋分时，距离赤道近又斜（指与赤道的夹角大），所以黄道经度比赤道少十分之一。一岁中，日在黄道上运行离赤道两次远、两次近，所以朓朒（迟速）的变化有四次（冬至到春分，春分到夏至，

---

① 原文是："朓朒分于一周，故一周之中，一高一卑者有朓朒，不高不卑者无朓朒也。夫月（应为"日"字）之高卑，一岁而复；日（应为"月"字）之高卑，终转而更。右旋之法，日周于岁，月周于转。左旋之法，一日一周。知一日之无殊乎高卑，则知左旋之无当于朓朒矣。"见《晓庵遗著·杂著·日月左右旋问答》。

② 原文是："赤道当二极之中，而黄道斜络于赤道，故赤道之行惟东西而黄道之行兼南北。假令日诚左旋，将出于东南而没于西北，出于东北而没于西南。今夏日出辰入申，冬日出寅入戌者，何也？盖由日躔从黄道而右旋，是以有渐南渐北之行。天牵之而左旋，则但与赤道平衡而行、东升西降也。"见《晓庵遗书·杂著·日月左右旋问答》。

③ 原文是："今置黄赤二道，以右旋经度求南北纬度于割圆弧矢之数，不容以毫发爽也。握策而推，转仪而测，合亲疏远近，昭然人目，又何疑乎？"见《晓庵遗书·杂著·日月左右旋说问答》。

夏至到秋分，秋分到冬至）。远近迟速跟经纬度可以互求。另外，从圆球面的计算和对仪象的观察，也都是吻合的①。

王锡阐以缜密的论证，阐明了右旋说的合理性。我们读了王锡阐的论证，深感朱熹仅以"某看天上"之类直观感觉为理由，企图论证左旋说，那是不堪一击的。《夏历》毕竟以一周年的观测结果作为依据，比朱熹的水平总要高出一筹。将朱熹说法与王锡阐论说并读，就相形见绌了。

与王锡阐同时代的唯物主义哲学家王夫之（公元 1619—1692 年）开始接触左右旋说时，还没有自己的定见。张载在《正蒙·参两篇》中说：日月五星随天左旋，"稍迟则反移徙而右尔"。王夫之注云："七政随天左旋，以迟而见为右转。张子尽破历家之说。未问孰是。"②张载又说："天右旋，处其中者，顺之少迟，则反右矣。"王夫之注云："处其中者，谓日月五星。其说谓七曜亦随天左旋，以行迟而不及天，人见其退，遂谓右转。与历家之说异，未详孰是。"王夫之对历家的右旋说是有所了解的，因此他知道张载的左旋说的见解跟历家的说法不同，但他作注的时候尚未肯定究竟哪一种说法正确，都明

---

① 原文是："天体浑圆，从南北二极以割线分赤道诸度，形如剖瓜，远赤道则度分狭，近赤道则度分广。黄道交于赤道，度无广狭，而以斜直为广狭。冬夏距远势直，故黄道经度加于赤道十分之一。春秋距近势斜，故黄道经度减于赤道十分之一。一岁再远再近，故为朓朒之变者四。此与经纬二行可互求而见。考诸圆术，观诸仪象，无不吻合。"见《晓庵遗书》第 17 页。
　　以上资料均见《晓庵遗书·杂著·日月左右旋问答》。这份资料相当难找，只见于《木犀轩丛书》重刊本。今存北京师范大学图书馆的《木犀轩丛书》有两种版本，这两种版本共同的是，先有包世荣嘉庆二十一年的"自序"，接着是"凡例"，然后是"木犀轩丛书总目"，第一种著作就是包世荣著《毛诗礼征》十卷。于是这两种版本的卡片上都写包世荣辑。实际上那个"自序"是包世荣于嘉庆二十一年（公元 1816 年）为《毛诗礼征》写的，而不是为《木犀轩丛书》写的，他也不是这部丛书的撰辑者。把"自序"印在"总目"之前是一个错误。《木犀轩丛书》两种版本都是四函。一种是每函六册共二十四册，在第四册扉页上有"光绪乙酉刊竟"。在第六册扉页上有"光绪丁亥中冬刊成"第二十四册扉页上有"光绪戊子夏木犀轩刻"。即从公元 1885 年（乙酉）至公元 1888 年（戊子）刊成。这次刊刻收入十八种著作。另一种是每函十册，四函四十册。在第四函扉页上有"德化李氏印造"。有的写"德化李氏木犀轩校梓"，"光绪辛卯春仲"，"木犀轩重刊本"、"武进费念慈"。初版未见刊刻者名字，重刊本有"德化李氏"即李盛铎。重刊年间是辛卯即公元 1891 年，离初刻完成才两三年时间。重刊本改成小册，增加了《京氏易》、《晓庵遗书》等七种著作，加上原有十八种，共二十五种。王锡阐《日月左右旋问答》只在重刊本《木犀轩丛书》中才能找到。
② 《张子正蒙注·参两篇》。

确说："未问孰是"、"未详孰是"①。显然这是需要继续研究的。究竟是历家的传统说法对呢？还是儒家的新见解（实际上不新，因为旧的被遗忘了，人们以为是新的）对呢？如果简单地认为一切总是新的好，那就非上当不可。凡事要作具体分析，要研究，这是唯物辩证法的起码要求。根据某一种理论，即使是正确的理论，不加分析地随便乱套，想当然地乱下结论，没有不碰壁的。

王夫之在研究之后，在《思问录外篇》中对这个问题作了详细的分析批判。这一段话如果不是这本书中最好的，那也一定是最精粹的论述之一。他从天文学争论中引出哲学道理是深刻的，对哲学唯心论的认识论的批判也是很深刻的。兹将这一段话摘引如下：

> 历家之言，天左旋，日、月、五星右转，为天所运，人见其左耳。天日左行一周，日日右行一度。月日右行十三度十九分度之七。……
>
> 而儒家之说非之，谓历家之以右转起算，从其简而逆数之耳。日阳月阴，阴之行不宜逾阳，日、月、五星（"星"原作"行"，据文意改）皆左旋也。天日一周而过一度，天行健也。日日行一周天，不及天一度。月日行三百五十二度十九分度之十六七十五秒，不及天十三度十九分度之七。其说始于张子，而朱子题之。②

以上王夫之把历家的右旋说和儒家的左旋说的基本观点都列出来，作了明显的对照。但他说左旋说"始于张子"则不对，因为汉时已有此说。在宋明时代，张载确是最早提到这一观点的，朱熹表示赞成。张、朱成了宋代左旋说的代表人物。如前所述，我们认为张载虽然叙述了左旋说观点，但他同时也叙

---

① 《张子正蒙注·参两篇》。
② 《思问录外篇》，见《思问录·俟解》。

述了右旋说观点，最后，他还用地动说否定了天旋的观点。因此，宋明时代左旋说的真正代表应该是朱熹。朱熹的学生、他的学生的学生，宣传左旋说也特别积极。

王夫之摆出双方观点以后，接着就进行分析。他说：

> 夫七曜之行，或随天左行，见其不及；或迎天右转，见其所差：从下而窥之，未可辨也。

王夫之认为左右旋说各有一套说法，从地面观测天象，无法辨别哪一种说法正确。从这一点来看，说明王夫之对天文现象没有作过具体、深入的专门研究。以前的历法家为什么都信右旋说呢？因为右旋说跟天文观测的事实相符合。上面已经讲过王锡阐对左旋说的驳斥，实际上都是根据天文观测的结果。"从下而窥之"，如果象朱熹那样"某看天上"，看一眼两眼，自然无法辨别是右旋说正确，还是左旋说正确。如果象王锡阐那样既吸收前人的研究成果，又进行长期的细心的天文观测，那就不难分辨谁是谁非。王夫之虽然在天文学方面提不出有力的证据，但从哲学理论上批判哲学唯心主义在天文学上的表现却是十分有力的，也是最精彩的部分。

张子据理而论，伸日以抑月，初无象之可据，唯阳健阴弱之理而已。

张载论述左旋说，讲日比月运行要快一些，并没有提出所观测的天象作为根据，只是"据理而论"。根据什么理呢？就是"阳健阴弱之理"。这个"理"可靠吗？王夫之分析道：

> 乃理自天出，在天者即为理，非可执人之理以强使天从之也。

"理自天出"，道理是从客观事物中总结出来的，因此要通过观测天象来讨论天文学问题。这是唯物论的反映论。用人们想出来的道理，去硬套到天上去，这是主观主义的，是行不通的。当然，有的道理是从许多现象中概括出来的。但是把这一个道理用于实际的时候，还会有许多不同的情况，这就是王夫之所说的"理一而用不齐"。"阳刚宜速，阴柔宜缓"，只是"理之一端"，只是一个方面的道理。如果把"阳速"、"阴缓"当作唯一的必然的理，以为在任何情况下，对于任何问题，都是适用的，这就不行了。例如：火为阳，水为阴，"三峡之流，晨夕千里。燎原之火，弥日而不踰乎一舍。"长江三峡的水流，从早晨到傍晚可以流一千里远，而山上的燎原大火，烧了一昼夜也没有移动三十里。这怎么能说阳速阴缓是一定的道理呢？"阴之不必迟钝于阳，明矣。"可见，阴不一定都比阳要缓慢。天象本身就有一定的道理，人们应该从观测天象中来发现其中的道理，不应该用其他道理来论天。即使按理来论，左旋说也有说不通的，例如：木星十二岁运行一周天，每岁经历一次（周天分十二次），所以称作"岁星"。按左旋说，木星也是每天旋转一周天，那为什么要叫"岁星"？这就没有意义了。王夫之给唯心主义的认识论作了很好的概括：

> 以心取理，执理论天。

根据自己的主观想象来选取道理，然后再拿着这个道理去讨论天的问题。这条认识路线可以简化为这样的公式：心——理——天。这是典型的从精神到物质的唯心主义的认识路线。王夫之对唯心主义的认识论的批判是相当深刻的，是击中了要害的。天文学家王锡阐认为研究天文学要"以天求天"，唯物主义哲学家王夫之认为天文学的"理自天出"，"在天者即为理"。他们的说法虽然不同，却都明确地表达了从客观事物中探寻客观事物的道理这样一条唯物主义的认识路线。

明代后期，西方传教士利玛窦等人传入西方近代天文学。西方的天文学家用望远镜观测到月亮离地球最近，土星离地球最远。"近下者行速，高则渐缓。月之二十七日三十一刻而一周，土星之二十九年一百五日有奇而一周，实有其理，而为右转亡疑已。"① 王夫之能够吸取新的科学成果，当然是好的。但是，既然知道太阳系各行星的情况，就应当知道不是天在旋转了，而是地球自转和绕太阳旋转运动在天象上的反映。王夫之只是根据部分事实来证明右旋说。所谓"右转亡疑"，说明王夫之已经坚信右旋说，跟注张载《正蒙》时那种拿不准的态度相比，已有不少进步。据此我们以为，《思问录外篇》可能写成于《张子正蒙注》之后②。

我们从认识论上总结左右旋说论争的经验教训，可以得出以下几点体会：

一、科学需要深入细致的调查研究。凭自己的"某看天上"，就断然否定专业工作者长期研究的科学成果，是不慎重的。这种轻率武断的态度在今天也是不可取的，在其他问题上也是行不通的。

二、自然界是辩证法的试金石，哲学要受到自然界的检验。强迫自然界适应现成的哲学理论，曲解自然现象来附会已有的哲学教条（如汉人受天人感应的影响，连天左旋也跟君臣阴阳相联系）这是唯心主义的认识路线。

三、凭直观和援虚理都不能单独解决具体的科学问题。科学问题要靠具体科学研究来解决。但是，科学研究又摆脱不了虚理和直观，即抽象的理论和直接的感知。虚理和直观在科学研究中要紧密结合。虚理就是哲学理论。轻视虚理，企图摆脱哲学的指导，就会成为最糟糕的哲学的奴隶。古人认识到实践和理论都是不可缺少的，"言天不本于实测则悬揣而无凭，不折衷以圣人之理则穿凿而不经。"③

四、迷信权威会扩散错误。张载有三种说法，朱熹按自己的想法，只讲其中一种，致使别人误以为张载是左旋说的代表。后来，朱熹成为哲学

① 《思问录外篇》，见《思问录·俟解》。
② 中华书局出版《思问录》说明："据潘宗洛所作的《船山先生传》说，《思问录内、外篇》的著成在《正蒙注》之前。"
③ 清·吕调阳《重订〈谈天正议〉序》，《观象庐丛书》志学编八种。清咸丰戊午（公元1858年）秋九月刊行。

权威，在社会上有广泛的影响，而他的粗疏的左旋说也得到流行。任何一个人都会有一些错误的言论。如果把一个思想家的书本和言论都奉为金科玉律，句句真理，那就会把他的错误扩散到社会上去。朱熹的左旋说就是由信奉者去传播的。

五、真理的相对性。左右旋说都以天体左旋这个错误假设为前提，但是，它们仍有区别。左旋说反映了地球的自转运动，右旋说则同时又反映了地球的公转运动，因而有更多的合理性。人类认识地球自转公转是后来的事，而某些认识曲折地反映这些运动就要早得多。从而可以设想，许多理论表面看来是错误的，只要我们深入研究，就会发现，任何有较大影响的哲学理论、甚至一个命题，虽然不是对事物本质的正确认识，却用不同方式从不同角度反映了事物本质的某些方面，因而总是包含某些合理因素。恩格斯认为：真理和谬误的对立只有"相对的意义"。他说："今天已经被认为是错误的认识也有它合乎真理的方面，因而它从前才能被认为是合乎真理的。"[1] 我以为恩格斯的话是对的，任何有影响的哲学体系都不是绝对荒谬的，其中必有某些合理因素。

六、从王锡阐和王夫之对左右旋说论争的分析来看，唯物论哲学家和自然科学家的联盟是必要的，唯物论哲学和自然科学的结合也是必要的。

七、既然左、右旋说的前提天左旋都是错误的，那么，否定天左旋就有一定的合理性。明代学者王逢年就明确否定天旋说。例如：《天禄阁外史·天文》[2] 载："曰：天之旋也，左耶？右耶？曰：清明不动之谓天。动也者，其日月星辰之运乎？是故言天之旋，非也。"天是向左旋转，还是向右旋转呢？

---

[1]《路德维希·费尔巴哈和德国古典哲学的终结》，见《马克思恩格斯选集》，第四卷，第240页。人民出版社，1972年。

[2] 旧本题汉黄宪撰。当范晔（公元398—445年）撰《后汉书》时，"黄宪言论风旨，无所传闻"，何来一本《天禄阁外史》？《四库全书总目》、姚际恒《古今伪书考》都认为此书是明朝嘉靖年间王逢年所诡讬。将此书误为汉人所撰，失之不考。科学出版社，1981年版《中国天文学史》第166页和上海科学技术出版社1978年版《科技史文集》第一辑《天文学史专辑》第51页均有此误。不过，此书虽伪，作为明代思想资料，却是真实的，仍有参考价值。

回答是：透明不动的是天，动的只有日月星辰。所以说，讲天旋转，是不对的。这里明确否定天旋的传统说法。

综上所述，各种说法都有一定的合理性，相互比较，又有差异，有的合理性多些，有的少些。不作具体分析，要么全盘肯定，要么全盘否定，都是不可取的。

二、地动

关于天地运动的问题，中国古人较多地注意到天的运动。天动地静的思想在封建社会中长期占统治地位，成为传统的思想。但是，翻一翻古书，也还是有人讲地动。我们作一下整理，中国古人讲地的运动有三种：（一）地动（地震），（二）地转（自转运动），（三）地游（相当于公转运动）。

（一）地动

地震震级较大时，人们是比较容易感觉出来的。中国古人对于地震的记载并不算晚，早在公元前 780 年，也就是西周时代，周幽王二年，发生一次地震，当时一个大夫叫伯阳父的，他用阴阳学说来解释地震现象，说是阳气在地底下出不来，被阴气压迫着，无法升起来，于是发生地震①。这种解释不失为一种唯物论的观点。对于地震的后果，伯阳父也作了分析。这次地震发生在泾、渭、洛三条河流区域，地震以后，源泉堵塞，河流干涸。水土是民用中极重要的，缺水就会使人民缺乏财用，这样就要危及国家的生存。这些分析也是有一定的合理性。但是，其中讲到"国亡不过十年，数之纪也。夫天之所弃，不过其纪。"一定在十年之内要亡国，似乎有神秘的"数"在主宰着。而且亡国是上天的抛弃。这些说法是受那时传统的天命论思想的影响。而且，《国

---

①《国语·周语上》："幽王二年，西周三川皆震。伯阳父曰：'……阳伏而不能出，阴迫而不能烝，于是有地震。'"

语》的作者用"十一年，幽王乃灭，周乃东迁"的历史事实来相附会，扩大了宣传迷信的影响，冲淡了其中无神论的思想倾向①。

春秋时代，似乎有过地震可以预报的思想。齐景公问太卜："你有什么本事？"太卜回答说："我能叫地震动。"晏婴去见齐景公时，景公对他说："我问太卜：'你有什么本事？'他说：'我能叫地震动。'地，可以叫它震动吗？"晏婴没有回答，出去以后就去找太卜说："最近几天，我看见钩星（即水星）在房宿和心宿之间，地就要震动吗？"太卜说："对。"等晏婴走后，太卜赶紧去见齐景公，说："我不是能叫地震动起来，地本来就要震动了。"这个故事见于《晏子春秋》外篇、《淮南子·道应篇》和《论衡·变虚篇》。所谓钩星，就是水星。房宿和心宿，都属于二十八宿，现代属天蝎星座。当水星的视运动到了天蝎星座时，就会发生地震。这种说法在汉代还很流行，连《史记·天官书》也这么说。但从现代科学来看，似乎还没有什么根据。九大行星联珠曾经使一些人大哗过，以为要引起大地震。每一百多年就要出现一次九星联珠现象，但历史上不存在一百多年就出现一次大地震的周期现象，说明九星联珠不会引起大地震。一九八一年出现了九星联珠，结果没有发生大地震。地球以外的星球会对地球产生各种影响，迄今为止，人类还没有发现哪些地外因素与地震有怎样的必然联系。

中国古人认为天动地静，这种思想长期占统治地位。因此，地动便被看作是异常现象。有的还把这种异常现象看作是上天的警告，是亡国的征兆。另外，后人虽然记载了许多次地震，但对于地震成因的认识却没有什么新进展，只有一些想象。如说大地是放在大牛的肩膀上，大牛这边肩膀累了，要换到另一肩膀上去，这样就发生了地震。有的说："鳌鱼眨眼则地

---

① 《太平御览》卷一引《京房易传》曰："地动，阴有余。"《宋书·天文志》引刘向言曰："地动，阴有余。"说明用阴阳学说解释地震现象，对后代还是有很深远的影响，它也是阴阳学说的组成部分，孕育了后代唯物论思想。

动，侧身则地陷。"① 这些说法在科学发展史上都没有什么价值。相比较，西周时代的伯阳父能用阴阳相互作用来说明地震，实在是难能可贵的。地震的成因和预报是现代科学研究的重大课题，当然不能要求前人对此作出科学的说明。

（二）地转（地旋）

我们现在已经知道地球的自转运动。地球每天自转一周，向着太阳的一面为昼，背着太阳的一面为夜。对于地球的某地区来说，向着太阳的时刻为昼，背着太阳的时刻为夜。也就是，地球的自转运动和太阳光的照射是形成昼夜的根本原因。但是，古人虽然很早就知道昼夜的变化，却不知道地球在作自转运动。中国古人观察天象是非常认真的，而且卓有成效，历代史书的《天文志》、《律历志》就是研究天文的系统成果。但是，对于人们自己脚底下的这块大地却认识得较少、较晚，对于它的运动规律，就认识得更少了。真所谓"不识庐山真面目，只缘身在此山中。"

上面已经讲到天动地静的思想在古代中国占统治地位，这是历代儒家所经常讲的。历史上还有一些非儒无法、离经叛道的异端思想家。他们的思想不受传统思想的限制，往往能提出一些闪光的见解。首先，战国时代思想活跃的《庄子》学派就以疑问的口气探讨过天地的存在形式，对"天运地处"的传统说法表示怀疑。它说："天是运行的吗？地是静止的吗？日月争着找归宿吗？是谁主宰天的运行？是谁维系着大地？是谁没事推着日月走？也许其中有什么机制使它们不得不运转起来，也许是运转起来以后自己不能停止下来？"② 在这里，《庄子》一书实际上提出的问题是：天是运动的吗？它是怎么运动的？地是静止的吗？它为什么静止？该书只作了猜测，没有给予明确的回答。

---

① 李光庭：《乡言解颐》卷二《地部·地》。
② 《庄子》外篇《天运篇》："天其运乎？地其处乎？日月其争于所乎？孰主张是？孰维纲是？孰居无事推而行是？意者其有机缄而不得已邪？意者其运转而不能自止邪？"

西汉后期，讲谶纬迷信的纬书中有时却讲到一些科学道理，保存了可贵的思想资料。例如关于大地旋转问题，它有过明确的论述。《春秋纬·元命苞》说："天左旋，地右动。"天从东向西运动（左旋），地从西向东运动（右动），天地相对运动。《河图括地象》说："天左动起于牵牛，地右动起于毕。""牵牛"就是银河边的牵牛星，即天鹰座 α 星，又叫河鼓二。"毕"是二十八宿之一的"毕宿"，即金牛座中的八颗星。在这里，纬书的作者居然把天地的运行都放在宇宙空间中去讨论，说明他已经把大地看作一个悬于空间的天体，并且确定它的运行起点是在毕宿那个方位。《尸子》卷上《君治篇》也有类似思想，即"天左舒而起牵牛，地右辟而起毕昴。""昴"也是二十八宿之一，与毕宿相邻。《尸子》成书时代有争议，《汉书·艺文志》杂家类中有《尸子》二十篇，说是秦国相商鞅的老师尸佼所著。后来此书佚失，如今只有辑本。其中有一些思想可能是战国时代的，有些可能是两汉时代的。"地右辟"的思想究竟产生于何时，还难以确定。而纬书则比较肯定产生于汉代。同时，当时官方权威文件《白虎通义》也载："天左旋，地右周，犹君臣、阴阳相向也。"因此，可以肯定的是，"地右转"的思想在汉代时已经流行了。当时还有人力图说明"天左旋，地右转"的形成原因的问题，例如《春秋纬·元命苞》说："地所以右转者，气浊精少，含阴而起迟，故转右，迎天佐其道。"古人认为阴阳二气形成天地，阳气清轻成为天，阴气重浊成为地，清轻容易运动，所以天行健，运行速度快，重浊起动慢，运行迟缓。天体向左旋转，地也向左旋转，转得慢，相对于天体来说，地正转向右边，这就是《元命苞》认为天左旋、地右转的原因。但在《春秋纬·运斗枢》中却说："地动则见于天象。"就是说，怎么知道地在转动呢？从天象可以看出来。换句话说，看到天象左旋，就知道大地向右转动。大地右转，大地上的人才看到天象似乎左旋。这里对由于地球自转运动而看到天象旋转的论述是相当高明的。

地转思想被地静思想所掩盖，得不到重视，因此长期以来没有什么发展，甚至也很少人提到它。过了几个世纪，北宋哲学家张载才又提起它。张载在

《正蒙·参两篇》中说：

> 凡圆转之物，动必有机；既谓之机，则动非自外也。古今谓天左旋，此直至粗之论尔，不考日月出没、恒星昏晓之变。愚谓在天而运者，惟七曜而已。恒星所以为昼夜者，直以地气乘机左旋于中，故使恒星、河汉回北为南，日月因天隐见。太虚无体，则无以验其迁动于外也。

这一段话是张载天文学思想中最重要的部分。这里有以下几点值得注意：

一、他认为宇宙间"圆转之物""动非自外"，说明运动的动因在运动物体内部。

二、张载否定"天左旋"的说法已在上节论及，此处从略。

三、他考察的结果认为是地在气中旋转，人们才看到日月出没、恒星昼夜、银河南北。也就是说："天体不动，地自内圆转而见其差"[①]。

四、太虚无体，都是气，因此无法发现地在转动。可见这一观点跟他的"太虚即气"的宇宙观相联系着。

这里"地气乘机"似有误。刘禹锡在《天论中》中说："一乘其气于动用"。张载所谓"圆转之物"似指地球。他说："地在气中"，自然是乘气旋转的。"动必有机"，应是"地乘气机"而旋转的。王廷相在《慎言·乾运篇》说："天乘夫气机，故运而有常。"在《雅述》下篇又说："天之转动，气机为之也。"张载讲地，王廷相说天，但是，转动的原因是"乘夫气机"，这一点却是统一的。因此，"气"与"乘"可能误倒。据王夫之注以为"左"应为"右"。这一句话似应为："直以地乘气机右旋于中"。

张载这一段话很重要，受到许多人的重视。因为各人观点不同，对这段话也作了许多不同的评价。

首先，为《正蒙》作注的王夫之明确表示不同意张载的地转说。他说：

---

① 《张子正蒙注·参两篇》。

"此直谓天体不动，地自内圆转而见其差，于理未安。"又说："太虚，至清之郛郭，固无体而不动；而块然太虚之中，虚空即气，气则动者也。此义未安。"① 王夫之对张载的天体不动的说法"未安"，对于地体转动的说法也"未安"，这里仍然受"天动地静"思想的局限，如他说："地之不旋，明白易见"②。但他认为虚空既然都是气，气是最易动的，因此在太虚中"无体而不动"，一切天体都在运动，这一点还是符合实际情况的。这对传统的恒星不动的说法也是一个否定。王夫之虽然不同意张载的地旋说，但他对张载思想的理解、复述，基本上符合张载的原意。

其次是近代谭嗣同（公元 1865—1898 年）对它的评价。他在《石菊影庐笔识·思篇三》中说："地圆之说，古有之矣。惟地球五星绕日而运，月绕地球而运，及寒暑昼夜潮汐之所以然，则自横渠张子发之。"接着抄录《正蒙·参两篇》中一些语录，然后说西方近代天文学，"张子皆已先之。今观其论，一一与西法合。"但是，谭嗣同所引张载语录，哪一句说的是地球五星绕日而运呢？哪一句讲的是月绕地球而运呢？宋明许多学者，包括对《正蒙》有颇深研究的王夫之也从来没有体会出张载的这些思想，这是为什么呢？张载《正蒙》本来就没有这种思想嘛！谭嗣同把自己了解的西方近代天文学思想硬套在张载的话上去，目的在于驳斥有人把西方天文学"驾于中国之上"，宣传爱国思想。科学的方法应该实事求是，我国历史值得骄傲的东西多得很，用不着这样牵强的造作。回顾历史，目的在于面向未来。实事求是地总结历史的经验，才真正有利于未来的发展。

对张载思想有抬高的，也有贬低的。谭嗣同抬高张载思想，认为他已经知道地球和五星绕太阳转，月球绕地球转。另有人认为张载根本就没有地动的思

---

① 《张子正蒙注·参两篇》。
② 同上。

想，只是后人"根据地动说来解释张横渠原文"①。这是日本学者小川晴久的观点。他说：中国人的地动说，"不是通过亚洲祖先的地动说（也没有），而是通过耶稣会传教士带来的西方地动说而知道的。"正如上面已经说过的，中国古人在公元前一世纪的西汉时代的纬书中就已经提出地动说，认为地从西向东旋转（即"右动"、"右周"、"右闿"）。在耶稣尚未出生的时候②，中国古人就已有地动说思想，怎么会从耶稣会的教徒中才知道地动说的呢？《正蒙·参两篇》云："直以地气乘机左旋于中"，王夫之认为："'左'，当作'右'。"小川晴久对此作了艰难的考证。"把全部基调作为左旋说"，这当然有困难，因为张载明确说天左旋是"至粗之论"，怎么能硬把张载按在"至粗之论"上，"请君入瓮"呢？于是小川晴久又把"至粗之论"安在"日月出没恒星昏晓之变"上。"日月出没恒星昏晓之变"又变成太阳、恒星的周年视运动，又用岁差来解释恒星的周年视运动……。小川晴久为了证明自己贬抑张载的地动说观点，不同意王夫之改正"左"字。要维持这个"左"字的错误，他把张载的几乎整个天文学思想体系都要加以修改，这样才好纳入他定好的框架。不过，这也是很困难的，因为尽管竭力论证，并不能改变事实。小川晴久论证了许多，却没有提及"左"旋说的上下文。上一句是："恒星所以为昼夜者"，下一句是："故使恒星、河汉回北为南，日月因天隐见"。恒星的昼夜变化总不能说成是周年视运动吧！日月的隐见、出没，难道不是周日视运动吗？周年视运动中，何谓隐见呢？所谓出没可以勉强理解为在赤道的内外，但是，隐见就无论如何不能理解为周年视运动。张载认为，恒星之所以有昼夜的变化，日月之所以会东升西落，原因就是"地旋"于中。周日视运动看到的恒星日月都是东升西落，即从东向西旋转，古称左旋。恒星是不动的，那么，地应该怎么旋转呢？当然应该从西向东旋转，即右旋。从上下文联系起来看，从思想整

---

① 日人小川晴久《东亚地动说的形成》，原载日本延世大学国学研究院《东方学志》第23、24合辑（1980年2月），徐水生译成汉文，载《科学史译丛》1984年第一期。
② 据传说耶稣出生在公元元年12月25日。

体来看，这里应该是"右旋"，毫无疑问。退一步说，地右旋即使改为地左旋，也只是确定方向的角度改变了，地的旋转这一地动说的实质并没有任何改变。为什么说张载没有地动说思想，只是随着十七、十八世纪的科学发展才"被作为地动说"的呢？张载虽然复述过右旋说和左旋说的观点，但他自己的观点却是地旋说，他否定天左旋，也就同时否定了左旋说和右旋说的共同前提，然后用地旋说来说明天象的周日视运动，这是难能可贵的。他在讲地旋说时，前面特别冠以"愚谓"，明确表示这是自己独特的见解。这怎么能说张载不是"自觉的地动论者"呢？又怎么能说张载没有明确的地动说体系呢？为什么还要请朝鲜的金锡文（公元 1658—1735 年）和洪大容（公元 1731—1783年）来"建立独特的体系"① 呢？我们认为，张载已有地旋说思想，在南宋朱熹那里没有得到重视，在明清时代的王夫之那里却遭到反对。由于西方天文学传入以后，日益扩大影响，张载的地旋说才逐渐被一些学者所重视。但是，到了近代，在民族危机的时候，为了提高民族的自尊心、自信心，有些学者则极力从我国古籍中寻找可以引以自豪的思想。在这种情势下，确实发掘了一些可贵的思想，同时也产生了一些牵强附会的东西。谭嗣同对张载的评价就属这种情况。我们已经不需要用这种牵强附会的办法来提高自信心，因为现实已经给了我们以足够的自信心。

（三）地游

我国古人在仰观天象中很早就发现星辰位置的变化。例如在一年中，黄昏时观察天上的恒星，各季节是不一样的。春季看到的是南方七宿朱鸟的中宿

---

① 小川晴久的话均引自《东亚地动说的形成》一文。金锡文和洪大容诞生的时候，张载已逝世五、六百年了。

"星宿"，夏季看到的是东方七宿苍龙的中宿"房宿"①，秋季是北方七宿玄武的中宿"虚宿"，冬季则是西方七宿白虎的中宿"昴宿"②。这一思想保存在《古文尚书·尧典》中。据阎若璩（读 qú 渠）等人考证，《古文尚书》是后人伪撰的。后人怎么伪撰的呢？是从古书中摘抄拼接起来的。因此，此书虽伪，其中思想却不全伪，有的则是古代流传下来的重要的思想资料。例如《尧典》中关于以二十八宿所在位置来确定季节的思想就可能来源于殷周时代，约公元前十一世纪。关于这一点，竺可桢过去作过考证③。但是，"二十八宿"不一定是殷周时代就有的，它有形成的过程。殷周时代可能先认识几个星座，以后逐渐增多，最后系统化，形成了二十八宿。

另外，古人还观察到北斗星和季节的关系。北斗七星象一把勺子，以北斗这个勺的柄来定季节。例如：《夏小正》载："正月初昏，斗柄悬在下；六月初昏，斗柄正在上。"正月时刚黄昏就看到斗柄向下，六月黄昏，斗柄向上。另一本书《鹖（读 hé 曷）冠子》在《夏小正》的基础上扩大为四季。该书《环流》篇载："斗柄东指，天下皆春；斗柄南指，天下皆夏；斗柄西指，天下皆秋；斗柄北指，天下皆冬。"④ 从北斗的斗柄所指方向，就可以确定季节。

古人可以日影的长短来判定二至（夏至影最短，冬至影最长）和二分（春分、秋分），又可以通过观察，以二十八宿所在位置和北斗斗柄的指向来确定季节。换句话说，一年四季中，日月星辰的位置都在改变，这种变化是有

---

① 原文是："日永星火，以正仲夏"。火，又称大火，《辞海》上海一九七八年版注为"在二十八宿为氐、房、心三宿。"又注为"即心宿二。"郑文光、席泽宗《中国历史上的宇宙理论》（人民出版社，1975 年）说火是"角宿一"。"虚"、"昴"分别是北方、西方七宿中的中宿，《尚书正义》注中也说："火，苍龙之中星。"据此以为，火应是东方七宿中的中宿"房宿"。"火"究竟指何宿，至今仍有不少人在继续研究中。

② 原文是："日中星鸟，以殷仲春"；"日永星火，以正仲夏"；"宵中星虚，以殷仲秋"；"日短星昴，以正仲冬"，见《十三经注疏》。

③ 竺可桢：《论以岁差定尚书尧典四仲中星之年代》，见《科学》月刊第 10 卷第 12 期（1926年）。

④ 《鹖冠子》，《汉书·艺文志》有《鹖冠子》一篇，并注："楚人，居深山，以鹖为冠。"刘勰《文心雕龙·诸子篇》云："《鹖冠》绵绵，亟发深言。"韩愈也颇称许此书。柳子厚等人疑是伪书，证据不足。吴光同志在《黄老之学通论》中说："认为《鹖冠子》是伪书的理由都不能成立，它应当是真书而非伪书。"浙江人民出版社，1985 年。

周期性的。古人从这里概括出"星辰四游说"。汉代纬书《尚书纬·考灵曜》载:"春星西游,夏星北游,秋星东游,冬星南游。"

根据"地动则见于天象"的认识,既然日月星辰的周日视运动是地右旋的表现,那么,星辰四游是否也是地四游的反映呢?《尚书纬·考灵曜》作了大胆的猜想,提出地游说。它说:"地有四游,冬至地上北而西三万里,夏至地下南而东复三万里。春、秋分则其中矣。地恒动不止,人不知,譬如人在大舟中,闭牖而坐,舟行,不觉也。"① 大意是:大地有四游,一年四季,春夏秋冬,大地各游到一个处所。冬至,大地向上运行,经过北方向西,游到三万里远的处所。夏至,大地向下运行,经过南方向东,也游了三万里远,回到了冬至出发点。地游从冬至到夏至这一弧形的轨道的中点就是春分节气,同样,地游从夏至到冬至这一弧形轨道的中点就是秋分节气。图示如下:

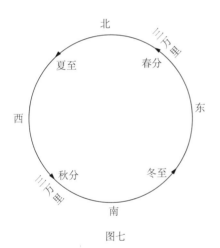

图七

古人是如何从星辰四游说联想到大地四游说的呢?《考灵曜》的一个比喻给了我们重要启示。它说,大地一直在游动,人感觉不出来,就象人坐在大船上,并且把门窗都关上,这样,大船在行进,人也感觉不出来。既然是大船,自然不会在刳(读 kū 枯)木为舟的时代,应在有了大船的时代。中国古代什么时候才有大船呢?春秋战国时代大概有船也不太大。秦始皇统一中国以后,曾经出巡到长江,"逢大风,几不得渡。"在长江遇大风,差一点翻船,看来船也不太大。当时秦始皇派遣徐福(《史记》称"徐市")入海求仙人,没有成功,大概也因为船小。后来徐福再次渡海成功,到达日本。现在江苏有徐福入海的遗址,日本有徐福登陆的古迹。到了汉朝,

① 《太平御览》卷三十六《地部》引。《守山阁丛书三》收明代孙毂(读 jué 觉)辑《古微书·尚书考灵曜》文略异。《对山问月楼》本亦收录。

生产力已经相当发达，当时已能制造出高达十几丈的大楼船①。秦汉以前也许有飘洋过海的船只②，但尚未发现有门窗可以开闭的楼船。人们只有乘坐这么高大的楼船，才感觉十分平稳。再将门窗都关上，人们就会感觉不出楼船在行进。一旦打开门窗，就可以看到窗外景物似乎都在向后移动。古代天文学家也许就是在乘坐这类高大楼船时，联想到天象的旋转，是由于大地在转动，恒星（主要是北斗和二十八宿）的方位变化是大地四游的反映。

无独有偶，哥白尼在《天体运行论》（李启斌译）中说："为什么不承认天穹的周日旋转只是一种视运动，实际上是地球运动的反映呢？正如维尔吉尔的史诗中艾尼斯的名言：'我们离港向前航行，陆地和城市后退了。'"③ 用船行来比喻地球的运行，东西方竟如此相似！真可谓所见略同！只是中国的《考灵曜》比哥白尼的《天体运行论》要早一千五百多年。但是，我们不能以这一点就说《考灵曜》比《天体运行论》高明。中国古代虽然有地游说，却始终未能发展、形成科学的日心地动说。我想原因主要有两个方面：一是儒家经典在思想界、学术界长期占统治地位，使得其他学说得不到充分发展。汉代纬书虽然提出了地游说，却被当时汪洋一般的经学所淹没，没有引起人们的注意。到了北宋，著名哲学家张载重提地游思想，他认为地悬浮在气中，随气升降。一昼夜的升降形成海水潮汐，一周年的升降造成寒暑气候的变化④。但他与汉代纬书一样，只讲地游，不讲日心。大概是还没有向日心说发展，就被扼杀在萌芽状态之中。二是浑天说在天文历法界长期占统治地位。浑天说类似于现代球面天文学，有许多合理性，又可以用仪器来验证，对预告日食、制订历

---

① 《汉书·食货志》："是时粤欲与汉用船战逐，乃大修昆明池，列馆环之。治楼船，高十余丈，旗帜加其上，甚壮！"
② 房仲甫《扬帆美洲三千年——殷人跨越太平洋初探》，见《人民日报》，1981年12月5日。
③ 哥白尼《天体运行论》，李启斌译本第22页，科学出版社，1973年。
④ 《正蒙·参两篇》："地在气中"，"地有升降，日有修短。地虽凝聚不散之物，然二气升降其间，相从而不已也。阳日上，地日降而下者，虚也；阳日降，地日进而上者，盈也：此一岁寒暑之候也。至于一昼夜之盈虚、升降，则以海水潮汐验之为信。然间有小大之差，则系日月朔望，其精相感。"

法还有实用价值。浑天说跟其他天文学说相比，有它的优越性。正因为它的优越性，它在中国天文历法界长期占统治地位，也正因为它的优越性，使它的天体假说长期束缚着人们的头脑，使人不敢想到其他。即使有张载那样思想活跃的人提出地旋、地升降的思想，却遭到非常崇拜他的人的反对①。由此可见，传统思想的影响之深、冲破之难！一味地信守传统的思想已经成了我国不良的传统！时代变了，传统思想还要代代相因，结果使历代改革家遭受万千苦难，给无数革新者留下杀身之祸，也致使许多新思想被埋没，许多新技术被遗弃，许多发明、创造、革新被扼杀，真是"埋灭而不称者，不可胜数也"②！所谓"峣峣者易缺，皦皦者易污。"③ 所谓"枪打出头鸟"，所谓"人怕出名猪怕壮"，等等，既是经验之谈，也是痛苦的教训！

波兰天文学家哥白尼（公元 1473—1543 年）创立了日心地动说。在这个基础上，德国天文学家开普勒（公元 1571—1630 年）总结出行星运动三定律，英国大科学家牛顿（公元 1642—1727 年）发现了万有引力定律。后来又有一系列的天文学家的努力，建立了现代天文学。根据他们的研究成果，我们现在知道月亮绕地球旋转，地球和另外八颗行星一起围绕太阳旋转，太阳带领着太阳系这个家族绕银河系旋转，银河系也在旋转。一切天体都在风驰电掣般地运行，大地也在飞奔向前，人又怎么能站着不动呢？社会在发展，科学也在发展，地游说终究代替了地静说，新的有更多合理性的学说终究要代替相形见绌的传统旧学说。这正象地球自转那样，从西向东，不可逆转！这也象地球绕太阳公转那样，飞奔向前，势不可挡！

---

① 王夫之非常崇拜张载，专门为《正蒙》作注，并在《序论》写道："呜呼！孟子之功不在禹下，张子之功又岂非疏瀹水之歧流，引万派而归墟，使斯人去昏垫而履平康之坦道哉！"在《读四书大全说》中也说："横渠学问思辨之功，古今无两。"临死前为自己写的墓铭有"希张横渠之正学而力不能企"的话。后人邓显鹤（公元 1777—1851 年）在《船山著述目录》中说王夫之的学问"原本渊源，尤在《正蒙》一书。以为张子之学，上承孔孟之志，下救来兹之失，如皎日丽天，无幽不烛，圣人复起，未之能易。"但他认为地旋说"于理未安"。
②《史记·司马相如传》。
③《后汉书·黄琼传》。

（四）地圆

跟地动思想关系密切的是地圆思想。因此，我们在考察地动思想之后，附带介绍一下古人对地圆的认识史。

首先要提到的是《周髀算经》上关于昼夜易处的论述和"地法覆盘"的比喻。它说："故日运行处极北，北方日中，南方夜半；日在极东，东方日中，西方夜半；日在极南，南方日中，北方夜半；日在极西，西方日中，东方夜半。凡此四方者，天地四极四和，昼夜易处。"梅文鼎认为这段话表明"地非正平而有圆象"①。日本一些学者也根据这些说法，肯定中国古代已有地球的见解。例如渡边秀方在《中国哲学史概论》中说："周髀说日运行在极北，则北方日中，南方夜半……这是把地球作圆形，太阳包着转的见解。"② 能田忠亮也说："这个昼夜易处的原理，即使从现代天文学上看也是有用的原理，应该作为地是圆球体的一个证据。"③ 但是，我们认为，《周髀算经》说"地法覆盘"，只有地是拱形的思想，并没有地球的认识。它认为天和地都是半球形的。所谓昼夜易处的问题，实际上也只表明了这种观点。主张盖天说的梁武帝所谓日月绕黑山旋转④，可以作为《周髀算经》"昼夜易处"的形象说明。东汉时代盖天说的代表人物王充连天地拱形的观点都不能接受。他认为天地都是平平正正的，自然更谈不上有什么地球的见解。拙著《王充哲学思想新探》第49页已作详细论述，此处不赘。总之，盖天说没有地是球形的思想。

关于浑天说，问题就比较复杂一些。首先，浑天说认为天是浑圆的，如弹丸、如鸡子，都是球形的思想。但是，地呢？张衡在《灵宪》中说："天体于

① 梅文鼎《历学疑问》卷一《论盖天周髀》，见《梅氏丛书辑要》卷四十六，承学堂同治十三年（公元1874年）刻。
② 〔日本〕渡边秀方著《中国哲学史概论》，刘侃元译，上海商务印书馆，1926年。
③ 原文是："此の画夜易处の理は、近代天文学上がら见こも有用の理ごめつて、地の圆体なゐ一つの证据となゐべきものゐ。"见能田忠亮《东洋天文学史论丛》第92页，日本恒星社昭和十八年（公元1943年）。
④ 在后面第七章"天说体系"中作详细介绍。

阳，故圆以动；地体于阴，故平以静。"① 这里明确说天是圆的、运动的，地是平的、静止不动的。但在《浑天仪注》中说："天如鸡子，地如鸡中黄"②，用鸡蛋黄比喻地体，那自然是球形的。不过，这里有两个问题：一是《浑天仪注》究竟是谁的作品？是否张衡所著，仍有争议，但这段话既为晋代葛洪所引述，其作品的时代应在晋代以前。二是"地如鸡中黄"是否表达了地球的思想？紧接下文是"孤居于天内，天大而地小"，也就是说，"地如鸡中黄"的比喻，只是讲地比天小，在天的内部。并不是说地是圆球形的。

《黄帝内经》说大地浮在"太虚之中"，《列子》称天地是"空中之一细物"，都可以说有地球思想，但也都不明确。

以上那些说法都是可以这么说那么解的，即使是地球的思想，那也是不够明确的。但是，我想张载的说法是可以确定的。他说到地体转动时就讲"圆转之物"，后面讲地体右旋，又说如果没有恒星、银河、日月作为参照物，人们还无法从外物来验证地在"迁动"。说明地是"右旋""迁动"的"圆转之物"，而且"动非自外"。这就比较明确认识到地是球形的。他还明确指出地的旋转移动跟地的球形有直接关系。如果不是有意曲解，我以为这是比较早的地球思想。

元代天文学家扎马鲁丁在至元四年（公元 1338 年）制造了七种西域仪象，其中有地球仪，可见在利玛窦传来西方天文学之前二百多年，扎马鲁丁就"把阿拉伯天文学传入中国"③，有了道地的地球说。

《元史》是明初宋濂等人撰写的，洪武三年（公元 1370 年）已经修成刊刻。但是，《元史》中地球说并没有被人注意，以致在利玛窦传入西方地球说时，"骤闻而骇之者甚众"④。刘献廷也在《广阳杂记》卷二中说："如地圆之

---

① 《后汉书·天文志》。
② 《晋书·天文志》。
③ 见《中国大百科全书·天文学》薄树人撰《扎马鲁丁》条目，1980 年。
④ 《四库全书总目提要》。

说，直到利氏西来，而始知之。"郭子章在《黔草》《山海舆地全图序》中说："利生之图说曰：天有南北二极，地亦有之，天分三百六十度，地亦同之，故有天球，有地球……浑沦一球，原无上下，此则中国千古以来未闻之说者。"①他们"未闻"，不能说明前所未有，只能说明他们自己孤陋寡闻，或因传统的地平思想塞满了脑袋，对于地球说，充耳不闻，视而不见。梅文鼎列举《大戴礼·曾子天圆》、《黄帝内经》、邵雍《观物篇》和《程明道语录》来论证中国古代已有地球说，他也提到扎马鲁丁造西域仪象。不过，他的论证略嫌牵强，但结论却是对的："地圆之说，固不自欧逻西域始也。"②地球说不是欧洲意大利人利玛窦首先传入中国的。

---

① 转引自林金水《利玛窦输入地圆学说的影响与意义》，见《文史哲》1985 年第五期。
② 梅文鼎：《历学疑问》卷一《论地圆可信》第 6 页，见《梅氏丛书辑要》，承学堂同治十三年（公元 1874 年）刻本。

第四章　日月之谜

一、幻想神话中的日月

古人仰观天象，首先注意到的是日月，因为"悬象著明，莫大乎日月。"①
在天上最显著的目标就是日月。

古人对日月的认识经历了长期的过程。对于日月问题的认识过程，就可以
大体分为以下三个阶段：一是直观观察阶段，二是丰富想象阶段，三是科学探
讨阶段。这三个阶段虽然有时间上的前后顺序，却没有明确的时间界限。同时
也因人而异，例如同一时代的人，有的还在作简单的观察，或产生某些想象，
甚至把前人的想象误认为就是事实，而有些人已经开始进行科学探讨了。

刘义庆（公元403—444年）《世说新语》记载一个这样的故事：有一个
人问洛阳的神童说："长安远还是太阳远？"神童不假思索，立即回答："太阳
远。"旁人说："太阳，看得见；长安，看不见，为什么说太阳远呢？"神童
说："经常有客人从长安寄信来，却没有客人从太阳上送信来，可见太阳比长
安远。"这个故事说明，人们虽然天天可以看见太阳，却不能到太阳那里去，

---

①《周易·系辞》上。

人们对太阳的认识只能通过从遥远处传来的自然信息：光和热，来获取。日出天亮，夏日炎炎，在强烈的日光下，犹如靠近烈火，热烫如煎。而在寒冬季节，在阳光下也象在火焰旁一样温暖。月亮没有太阳那种炽热的火焰，也不那么明亮。日月都是圆形的，都有东升西落的视运动。月亮有圆缺的变化。这些都是人们对日月进行直观观察后所留下的一些印象。

远古时代的部落酋长可能为了确定季节时间，指导人民进行农业生产，就派两个人对日月进行长期观察①。这两个人是谁呢？据传说，观察日的那个人叫羲和，观察月的那个人叫常仪。据说有一次日食，羲和因为喝醉了酒，没有及时报告，还受到惩罚②。这是原始时代的正常的观察天象活动。

后来，社会发展了，人们的想象力也丰富了。对于所观察到的日月现象不能作科学的解释，只好用想象来填补这些空白，于是就附会最初观察的传说，创造出了许多神话故事。

羲和这个名字经常出现在古籍中，但形象各不相同。《山海经》说羲和是羲和国的姑娘，帝俊的妻子，十个太阳的母亲③。这是一个女性。《书传》却说："羲氏、和氏，世掌天地四时之官。"古代男子称氏，妇人称姓，因此，这里的羲和成了两个男性。世代相传，就成了两个家族的姓。羲氏的两个儿子羲仲、羲叔，和氏的两个儿子和仲、和叔，分别被派住四方观察四方的天象④。《离骚》和《淮南子》都把羲和当作驾日车的神，这辆日车前面有六条

---

① 《尚书·尧典》载：尧"乃命羲和；钦若昊天，历象日月星辰，敬授人时。"《史记索隐》："按：《系本》及《律历志》：黄帝使羲和占日，常仪占月，臾区占星气……"《吕氏春秋·勿躬》："容成作历，羲和作占日，尚仪作占月"。

② 《尚书·胤征》："乃季秋月朔，辰弗集于房……羲和尸厥官，罔闻知，昏迷于天象，以干先王之诛。"《胤征》是《古文尚书》，据清人考证属伪书，但它"根据古义，非尽无稽"（《四库全书总目》），后面还要作详细考证。

③ 《大荒南经》载："东南海之外，甘水之间，有羲和之国。有女子名曰羲和，方日浴于甘渊。羲和者，帝俊之妻，生十日。"《山海经校注》，上海古籍出版社，1980 年。

④ 《尚书·尧典》："分命羲仲，宅嵎夷，曰旸谷"，"申命羲叔，宅南交"，"分命和仲，宅西，曰昧谷"，"申命和叔，宅朔方，曰幽都"。"帝曰：咨汝，羲暨和，期三百有六旬有六日，以闰月定四时成岁。"这里的"羲暨和"说明是二人。

龙拉着，羲和乘车驾龙载日，匆匆西奔①，好不威风！同时也有天马拉悬车载日西行的说法②。后来，六条龙四匹马却变成三条腿的乌鸦，如《洞冥记》说：三足乌老是要下地吃长生草，不好好拉日车，羲和要驾驭日车，用手掩三足乌的眼睛，不让它下去③。这样日又和三足乌结下不解之缘。《五经通义》说"日中有三足乌"④。《淮南子》载：在尧的时代，出现十个太阳，草木都被晒焦了。尧命后羿去射太阳，射中九个，三足乌被射死九只，羽毛都落了下来⑤。屈原《天问》中的"羿焉彃日，乌焉解羽？"问题就是根据这个传说提出来的。

据传说，在颛顼时代，主管天的是重，主管地的是黎，尧继承这一规矩，立了羲和的官⑥。后来，羲和这一名称变成了官名⑦。在许多艺术作品中，羲和和乌鸦仍然跟太阳联系在一起，例如汉代画象石中就有这么一幅画："画的是一个上半身为人头人臂，下半身为龙躯龙爪、似人非人的怪物。她名叫羲

---

① 《离骚》："朝发轫于苍梧兮，夕余至乎悬圃，欲少留此灵琐兮，日忽忽其将暮，吾令羲和弭节兮，望崦嵫而勿迫。"王夫之注："羲和，日御。"见《船山遗书》《楚辞通释》，上海太平洋书店民国廿二年。《淮南子》："爰止羲和，爰息六螭，是谓悬车"，高诱注："日乘车驾以六龙，羲和御之，日至此而薄于虞泉，羲和至此而回六螭。"螭是传说中的无角龙。见《初学记》卷一引。今书《淮南子·天文训》作"爰止其女，爰息其马，是谓县车。"晋·傅玄《日昇歌咏》曰："东光升朝旸，羲和初揽辔，六龙并腾骧，逸景何晃晃。"《艺文类聚》卷一，上海古籍出版社，1965年。

② 魏·缪袭《挽歌》："白日入虞渊，悬车息驷马。"见《古诗源》，中华书局，1963年。

③ 原文是："东北有地日之草，西南有春生之草……三足乌数下地食此草。羲和欲驭，以手揜乌目，不听下也。食草能不老。"《百子全书》《洞冥记》卷四，浙江人民出版社，1984年影印本。

④ 《艺文类聚》卷一引，上海古籍出版社，1965年。

⑤ 原文是："尧时十日并出，草木燋枯。尧命羿仰射十日，中其九乌，皆死，堕羽翼。"《艺文类聚》卷一引，上海古籍出版社，1965年。彝族也有射日的传说，说原来有七个太阳，夜猫精变成鹰嘴铁人，拔身上的羽毛当箭，射落六个太阳。故事见《中国民间故事选——风物传说专辑》第301页，中国少年儿童出版社，1983年。

⑥ 《史记·历书》载："颛顼受之，乃命南正重司天以属神，命火正黎司地以属民"。"尧复遂重黎之后，不忘旧者，使复典之，而立羲和之官。"扬雄《法言》有《重黎》篇，是讨论天文历法问题。

⑦ 《后汉书·律历志上》："至元始中，博征通知钟律者，考其意义，羲和刘歆典领条奏，前史班固取以为志。"刘歆任羲和官，曾著有《三统历谱》。明·周祈《名义考》"常仪占月"条载："意羲和，古历官，常仪与羲和等，故黄帝时有羲和，尧时亦有羲和，黄帝时有常仪，帝喾时亦有常仪也。妃善占月，故帝喾使之，因谓之常仪与？"见明万历己丑（公元1589年）黄中色刻本。

和"，"羲和右臂举着的那个圆物就是太阳。"① 太阳中间还画一只鸟，这大概就是三足乌。

前面已经讲到，观察月亮也有一个人，这个人，《吕氏春秋》称为"尚仪"，《史记索隐》叫"常仪"。《史记·五帝纪》《正义》引《帝王纪》说："帝喾有四个妃子，……第四个妃子是娵訾氏的女儿，叫常仪，生帝挚。"②《诗·大雅·生民》"时维后稷"《疏》引《大戴礼·帝系篇》也叫"常仪"，但在《礼·檀弓》上"周公盖祔"《疏》引《帝系篇》却作"常宜"。常仪又叫常羲，也象羲和生十日那样，她生了十二个月亮，常羲是帝俊的妻子，十二月的母亲③。这个帝俊的妃子常羲，后来又演变成后羿的妻子姮娥。《淮南子·览冥训》载："羿请不死之药于西王母，姮娥窃以奔月。"羿是古代传说中善射英雄，曾经射落九个太阳。他从西王母那里讨到一些仙药，吃了可以长生不老。他舍不得吃，要留着跟妻子姮娥共享，但姮娥却偷偷地吃掉仙药飞升了，奔到月宫里去了。有的说她奔到月宫中去变成了蟾蜍。张衡《灵宪》中说："羿请无死之药于西王母，姮娥窃之以奔月。……姮娥遂托身于月，是为蟾蜍。"④《淮南子》又说："姮娥，羿妻也。服药得仙，奔入月中为月精。"⑤"月精"就是"蟾蜍"。有的书只讲月中有蟾蜍和玉兔。从汉代画象石中的图案来看，嫦娥奔月时，月中已有蟾蜍⑥。所谓"嫦娥"，可能最早出现于晋，干宝撰的《搜神记》。《搜神记》卷十四上所载跟张衡《灵宪》文完全一样，只将"姮娥"改为"嫦娥"⑦。总之，所谓"尚仪"、"常仪"、"常羲"、"常宜"、"姮娥"都是"嫦娥"在演变过程中所出现的不同名称，后来才定型的。

---

① 吴曾德著：《汉代画象石》，第44—45页，文物出版社，1984年。
② 原文是："帝喾有四妃……次妃娵訾氏女，曰常仪，生帝挚。"
③《山海经·大荒西经》："有女子方浴月。帝俊妻常羲，生月十有二，此始浴之。"《山海经校注》，上海古籍出版社，1980年。
④《后汉书·天文志上》。
⑤《艺文类聚》引，上海古籍出版社，1965年。
⑥《汉代画象石》，第51页，文物出版社，1984年。
⑦《百子全书》第七册，浙江人民出版社，1984年。

"嫦娥奔月"已为中国普通人所熟知的神话传说。

月中有兔是早就流行的传说。战国时代，屈原《天问》就问过为什么月亮"顾兔在腹"。西汉末刘向《五经通义》说："月中有兔与蟾蜍"①，东汉王充引儒者言说："月中有兔、蟾蜍。"② 晋代傅咸《拟天问》又说：月宫中白兔在捣药③。

到了唐朝，神话传说又增加了内容，说月中已长出一棵五百丈高的桂树，有一人叫吴刚，想学仙，犯了过失，罚他砍桂树。桂树被砍处随即弥合④，因此，吴刚老得那么砍下去，永远砍不倒。后来，他大概也不砍了，决心在那里生活下去，于是也酿起桂花酒来了⑤。夏夜欢聚，室外纳凉，仰望长空，冥思遐想，明月皎洁，令人神旷。人们便从月影中想象出一个小社会来，有一个美丽的女子嫦娥在跳舞，有一个强壮的男人在喝酒，有一座富丽堂皇的月宫，宫门前有一棵五百丈高的桂树。还有一只兔子和一只蟾蜍。到唐明皇梦游月宫时，月宫中的生活就更加丰富多彩了⑥。

日月从神话传说中产生出许多别名，日的别名有羲和、金乌、玄乌。《广雅》上还列出五个日的别名，叫："朱明"、"曜灵"、"东君"、"大明"、"阳马"。日是"太阳之精"，所以又称"太阳"。太阳又称"日头"，大概跟"石头"一样，"头"是辅助词。但，清人李光庭在《乡言解颐》中作了考证："《晋书·天文志》：'日上有戴'。楼钥《白醉阁诗》：'天梳与日帽，且免供酒事。'曰戴曰帽，则日头之称可矣。"⑦ 日可以"戴""帽"，自然是"头"，所以可以叫太阳为"门头"。月的别名有玉兔、玉蟾、桂魄、夜光、嫦娥。根

---

① 《艺文类聚》，上海古籍出版社，1965 年。
② 《论衡·说日篇》。
③ 《艺文类聚》，上海古籍出版社，1965 年。原文是："月中何有？白兔捣药，兴福降祉。"
④ 唐·段成式《西阳杂俎·天咫》："异书言月桂高五百丈，下有一人常斫之，树创随合。人姓吴名刚，西河人，学仙有过，谪令伐树。"见中华书局，1981 年。
⑤ 毛泽东诗句："吴刚捧出桂花酒。"见《七律·蝶恋花》。
⑥ 唐·郑棨《开天传信记》，浙江鲍士恭家藏本。
⑦ 《乡言解颐》，第 1 页，中华书局，1982 年。

据月的形象变化，又有许多比喻，如说："初生似玉钩，载满如团扇。"① 又如："上弦如半璧，初魄似蛾眉。"② 现在称月为"月亮"，为什么不像称日为太阳那样，称为"太阴"呢？过去是称过"太阴"的，后来都称月亮。据李光庭考证，唐代李益诗有"木叶已衰空月亮"③ 句，后来逐渐形成今天这个名称。

对日月的认识，人们先从观察中产生想象，编出各种神话故事。这些神话故事到了迷信流行的时代，便都成了迷信说法的依据。迷信思想妨碍科学的探讨。人们对任何事物进行科学探讨的时候，总要批判、清除笼罩在这些事物上的迷信因素。神话故事被迷信所利用，因此，进行科学探讨的人们有时不得不对这些神话故事进行分析，指出它们不是事实，来反驳迷信。这种理性的分析，使人类对日月的认识进入了新的阶段、达到新的水平。

二、理性探讨中的日月

古人认为日是阳之精，月是阴之精，他们还要用实验来证明这种看法。实验是：用阳燧（相当于凹面镜）向着太阳，用易燃的东西放在聚光点上，就可以点火。古人认为这一实验证明太阳是天上的火，地上的火是从太阳上派生的，因此，太阳是阳（火）的祖宗。另一个实验是：用方诸（大的蛤壳）经过摩擦发热，然后放在月光下，用盘子就可以接到几滴水。古人认为这个实验说明月是天上的水，是地上水的祖宗。这个实验即使有水滴出现，也与月亮无关，因为我们现在已经知道月球上并没有水。即使有水，地球上的水也不会是从月球上流过来的。

---

① 虞羲《咏秋月》诗句，《艺文类聚》，上海古籍出版社，1965 年。
② 王褒《咏月赠人》诗句，《艺文类聚》，上海古籍出版社，1965 年。
③ 李光庭《乡言解颐》，中华书局，1982 年。

　　两汉时代学术界重视"证验"，人们开始对日月问题进行科学探讨。西汉成书的《淮南子·天文训》根据"物类相动，本标相应"的原理和"阳燧见日则燃而为火，方诸见月则津而为水"的实验来证明"日者，阳之主也"，"月者，阴之宗也"。虽然从方法和结论上看都有不足之处，但它毕竟是进行了实证的实验，并且，从当时历史条件来看，还是相当高明的。日月是天上的水火，是阴阳之宗。这一观点影响深远，为以后的许示是多唯物主义哲学家所接受。东汉唯物主义哲学家王充就以这一思想为根据驳斥古代的想象到汉代演化成迷信的那些说法。他说：地上的火中没有生物，生物放入火中就要被烧死。日是天上的火，天上的火中为什么会有乌鸦呢？日光夺目，人无法看日，怎么能看见日中有乌鸦呢？又怎么能看到这只乌鸦是三条腿的呢？月是水，水中有生物，但不是兔和蟾蜍。兔和蟾蜍在水中时间长了就会死的。另外，月晦的时候，日食的时候，兔和蟾蜍、乌鸦都到什么地方去了呢[1]？关于嫦娥奔月的问题，王充没有提到，但他认为人不长翅膀就不能升天[2]，因此他对嫦娥吃了药不长翅膀就能升天是不会相信的。对于尧派羿射十日，王充却只讲尧射十日。王充认为这是不可能的事，因为日离地几万里远，尧射不到那么高。日是天火，人用箭射地上的火都不会灭，怎么能射灭天上的火呢？有的说尧以自己的精诚来射灭日的，王充说，那只要用精诚，又何必射呢？日附着在天体上，射日必然要射穿天体的。世俗认为射天殴地是桀、纣的最大罪恶。那么尧射日穿天，不是跟桀、纣一样坏吗？他还怎么能用自己的精诚来感动上天呢[3]？

　　王充以阴阳学说为前提，用逻辑推理的方法，批驳当时以天人感应说为基础的许多迷信说法。这在思想史上是唯物论对唯心论的斗争，在科学史上是科学对迷信的冲击。关于这一点，连极力贬抑王充的台湾学者罗光先生也不得不给予肯定。罗光说：王充的特点，"在于具有研究问题的头脑，不信迷信，不

---

[1]《论衡·说日篇》。
[2]《论衡·道虚篇》。
[3]《论衡·感虚篇》。

信神话怪异，有研究科学者的态度。"① 但是，文学界的一些同志认为王充在这些方面"反对艺术的夸张"，"却流于偏颇"②。从现在来看，确实有点"偏颇"。在迷信盛行的两汉时代，古代具有艺术夸张的神话故事都被误认为是事实，并且被当作天人感应说的根据。在这种情况下，艺术已经成了神学的附庸。唯物论者批判神学迷信，就难免要在这些问题上进行辩驳。迷信家既然已经利用艺术夸张来宣传迷信，崇拜古代社会，崇拜古代圣人，唯物论者王充反对"称圣泰隆""称治亦泰盛"③，也在艺术夸张上反对迷信。要知道这是战斗，这是辩论是非。"辩论是非，言不得巧"④，就象在河里捉乌龟那样，哪能每一步都走得那么稳呀？写文章为了明确表达自己的思想，怎能使文章让别人挑不出毛病呢？可见王充比较重视文章的思想性，认为语言技巧是次要的，但也不是不要技巧，实际上他也是很注意语言的技巧的。《论衡》中许多篇章的文字都是相当美的，例如说："玩扬子云之篇，乐于居千石之官；挟桓君山之书，富于积猗顿之财。"⑤ 这不是很美的夸张语言吗？可见，王充许多辩驳并非反对夸张，而是反对迷信。如果我们能够体会王充所处的时代，那么，我想对王充的辩驳就不会提出这方面的非议。

王充用阴阳学说解释日月问题，在反对迷信方面无可非议，但不是在一切方面都是无可非议的。例如：关于日月的形状，一般人都可以看到是圆形的。王充根据阴阳学说，认为日是阳气，月是阴气，气是疏散的、变化的，没有一定的形状，自然也不是圆的。日月是天上的水火，地上的水火不是圆的，天上的水火为什么是圆的呢？日月和星星一样，星星不是圆的，日月当然也不是圆的。怎么知道星星不是圆的呢？王充说："春秋时代，有星陨在宋都，走近一

①《中国哲学思想史·两汉南北朝篇》，第 299 页，台湾学生书局民国 67 年（公元 1978 年）出版。
②《中国文学史》第一册，第 146 页，人民文学出版社，1962 年。
③《论衡·宣汉篇》。
④《论衡·自纪篇》。
⑤《论衡·佚文篇》。

看，原来就是石头，不是圆形的。星不是圆的，可见日月五星也都不是圆形的。"① 为什么看起来是圆的呢？王充的解释是因为距离远，所以看起来好象是圆的，实际上并不圆。说日月不是圆形的，在中国历史上仅此一家。

王充关于日月不圆的说法显然是错误的，因为它不符合观察的结果。如果因为远，日月看起来都是圆的。那么，日月始终都在那么远，应该任何时候看到的日月都是圆的，但是实际观察结果不是这样的，人们可以看到月缺，日食，这些不圆的现象。但是，对于王充的错误说法，在当时没见有人提出反驳。过了二百多年，到了晋代，才有一个哲学家葛洪（公元 283—363 年）提出反驳。他说：如果由于远的缘故，看起来日月都好象是圆的，那么，在月初和月末的时候，我们看见月亮为什么都不圆呢？日食的时候，有时上面缺了，有时下面缺了，有时从侧面开始缺，渐渐缺成象钩子那样，最后才完全食了。如果"远视见员（圆）"，那么，就不会看到日食从左边或者从右边开始残缺的情景②。葛洪对王充的驳斥是十分有力的。经葛洪这一批驳，后代的人再也没人主张日月不圆了。只有一些人在那里嘲笑、攻击王充这一观点的错误。但是，他们只是否定了王充的观点，并没有完全驳倒王充所用的论据。关于在天水火问题，葛洪作了有力的批驳："今火出于阳燧，阳燧圆而火不圆也。水出于方诸，方诸方而水不方也。"③ 以此说明，地上水火不圆，不能推到天上的日月也不是圆的。对于王充从陨石不圆，推到星不圆，再推到日月也不圆。葛洪没有批驳，后代的人也都没有批驳。说明在这一点上，古人还无法作出科学的说明。王充认为在天上，日月五星和列星是一类的东西，这一点大体上还是对的。但陨石的情形则不同，它在宇宙空间时可能也是圆的，受到地球的吸

---

① 《论衡·说日篇》："春秋之时，星陨宋都，就而视之，石也，不圆。以星不圆，知日月五星亦不圆也。"宋都即今河南商丘。
② 《晋书·天文志》引葛洪话："王生又云远故视之员。若审然者，月初生之时及既亏之后，何以视之不员乎？而日食或上或下，从侧而起，或如钩至尽。若远视见员，不宜见其残缺左右所起也。"古字"员"与"圆"通。见中华书局 1974 年版。
③ 《晋书·天文志上》。

引，在陨落过程中，因与大气摩擦，发生燃烧、爆炸，落到地面时，就不圆了。因此，从陨石不圆，推出一切天体都不是圆的，显然不妥。

实际上，在王充之前已经有人提出日月都是圆球形的，象弹丸那样。西汉后期与刘向同时的京房（公元前 77—公元前 37 年）说："月与星辰，阴者也，有形无光，日照之乃有光。先师以为：日似弹丸，月似镜体。或以为月亦似弹丸，日照处则明，不照处则暗。"① 京房的老师是焦延寿，"焦延寿独得隐士之说"②。京房的先师可能就是指焦延寿，或是隐士。京房说有的人认为"月似弹丸"，说明在京房时代就已经有了月是圆球形的思想。

三国时当过吴国太史令的陈卓和当时的天文学家王蕃，跟年青的天文学家姜岌③进行过一场辩论。姜岌在答难中说："月无亏盈，由人也。日月之体，形如圆丸，各径千里。月体向日常有光也，月之初生，日曜其西，人处其东，不见其光，故名曰魄。魄，一日之后渐东，而西南，故明生焉。八日正正南方半之，故见弦也。望则人处日月之间，故见其圆也。""星月及日，体质皆圆，非如圆镜，当如丸矣。"④ 姜岌认为月体没有"亏盈"的问题，只是由于人的观察角度不同。月体朝向日的方面有亮光。月初，日光照耀月体的西面，人在月体的东面，所以看不见月的亮光，这叫魄。以后，月体向东移动，到西南方时，就开始发亮。到初八时，月在人的正南方，有一半亮光，这时人们见到弦月。望的时候，人处在日月的中间，所以可以看到圆月。总之，日、月，星，体质都是圆的，不是镜子那样平面圆，而是象弹丸那样的球形圆。这一说法是完全正确的，它对后代天文学家有深远的影响。

梁代天文学家祖暅在《浑天论》中说："月，阴精也，其形圆，其质禀日

----

① 《尔雅注疏》卷六《释天》注引。见《十三经注疏》，中华书局，1980 年。
② 《汉书·儒林传》。
③ 《晋书·律历志下》："后秦姚兴时，当孝武太元九年，岁在甲申，天水姜岌造《三纪甲子元历》。"太元九年是公元 384 年，是后秦姚苌白雀元年，下距姚兴皇初元年（公元 394 年）尚有十年，上距吴亡（公元 280 年）有一百零四年。《历志》又称："岌以月蚀检日宿度所在，为历术者宗焉。又著《浑天论》，以步日于黄道，驳前儒之失，并得其中矣。"
④ 唐·瞿昙悉达《开元占经》卷一，恒德堂明万历丁巳（公元 1617 年）版。

之光而见其体，日光不照则谓之魄。故月望之日，日月相望，人居其间，尽观其质，故形圆也。二弦之日，日照其侧，人观其旁，故半魄半明也。晦朔之日，日照其表，人在其里，故形不见。"① 这里讲"日照其表，人在其里"，表即外，里即内，说明日比月离人远。

对于日月之形的问题和月有盈亏的问题，北宋科学家沈括（公元 1031—1095 年）作了详细而通俗的解说。他在《梦溪笔淡·象数》中说："日月之形如丸，何以知之？以月盈亏可验也。月本无光，犹银丸，日耀之乃光耳。光之初生，日在其傍，故光侧而所见才如钩。日渐远则斜照而光稍满。如一弹丸，以粉涂其半，侧视之，则粉处如钩，对视之，则正圆。此有以知其如丸也。"② 沈括认为日月都是如丸的即球形的。月相的盈亏变化是日、地、月三者间的相对位置的变化而产生的，他也作了正确的解释，并且把月亮比作银丸，用白粉涂弹丸的一侧，然后旋转这个弹丸，就可以看到类似月相变化的情况。这是正确的，而且通俗易懂。因此，清初的王夫之说："亏盈之故，晓然易知，沈存中之说备矣。"③ 沈括，字存中。王夫之认为关于月相盈亏变化的原因，沈括已经说得很完备、很明白了。

不过，日月是阴阳之气的说法对沈括也有很深的影响，他在上述一段话后又说："日月，气也，有形而无质，故相直（'值'）而无碍。"④ 日月都是气，都只有形象，并没有实体，所以在运行过程中，它们相碰，也互不妨碍。实际上日月运行不相妨碍，是由于高低远近的不同。但在浑天说的天体球面上，日月没有高低之别，又有运行同道同度相值的时候，因此，沈括只好用"有形而无质"来解释。比沈括年长十一岁的北宋哲学家张载也是用阴阳之气来解

---

① 唐·瞿昙悉达《开元占经》卷一，《隋书·天文志上》录祖暅《浑天论》前半部分。见中华书局 1973 年版。
② 《元刊梦溪笔谈》卷七，文物出版社 1975 年影印版。
③ 王夫之《张子正蒙注·参两篇》。
④ 《元刊梦溪笔谈》卷七，文物出版社 1975 年影印版。

释日月问题，并且认为"日月之形，万古不变"①。王夫之注曰："天不变，故日月亦不变。"② 但后来，王夫之在《思问录外篇》中对此作了新的解释："张子曰：'日月之形，万古不变。'形者，言其规模仪象也，非谓质也。质日代而形如一。"③ 就是说，张载说万古不变是日月的形象，不是说它的本质。本质是每天要变化的，形状却始终如一。王夫之说，人们看到日月的形状没什么变化，不知它的本质已经变化了，以为现在的日月完全是远古时代的日月，没有任何变化，那是不理解"日新之化"④ 的。所谓"日新之化"，是王夫之的一个哲学观点，他认为一切事物每日都有新的变化。王夫之讲日月"质日代而形如一"，与沈括所谓日月"有形而无质"的说法不相一致。

把月体看成是象圆镜那样平圆形的，不仅在汉代的京房"先师"那里存在着，而且到了宋朝，在一些学者中也存在着。他们认为月亮象一面大圆镜，其中的影子是大地的山川反映在月镜中。北宋王安石和苏东坡都有这种看法。据宋代何薳《春渚纪闻》卷七记载："王荆公言：月中仿佛有物，乃山河影也。至东坡先生亦有'正如大圆镜，写此山河影。妄言桂、兔、蟆，俗说皆可屏'之句。"⑤ 苏东坡用山河的影子取代传说中的桂树、玉兔、虾蟆。何薳的父亲何去非与苏东坡同辈，东坡对去非有恩情，何薳著《春渚纪闻》时，"专列一卷，收载东坡的遗文佚事、小辨杂说。"⑥ 此书记载东坡事迹比较可信。但东坡论月影虽比"桂、兔、蟆"进步，却也不太正确。正确的是唐代段成式在《酉阳杂俎·天咫》中记载的嵩山隐士的说法。段成式记载说，太和年间，郑仁本的表弟和一个王秀才去游嵩山，走迷了路，偶然遇见一个布衣甚洁白的人，那人对他们说："君知月乃七宝合成乎？月势如丸，其影，日烁其凸

---

① 《张子正蒙注·参两篇》。
② 同上。
③ 《思问录·俟解》，中华书局，1956 年。
④ 同上。
⑤ 《春渚纪闻》卷七《辨月中影》，中华书局，1983 年。
⑥ 张明华《春渚纪闻》校点说明，中华书局，1983 年。

处也。"① 大意是说，月是由七种珍贵物质合成的，月的形状是圆球形的，象弹丸。月上面的影子，是日光照到月球凹凸不平的表面而显出来的。这一见解多么正确，多么高明！人类后来用望远镜观察月球表面，证实了嵩山隐士的看法。

综上所述，日月是什么样子呢？大体可以分两种，一种认为日月是气象②，犹如云雾虹霓。一种认为是物质实体。在承认日月是物质实体的各种观点中，其形状如何，又有不同看法，日是球形的，这是一致的见解。至于月体，有的认为是象圆镜，有的认为象弹丸。关于月中的影子，又有三种猜测，一是说那是桂树、兔子、虾蟆，一说是山川在月镜中的影子，还有就是嵩山隐士的看法。这些说法进行了旷日持久的争论，并没有得到彻底的解决。直至明代，科学家宋应星（公元 1587 年—?）还说："气聚而不复化形者，日月是也。"③ 宋应星认为："天地间非形即气，非气即形，杂于形与气之间者，水火是也。"④ 就是说世界由气和形构成的，形与气还在不断转化。形不再转化成气的是土石，气聚积起来不再变成形的是日月。也就是说，日月是永久的气团。而元代的赵友钦却在《革象新书》中说："太阴圆体，即黑漆球也"⑤。把月亮比作黑漆球，那是很恰当的。

十七世纪荷兰密德堡的眼镜商汉斯·立帕席和沙加里亚斯·詹森发明了望远镜，开普勒在这一基础上制造出天文望远镜。人们利用天文望远镜观察到的月球表面的情况，完全证实了月亮是有形质的。几千年来的探讨和争论，由这一实践做了验证。

---

① 唐·段成式《酉阳杂俎》，中华书局，1981 年。
②《周易·系辞上》："在天成象"，《淮南子·天文训》："日者，阳之主也"，"月者，阴之宗也"，王充讲日月为天上的水火，都是把日月看成气象，而不是看成实体。
③ 宋应星《论气》，见《野议·论气·谈天·思怜诗》。
④ 同上。
⑤ 赵友钦《革象新书》，转引自中国天文学史整理研究小组编著《中国天文学史》，第 140 页，科学出版社，1981 年。

三、日月之行

日月运行，古人从直观可以看到东升西落。是不是每天都有一个太阳东升西落呢？今日的太阳是不是昨日的太阳？今日的太阳明日还来不来？这是难以确定的。因此当时每天都叫"一日"。月亮也是东升西落的。月初，月亮刚出现时象眉毛一样细而弯曲，后来逐渐变大，成为满月，然后又一天天小下去。后来，又有一个月牙出现，又循环一周。古人把月亮从出现到消失看作是一个"月"，一年有十二个"月"。上一"月"是不是这一"月"呢？那是不清楚的。但是，从月相变化的连续性来看，从初三到月底，是一个月，这个月在东升西落，今天出的月亮是昨天落下去的那一个，今天落下去，明天还要出来。这样可以联想太阳，虽然每天东升西落，实际上只有一个太阳。但是，太阳东升之前，西落之后，到哪儿去了呢？这也是中国古人探讨的一个问题。屈原在《天问》中问道："角宿未旦，曜灵安藏？"角宿是二十八宿之一，是东方七宿的第一宿。"角宿未旦"，意思是东方未亮。"曜灵"指太阳。屈原这一问就是：早晨东方未亮以前，太阳藏在什么地方？同时，屈原说：太阳"出自汤谷，次于蒙汜"。太阳早晨从汤谷那个地方出来，黄昏从蒙汜那个地方下去。夜里，太阳在哪儿呢？它怎么从蒙汜到汤谷呢？屈原《九歌》中有一篇叫《东君》。"东君"就是太阳，后人把它当作"日神"。《东君》的最后一句是："杳冥冥兮东行"。"杳冥冥"是幽暗的意思。意思是太阳从幽暗的地方向东运行。幽暗的地方可以有两种解释，一是北方，一是地下。屈原既然讲"出自汤谷，次于蒙汜"，解释作"地下"更符合原意。总之，屈原思想中认为太阳早晨从汤谷出来，经过上空，晚上落入蒙汜，从蒙汜经地下向东方运行，早晨又从汤谷出来，这样往复循环。

在战国时代，关于日月运行的问题，大概会有几种看法，究竟哪一种正确，都缺乏有力的证据，因此，屈原还有疑问。由于天文学水平的限制，当时还没有人能够作出令人满意的解答。于是，屈原只好问天，写了《天问》。对于科学尚未解决的问题，提出怀疑，作出假说，展开争论，这样做无疑对科学的发展有促进作用，对人类的思维的发展也是有好处的。屈原《天问》提出一系列怀疑，汉代学者作出各种假说，并且展开争论，促进了当时天文学的发展。当时天文学主要有三个派别，即盖天说、浑天说、宣夜说。对于它们的观点，后面还要作详细介绍。这里只提一下它们对日月运行的看法。宣夜说认为日月悬浮在空间，由气推动着作自由运动，由于它没有弄清日月运行的规律性，因此无法解释昼夜、寒暑的规律性变化。古老的盖天说①认为天在上，地在下，早晨，太阳从地下升到天上，晚上从天上落入地中。并且还有具体的出入地点，"出自汤谷，次于蒙汜"。"汤谷"② 和"蒙汜"都是地上的一个小地方。冬夏季节，日月都应该从固定的方位出入，而实际上，太阳夏季从东北方出来，向西北方隐没，冬季从东南方出来，隐没于西南方。可见，出入汤、蒙的说法不符合实际观察的结果，说明它不合理。代之而起的有两种说法：一是认为日月没有进入地下，只是附在天体上，随天旋转，转远了就看不见，近了就看得见，日月的隐没和出现，不是出入地中，而是距离远近的问题。这是汉代新盖天说的观点。一是认为日月随天旋转，天是鸡蛋壳那样，有一半在地下。由于天体旋转，日月随着天体上下。他们认为地象蛋黄，浮在海水中间，天带日月从东海升起，从西海落下。这是汉朝及其后来的浑天说的观点。例如晋代葛洪、唐代卢肇都持这一观点。这些问题后面还要详细谈到，此处从略。

　　另外，日月有两种视运动，一种是周日视运动，即每天看到的东升西落的运动。以上讲的就是这种运动。还有一种叫周年视运动和周月视运动，也就是

---

① 《周易·明夷卦》，坤上离下，坤是地，离是火是日。《象辞》："明入地中"，孔颖达疏云："日入地中"。见《十三经注疏》，第49页，中华书局1980年版。《天问》和《淮南子·天文训》都有日入地中的观点，反映了古老盖天说的看法。

② 汤谷，有的书写"旸谷"。如《尚书·尧典》："分命羲仲宅嵎夷，曰旸谷。"《淮南子·天文训》："日出于旸谷"。《书传》称："日出于谷而天下明，故称旸谷。"

说，在以恒星为背景的假想恒星天上，日月的迁移运动，即日在黄道上每天向东移动一度，经过一年又回到原处。月在白道（或称九道）上每天向东移动十三度多，一个月时间，迁移一周天。历代历法家很早就通过观测认识到这种运动，并以此为根据制订了愈益精确的历法。这就是在《天旋地动》一章中详细论述过的右旋说观点。

四、日月之食

现在，我们已经知道，地球绕太阳运行，月球绕地球旋转。这是真正的日月之行。当月球运行到太阳和地球之间的时候，由于月球遮住了太阳射向地球的光线，在地球上的某一局部地区的人就看不到太阳，出现白昼突然昏黑、群星顿时尽现的情景，这就是日全食。看到月亮遮住部分太阳，就是日偏食，看到月亮遮住太阳的中间部分，就是日环食。不管全食、偏食，还是环食，都叫做日食。月亮不发光，太阳光照射到月球上反射到地球上，人们才见到月亮的亮光。当地球处于日月中间的时候，地球遮住了太阳射向月球的光线，这样就出现了月食现象。月食有全食、偏食之分，却没有环食，这是因为月球小而地球落在月面的影子大的缘故。我们现在所了解的这些知识，古人却费了几千年的时间，进行了艰苦的探索，才逐渐获得。古人在漫长而曲折的探索历程中，曾经提出过许多猜测和见解，不断地向科学接近。

关于日月之食问题，先有记事，后才有研究。最早关于日食的记事大约在四千年前的夏朝时代。据说夏朝仲康年间，负责观测太阳的羲和贪酒，没有及时准确地报告天象。有一年秋天发生日食，瞽乐官敲起鼓来，管币的啬夫逃窜，一般人也乱跑。由于羲和主管观测天象，没有及时报告日食，犯了杀头罪。按当时《政典》规定，报告天象早了要杀，报告天象晚了也要杀头，不能赦免。于是，胤国国君受王命去征羲和①。

这一段记载保存在《古文尚书》中。据清朝考据家阎若璩考证，《古文尚书》是伪书，大概是东晋人采集古文编撰而成。但是，关于仲康日食一事，《左传》、《史记》和《汉书》都有类似记载，说明《古文尚书》虽属伪书，所记此事并非毫无根据。

过去对于这一段话中"辰弗集于房"是否指日食有争议。经过争论，基本上确定了是指日食。房指二十八宿的房宿。根据这些资料，许多天文学家对这次日食进行推算，多数人认为这次日食发生在公元前2137年10月22日。尽管对于这个日期还有争议，但是，古今中外学者"都公认这是世界上最早的日食纪事。"② 在商代的甲骨文中还有日食、月食的多次记载，例如，《殷契佚存》第374片的记载是："癸酉贞日夕又食，佳若？癸酉贞日夕又食，匪若？"这是公元前十三世纪武乙时期牛胛骨上的卜辞。意思是说：癸酉这一天的傍晚发生日食，是吉是凶？又如：《簠室殷契征文》天二片上记有："旬壬申月又食"。这是月食的记载。河南安阳殷墟出土的甲骨文，记载日食最早的一次，据推算，发生在公元前1217年5月26日。西周时代，对日食月食的记载更为明确，并且已经入诗。例如：《诗经·小雅·十月之交》载："十月之交，朔日辛卯，日有食之，……彼月而食，则维其常"。据推算，这是对周幽王六年十月初一（即公元前766年9月6日）日食的描写。这里对月食已经有了最初的认识，认识到月食是"常"③ 的，经常发生的，或者是有规律的。

日全食一旦发生，白昼顿时变成一片昏黑，情景十分奇异、可怕，而且不

①《古文尚书·胤征》："羲和湎淫，废时乱日，胤往征之。……乃季秋月朔，辰弗集于房。瞽奏鼓，啬夫驰，庶人走。羲和尸厥官，罔闻知，昏迷于天象，以干先王之诛。《政典》曰：'先时者杀无赦，不及时者杀无赦。'"
② 陈遵妫著《中国天文学史》第一册，第200页，上海人民出版社，1980年。
③ "常"，可以理解为经常，如陈遵妫在《中国天文学史》第三册第1007页所说；也可以理解为规律，如陈久金在《中国古代的历法成就》一文中所说的，见《中国古代科技成就》第49页，中国青年出版社1978年版。《毛诗正义》孔颖达《疏》，将"常"解释为"常道"，那是规律的意思。

经常发生，更增加了它的神秘性。在天命论思想的影响下，古人以为日食是大灾变的征兆。日食的时候，许多人被吓得惊慌失措，奔走逃命，一片混乱。殷代人在日食的时候进行占卜，想问一下吉凶祸福。西汉时代，发生一次日食，吕雉以为是上天对她企图篡汉表示谴责，引起了一场虚惊。历代统治者以为日月之食是天的意志的表现，他们企图通过这些自然现象来窥探上天的意志，总结研究迷信的经验教训，以便巩固自己的统治权。他们为此很注意观测和记录异常的天象。春秋时代记录下来的日食有三十七次，现在已经查明，其中至少有三十三次是可靠的。

当然，我们不能把中国古代天文学的成果归功于封建迷信。在古代，科学和迷信经常纠缠在一起。许多人把日食看作"灾异"的同时，也有人把日食当作客观的自然现象来加以研究。春秋时代，公元前六世纪的古代天文学家梓慎就认为在冬至夏至（二至）、春分秋分（二分）的时候，如果发生日食，那就不是灾异，因为日月运行，在二分的时候，是沿着相同的轨道，在二至的时候，它们正相交错运行。在这些时候发生日食是由日月运行造成的，是正常的现象。其它时候发生日食，那就不正常，是灾异①。这是梓慎对公元前521年6月10日那天的日全食所作的说明，他第一次用日月运行的规律来说明日食现象，部分地否定了日食是灾异的说法。

大约在西汉时代，中国天文学家已经发现日食、月食是有规律的周期发生的自然现象。在东汉初期，哲学家王充已经把日月之食的周期性当作常识来论证哲学问题。他在《论衡·说日篇》中说："大率四十一、二月日一食，百八十月一蚀，蚀之皆有时，非时为变，及其为变，气自然也。"王充根据日月之食的周期性，说明它是"气自然"的，不是象征吉凶的变异。这一点说明汉代的天文学比先秦有了长足的发展。梓慎只是部分地否定了日食的迷信，而

---

① 《春秋左传》鲁昭公二十一年载："秋七月壬午朔，日有食之。公问于梓慎曰：'是何物也？祸福何为？'对曰：'二至、二分，日有食之，不为灾。日月之行也，分，同道也；至，相过也。其他月则为灾，阳不克也，故常为水。'"

王充根据发展了的天文学所提供的思想资料，全部否定了日食和月食的迷信。从这里可以看到科学的发展为唯物论哲学提供了证据，支持了唯物论哲学。可见，唯物论哲学跟自然科学结成联盟，是必要的，有好处的。

西汉天文学的进步，不仅认识到日食和月食是周期性发生的自然现象，而且还在深入探讨日食月食的本质和原因。

西汉后期，刘向（公元前77—前6年）已经知道日食是由于月亮的遮蔽。他说："日食者，月往蔽之。"① 王充在《论衡》中也提到当时儒者的类似见解："日食者，月掩之也。"② 可见在两汉之际，人们已经认识到日食的真正原因。但在这之前，虽然也探讨过日月之食的原因，得出的结论却是不正确的。例如说："虾蟆蚀月乌蚀日"③，月中有蟾蜍，这是古代的传说。蟾蜍就是虾蟆。古人以为月蚀就是月中虾蟆造成的。同样，日食就是日中的三足乌造成的。《史记·龟策列传》引孔子的话说："日为德而君于天下，辱于三足之乌，月为刑而相佐，见食于虾蟆。"④ 也是这种观点。《能改斋漫录》引《战国策》的话："日月晖于外，其贼在内。"⑤ 这个"内贼"是什么呢？就是月中蟾蜍，日中三足乌！也就是说，日食是太阳本身的一种自然变化，不是月亮遮了它。用现代说法，就是内因作用，不是外因作用。当时王充也持这种内因作用的观点。他虽然知道当时儒者关于日食是月掩的说法，但他对此不理解，也不赞成，还是按他"气自然"的哲学理论来解释，说月食是"月自损也"，说日食是"光自损包"⑥。他也不同意关于蟾蜍和乌鸦的说法（这在本书的《日月之形》一节已有论述，这里不再重复）。

王充时代，人们尚未认识月食的真正起因。王充也以此反对当时对日食的

①《五经通义》，原书已佚，据唐代瞿昙悉达《开元占经》卷九引。

②《论衡·说日篇》，上海人民出版社，1974年。

③ 宋代吴曾《能改斋漫录》卷五《辨误》，上海古籍出版社，1960年。

④ 见《史记·龟策列传》，但此文不是司马迁所撰，是西汉后期褚少孙补撰。

⑤ 宋代吴曾《能改斋漫录》卷五《辨误》，上海古籍出版社，1960年。

⑥《论衡·说日篇》："日蚀谓月蚀之，月谁蚀之者？无蚀月也，月自损也。以月论日，亦如日蚀，光自损也。……日食，月掩日光，非也。"

正确认识。他说："日食如果说是月遮了，那么，月食又被谁遮了呢？没有什么把月遮了，是月自己变食的，那么，从月的情况来看日，日食也是它自己变食的。……说日食是月掩了日光，这是不对的。"① 本来应该以已经认识的日食原因，去探讨月食究竟是被什么东西遮住了。他却以尚未认识月食原因为理由，来否定已经认识的日食原因，这当然是不妥当的。

人类认识月食的原因比起日食来要比较困难一些，因为月食不但跟日月运行轨道有关系，而且还跟人们脚底下的这块大地有直接关系。因此，认识月食的原因就会晚一些。

西汉产生了浑天说思想，东汉稍后于王充的天文学家张衡系统地阐述并发展了浑天说思想，使浑天说形成比较完整的体系。在中国天文学史上，他第一次提出月食的真正原因是被地体遮蔽了日光。他说："月光生于日之所照……当日之冲，光常不合者，蔽于地也，是谓暗虚。在星星微，月过则食。"② 在此之前，《周髀算经》已经提到月亮本来没有亮光，它的亮光是日光照耀的结果③。但是，由于它的天地构成体系是：天在上，地在下，日月星都附着在天体上。于是无法想象在下的地怎么会遮蔽在天上的月亮。因此盖天说不可能对月食原因作出正确的说明。张衡吸取了月光生于日之所照的思想，提出有时当月亮正对着太阳的时候，却看不见亮光，那是被地体遮蔽了。地体的影子叫暗虚。这个暗虚落在行星上，就产生星食，月球从暗虚中经过时，就产生了月食。这种说法已经很正确，而且相当明确了。

对于张衡的月食观，后代人进行过各种议论。例如公元四世纪后秦时的天文学家姜岌就提出："日光照耀着星月，星月才有亮光。但是，月望的那一天，半夜时刻，太阳在地底下，月亮在地的上空，太阳和月亮中间隔着大地，

---

① 《论衡·说日篇》："日蚀谓月蚀之，月谁蚀之者？无蚀月也，月自损也。以月论日，亦如日蚀，光自损也。……日食，月掩日光，非也。"
② 《灵宪》。见《后汉书·天文志》注引，中华书局1965年版。
③ 《周髀算经》卷下之一："故日兆月，月光乃出，故成明月。""兆"应是"照"字之误。赵爽注："月光生于日之所照。"毛晋《津逮秘书》，崇祯庚午（公元1630年）版。

太阳光从哪儿能照到月体呢？大地的影子'暗虚'怎么会只在正对着太阳的那一点上呢？"① 由于当时人们对于地球在太阳系中只是一个普通的小兄弟② 还不了解，总以为它是唯一可以与天并称的了不起的宇宙中心。没有摆脱这种思想局限，就不能作出正确的说明。当时天文学家陈卓虽然肯定暗虚就是地体遮蔽了太阳光，还是不能作出令人满意的解释，原因正是有这种思想局限。有一种说法认为晚上要是发生日食，满天星斗就都不亮了。姜岌就此提出质疑："月体没有地体大。当日在地下，月在地上的时候，地体虽然大还不能遮掩日光，使它照不到月体，月体小为什么却能遮住日光，使它照不到星斗呢？"③ 陈卓由于同样的原因解释不了姜岌提出的问题。五世纪的祖暅认为姜岌提的问题不对，星跟月一样受到日光照射以后才看得见。但他认为星在日的外面，所以是常明的，不会因月体遮蔽而不亮④。

　　晋代刘智在《论天》中也提出过疑问。他说："讲暗虚的人认为，正对着太阳，在地体的背后影子里，日光照不到的黑暗空间叫做暗虚。一般地说，光的照射，发光体比遮蔽体小的话，那么，所产生的影子要比遮蔽体大。现在说太阳的直径只有一千里，这么大的地体遮蔽它，那么地体的影子暗虚将掩盖大半个天空。大半个天空的星月都应该不亮了，为什么只是等到交会的时候才发生月食呢？"⑤ 古人认为太阳和月亮的直径都是一千里，而地是几万里那么大。按照这种认识水平，当然无法解答以上的疑问。他们把地比日月大的想象当作事实，作为理论研究的前提。在这种错误的前提之下，进行研究，当然不可能

---

① 《开元占经》卷一引姜岌难陈卓语："日曜星月，明乃生焉。然则月望之日，夜半之时，日在地下，月在地上，其间隔地，日光何由得照月，暗虚安得常在日冲？"
② 地球是太阳系的九大行星中排行第五。木星、土星、天王星、海王星都比地球大得多。太阳质量是地球的33万倍。如果把太阳比作最大的西瓜，地球也没有芝麻那么大。
③ 唐·瞿昙悉达《开元占经》卷一："日夜食则众星亡。验月体不大于地。今日在地下，月在地上，地体大尚不能掩日，使不照月，月体小于地，安能掩日，使不照曜星也？"
④ 祖暅曰："姜岌此言非也。星犹月禀日之光，然后及见，若星在日里则应盈魄，今既不然，故知星在日表而常明也。"
⑤ 《开元占经》卷一载："刘智曰：'言暗虚者以为当日之冲，地体之荫，日光不至，谓之暗虚。凡光之所照，光体小于所蔽则大于本质，今日以千里之径向地体蔽之则暗虚之荫将过半天，星亡月毁岂但交会之间而已哉？'"

得出科学的结论。在这种情况下，刘智倾向于用阴阳学说来解释月食现象，他说："阴不受明，近得之矣。"① 月食是阴有了毛病，不能承受光明而产生的。

唐宋时代，我国历法家总结前人经验，研究了交食的周期。唐代《五纪历》（郭献之撰）提出358个朔望月周期，与美国十九世纪的纽康周期相当，但比后者早了十一世纪。南宋杨忠辅撰《统天历》，交食周期为223个朔望月，跟古代巴比伦的沙罗周期一样。国内外一些著作者对沙罗周期和纽康周期推崇备至，殊不知我国古代历法家也早已计算出这些周期。

正当我国历法家计算出比较精密的交食周期的时候，古代一些哲学家还在絮絮叨叨地用阴阳学说来解释日月之食的问题。北宋哲学家张载就是其中一个。他说："日质本阴，月质本阳，故于朔望之际，精魄反交，则光为之食矣。"② 日的本质原来是阴，相反，月的本质却是阳，因此在朔和望的时候，相互作用，产生交食。在朔的时候，月精对日作用产生日食，在望的时候，日精对月作用而产生月食。这种用日月之精的交互作用来解释交食现象的说法，天文历法家一般都不这么说，因此，王夫之在注《正蒙》中说张载这一说法，"与历家之说异"③。张载的另一段话则专门讲月食，他说："月所位者阳，故受日之光，不受日之精，相望中弦则光为之食"④。月所在的位置是阳位，日光也属于阳，同性相感，所以月能够禀受日的光。由于日精属于阴，所以月不能禀受日精。日月相望中弦，这里实际上包括地球，即三者在一条直线上，就产生月食。这种说法可能是从刘智说法中演变而来的。刘智说："阴不受明"，张载说："月不受日之精"，是月食的原因。意思很相近。但是，这种说法有什么根据呢？没有，只是阴阳相应的理论。因此，王夫之评论说："此以理推度，非其实也。"⑤ 这只是从道理上推测，并非实际情况。

---

① 《开元占经》卷一。
② 《正蒙·参两篇》。
③ 《张子正蒙注·参两篇》。
④ 《正蒙·参两篇》。
⑤ 《张子正蒙注·参两篇》。

　　到了南宋，哲学家朱熹沿着以理推度的方向，在论述日月之食方面还有新的发展。朱熹虽然也知道月食是由于"日月之对，同度同道"，但是，他却随意编造"斗争论"来解释月食现象，他说什么月食是由于"月亢日"①，又说什么"月食是与日争敌，月饶（绕）日些子，方好无食。"② 这里所谓"月亢日"、"与日争敌"，是张载"精魄反交"说法的形象化、人格化。朱熹还把历法家的"暗虚"也附会进去。他说："望时月蚀，固是阴敢与阳敌。然历家又谓之'暗虚'，盖火日外影，其中实暗，到望时恰当著其中暗处，故月蚀。"③ 这里讲的"火日外影，其中实暗"，就是张载所谓"日质本阴"的思想发展。朱熹把这一思想与暗虚相联系。张衡首先使用"暗虚"一词来说明月食的原因，暗虚是指地体背太阳一面的影子，现在叫地球影锥。后来，有人把暗虚二字分开，叫做"日有暗气，天有虚道"，月在天的虚道中运行，被日的暗气所掩盖，产生月蚀。于是，又把张衡的"暗虚"叫做"暗虚之气"，"当星星亡，当月月蚀"④。而朱熹把日中的暗处当作暗虚，这也许是朱熹的一项"首创"。张衡讲月亮进入暗虚，产生月食，朱熹也讲暗虚和月食的关系，却是另一种情况，他说："至明中有暗虚，其暗至微，望之时，月与之正对，无分毫相差，月为暗虚所射，故蚀。虽是阳胜阴，究竟不好，若阴有退避之意，则不相敌而不蚀矣。"⑤ "至明"指太阳。他认为，太阳中有暗虚，并且会射出来，月亮被太阳的暗虚所射中，就发生月蚀。这里他把月亮拟人化了，似乎月亮不是有规律地运行着，而是有意识的天体，它发现前面有暗虚射来，自己谦虚一点，不要那么骄傲（"亢"），绕一些路子，那就可以避免月食。

　　从此以后，虽然由暗虚造成月食的看法似乎是一致的，但由于对暗虚的不

① 《格物古微》卷一引《诗集传》。
② 《古今图书集成》第九册引《朱子语类》，中华书局民国廿三年影印本。
③ 《正谊堂全书·濂洛关闽书》引《朱子语类》。
④ 《南齐书·天文志》，中华书局，1972年。
⑤ 《性理会通》在引这一段前有"问月蚀如何？曰："说明是"语类"形式。在《性理大全》中被引在《正蒙》句下，作为对《正蒙》的注解。见师古斋明万历二十五年（公元1597年）版。

同理解，使月食问题变得复杂化了，使本来清楚的认识变得糊涂了。这样就产生了两种看法，一种是张衡的本意，一种是朱熹的曲解。

元朝学者史伯璿（公元1298—1354年）对上两种说法作了分析、选择。他说："晦朔而日月之合，东西同度，南北同道，则月掩日而日为之食。望而日月之对，同度同道，则月亢日而月为之食。按月掩日而日食之说易晓，月亢日而月食之说难晓。惟张衡谓对日之冲，其大如日，日光不照，谓之暗虚。暗虚逢月则月食，值星则星微，说无以易矣。"在这里史伯璿准确地复述了朱熹的说法，明确表示不同意，并且用张衡的说法来驳斥朱熹的臆解。对于张衡的说法，史伯璿作了自己的理解："但不知对日之冲何故有暗虚在彼？愚窃以私意揣度，恐暗虚是大地之影，非有物也。盖地在天之中，日丽天而行，惟天大地小，地遮日之光不尽，日光散出遍于四外，而月常得受之以为明。然凡物有形者，莫不有影，地虽小于天，而不得为无影。既曰有影，则影之所在，不得不在对日之冲矣。盖地正当天之中，日则附天体而行，故日在东，则地之影必在西；日在下，则地之影必在上。月既受日之光以为光，若行值地影则无日光可受，而月亦无以为光矣，安有不食者乎？如此则暗虚只是地影可见矣，不然日光无所不照，暗虚既曰对日之冲，何故独不为日所照乎？"[1]这里还是以浑天说的观点地在天中的体系来说的。除此之外，都基本是正确的，而且说的通俗易懂。明代朱载堉（公元1536—约1610年）给皇帝上书时，讲到月食，认为暗虚是影子，影子遮蔽月亮产生月食。他用一个白丸比喻月亮，用一个黑丸比喻产生影子的天体，点蜡烛象征太阳。在暗室中，中间悬挂黑丸，左边点蜡烛，右边挂着白丸。如果烛光被黑丸所遮掩，那么，白丸就得不到烛光[2]。他用这个比喻来讨论月食问题，是很恰当的。可惜的是，他始终没有说出，这个黑丸就是地体，那个暗虚就是这个地体的影子．如果能再大胆一点，那么历代对张衡月食观的疑问就会顿时烟消云散。朱载堉走到了真理的边缘，突然停住

---

[1] 史伯璿《管窥外篇》。见浙江《平阳县志》卷36。
[2]《明史·历志一》，中华书局，1974年。

了。就象接力赛似的，他是最后一个接棒者，跑到终点之前突然失足停住了，别的队员却先冲过线去。

史伯璿、朱载堉基本上正确理解了张衡月食观的本意。朱熹为什么曲解了张衡的原意呢？我们应从北宋开始进行探讨。北宋五子之一的邵雍（公元1011—1077年）首先把日月关系和人事作类比，用人事的道理去附会日月的自然关系，使这种自然关系变形。邵雍认为："日食月以精，月食日以形，是以君子用智，小人用力，此见君臣之体也。"① 月使日食，是以月体去遮掩，日使月食，是用"精"。日是君子、君主，月是小人，臣子。就是说，小人、臣子要用力，君子、君主只要用智慧，用精神。这当然体现了封建社会的尊君思想。我们不能责备封建思想家的尊君思想，不过，我们认为他们尽可以用"尊君"的题目，写"尊君"的文章，不必附会到日月上面去。但是，在天人合一的思想支配下，他们却总想把自己以为正确的道理，放之四海，推至宇宙，来说明这些道理的普遍适用性，绝对真理性。这样，以日月喻君臣，以君臣讲日月，于是就要改造、歪曲自然科学成果来为封建政治服务。邵雍就因此重新解释月食产生原因。他说：太阳是火的精，就象人间火那样。"火正当气燄之上，必有黑晕，……以月正对此黑晕之中，所以食也。"这样，张衡所说的"暗虚"变成了"黑晕"，地的影子，改成了太阳的烟气。于是，月食的原凶也就田地影遮蔽变成"阴抗阳而不胜"，被日的"黑晕"所掩而造成的。这个"黑晕"是《南齐书·天文志》上的"暗气"的另一种说法。

朱熹领会邵雍的精神，他说："望时月蚀，固是阴敢与阳敌。"就是所谓"月亢日"、"阴抗阳"。怎么办呢？"月饶（绕）日些子，方好无食。"这是把日月拟人化了，是以日月讲君臣，就是说当官的不能违抗皇帝的意志，如果违抗皇帝的意志，那就只会自寻倒霉的。为了保住乌纱帽，保住身家性命，就要避免和皇帝顶撞冲突。

---

① 邵雍《日月九行薄食》，见《广古今议论参》卷三，明崇祯壬午（公元1642年）刻本。

　　朱熹思想被统治者尊崇为正统儒学。朱熹对张衡月食观的曲解在宋明时代也颇为流行。例如，陈潜室说："日月相望，月与日亢，则月蚀。月须让日，则无食。张衡亦谓月当对日，若退避其暗虚，则不相敌而不食。其说皆以尊日，于义甚精。"① 所谓"尊日"，就是"尊君"。这里把自己的意见强加于张衡，是十分明显的。曹能始也说君主权威至重象日，臣子象月，不敢违抗，这样就"主上常尊而臣下亦得保全无恙。今月之见蚀于日也，亦其与日抗行而无逊避之意也。"② 明代思想家刘基和哲学家王廷相也受朱熹的影响，刘基说："日射月而月为之食"。③ 王廷相也认为"日食月，暗虚射之也。"④ 钱塘人王逵也有类似看法⑤。最可笑的是，明朝万历年间，吴人慎懋赏在伪造《慎子》一书时，把当时社会上流行的朱熹的错误见解也收编进去，等于把这一错误加在两千年前的慎到头上⑥。现在一些学者不考不辨，误以为真，把慎到当作天文学史上的一位先驱⑦。明末清初唯物主义哲学家王夫之也受到朱熹等人的影响，对张衡的"暗虚"说抱怀疑态度，他在《张子正蒙注·参两篇》中说："暗虚之说，疑不可从尔。"对朱熹的曲解却颇相信，他在《思问录外篇》中说："月食之故，谓为地影所遮，则当全晦而现青晶之魄矣。今月食所现之魄，赤而浊，异乎初生明时之魄，未全晦也。抑或谓太阳暗虚所射，近之矣。"从这段话来看，王夫之对天象的观察还比较粗疏，没有对日月在恒星天上运行作长期连续的观察，因此对张衡月食观产生怀疑，却相信了朱熹的错误见解。

　　当西方天文学传入中国以后，中国学者发现前人如张衡、史伯璿等人对日

① 《广古今议论参》卷三引，明崇祯壬午（公元1642年）刻本。
② ③ 同上。
④ 《慎言·乾运篇》。见《王廷相哲学选集》，中华书局，1965年。
⑤ 《蠡海集·天文类》："月之食也，暗虚蔽之。……暗虚本气，故但能蔽其光"。王云五主编《丛书集成》第1345册，民国28年初版。
⑥ 慎懋赏本《慎子》外篇第十八事载："日有暗虚，故阴为所射而月食。"见《四部丛刊》第五二函。
⑦ 郑文光、席泽宗：《中国历史上的宇宙理论》，第67页，人民出版社，1975年。

月之食的看法与西人不谋而合。例如《瓯风杂志籀园笔记》中说：史伯璿的
看法"与今泰西天学家论月食为地影（所蔽）之说正合。"顾炎武（公元
1613—1682 年）在《日知录》中说："日食，月揜日也；月食，地揜月也。今
西洋天文说如此。自其法未入中国，而已有此论。"① 下面引了张衡的话作为
证据。但是，有人提出不同看法，说是曾经有一年，月食的时候，日尚未西
沉，人可以见到日月，说明地并没有遮了日光。当时学了西方科学的李鲈对此
作了解释。他说：这时人们所看到的不是月亮，而是月亮的影子（指虚象），
这时月亮没有出地平线。他说：如果将一文钱放在杯中，人向后退，到看不见
为止。把水注入杯中，水满杯时，人可以看到那一文钱了，实际上这时看到的
钱也是钱的影子（虚象）。李鲈说法是有道理的。这是光在不同媒质中传播，
产生折射，形成的虚象。西方天文学传入中国，与中国大文学家的思想相结
合，形成了新的认识，清除了以朱熹为代表的宋明儒家对天文学的臆解和
歪曲。

　　每一个民族都有自己的传统观念，这种观念深刻地影响着人们的思想，并
且形成各民族独特的思维方式。各种思维有各自的优缺点，各民族间的文化交
流，取长补短，对于各民族来说都是有好处的。闭关自守、夜郎自大、排斥外
来思想，都将造成落后。中国古人关于地球比日月大的传统思想一直未能被打
破，直至西方传教士传入西方天文学以后，才改变了这一看法。明代万历年问
传教士阳玛诺（Emmanuel Diaz）来到中国，对这一问题作了解答，他在《天
问略》中说："日轮圆光大于地形也，地之影渐锐而小，至有尽焉，甚明也。
凡星月无光，借日之光，太阳照及其体则光生焉，不然则否。倘日与地等，地
或更大焉，则其影为无穷之影，宜射荫直过诸星之天，必见诸星有食焉者矣。
今惟地体甚小，锐影有尽，不到诸星之天，故日光无碍，照及木、火、土以及

---

① 顾炎武：《日知录》，商务印书馆《万有文库》本卷三十第 10 册第 4—5 页。下面李鲈说法见原
　注。

列宿诸天，而诸星恒明，光无朦也。"① 这里所讲的"诸星之天"指各行星天，还是西方古代天文学的内容，还是托勒玫的地心说体系。这里有一点值得注意，阳玛诺《天问略》有一个自序，序中"盛称天主之功"，并且说，上面第十二重天是不动的天，是圣人居住的天堂，信奉天主教的人死后会升到那个天堂去。清代学者认为这是骗人的，"盖欲借推测之有验，以证天主堂之不诬，用意极为诡谲。"怎么办呢？"今置其荒诞售欺之说，而但取其精密有据之术，削去原序，以免荧听。"② 这里删去宣传天主教的序言，保存精密有据的天文内容，是很恰当的。取其精华，去其糟粕，清朝统治阶级对外来思想已经懂得这种正确的原则，并且付诸实施。但是，在明朝时则不同。"自利玛窦入中国，测验渐密，而辨争亦遂日起。终明之世，朝议坚守门户，讫未尝用也。"③ 直到明朝亡也没有采用西方较进步的历法。我想，未必是清朝统治者就比明朝统治者高明多少。大概西方天文学刚传到中国的时候，人们由于传统观念的影响，总是先有一番非议、责难。这一场争论尚未见分晓，明朝已亡，所以来不及采纳。经过几十年至一百多年的争论，西法的某些合理性就逐渐地被中国人所承认④，并逐渐地被中国天文历法家所接受。很显然，中国人如果坚守门户，那么，关于月食的问题，就无法尽快得到圆满解决。盲目排外，一概排斥外来文化，是不利于科学发展的。外来的文化科学，只要是正确的、合理的，我们都要吸收，为我所用，这才有利于科学的发展。怎么知道哪些是正确的、合理的呢？会不会把正确的东西当作错误的东西而加以排斥，同时却将错误的东西当作正确的东西而加以吸收呢？这种情况是难免的，只要坚持通过群众的社会实践，总会分清的。

① 《古今图书集成》卷一。清雍正四年（公元1726年）编，中华书局，民国二十三年（公元1934年）影印版。
② 《四库全书总目》卷一○六，中华书局1965年影印版。
③ 同上。
④ 沈德符《万历野获编》载："中国历法，本不及外国之精密。"中华书局，1959年。

五、"两小儿辩日"今解

《列子·汤问篇》记载着这样一个故事：孔子到东方去游历，路上遇见两个小孩在争论问题。孔子过去询问，一个小孩说，一个东西近看比远看显得大，太阳初升时看起来大，到中午时看起来小，所以说太阳早晨时刻比中午时刻离人们近一些。另一个小孩说，太阳象一个火球，离人近就热，离人远就凉，中午人们感到太阳特别热，早晨却很凉快，太阳还是中午时刻离人近，早晨时候要远一些。到底谁说得对呢？孔子听了，也无法解答。于是两个小孩都讥笑他："谁说你是有大学问的人呢！"①

这个故事未必真实，但它提出的问题可是很有趣味的。古今中外许多人对这个问题讨论了几千年。进入现代科学时代以后，有的人以为"这对我们说来已经不成为问题了"②，有些人妄加臆解，自以为是；但是，一些著名的专家却采取审慎的态度，认为"从现代科学的观点看来，这一问题并不像表面上那样简单。"③ 在天文学界中，对于这个问题，至今还有一些不同的看法。

这个故事提出的问题是相当复杂的，包括太阳在早晨和中午时刻的不同，距离的远近，冷热的感觉，大小的现象等一系列复杂的问题。

首先，在地球上，早晨和中午时刻因不同的经度和纬度都有很大变化。按经度来说，当有的地方处于早晨时刻，另一地方却是中午，早晨和中午在不同的地区却可以在同一时刻。对于不同纬度来说，差别就更大了。一般来说，从

---

① 原文是："孔子东游，见两小儿辩斗。问其故，一儿曰：'我以日始出时去人近，而日中时远也。'一儿以日初出远，而日中时近也。一儿曰：'日初出大如车盖，及日中则如盘盂。此不为远者小而近者大乎？'一儿曰：'日初出沧沧凉凉，及其日中如探汤，此不为近者热而远者凉乎？'孔子不能决也。两小儿笑曰：'孰谓汝多智乎？'"
② 朱靖华《先秦寓言选释·列子·两小儿辩斗》第 188 页，中国青年出版社，1959 年。
③ 李约瑟《中国科学技术史》第二十章第四节。李氏请比尔和杜赫斯特代为解决。见科学出版社，1975 年汉文版，第 133 页注①。

早晨到中午，时间间隔六小时。由于冬夏昼夜长短不同，早午的间隔也有相应的变化，夏季昼长，早午间隔就大，冬季昼短，早午间隔就小一些。随着纬度增高，早午间隔的差别就越大。到了北极圈，从春分到秋分，六个月都可以看到太阳，从秋分到春分，六个月不见太阳。如果以日出为白昼，日入为黑夜，那么北极地区一年只有一昼夜。古代人说那里的植物是"朝生暮获"①，实际上与温带地区春生秋获一样。如果以太阳出在最高的时刻为中午，那里早午间隔将是整整三个月。由于时间间隔不同，对于讨论太阳早午远近问题也增加了复杂性。

其次是关于太阳离观察者远近问题。一般说来，地球如果处于静止状态，处午中午时刻的地区比处于早晨时刻的地区离太阳大约近地球半径的距离。但是地球是在运动中，它绕着太阳作公转运动，公转轨道是一个椭圆形，太阳处在这个椭圆形的一个圆心上，因此地球距离太阳的远近跟地球所在的公转轨道上的位置也有关系。夏至地球在远日点上，冬至地球在近日点上。从近日点到远日点，即冬至到夏至这一段时间上，地球公转不断远离太阳，从早晨到中午，地球在六小时中远离太阳的距离超过地球半径，这就使中午比早晨离太阳远了。另外，太阳离观察者的距离，跟地球的形状、地球纬度、日出入时间、以及地球自转轴方向的缓慢变化和行星的引力对地球公转轨道的微小影响等原因都有关系。这是需要天文学家去作精密的计算的。已故天文学家戴文赛的计算结果，对于地处北纬四十度的北京来说，"目前每年从一月二十二日到六月五日中午太阳比日出时远，二月初远一千公里，三月初远四千公里，四月初远达六千四百公里，以后差别减少到零。六月五日之后，中午太阳比日出时近，七月初近五千八百公里，九月中近达一万六千公里，以后差别减小到第二年的一月二十二日。"这是根据一九五四年的运行情况计算的，但由于地球自转轴的方向变

---

① 《周髀算经》卷下之一："凡北极之左右，物有朝生暮获。"见《四部丛刊》本。

化是以二万五千八百年为一周期的，所以变化在短期内是很微小的，可以忽略不计。因此，"上述计算结果对今后一百年仍适用"①。可见，太阳的远近问题，虽然极为复杂，经过天文学家长期的努力，艰苦的工作，终于能够比较准确地计算出来了。这个问题，可以说现在也已经基本解决了。

实际上，太阳看起来大小与远近距离并没有多大关系。根据戴文赛的计算结果，上半年中午的太阳比早晨远，而下半年中午的太阳比早晨近，我们看起来，一年到头，每天早晨的太阳似乎都比中午太阳大。另外，即使在上半年四月初中午的太阳比早晨远离我们最多的时候，也只有六千四百公里，只相当于日地平均距离（一亿四千九百六十万公里）的十万分之四多一点，相当于看一公里远处的四厘米之差。这么微小的差距不可能产生明显的温度升降和大小变化，人的感官是很难感觉出来的。

于是，第三个问题，即冷热的问题并不是由于太阳的远近造成的。实际上，冬至时太阳离地球比夏至时近五百万公里，而对于地处北半球的中国来说，冬至时太阳却比夏至时凉得多。根据现代物理学知道，中午人们感觉太阳比较热，主要是由于阳光直射和所射透的大气层比较薄。从早晨到中午阳光对大气的加温过程也是一个原因。这个问题也就算基本解决了。

第四个问题，即大小问题，是最后也是最难的问题。为什么在早晨，太阳刚出现在地平线上的时候，看起来显得特别大呢？

在这个问题上，有两种不同的看法。一种认为由于早晨太阳靠近地面，受到雾气（又叫蒙气）的影响，阳光发生折射，所以人们看到的太阳是比较大的虚象，而中午没有折射，或折射较小，人们看到实象或接近实象，所以比较小。另一种认为，中午和早晨的太阳都一样大小，所谓早晨大，中午小，只是人的眼睛的错觉。

天文学家用现代仪器进行观测，发现太阳在早晨时的横径（水平方向的

---

① 见《光明日报》1955 年 8 月 15 日《科学副刊》。

径长）与在中午时的直径相等，而竖径（垂直方向的径长）却比中午时的直径小了大约五分之一，所以，早晨刚升起来的太阳，看起来有点扁。这是阳光通过大气层产生折射的结果。观测实验的结果表明，由于大气折射的影响，太阳在早晨的面积似乎比在中午时小了一些，而看起来却显得大了许多，说明太阳大小问题，不在于所看到的实象，虚象，而在于眼睛的错觉。这种分歧，在天文学界应该说也已经解决了。

至于眼睛为什么会产生这种错觉，古今中外有过各种解释，归纳起来，大体上有四种说法：

一是湿气说。就是说夜晚，大海湿气蒸发到空中，早晨太阳升起的时候，湿气产生晃漾，蓬勃，人望太阳似乎觉得大了。就象人们看水中的石头似乎比在水外大那样，也都是湿性造成的①。

二是明暗问题。就是说早晨天还不太亮的时候，太阳刚出来，显得大些，而在中午，全天大亮，太阳就显得小了。就象同样的火把，在黑夜里显得又大又亮，而在白天，火光就不那么明亮，而且显得小些。一千多年前的东汉时代，哲学家王充和天文学家张衡就已经提出这种看法。王充说："日中光明，故小；其出入时光暗，故大。"② 张衡说法叫"由暗视明"。现在还有一些天文工作者也持这种见解，只是用了不同的名称，叫做"光渗作用"。

用"光渗作用"解释太阳大小问题，表面上看似乎可以说得通，用它解释星星和月亮的情况，就遇到困难了。在桓谭《新论》中记载西汉时的关子阳首先发现天刚黑时，从东方升起的星星分布比较稀疏，相距有丈把远。到了半夜，这些星星转到天顶上，看起来就很密，相距只有一两尺远。③ 南北朝时

---

① 《古今图书集成》引阳玛诺《天问略》曰："太阳早晚出入时近于地平见大，午时近于天顶见小，何也？……此非由于地之远近也，湿气使然也。盖夜中水气恒上腾，气行空中，悉成湿性，湿以太阳自下而上映带而来晃漾焉，蓬勃焉，人望之以为如是其大耳……试观水中所见或石或木，必大于水外者，皆湿性之势也。"中华书局，民国二十三年十月（公元 1934 年）影印版。
② 《论衡·说日篇》。
③ 《隋书·天文志》。

的天文学家姜岌也观察到猎户座在刚出现于东方的时候，各星之间的距离较大，到天顶时，距离就好象缩小了。后来他又用浑仪进行观测，结果发现猎户座在东方和在天顶时一样，各星之间的距离没有变化①。这一事实说明，星星间的距离没有变化，人们觉得在东方时比在天顶时要大一些，这种错觉的产生情况显然跟太阳早晨大、中午小的错觉是一致的。星星间距变化的错觉与"光渗作用"无关，那么，太阳的大小恐怕未必是"光渗作用"的结果。另外，农历初十前后，月亮东升时，天还是亮的，到天顶时，已是深夜，根据"光渗作用"的道理，月亮在天顶时应该显得大一些，而在初升时则会显得小一些，但是，实际情况并非如此，而正好相反，月亮东升时仍然显得大，到中顶时，虽然在黑天的"光渗作用"下，月亮却显得小些。星星的间距、月亮的大小，情况都与太阳一样，都是与，"光渗作用"无关的，为什么太阳的大小就与"光渗作用"有关呢？这是值得商榷的。

　　三是背衬问题。有些人认为，早晨太阳显得大，是由于初升时，地平线上只有一角有限的天空，而且附近又有树木，房屋，做它的背衬。而当太阳升到天顶时，在那庞大无比的整个天空背景衬托下，这时太阳就显得渺小了。"这解答未能满意。因在海洋中月出时水天相连接，别无一物可资比较，亦看得大。"② 另外，如果人们进入狭谷密林，借助于层层的树木枝叶或山巅作背衬，来观察中午的太阳，是否也象早晨那么大呢？有的岩洞可以从岩石的裂缝中看见顶上的"一线天"，人们如果通过"一线天"来观察太阳，是否比在"一角天"的太阳显得更大一些呢？在城市里借助于高楼大树，也可以造成中午时的"一角天"，是否也可以看到大太阳呢？有的人用书卷成圆筒来观察初升的太阳，太阳就不显得大。当把书卷紧成一小孔时，看到的太阳却变得更小一些，这是为什么呢？为什么"一线天"、"一孔天"中的太阳不比"一角天"的太阳显得大呢？看来，背衬的说法与"光渗作用"一样，在解释某些现象

---

① 《隋书·天文志》。
② 《竺可桢科普创作选集》第 134 页《中秋月》，科学普及出版社，1981 年。

时也许是合适的，对于太阳的大小问题，要解释得比较清楚，看来还有一定困难。

四是由对天空的错觉所导致的。首先，人们觉得天空象一个球冠形状，天顶似乎比地平线更接近于观测者。这样一来，人们就把同样大小的太阳似乎放在远近不同的位置上来估计，于是就产生了错觉，以为早晨从较远的地平线上刚升起来的太阳比在较近的天顶上的太阳要大一些。古希腊天文学家托勒密和现代科技史专家李约瑟都持这种看法。用这一说法去解释星距疏密和月亮大小，也都可以说得通。但是，人们对天空为什么会产生象球冠形状的感觉呢？是地面的景物的背衬问题呢？还是地球表面的曲率问题呢？或者是别的什么问题呢？总之，这是需要作进一步研究的问题。

竺可桢在 1948 年浙江大学科学团体联合会上对这一问题作了解释，他同意博林的观点。他说："到了近来哈佛大学的生理学教授博林研究这种错觉才知道与我们视觉神经有关。凡看物体直看看得大，下看或上看看得小。假使一人横卧在地上，就觉得天顶月亮大，天边月亮小了。"① 这个观点如何，敬请读者自试。

六、涛随月起

原先，人们对潮汐现象可能不太了解，因此也没有什么记载。后来，人们对这一自然现象产生了兴趣，也就想研究它的发生的原因。于是，古人提出了各种设想。《山海经》的作者说是一只巨大的海鳅进入海底的大洞穴，洞穴中的水都被挤出来，海水就上涨了。当海鳅出来时，海水又进了大洞穴，海面就

---

① 《竺可桢科普创作选集》第 134 页《中秋月》，科学普及出版社，1981 年。

退潮了①。海鳅为什么要钻洞穴呢？为什么每天要钻两次呢？钻洞穴为什么有一定的时间呢？这些问题当然都是那时无法解答的。

春秋时代，吴国大将伍子胥受屈而死，据说吴王夫差不听子胥的忠谏，还把子胥的尸体煮烂以后，装在皮制的口袋"鸱鸮"里，然后扔到江里去。后来，人们就把潮汐现象和伍子胥之死联系起来，说是伍子胥的冤魂"驱水为涛"，产生了海潮。

西汉文学家枚乘（生年不详，卒于公元前 140 年）在《七发》赋中对广陵曲江②的潮水作了形象的描述，但对于潮水究竟是怎么一回事，他不了解，也不见于记载。他把"江水逆流，海水上潮"，列为"似神而非者"之一。就是说，虽然并不知道潮水是怎么产生的，但是，尽管它很神奇，绝不是神所推动的。也就是说，这是需要探讨的自然现象。

东汉王充认为伍子胥冤魂推海水形成涨潮的说法是不对的。因为在伍子胥死之前，潮汐现象就已经存在了，怎么会是伍子胥的冤魂推动的呢？冤屈他的是吴王，他为什么也到别国去"为涛"呢？现在吴国和越国的江水都一样有潮汐现象。而且，吴王夫差早已死了，吴国也灭亡了，他为什么还"为涛"不止呢？总之，从逻辑上分析，伍子胥冤魂"驱水为涛"的说法是站不住脚的。从生理方面讲也说不通，屈原投江、申徒狄蹈河、子路受菹，彭越获烹，他们都不会驱水为涛，独独伍子胥驱水为涛，为什么呢？他生前不能保自己身体，在锅中煮的时候也不能使滚汤溅出，扔到江里为什么就能为涛呢？象伍子胥这样的猛将有千百人、驾着舟船，也不能推动那么多水，已经煮烂了的伍子胥一副骨头怎么能有那么大的力量呢？

---

① 晋代周处《风土记》和南宋赵彦卫《云麓漫抄》都曾引用过《山海经》的这一说法，明瞿景淳《潮汐》也说："吾求之《山海经》，以为海鳅之出入……盖以鳅出而水潮，鳅入而海汐也。"见《广古今议论参》卷四第 13 页，明崇祯壬午（公元 1642 年）刻本。但今本《山海经》已无此文。

② 枚乘是淮阴（今属江苏）人。广陵曲江，据清代汪中、梁章巨等人考证，即在今江苏扬州城外。今已不存。

那么，为什么会有潮汐现象呢？王充说："涛之起也，随月盛衰，小大、满损不齐同。"① 潮汐是随着月相变化而发生相应的变化的。古代虽然有月亮是太阴的说法，月亮与水以及水生动物的关系，《吕氏春秋》和《淮南子》也都早已说过。但据现有的资料，潮水和月亮的关系却是王充头一次提到的。

王充是怎么知道海潮和天上的月亮有关系的呢？这当然不可能是先验的，也不象是从某种虚理可以推导出来的。我们大胆猜想，这大概是渔民在渔业生产的长期实践中的经验总结。王充生于浙江近海的上虞县，他可能从渔民那里获得这一知识。而且他了解原吴国的通陵江和越国的山阴江、上虞江以及吴越交界的钱唐江都有潮汐现象，很容易通过观察来检验这种认识。他从自己的实践中知道海潮"入三江之中，殆小浅狭，水激沸起，故腾为涛。"② 认识到潮汐与地形、河床是有关系的。王充还把潮汐现象比作人体中的血脉流动。他说："夫地之有百川也，犹人之有血脉也。血脉流行，泛扬动静，自有节度。百川亦然，其朝夕往来，犹人之呼吸气出入也。"③ 血脉和潮汐一样，都在"自有节度"地往来流动着。"自有节度"即指有规律。这里有一个巧合：公元一世纪中国的哲学家王充用血液流动来比喻潮汐涨落，而公元二世纪古罗马的医生盖伦（公元 129—200 年）用潮汐涨落来比喻血液流动④。真是远隔万里，所见略同！王充的科学见解也得到英国人、著名的科技史专家李约瑟博士的称道。李约瑟博士把王充驳斥关于伍子胥驱水为涛的传说的那段话，完整地引用在他的巨著《中国科学技术史》一书中，并加评论说："到了公元一世纪，王充就已在他的《论衡》一书中清楚地指明了潮汐对月亮的依赖关系了。他的整段话提供了一个极其值得注意的例子，说明这位伟大的怀疑论者是怎样把一种民间迷信批驳得体无完肤，所以，我希望读者原谅我把它全部引用在

①《论衡·书虚篇》。上海人民出版社，1974 年。
② ③同上。
④（英）丹皮尔：《科学史及其与哲学和宗教的关系》，商务印书馆汉译本 1975 年版，第 104 页。

这里。"①

 科学的观点往往都要受到责难，这是很普遍的现象。一种科学的观点之所以受到责难，就因为它是科学的，是比传统的观点、时髦的观点更正确一些。在愚昧的时代，这种情况更明显、也更严重。王充关于潮汐成因的见解也受到后代人的指责。例如唐代的卢肇（公元九世纪四十年代②的状元）就曾经嘲笑王充"徒肆谈天，失之极远"③。他认为，太阳随着天体进入海中是"必然之理"，而且认为，海潮就是太阳进入海中时激起来的，就是所谓"日激水而潮生"。因此说潮水是依赖太阳而发生的，即所谓"潮之生因乎日也"，"海潮之生兮自日"④。

 我们现在知道，潮汐和太阳也有一定关系，太阳对海水也有引潮力，月球水平引潮力比太阳大得多，因此，潮汐现象的原因主要是月球水平引潮力。既然太阳对地球潮汐现象也起一定作用，那么卢肇的说法有没有科学性呢？没有的，他是说太阳进入大海激起海潮的。而实际上太阳并不入海中，海潮也不是激起来的。另外在时间上也不相应。太阳每天早出晚入，时间变化不大，而潮汐发生的时间却有很大变化。例如，有时太阳出来后两小时涨潮，有时却要过了三小时、四小时或者更长时间才涨潮，但有时太阳尚未出来、或者刚刚露脸，就已经涨潮了。卢肇的说法怎么解释这些现象呢？宋代科学家沈括也是从这一方面指出卢肇说法的不合理。他说："卢肇论海潮，以谓'日出没所激而成'，此极无理。若因日出没，当每日有常，安得复有早晚？"⑤ 沈括的看法呢？他是严肃的科学家，不肯随便下结论。他对潮汐现象作过长期考察。从海上观察的结果是：每当月亮正在子午线（正南方）上时，潮就涨平了，反复

① 见该书第二十一章，科学出版社汉译本，第762页。
② 唐会昌一至六年，即公元841—846年。
③《海潮赋》并序，见姚铉辑《唐文粹》卷五，《四部丛刊》本。
④ 同上。
⑤ 胡道静《梦溪笔谈校证·补笔谈》卷二，第931—932页，古典文学出版社，1957年。

观察，"万万无差"①。在陆地观察时，离海远的，潮就来得晚些。在这里，潮汐现象与月亮的相应关系，又在实践中受到检验，再一次被肯定。

此外，关于潮汐产生的原因，还有许多种说法。一种是晋代抱朴子葛洪的"天河激涌"说，认为大海与天上的银河相通，银河激涌，产生了海潮。另一种是燕肃的"随天进退"说，他认为元气呼吸引起天体的膨胀和收缩，天体的胀缩产生了潮汐。再一种是徐兢的"气升地浮"说，他认为天里有水，水上浮着大地，元气在空中升降，引起大地的浮沉，大地浮沉产生潮汐。当气升地浮的时候，海水上涨成为潮；当气降地沉的时候，海水下缩成为汐②。张载的看法与此类似，他说：地是一块固体浮在气中，随着气的升降而升降。地的一岁一大升降，寒暑气候的变化就是证明，地的一昼夜一小升降，可以用海水的潮汐现象来验证③。这里没有说海潮发生在气升地浮的时候，还是发生在气降地沉的时候。王夫之注这段话时作了这样的理解："以潮验地之升降，谓地升则潮落，地降则潮生。"④ 这种看法正好与徐兢的看法相反。一是"地降潮生"说，一是"地浮潮生"说。

以上这些说法都是有代表性的。另有一些人的说法则带有综合性，它把各种说法都糅合在一起，看不出各种说法的内在联系。比较典型的就有被称为"古今之论潮候者，盖莫能过之"的宣昭《浙江潮候图说》。他列举了过去对潮汐现象的产生原因的几种说法，一是"天河激涌"，二是"地机翕张"，三是"依阴而附阳"，四是"随日而应月"。他说："地志涛经，言殊旨异"，无法统一。而他的看法则是："盖圆则之运，大气举之，方仪之静，大水承之。气有升降，地有浮沉，而潮汐生焉。"这是采取张载等人的说法，以地的浮沉

---

① 胡道静《梦溪笔谈校证·补笔谈》卷二，第 931—932 页，古典文学出版社，1957 年。
② 南宋赵彦卫《云麓漫抄》卷七引徐兢的话说："方其气升而地浮，则海水溢上而为潮，及其气降而地沉，则海水缩下而为汐。"以上几种说法也见《云麓漫抄》引。
③《正蒙·参两篇》："地虽凝聚不散之物，然一气升降其间，相从而不已也。……至于一昼夜之盈虚升降，则以海水潮汐验之为信。"
④《张子正蒙注·参两篇》。

来说明潮汐形成的原因。接着又说："月有盈虚，潮有起伏，故盈于朔望，虚于两弦，息于朓朒，消于朏魄，而大小准焉。"这里讲潮的大小是与月相变化相应的，盈于朔望，虚于两弦。这一说法与王充相近。还说："月为阴精，水之所生，日为阳宗，水之所从，故昼潮之期，日常加子，夜潮之候，月必在午，而晷刻定焉。"此处以阴阳学说来解释日月和潮汐的关系，显得很牵强。夜潮来的时候，月亮必定在午位上，即正南方上。这不太准确。还是燕肃的"月临子午，潮必平矣。月在卯（即东方）、酉（即西方），汐必尽矣。"[1] 为合适。月在正南方时，涨潮到了最高，暂时平了一会儿，接着就开始退潮，当月亮到即将沉没的时候（西位），退潮到了最低点，即所谓"汐尽"。宣昭所谓"昼潮之期，日常加子"是没有根据的。太阳在中午时刻，未必都是涨潮的时候。这是用阴阳的框框套出来的结论，不是实际观察的结果。"大梁析木，河汉之津也。朔望之后，天地之变，故潮大于余日。"大梁、析木是十二次中的两个，河汉即银河。大梁、析木在银河边与大海潮汐没有关系。过去有海水与银河相通的说法，葛洪有这种见解。朔是初一，望是十五，朔望以后潮比平时大。这是太阳和月亮的平行引潮力的合力造成的，与银河无关。宣昭讲潮的大小，又用银河来说明，可见他也吸收了葛洪的说法。"月经于上，水纬于下，进退消长，相为生成，历数可推，毫厘不爽，斯天地之至信，幽赞于神明，而古今不易者也。"[2] 这里又把海潮只跟月亮挂钩了。总之，宣昭是吸收了前人的许多观点，拼成这个《浙江潮候图说》。

我们现在知道，潮汐现象跟日、地、月的运动有关。除了地球本身的因素，主要就是太阳和月球对地球的引潮力，引潮力的大小是由万有引力决定的，万有引力跟两物体的质量成正比，跟其距离的立方成反比。太阳的质量比月球的质量大 2700 万倍以上，所以从质量上讲，太阳对地球的引潮力是月球

[1] 姚宽《西溪丛语》引，明嘉靖戊申（公元 1548 年）鹄鸣馆刻本。
[2] 以上所引宣昭《浙江潮候图说》之文均见陶宗仪《南村辍耕录》卷十二《浙江潮候》。中华书局，1959 年。《四库全书总目》只称《辍耕录》。

引潮力的 2700 万倍以上。但是，太阳到地球的距离为月球到地球距离的 389 倍，从这方面讲，月球引潮力应是太阳引潮力的 389^3 倍，即约 5900 万倍，也就是说，月球引潮力要比太阳引潮力大到一倍以上。综合来看，月球引潮力和太阳引潮力的比大约是 1∶0.46。因此，月球引潮力是引起地球上海水产生潮汐现象的主要原因，潮汐现象和月球运动有着密切的关系。太阳引潮力起着推波助澜的作用，太阳和月球、地球靠近一条直线时，即在朔和望的时候，由于太阳引潮力和月球引潮力形成较大的合力，使海水产生大潮，这叫"朔望潮"，当太阳和月球对地球的引潮力方向成直角的时候，引潮力的合力最小，这是小潮，叫"方照潮"。潮汐现象主要由月球引潮力引起的，因此，潮生与月行是相应的，所谓"月正潮平"，月在中天，即正南方，或叫在子午方位上，潮涨到最高峰，处于暂时平静时刻。现在，人们还认识到潮汐的摩擦会阻碍地球的自转运动，使自转运动速度减慢。有人做过计算认为，每隔十万年，地球上的一昼夜就要延长一秒多钟。从对古珊瑚化石生长线（环脊）的研究中知道，在 37,000 万年前，每年约有四百天左右，也就是说，当时的地球自转周期大约只有现在地球自转周期的十分之九，相当于二十一个小时多一些。现代科学还知道，由于日月引潮力的作用，地球上不但有海水的潮汐现象，地壳也有相应陆潮（又称固体潮）现象，大气还有气潮现象。海水潮汐现象比较明显。陆潮和气潮不明显，需要用精密仪器才能测出来。

人们不但要认识潮汐，还要利用潮汐。利用潮汐是多方面的。所谓顺水推舟，沿海一带行船都注意潮汐时间，借助潮水的流向推动可以省力。有些河段浅狭，利用涨潮时水位提高，行船乘时通过。还有，在海边沙滩上用石头筑成围坝，涨潮时海水漫过围坝，海鱼随水而过。退潮时，有一部分鱼被拦在围坝里面。渔民就在退潮时可以到围坝拾到一些鱼。现在还有利用潮汐水位差进行发电，我国浙江省温岭县有沙山潮汐电站和江厦潮汐电站，广东省顺德县有甘竹滩潮汐电站，东莞县有镇口潮汐电站①。这些电站成本低、功率小，发电比较有规律。潮汐的能量是相当大的，潮汐利用还有待于继续开发。人类对潮汐的认识也不是到此而止。

七、阴阳历法

恩格斯说过："科学的发生和发展一开始就是由生产决定的。"② 农业民族为了定季节，就已经绝对需要天文学。天文学的实际应用，首先就是制订历法。

《周易·系辞上》载："仰以观于天文，俯以察于地理，是故知幽明之故。"这里所谓"仰观"和"俯察"，现在就叫"观察"。天文学的实践主要是观察，历法也是在观察的基础上产生的。观察什么呢？"在天成象，在地成形，变化见矣。"观察天上的"象"即日月星辰，观察地上的"形"即山川动植万物，从这些中可以看到大自然的变化。天上变化最明显的就是日月，因此，大概观察首先也应是以日月为对象的。

人们首先感觉到的当然是昼夜的变化，这个变化跟太阳的升落密切相关，太阳从东方升起的时候，天就亮了，太阳西落后，天就黑了。第二天又是这样重复一次。"物质生活中提不出重复的刺激，精神生活中便形不成相应的反映。"③ 昼夜变化和太阳升落给人们以强烈而又频繁的重复刺激，自然会给人们留下深刻的印象，形成了最早的时间概念：日。

其次，在夜晚的天上，明亮皎洁的月亮特别引人注目。月亮的圆缺变化当然也不会被人们所忽视。古人看到新月象蛾眉，接着一天比一天长大，长圆，

---

① 《自然能的利用》，上海科学技术出版社，1978 年。
② 《自然辩证法·科学历史摘要》第 162 页，人民出版社，1971 年。
③ 庞朴《阴阳五行探源》，《中国社会科学》，1984 年，第 3 期。

然后又从圆满到亏缺、消失。过几天，又有象蛾眉的新月出现。经过多次反复的刺激，人们对月相这种变化周期有了认识，形成了时间的另一个概念：月。新月长成半圆形，"其形一旁曲、一旁直，若张弓弦也。"① 所以叫"弦"。长成圆形，叫"望"。以后又亏缺成半圆形，也叫"弦"。"望"之前叫做"上弦"，"望"之后叫做"下弦"。后来再变细小乃至消失，象火熄灭一样，看不见光了，叫做"晦"。过几天，好象死灰复燃，又重新出现新月，这叫"朔"。

第三，"日月运行，一寒一暑"，"变通莫大乎四时"②。四季气候的寒暑变化也给人们留下了深刻的印象。从寒冷的气候经过一段温暖季节，进入炎热的暑天，又经过凉爽的季节，重新出现寒冷的时节。这种情况虽然也是反复多次刺激着人们，但由于周期太长，界线并不那么明显，因此对它的认识要晚一些。与寒暑变化的同时，植物也有明显的变化，叶生叶落，花开花谢，也呈现着周期性。寒暑之气的变迁和物候的更替，形成了气候的概念。四季气候的变化，人们开始只有一个模糊的概念，并不那么明确，后来才逐渐明确起来，并且日益精密、准确。历法就是这样发展起来的。

什么时候开始有历法呢？据传说黄帝时就有历法，《史记·历书》说"黄帝考定星历"③。《索隐》引《系本》及《律历志》文说："黄帝使羲和占日，常仪占月，臾区占星气，伶伦造律吕，大桡作甲子，隶首作算数，容成综此六术而着《调历》也。"④ 这是说黄帝组织领导了造历的工作，而具体造历者是容成，因此，《世本》上的"容成造历"与此并不矛盾。在《资治通鉴》中有"命容成作盖天及《调历》"的记载，也与上述说法一致，只是加了作《盖天说》的内容。据《汉书·律历志》记载，先秦有六历：《黄帝历》、《颛顼历》、《夏历》、《殷历》、《周历》、《鲁历》⑤，合称"古六历"。所谓《黄帝

---

① 〔唐〕欧阳询：《艺文类聚》卷一引《释名》文。上海古籍出版社，1965 年。
② 《周易·系辞上》。见《十三经注疏》。
③ 《史记·历书》。
④ 同上。
⑤ 《汉书·律历志》。

历》，可能就是《调历》。而《索隐》称在古六历之前还有《上元太初历》等①。这可能只是伪托。古六历中可能也有伪托的，如《黄帝历》和《颛顼历》。以前以为《夏历》也是伪托的，现在有新的研究成果表明它可能是真的。陈久金、卢央、刘尧汉合作研究彝族天文学史，他们认为：《夏小正》是十月历，彝族有十月太阳历，二者"同源于羌夏古历"，他们的结论是："总之，十月太阳历大约是从伏羲时代至夏代这段时期内形成的。这种历法一旦创立，便在夏羌族中间牢固地扎下了根，并且一直沿用到今天。它是世界历法史上创制时间最早的历法之一，是行用时间最长久的一部历法。无疑，它在天文学史上具有重大的价值，应当占有重要的地位。"② 现在傈僳族保留传统的自然历也是十个月的，分别叫：过年月，盖房月，花开月，鸟叫月，火烧山月，饥饿月，采集月，收获月，酒醉月，狩猎月③。这些月的天数不定，界限模糊。也是太阳历的雏形。古六历在先秦时代都可看到，秦统一中国以后，选用《颛顼历》，汉因秦制，到汉武帝时才用《太初历》取代《颛顼历》。以后历代都进行历法改革，据《明史·历志》记载："黄帝迄秦，历凡六改。汉凡四改。魏迄隋，十五改。唐迄五代，十五改。宋十七改。金迄元，五改。"④ 元以后，明有《大统历》，清有《时宪历》。几经改订，日臻精密。还有一批没有行用的历法。据《中国天文学史》列表统计有九十四个⑤，加上古六历（除《颛顼历》）有九十九个。据陈遵妫《中国天文学史》（第三册）列表统计，到太平天国的《天历》，共有一百零三个。

这些历法是怎么发展的呢？《夏小正》讲星宿的位置和物候的变化，大概

① 《史记·历书》注〔一〕《索隐》按："古历者，谓黄帝《调历》以前有《上元太初历》等。"
② 陈久金、卢央〔彝〕、刘尧汉〔彝〕合著《彝族天文学史》，第 237 页，云南人民出版社，1984 年。
③ 邵望平、卢央《天文学起源初探》，见《中国天文学史文集》第二集，第 5 页，科学出版社，1981 年。
④ 《明史·历志一》。
⑤ 《中国天文学史》，第 253—255 页，科学出版社，1981 年。

也就是以此来定历法的。例如："三月，参则伏"①，看不见参宿。"四月，昴则见。"② 看见昴星。又如："七月……寒蝉鸣。"③ "八月……剥枣"④。如此等等。也就是说，《夏历》根据星宿的出没和物候的变化来制订历法，一个回归年定为三百六十六日⑤，把这个周期叫做"岁"。这个周期，夏朝叫岁，商代叫祀，周时叫年，唐虞时代叫载⑥。

西周时代，开始使用最简单的观测工具——周髀。就是用八尺长的标竿立在平地上，来观测日影的长短变化。在一天中，日影最短的时刻叫午，这时日影在正北的方向，说明日在正南天上。午时刻的日影每天也不一样长，也在不断变化，有时每天变长，到最长时又每天变短，短而又长，如此反复。午刻日影最长的那一天定为冬至，这次日影最长到下一次日影最长，即这次冬至日到下次冬至日，这个周期叫做一年。周朝这个周期比夏代比较精密一些。这个历法的进步跟观测仪器的发明有直接关系。以后的历法进步也跟创制新的观测仪器有紧密关系。因此，周髀的发明也跟天文望远镜、射电望远镜的发明一样在天文学史上有重大意义。

大概从战国到汉代，人们已经把天想象为一个整体，日月在恒星天上的运行轨道也被揭示出来，并且确定以日在恒星天上每天移动的长度为一度，一周天为三百六十五度又四分之一度，这样，一年就是三百六十五日又四分之一日。现代叫回归年，一回归年为 365.2422 日。古人的测定与现代计算结果相比，只长了 0.0078 日，相当十一分钟多。在两千年以前，中国历法就已精确到如此程度，说明我国历法发达是比较早的。人们观察到日在恒星天上的运行轨道，实际上反映了地球绕太阳旋转的轨道，因此才会得出如此精确的结论。同样方法，测得月亮在恒星天上的运行轨道，月亮运行一周天需要二十九

---

① 见王聘珍《大戴礼记解诂·夏小正》，第33—42页，中华书局，1983年。
② ③④同上。
⑤《尚书·尧典》，见《十三经注疏》。原文是："期三百有六旬有六日，以闰月定四时成岁。"
⑥《尔雅·释天》；夏曰岁，商曰祀，周曰年，唐虞曰载。"见《十三经注疏》。

日多。

一年三百六十五日多，一月二十九日多，年和月的关系如何呢？一年有十二个月还余十七日左右。古人采取十九年中增加七个闰月来进行调整。南北朝时的祖冲之（公元429—500年）提出在三百九十一年中设置一百四十四个闰月，比以前就更精确一些了。

以太阳的周年视运动为依据来制订的历法叫阳历，或叫太阳历，这种历法与月亮无关。以月亮的圆缺变化周期为依据所制订的历法叫阴历，或叫太阴历，这种历法与太阳无关。二者兼而有之，是阴阳合历，叫阴阳历。这种历法以太阳的周年视运动为回归年，以月亮的圆缺变化周期（朔望月）为月，用闰月来调整两者的关系。我国古代历法就属于这一种阴阳历。

从以上可见，制订历法似乎并不很困难，我国在两千年以前就已经制订出很好的历法。但是，要制订精确的历法却是很不容易的。根据上面讲到的，我国大约在两千年以前就已经定出一年为三百六十五日又四分之一日，跟现代计算的回归年相比，只长约十一分钟多，数字不大。但是，只要过了一百三十年，就差了一天多。过上几百年，那就都不准确了。开始实行新历法，都还可以。经过几十年或几百年，问题就来了，初一应当见不到月亮，结果月亮出现了，十五月亮应当圆，实际上不圆了。月食十五，日食初一，这也是检验历法精确度的办法，汉代曾经用过去日月食的记载来检验历法，从而比较历法的优劣。一般历法都是实行若干年后就不准确了，就要改历，历史上出现过多次历法改革运动，也因此创造出过许多种历法。历法的精确度不断提高。

我们现在已经知道，地球的赤道直径比经线圈直径稍微大一些，地球象个扁球形状。赤道带比较突出一些。太阳和月亮对于赤道带突出部分的引力差使地球的旋转轴受到影响而有些微偏离。由于这种原因，天球上赤道（地球赤道面延长与假想天球面的交线）与黄道的交点（春分点）也沿着黄道向西缓慢滑行。这样，太阳周年视运动每年回到冬至点时也没有回到原来的位置，而是逐渐向西移动。由于移动非常小，每年只移动50.24角秒，即一度的百分之一稍多一些。开始并没有引起人们的注意。公元前四世纪的战国初期，测得冬至点在牵牛初度，公元前二世纪的西汉初制订《太初历》时仍然沿用这个说法，没有重新观测冬至点。公元前一世纪刘歆在编《三统历》时已经发现冬至点似乎不那么准确在牵牛初度，有点怀疑，但还没有很大把握来肯定这一怀疑。问题尚未明朗化，采取这种慎重态度还是必要的。到了公元一世纪的东汉时代，历法家贾逵根据五年的实际观测，断定冬至点不在牵牛初度①。这是为什么呢？一是传统说法，一是近人实测结果。二者发生矛盾，究竟有几种可能性呢？起码存在四种可能：一是传统说法错了，可能在远古时代，条件差，观测不准确，而近人观测比较准确，产生了不一致。二是传统的说法是对的，近人的观测有误差。三是二者都正确，是客观现象有了变化，也就是说冬至点移动了。四是都错了。迷信传统的说法，不重视最新的观测结果，是保守的思想。相反，只相信自己的观测结果，过去的一切说法只要不符合今天的实践，就都认为是错误的，这往往要犯经验主义的错误，也是狭隘意识所带来的弊病。轻视历史经验的这种偏见也是极端有害的。对于以上几种情况未能作出最后判断之前，允许充分讨论，"百寮会议，群儒骋思"，这样就可以集思广益，"益于多闻识之"②。司马彪撰的《后汉书·律历志》中把当时的各种重要议论都记载下来，以备"后之议者"③参考折衷。这说明司马彪还是比较有远见的，比起中国历史上许多实行"党同伐异"的学者来，实在高明多了。大概正与司马彪同一时代的虞喜就因此而有了重大发现。他根据历代保存下来的观测结果，再跟自己的实际观测作比较，又进行了认真的计算，详细的分析，发现冬至点每年向西移动一些。也就是说，太阳每年冬至没有回到原来的位置，岁岁有差，所以把这一现象叫做"岁差"。他还推算出岁差的具体数值，大约

---

① 《后汉书·律历志中》："五岁中课日行及冬至斗二十一度四分一……他术以为冬至日在牵牛初者，自此遂黜也。"
② 《后汉书·律历志中》。
③ 同上。

每五十年差一度。后来南朝何承天（公元 370—447 年）计算出是一百年差一度。前者太大，后者太小，根据现在推算，当时的赤道岁差值约为 77.5 年差一度。后来的历法家推算结果跟这个数值则很接近，例如周琮的《明天历》定为 77.57 年差一度（公元 1064 年），皇居卿的《观天历》定 77.83 年差一度（公元 1092 年），陈得一的《统元历》定 77.98 年差一度（公元 1135 年）。由于岁差的发现，制订历法的精确度又有所提高。最初将岁差用于制订历法的是祖冲之（公元 429—500 年）。他根据自己的实测进行一番研究，认为每四十五年十一个月差一度。这个数值跟实际情况差距较大，因为他第一次在制订历法时考虑到岁差现象，所以他的《大明历》精确度仍然有所提高。由于戴法兴的反对，当时较为先进的《大明历》未能实行。经过改朝换代，由于祖冲之的儿子祖暅的努力，《大明历》才得以实行。我国从汉朝开始，历法之争旷日持久，相当激烈。祖冲之的《大明历》在祖冲之死以后才得以实行。隋朝刘焯（公元 544—公元 610 年）的《皇极历》也因胄玄、袁充等人的排斥而不能实行，到刘焯死以后也没有实行，这个"术士咸称其妙"的历法只好作为历史资料保存在《隋书·律历志下》中。这是科学在发展中受到封建政治破坏的一个典型例子。

仅仅谴责一下胄玄、袁充等人的过错并不解决任何问题，如果对短命隋朝的历法斗争作一简单的述评，也许还会给我们提供一些有益的启示。

当杨坚准备篡北周大权的时候，道士张宾"揣知上意"，用历法来讲取代的征兆，并且说杨坚"仪表非人臣相"，这样得到杨坚的知遇。杨坚篡北周当了皇帝（隋文帝），让张宾跟一大批人合作，稍微改一下何承天的历法，就产生了新历。隋文帝很快就批准这个新历颁布施行。结果十几个人的研究成果，都挂在道士张宾的名下，成了"张宾所造历法"。

张宾历施行以后，刘孝孙和刘焯"并称其失"，指出其中六大错误。张宾受到隋文帝的宠信，刘晖想攀附张宾。这两个人联合起来，共同对付刘孝孙，说他"非毁天历"，又说刘焯跟着孝孙"惑乱时人"，结果这两个人都罢免了。

后来张宾死了，他的余党刘晖仍然压制刘孝孙。当隋文帝听说刘孝孙善于历法，当天就把他提拔为大都督，并让他的历法跟张宾历作比较。这时，有个从来不知名的张胄玄突然出现，跟刘孝孙一起向张宾历法发起攻击。但在理论上论争难以分辨是非。到开皇十四年（即公元594年）七月，用日食来检验历法，张胄玄的完全准，刘孝孙"验亦过半"，张宾的"皆无验"。由于这次检验，隋文帝明确肯定了张胄玄、刘孝孙，并且"亲自劳徕"。这本来是改用新历的好形势。但是，刘孝孙的偏激情绪使这次大好形势顿时付之东流。他提出："先斩刘晖，乃可定历。"这叫有理不让人，逼人太甚，致使坏了大事。结果刘孝孙至死也没有得志过。

刘孝孙死以后，隋文帝让张胄玄参加制订历法。这时原来受压的刘焯献上他和刘孝孙的共同成果《七曜新术》。因与张胄玄的历法不一致，遭到新贵的排斥。张胄玄的历法制订出来以后，也受到旧历维护者刘晖等人的反对。刘焯历法被扣压，刘晖等人受到"除名"处分，张胄玄获得全面胜利："胄玄所造历法，付有司施行"。

张胄玄得势之后，推荐了袁充，结果他们俩"互相引重，各擅一能，更为延誉。胄玄言充历，妙极前贤，充言胄玄历术，冠于今古。"互相吹捧，结党营私。刘焯制订《皇极历》，虽然得到太子的赏识，由于受到胄玄等人的排斥，当官不得意，自己就"称疾罢归"[1]。

道士张宾不学无术，仅仅能揣度政界头面人物的心思而得势，欺世盗名。张胄玄心怀妙术，不露锋芒，当时转运来，及时发难，一举成功。得志之后，拉邦结派，巩固自己地位，至死未有不利。而刘孝孙得势之时，企图报复，失去支持，成为终身憾事。刘焯在科研上不屈不挠，精益求精，但不善于处理人事关系，也不能忍受压抑和屈辱，一有困难，就求罢归，等待机会，有了好机会，又不善于利用，结果终其生，也未能发挥他的一技之长。这些都是历史的

---

[1] 以上资料均见《隋书·律历志中、下》。

教训。在封建制度下，人才如何受压抑，科学怎样受阻碍，我们从这一时期的历法之争可以增加一些具体的了解。

由于历法家在科学道路上不屈不挠的探索，历法还是在各种不利条件的干扰下不断进步。元代历法家郭守敬（公元 1231—1316 年）和王恂、许衡等人共同编制《授时历》。他们自制许多观测仪器，对天象进行认真的实测，以此为根据来制订历法。因此《授时历》精确度相当高。它以 29.530593 日为一个月，以 365.2425 日为一年，和实际地球绕太阳一周的周期只差 26 秒，跟现在世界流行的格里高里历一岁周期相同。《授时历》于公元 1281 年开始实行，比格里高里历要早三百年，格里高里历于公元 1582 年才颁布实行①。到了明代后期，邢云路在《戊申立春考证》中提出了更精确的回归年长度，它的数值是 365.242190 日，比用现代理论推算的当时数值仅小 0.000027 日，相当于 2.3328 秒，只有两秒多。这个精确度在当时是属于世界先进水平的②。天文历法如此先进，我们也因此感到骄傲，同时，对在科学上作出贡献的古代科学家，我们自然产生一种肃然起敬的心情。我们应当振奋！应当起飞！应当无愧于前人！

---

① 《竺可桢科普创作选集》，第 29—30 页，科学普及出版社，1981 年。
② 《中国天文学史》，第 218—219 页，科学出版社，1981 年。

第五章　斗宿星辰

中国古人"仰观天文"，主要是观星。日月虽然是天上最显明的观测目标，但是，星却是众多的、复杂的、丰富的，因而成了主要的研究对象。

星究竟是怎么产生的呢？古代有各种说法，例如《管子·内业篇》载："凡物之精，比则为生，下生五谷，上为列星。"东汉许慎编的《说文解字》也说："万物之精，上为列星。"他们都认为万物的精华上升变成星。三国时吴国人杨泉在《物理论》中说：水"吐元气"，"气发而升，精华上浮，宛转随流，名之曰天河，一曰云汉，众星出焉。"云汉是"水之精"，星是"元气之英"。水蒸发出气，气上升成为云汉即银河，星就是从云汉中产生出来的。这是由水派生出星的说法。另一种说法是，星是由太阳派生出来的。例如：《春秋说题辞》说："星之为言精也，阳之荣也，阳精为日，日分为星，故其字日生为星。"①《淮南子·天文训》载："日月之淫精为星辰"②。他们都认为星是日月派生的。这样，星的产生主要就有三种说法：一是物精说，二是水生说，三是日生说。不过，物精说在历史上比较盛行，影响比较久远。东汉天文学家张衡在《灵宪》中说："星也者，体生于地，精成于天。"③ 又说："五

---

① 《艺文类聚》卷一引。
② 据中国社会科学院哲学研究所中国哲学史研究室编《中国哲学史资料选辑（两汉之部）》校。
③ 《后汉书·天文志上》注引。

星，五行之精。"① 体生于地是物，精成于天为星，所以说，是物之精成为星的。五星就是五行的精华变成的，因此，唐代天文学家李淳风撰《隋书·律历志》载："木精曰岁星"，"火精曰荧惑"，"土精曰镇星"，"金精曰太白"，"水精曰辰星"②。直至清朝，金鹗在《求古录·礼说》中还说："星者，五行之精，聚而为五星也。"③

星是怎么产生的，倒不是什么大问题。星究竟有什么作用？它们都象征什么？对人世间会产生什么影响？有什么联系？这是中国古人极为关注的问题。他们长期坚持观测，都希望发现星象与人事的相关变化，什么星象象征灾祸，什么星象意味着福祐。许多人去专门研究这些问题，形成了一门专门学问，叫占星术。

占星术是怎么研究星象的呢？人们总是根据自己的经验来设想所未知的事物。古人研究天文，首先认为天上有一个神灵世界，而且这个世界跟人世间一样有贫富贵贱之分，有吉凶祸福之象。实际上是按人间社会来描绘天上社会，然后倒过来，认为人间社会只是天上社会的投影。例如，人间有善于驾车的人叫王梁、造父，然后有人将天上的某星叫王梁、某星叫造父④。后人却以为，人间善于驾车的人是禀受了这些星所施放出来的星气而生，因此先天就有善于驾车的气质。同样道理，他们按人间社会来描述上天社会以后，又说人间社会是与上天社会相应的，天上有什么星，地上便有什么人，天上有天皇大帝，地上有皇帝，如此等等。许多人对这个问题有过具体的论述，东汉哲学家王充则从哲学上进行概括，形成系统的星气说。他说："国命系于众星，列宿吉凶，

---

① 《晋书·天文志上》。
② 见《隋书·律历志中》。据《元史·天文志一》："及晋、隋二《志》，实唐李淳风撰"。《隋书》出版说明："'志'的部分题长孙无忌撰。"
③ 金鹗，字诚斋，清代临海人，著有《求古录·礼说》和《乡党正义》，见南菁书院出版《皇清经解续编》卷六百六十三至卷六百七十九。
④ 王梁，又叫王良，在仙后座，造父在仙王座。王良、造父都是古代传说中善于驾车的人，造父是周时人，王良是春秋时人。《孟子·滕文公》载："昔者赵简子使王良与嬖奚乘，终日而不获一禽。……"

国有祸福；众星推移，人有盛衰。……众星在天，天有其象。得富贵象则富贵，得贫贱象则贫贱，故曰'在天'。在天如何？天有百官，有众星。天施气，而众星布精，天所施气，众星之气在其中矣。人禀气而生，含气而长，得贵则贵，得贱则贱，贵或秩有高下，富或资有多少，皆星位尊卑小大之所授也。故天有百官，天有众星，地有万民，五帝、三王之精。天有王梁、造父，人亦有之，禀受其气，故巧于御。"① 既然天上星象跟地上人事一一相应，而且地上是随天上的变化而变化。根据这种思想，人们就可以通过对天文的观测而预知人间的祸福。因此，历代统治者极端重视天文的观测，形成占星术迷信。占星术花费了古人极大的劳动力。这是方向错误的研究。由于这种错误，造成历史上惊人的浪费。只要翻开《史记·天官书》、《汉书·天文志》以及后代关于天文方面的著述，我们就可以看到古人在这方面做了许多无用功。在这巨大的浪费中，产生了一种副产品，即记录天象，为后代的科学研究积累了可贵的资料。在应用方面，制订了日益精确的历法。我们研究古人的占星术，主要是要从他们的失误中吸取教训。

一、北极星与北斗星

中国古人看到满天的星辰都整齐地从东向西运行，只有北极星不动，似乎其他星都围绕着它旋转。孔子在《论语·为政篇》说："北辰居其所而众星共之。"北辰就指北极星，"共"，同"拱"，环绕的意思。这样，北极星在天上

---

① 《论衡·命义篇》。"故天有百官"以后几句难读，恐有脱误。《盐铁论·论灾》载："星列于天，而人象其行。常星犹公卿也，众星犹万民也。""众星"与"万民"成对，"天有众星，地有万民"一句不误。"天有百官"则有缺漏，似应为"天有常星，地有百官"，漏中间四字。"五帝三王之精"是词组，不成句。按天上五宫的中宫，三垣的紫微垣内都有"五帝内座""天皇大帝"等星座。据上下文意，此句似应为："天极中宫有五帝、三王之精"，星中无"三王"，有"三公"，"三王"或为"三公"之误。

就处于特殊的位置了，它是天的中央。当中国进入封建中央集权制以后，人们就把人世间以君主皇帝为中心的政治制度也附会到天上去。于是，"天有北辰，众星环拱。天帝威神，尊之以耀魄，配之以勾陈，有四辅之上相，有三公之近臣……。"① 在北极星周围就是皇城，中间有天皇大帝，周围有三公、太子，有正妃、后宫。外面还有藩臣保卫。《史记》载："中宫，天极星，其一明者，太一常居也。"②《文耀钩》说："中宫大帝，其精北极星。"③ 天极星，就是北极星，就是天上大帝即太一神所常居的地方。太一，又叫泰一，是天神中最尊贵的，所以也就是天帝。太一是天帝，他居住的是紫宫，是发号施令的地方④，因此，紫宫就成了主宰天神运动的中心。这样，地上的皇帝把自己居住的地方也叫"紫禁城"，表明中央集权的所在。

孔子说北极星不动，以后世代相传，人们都信以为真。但是，古代细心的天文学家在认真观测过程中发现，北极星不是真正不动的，而是有微小的运动。《隋书·天文志上》载："天运无穷，三光迭曜，而极星不移。故曰：'居其所而众星共之'。贾逵、张衡、蔡邕、王蕃、陆绩，皆以北极纽星为枢，是不动处也，祖暅以仪准候不动处，在纽星之末，犹一度有余。"⑤ 古人认为北极有五颗星，其中纽星是天的枢纽，是不动的，这就是北极星。祖冲之的儿子祖暅用仪器观测北天不动的地方，是在纽星外面一度多的地方。这就打破了传统的见解。为了验证祖暅说法的正确性，北宋科学家沈括在主持天文工作时进行了实测。他用一个长窥管来观察极星，初夜时，极星在窥管中，过一会儿再从窥管中观察，看不见极星，极星跑在管外去了。从此他认识到窥管小不能容纳极星运转的轨迹。他就逐渐扩大窥管来观察。经过三个月时间，才使极星在窥管

---

① 唐·杨炯《浑天赋》，见《文苑英华》卷十八。
② 见《史记·天官书》并注。
③ 同上。
④《史记·天官书》索隐引《春秋合诚图》说："紫微，大帝室，太一之精也。"正义说："泰一，天帝之别名也。刘伯庄云：'泰一，天神之最尊贵者也。'"索隐引《元命包》说："紫之言此也，宫之言中也，言天神运动，阴阳开闭，皆在此中也。"
⑤《隋书·天文志上》。

内旋转，一直都能看到。最后得出结论，天极不动处远离极星还有三度多。他还将观测情况画下来，初夜、中夜、后夜各画一图，共画二百多图，才搞清这一问题。后来，他使极星每夜都沿着窥管边缘之内旋转，"夜夜不差"①。

过去许多天文学家都沿袭传统的错误，祖暅和沈括通过实际观测而发现新的现象。这可以说是实践出真知。但是，实践出真知远不是这么简单的。上面谈到，祖暅发现，北极不动处离纽星一度有余。沈括观测的结果，却是"天极不动处远极星犹三度有余"。他们使用的度都是一样的，把周天划为三百六十五度又四分之一度。他们又都是用仪器观测的，没有眼睛的错觉问题。仪器虽然不太精密，既然都能观测到不及一度的"有余"，那就不致于相差两度。这是谁的错呢？真理何在？真理不是一次实践所能产生、所能检验出来的。经过反复实践，积累大量资料，再经过思维的加工，进行概括和总结，得出规律性的认识，才是真理。而真理还要在实践中继续发展。

现在，我们已经知道，地球不是正圆球形的。赤道半径（6,378 公里）比极半径（6,357 公里）约长 21 公里。太阳、月球和行星对地球各部分作用力不平衡，使地球自转轴的方向发生极为缓慢的变化。地球自转轴的北极所指的恒星天的位置也在不断移动，移动一周约需 25,800 年。也就是说，人们所看到的北极不动处是常动的，不是固定的。我们现在所看到的就不是过去的北极，今后也不是现在这个样子。大约再过六千年，北极就会移到造父星，造父星成了那时的北极星。过一万两千年左右，北极移到织女星附近，那时的北极星就是织女星。由于以上这种原因，祖暅和沈括相隔五百多年，观测结果不一致是正常的现象，不存在谁对谁错的问题，应该说都是基本正确的。如果只相信一个人、一个时代、一种实践，而否定与此不一致的任何结论，那么，虽说也是以实践作为检验真理的标准，却是一种狭隘的片面性，犯形而上学的错误。它是以客观事物不变化为思想基础的。古人对北极不动处的观测实践，给

---

① 《梦溪笔谈》卷七，古迂陈氏家藏《梦溪笔谈》本，文物出版社 1975 年影印，题为《元刊梦溪笔谈》。

了我们有益的启示。

北斗七星，现在人们都借助于它们去寻找北极星，来确定方向的。中国古人对北斗七星也有过许多探索。根据《春秋运斗枢》的说法，"北斗七星，第一天枢，第二旋，第三机，第四权，第五衡，第六开阳，第七摇光。第一至四为魁，第五至第七为摽。摽合为斗。"① 《晋书·天文志》载："一至四为魁，五至七为杓。" 又说："魁四星为璇玑，杓三星为玉衡"②。七颗星都有名称，象杓子一样的四颗星又合称璇玑，或叫魁，象杓柄一样的三颗星又合称玉衡，或叫杓，也叫斗。《尚书·虞书·舜典》上有"在璇玑玉衡，以齐七政"③ 一句话。古人都把北斗七星与此相附会，说它们就是"璇玑玉衡"。而这七颗星又有什么特殊的意义呢？则有多种说法。如说："枢为天，璇为地，玑为人，权为时，玉衡为音，开阳为律，摇光为星。"④ 又如："第一曰正星，主阳德，天子之象也；二曰法星，主阴刑，女主之位也；三曰令星，主中祸；四曰伐星，主天理，伐无道；五曰杀星，主中央，助四旁，杀有罪；六曰危星，主天仓五谷；七曰部星，亦曰应星，主兵。"⑤ 还有的说："一主天，二主地，三主火，四主水，五主土，六主木，七主金。"⑥ 就是五行加天地。还有是："一主秦，二主楚，三主梁，四主吴，五主燕，六主赵，七主齐。"⑦ 这是战国时代和春秋时代的部分诸侯国，有吴无越，有赵无魏，不知何故。

这里的"七政"指什么呢？一种认为，七政就是指日月五星，所谓北斗七星"齐七政"，按马融的说法就是北斗七星分别主宰日月五星。他说："七政者，北斗七星，各有所主：第一曰正日；第二曰主月法；第三曰命火，谓荧

---

① 唐·欧阳询撰《艺文类聚》卷一《星》。《史记·天官书》唐·司马贞索隐引《春秋运斗枢》文与此略异，"机"作"玑"，"摽"作"标"。
② 《晋书·天文志上》。
③ 见本《十三经注疏》。《史记·天官书》索隐案："《尚书》'旋'作'璇'。马融云：'璇，美玉也。机，浑天仪，可转旋，故曰机。……以璇为机……'。"
④ 《晋书·天文志上》。
⑤ ⑥⑦同上。

惑也；第四曰煞土，谓填星也；第五曰伐水，谓辰星也；第六曰危木，谓岁星也；第七曰剽金，谓太白也。日月五星各异，故曰七政也。"① 《宋史·天文志二》对这些内容作了更详细的论述，文字不少，意义不大，略而不录。另一种说法，认为七政是指春夏秋冬四季加上天文地理人事。《尚书大传》载："七政，谓春、秋、冬、夏、天文、地理、人道，所以为政也。"② 北斗七星跟四季的联系，早已有之。古人在长期观察中已经发现了这一现象，例如：《鹖冠子·环流》载："斗柄东指，天下皆春；斗柄南指，天下皆夏；斗柄西指，天下皆秋；斗柄北指，天下皆冬。斗柄运于上，事立于下，斗柄指一方，四塞俱成。"③ 根据北斗的斗柄所指的方向来确定四季的变化。四季变化跟北斗的视运动是有相应的关系，因为都是由地球的公转运动造成的。从这一点说，古人讲北斗七星"运乎天中，而临制四方，以建四时"④ 是有合理性的。北斗在天上运行到一定方位跟地面的四季是相应的。但是，在天人感应思想的指导下，这一现象便带上了神秘的色彩，所谓"斗为帝车，运于中央，临制四乡（向）。分阴阳，建四时，均五行，移节度，定诸纪，皆系于斗。"⑤ 北斗是天帝的车，天帝乘北斗车在中央运行，统制各方。阴阳、四时、五行都由北斗来主宰制约。这样，北斗七星的地位就大大提高了。本来，日月的地位最高，因为它们又大又亮。日照白天，是阳气的精华，也是阳气的祖宗。月照黑夜，是阴气的精华，也是阴气的祖宗。北斗七星要"齐七政"，包括日月在内。这样一来，它们成了"七政之枢机，阴阳之元本"⑥ 了。北斗七星派生日月，日月又派生阴阳。北斗七星成了阴阳的本原（元本）了。可见，少量科学成分正混杂在迷信堆里。

---

① 《史记·天官书》索隐。
② 同上。
③ 浙江人民出版社影印扫叶山房 1919 年石印本《百子全书》。
④ 《晋书·天文志上》。
⑤ 《史记·天官书》。
⑥ 《晋书·天文志上》。

二、五行星

所谓七政，通常就是指日月五星。五星指金星、木星、水星、火星、土星。中国古人很早就观察到这五颗行星，但是，起先似乎还没有这些名称。在《史记·天官书》中，首先提到的是岁星，说它，"曰东方，木，主春，日甲乙。义失者，罚出岁星。"岁星代表东方，五行中属于木，四季中它主管春季，日期中它管甲和乙这两天。谁办了不义的事，就由岁星来惩罚。岁星在恒星天上运行一周要经过十二年，"十二岁而周天"，天上分为十二次，杨泉说它"岁行一次，谓之岁星"①，岁星一年在天上运行一次，所以名叫岁星。岁星又叫"摄提"、"重华"、"应星"、"纪星"②。《史记》载岁星有五个名称，却没有"木星"这个名称。其次是荧惑，"曰南方，火，主夏，日丙丁。礼失，罚出荧惑。"③ 三是填星，属土。四是太白，属金。太白又叫殷星、太正、营星、观星、宫星、明星、大衰、大泽、终星、大相、天浩、序星、月纬④。《史记索隐》引《韩诗》云："太白晨出东方为启明，昏见西方为长庚。"⑤太白还叫启明、长庚。《史记正义》引《天官占》云："太白者，西方金之精。……一名殷星、一名大正，一名荧星，一名官星，一名梁星，一名灭星，一名大器，一名大衰，一名大爽。"⑥《天官占》与《天官书》对于金星的论述，有同有异，但星名之多是一致的，都没提到它的今名"金星"，也是一致的。五是辰星，属水。辰星也有七个名称，叫小正、辰星、天兔、安周星、细爽、能星、鉤星⑦。但也没有它的今名"水星"。可见，在中国古代，五星曾有过许多名称，后来，在司马迁

---

① 杨泉《物理论》。
②《史记·天官书》。
③ ④⑤⑥⑦同上。

的时代，形成比较集中的名称即岁星、荧惑、填星、太白、辰星。其他名称都成了别名，逐渐地不用了。这时似乎还没有金星之类的名称，但已把五星与五行相联系了，五星各自配搭一个五行属性，这是后来形成现在五星名称的前提。

《史记·天官书》有以下一段话：

> 木星与土合，为内乱，饥，主勿用战，败；水则变谋而更事；火为旱；金为白衣会若水。金在南曰牝牡，年谷熟。金在北，岁偏无。火与水合为焠，与金合为铄，为丧，皆不可举事，用兵大败。土为忧，主孽卿；大饥，战败，为北军。

这一段话有许多难读之处：第一，开头用"木星"，后面用五行时均无"星"字，为什么？第二，单单有一个"金"在南，怎么会有"牝牡"？第三，这里都是讲两星合，"三星若合"，"四星合"，"五星合"①，为什么"水"、"火"、"金"、"土"却不讲"合"？不过，唐代司马贞的《索隐》和张守节的《正义》，给我们解开了难读之谜，原来是脱误甚多。《正义》引《星经》云："凡五星，木与土合为内乱，饥；与水合为变谋，更事；与火合为旱；与金合为白衣会也。"这就是说，五星，木与土合，会发生内乱和饥荒，木与水合，会发生政变，木与火合，会发生旱灾，木与金合，会有丧事。这里所讲五星都根据它们的五行属性来讨论各自代表的征兆。《正义》又引《星经》说："金在南，木在北，名曰牝牡，年谷大熟；金在北，木在南，其年或有或无。"为什么"金在南，木在北，名曰牝牡"呢？《索隐》引晋灼的话说："岁，阳也，太白，阴也，故曰牝牡也。"② 属于木的岁星是阳在北方阴的地方，属于金的太白是阴又在南方阳的地方，正好阴阳相反，所以叫牝牡，牝牡也是阴阳。可见，《史记》这段话多有脱误，而《正义》所引《星经》文则较完整。《史

---

① 《史记·天官书》。
② 同上。

记》作"木星与土合"，应据《星经》"凡五星，木与土合"校正。"星"与
"木"误倒，又脱"凡五"二字，使与下文不相连贯。后来，《晋书·天文志》
和《隋书·天文志》引用这段话时都是采用《星经》的说法："凡五星，木与
土合，为内乱，饥。"这也证实了《史记》此处的脱误。

　　南朝陈徐陵《徐孝穆集》卷八《玉台新咏序》中有"金星将婺女争华，
麝月与嫦娥竞爽。"① 诗句，说明在南北朝时代，已用"金星"这个名称了。
到了南宋，理学家朱熹也知道："启明、长庚，皆金星也。"② 启明星和长庚星
都是金星。金星、木星等这些名称虽已开始使用，但在历代史书《天文志》
中基本上都还是用"岁星"、"太白"、"荧惑"等这些名称。在西方天文学传
入中国以后，才逐渐用五行命名行星，形成现在的名称。《明史·天文志一》
在介绍西洋天文学中的九重天时说有"宗动天"、"列宿天"、"填星天"、"岁
星天"、"荧惑天"、"太阳天"、"金星天"、"水星天"、"太阴天"③。列宿就
是恒星，填星是土星，岁星是木星，荧惑是火星，但是，这里还不甩土星、木
星、火星这些名称，仍用传统的说法。当介绍距离地面高度的时候，他们连金
星、水星的名称都不用，而甩"太白"、"辰星"④。因此，我们认为，当五行
学说盛行以后，五星跟五行就挂上了钩，所谓"五星之合于五行，水合于辰
星，火合于荧惑，金合于太白，木合于岁星，土合于填星。"⑤ 但真正用五行
来命名五星并广泛流行，还是很晚的事。

　　古代人观测五星首先是在占星迷信思想指导下进行的，所以秦汉时代有
《五星占》。长沙马王堆三号汉墓出土的帛书《五星占》，列出了从秦始皇元年
（公元前 246 年）到汉文帝三年（公元前 177 年）共七十年中木星、土星、金
星的行度。说明这是秦汉时代的作品。他们观测五星运行，是为了占卜吉凶。

① 严可均辑《全上古三代秦汉三国六朝文·全陈文》卷十。光绪甲午年黄冈王义庄刊本。
②《诗集传》。
③《明史·天文志一》。
④ 同上。
⑤《汉书·律历志一上》，第 985 页，中华书局，1962 年。

如在《五星总论》部分说："营惑与辰星遇，水、火（也，命曰焠，不可用兵）举事大败。"① 就是说象征火神的荧惑星跟象征水神的辰星相遇，叫做焠，这是上天告诉人们不可用兵，如果发兵就会打败仗。五星所在位置，各星相遇、三星、四星接近，都意味着胜负、吉凶、祸福，因此，古人就要观测、研究五星的运行，以便预知未来，避祸消灾，迎吉受福。历代史书的《天官书》《天文志》中都大量地记载着占星的内容，如说五星的颜色随四季变迁而有相应的变化，就是吉，变化不正常，就是凶。五星各代表一种意义，岁星代表德，它象征有人靠德夺得政权。同样道理，荧惑表示以礼得国位，填星表示统治者有福，太白表示兵强，辰星表示阴阳和。阴阳和，风调雨顺，作物生长好，就能丰收，因此，辰星兆丰年。但是辰星如果"出失其时，寒暑失其节"，那么就会"邦当大饥"②。另外，五星的精气还会降到地面来成为人。"岁星降为贵臣，荧惑降为童儿，……辰星降为妇人"③。五星运行正常，就会"年谷丰昌"④。《晋书》用了近五页的篇幅介绍五星，全是占星术的内容，其他史书也相类似，这说明古人对占星术的重视。

研究占星术迷信，却有科学的副产品。古人在长期追踪观测中，对五星的运行规律有很精确的掌握。在春秋战国时代，提到五星的典籍不多，《诗经·小雅·谷风》中有"东有启明，西有长庚"的诗句。那时都认为五星是顺行的。秦时才知道金星与火星有逆行。汉初，才发现五星都有逆行⑤。所谓顺行，指五星在恒星天上自西向东运动，所谓逆行，则是自东向西运行。"东行曰顺，西行曰逆"。后来又了解到"顺则疾，逆则迟，通而率之，终为东行矣。"顺行比较快，逆行比较慢，总的情况还是向东行的。"不东不西曰留"，不向东西运行的时候，叫做留。"与日相近而不见，曰伏""伏与日同度，曰

① 见陈遵妫《中国天文学史》第二册，第434页注①。
②《晋书·天文志中》。
③ ④同上。
⑤《隋书·天文志中》："古历五星并顺行，《秦历》始有金、火之逆。……汉初测候，乃知五星皆有逆行……。"

合。"五星运行接近太阳的时候，就看不见了，这叫伏。在伏的过程中，五星与日在同度上的时候，叫做合。同时，古人还观察到"犯、法、陵、变色、芒角"等各种现象①，这都为后来的科学研究提供了可贵的资料。后来，古人对五星运行规律有了更具体更详细的了解。例如，在《隋书》中说：木、火、土三星行迟，夜半经天②。开始它们与日合度，即在同一度上，后来顺行渐渐慢了，追不上日，早晨出现在东方。离日逐渐远了，在早晨的时刻，它在中天，这时出现不东不西的留的现象。接着开始逆行。在傍晚时刻，它处于接近中天的位置，这时开始从逆行转为留。不久又开始顺行，先慢后快，直至傍晚时接近太阳，伏，合。这就是一个周期。金星和水星则是另一种情况，它们行速而不经天，开始与日合，后来它们运行快，就超过日，傍晚时出现在西方。离日远了，当傍晚时它们已接近中天的时候，开始放慢速度，最后慢到停止，出现留的现象。当留着接近日时，它们就逆行到日的度上，与日合。再落到日的后面，早晨出现在东方。以后又加快速度，赶上日，与日合，完成一个周期。"此五星合见、迟速、逆顺、留行之大经也。"③ 这是五星运行的大概情况。

后魏末，清河张子信因避葛荣乱，逃到海岛上去。他用浑仪观测日月五星的运行，积三十多年的经验，才发现日月运行也有表里迟速的变化，而且跟五星运行有一定的关系。日的运行在春分后则迟缓，在秋分后则迅速。月的运行如果遇上木星、火星、土星、金星，"向之则速，背之则迟"，朝木星等方向运行就快速一些，朝相反方向运行就慢一些。这种现象在今天来说，就是各大行星对月球有万有引力作用，当时不知道万有引力，根据当时的理论，认为这是"感召向背"④ 的现象。明朝历法家邢云路对星月运行受太阳引力的影响已

---

① 《隋书·天文志中》。
② 明·周祈《名义考》卷二《天部·太白》："过午为经天"，午指正南方向。以十二支划天区方位，正北为子，正南为午。经天指行星半夜过正南方天空。明万历己丑年（公元 1589 年）黄中色刻本。下引只注书名。
③ 《隋书·天文志中》。
④ 同上。

有模糊的认识，他说："太阳为万象之宗，居君父之位，掌发敛之权。星月借其光，辰宿宣其炁（气），故诸数壹禀于太阳，而星月之往来，皆太阳一气之牵系也。故日至一正而月之闰交转五星之率，皆由是出焉。此日为月与五星之原也。"① 王锡阐在讨论中国传统天文学的左右旋说争议时说到："五星各有本行之规，皆以日为心。岁，填、荧惑左旋为日行所牵而东，犹夫日行为天所牵而西。"② 邢云路把太阳当作"万象之宗"，居于"君父之位"，是有日心说的朦胧认识。月球和五星的运行受到太阳气的"牵系"即吸引。这是在西方天文学尚未传入时，从传统天文学基础上产生的趋向日心说的思想。王锡阐是接触到西方天文学，但他也是从传统天文学中引出日心说思想的。他认为五星有各自的运行圆形轨道。岁星（木星）、填星（土星）、荧惑（火星）有时会产生逆行，就是太阳"牵"即吸引的结果。他认为五星运行轨道"皆以日为心"③ 则是明确的日心说。这种日心说是从传统的五星运行中推导出来的。可见，如果不传入西方天文学，中国天文学家也会在不久的将来靠自己的独立研究而形成日心说体系，并发现引力定律。但是，那就要花更多的艰苦劳动和更长的时间。真所谓"终日以思，不如学也"。事事都靠自己研究，发展就很慢。但是，如果自己都不研究，只学别人的，那也不行。明末天文学复兴也为我们提供了这方面的经验。

我国古代天文学在实测和纪事方面对世界天文学发展有一定的贡献，这些方面的成就在本书其他章节多有论述，在这里只提一下我国古代对五星运行周期的研究成果。研究五星运行周期有一定难度，比日月运行周期的研究难度要大得多。但是，《汉书·律历志》和新出土的《五星占》对五星会合周期都有相当精确的计算。例如《太初历》所测的水星会合周期

---

① 邢云路《古今律历考》卷七十二，见《畿辅丛书》。
②《晓庵遗书·杂著·日月左右旋问答》。
③《晓庵遗书·杂著·日月左右旋问答》载："五星各有本行之规，皆以日为心。岁、填、荧惑左旋，为日行所牵而东，犹夫日行为天所牵而西。"见《木犀轩丛书》重刊本。

是 115.91 日，现代测得是 115.88 日，只差 0.03 日，不到一个小时。土星
会合周期与现代所测值也只差 0.15 日，不到四个小时。岁星（即木星）
运行周期，在先秦时代都以为是十二年，岁守一次，所以叫"岁星"。汉
代《太初历》所测岁星的周期是 11.92 年，现代所测值为 11.86 年，相差
0.06 年。而火星的会合周期则与今测值相等，都是 1.88 年①。《太初历》
形成于太初元年（公元前 104 年）之前，这说明在两千年以前，我国古代
天文学家对五星会合周期都有了比较精确的实测和计算。但在天文学说的
体系方面，基本上没有什么大变化，明代中期以前仍然是盖天说、浑天说，
都只相当于西方古希腊托勒密的地心说。波兰天文学家哥白尼提出了日心
说，开普勒总结出行星运行三定律，牛顿发现了万有引力定律，对太阳系
形成了比较正确的系统认识。而中国到了明代中期以后才有朦胧的日心说
思想萌芽。应该说，在漫长的封建社会，中国天文学的发展是缓慢的。主
要原因是封建政府禁止民间研究天文学，"律例所禁"。当局者又"拘守成
法"②，不肯修改，难以进步。后来把禁律只限于"妄言妖祥"，这就为研
究天文学创造了有利条件，出现了一批出色的天文学家。这些天文学家在
自己的独立研究中产生了朦胧的日心说思想，这就为西方日心说在中国的
传播创造了有利条件，铺了路。当时，许多天文学家都比较顺利地接受了
西方的天文学。他们认为西洋人说恒星实际上也有移动，"其说不谬"。把
天体分为三百六十度，一天为九十六刻，一个时辰刚好八刻，按这种方法
计算时间和制造计时仪器，"甚便也"。③ 当时的天文学家李之藻极力推荐
西洋天文学家庞迪峨、熊三拔、龙华民、阳玛诺等人，并说："其所论天
文历数，有中国昔贤所未及者，不徒论其度数，又能明其所以然之理。其

---

① 陈遵妫根据《汉书·律历志》计算出来的数字。见《中国天文学史》第二册第 442 页，上海人
  民出版社，1982 年。
②《明史·历志一》。
③ 同上。

所制窥天、窥日之器，种种精绝。"① 就是说西洋天文学家不但能推算出精确数据，而又明白其中道理，知其然，又知其所以然。所制造的各种观测仪器也都是精密巧妙的。当时历法有四家，有《大统历》、《回回历》，西局的西洋历，东局的文魁历。互相争论，实验比较，这也是促进天文历法发展的重要原因。西洋天文学被中国政府所承认，有了一席之位。

当时对西洋天文学采取排斥态度的多是在天文学方面只是个"半通"的人。当时极力反对西历的民间天文学家魏文魁，几经测验，都不准确。《历志》下结论说："文魁学本肤浅，无怪其所疏《授时》，皆不得其旨也。"② 这里应该提一下，中国历史上有过出色的民间天文历法家，如西汉的落下闳、北宋的卫朴、明末的王锡阐等人。在明代不是历官而精通历法者也有郑世子载堉、唐顺之、周述学、陈壤、袁黄、雷宗等人。但是，不是民间的天文历法家都比历官高明。多年来喜欢歌颂民间的什么"家"，也成为一个时髦。这也是一种偏颇。当然，民间人士在条件差的情况下能取得一些成果，尤为不易，其精神和毅力值得钦敬，而在科学上则应取实事求是的态度。

反对西历而名未列《历志》者还有很多，别的不说，只举王夫之为例。王夫之是哲学家，不是历法家，对天文历法都只是一个"半通"。在他看来，西方天文学只有发明望远镜一事是"可取"的，其他不是"剽袭中国之绪余"③，就是谬论、陋说。中国古代浑天说有天地如鸡蛋的说法，王夫之认为，这只是比喻地在天的中间，"非谓地之果肖卵黄而圆如弹丸也"，不是说地是球形的。他认为西人利玛窦误解浑天说产生地是球形的思想。他说："利玛窦至中国而闻其说（指浑天说），执滞而不得其语外之意，遂谓地形之果如弹丸，因以其小慧附会之，而为地球之象（指地球仪）。""玛窦如目击而掌玩

---

① 《明史·历志一》。
② 同上。
③ 《思问录外篇》："西洋历家既能测知七曜远近之实，而又窃张子左旋之说以相杂立论，盖西夷之可取者，唯远近测法一术，其他则皆剽袭中国之绪余，而无通理之可守也。"

之，规两仪为一丸，何其陋也！"① 如此伟大的唯物主义哲学家由于缺乏研究而对外来思想也采取排斥态度。可见，如果自己没有一定的研究基础，那么也很难识别和吸收别人的先进思想。总之，要在自己研究的基础上吸收外来思想，同时，吸收外来思想又要加以消化，并融合到自己的思想中来，以此丰富、发展自己的科学文化。一味吸收而又食而不化的盲目崇洋倾向和一概抵制外来思想的关门政策，都不利于科学文化的发展。科学文化的交流总是互利的，应该提倡的。

三、四象和二十八宿

天上星象还有四象和二十八宿（见图八）。

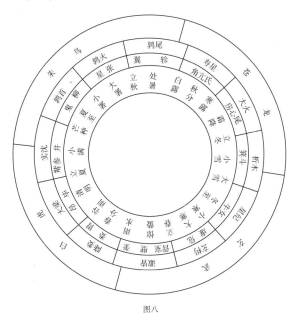

图八

---

①《思问录外篇》。

所谓四象，就是指四种动物。古人以北极为中央，把周围四方划为四个区域，每一个区域以一种动物来命名，这就是天文上的四象。四象分别是：东方苍龙，南方朱雀，西方白虎，北方玄武。玄武就是乌龟。北京明故宫北门叫玄武门就是这么来的。

为什么要用这四种动物来命名四方星象呢？这里有久远的历史和复杂的原因。首先，古人把所有动物按外表特征分为五类，即鳞、羽、毛、甲、倮。鳞指鱼、蛇这些带鳞的动物。这类动物为首的是龙，《论衡·龙虚篇》云："龙为鳞虫之长"，《说文解字》载："龙，鳞虫之长。"这里的"虫"是动物的意思（下同），与昆虫的虫是不一样的。羽指带羽毛的鸟类动物，这类动物，以凤凰为首。《大戴礼记》说："羽虫三百六十，凤凰为之长。"毛指长有皮毛的兽类动物，这类动物的杰出代表是麒麟，《大戴礼记》又说："毛虫之精者曰麟"。甲指带甲壳的动物，乌龟是甲虫的代表。《韵会》载："龟，甲虫之长。"倮指无甲无羽无鳞无毛的动物，裸露着身体，这类动物，以人为首长。《论衡·别通篇》说："倮虫三百，人为之长。"《大戴礼记》说："倮虫之精者曰圣人。"《礼记·礼运》载："麟凤龟龙，谓之四灵。"人呢？人为万物之灵，是天下最可贵的。人摆在四灵之上。

麟虽是四灵之一，但在《史记》、《汉书》中记载五宫却没有它。中宫是北极星，东宫苍龙，南宫朱鸟，西宫咸池，北宫玄武。这里的西宫是咸池，不是麒麟。什么是咸池呢？按《元命包》的说法，咸池是主五谷的星，主管秋季，五谷在秋季成熟。但咸池不是动物，怎么跟龙鸟龟配套呢？后来还是换成麟，这样才配套。

麟为什么又被白虎取代了呢？孔子写《春秋》到获麟，这是周道不兴的象征，孔子为此感叹道："吾道穷矣！"于是，有人认为"麟为周亡天下之异则不得为瑞"[1]，可能是由于这个原因，由白虎取代它。因为虎是山中王，百

---

[1]《礼记·礼运》孔疏引，见《十三经注疏》。

兽之长。《说文解字》称它为"山兽之君"。因为麟为仁兽，仁是封建时代最高尚的道德，因此，麟也成了具有特殊地位的动物。西方虽然让白虎占据了，它却升入中央，成为最高地位的占领者，于是有"龙东方也，虎西方也，凤南方也，龟北方也，麟中央也"① 的说法。不过，后代称四灵有麟，说四象有虎，已成传统说法。1978 年，湖北省随县擂鼓墩发掘的战国早期曾侯乙墓中，发现一个漆箱盖，上面画着象征天象的图案，中央是斗字，周围写了二十八宿的名称，两旁画两个动物形象。东方是苍龙，西方是麟。不是白虎。这个图象很明显地画了一只大角②，虎是没有角的。而麟在传说中却是有一只角的，如《春秋感精符》称："麟一角"，《说苑》和《毛诗义疏》也都说：麟有"一角"③。《尔雅·释兽》称麟是"麕身、牛尾、一角。"④ 应该说，在战国早期，西方还是以麟为代表。到了汉代才改为白虎。张衡在《灵宪》中说："苍龙连蜷于左，白虎猛据于右，朱雀奋翼于前，灵龟圈首于后。"古代建筑，在屋檐处有一排半圆形或圆形的瓦头，叫做瓦当。西汉时代的瓦当上画有四神纹，其中虎的形象相当逼真⑤，无庸置疑。汉代画象石中的白虎象也没有角⑥。这说明从汉代开始，西方神兽象已由白虎取代麟兽了。

从曾侯乙墓中出土的漆箱盖的图案来看，在战国早期已有四象和二十八宿。陈遵妫先生认为，先有四象，后有二十八宿。因为二十八宿中的角、心、尾，都是东方青龙的角、龙心、龙尾的意思⑦。也就是说，二十八宿在战国早期就有了，而四象的创设还要更早一些，即在公元前五世纪以前。

古人创设四象是为了观测日月五星的运行，是在四中星的基础上发展而来的。四中星在古籍《尧典》中就有了，所谓："日中星鸟，以殷仲春，日永星

---

① 《礼记·礼运》孔疏引，见《十三经注疏》。
② 见陈遵妫《中国天文学史》第二册第 327 页。
③ 《艺文类聚》卷九十八。
④ 见《十三经注疏》。
⑤ 陈遵妫《中国天文学史》。
⑥ 同上。
⑦ 吴曾德：《汉代画象石》第 56 页，文物出版社，1984 年。

火，以正仲夏，宵中星虚，以殷仲秋，日短星昴，以正仲冬。"就是以星象来定四时方位。为了精确，古人又把四象细分为二十八宿。规定二十八宿，应是在战国初期作出的。而定二十八宿必须在对日在恒星天上一天运行一度，三百六十五天多运行一周天，有了正确的认识的基础上，那也就是说，在战国初期以前，中国古人就已经对回归年有了相当精确的认识。否则，二十八宿就无法都安排在当度的恒星上。

古人为了观测日月五星的运行，必须在天上确定许多标志。没有静止的标志，就无法度量运动。天上静止的标志只有列星（即恒星）。根据日每天走一度，来寻找正好在度上的列星（当度星①）作为标志，象邮亭那样。日月五星运行象送邮的驿马，所经过停留的站叫驿站或邮亭，二十八宿就象这驿站、邮亭。一颗星无法辨认，于是将当度星与周围几颗星联系起来，组成一个图形，再根据这种图形加以想象，定出名称。这就成了二十八宿。二十八宿的名称，东方苍龙七宿是：角、亢、氐、房、心、尾、箕；北方玄武七宿是：斗、牛、女、虚、危、室、壁；西方白虎七宿是：奎、娄、胃、昴、毕、觜、参；南方朱鸟七宿是：井、鬼、柳、星、张、翼、轸。这些名称各是什么意思，历代星相家都有说明，似乎与原始意义都未必符合，只是按自己的理解进行猜测。如说："虚是废墟的意思"等。这些名称肯定是取自当时的社会生活，那时代距离我们太久远了，使我们很难理解它们的含义，只好把它们视为一种符号标志。

过去对于二十八宿是沿赤道划分的，还是沿黄道划分的，有过许多争

---

① 所谓当度星，也叫距星或距度星。就是古人将天体划分为三百六十五度又四分之一度。然后把正好在度上的星叫当度星，而相邻的两宿之间的距离都是整数，所以又称距星，如角宿过十二度就是亢宿（角十二），亢宿过九度即是氐宿（亢九），如此类推，氐十五、房五、心五、尾十八、箕十一又四分一、斗二十六、牵牛八、须女十二、虚十、危十七、营室十六、东壁九、奎十六、娄十二、胃十四、昴十一、毕十六、觜觽二、参九、东井三十三、舆鬼四、柳十五、星七、张、翼各十八、轸十七。其中只有箕有小数，那是因为周天的度数有余数。以上数字据《淮南子·天文训》。

论①。北宋沈括称"循黄道"②，就是说沿黄道划分的。从《周髀算经》的七衡图③来看，外衡和内衡之间涂上黄色，表这一广阔的明环带是日所经过的黄道带。这一黄道带的圆心跟中衡的圆心是一致的。而中衡就是后人所说的赤道。沿着这一黄道带来划分二十八宿，跟沿赤道划分，实质上是一回事。后来把日在恒星天的运行轨迹叫做黄道，这一黄道已经不是一个环状带区域，而是一条与赤道斜交的线圈，并且这条黄道线与赤道的交点每年还在移动，二十八宿当然不能按这条黄道线来划分了。不过，二十八宿的划分不是一次完成的，在演变过程中有不断调整、不断完善的过程。

四、十二次和十二辰

天体的区域划分，中国古人有多种分法，除了五宫、三垣、四象、二十八宿之外，还有十二次。十二次是把周天分为十二等分，日一年运行一周天，那么，日正好一个月走一次。岁星十二年运行一周天，每岁到一次。十二次也是有名称的，它们分别是：

星纪、玄枵、诹訾、降娄、大梁、实沈、

鹑首、鹑火、鹑尾、寿星、大火、析木。

在《汉书·律历志一下》中，班固将十二次和二十八宿相配搭，并和二十四节气相联系。

"星纪，初斗十二度，大雪。中牵牛初，冬至。终于婺女七度。"十二次的第一次星纪从斗宿十二度开始，这度相应的节气是大雪。星纪的中间在牵牛宿的初位，相应节气是冬至。结束在婺女七度。婺女十二度。七度以后就属于

---

① 陈遵妫《中国天文学史》第二册。
②《梦溪笔谈》卷七。
③ 参看本书第七章天说体系，盖天说附图。

十二次的第二次玄枵的。因此，玄枵从婺女八度开始，相应的节气是小寒。中间在危宿初，相应节气为大寒。结束于危宿十五度。其它各次是："诹訾，初危十六度，立春。中营室十四度，惊蛰。终于奎四度；降娄，初奎五度，雨水。中娄四度，春分。终于胃六度；大梁，初胃七度，谷雨。中昴八度，清明。终于毕十一度；实沈，初毕十二度，立夏。中井初，小满。终于井十五度；鹑首，初井十六度，芒种。中井三十一度，夏至。终于柳八度；鹑火，初柳九度，小暑。中张三度，大暑。终于张十七度；鹑尾，初张十八度，立秋。中翼十五度，处暑。终于轸十一度；寿星，初轸十二度，白露。中角十度，秋分。终于氐四度；大火，初氐五度，寒露。中房五度，霜降。终于尾九度；析木，初尾十度，立冬。中箕七度，小雪。终于斗十一度。"①

划分天区为十二次，一方面固然是为了观测日月五星的运行，另一方面可能跟占星术的迷信也有一定的关系。十二次的名称虽然散见于《左传》、《国语》，但比较可靠的先秦典籍论著如《论语》、《老子》、《孟子》、《吕氏春秋》等均无记载。先秦已有占星术。占星术有一块基石，叫分野说。什么叫分野说呢？就是关于天上星象跟地面各处相对应的迷信说法。天上某一星象发生什么变异，与这一星象相对应的地方就会发生什么灾祸或事件。例如，《吕氏春秋·制乐》载："宋景公之时，荧惑在心，公惧，召子韦而问焉。曰：'荧惑在心，何也？'子韦曰：'荧惑者，天罚也。心者，宋之分野也。祸当于君。……'"荧惑就是火星，古星相家认为它是代表天的惩罚。心是二十八宿中的心宿，心宿的分野是宋国，荧惑在心，表明上天要惩罚宋国的国君，因此宋景公有点害怕，赶紧向星相家子韦请教。《晏子春秋》卷一载景公异荧惑守虚一事说："（齐）景公之时，荧惑守于虚，期年不去。公异之，召晏子而问曰：'……荧惑，天罚也。今留虚，其孰当之？'晏子曰，'齐当之。'公不说，曰：'天下大国十二，皆曰诸侯。齐独何以当？'晏子曰：'虚，齐野也……'

①《汉书·律历志下》。

公曰：'善'。行之三月而荧惑迁。"荧惑停留在二十八宿中的虚宿，齐景公感到奇怪，就问晏子，荧惑表示天罚，现在停在虚宿，要罚谁呢？晏子说要罚齐国。为什么呢？因为虚宿是齐国的分野。后来晏子进谏，齐景公听从，实行了三个月的善政，荧惑星就离开了虚宿。这个记载是不符合天象的，因为火星不可能在虚宿停留一年零三个月的。这说明在春秋时代已有分野说。即天象与地面的对应说法。如何对应，说法不一。如《吕氏春秋》是将天上九野对地上九州，又保留旧时的诸侯国。它说："天有九野，地有九州。"具体地讲，九野是"中央曰钧天，其星角、亢、氐；东方曰苍天，其星房、心、尾；东北曰变天，其星箕、斗、牵牛；北方曰玄天，其星婺女、虚、危、营室；西北曰幽天，其星东壁、奎、娄；西方曰颢天，其星胃、昴、毕；西南曰朱天，其星觜嶲、参、东井；南方曰炎天，其星舆鬼、柳、七星；东南曰阳天，其星张、翼、轸。何谓九州？河汉之间为豫州，周也；两河之间为冀州，晋也；河济之间为兖州，卫也；东方为青州，齐也；泗上为徐州，鲁也；东南为扬州，越也；南方为荆州，楚也；西方为雍州，秦也；北方为幽州，燕也。"这里虽说九州对九野，但不明确哪一州对哪一野。《史记·天官书》则比较具体而明确："角、亢、氐，兖州；房、心，豫州；尾、箕，幽州；斗，江、湖；牵牛、婺女，扬州；虚、危，青州；营室至东壁，并州；奎、娄、胃，徐州；昴、毕，冀州；觜觿、参，益州；东井、舆鬼，雍州；柳、七星、张，三河；翼、轸，荆州。"《史记》所载有州而无国，《淮南子·天文训》所载有国而无州，它是："角、亢，郑；氐、房、心，宋；尾、箕，燕；斗、牵牛，越；须女，吴；虚、危，齐；营室、东壁，卫；奎、娄，鲁；胃、昴、毕，魏；觜嶲、参，赵；东井、舆鬼，秦；柳、七星、张，周；翼、轸，楚。"以上取三种有代表性的说法，《吕氏春秋》有州也有诸侯国，《史记》有州而无诸侯国，《淮南子》有国而无州。另外还有多种分野说。

多种分野说，说明分野说形成时间久远，经过几代人的不断修改、衍变。开始，诸侯国受封之年，岁星所在的次便是这个国的分野，如《国语·周语下·景王问钟律于伶州鸠》，伶州鸠在对景王问中说："岁之所在，则我有周之分野也。"明代周祈撰《名义考》中说：为什么有的南方土地相应的星象却在北方，而北方土地却对南方的星呢？这是由于"先儒以为受封之日，岁星所在之辰，其国属焉。吴越同次者，以同日受封也。"① 吴国和越国的分野是同一次，因为他们是同一天受封的，受封的时候，岁星就在这一次上。又可能分野说还有不同师说家法，各成流派，而成多种说法。汉代人都想把一切事物都归纳到宇宙论体系中去，因此对分野说都比较重视，有了分野说，就能把天地系统化起来。这样一来，星相家就可以根据星象的变化而推测某地会发生哪一类灾祸。关于分野说，历代史书都有记载，大同小异。《晋书·地理志》称："天有十二次，日月之所躔；地有十二辰，王侯之所国也。"就是说，天上划分十二次，是日月运行所经过的区域。躔指日月运行的轨迹。地有十二辰，是王侯的封地。天上十二次与地上十二辰是相应的。《旧唐书·天文志》载："天文之为十二次，所以辨析天体，纪纲辰象，上以考七曜之宿度，下以配万方之分野。"下配万方的分野，就是十二辰，就是诸侯国。

这里有一些名词概念需要加以说明。一是"辰"。辰的原意是指天上有特殊地位的星，如指北极星，是全天的中心，其它星都围绕着它，它叫北辰。在二十八宿中，心宿也有特殊地位，又名大火，也称大辰。五行星中有一颗"辰星"，辰星就是水星，它最靠近太阳，为行星之长。日月星称三光，也叫三辰。日月相会也叫辰，一岁日月相会十二次，叫十二辰。古人把一天分为十二时刻，用十二支来命名，分别叫子、丑、寅、卯、辰、巳、午、未、申、酉、戌、亥。合称十二辰。一时辰相当于现在的两个小时，由午夜开始，夜十一时到一时为子，一时到三时为丑，三时到五时为寅，五时到七时为卯，七时到九时为辰，以此类推。七时到九时为什么叫辰呢？因为一岁中日月十二次相会，从东方开始，因此指头一次相会的时刻称作辰。有时一日也叫一辰，总

---

① 《名义考》。

之，"事以辰名者为多"①。开始以星为辰，扩大为以时刻命辰。在分野说中，与十二次相对的十二辰却落到了地上，"地有十二辰"。辰字意义复杂，而且有历史发展过程，对它不可一概而论。

二是牛女。二十八宿中有牛宿、女宿，它们分别是摩羯星座的 β 星和宝瓶星座的 ε 星。民间盛传的牛郎织女星却不是牛宿和女宿。牛郎星又叫河鼓星，是天鹰星座 α 星，两旁有两颗小星，形成中间大两头小的橄榄式。织女星是天琴星座的 α 星，这星的旁边也有两颗小星，组成一个三角形，象犁头的样子。牛郎星和织女星分别在银河的两边。民间说："牛郎东，织女西，牛郎橄榄式，织女犁头尖。"又说它们隔着银河，在每年阴历七月初七那一天夜里，成千上万的喜鹊组成桥梁，架在银河上面，让他们相会一次。牛郎星与织女星距离约为十六光年，牛郎以光的速度飞行十六年才能到达织女星，他们在一夜之间当然是无法相会的。我们每当晴朗的七夕，都要观察牛郎织女星，它们仍然分别在银河两岸。七夕相会，鹊桥飞渡，过去是神话传说，后来是艺术美化，不是科学。

三是参商。参指二十八宿中的参宿。商指二十八宿中的心宿，也叫辰星。《春秋左传》鲁昭公元年载子产的话说："古代高辛氏有两个儿子，长子叫阏伯，老二叫实沈，居住在旷林。两个儿子不团结，每天都要打架。尧认为不好办，只好把阏伯派到商丘去主管辰星，亦称商星，即心宿。派实沈到大夏去主管参星。"② 参星在西方，心宿在东方，彼此不相见。因此杜甫诗句有："人生不相见，动如参与商。"③ 十二次中有实沈，与参宿、觜宿等相应，可能与上述传说有关。"实沈，参神也。"④ 以参宿的神为十二次的一次。

---

①《梦溪笔谈》卷七。
②《春秋左传注》载："子产曰：'昔高辛氏有二子，伯曰阏伯，季曰实沈，居于旷林，不相能也，日寻干戈，以相征讨。后帝不臧，迁阏伯于商丘，主辰。……。迁实沈于大夏，主参。'"
③ 杜甫《赠卫八处士》。
④《春秋左传注》载："子产曰：'昔高辛氏有二子，伯曰阏伯，季曰实沈，居于旷林，不相能也，日寻干戈，以相征讨。后帝不臧，迁阏伯于商丘，主辰。……。迁实沈于大夏，主参。'"

五、其他星象

中国古人对许多星象还有研究。例如古人认为寿星出现，天下安定，如果向它祈祷，它就会给人以福寿。《史记·封禅书》载：《寿星祠》《索隐》："寿星，盖南极老人星也，见则天下理安，故祠之以祈福寿。"这里的"寿星"不是十二次中的"寿星"，而是南极老人星。西名叫船底座 α 星。在中原地区，很难看到它，因为它在接近南天的地平线上。但是，在南海上看它就很容易，它在地平线以上很高的地方。唐代人观察到它，发现"老人星殊高"①，否定浑天说所讲南极入地三十六度的观点。

不经常出现的彗星，也被古人认为是凶兆的异常天象。例如京房认为："君为祸则彗星生也"②，皇帝做了坏事，彗星就产生了。郑康成说："彗星主扫除"③。彗星长长的，象扫帚，有的几尺长，有的几丈长，还有的从天的这一边达到天的那一边么长，古人称作"长竟天"。从彗星象扫帚，说它主管扫除，进而又说它象征"除旧布新、改易君上"④，换句话说，就是改朝换代。为什么要改朝换代呢？就因为君臣失政所导致的必然结果，所以《荆州占》说："彗星见者，君臣失政，浊乱三光，逆错变气之所生也。"⑤石氏称："扫星者，逆气之所致也。"⑥董仲舒说是"恶气之所生也"⑦。刘向也认为是"君臣乱于朝，政令亏于外"⑧ 导致彗星出现。总之，彗星是凶兆。高帝三年七月出现彗星，刘向认为当时项羽当楚王，彗星"除王位"，表明楚将要灭亡⑨。另一次，宣帝地节元年正月，"有星孛于西方，去太白二丈所"，西方天空彗

---

① 《旧唐书·天文志》。
② 见《开元占经》卷八十八《彗星占上》，恒德堂藏板，万历丁巳（公元 1617 年）刻本。
③ ④⑤⑥同上。
⑦ 《汉书·五行志》。
⑧ ⑨同上。

星离太白星有两丈远的地方。刘向认为："太白为大将，彗孛加之，扫灭象也。"结果呢？"明年，大将军霍光薨，后二年家夷灭。"[1] 彗星接近太白星，太白是大将，所以第二年大将军霍光就死了，再过两年，霍家灭族。古代经常把天象变化跟社会政事联系起来，似乎其中有什么必然的因果关系。越联系越相信占星术，使占星术世代相传、经久不绝。正因为这样，中国古人对彗星的出现都认真观察，详细记录。关于哈雷彗星，中国历代史书都有完整系统的记录，保存了珍贵的天文资料。在《春秋经》鲁文公十四年载："秋七月，有星孛入于北斗。"《公羊传》曰："孛者何？彗星也。"[2] 近代天文学家认为这次所见彗星就是哈雷彗星。哈雷彗星平均每隔七十六年行近太阳一次，肉眼可见。从这次鲁文公十四年（公元前613年）看到哈雷彗星到清朝末年，共看到三十一次，在我国史书中均有详细记载。各国史志也有一些记载，多不系统。而且公元前613年这一次也是最早的一次。过了两千多年，英国天文学家、格林威治天文台台长哈雷（公元1656—1742年）利用万有引力定律推算出这颗彗星的运行轨道。

中国古人对非常壮观的流星雨现象也有记录。《春秋经》鲁庄公七年载："夏四月辛卯，夜，恒星不见。夜中，星陨如雨。"鲁庄公七年，即公元前687年，这也是世界上比较早的有关流星雨的记录。流星雨现象少有发生，后来的人没见过流星雨，对"星陨如雨"作了不正确的理解[3]，使这一记载长期受到歪曲。

对太阳黑子和超新星的记录也都比较早。西汉河平元年，即公元前28年，

---

[1]《汉书·五行志》。
[2]《十三经注疏》。
[3]《春秋左传》载："夏，恒星不见，夜明也。星陨如雨，与雨偕也。"理解为陨星与雨一起下。下雨何得"夜明"？现代也有流星雨现象发生，例如据古巴《格拉玛报》1984年4月23日报道，墨西哥城上空出现一场流星雨。起初它象一颗流星陨落，紧接着又是一颗陨落，以后便是一大群闪闪发光的星体象雨一样地落下。所有构成这场"雨"的星星，似乎来自同一个地方，天文学上称这个地方叫辐射点。这种现象在墨西哥城上空持续了三个晚上。见《北京晚报》1984年6月18日。

"三月乙未，日出黄，有黑气大如钱，居日中央。"① 这是世界上公认的有关太阳黑子的最早记录。北宋至和元年，即公元 1054 年，"五月晨出东方，守天关，昼见如太白，芒角四出，色赤白，凡见二十三日。"② 这颗在天关方位上的白天看到象"太白"金星那么明亮的超新星经过几百年演化成现在的蟹状星云及其中心的脉冲星。北宋时代对这颗超新星的记载，为研究蟹状星云的演化发展史提供了重要资料，并为天体演化理论提供了可靠的证据，在二十世纪物理学发展史上是颇有意义的。美国物理学家维基·韦斯科夫在《二十世纪物理学》中写道："有一次这样的爆炸发生在公元1054 年，它遗留下著名的蟹状星云；我们观察这个星云，可以看到爆炸的余烬还在不断膨胀，中央则是一个脉冲星。这次爆炸必定曾经是一次非常壮观的现象，开始几天它的亮度甚至超过金星。当时欧洲的智力水平同今天相比竟是如此地不同：没有人觉得这种现象是值得记录的。在现代欧洲的编年史中什么记录也找不到，而中国人却为我们留下了这次星象的初现及其逐渐消没的细致的定量描述。欧洲的思想在文艺复兴中才发生巨大变化，这件事难道不是有力的见证吗？"③ 这说明，欧洲在文艺复兴之前，在某些科学领域是落在我国之后。后来欧洲经过文艺复兴，在许多方面超过我国。现在，我国早已推翻了封建制度，阻碍科学发展的桎梏已被解除，尤其是三中全会以来，我国人民迎来了科学的春天，一条充满希望的光明大道正摆在我们的面前。只要我们同心同德、奋发图强、敢于创造、勇于开拓，我们是可以缩短我国科技同西方科技的距离的，而且在某些方面、领域可以作出世界一流的成绩。

---

① 《汉书·五行志》。据历法推算认为"河平元年三月无'乙未'，疑是二月或'己未'之误。"见《中国天文学简史》，第 45 页，天津科学技术出版社，1979 年。
② 《宋会要辑稿》。《宋史·仁宗本纪》载："宋嘉祐元年三月辛未，司天监言自至和元年五月客星出东南方，守天关，至是没。"这颗新星从公元 1054 年 6 月 10 日到 1056 年 4 月 6 日可以看到，长达一年零十个月之久。见陈遵妫《中国天文学史》第三册第 1177 页注②。《宋史·天文志》也记载这颗新星，在"太白昼见经天"条目下，记有"至和元年五月壬辰，九月己丑，十月辛卯，皆昼见。三年四月己丑，昼见。"嘉祐元年就是至和三年。《天文志》只记"昼见"的日子，基本一致。
③ ［美］ V. F. 韦斯科夫《二十世纪物理学》，第 21—22 页，科学出版社，1979 年。

第六章　风雨雷电

风雨雷电在现代都属于气象问题，在中国古代，这些气象问题也都属于"天"的问题，清朝编撰的大型类书《古今图书集成》就把风雨雷电列入《历象汇编·乾象典》，乾象就是天象。以往也是这样，宋代的类书《太平御览》和唐代的类书《艺文类聚》等都是将风雨雷电与日月星辰并列于"天部"。因此，我们也将古代对这些现象的探索作为对天地奥秘的探索的一部分内容而加以述评，而与这些内容相似的还有霜雪云雾、虹霓霞露等等，一概从略。

一、风

按现代的说法，风就是空气流动的现象。似乎问题很简单，而实际上并不是那么简单。空气为什么会流动呢？一般说法是由温差引起的，温差又是太阳照射和地理不同造成的，似乎一系列问题都已解决。但是，太阳同样照射，地理也没有什么变化，风向、风力却天天变化，有时"风不鸣条"，有时却"拔木偃禾"，有时是，"风乍起，吹皱一池春水"，有时却是，风怒吼，掀起百丈波涛。春风吹得百花开，又绿江南岸；秋风刮得千枝秃，再卷屋上茅。更有羊角扶摇上青天，龙卷狂飙扫大地……这些都是怎么回事呢？

中国古人很早就对风作过探索。《通鉴前编》说："黄帝命车区占风"[1]，说明远古时代已有专人在观察风了。此书系宋代金履祥所撰，离古甚远，不可信据。《世本》只有"羲和占日，常仪占月，臾区占星气"，并没有"车区占风"之说。但是，据现代考古发现，在公元前十三世纪的殷商时代，"风"就多次记载在甲骨文上，有时还连续记录了好几天。现存的最早古籍如《诗经》、《尚书》、《周易》等书无不记载风。从这些情况来看，即使金履祥所载未必可靠，我国很早就注意风这一自然现象，却是可以肯定的。

在古代，科学和迷信往往混淆在一起。古人对于风的认识也不例外。但是，在这一节，我们不准备对风的迷信见解作详细分析，只想在对风的认识与世界观相联系方面作一些剖析。我们之所以作出这种选择，因为我们在别处已多次分析过科学和迷信的关系与联系，而在此处从略，以避免重复。在总结思维经验上，我们对于不同问题则有不同的侧重点，具体分析，区别对待。

（一）风的分类

关于风的分类，在中国古代大体上有三种分法：

1. 从方位上分。

现在一般讲东南西北风，同时又讲东南风、西南风、东北风、西北风。还有偏南东风，偏西北风。但是，在古代却有另外一套名称。例如在《淮南子·地形训》中说："东北曰炎风，东方曰条风，东南曰景风，南方曰巨风，西南曰凉风，西方曰飂风，西北曰丽风，北方曰寒风。"但是，同样这样八个方位上，在《博雅》上却有另外一套名称，即："东北条风，东方明庶风，东南清明风，南方景风，西南方凉风，西方阊阖风，西北方不周风，北方广莫

---

[1]《古今图书集成》第六十八卷，中华书局，民国廿三（1934）年影印本。下引《古今图书集成》，均据此版本，不再注明。

风。"①《说文·风部》所列八方之风的名称，除"东北曰融风"之外，其他名称，跟《博雅》所载全同。后来，《博雅》上的说法逐渐流行起来。

2. 按季节来分。

我们现在通常讲春风、秋风，就是按季节来称的。但是四季却只有两风，一般不讲夏风和冬风，只有热风、凉风、寒风、朔风之称，如说："热风吹雨洒江天"②，"凉风起兮天陨霜"③。曹植有《朔风诗》，一般常用词语有寒风刺骨。现在还有叫寒流、暖流的。但是，古代对季节的风也是有一套名称的。从冬至开始，每四十五天就有一种风，据《淮南子·天文训》记载，这些风分别叫做"条风"、"明庶风"、"清明风"、"景风"、"凉风"、"阊阖风"、"不周风"、"广莫风"。这些风与《博雅》上的方位风名称正好一一相对应。四方配四季，春季与东方相应，春风、东风，也叫明庶风；夏季与南方相应，夏天的风和南风，都叫景风；秋季与西方相应，秋风、西风，就是阊阖风；冬季与北方相应，冬天的风和北方的风，又称广莫风。

可见，方位风和季节风是相对应的，而且有许多一致性。但是，我们也发现他们有许多不同的说法。

《吕氏春秋·有始览》中的八风，按方位顺序分别叫做"炎风"、"滔风"、"熏风"、"巨风"、"凄风"、"飂风"、"厉风"、"寒风"。《淮南子·地形训》中的八风名称有一部分与《吕氏春秋》是一致的，如"炎风"、"巨风"、"飂风"、"寒风"等，其他则不一样，说明二者有一定的联系。而《史记·律书》中的八风则跟《淮南子·天文训》中的八风相一致，只是它从"广莫风居北方"开始，而《淮南子》是从东北方的"条风"开始，最后是广莫风。

这些风的名称是怎么来的呢？《淮南子·地形训》说："西方曰西极之山，

---

① 《博雅》即魏张揖撰《广雅》。隋时曹宪为之音释，避炀帝讳，改名《博雅》。
② 毛泽东《七律·登庐山》诗句。
③ 赵飞燕《归风送远操》诗句。

曰阊阖之门，西北方曰不周之山，曰幽都之门”，这大概就是“西方阊阖风，西北方不周风”名称的来历。但是，其他风呢？我们不很清楚。这些风的名称有什么意义呢？这是有不同见解的。例如：纬书《春秋纬·考异邮》对各风意义的解释就跟《史记》不同，以“广莫风”为例，《考异邮》说：“广莫者，精大满也。冬至之候，言物无见者，风精大满，美物也。”① 就是说，在冬至的时候，万物都藏起来，只有风最漂亮，既广大又盛满。而《史记·律书》认为：“广莫者，言阳气在下，阴莫阳广大也，故曰广莫。”阳气被阴气掩盖在地下，但已开始扩大。总之，《吕氏春秋》、《史记》、《淮南子》以及纬书，看法都不一致，有的名称不同，有的解释不同。在《淮南子》中，《天文训》与《地形训》的说法也不一致。既然存在不同的看法，就要争论。各持己见，互相辩难，这本来对于繁荣学术、发展理论、提高思维能力都是有好处的。但是，在封建时代，统治者总是想统一一切。秦始皇的时候，统一文字，统一度量衡，统一车和道路的宽度，这是有利于交往的、有进步意义的措施。不过在思想方面也要求完全统一，这就造成了思想的僵化。思想僵化在汉代学术界尤其突出，儒家有几本书成了经典，大家都在对这几本书作注疏，思想被经学束缚住了。由于注疏还有差异，于是东汉章帝召开白虎观会议，开始让经学家们讨论，最后由皇帝这个政治权威亲自裁决，再由史学家班固写成《白虎通义》，形成文字的标准的统一意见。关于“八风”的名称的意义，《白虎通义》也作了统一规定。什么叫“条风”呢？它说：“条者，正也。”正就是正月，也是一年开始的意思。但是，“条”作为“正”解释，有什么根据呢？皇帝作了裁决，也不必有什么别的根据。官僚们也不敢向皇帝要什么根据。到了现在，近两千年以前的官方文件已经成了强有力的根据。什么叫“明庶风”呢？它说：“明庶者，迎众也。”还有：“清明者，清芒也”，“景，大也，阳气长养”，“凉，寒也，行阴气也”，阊阖是“戒收藏”的意思，“不周者，不交

①《古今图书集成》第六十五卷。

也，阴阳未合化也。""广莫者，大也，开阳气也。"这些风会给大地万物带来什么影响呢？《白虎通义》也有明确的意见："条风至，地暖；明庶风至，万物产；清明风至，物形干；景风至，棘造实；凉风至，黍禾干；阊阖风至，生荠麦；不周风至，蛰虫匿；广莫风至，则万物伏。"王者则天，天气既然如此，王者自然要有相应的行动，究竟应有什么行动呢？《白虎通义》也有详细的规定："条风至则出轻刑，解稽留；明庶风至，则修封疆，理田畴；清明风至，则出币帛，使诸候；景风至，则爵有德，封有功；凉风至，则报地德，化四乡（向）；阊阖风至，则申象刑，饰囷仓；不周风至，则筑宫室，修城郭；广莫风至，则断大辟，行狱刑。"

《白虎通义》既然是官方的权威文件，它就代表了当时的统治思想，我们就没有理由置之不理。对于以上说法，我们不准备作详细解释，只想对其中的一些思想作简单的剖析，从而了解它的现实意义。

当年初立春的时候，它主张"出轻刑""解稽留"，前者指释放比较轻的罪犯，后者指释放长期关押的犯人。这一措施实际上是要解放一批劳动力，以利于春耕。明庶风于春分时节降临，这时人们正忙于春耕，就是所谓"修封疆，理田畴"。清明时节刮的是温暖的清明风，这是通商通使的好时光。夏至时节景风吹，人们忙于夏收。皇帝从人民的收获中索取成果，赏赐那些对封建统治有功的臣僚。吹凉风、阊阖风的是秋季，秋收是一年中最丰富的收获，一方面要感谢大地的恩德，另一方面要维修仓库，准备储粮过冬。到了冬季，也就是刮不周风、广莫风的时候，这是农闲季节，根据"用民以时"的思想，这时征用劳动力来服役，不影响农业生产，因此，统治者就选择这个时期"筑宫室，修城郭"。并且对于监狱也要做一次清理，该杀的杀，该罚的罚，而后就释放那些轻罪犯者和疑案难明长期拘留的人。

当时统治者在具有法律效力的文件里，对一年的时间作了这样的安排，是重视农业生产的，是保护生产力的，显然比较有利于发展农业生产。在以农业为主的封建社会里，这种时间安排还是比较合理的、有进步意义的。如果在盛夏季节，审理案件，这样，一人犯罪，牵连许多人，势必影响农业生产。东汉和帝时，鲁恭上疏反对"盛夏断狱"，主要理由也就是怕"下伤农业"①。但是，如果当时只讲这一理由，似乎并不充分，总要加上"天"才算有了充分理由。这是汉代很有影响的思维方式。同样，《白虎通义》通过讲风来论述有利于农业生产的时间安排，也是当时思维方式的一个特点。这是一种形而上学的思维方式。我们了解了这种思维方式以后，对于这些说法就不会感到奇怪了。

从战国到秦汉时代，中国古代的朴素辩证法正在向形而上学思维方式过渡。在这一期间产生了许多种世界模式。人们就把宇宙上的一切纳入某一种宇宙模式，或者用某一种模式去套一切事物。例如当时有一种八卦模式。八卦是以一爻代表阳，一爻代表阴，三爻重迭代表一个卦，如三个阳爻☰代表乾卦，三个阴爻☷代表坤卦，另外，☶代表艮卦，☳代表震卦，☴代表巽卦，☲代表离卦，☱代表兑卦，☵代表坎卦。这八卦又分别表示天、地、山、雷、风、火、泽、水。然后又把方位、季节以及八风都搭配上，形成了一个完整的体系。"八风本乎八卦"②，"八卦主八风"③ 画成《八卦八风图》如下：

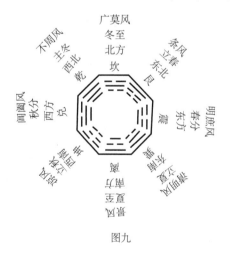

图九

①《后汉书·卓鲁魏刘列传》。
②《古今图书集成》卷六十五。
③《周礼注疏·春官》。

为了使大家对中国古代的思维方式有更深刻的印象，我们在这里再介绍一些模式。除了八卦模式，还有四季模式、五行模式。在《吕氏春秋》中是按四季模式组织起来的思想体系，一切都分成四块纳入四季模式，五行中砍去"土"，剩下木、火、金、水，纳入春、夏、秋、冬。后来的《淮南子·时则训》按五行模式来组织新的体系，四方加上"中"，四季加上"季夏"，跟五行中的"土"相配搭。于是，在虫、音、味、臭、色、脏、数等方面都分别加上赢、宫、甘、香、黄、心、五，以便使各项都凑足"五"。《五行模式表（一）》是《淮南子》的体系。只要把这个表中"季夏"那一串格去掉，就是《吕氏春秋》的《四季模式图》。这里我们可以看到它们一致之处和差别。一致的是，四季相应的内容都一样，只有《吕氏春秋》冬季的臭是"朽"，而《淮南子》作"腐"，字虽不同，其意无异。差别就在于《淮南子》多了"季夏"一个系列。古老的医学经典《黄帝内经》也是按五行模式来说明世界，由于它是医书，就较多地纳入人体方面的内容（见表二）。这是采用南京中医学院医经教研室编著的《内经辑要》所制的表格。这表跟《淮南子》的模式相比，除了多些人体方面的内容，其他基本一致，"季夏"改为"长夏"而已。

五行模式表（一）

季节	孟春	孟夏	季夏	孟秋	孟冬
方位	东	南	中	西	北
五行	木	火	土	金	水
虫	鳞	羽	赢	毛	介
音	角	征	宫	商	羽
味	酸	苦	甘	辛	咸
臭	羶	焦	香	腥	朽
色	青	赤	黄	白	黑
脏	脾	肺	心	肝	肾
数	八	七	五	九	六

我们的祖先有这么一些世界模式，这是他们进行推理的基础。研究古代思想必须对此有所了解。据庞朴同志考证，五行思想始于殷朝，八卦思想起于周代，经过春秋战国的长期衍变，到了汉朝，五行、八卦、阴阳由董仲舒实现大融合①。汉代以后，这些思想在中国古代史上仍然有很深远的影响。我们了解到这些情况，从古人的思维方式来看待当时的方位风和季节风的一致性，就很好理解了。

风按四季来分之外，有时还按节气和"气候"来分。例如一年二十四节气，每一节气有一种风。一个节气约十五天，一节气分三个候，一个候五天。"从小寒至谷雨，凡四月八气二十四候，每候五日，以一花之风信应之，世所言'始于梅花，终于楝花'也。"② 详细说来，就是小寒三候：一候梅花，二候山茶，三候水仙；大寒三候：一候瑞香，二候兰花，三候山礬；立春三候：一候迎春，二候樱桃，三候望春；雨水三候：一候菜花，二候杏花，三候李花；惊蛰三候：一候桃花，二候棣棠，三候蔷薇；春分三候：一候海棠，二候梨花，三候木兰；清明三候：一候桐花，二候麦花，三候柳花；谷雨三候：一候牡丹，二候酴醾，三候楝花。这些花开完就到了立夏节气了。这一套说法叫做"二十四番花信风"。

五行模式表（二）

五行	木	火	土	金	水
方位	东	南	中	西	北
时序	春	夏	长夏	秋	冬
五气	风	暑	湿	燥	寒
生化过程	生	长	化	收	藏

① 庞朴《阴阳五行探源》，见《中国社会科学》1984 年第 3 期。
② 明王逵《蠡海集·花信风》。见王云五主编《丛书集成》第 1345 册，民国廿八年初版。《丛书集成》将《蠡海集》的作者，误为"宋王逵"。见《四库全书总目》卷 122 第 1052 页考证，中华书局，1965 年。

五行	木	火	土	金	水
脏	肝	心	脾	肺	肾
腑	胆	小肠	胃	大肠	膀胱
窍	目	舌	口	鼻	耳
体	筋	脉	肉	皮毛	骨
志	怒	喜	思	忧	恐
色	青	赤	黄	白	黑
味	酸	苦	甘	辛	咸
音	角	征	宫	商	羽
声	呼	笑	歌	哭	呻

在这"二十四番花信风"中，二十四种花都开放在冬春两季，似乎不符合北方的情况。华北平原麦子立夏才开花，过一个月，芒种前后可以收割。而在清明二候开花，立夏就可以收割，这是江南的气候。在东南沿海一带，人们用新收的麦子磨面做饼吃，叫夏饼，在立夏那一天就能吃上新麦夏饼。王逵是浙江钱塘人，活动于明朝洪武、永乐年间。他的"二十四番花信风"可能就是总结了浙江一带的物候而写下的。

在节气方面还有一些特殊的风，例如元宵节前后的"元宵风"，中秋前后起于西北方向的"霜降风"，立冬前后起子西北的"立冬信风"。这是《田家五行》中介绍的。在《风土记》中还有所谓"黄雀风"，即六月时刮的东南风，据说这时海里的鱼变成了黄雀，故叫黄雀风。河朔一带春天时经常刮大风，几天刮一次，一刮就是三天，才会停止，这种风当地人叫"吹花擘柳风"。

3. 根据性质分。

在什么都分等级的阶级社会里，连"风"也分了等级。战国时代的宋玉在《风赋》中把风也分为"大王的雄风"和"庶民的雌风"两个等级。他说：

雄风"乘凌高城，入于深宫……徜徉中庭，北上玉堂，跻于罗帏，经于洞房"，这种风能够治病，能够提高感觉功能，使人感到特别舒适。宋玉说这种风是大王才能享受的雄风。老百姓没有这种福气，只能接触到雌风。所谓"雌风"，就是在穷苦、肮脏的地方吹来的一种带臭气的风。人被它吹后就会得病、夭折。这叫"庶民的雌风"。宋玉的赋很有文采，常有一些精彩之处，在文化史上有一定的影响，但在科学史上是没有地位的。

在科学上对风从性质上来分类，主要是从风的速度上分。最小的风叫"微风"或"飔风"，稍大点叫飕风、飑风。暴风之前的小风叫练风。速度快的风，名称多得很，例如：大风，狂风，暴风，疾风，飚风，巨风，猛风，飙风，飓风，台风等等。以下介绍两种特殊的风。

（1）台风

《福建志书》载《台湾府四时风信》很有参考价值。它首先列了从正月初四到年底，每一月都有"飓日"，就是刮飓风的日子。并且说"验之多应"。渔民都要记住，在"飓日"中，不敢出海行船。

其次，该书认为："凡清明以后，地气自南而北，则以南风为常；霜降以后，地气自北而南，则以北风为常。风若反其常，寒南风而暑北风，则台飓将作，不可行船。"春夏刮南风，秋冬刮北风，这是正常现象。如果寒冬季节刮南风，或者暑夏季节刮北风，都是反常现象。遇到这种反常现象，就是将要发生台风或飓风，不可出海行船。

台风和飓风有什么区别呢？志书说这两种风都是大风，而台风更大一些。飓风[①]往往突然暴发，又突然停止。台风发生不那么突然，一旦发生，就要持续一天，乃至几天。从时间上说，飓风多发生在春季和夏初，而台风则发生在

[①]《南越志》、《投荒杂录》都有飓风的记载。他们认为飓风是"四面风俱至"。福建长乐县人梁章钜（公元1775—1849年）认为是"北人不知南人之候，误以'飓'为'飓'耳。"他说："吾闽人呼'飓'为'暴'，其音相转，其理正通，又谓之风台。"福建沿海人现在称台风还叫"风台"，称突然发生的暴风，叫"风癀"或"暴至风"即"飓风"。见《浪迹丛谈·续谈·三谈》第344页，中华书局，1981年。

夏秋季节。一般讲在四月、七月、十月出海比较安稳，六月、九月最忌出海，六月台风多，九月有九降风。所谓"九降风"，是九月时刮的猛烈北风，有时一刮就是一个月，甚至还有台风发作。

本来，五、六、七、八月应该刮南风。将要发生台风的时候，都是先刮起北风，接着转到东南风，然后又转为南风，最后转成西南风。在福建沿海地区，至今还可以体验到台风的情况：一般是先刮猛烈的北风，连续刮一天左右，然后停住了，大约隔一天，开始刮猛烈的南风，一般把北风叫台风，把南风叫"回南台风"。刮"回南台风"时，一般夹着暴雨。

台风究竟是怎么一回事呢？现代科学为探索自然界的奥秘提供了方便。人们用雷达探测，驾侦察飞机穿越台风区，用地球人造卫星拍摄台风照片。根据这些观测资料，科学家进行一系列艰苦的研究，对台风有了比较系统的认识。

台风就是一种较大的旋风。它是在广阔的海洋面上热气流受到地球自转的影响而形成的。这种旋风象一个圆桶，中间是台风眼，直径从几公里到一百多公里。这是无风区，十分平静。台风在四周急速旋转。台风中心同时在移动。在地球的北半球，台风沿着逆时针方向旋转，台风中心从海洋向大陆移动。台风在浙江、福建一带登陆时，台风西边缘从北向南吹，形成北风。台风中心继续西移，北风停止，出现了平静乃至晴朗的天气。接着，台风中心移过该地区，台风的东边缘登陆，出现了强大的南风，即回南台风。台风（北风）与回南台风的间隔时间的长短，是由台风中心的直径大小和移动速度决定的。

台风，由于风力大，能摧毁建筑物，造成灾难。这种风灾，历史上多有记载，如《明史》记载：宣德六年六月（即公元 1431 年夏季），"温州飓风大作，坏公廨、祠庙、仓库、城垣。"[①] 台风还经常带来大暴雨，因而造成风灾加水灾。比较典型的是，宋开宝八年十月（即公元 975 年秋季），"广州飓风起，一昼夜雨水二丈余，海为之涨，飘失舟楫。"[②] 这里"雨水二丈余"，不是

---

① 《明史·五行志三》。
② 《宋史·五行志五》。

现在降水量的标准，只能说明雨量相当大。所谓"海为之涨"，是指这样情况：水量多，又遇上涨潮，排水困难，水位明显上涨。元丰四年七月（即公元 1081 年夏季），"泰州海风作，继以大雨，浸州城，坏公私庐舍数千间。"①更厉害的是台风推波助澜，把海水推上岸来，造成大水灾。古人把这种现象叫做"海风驾潮"，如《宋史》记载："元祐八年，福建、两浙海风驾潮，害民田。"又载："绍兴二十八年七月壬戌，平江府大风雨驾潮，漂溺数百里，坏田庐。"又载：淳熙十年八月辛酉，"雷州飓风大作，驾海潮伤人，禾稼、林木皆折。"绍熙五年，"绍兴府、秀州，大风驾海潮"、"明州飓风驾海潮"。庆元二年，"台州暴风雨驾海潮"②。这类记载，还有不少。沿海地区的方志中，此类记载也很多。如《杭州府志》记载：明正德（公元 1512 年），"七月飓风，海水涨溢，顷刻高数丈许，濒塘男女溺死无算，居亦无存者。"③ 近现代，台风对我国也造成过严重的灾害。公元 1922 年 8 月 2 日，台风推海潮在广东汕头地区登陆，死亡六万多人。台风后引起瘟疫蔓延，造成极大灾难。解放后，1956 年 8 月初，台风在浙江象山港登陆，杭州三潭印月几人合抱的大树也被连根拔起。据不完全统计，浙江省死亡人数达 4629 人，伤 15617 人，农田被淹没六百万亩。1975 年 3 号台风在浙江登陆后，变成一个低气压，移到河南省，降下了空前的特大暴雨，有些地区一昼夜下了一千多毫米的雨，造成极大水灾。台风在世界其它地区也经常造成大灾，如 1959 年 9 月 26 日，台风袭击日本，使名古屋这样的大城市几乎成了一片废墟。七千吨货轮被推上海岸，六米高的海浪淹没了一大片地区，死亡四千多人，伤三万多人，四十万人无家可归。④

台风带给人类的灾害是严重的，但它也有利于人类的一面，如给江南带来

① 《宋史·五行志五》。
② 同上。
③ 《明史·五行志》未载。见《台风》，气象出版社，1983 年。
④ 见《台风》，气象出版社，1983 年。

大量的雨水。人们一方面研究监测台风，预报台风，以减少危害。一方面研究如何利用风源。

中国古代渔民对监测、预报台风已经有丰富的经验：看见天边有黑云象簸箕那么大，就要赶紧收帆，紧握船舵等待着。一会儿暴风骤雨突如其来，如不早作准备，到时就会措手不及。另外，如果看到天边有断虹，也是台风到来的预兆，不可掉以轻心。海水突然变了，海面上飘浮着许多象米糠那样的东西，有时还有海蛇浮游在水面上，这也是要起台风的征兆①。以上这些虽属渔民经验，不知是否科学、准确，尚有待于实践的验证和科学的研究。

（2）龙卷风

还有一种旋转的风，叫旋风，又叫回风、飘风，因为旋转起来象羊角，又叫羊角风。《庄子·逍遥游》所谓"抟扶摇羊角而上者九万里"，大概就是指旋风。旋风有的自下而上，叫做"焱（读 yàn 焰）风"，有的从上而下，叫做"颓风"。另有一种特殊的旋风叫"龙卷风"。

龙是中国古代传说中一种有鳞有须有角有爪的长条形的神异动物，《周易》有"飞龙在天"说法，《新序》有"叶公好龙"故事。用龙构成的成语多得很，例如，朝气蓬勃叫"生龙活虎"，踊跃场面叫"龙腾虎跃"，形容气概威武，叫"龙骧虎步"，比喻雄才壮志，叫"龙骧虎视"，用"龙蟠虎踞"形容地形险要，以"龙肝豹胆"指稀珍食品，还有龙飞凤舞、龙行虎步，龙吟虎啸，龙凤呈祥，龙章凤姿，等等。封建皇帝把龙作为自己的象征，所以在皇宫里到处以龙为饰，画着的是龙，雕着的也是龙，最著名的则有"九龙壁"。古人还把一些自然现象看作是龙的行为，下雨是龙吐水，打雷是龙升天，同时把奇异的旋风叫做"龙卷风"。

龙卷风不象台风那样在一个很大范围的圆形轨道上奔驰，而是象一个巨大

①《福建志书》载："船人视天边黑点如簸箕大，则收帆、严舵以待之，瞬息风雨骤至，随刻即止，少迟则不及焉。""天边有断虹，台亦将至……海水骤变，水面多秽如米糠，及有海蛇浮游于上面，台亦将至。"见《古今图书集成》第六十五卷。

的漏斗形的旋转空气柱，上端与云相接，下端逐渐伸向地面。因为它旋转速度每秒钟约有一二百米，比十二级台风（33 米/秒）要快得多。因此它有巨大的破坏力。它可以把地面的建筑物推倒，把人畜以及其他大量物品卷向空中，带到远处抛落。这就是古代所谓"雨谷"、"雨钱"现象的真正原因。龙卷风如果伸入水域，就会把大量的水吸上空中，形成巨大的水柱，古人叫做"龙吸水"。把水吸上空中，把水中的鱼也带入空中，然后抛到远处，成了"雨鱼"现象。西汉成帝鸿嘉四年（公元前17年）"秋，雨鱼于信都，长五寸以下"①。元朝至正丙午（公元1366年）八月，上海县浦东俞店桥南"陨一鱼"②。

"天雨谷"和"龙卷风"的关系，首先是王充提出来的。古代对于"天雨谷"的奇异现象不能理解，在天命论和天人感应说思想的影响下，以为这是上天的褒贬。王充经过调查研究，认为天上掉下来的谷粒，是别处的谷粒"遭疾风暴起，吹扬与之俱飞，风衰谷集，堕于中国。"③这里的"疾风暴起"，就是指龙卷风。因为平推的风，风力再大也不会把谷粒吹到高空上去。同时他用火烧山作类比，说象野火烧山时把草木的叶灰带到空中，飘落到远处那样，说明这种"疾风"应该是龙卷风。

王充虽讲"疾风暴起"，似乎只是猜测，他可能没有见过龙卷风。北宋沈括在《梦溪笔谈》中有详细记载："熙宁九年，恩州武成县有旋风自东南来，望之插天如羊角，大木尽拔。俄顷，旋风卷入云霄中，既而渐近，乃经县城。官舍民居略尽，悉卷入云中。县令儿女奴婢卷去，复坠地死伤者数人。民间死伤亡失者，不可胜计。县城悉为丘墟，遂移今县。由于一阵龙卷风把一个县城变成废墟，只好在别处另建新县城。元代杨瑀也听过龙卷风的事：至治二年（公元1322年），雷雨大作，宗远家的"文卷被羊角风掣去，旋入云霄，竟不

①《西汉会要》卷三十《鸟兽之妖》，也见《汉书·五行志》。
② 元陶宗仪《南村辍耕录》卷二十四《天阴鱼》。
③《论衡·感虚篇》。

知落于何处。"① 至正七年，（公元 1347 年），"是日忽二龙降于豪强之家，凡厅堂所有床椅窗户皆自相奋击，一无完者。……龙所过之地，作善之家，分毫无犯。"② 至正戊子（公元 1348 年），"小寒后七日，即十二月望，申正刻，四黑龙降于南方云中，取水，少顷又一龙降东南方，良久而没。俱在嘉兴城中见之。"③这里说的年、月、日、时都是具体准确的，而且说明都是在嘉兴城中看到的，而不是从别人那里听来的。杨瑀听过、而且看到过龙卷风。

解放以后，我国上海市、天津市等地都发生过龙卷风，有的还造成重大灾害。过去在科普读物《十万个为什么》书中曾有一些简略介绍，这当然是正确的。但是，十年浩劫中，报喜不报忧、忌讳说灾害，成为不成文的法规，那时重版的《十万个为什么》就只好把龙卷风灾害的实际例子当作"错误的内容"给删去了。封建时代，历代史书还不断记载各种灾异，从这一点来说，有些自称唯物论者的人比唯心论者还要唯心。灾害是客观存在的，不说不记灾害，难道就可以消灭灾害吗？

（二）占风

中国古代很早就有普遍联系的思想，占风也体现了这一思想。古人认为风跟其他许多自然现象有联系，因此可以通过其他自然现象来占风。所谓占风，是迷信占卜的一种，其中有许多是经验的总结，可以作为现代气象预报的参考。

在《尚书·洪范》中有"星有好风"的说法，传疏则说："箕星好风"。什么叫"箕星好风"呢？指的是月亮运行到了箕星（二十八宿之一）位置时，风就会扬沙。箕星的名称也是这么来的。箕星象簸扬的器具那样，会扬沙。春秋战国时代，战争频繁。战争又常用火攻，火攻与风的关系极大，如果不了解风向、风力，一般不敢轻用火攻。周瑜战赤壁时，万事齐备，只欠东风。没有

---

①《山居新话》，见《知不足斋丛书》。
② ③同上。

东南风，无法用火攻，不用火攻，难胜曹军。因此，古代军事家很注意研究风的情况，占风则是很受重视的。军事家也认为风与星辰有关系，不仅箕星好风，而且"壁"、"翼"、"轸"也都好风，当月亮到了这四宿的时候，都要起风。例如《孙子兵法·火攻篇》。说："月在箕、壁、翼、轸也，凡此四宿者，风起之日也。"《孙子兵法》一书有很丰富的经验总结，但对于这一点，我们还缺乏应有的经验，无法评定价值，只好存而不论，期待对此有兴趣的学者去研究它。在《星经》中，关于"箕宿"，它说："箕四星，天子后也，箕后动，有风期三日也。"关于"壁宿"，它说："东壁二星客守，多风雨。"这些说法与《孙子兵法》的说法是基本一致的。后来历代史书都保留这种以星占风的说法。在元末明初娄元礼写的《田家五行》中的《论星》讲："星光闪烁不定，主有风。"① 这是以星光占风的说法。

《汉书·天文志》有以月占风的说法，它说："月为风雨，日为寒温。"就是说，气温高低是由太阳决定的，而刮风下雨却是月亮的事。这可能就是指月亮运行到了箕星等宿时就会刮风这些记载来说的。《田家五行》的《杂占论月》从月晕来占风，如说："月晕主风，何方有阙（缺），即此方风来。"② 月晕和上述星光问题，实际上都是大气现象。月光在大气中是否产生折射，形成月晕，跟气候有直接关系。月晕是以月亮为中心的一个大圆圈，娄元礼认为这个圆圈某一方向有缺口，就说明这一方向有大风吹来。

还有从云状、彩虹来占风的。例如唐代李肇《唐国史补》有"暴风之候，有炮车云"的话。唐代黄子发《相雨书》则有"云若鱼鳞，次日风最大"的说法。宋代孔平仲《谈苑》有"云向东，尘埃没老翁"之说，云向东方飞去，说明风大，吹起的尘埃会把老翁埋住。又如：《田家五行·论风》中说：夏秋季节大风把海沙刮起象云那样，俗称"风潮"，古名"飓风"。飓风有很大的破坏力。在它发作之前，"其先必有如断虹之状者见，名曰飓母。航海之人见

① 见《古今图书集成》第六十五卷。
② 同上。

此，则又名破帆风。"① 明代张燮《东西洋考·舟师考》对断虹还分早晚，
"断虹晚见，不明天变，断虹早挂，有风不怕。"这就是说，傍晚出现断虹，
等不到天明，夜里就会变天。早晨看到断虹，虽然也会刮风，但并不厉害，不
用害怕。

《管窥辑要》中的《占风歌》颇值注意。全文录于下：

> 魁罡气白黄，隄防风势狂。早间日晒耳，
> 狂风即时起。早白与暮赤，飞砂及走石。
> 午前日忽昏，北方风怒喷。午后日昏晕，
> 风起须当慎。日月忽后圆，风来不等闲。
> 云掩日不动，风势如山重。反照色黄光，
> 明朝风必狂。天道忽昏惨，狂风时下感。
> 天色赤与黄，顷刻大风狂。黑云片片生，
> 眼底主狂风。黑紫云如牛，狂风急如流。
> 云势若鱼鳞，来朝风不轻。黑云北方突，
> 暴频风大毒。黑云半开闭，大飓随风至。
> 云起乱行急，风势难当抵。（阙五字），
> 狂风来不少。辰阙电光飞，大飓必可期。
> 连日雨朦胧，必定起狂风。星辰若昼见，
> 顷刻狂风变。②

"魁罡"是北斗七星的前四星，即勺把部分。"辰阙"，辰指北辰，即北极
星。阙指宫阙，这里指天上宫阙，辰阙指北辰所在的宫阙，意即北极星附近。
其他句子都比较通俗，不难理解。这些大概是群众的经验，也是群众的语言，
所以比较通俗。

---

①《古今图书集成》第六十五卷。
② 同上。

这些说法是否有科学性，还有待于实践的验证和科学的研究。这是需要科学工作者去完成的任务。不过，我想，各个地区在不同的季节有不同的情况，应该是有区别的。因此，上述一些说法即使在某一个地区某一季节得到了验证，也未必是"放之四海而皆准"的。同样道理，某些说法与某地某时的经验不相符合，也不能说明这些说法完全是荒谬的。

（三）候风

占风是在风发生之前进行预报的方法，候风是在风发生时进行观测的方法。《观象玩占》有"候风之法"，具体方法是：在高平空阔的地方，树立五丈高的竿子，用八两鸡羽毛扎成圆盖形的样子，叫羽葆，挂在竿顶上，来测量风力。如果把羽葆吹成平直，那就说明是最高风力。还有一种方法，在竿顶上安一个盘子，盘子上有一只"三足乌"，两足连在盘上，另一足插在竿中间，可以随意转动。风来的时候，鸟就转动，头向着风来的方向。鸟口上衔着花，花被风吹起来就可以知道风力。如果没有这些实验条件，可以通过对自然物的观察来估计。《观象玩占》中说：凡是起风，开始总是迟缓的，后来才越来越疾速，这样风才吹得远。如果开始速度大，后来渐渐慢了，那么风就吹不远。根据这种理论，风的速度越快，它就是从越远的地方吹来的，于是，这本书按照风力大小来估计起风的远近，又按起风的远近，把风分为十里、百里、二百里、三百里、四百里、五百里、千里、三千里，共八级。这八个级别中，从物象来看，分别是"动叶"、"鸣条"、"摇枝"、"落叶"、"折小枝"、"折大枝"、"飞沙走石"、"拔大根"①。如果在前面再加上"无风"和"尘埃不动"的"和风"，那末，一共就是十级。

现代风级开始是英国人蒲福（公元1774—1857年）于1805年所拟定的。故称"蒲福风级"。"蒲福风级"开始也是根据风对地面或海面物体影响程度

①《古今图书集成》第六十五卷。

而定的。我们如果把《观象玩占》的风级与"蒲福风级"列表比较，那么我们就会发现二者极为相似。从表上可以看出，"蒲福风级"除了陆上很少见的十一、十二两级外，其他基本上与《观象玩占》风级是相应的。最后一级都是可以使树木拔起。"飞沙走石"与"建筑物有小损"也可以相应。《观象玩占》按对树的损毁程度来分级，"落叶"、"折小枝"、"折大枝"到"拔大根"。"蒲福风级"按摇动来分，从小树枝、小树、大树枝到全树摇动。两相比较，都有合理性，都未尝不可。但是，"蒲福风级"中的八级"微枝折毁"似乎不合理。大树枝摇动时都可能折毁微枝，全树摇动时常有许多微枝、甚至稍大的枝，都会折毁，为什么"微枝"要在"全树摇动"加一级以后才会折毁呢？如果没有"微枝折毁"，那么两种风级就一一相应了。

《现象玩占》风级和"蒲福风级"比较表

风级	《观象玩占》	蒲福风级陆地物象
0	无风	静，烟直上。
1	尘埃不动	风向标不能转动。
2	动叶	树叶微响。
3	鸣条	树叶及微枝摇动不息。
4	摇枝	树的小枝摇动。
5	落叶	有叶的小树摇摆。
6	折小枝	大树枝摇动。
7	折大枝	全树摇动。
8		微枝折毁。
9	飞沙走石	建筑物有小损。
10	拔大根	可使树木拔起。
11，12		陆上很少见。

　　在时间上也可以比较一下。《观象玩占》署唐代李淳风撰。李淳风（公元602—670年），生于隋朝，是唐初的天文学家，比蒲福早十一个世纪。由于新

旧唐书艺文志都没有《观象玩占》书目，这本书被怀疑为后人伪托。但是，清朝政府花了几十年时间，于雍正三年（公元1726年）编成《古今图书集成》。《观象玩占》被这部巨型类书所收录，说明它应该成书于雍正三年之前，至晚也应在十七世纪末以前。《古今图书集成》比蒲福还早诞生几十年呢！据此，理应用"李淳风风级表"取代"蒲福风级表"。但是，由于近代科学西欧占了优势，在科学史中"西欧中心主义"思想颇为流行，于是蒲福也就有了风级发明权。因为风级已经有了现代更科学的分法，"蒲福风级"也已为常人所熟知，因此，也就不必更名了。不过，要知道在世界历史上，定风级的不仅蒲福一人，还有中国的李淳风！蒲福还是比较晚的一人。研究科学史，我们赞成日本伊东俊太郎的意见，"在科学史中应当超越'西欧中心主义'的狭隘偏见，重新面向'世界科学史'"①。世界可大体分为几个文明圈。各文明圈的科学发展在历史上时快时慢，或先或后，都基本上是独立发展、各具特色的。如果不对各文明圈的科学史分别进行研究，再综合产生世界科学史，而只用西欧科学史代替世界科学史，那么，这只是以偏概全的"世界科学史"，不为世界科学界所公认。

二、雨

下雨跟农业生产关系极大，下雨少了就是旱灾，下雨多了又成了水灾（涝灾）。《诗经·小雅·信南山》说下雨"生我百谷"，说明下雨对作物生长的重要性。但是，"久雨过多，害于五稼，故谓之淫。"《尔雅·释天》中所谓"久雨谓之淫"，实际上，淫就是指雨多成灾，不利于庄稼的生长。雨水对农业的利弊，中国古人早有认识。因此，他们很早就已经注意雨情了。在殷商时

---

① 《文明中的科学》，见《科学史译丛》1984年第一期《面向"世界科学史"》，王维译。

代的甲骨文中就有关于"大雨"、"猛雨"、"疾雨"、"足雨"、"多雨"、"毛毛雨"的记载。古人希望下雨在数量和时间上都要很合适，所谓"雨不破块"，所谓"及时雨"，这叫"好雨知时节"。但是经常下雨不是那么及时，有时大旱，人们就向上天祈祷，希望上天赐雨。在汉代时，人们还用土堆成龙的样子，希望因而感应真龙，来降大雨。除了个别情况，偶然下雨，他们很少能够如愿以偿的。他们以此来表达愿望而已。在求雨失败以后，人们开始认真研究下雨的规律了。如果说，刮风跟渔业生产关系最为密切，因此台湾渔民而有丰富的预报台风的实际经验，那么，下雨与农业生产关系最为密切，因此以农业生产为主的古代农民对预报雨晴也有丰富的经验。这些经验用占卜迷信的形式组织起来，就成了古代的"雨占"思想。例如在《易飞候》中有"雨占"，崔实《农家谚》有"晴雨占"，《师旷占》中有"占雨"，《相雨书》还有"候雨法"，《管窥辑要》有"二十八宿占风雨阴晴诀"。娄元礼的《田家五行》在《论雨》、《论云》、《论霞》、《论地》等节中都有"雨占"的内容，这些内容是宝贵的经验总结，至今还有参考价值。今选录部分内容如下：

《杂占论日》："谚云：月晕主风，日晕主雨。"①

　　日出早主雨，日出晏主晴。老农云：此言久阴之余，夜雨连旦，正当天明之际，云忽一扫而卷，即日光出，所以言早，少刻必雨立验。言晏者，日出之后，云晏开也，必晴，亦甚准。盖日之出入，自有定刻，实无早晏也。愚谓但当云：晴得早主雨，晏开主晴。不当言日出早晏也。占者悟此理。②

这一段话，开始引了两句谚语，然后用老农的经验来解释谚语，使谚语不明确的意思明确起来。最后，作者根据老农的经验，提出比较科学的说法，纠正谚语中的不确切的说法。

---

① 《古今图书集成》第八十卷。
② 同上。

有谚语云："日没返照主晴"，又云："日没胭脂红，无雨也有风。"① 这里都是说晚霞红，一个说"主晴"，一个说"无雨也有风"，是相矛盾的。娄元礼访问了老农，得到正确答案："老农云：返照在日没之前，胭脂红在日没之后，不可不知也。"就是说，日没之前晚霞红，明天晴，日没之后晚霞红，明天不下雨也会刮风，总之晴不了。

"谚云：雨打五更，日晒水坑。言五更忽有雨，日中必晴。验甚。"② 这里先录谚语，后作注释，最后根据自己的反复经验，给了判断："验甚。"

以上抄录几段，我们可以看到，娄元礼《田家五行》对气象谚语作了广泛收集、整理、验证的工作，使这些谚语在太湖流域相当普及，在农村造成家喻户晓、世代相传的局面。

唐代黄子发的《相雨书》也有一些宝贵经验。如说："四方斗中无云，唯河中有云三枚相连，状如浴猪，三日大雨。"③意思是天上都没有云，在银河上有三块云相连着，好象猪在银河里洗澡，过三天就会下大雨。现在福州一带还有这种说法，叫做"乌猪过溪"，确实是要下雨的。不知是什么道理。老农的说法是乌猪过溪时把堤踏崩拱溃，漏水成雨。这当然不是科学的解释。科学的解释有待于气象专家去研究。许多科学发现，都是先有经验，然后经过长期艰苦的研究，得出科学的解释。有的经验在很长的时间中并不能得到正确的科学解释，这是需要人们研究的。但是，因为还不能作出正确的科学解释，而否认经验本身，那就大错特错了。错误就在于否定经验和科学之间的差别，而把二者等同起来。

《相雨书》说天正下雨的时候，看到彩色的云中有黑色和红色同时出现，就会下冰雹。这个经验现在仍适用，人们仍用它作为判断是否雹云的依据④。

---

① 《古今图书集成》第八十卷。
② ③ 同上。
④ 《相雨书》引文见《古今图书集成》第八十卷。评述见《中国古代科技成就》第255页，中国青年出版社，1978年。

我国古代对于雨量的多少也很注意。公元 1975 年湖北省云梦县睡虎地十一号墓中出土了《秦律》竹质秦简，其中有《田律》。《田律》规定：

> 雨为澍（澍），及诱（秀）粟，辄以书言澍（澍）稼诱（秀）粟及粮（垦）田畴毋（无）稼者顷数。稼已生后而雨，亦辄言雨多少，所利顷数；旱（旱）及暴风雨、水潦、螽（螽）蚰群它物伤稼者，亦辄言其顷数。近县令轻足行其书，远县令邮行之，尽八月□□之。[①]

秦朝政府要求各地将降雨所影响的农田面积以及受灾情况向中央政府汇报。近的县由走得快的人去送消息，远的县由邮驿递送情报，反正要求快速。说明当时政府重视农业生产并且意识到下雨与农业生产关系密切。

据《宋史》记载，宋仁宗宝元元年（公元 1071 年）六月甲申，"诏天下诸州月上雨雪状"。宋神宗熙宁元年（公元 1068 年）二月辛亥，"令诸路每季上雨雪"，熙宁四年夏四月甲戌，"诏司农寺月进诸路所上雨雪状"。皇帝接二连三地下诏书，要求各地方官定期向中央报告雨雪情况。报告的主要内容就是雨雪量，现在叫降水量。各地方用竹筒、圆罂、瓷盆等容器去盛雨，因为大小形状都不一样，究竟下了多少雨，仍然弄不清楚。这样，由于实践的需要，南宋数学家秦九韶在《数书九章》中提出了"天池测雨"、"圆罂测雨"、"峻积验雪"、"竹器验雪"四个算题，并具体介绍如何计算出降水量相当于平地厚度的方法。这是用一般容器收集到雨水以后，进行计算，了解降水量的。如果特制一种容器，收集雨水后不必进行计算，就可以从刻度上读出降水量，那就方便多了。这种测雨器，在欧洲到了 1639 年才有简单的想法，而东方的朝鲜于 1442 年就已经制成青铜雨量筒——"测雨器"。1910 年，日本人和田雄治在朝鲜发现了测雨器，上面有"测雨蘯"和"乾隆庚寅五月"字样。"蘯"，

---

① 转引自高敏《云梦秦简初探》第 155—156 页，河南人民出版社，1979 年。

据《正字通》是"俗臺字"，现在就是"台"字。"乾隆"是中国清朝年号，"乾隆庚寅"即公元 1770 年。据此，竺可桢认为朝鲜的测雨器源于中国①。这一观点为气象史界所公认。最近，南京气象学院王鹏飞提出不同看法，他根据朝鲜史书《世宗实录》明确记载测雨器的创制过程，以及由铁质改为铜质并向全国推广的经过，肯定朝鲜最早发明测雨器。而中国秦九韶所讲的"圆罂"之类没有刻度，只是"承雨器"，要经过计算才能知道水量。中国史书上没有明确记载创制测雨器的情况，至今也未发现测雨器实物。关于在朝鲜发现的"测雨器"上有"乾隆庚寅五月"字样的问题，王鹏飞认为这跟朝鲜《李朝实录》的记载相吻合。《李朝实录》载："英宗四十六年庚寅（即乾隆三十五年，1770 年）五月朔丁丑，命仿世宗朝旧制，造测雨器"。这说明这个"测雨器"是仿世宗朝旧制而制造的，不是中国清朝政府做好送去的。为什么用中国的"乾隆"年号呢？王鹏飞指出，朝鲜历代经常采用中国年号，"在清代，自顺治元年（1644）到光绪二十一年（1895），中经康熙、雍正、乾隆、嘉庆、道光、咸丰、同治诸朝，均用中国年号，直到 1896 年才用其自定的'建阳元年'。可见，朝鲜在 1770 年制成测雨器时，正值中国清乾隆三十五年岁次庚寅，日子为五月初一，因此在测雨台上刊刻'乾隆庚寅五月造'字样是很自然的。"② 王鹏飞的论证是有根据的。据此，应该认为朝鲜最早发明测雨器，比欧洲凯斯坦利制造测雨器（1639 年）要早约两个世纪。因此在测雨技术发展史上，如果只讲欧洲，不讲亚洲，怎么能代表世界测雨技术的发展水平呢？从王鹏飞的考据，我们可以看到，在科学工作者的心目中，实事求是是科学研究的一个重要原则。所谓真理性、所谓科学性，首先是要尊重事实，然后才能从客观事实中引出规律性的认识。我们既反对把外国的月亮看得比中国更圆的

---

① 竺可桢：《中国过去在气象上的成就》，见《科学通报》1951 年，第二卷，第六期。
② 王鹏飞《中国和朝鲜测雨器的考据》，见《自然科学史研究》，1985 年第 4 卷，第 3 期，科学出版社。王鹏飞于 1983 年 10 月在西安召开的中国科学技术史学术讨论会上已经提出这一个问题。

崇洋思想，也不赞成把中国历史上什么东西都牵强附会地说成是世界的，首创的。总之，我们需要的是实事求是的态度。对于测雨器问题还可以继续探讨。

关于下雨的理论方面，中国古人也曾有过卓越的见解。主要的见解是，雨和云是水在大气间作上下循环的运动。《黄帝内经·素问·阴阳应象大论篇》："清阳为天，浊阴为地，地气上为云，天气下为雨，雨出地气，云出天气。"①地气蒸腾成为天上的云，天上的云落下就成为雨。雨虽然从天降下，而实际上出自地气。云虽然是地气蒸上的，实际上它也是出自天气。简单地说，天气自于地气，地气出于天气，天气和地气不断转化。也就是说，云与雨相互转化，上下循环。

王充在《论衡·说日篇》中说："雨从地上不从天下"，雨从地的哪儿上去的呢？"起于山"。雨怎么出于山呢？我猜想古人是从地形雨得到启示的。因为古人讲"云起丘山"时常常提到太山。太山离海近，又是著名的高山，清净的海风吹来，带来浓厚的水蒸气，碰到高山时，沿山坡上行，逐渐冷却，形成白云，甚至成雨。从清净的海风变成白茫茫的云雾，人们以为这些云雾是太山产生出来的，因此有"云起丘山"之说。王充认为雨不是从天上掉下来的，而是水分从大地的山上蒸发上去变成云，云流到各处又变成雨落下来。他认为："云则雨，雨则云"，云就是雨，雨就是云，本质都是水。"初出为云，云繁为雨"，水分刚蒸发上去时是云，云浓厚以后就成为雨落下。因此，云雾就是雨。"夏则为露，冬则为霜，温则为雨，寒则为雪。雨露冻凝者，皆由地发，不从天降也。"由于季节气候的不同，云雾可以分别变成雨露霜雪。这些也都是从地蒸发上去的，不是从天上掉下来的。这就从下雨引申到降水，一切水都是从地向上蒸发，又从空中落下。这就对水在大气中的循环运动作了很好的说明，缺陷在于他认为水从地上蒸发局限于山。

王充对降水有如此明确的说明，因此，我们对下雨作了如上介绍，而对云

---

① 《黄帝内经素问》，第 32 页，人民卫生出版社，1963 年。

雾霜雪之类都略而不谈了。关于"天雨粟"问题，本想作一介绍，因在上节《风》中提到，此处也就从略。下面就对伴随下雨而出现的雷电现象作为重要问题加以详细评述。

三、雷电

（一）迷信雷电说及其演变

夏天，有时发生暴风骤雨，雷电交加，电闪迅疾，雷鸣巨响，令人惊心动魄，据说曾经使"天下英雄"刘备吓得掉了筷子①。再加上雷电有时劈开树木，毁坏房屋，有时杀人灭畜，甚至会引起火灾。于是引起人们探究其中奥秘的愿望，产生了各种奇异的猜想。

古代科学落后，人们在天命论思想的影响下，以为打雷是天发怒，因此在打雷的时候，正人君子就要表现出恐惧，进行反省，想一想自己是否做了伤天害理的事情，天发怒跟自己的行为是否有关系。即使在晚上，一听到雷声，也要赶紧起来，穿好衣服，戴好帽子，危襟正坐，认真反省，以此表示对上天的敬畏②。

圣人君子对于打雷只知道敬畏，对于雷电究竟是什么，也没有统一的看法，天为什么发怒，也莫衷一是。例如，有的说，有的人拿不干净的东西给别人吃，天对此发怒，一定要惩罚这种人③。有的说，不敬畏上天，又有"无

---

① 陈寿《三国志·蜀书》载："曹公（操）从容谓先主（刘备）曰：'今天下英雄，唯使君与操耳。本初之徒，不足数也。'先主方食，失匕箸。"裴松之注引《华阳国志》云："于时正当雷震，备因谓操曰：'圣人云："迅雷风烈必变"，良有以也，一震之威，乃可至于此也！'"苏轼诗句"无限人间失箸人"，正出此典。

② 《周易·震卦·象辞》："洊雷震，君子以恐惧修省。"《礼记·玉藻》："君子之居恒当户，寝恒东首。若有疾风迅雷甚雨则必变，虽夜必兴，衣服冠而坐。"《论语·乡党》："迅雷风烈必变。"

③ 《论衡·雷虚篇》："饮食人以不洁净，天怒，击而杀之。"

道"行为的国君，要受到雷劈的①。有的说，雷是专门惩罚不孝子孙的。但是，有的人没有以上这些罪过，却受到雷击之祸，这是怎么回事呢？例如，鲁僖公十五年（即公元前 645 年）雷击了夷伯之庙。夷伯庙是展氏的祖庙，展氏没有什么罪过，为什么雷要击他们的祖庙呢？《左传》认为因为他们有"隐匿"，或称"阴过"，就是说暗地里做了些坏事，人们并不知道，但是上天却是明察秋毫的，给他们以惩罚。晋代杜预（公元 222—284 年）对此作了注释，他说："圣人利用自然界的特殊现象来感动国君，聪明的国君能够领会圣人的意图，经常勉励自己，一般的国君也会由于相信自然现象的变化代表着神意而不敢胡作非为。神道设教，这是最深刻的含义。"② 也就是说，用打雷是惩罚有罪过的人的迷信说法来进行教育，这是最好的办法。打雷惩恶，不是事实，而是出于教育。

打雷是天怒，打雷是天惩恶，这种说法很流行。但是，天打雷究竟是怎么一回事？是如何惩恶的？有各种不同的说法。有的说，打雷是上天发怒时发出的吼鸣声。这是从人的发怒想象出来的。但是怒吼的声音怎么能杀人呢？于是又有另一种说法。认为雷不是上天本身的声音，而是雷神搞出来的声音。雷神象个大力士，左手拉着一连串大鼓，右手举着大槌子，意思是说，雷神举着大槌，敲打一串鼓，发出了隆隆的雷鸣声。人如果被雷神的槌子打着了，就会被打死③。雷神在天上是什么角色呢？古人对此也作了各种说明。《山海经·海内东经》说雷神是龙身人首。京房（公元前 77—前 37 年）《易传》讲雷是天上"拒难折冲"的臣子，专门用武力来摧毁难关的神。这大概是从雷的威力想象出来的。有的说雷是天地的长子④。为什么叫长子呢？古人讲天地生万物，当

---

① 《史记·殷本纪》："帝武乙无道，为偶人，谓之天神，与之博，令人为行。天神不胜，乃僇辱之。为革囊，盛血，卬而射之，命曰'射天'。武乙猎于河渭之间，暴雷，武乙震死。"

② 《春秋左传正义·鲁僖公十五年》。原文是："圣人因天地之变，自然之妖，以感动之。知达之主则识先圣之情以自厉。中下之主亦信妖祥以不妄。神道助教，唯此为深。"

③ 《论衡·雷虚篇》。

④ 《艺文类聚》卷二《雷》："雷于天地为长子"，脱书名。《太平御览》卷一三引作《书洪范》文。《尚书·洪范》无此文，刘向《洪范五行传》有此意而无此言。

万物还没有出生的时候，雷于早春二月最先发生，以后的一百八十日中，万物才逐渐生出来。八月雷不响了，在这以后的一百八十日中，万物也逐渐枯黄收藏了。根据雷在万物之先发生，所以就说它是天地的长子。有的又把某一星座说成是主管雷雨的神，纬书《春秋合诚图》说"轩辕星是主管雷雨的神"，而《晋书·天文志》却认为是柳八星主管雷雨。究竟哪个星主管雷雨呢？没有这一方面的事实，占星家可以就这一问题进行无休止的争论，他们各说各的，谁也不认输。但在科学发展以后，谁也不会相信他们的谬论。

还有一种说法，雷既不是上天怒吼的声音，也不是雷神本身，而是由神管着的东西。那么，这东西究竟是什么样子呢？上面提到雷神象个大力土，雷声是由一连串的鼓被槌敲响以后发出来的，因此是断断续续的隆隆声。还有的认为，雷声是雷车在不平的道路上前进，不断发出震动的声音。与此同时，他们把闪电在夜空中划出明亮而曲折的闪光，比作在空中甩动的神鞭。《淮南子·原道训》已有"电以为鞭策，雷以为车轮"的说法。在这以前，《庄子·达生篇》只有"雷车"，而没有电鞭。在晋代傅玄的诗中增加了掣策挽车的仙童："童女掣电策，童男挽雷车。"[1] 想象是越来越丰富的。

唐代欧阳询的《艺文类聚》卷二《雷》一节引《续搜神记》的一个小故事，说有一个义兴人姓周，在永和年代（公元345—356年），离开首都洛阳出走。天快黑的时候，他走到一处，路边有一间新盖的小草屋。有一个女人从这间小草屋出来，看见他就说："天快黑了。"他求寄宿一夜，女人就让他住下。一更的时候，（约七八点，夜初），听见外面有一个小孩的声音喊："阿香！官人叫你推雷车去。"阿香就出去了。明天早晨起来一看，原来自己住的地方却

---

[1]《古今图书集成》第七十七卷引"晋傅元诗：童女掣电策，童男挽雷车"，"玄"避康熙皇帝玄烨名字的讳，改为"元"。

是一座新坟墓①。后来，阿香就是推雷车的人了，与雷电有了关系。宋代文学家苏轼路过无锡时，看见老农用水车抗旱，十分艰苦，产生了同情心，写了这么两句诗："天公不见老农泣，唤取阿香推雷车。""阿香推雷车"的典故就出自《续搜神记》。

唐代段成式《酉阳杂俎》也记有雷车的事，说是大书法家柳公权听亲戚说的。在元和年代（公元806—820年），柳公权的亲戚住在建州山寺中，半夜听见门外喧闹声，就扒在窗户上向外偷看，看见有几个人正挥动斧头制造雷车。后来一喷气，突然黑暗了，那人就两目失明了②。段成式还记有借霹雳车一事③，实际上也是雷车。可见，雷车的传说曾经流行过一千多年。

关于雷是鼓声的说法也很流行。上面提到的是一串鼓。《抱朴子》讲雷是天鼓。《神异记》④中说："八方之荒有石鼓，直径一千里，撞击这种大石鼓，发出来的声音就是雷声。天用这种鼓来显示自己的威风。"

汉代盛行天人感应说。于是许多伟人出生也就跟打雷联系上了。《史记·高祖纪》载：刘邦的母亲刘媪在大湖边上睡觉，梦遇神人，当时雷电大作，并有蛟龙盘在她身上，后来就生了刘邦。似乎刘邦是龙种，打雷给他增加了神异性，这是为当时君权神授的说法而编造出来的神话。从此以后，汉人还编造了打雷与伟人出生的联系。例如，在先秦的资料中没有子路与打雷的关系的记载，而汉人却说子路是"感雷精"而生的，所以性格刚强、勇敢。在卫国殉难时，结缨而死。后来被剁碎做了肉酱。孔子听到这一消息后，就把酱复盖起

---

① 原文是："义兴人姓周，永和中，出都，日暮，道边有一新草小屋，有一女出门，望见周，曰：'日已暮。'周求寄宿。向一更中，闻外有小儿唤：'阿香！官唤汝推雷车。'女子乃辞去。明朝视宿处，乃见一新冢。"《太平御览》卷一三引作《搜神记》，情节大同小异。唯将年号"永和"变成名字，叫"周永和"。

② 《酉阳杂俎·雷》："柳公权侍郎尝见亲故说，元和末，止建州山寺中，夜半觉门外喧闹，因潜于窗棂中观之，见数人运斤造雷车……一喷气，忽陡暗，其人两目遂昏焉。"

③ 同上书，原文："李鄘……夜止晋祠宇下。夜半有人叩门云：'介休王暂借霹雳车……'良久，有人应曰：'大王传语，霹雳车正忙，不及借。'……"

④ 《神异记》，又叫《神异经》，署东方朔撰，据今人考证，是"六朝文士影撰而成"。见黄云眉《古今伪书考补证》。

来。孔子后来只要一听到打雷声音，心中就感到十分悲痛，又去复盖酱盆。所以汉代的风俗，打雷的时候，就赶紧去盖酱盆，这成为一般人的忌讳①。汉代出现的纬书《河图》说少典的妃子附宝看见电光绕北斗枢星，十分明亮，附宝意感而怀孕，后来在寿丘地方生了黄帝。《帝王世纪》也有类似记载。另一纬书《春秋·合诚图》说尧的母亲庆都是上帝的女儿，也是在大雷电的时候出生的。

另外，打雷和龙也有密切的关系，刘邦母亲受孕，既有大雷电，又有蛟龙。后来有的人说，打雷是龙升天，或者天取龙。那为什么要劈树毁屋呢？据说是由于龙躲藏在树木和房屋里，所以雷电要劈树坏屋，使龙暴露出来，上天才好把龙带到天上去。

蒙昧时代的人们通过想象，给雷电编出许多离奇的神话，使这一自然现象笼罩上神秘的光圈。这是以天命论为世界观的产物。

与此相反，对雷电的见解还有另外一条发展线索，即沿着唯物的，科学的发展线索。早在战国时代，阴阳学说盛行，于是有的人就用阴阳来解释雷电现象。例如《庄子·外物篇》就说阴气和阳气运行不正常就产生了雷霆②。《谷梁传》和《淮南子·天文训》也有"阴阳相薄，感而为雷"的说法。用阴阳学说来说明雷电现象，虽然人数不多，但它代表着无神论的倾向，对后代有比较广泛的影响。

在汉代，阴阳五行的学说很盛行，天人感应的思想也很流行。对于自然现象的解释，前者代表无神论倾向，而后者代表有神论倾向。董仲舒把阴阳五行学说和天人感应思想结合起来，用阴阳五行说明自然现象，又用自然现象来说明天意，又以此来论王政的对错得失。例如他以五行讲雷电，认为电是火气，

---

① 《太平御览》卷十三引王充《论衡》，今本《论衡》无此文，黄晖将此收入《论衡》佚文。《四讳篇》："世讳作豆酱恶闻雷"，《刺孟篇》、《祸虚篇》："子路菹醢"。
② 原文是："阴阳错行，则天地大絯，于是乎有雷有霆，水中有火，乃焚大槐。"

雷是土气，又讲这些自然现象和王者的行为有相应的关系①。王者不听谏，就秋多霹雳，王者视不明，秋天多闪电。董仲舒的这种办法是在新的情况下宣扬天命论，使天命论经过与阴阳五行相附会，带有浓厚的时代的特点，更符合当时人的思维方式。因此，董仲舒的哲学在当时有很大的影响。

与此相反，东汉时代的王充，把阴阳五行学说和天人感应说相区分，并用阴阳五行学说的无神论倾向驳斥天人感应说。他的思想在当时虽然不为多数人所接受，对社会没起过什么大的作用，但他思想中的反迷信因素和科学成分对后代产生了很深刻的影响，例如他对打雷迷信说的驳斥就是生动的一例。

首先，王充是反对在雷电问题上的各种迷信说法的。为此，他专门写了《雷虚篇》，指出打雷是天怒、或是天取龙，都是"虚妄之言"。他不仅断定有关雷电的迷信是虚妄之言，而且按照迷信家所说进行逻辑上的驳斥。迷信家认为打雷是天怒罚过，又说是天取龙，王充问：取龙为什么发怒呢？隆隆的雷声是天发怒的声音，天高兴的时候发出什么声音呢？或者，天是只怒不乐的吗？有的人说下雨是天高兴的表现，但是打雷总是跟下雨一起发生的，人怒时不喜，喜时不怒，难道天跟人不一样，都是喜怒同时的？再说，打雷是天怒罚过。这是什么过呢？据说是拿不干净的东西给别人吃。这是小过错，上天那么尊贵，何必亲自来惩罚有小过错的人呢？吕后把戚夫人的手砍去，眼睛弄瞎，然后放在厕所中示众。吕后如此狠毒，上天也没有惩罚她。上天罚过，为什么取小舍大呢？江河上游船上的人向江水解手，下游的人就饮用江水，上游船上的人也来必受到雷击。老鼠有时也会在粮食里撒尿拉屎，却不会被雷击，上天为什么只罚人类，不罚鼠类呢？据说由于人是故意的，而动物是无意的。但是，建初四年（即公元79年）夏六月，会稽郡鄞县（今浙江省鄞县）有五只羊被雷打死，这五只羊又有什么罪过呢？再说，天罚过应该是及时的，但是现在只是春夏有雷，秋冬无雷，冬天有人犯了什么大罪，也要等到春夏才杀吗？

① 《春秋繁露·五行五事》："王者言不从，则金不从革，而秋多霹雳，……王者视不明，则火不炎上，而秋多电，电者，火气也。"

另外，"千秋万夏，不绝雷雨"，难道"皇天岁岁怒"① 吗？

王充用阴阳学说来解释雷电现象时，说："正月阳动，故正月始雷。五月阳盛，故五月雷迅。秋冬阳衰，故秋冬雷潜。盛夏之时，太阳用事，阴气乘之。阴阳分争，则相校轸。"阴阳接触产生"分争"，"分争"就爆炸。爆炸就喷射，喷射中人，人就死了；中树，树就折断；中屋，屋子就要倒塌。有时人在树下或者在屋里，由于树倒屋塌，也有偶然被压死的。就象炼铁炉里正火旺的时候，用一桶水倒进去，马上就会发生激烈爆炸，这声音就跟打雷似的，它也会喷射，人靠很近，被喷着的就会烫伤。天地这么大，阴阳分争当然就更厉害了，喷射着人怎么会不死呢？王充从而得出结论："雷者，太阳之激气也。"

汉朝有这种情况，全国各地都可以打一种鹳鸟吃，唯独京城附近的三辅地区不敢打这种鸟，据说打了这种鸟就会招来雷震。桓谭（公元前24—56年）认为，上天对天下的鹳鸟不会有两种待遇，大概哪一次正杀鹳鸟吃的时候，恰巧遇上打雷，这样人们就以为鹳鸟是杀不得的②。这也是对雷的迷信的批判。

汉朝以后，有关打雷的迷信说法，一再受到批评。隋朝之前成书的《六韬》编造了这么一个故事：周武王去讨伐殷纣王时，发生大暴雨，一阵巨雷打死了武王乘车的一匹马，周公旦说："天不保佑我们啦！"姜太公说："国君实行德政来接受政权，雷电又能怎么样呢?!"③《六韬》这段话表达了反天命论的思想。

唐代柳宗元（公元773—819年）认为雷霆雪霜都是气的表现，没有意志。春夏季节，有时打雷，打破了巨石，劈开了大树。石头和树木哪有什么大罪呢？也象秋冬的霜雪，使草木萎黄落叶，并不是草木有什么特别的罪过④。

---

① 这一句话见《论衡·感类篇》，此外，以上内容均见《雷虚篇》。
②《太平御览》卷一三引桓谭《新论》："天下有鹳鸟，郡国皆食之，三辅俗独不敢，取之或雷霹雳起。原夫天不独左彼而右此。杀鸟适与雷遇耳。"
③《太平御览》卷一三引《六韬》曰："武王伐纣，雨甚雷疾，武王之乘，雷震而死。周公曰：'天不祐周矣！'太公曰：'君乘德而受之，不可如何也。'"
④《断刑论下》："夫雷霆雪霜者，特一气耳，非有心于物者也"，"春夏之有雷霆也，或发而震，破巨石，裂大木，木石岂为非常之罪也哉?"

《古今图书集成》卷七十八引宋人《原化记》也有同样思想，牛、树木和鱼等哪有什么罪过，也被雷打死了①。大量事实说明，打雷是天怒罚过的说法是站不住脚的。

宋朝多数思想家也都反对打雷是上天惩罚罪过的说法，他们都用阴阳学说来解释打雷现象。这在《性理会通·论雷电》部分有很多论述。张载说：凡阴气凝聚，阳在内者，不得出，则奋击而为雷霆。② 张栻同意张载的说法，他认为阳气被阴气包在中间，出不来，最后冲破出来，就成了雷霆的声音。如果说这里有神主宰着，那是谬妄的说法。胡寅说："天地之间无非是阴阳二气的聚散开合所造成的，打雷也是这样，只是气的作用。所谓龙车、石斧、鬼鼓、火鞭，都是异端的怪诞，不可相信。"胡氏认为，雷是气，没有形体。但是南宋哲学家朱熹认为，气既然有聚散的变化，雷这种气也一定会聚成某种形体，象雷斧之类。总之，打雷是阴阳相击产生的，成了宋明思想界流行的看法。

从宋朝开始，关于雷电问题的迷信有两种情况，一种顽固坚持天命论的立场，认为打雷就是天发怒。南宋黄震反对王充关于龙无灵，雷无威的说法。清朝黄式三针对王充《雷虚篇》，写了一篇《对王仲任〈雷虚〉问》，站在天命论立场上作答辩。例如，传统说法，打雷是天要惩罚拿不干净的东西给别人吃的人，王充问：吕氏陷害戚夫人那么残毒，打雷为什么不把吕氏打死？罚小过不惩大恶。黄式三的答辩是："天之诛恶，不尽以雷，凡降灾于不善者，皆天之怒矣，而雷尤显者耳。"③ 也就是说，天用别的办法来惩治吕氏的罪过。关于下雨常打雷，上天喜怒同时的问题，黄式三作了这样解释：甘霖雨才是天喜，雷电交加一定是暴雨，暴雨也是天怒的表现。所以不存在天喜怒同时的问题。总之，他仍然坚持雷为天怒的观点，认为王充专门写文章论证"雷之非

---

① 原文是："人则有过，天杀可也。牛及树木、鱼等岂有罪恶而杀之耶？"
②《正蒙·参两篇》。
③《儆居集》《杂著》三。

天怒"，不是"敬天之诚"，这些说法不是他们这些儒者所敢说的①。

另一种人虽然也承认打雷是阴阳之气作用的结果，没有神的主宰，但是他们改变方式，对雷打恶人作了新的解释。例如二程说：做坏事是恶气，打雷是天地的怒气，这两种气相互感应，遇上了，人就被打死了②。张栻说：打雷是天地的义气，人干坏事，又刚好遇上了，就会被雷震死③。真德秀把坏事叫做"恶戾之气"④，这种恶戾之气跟义气相会，就可能把人震死。这种说法是在天命论不能自立以后，改头换面的迷信说法，用气来解释自然现象，同时用以说明封建伦理，这是宋明时代的思想特点，也是这一时期的特殊的思维方式。但是，这种说法更显得混乱，更不能自圆其说。以后也没有变出什么更新的花样，因此可以说，它已经是迷信雷电说的尾声了。

（二）科学雷电说及其发展

我们把中国历史上认为打雷是天发怒、龙升天、对人事有某种神秘的联系的种种说法叫做迷信雷电说。历史上关于雷电问题，还有一些其他见解。我们根据现代对雷电的认识来衡量古人的这些见解，看哪些说法包含现代科学认识的某些因素，我们就称这些说法为科学雷电说。

古代所谓阴气和阳气相接触产生雷电的说法，跟现在所说的正电和负电相接触产生雷电的说法很相近。现代说法是科学实验的结果，并且可以用实验反复证明。而古代只是用阴阳学说来解释自然现象，既不能用实验来证明，也不能加以利用，只能用比喻来说明，一般还处于说明世界的阶段。不过，以两种相反能量的接触而产生雷电的猜测，显然是有合理性的。

《淮南子·兵略训》有"若雷之击，不可为备"之说。这说明古人已经认识到雷电现象的突然性和偶然性，使人无法来防备它。

---

① 《敬居集》《杂著》三。
② 《性理会通·论雷电》引。
③ ④ 同上。

古人把雷和龙相联系，说打雷就是龙升天，这当然是迷信，但他们又说："龙无尺木，无以升天。"① 这句话可以理解为：龙（即雷）起码要有一个小木桩或小树才能"升天"。应该说，这是对尖端放电现象的生动描述。刘义庆《世说新语》载：夏侯玄曾经倚柱读书，当时正下暴雨，雷震破他所倚的柱子，衣服都烧焦了，但是夏侯玄神色不变，仍旧读书②。这里讲的也是尖端放电问题。因此，雷电发生的时候，人们都要离开柱子和树下，避免触电，在建筑物上安避雷针也是根据这个原理。《世说新语》所说夏侯玄读书如故，这里还有值得探讨的问题。雷震在身边发生，无动于衷，似乎不能以胆大、心专来说明。是否由于震动太猛，他一时惊呆了，别人以为他"读书如故"。或者由于电感，一时麻木如呆。还有一种可能，在声源的中心，人们所听到的声音反而不如周围响，这样，周围的宾客虽然被震得东倒西歪，而处于中心的夏侯玄却没有受到惊吓。如果《世说新语》所记的是没有夸张的事实，那么以上这些问题还是需要继续研究的。

唐朝一个道人说在天目山上俯视雷雨，每有大雷电，只听见云中象婴儿的叫声，从来没有震耳的感觉。苏东坡对此颇有感慨，成诗一首云："已外浮名更外身，区区雷电若为神。山头只作婴儿看，无限人间失箸人。"这里的"失箸人"典故出自三国刘备听曹操论英雄而惊失箸。苏东坡认为人们怕雷是由于有名利思想和保命思想，而道人是看破红尘、置身方外、无争无求、无忧无虑的人，因而听雷声只如婴儿哭声，不受惊吓。实际上，道人站在很高的天目

---

① 王充《论衡·龙虚篇》："短书言：'龙无尺木，无以升天。'又曰'升天'，又言'尺木'谓龙从木中升天也。彼短书之家，世俗之人也。见雷电发时，龙随而起，当雷电击树木之时，龙适与雷电俱在树木之侧，雷电去，龙随而上，故谓从树木之中升天也。实者雷龙同类，气感相致。"唐代马总编的《意林》卷三引桓谭《新论》云："龙无尺水，无以升天；圣人无尺土，无以王天下。"此处，"木"作"水"，恐形近而误。也是唐代的段成式撰《酉阳杂俎》卷十七《鳞介篇》作"龙无尺木"与王充同。但是段氏作了别解，他说："龙头上有一物如博山形，名尺木。"这与王充、马总的说法，都大相径庭，不知段说有何根据。
②《太平御览》卷一三○引："刘义庆《世说》曰："夏侯玄，字太初，尝倚柱读书，时暴雨，霹雳破所倚柱，衣服焦，然玄神无变，读书如故。"《古今图书集成》卷七八引"读书"作"作书"，后加"宾客左右皆跌荡不得住。"一句。曹嘉《晋纪》也载诸葛诞"倚柱读书，霹雳震其柱，诞自若。"此事见《太平御览》卷一三○《霹雳》条。

山上，雨云在山腰之下，雷声在雨云下爆发，山下人听到巨响，传到空旷的天目山顶时，已如强弩之末，听来不觉震耳。道人说的可能是事实，苏东坡却作了误解。

关于无云而雷的问题，历史上也多有记载。例如，《太平御览》卷一三引《书·洪范》[1] 曰："秦二世元年天无云而雷。雷，阳也，云，阴也，有云然后有雷，象君臣也。故云雷相托，阴阳之合也。今二世不恤人，人臣叛之，故无云而雷也。"又引伏侯《古今注》曰："成帝建始四年，无云而风，天雷如击连鼓音，可四、五刻，隆隆如车声。"还引《师旷占》曰："无云而雷，名曰天狗，行不出三年，其国亡。"我们如果剔除以上记载中的迷信成分，那么，他们对于无云而雷的记载是一致的。这也是值得研究的自然现象。现在我们知道，打雷是带电云引起的，没有云不可能打雷。无云而雷，可能另有缘故。可能是别的巨响，如雷而非雷。例如陨石与大气层摩擦产生爆炸，声如巨雷。如果发生在晴天，人们就会以为无云而雷。沈括（公元 1031—1095 年）描述治平元年（即公元 1064 年）一次陨铁坠落过程中，"天有大声如雷"[2]，又经过几震才落地。因此，所谓无云而雷，实际上不是雷，很可能是陨石坠落所发出的声音。

历史上还有关于雷石、雷墨、雷斧的记载。据刘恂《岭表录异》记载："雷州骤雨后，人多于野中得石，状若瓘石，谓之雷公墨，叩之铮然，光莹如漆。"现代的说法是陨石的一种，但是，这种陨石为什么都要在骤雨后才有呢？为什么多见于雷州呢？陨石坠地岂能选择雷州？所谓雷石，据现代说法是，落雷于砂地，砂粒熔解合成管状物。所谓雷斧，沈括说："世人有得雷斧雷楔者，云雷神所坠，多于震雷之下得之，而未尝亲见。元丰中予居随州，夏月大雷震，一木

---

[1]《尚书·洪范》无此内容。讲阴阳来象征君臣关系是汉代人的思维特点。这段内容见于刘向《洪范五行传》。《汉魏遗书抄》引《洪范五行传》作："史记秦二世元年天无云而雷。向以为雷当托于云，犹君托于臣，阴阳之合也。二世不恤天下，万民有怨畔之心。是岁，陈胜起，天下叛，赵高作乱，秦遂以亡。"

[2]《梦溪笔谈》卷二十《神奇》。

折，其下乃得一楔，信如所传，凡雷斧多以铜铁为之，楔乃石耳，似斧而无孔。"① 沈括是一个比较严谨的科学家，他所亲见的事自然很值得重视。据沈括所记，"雷斧多以铜铁为之，楔乃石耳"，很象现代所谓陨铁、陨石。"似斧而无孔" 实际上就是象流线体的光滑石块，这是由大气摩擦所造成的。但是，为什么都要在大雷雨以后才可以拣到呢？这是尚待探讨的问题。②

关于雷火、雷字的问题，古人记载也很多。王充在《雷虚篇》中列举五个理由论证"雷是火"，五个理由如下：

一、人被雷打死，如果打着头部，就可以看到头发和胡子都被烧焦了，如果打着身体，那就可以看到部分皮肤被灼伤，走近尸体，还可以闻到一种烧焦的气味。

二、被雷烧过的石头"色赤"，投到井中，石热井寒，激声大鸣，就象打雷的声音。

三、人受凉，寒气进入肚子，与肚内热气接触，发生类似雷鸣的声音。

四、打雷时，电光一闪一闪的，象火光。

五、雷击发生时，有时烧了房屋和地面长着的草木。

最后，王充总结说：说雷是火有以上五个理由可以验证，而说雷是天怒却举不出一个可靠的证据。因此，说雷是天怒完全是"虚妄之言"。

王充讲的这五条理由，只有第三条颇似类比法，算不得实验，其他四条都是直接用打雷时的闪电现象和打雷所造成的火灾、烧伤的后果，来证明雷是火的。尤其是第一条，王充亲见亲闻，特别可靠，是一条最有力的证据。王充从自己的实际经验出发，认为雷就是火。这种方法是符合科学道理的。只要能从实际出

---

① 《梦溪笔谈》卷二十《神奇》。
② 古籍《岭表录异》、《投荒杂录》、《杜阳杂编》、《封氏闻见记》、《云仙杂记》都有雷斧、雷石的记载。钱锺书对此也没有作科学的分析，只是说："西方旧日拾得初民石斧、石矢镞之类，亦误为雷火下燎而堕，呼曰'雷器'。"《管锥编》第二册第 801 页，中华书局，1979 年。石器时代的石斧没有"铜铁为之"的。所谓雷斧、雷石，可能与雷电有一定的联系，只是现在还无法作出科学的解释。

发，正确的理论就会得到验证，错误的说法就会得到纠正，不完善的理论也就会得到补充、发展，使之更加完备。从这些方面来看，从实际出发，在科学发展史上，尤显重要。王充从实际出发，纠正了雷为天怒的错误说法，提出了雷是火的有意义的命题。后人又从实际出发，对雷是火的结论作了补充和发展。

北宋沈括发现了新的事实：内侍李舜举家被暴雷所震，看见雷火从窗户出来，火焰升出屋檐。事后，房屋并没有被烧毁，进屋去看，只是墙壁窗纸被熏黑了。奇怪的是，有一个木格子，中间放些乱七八槽的东西。有一个带银扣的漆器，银扣都熔化流在地上，漆器却没有被烧焦。有一柄宝刀极其坚硬，熔化在刀鞘中，而刀鞘却完整无损。人们一定会说，火应当先烧草木，然后才能熔化金属，而现在的事实，在雷火之下，金属都熔化了，而草木却没有一个烧坏的。这是出乎人们所意料的。佛教书中讲"龙火得水而炽，人火得水而灭"，这个道理也是可信的①。

南北宋之际的庄季裕《鸡肋编》载："沈存中《笔谈》载雷火熔宝剑而鞘不断，与王冰注《素问》谓：'龙火得水而炽，投火而灭'，皆非世情可料。余守南雄州绍兴，丙辰（公元1136年）八月二十四日视事，是日大雷破树者数处，而福惠寺普贤象亦裂，其所乘狮子，凡金所饰与象面悉皆销释，而其余采色如故，与沈所书盖相符也。"②

明清之际的王夫之（公元1619—1692年）在《思问录》外篇中也说："龙雷之火，附水而生，得水益烈，遇土则蔑不伏也。"③

关于龙雷之火不同于一般火的说法，首先来源于佛教书。虽然以宗教迷信的形式出现，其中却包含着一定的科学道理。沈括等人以亲身实践来验证这种说法，认为"此理信然"，相信这一说法是对的。

从现代科学来讲，沈括观察到雷火能熔金属而不毁漆器，实际上已经接触到

①《梦溪笔谈》卷二十《神奇》。
②《古今图书集成》第七十八卷引。
③《思问录俟解》。

物质导电性的问题，金属是导电体，漆器是绝缘体。他虽然观察到这种"非人情所测"的奇异现象，却未能作出科学的解释。如果一时未能认识，那么就认为人类永远认识不了它，这当然是不对的。如果暂时作不出科学的解释，就认为这些奇异现象是不存在的，是骗子胡编的，那就更错了。这两种看法，之所以是错误的，是因为它们不符合科学发展史的实际情况。科学发展总是首先发现现象、包括奇异现象，然后经过长期的研究，揭开了其中的奥秘，人们就认识了它，以后又逐渐加深认识，把握它、运用它。当时讲雷火（或龙火）与人火的区别，无法作出说明。现在人们掌握了电的知识，可以解释为：雷火（即电）接触水会更加炽烈，这是由于电把水分子电解成氢和氧的原子，氢原子又在氧原子中燃烧，使火烧得更旺。而一般的火，经水泼后熄灭，是因为水蒸发带走大量的热量，使燃烧物迅速降温至燃点以下而不能继续燃烧。

关于雷字问题，是与雷火有关的问题。最早记载这个情况的是王充。他在《雷虚篇》中说：雷是火，火烧着人不能不留下烧焦的痕迹。这些痕迹有的很象文字的形状，所以，人们又说上天把他的罪过题在那里，以示百姓。王充认为这也是虚妄之言。因为要让百姓知道被雷打死者的罪过，必须让人知道写的是什么字，但是，那些火烧的痕迹是什么字，谁也不认识。说明根本不是什么字，而是火烧的痕迹。

后来，关于雷字现象屡有记载，例如：《晋安帝纪》载：义熙二年（公元406年）六月，雷震了太庙，墙壁和柱子上面"若有文字"①。南朝宋刘敬叔撰的《异苑》载：一个坟墓被雷震开，尸体被震到外面来，并且"题背四字"，至于这四个字是什么，没有说，大概也说不上来。该书又载：元嘉十九年（公元442年），京口地方有人被雷打死，"赤字题臂"②。

①《太平御览》卷十三。《晋书·安帝纪》义熙二年没有雷震记载，而义熙五年夏六月有"震于太庙"的记载。《晋书·五行志下》载：义熙"五年六月丙寅，雷震太庙，破东鸱尾，彻柱，又震太子西池合堂。"没说"有文字"。《太平御览》或者另有所据。
② 以上均见《太平御览》卷一三引。

北宋科学家沈括也有这方面的记载。他说："我在汉东时，清明那一天，在州守园中有两个人被雷震死。他们的胁上都各有两个字，象墨笔画的扶疏柏叶，不知是什么字。"[①] 这里用柏树的叶子来比喻雷击留下的痕迹，说明这些痕迹是放射条状的。

打雷是经常发生的，而雷字却不是常有的。1980 年 9 月 1 日北京发生一次强雷暴，被称为"901 号强雷暴"，《北京科技报》第 115 期（1980.9.5. 四版）作了报道，全文如下：

> 9 月 1 日凌晨 1 时 50 分到 2 时 30 分前后，一次强暴雷袭击了北京市城区及市郊地区，尤以西城、海淀两区最为严重。当时，大雨倾盆，电闪雷鸣，轰轰巨响，地动屋摇。在西直门附近一条小巷内，一个矮小平房里的一家是这次强暴雷的受害者。受害的目击者说：雷声不停地在我们这一带盘旋。半夜，突然一道白光，从半开的小窗闪进，瞬时变作巨大的火球从我头上飞过，击断了电线，碰在墙角上，留下斑斑"血迹"。幸好人都没有伤着……。

> 人们不禁要问：这次雷电如何发生的？为何不在高大建筑附近发作？而要钻进这一低矮的小屋？留下的这斑斑"血迹"又是什么？

> 原来，8 月 31 日白天，北京地区气温高而闷热，半夜，有冷空气从高空转下来，气象上称为高空冷涡。由于空气高层干冷，低层湿热，不稳定而形成对流翻转运动，其结果就形成了巨大的积雨云。31 日傍晚开始，驾设在西郊中央气象局九层大楼上的巨大雷达天线就进入紧张工作阶段，入夜发现了一条"带状"强积雨云回波，它有规律地自西北向东南方向移动，于 1 日凌晨恰好移到西郊上空。云体高达 13—14 公里，云塔顶部温度低达零下 30℃—40℃，已冻结成冰晶。冰晶体在强大的上升气流支

---

① 《梦溪笔谈》卷二十一《异事》，原文是："余在汉东时，清明日雷震死二人于州守园中，胁上各有两字，如墨笔画，扶疏类柏叶，不知何字。"

持下往返运动，产生大量电荷形成巨大的大气电场，有时可达每厘米几百至几千伏。在大气电场感应下，地面（包括被雨淋湿的房屋、树木、电线等等）也形成相反符号的电场。大气电场与地面电场在有利的条件下就能引起放电。至于 1 日凌晨之所以在西直门附近一家的室内放电，我们发现至少有三个有利条件：第一，这块放电的积雨云塔及雨层云离地面很近；第二，受害房屋背后有两株近百年的参天古树，是这片平房区的制高点；第三，尤其重要的是，在两株大树之间，约在十米高度上有人用粗铅丝架设了横七竖八的"蜘蛛线"，几乎在平房前后绕了一周。加之小屋内地面潮湿，窗子是用铁丝编织成的。于是球形闪电破窗而入，直奔电线，引起强烈闪电，伴随对空间的突然加热形成冲击波，即引起巨响。

那么留在墙上的斑斑"血迹"又是什么呢？经过我们初步观察，那根本不是"血迹"，而是由于雪白的石灰墙经闪电的高温氧化后形成的浅黄色、褐色和灰黑等几种颜色组成的放射状痕迹，那正是闪电球击中的位置。

中央气象台　王继志

这里所说，墙上留下"血迹"，就是古人所谓"赤字"。所说"放射状痕迹"，即沈括所谓"扶疏柏叶"。联系起来看，古代所谓"雷字"，就是王充讲的是火烧出来的痕迹，现代以为是"闪电的高温氧化后形成的"，思想基本上是一致的。

从现代认识来说，所谓雷字是球状闪电撞击留下的痕迹。球状闪电究竟是怎么一回事呢？上海出版的《科学画报》杂志 1980 年第 8 期上刊登了马文龙的文章《业余科学爱好者的研究课题——球状闪电》，这篇短文不到一千字，简单叙述了人类对球状闪电的认识过程，并且提出："目前仍不清楚球状闪电是怎样形成的？它的发光时间为什么那么长？其能量从何而来？"等问题。

"为了彻底揭开球状闪电之谜，需要更多的第一手观测资料。为此，苏联科学院的两位科学博士在报刊上向全苏青少年呼吁，要他们把自己或熟人看见球状闪电的地点、时间、天气、球状闪电的大小、形状、颜色、亮度、移动速度、移动路径、生存时间、以及其他有关情况详细记录下来，告诉他们。"这样一篇科普短文，不仅说明了现在世界上对球状闪电研究的状况和成果，还指出存在哪些尚未解决的疑难问题以及解决这些问题的途径和前景。读了这样的好文章，给人留下深刻的印象。

我们根据"需要更多的第一手观测资料"的精神，把《北京科技报》的一篇短文全部录在上面，它记载了目击者的介绍、自己的"初步观察"，以及当时的气象资料和球状闪电发生现场的某些情况。我们收录这篇报道，就等于保存了一份"第一手观测资料"，并且跟古代的记述相联系，还得到一些有益的启发。另外，我们收录这篇报道，还因为它有些缺点，需要加以分析。缺点主要有两方面：一是记述观测资料不完整、不明确。例如说：巨大的火球从我头上飞过，"巨大的"，究竟多大？直径多少？不明确。"飞过"，速度多少？也不明确。关于形状颜色，只有"火球"二字，可以理解为红色球状，亮度则没有记载。这是与提供情况的人的观察能力有关系的。二是解释不科学。这就是调查的人的责任了。世界各国对球状闪电还不清楚，从《901 号强雷暴》一文来看，我们对此也没有弄清楚。例如作者详细叙述了在发生球状闪电附近，"有两株近百年的参天古树"，"用粗铅丝架设了横七竖八的'蜘蛛线'"，"小屋内地面潮湿"，"窗子是用铁丝编织成的"，认为这些都是球状闪电产生的有利条件，但是，这些情况怎么成为有利条件的，却没有加以说明。他罗列的这些情况可供今后研究参考，但他以此说明球状闪电的产生则缺乏科学依据，也缺乏应有的逻辑性。另外，文中说："于是球形闪电破窗而入，直奔电线，引起强烈闪电"，而目击者说的是"一道白光，从半开的小窗闪进，瞬时变作巨大的火球"，球形闪电即火球与强烈闪电即白光的发生前后弄颠倒了。球形闪电击断了电线，是偶然经过哪里击断电线，还是"直奔"，即有必然的联系呢？据目击者所说，显然不是击断电线才引起强烈闪电的。这里的分析没有紧扣客观事实，带有一些主观猜测性。最后讲到"血迹"不是真的。这一点可以肯定。但是它的产生、形成，究竟如何，还要作一些研究。文中说是"雪白的石灰墙经闪电的高温氧化后形成的浅黄色、褐色和灰黑等几种颜色组成的放射状痕迹。"但是，石灰墙在高温下会"氧化"成"浅黄色、褐色和灰黑色"的物质吗？这些都是什么化学成分呢？在多高的温度下才会产生这种"氧化"呢？既然是火球的高温撞击石灰墙氧化而成，那么留下的痕迹应该是圆面形的，为什么却成了放射条状的呢？古书记载雷击在木柱子和人体上也有类似血迹的"赤字"，木柱子和人体显然没有石灰，怎么也会"氧化"出"血迹"来呢？总之，作者的解释还不能令人满意。这是世界上没有解决的难题，我们当然不能要求作者必须对此作出科学的解释。但是，我们希望调查者对不了解的现象客观地描述下来，提出问题，作为存疑，以供研究者研究参考。

中国古人对雷电现象有那么多的记载，又有那么丰富的想象，但终究没有科学地认识雷电和利用雷电，为什么呢？这就要进行"反思"。中国古人虽然善于联想，但由于只停留在联想上，很少付诸实践。对于自然现象，重视观察，即所谓"仰观""俯察"，而不重视行动，经常是坐而论道。有一些思想家在讲到知行关系时也很强调行，但是，他们的行不是改造自然界，而是实行封建伦理道德，即争当忠臣孝子。一些唯物主义的哲学家基本上仍然停留在从口头上说明世界，解释现象，而没有用实验来证明自己的看法。汉代唯物主义哲学家王充和北宋科学家沈括都是杰出的思想家，但他们也只在观察上有显著的成就，在创造方面却没有什么成果。

而西方情况则有所不同，开始对雷电也只是害怕和猜测。到十八世纪，许多迷信家还认为雷电是"上帝的火"，有点科学思想的人则认为雷电是"毒气爆炸"。但是，富有科学态度的美国人本杰明·富兰克林通过实验认识到打雷就是放电现象。他在公元 1749 年指出闪电和电火花两者事实上都是瞬时的，并且产生相似的光和声，它们都能使物体着火，都能熔解金属，又都能杀伤生物体。他提到的这些内容，中国古人也都观察到了，实际上，观察到的现象比他讲的还要丰富得多。但观察终归是观察，无法使研究更加深入，特别不能利用。而富兰克林不停留在观察上，他力图用实验来证明。公元 1752 年，他进行了风筝实验，将雷雨云层中的电荷收集到莱顿瓶里，并且证明了这种电荷同起电机所产生的电荷在效应上是一样的。这就从实验上证实了打雷就是放电现象。关于这次实验的情况，他在给柯林生的信中作了这样描述：

在风筝主杆的顶端装上一根很尖的铁丝，约比风筝的木架高出一呎余。在麻绳的下端与手接近之处系上一根丝带，丝带与麻绳连接之处可系一把钥匙。当雷雨要来的时候，把风筝放出，执绳的人必须站在门或窗内，或在什么遮蔽下，免使丝带潮湿；同时须注意不让麻绳碰到门或窗的格子。雷云一经过风筝的上空，尖的铁丝就可以从雷云吸引电火，使风筝和整根麻绳带电，麻绳另一端的纤维都向四周张开，若将手指接近，就会被其吸引。当风筝与麻绳都被雨湿，而能自由传导电火时，你若将手指接近，便会看见大量的电由钥匙流出。从这把钥匙那里可以给小瓶蓄电；由此得来的电火可以使酒精燃烧，并用来进行别的有关电的实验；而这些实验平常是靠摩擦小球或小管来做的，这样就完全证明这种电的物质和天空的闪电是同样的。[①] 很显然，这个实验是十分危险的。一个普通的印刷工人具有科学态度和冒险精神，在实践中成了电学研究的先驱者之一。这是富兰克林成功的原因之一。

在雷电问题上，我们对中西思想发展作一简单比较，可以发现科学实验的实践对科学发展的重要作用。

富兰克林风筝实验以后，对于电的性能研究和应用技术不断发展，二百多年来，电的应用已经普及到人类生活的各个角落，以致使一些发达国家的人们觉得没有电的社会是难以想象的。一个繁华的城市只要停电几分钟就会造成极

---

① 英国人丹皮尔《科学史及其与哲学和宗教的关系》第 289 页，商务印书馆 1975 年。《科学技术发明家小传》介绍《电学研究的先驱者富兰克林》也有同样内容，译文略有不同。见北京人民出版社，1978 年。

大的混乱，说明人类生活与电的联系已经是多么紧密！新的技术革命，有的说未来是电脑世界，有的说已进入信息社会，但不管哪一种说法，电对人类生活来说，将会越来越重要，所起作用也将越来越大。关于电的知识，已经是家喻户晓、人人皆知。但是对于自然界的雷电现象的认识，进展却不大，还有一系列问题都没有解决，需要继续探讨。

第七章　天说体系

　　中国古人在长期观测天象中，逐渐积累天文知识。有一些天文学家就把天文知识系统化，形成天文学的思想体系。这就是天说体系。天文学家就用各自的天说体系来解释一系列的天文现象，诸如昼夜更替、寒暑代谢等。汉朝开始，各种天说体系进行激烈的争论，有力地推动了天文学的发展。同时，它们的争论也给我们留下了丰富的理论思维的经验教训。对于它们各派及其相互间的争论，作简要的述评，无疑是有意义的。另外，我们跟其他研究者有某些不同的看法，也作一些考辨和论证，以便共同探讨这些学术问题。下面，我们就先从最古老的盖天说谈起。

一、盖天说

　　盖天说是中国古代最早的天文学说体系，它的主要观点是认为天是固体，形状象盖子，在上空每天旋转一周。并有七衡六间图，用以说明昼夜变化，寒暑更替等问题。主要观测手段是立竿测日影。这一学说保存下来的经典是

《周髀算经》一书，史书中记载的代表人物是王充①。这里先从《周髀算经》谈起。

（一）盖天说的经典《周髀算经》

远古时代的人们凭直观感觉，认为天在上面，地在下面，天体在运行，地是静止不动的。这大概是人们对天地关系的最初认识。

《周髀算经》记载周公和商高的对话，其中商高提到"方属地，圆属天，天圆地方"。可见，"天圆地方"的思想可能产生于西周初期或商代后期。这是中国古代关于天地结构模式的最早体系。

后代人对"天圆地方"的理解各不相同。一种认为，天是平面圆形的，象打开的车盖，相当于现在的伞面。地是正方形的平面，象棋盘。《晋书·天文志》所载"周髀家"的观点"天员（圆）如张盖，地方如棋局"，就是这种思想。

后人对这种理解表示怀疑。他们认为，天地应该是形状相同的，如果是方的，天地应该都是方的，如果是圆的，天地就应该都是圆的。如果天是圆的，地却是方的，那么天就盖不住地的四角，这怎么可能呢？单居离问曾参："天是圆的，地是方的，真有这回事吗？"曾参说："如果天是圆的地是方的，那么，圆的天就掩盖不了地的四角了。"曾参又说："我曾经听孔老夫子说过：

---

① 王充《论衡》一书中有专论天文学的《谈天》、《说日》两篇，其他篇也有天文学的内容。《太平御览》卷二引贺道养《浑天记》称近世论天有四术，"一曰方天，兴于王充"，王充所创立的方天说列于四术之首。唐代天文学家李淳风撰写的《晋书·天文志》说王充"据盖天之说，以驳浑仪"，又录葛洪引《浑天仪注》内容驳王充的盖天说。在《晋书·天文志》中，盖天说的人物只记载王充一个。扬雄先信盖天说，后信浑天说。唐代卢肇在《浑天法》中赞扬浑天说，同时贬抑王充，说他谈天，"失之极远。"（见《唐文粹》卷五）说明王充的天说影响深远，作为浑天说的对立面，留在人们的记忆中。中国现代天文学家陈遵妫先生在其巨著《中国天文学史》第一册中也说王充的《论衡》"可称为哲学思想和天文知识相结合的著作。"（见第222页）英国学者、科学技术史专家李约瑟博士在他的大作《中国科学技术史》的《天学》部分大量引述了王充的天文学思想。海潮大小、往来对月亮的依赖关系，用蚁行磨石的比喻来说明日月右旋的观点等，都是王充的创见，对后代有深远的影响。可见，古今中外都有许多学者承认王充不但是中国古代杰出的哲学家，而且也是有创见的天文学家。他是汉代盖天说的重要代表人物。

'天道是圆的，地道是方的'。"① "天圆地方"变成"天道圆地道方"。"天道"和"地道"指什么呢？《大戴礼记》没有作解释，使我们难以理解。不过，《吕氏春秋·圆道篇》有一种说法，可供参考。它说："为什么说天道是圆的呢？精气一会儿上去，一会儿下来，沿着圆周不断地作循环运动，所以说天道是圆的。为什么说地道是方的呢？地上万物千差万别、奇形怪状，它们都各有自己的性能，不能互相取代，所以说地道是方的。"② 按这种理解，"方"和"圆"都不是指天地的形状。"圆"是指天体的圆周循环运动，"圆"是圆形的轨道，也是不断地变化、不停地运行的过程。"方"是指地上万物有各自的性能，不能替代、不能改变，相对于运动变化来说，它有静止不变的意义。对于这种理解，赵爽在注《周髀算经》中有明确的说法。他说："天动为圆"，"地静为方"，"天圆地方""非实天地之体也。天不可穷而见，地不可尽而观，岂能定其方圆乎？"天地都看不到尽头，怎么能断定它们是方的还是圆的呢？天圆地方不是天地的具体形状。天动叫圆，地静叫做方。天圆地方，就是天动地静的另一种说法。

"天圆地方"说这种最古老的天说体系是后来盖天说的雏型，因此，有的学者把"天圆地方"说叫做"第一次的盖天说"，把后来的"天象盖笠，地法覆盘"叫做"第二次的盖天说"③。这两次盖天说都保存在《周髀算经》中，一在卷上，一在卷下。

《周髀算经》是盖天说的经典，因此，盖天说也称"周髀说"。最初为《周髀算经》作注的是汉代赵爽。赵爽，字君卿，又叫赵婴，东汉后期人④。他在序文中说："盖天有周髀之法。"《晋书·天文志》称："蔡邕所谓周髀者，

---

① 《大戴礼·曾子·天员》："单居离问曾子曰：'天员而地方，诚有之乎？'曾子曰：'如诚天员而地方，则是四角之不揜也。参尝闻之夫子曰：天道曰员，地道曰方'。"员即圆，揜即掩。

② 原文是"何以说天道之圆？精气一上一下，圆周复杂，无所稽留。故曰天道圆。何以说地道之方也？万物殊类殊形，皆有分职，不能相为，故曰地道方。"

③ 日本·能田忠亮《汉代论天考》，见《东洋天文学史论丛》第 223—232 页，日本恒星社昭和十八年，即公元 1943 年日文版。

④ 称汉赵婴注，注文又引张衡《灵宪》内容，即在张衡之后的汉代人。

即盖天之说也。"梁代沈约（公元441—513年）撰《宋书·天文志》载："盖天之术……其书号曰《周髀》。"宋代鲍瀚之在《周髀算经》的序中说："《周髀算经》二卷，古盖天之学也。"为《周髀》书作音义的李籍称："盖天之说，即《周髀》是也。"总之，历代学者都认为盖天说就是《周髀算经》中的天说体系。

《周髀算经》是什么时代的著作呢？它开头就说："昔者周公问于商高"，说明有些思想是西周时代的，或更早一些。这里称"昔者"，说明成书于后代。后面又说："昔者荣方问于陈子"，说明此书也不是荣方和陈子撰写的，而其中保存了他们的一些思想。荣、陈是什么时代的人呢？《周髀》书中载："荣方曰：'《周髀》者何？'陈子曰：'古时天子治周，此数望之从周，故曰《周髀》。髀者，表也。'"荣方不知道"周髀"是什么意思，向陈子请教。陈子说："古时天子治周"，说明荣方和陈子都不是周朝人。在叙述七衡图时，该书引了《吕氏春秋》的话，它说："吕氏曰：凡四海之内，东西二万八千里，南北二万六千里。"西汉成书的《淮南子·地形训》也说："阖四海之内，东西二万八千里，南北二万六千里。"没说是《吕氏春秋》的话，西汉时的纬书《河图括地象》也有这个数字，也没说是"吕氏"的说法。这是为什么呢？莫非是由于政治上的原因，汉人忌讳提亡秦时代的《吕氏春秋》？如果是这样的话，那么，《周髀算经》引了"吕氏曰"，说明它不是汉代成书的，而是战国后期或在秦朝初期成书的。可见，《周髀算经》不是一时一人之作。它的思想包括了从西周到战国的漫长年代的许多研究成果，最后在战国末期成书。这也是盖天说的漫长的发展过程，到战国末期才形成比较完整的体系。在战国以前，盖天说占统治地位，是经典天文学，但还没有盖天说这个名称，因为那时还没有对立面。西汉产生浑天说以后，才把传统的天文学称为"盖天说"与之相对。据现有资料来看，西汉后期的扬雄和桓谭较早使用"盖天"、"浑天"这些名称。虽然《汉书·艺文志》没有列入《周髀算经》，也不能说《周髀算经》成书于东汉之后。

（二）七衡六间说及其合理性

《周髀算经》主要内容有两部分，一是勾股测量，这在第二章《天高地广》中已经作详细介绍。二是七衡六间，上面虽已提及，尚未作系统介绍，这里作一简介。

所谓"七衡六间"，就是在假想的天体上，以北极为圆心，所画的七个间隔基本相等、大小不同的同心圆。这七个圆圈叫"七衡"，七衡中有六个间隔带，叫"六间"。最小的一圈叫第一衡，因为在最里面，又叫"内衡"。从此往外，分别叫第二衡、第三衡，第四衡，又叫中衡，第五衡、第六衡，第七衡在最外面，所以又叫外衡。如图所示。

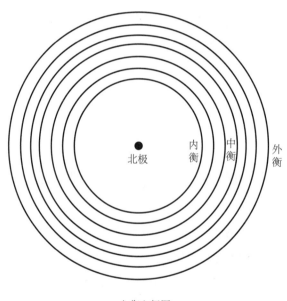

七衡六间图

盖天说就是用这个图来说明天地关系，日月运行、昼夜更替和四季变化的。四季变化中还包括寒暑变化、昼夜长短变化、以及北极和赤道地方的特殊情况。可以说，盖天说用这个图把丰富的感性经验和天文研究成果，系统化起来，形成完整的盖天说体系。它在中国古代产生过很大的影响，至今还有令人惊叹的地方。

这七衡就是日运行的轨道，内衡和外衡之间这一环带涂上黄色，就是所谓黄道。日只在黄道内运行。夏至那一天，日在内衡道上运行。从夏至日到大暑日，日在第一衡和第二衡的中间，即第一间运行。大暑日，日在第二衡上。以此类推，处暑日在第三衡，秋分日在第四衡，即中衡上，霜降日在第五衡，小雪日在第六衡，冬至日在第七衡，即外衡上。从冬至开始，日又往内衡方向运行，于大寒、雨水、春分、谷雨、小满，分别经过第六、五、四、三、二各衡，在夏至那一天，日又回到内衡轨道上。这就是日在七衡六间的轨道上运行，与二十四节气是相应的。

这七衡各衡的直径分别是 23.8 万里、27.8 万里、31.7 万里、35.7 万里、39.7 万里、43.6 万里、47.6 万里。日光可照到 16.7 万里远处，日在外衡运行时可照到的天体直径为：

$$47.6 \text{ 万里} + 16.7 \text{ 万里} \times 2 = 81 \text{ 万里}$$

盖天说认为周都离北极 10.3 万里。北极往南 10.3 万里就是周都。盖天说认为日光只能照到 16.7 万里远，同样，人也只能看到这么远的光源射来的光。因此，以周都为圆心，以 16.7 万里为半径，所作出的圆，就是身居周都的人所能见到的天体。他们把这一部分涂上青色，叫青图画。青图画的圆边看起来是天地相连接的地方，现在叫地平线。

我们可以用实验来理解盖天说的这种模式。用两片硬纸，一片掏出一个青图画的圆孔，另一片剪成圆形，画出北极和七衡六间图，并标上二十八宿星图。然后把这两片硬纸重合，并使它们的圆心位置分别在 O 和 O′ 上，如图十所示：代表青图画的圆孔是固定的，代表天体的圆纸片的圆心代表北极也是固定的，而天体绕圆心作顺时针的缓慢旋转。天体每日旋转一周。各种星宿从 A、A′、A″ 等处（即 AA′A″）进入青图画，就表明它们进入人们的视野之内，从 C、C′、C″ 等处（即 CC′C″）走出青图画，就表明它们消失于西方地平线，离开人们的视野。北极是从来不没的，白昼由于阳光的强烈，人们见不到它，当日全食的时候，人们还可以看到它。刚入夜和黎明前，天上的星星都移动了位置。离北极越远的星，移动的距离越大，离北极越近的星，移动的距离越小，而北极不动。这一实验情况与实际天文观察结果是相一致的。实际上这是地球自转运动的反映。同样，日月的出入在这一实验中也可以表明出来。日进入青图画内，就是日出，就是白昼；日离开青图画，就是日落，就是黑夜。盖天说就是用这种方法说明恒星的视运动、日月的视运动，以及昼夜的变化（见图）。

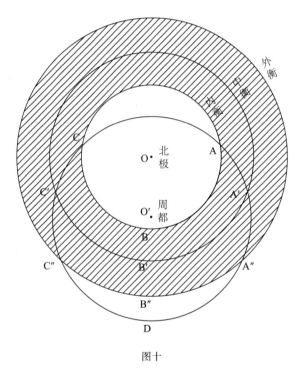

图十

上面已经提到，日在黄道内运行，冬至运行到外衡，夏至运行到内衡，春秋分在中衡上。如图所示，A″B″C″是外衡，冬至日，日在这一轨道上运行。人们在周都 O′ 上看到日从东南方向的 A″ 处出现，到西南方向的 C″ 处没入。日在中午时 B″ 点上，离周都很远，因此从周髀上看到日影最长。这时日在最南的轨道上，所以又叫南至。春秋分的时候，日在中衡运行，从周都 O′ 的正东方

A′处出来，入于正西方的 C′处。到了夏至，日在内衡运行，它从周都 O′的东北方向 A 处升起，入于西北方向的 C 处。夏至的中午日在 B 点，离周都 O′最近，因此，每年夏至日中午是一年中日影最短的一天。由于周都在内衡以内，即使日到了最北方，也还在周都的南方。气候随日的运行远近而变化。冬至时，日离周都最远，所以是寒冷的冬季；夏至时，日离周都最近，所以是炎热的夏季；春秋分时，日离周都不远不近，因此，气候是不冷不热的温暖季节。每天之中，早晚距离远，中午距离比较近，气温也是早晚凉而中午热。人们一系列的生活经验和感性认识，盖天说都用这个图来加以说明。

《周髀算经》所附赵君卿《七衡图注》作了很详细的说明。他说：

> 青图画者，天地合际，人目所远者也。天至高，地至卑，非合也，人目极观而天地合也。日入青图画内，谓之日出；出青图画外，谓之日入。青图画之内外皆天也。北辰正居天之中央，所谓东西南北者，非有常处，各以日出之处为东，日中为南，日入为西，日没为北。北辰之下，六月见日，六月不见日。从春分至秋分六月常见日，从秋分至春分六月常不见日。见日为昼，不见日为夜。所谓一岁者，即北辰之下一昼一夜。

> 黄图画者，黄道也，二十八宿列焉，日月星辰躔焉。使青图在上不动，贯其极而转之，即交矣。我之所在，北辰之南，非天地之中也。我之卯酉，非天地之卯酉。内第一，夏至日道也。第四，春、秋分日道也。外第七，冬至日道也。皆随黄道。日冬至在牵牛，春分在娄，夏至在东井，秋分在角，冬至从南而北，夏至从北而南，终而复始也。①

我们将王充在《论衡·说日篇》中的说法跟赵君卿的见解相比较，发现

---

① 见《津逮秘书》所收《周髀算经》第 56 页正面，明崇祯庚午（公元 1630 年）毛晋刊本。

他们有许多一致之处。对于天地相合问题，他们都认为天在上，地在下，不会相合，只是远望所造成的错觉。关于日出入问题，他们都认为，日无出入问题，只是运行远近给人留下的错觉。王充也有东西南北非有常处的思想。这与赵说也相类似。日在恒星天上的位置，王充说："夏时日在东井，冬时日在牵牛"①，这跟赵君卿的说法也是一致的。说明他们都比较正确理解了盖天说思想体系，而成为盖天说的代表人物。

还有一些问题需要加以说明。例如，外衡周长 142.8 万里，内衡周长 71.4 万里，外衡是内衡的两倍长，但是冬至日一昼夜和夏至日一昼夜却一样长。这是为什么？我以为可以这么理解：这个七衡图是画在天体上，这个天体是每日旋转一周。七衡的线速度是不一样的，因此弧线的长短也不一样。但是，七衡的角速度是一样的，因此，日在任何一条衡道上，都一样随着天体，每日旋转一周。与此同时，日还每天沿着自己的轨道移动一度。从图上可以看出，$\overline{A''B''C''}$长度比外衡的其他部分短，说明冬天季节，白昼比黑夜短。$\overline{ABC}$的长度大于内衡的其他部分，表明夏季的白天比晚上时间长。但是，从图上看出，$\overline{A'B'C'}$的长度大约只有中衡其他部分弧长的一半，而实际上春秋分时节，昼夜长短相当，这是显然不符合实际的。这个问题在于拱形的天地都变成平面图，拱形的曲率全都忽略不计，因此产生了这样的误差。不过，它还是大体上说明了夏季昼长夜短和冬季夜长昼短的现象。

还有一个饶有兴味的问题，那就是，古人在天体上划分七衡六间，跟现代人在地球上划分的五带一一相应。我们如果将地球赤道面延长，与球面天文学中的天球面相交。这一交线圆圈与七衡图中的中衡正相应。同样，北回归线与内衡相应，南回归线与外衡相应。日直射北回归线时，北半球是夏天，日到南回归线，则为冬天。日在赤道上空时为春秋季节。古人讲天北极下面的地即是现代所谓地球的北极地区。盖天说认为，日在中衡以北运行的时候，北极底下

---

① 《论衡·说日篇》。

的地方整天能见到太阳，六个月不见日落。而在中衡以南运行的时候，北极地
六个月不见日出。因此，"北辰之下，六月见日，六月不见日。"① 如果见日为
昼，不见日为夜，那么，在北极之下，一年就是一昼夜。于是在日出之后作物
开始生长，到日落之前就可以收获，这就是说："北极之左右，物有朝生暮
获。"② 朝暮之隔实有半年之久。

　　另外，日在内衡的时候，距离北极为 11.9 万里。第六衡的半径是 43.6 万
里 ÷ 2 = 21.8 万里，周都到第六衡的距离是 21.8 万里 – 10.3 万里 = 11.5 万里。
就是说，日在内衡时距离北极比日在第六衡时的中午时刻距离周都还要远四千
里。日在第六衡时，周都还是"大寒"、"小雪"的寒冷冬季，冰雪尚未融化。
那也就是说，即使日到了最北边的内衡轨道上，北极地区还相当于周都冬季的
气候。因此可以得出结论：北极地区"夏有不释之冰"③。同样可以看出，日
在外衡的时候，周都虽然十分寒冷，但是在中衡左右的地区，还很暖和，"冬
有不死之草，夏长之类"④，冬天还有许多青草并不枯黄，甚至还生长着周都
地区夏季才能生长的植物种类。因此，在那里，"万物不死，五谷一岁再
熟。"⑤ 一年可以收获两次，如江南的"双季稻"之类。盖天说能用七衡图对
北极和赤道的气候、作物的特殊情况作出如此精确的说明（或猜测），实在令
人惊叹不已！

　　《周髀算经》的作者对于北极下地"夏有不释之冰"和中衡下地"冬有不
死之草，夏长之类"的认识是怎么来的呢？不外两种情况，一是根据周都的
物候变化，结合天文考察，作出的猜测。一是根据探险家收集到的丰富的经验
资料，用七衡六间和日光射程的设想，作理论上的说明。

　　第二种情况是否可能？就是说当科学不发达、交通工具很落后的时候，人

---

① 《周髀算经》赵君卿注。见毛晋《津逮秘书》崇祯庚午（公元 1630 年）本，下引《周髀算经》
　均同此版本，不再注出。
② 《周髀算经》卷下之一。
③ ④⑤同上。

类能不能进入北极地区考察？根据现代国内外学者研究成果来看是可能的。几年前，美国的一些科学家研究了我国古籍《山海经》，认为该书第四经《东山经》有四卷描述"东海以外"的山川形势，竟与太平洋彼岸——北美洲西部和中部的地形默然契合。《山海经》中还有不少笔墨是描述五大湖区及密西西比河流域等北美东部地区的情况。他们认为，中国人可能在四千五百年前就对北美大陆进行过广泛的科学考察①。另外，考古学家发现，在秘鲁山洞里有一尊奇特女神的铜象，双手提着写有汉字"武当山"的铜牌，在墨西哥发现一块刻着"大齐田人之墓"的墓碑②。楚汉战争中，汉取天下，田横带领五百人逃居海岛，后来田横被招自杀，《史记》说这五百人在海中"亦皆自杀"③。司马迁对于这五百人的自杀，恐怕不是实录，只是猜测。很可能这些壮士并没有自杀。他们冒险渡海，远涉重洋，到达美洲的墨西哥。也就是说，公元前二百多年，已经能够达到美洲。有些学者认为，中国人在三千年前的殷代就已到过美洲大陆④。如果殷代对世界已经作了如此广泛的考察，那么，产生《周髀算经》中的思想也就不会使人感到奇怪了。但是，北极寒冷是不是难以逾越的障碍呢？《山海经·大荒北经》讲"西北海之外"，"有神人面蛇身而赤，直目正乘，其瞑乃晦，其视乃明。不食不寝不息，风雨是谒，是烛九阴，是谓烛龙。"这里讲"西北海之外"，它提示我们，古人是往西向北进入北极地区的，很可能是从欧洲去的。现在欧洲北极圈内还生活着许多人，如爱斯基摩人。此处所讲"九阴"，就是屈原《天问》所谓"日安不到"的地方，《淮南子》所谓"不见日"的地方，大概也就是《周髀算经》所谓"秋分之日夜分以至春分之日夜分，极下常无日光"的地方。就是现在所说的北极地区。因为长期

---

① 《是4000年前的灿烂文明？》第三节《<山海经>的重新评价》，周秋麟、傅天保根据1979年1月14日《星期日快报》编译，见上海《科学画报》1980年第8期。《光明日报》1980年9月24日第三版摘要转载。
② 房仲甫《扬帆美洲三千年——殷人跨越太平洋初探》，见《人民日报》1981年12月5日。
③ 《田儋列传》。
④ 房仲甫《扬帆美洲三千年——殷人跨越太平洋初探》，见《人民日报》1981年12月5日。

不见日，所以叫"九阴"。这里讲的"蛇身而赤"，蛇身形容长条而弯曲，赤指红光。洪兴祖注《楚辞》称"身长千里，蛇身而赤"。实际上是说在不见太阳的阴暗地区看到千里长的赤色亮光。这不就是北极光吗？北极光出现时，不见日的北极地区一下子亮如白昼；极光消失，马上又成一片漆黑。这种现象与其他地区的昼夜有规律地更替的情况大不相同。于是，古人就想象在"九阴"地区有威力无比的神，它闭眼打盹的时候，就是黑夜，它什么时候睁开眼睛的时候，目光直射斗牛之间，立即成了白天，这就是所谓"其瞑乃晦，其视乃明"。郭璞注云："言视为昼，眠为夜也。"① 这当然是一种想象。另一种想象就是龙衔着烛去照亮"九阴"地区，这种龙便被称为"烛龙"，即"是烛九阴，是谓烛龙"。因此，我们认为，古人所谓"烛龙"是看到北极光以后产生出来的想象。"烛龙"也就是古人对北极光的描绘。我国古籍中，除《山海经》之外，还有屈原《天问》、《大招》、刘安《淮南子》、郭宪《洞冥记》，以及纬书《诗·含神雾》，都记述了烛龙的情况，说法不一，大意相同。

根据古人的"烛龙"之说，我们以为古人有可能到过北极附近地区，并且是在寒冷的冬季去的。那也就是说，不管古人采取什么办法，克服了寒冷的威胁，确实在冬季去北极地区进行过某些考察。那么，他们在冬季能够到北极作过科学考察，其他季节去考察就更不成问题了。总之，殷周时代，中国人到世界各地，包括北极地区进行过科学考察，是完全可能的。因此，《周髀算经》对北极地区的奇异情况的描绘可能包含经验的成分。

根据竺可桢研究物候学发现，中国殷商时代是温暖期，黄河流域野象出没，竹林繁茂，平均气温比现在要高2℃。现在野象出没于云南，竹林长于江南②。也就是说，那时的气温相当于纬度北移十度左右。现在黄河流域的气温相当于殷商时代的东北松花江流域的气温。这样要进入北极地区就不象现在这么困难。也许温暖期的气候也是殷人进行广泛考察的一种条件、一个机会。到

① 袁珂：《山海经校注》第438页，上海古籍出版社1980年。
② 竺可桢：《中国近五千年来气候变迁的初步研究》，见《人民日报》1973年6月19日。

了东汉，气候转入寒冷期，这时出去考察就比较困难，缺乏经验，因此对过去人们考察的结果不很理解，还产生了种种怀疑。例如东汉时代的赵爽在注《周髀算经》中的北极下地"夏有不释之冰"时说："爽或疑焉"，表示怀疑。他从七衡图上根据"日远近为冬夏"的道理，推出在夏至最热的时候，外衡之下（相当于地球南回归线）应该是冬天，"万物当死"，草木凋零。事实也正是这样！他以为这是不可能的。从这一实例可见七衡图的合理性。赵爽还说："此欲以内衡之外、外衡之内，常为夏也；然其脩广，爽未之前闻。"①南、北回归线的中间整年是夏天。完全正确！这就是现在所谓的热带地区。赵爽对《周髀算经》的意思很理解，对其正确性却很不理解。这是因为他囿于狭小的实际经验。赵爽以后的天文学家也很少有人理解这一思想的。有实际经验的西方传教士阳玛诺对此作了正确的说明，他说，"北极为天顶，半年为昼，半年为夜。或曰：一年半为昼半为夜。何以证之？曰：吾西国人亲所经历，其愈近北极者，夏至日昼愈长、夜愈短……京师北土之夏至日长于广东南土之夏至。"②阳玛诺的解释是对的，说明他正确地理解了《周髀算经》中的说法。

《周髀算经》还有一种说法颇值注意。它认为天体以北极为中心，太阳沿着天体的边缘运行，也就是围绕着北极这个中心旋转。日到处，阳光照到，那里就是白天；日运行远了，距离超过十六万七千里，阳光照不到，那里就是黑夜。而在同一时刻，太阳光能照到的地方是白天，照不到的地方为黑夜。而大地各处也都处于这种昼夜更替之中，即所谓"昼夜易处"。具体地说，当太阳运行到极的北边时，北方是中午时刻，南方正是半夜，东方是早晨，西方是傍晚。太阳运行到了东方，东方就是中午，西方就是午夜，南方就是早晨，北方就是傍晚。太阳运行到南方、西方的情形也是这样。也就是说，太阳始终在天上旋转，什么地方照着就是白天，照不着就是黑夜。同一时刻，世界各地有的

---

① 《周髀算经》赵爽注。
② 阳玛诺：《天问略》，见《古今图书集成》卷二。中华书局民国廿三年影印本。

早晨、有的中午、有的傍晚、有的半夜。这就否定了黑夜是由于太阳进入地下的说法，否定了天下白昼都是白昼，黑夜都是黑夜的说法。盖天说的这一见解跟我们现在所了解的地球不同经度、不同时区的昼夜更替的情况是相符合的。这里讲日沿天边旋转，不入地下，是在北极观察春分到秋分六个月见日的情况以后才可能得出的结论。反过来也说明中国古人到过北极地区。

《周髀算经》还说："日兆（照）月，月光乃出，故成明月。"月亮不发光，日光照到月亮，月亮才有光亮出来，这样才成为明月。盖天说也是最早提出这一思想的。张衡《灵宪》中的"月光生于日之所照"的说法可能就来源于此。

（三）盖天说的发展及影响

盖天说产生于商周时代，到了汉代又有长足的发展。这时在天文学百家争鸣中，盖天说为了更好地说明天象、回答别人的责难，对自己的理论作了一些修改，这样就分成了不同的派别。南北朝时的祖暅《天文录》文曰："盖天之说，又有三体：一云天如车盖，游乎八极之中；一云天形如笠，中央高而四边下；亦云天如欹车盖，南高北下。"[①] 第一种说法指古老的天圆地方说，即"天圆如车盖，地方如棋局。"第二种即指"天象盖笠，地法覆盘"说，它认为天的中央高，四旁低，是拱形的，人们住的地方是在东南方。第三种说法没有著作传世，只能从古籍中了解它的基本思想。例如，王充在《论衡·说日篇》中说："或曰：'天高南方下北方，日出高故见，入下故不见。天之居若倚盖矣，故极在人之北，是其效也。极，其天下之中，今在人北，其若倚盖，明矣。'"意思是，天就象打开的伞斜倚在平地上，伞的顶端就是北极。顶端既然在北方，说明天南边高北边低。

祖冲之的儿子祖暅所谓盖天说的三派，还没有把王充的看法算在内。王充

---

① 《太平御览》卷二引。

认为，天与地一样，都是平面体，"天平正与地无异"。他不同意"倚盖"说，他说：天体如果象伞盖斜倚于地，那就不能旋转。现在天体能够旋转，说明它不倚于地。王充也不同意"盖笠"说，他说：天的中央和四方高低都是一样的，是平平正正的。现在看起来好象天的四边比较低，实际上不低，只是远的缘故。不仅低，好象跟地都接上了。这是因为距离远所产生的错觉。由于这种错觉，各地方的人，"皆以近者为高，远者为下。"① 后来，贺道养称王充的天文学为"方天说"②。"方天说"也是盖天说的一个流派。

盖天说与浑天说、宣夜说争论，汉代有一些人根据当时盛行的阴阳学说来说明一些天象，并提出一些新的设想来论证盖天说，驳斥别人对盖天说提出的责难。《晋书·天文志》把这些基本拥护以《周髀算经》为代表的盖天说的言论汇集起来，称为"周髀家说"。盖天说是前人的思想，而"周髀家说"则是汉代人的见解。我们从晋志所介绍的盖天说和"周髀家说"的观点，作一简单比较，就不难看出它们之间的联系和区别。

首先，盖天说认为"天似盖笠，地法覆盘，天地各中高外下。"天地都是中间高四旁低的拱形体。而"周髀家"认为地是平的，"天员如张盖，地方如棋局"。这种思想来源于天圆地方说。这两种思想都在《周髀算经》一书中，说明它们都是以同一本书作为经典的。说法不同，表明它们是大同小异的。

其次，北极星不动，二说都以它作为天体的中心。但如何解释北极星在人的北方呢？它们有不同的说法。盖天说认为天地都是正拱形的，"天地隆高相从"，曲率是一样的，北极之下的地方是天下中央。人们住在天下中央的南方，所以看北极都在自己的北方。"周髀家"认为"天之居如倚盖，故极在人北，是其证也。极在天之中，而今在人北，所以知天之形如倚盖也。"就是说，北极是天体的中央，又在人的北边，这就证明天体是斜倚在北方地上的。

---

① 《论衡·说日篇》。
② 《太平御览》卷二引贺道养《浑天记》曰："昔记天体者有三……近世复有四术：一曰方天，兴于王充"。

这种说法后来就被认为是盖天说的一个派别，叫"天若倚盖说"。

第三，关于日的运行问题，盖天说和"周髀家"，看法比较一致，它们都认为日是附着在天体上运行。"周髀家"用蚂蚁在磨石上爬行来比喻日和天的相对运动关系。这是王充用过的比喻。在汉代的古籍中，除了《论衡》之外，我们尚未发现其他书中关于这一比喻的记载。也许晋志的作者已将王充列入了"周髀家"。不过，王充在《说日篇》中明确反对过"天若倚盖说"。这样看来，"周髀家"也许不是一个人，而是一个比较广泛的派别。他们基本同意《周髀算经》中的主要观点，同时又各自作了不同的发挥，形成大同小异的不同观点。

另外，在解释昼夜更替和寒暑变化时，说法又有较大区别。盖天说首先肯定"日丽天而平转"。丽，离，是附着的意思。这句话是说日附着在天体上沿着水平方向旋转。平转是对日升降出入的否定。同时用日行七衡六间的轨道和日光的有限射程，来解释以上现象。用七衡弧度长短来说明夏日长、冬日短的现象。而"周髀家"对于这些说法不很理解，却用当时盛行的阴阳学说来解释这些现象，它说："日朝出阳中，暮入阴中，阴气暗冥，故没不见也。夏时阳气多，阴气少，阳气光明，与日同辉，故日出即见，无蔽之者，故夏日长也。冬日阴气多，阳气少，阴气暗冥，掩日之光，虽出犹隐不见，故冬日短也。"① 关于昼夜的形成问题，"周髀家"虽然没有同意浑天说日入地下的看法，也没有完全按照盖天说的"平转"来说明，而是以"天形南高而北下"，日随之"出高"、"入下"来解释昼夜的形成。王充在这一点是同意盖天说的平转理论的，批评"周髀家"说的。他说："以阴阳说者，失其实矣。"王充的看法是：昼夜问题，也就是日出入问题，他认为是日离人的远近决定的，"日之出，近也；其入，远，不复见，故谓之入。"关于冬夏日长短的问题，他认为是与日运行轨道离北极远近有关，他说："夏时日在东井，冬时日在牵

---

① 以上引文均见《晋书·天文志》。

牛，牵牛去极远，故日道短，东井近极，故日道长。"① 很显然，王充的这些观点跟盖天说是完全一致的，跟《周髀算经》中的七衡图的说法完全相合。

盖天说用天文学研究成果来说明昼夜及其长短的问题，"周髀家"用当时盛行的哲学思想来解释这些问题，王充经过两相比较、分析，认为盖天说的观点是可取的，而"周髀家"的说法难于成立。

我们从盖天说、周髀家说和王充的方天说相比较中，可以看到，它们虽然在具体看法上有许多差异，但是，关于天象一个圆盖子的见解却是比较一致的。由于这一基本观点的一致性，所以它们都属于盖天说。《晋书·天文志》载："汉王仲任据盖天之说，以驳浑仪。"王仲任即王充。他根据盖天说的观点，驳斥浑天说的见解，这也说明王充的观点与当时的盖天说是大体一致的。

盖天说在汉代以前一直统治着天文学界，定一年为三百六十五日又四分之一日，也是盖天说的功绩。在汉代天文学争鸣以后，浑天说取代盖天说统治着天文学界，但是，盖天说并不因此而被淹没，它的合理性对后来的天文学仍有一定的影响。例如盖天说的七衡六间图，后代称为盖图。《隋书·天文志》载："昔者圣王正历明时，作圆盖以图列宿。极在其中，回之以观天象。分三百六十五度四分度之一，以定日数。日行于星纪，转回右行，故圆规之，以为日行道。……盖图已定，仰观虽明，而未可正昏明，分昼夜，故作浑仪，以象天体。今案自开皇已后，天下一统，灵台以后魏铁浑天仪，测七曜盈缩，以盖图列星坐，分黄赤二道距二十八宿分度，而莫有更为浑象者矣。"开皇是隋文帝的年号，即公元581—600年。那时以后，盖图和浑仪并存。也就是说，在公元第七世纪的天文学家还用盖图作为观测天象的参考。另外，盖天说用观测日影的方法来定季节，这是正确的。后世历法家如祖冲之订《大明历》、郭守敬订《授时历》都是在这个基础上，从观测日影的记录中，推算出冬至和夏至的日益准确的时刻。这些都是盖天说对后代天文历法的最有实际价值的

---

① 引文均见《论衡·说日篇》。

部分。

盖天说以直观经验为基础，再加上科学研究，比较容易为人们所接受。它在汉代以前对天文学界起着主导作用。在汉代以后，它在哲学界还有相当大的影响。许多唯物主义哲学家都从那里吸取思想资料。王充从盖天说那里吸取天是体的思想，建立天道自然论的哲学体系，驳斥了当时盛行天人感应说和谶纬迷信，丰富了唯物论哲学。唐代的柳宗元、明代的王廷相，都有类似情况，即以盖天说思想支持唯物论观点。因此可以说，盖天说对于中国古代天文学和哲学都是有贡献的。

二、浑天说

浑天说是在中国古代天文学界占统治地位达一千多年的天文学说。它的天地构成模式是：天地象一个鸡蛋，天象鸡蛋壳，地象鸡蛋黄。它的最主要特点是：能够制造出浑天仪，通过实验来证实自己的学说与天象相符合。主要功绩是：能够制订比较准确的历法，能够正确解释日食、月食现象，并预告日月之食的时间和食分。但是，浑天说究竟产生于何时？浑天仪又是谁创制的？这些问题，经过长期争论，至今尚未解决。我们也作些考察，谈谈我们的看法。

（一）浑天仪是谁创制的？

对于这个问题，古籍记载，众说不一。东汉中期，马融（公元79—166年）认为：《虞书》所载"舜在璇玑玉衡，以齐七政。"所谓"璇玑玉衡'就是浑天仪。就是说，在虞舜的时代就有浑天仪了。马融的学生郑玄（公元127—200年）对此作了详细的说明，他说："其转运者为玑，其持正者为衡，皆以玉为之。七政者，日月五星也。以玑衡视其行度，以观天意也。"① 能够转动的机械叫"玑"，作校正用的标尺叫"衡"，都是用玉制成的，所以叫"璇玑玉衡"。七政就是指日月五星。当时的"舜"就是用这种浑天仪来观测日月五星的运行情况，从而研究天文。

三国时天文学家王蕃（公元228—266年）认为浑天仪是唐尧时代的羲、和所创制的，他说："浑天仪者，羲、和之旧器。积代相传，谓之玑衡。其为用也，以察三光，以分宿度者也。又有浑天象者，以著天体，以布星辰。"②王蕃对浑天仪和浑天象作了明确的区分。浑天仪的作用是用于观测日月星的运行和所在的方位。浑天象则是星图，标示着星宿的方位，很像地球仪，相当于球面天文学的天球图。至于羲、和创制浑天仪的说法，纬书《春秋·文耀钩》也曾有过，如说："唐尧即位，羲、和立浑仪。"③总之，纬书和王蕃的说法，唐尧时已由羲、和创制浑天仪。

南北朝宋明帝时（公元466—472年），太中大夫徐爰认为"浑仪之制，未详厥始。"不知从什么时候开始有浑天仪。他认为郑玄、王蕃等人的说法，"偏信无据，未可承用。"④为什么呢？他说："设使唐、虞之世，已有浑仪"，经过那么漫长的历史，却没有任何人提及，"至扬雄方难盖通浑"⑤，这不是很成问题吗？浑天仪既然不可能是尧舜时代所创制的，那当然更不可能是尧舜之前的颛顼所制造的。晋代刘智却说："颛顼造浑仪，黄帝为盖天。"⑥ 这显然不能成立。根据以上资料，似乎越是晚出的人，所说创制浑仪的时代越早。这究竟怎么回事呢？大概世俗以为越古越好，因此在浑天仪创制时代上，也代代加码，越说越古。看来这些说法都不可信。

在郑玄、王蕃、刘智之前，西汉末期，扬雄（公元前53—公元18年）和

---

① 《隋书·天文志上》。
②③同上。
④《宋书·天文志》。
⑤同上。
⑥《隋书·天文志》。

桓谭（公元前 37—公元 43 年）讨论过浑天说和盖天说的问题。桓谭《新论》载："通人扬子云因众儒之说天，以天为如盖转，常左旋，日月星辰随而东西，乃图画形体行度，参以四时历数，昏明昼夜，欲为世人立纪律，以垂法后嗣。"说明扬雄对天文学有过研究。《新论》又载："扬子云好天文，问之于黄门作浑天老工，曰：'我少能作其事，但随尺寸法度，殊不晓达其意，然稍稍益愈。至今七十，乃甫适知已，又老且死矣。今我儿子爱学作之，亦当复年如我，乃晓知已，又且复死焉。'"扬雄开始根据当时流行的盖天说观点，企图整理著述天文学，后受到桓谭的驳难，改信浑天说，并虚心向"作浑天老工"请教。扬雄对浑天说的发展史有一定的了解。当有人问他"浑天"时，他回答说："落下闳营之，鲜于妄人度之，耿中丞象之。"① 梁代沈约（公元 441—513 年）《宋书·天文志》在引了扬雄这段话后说："若问天形定体，浑仪疏密，则雄应以浑义答之，而举此三人以对者，则知此三人制造浑仪，以图晷纬。"② 沈约以为扬雄举这三个人回答关于浑天的问题，说明这三个人是首创制造浑仪的关键人物。晋代虞喜认为浑天象也可能是落下闳创制的。《隋书·天文志》载："古旧浑象……莫知何代所造，今案虞喜云：'落下闳为汉武帝于地中转浑天，定时节，作《太初历》'，或其所制也。"③ 据现有资料来看，"浑天"一词似乎最早见于扬雄和桓谭，扬雄认为浑天是落下闳首创的。与以上几种说法相比，扬雄的说法较为可信。也就是说，浑天仪是西汉武帝时的落下闳所创制的，而浑天说也应该是他首先提出来的。

　　不过，这个结论并不是这么容易就可以定下的。因为还有许多问题需要解决。例如有的人提出浑天仪并不是落下闳创制的，理由是："《畴人传》引桓谭《新论》记载，落下闳本人是家传的世代制造浑仪的工匠。可见浑仪的发

① 《法言·重黎》。
② 《宋书·天文志》。
③ 《隋书·天文志》。

明远在汉武帝之前。"① 这个理由究竟如何呢？这就需要加以分析。首先，我们先将清朝阮元（公元 1764—1849 年）编的《畴人传》引文抄录于下：

落下闳

　　孙星衍曰：《御览》引桓谭《新论》云：扬子云好天文，问之于洛下黄阁以浑天之说。阁曰："我少能作其事，但随尺寸法度，殊不晓达其意，后稍稍益愈，到今七十，乃甫适知已，又老且死矣。"

这里的"洛下黄阁"，"洛下"可能是地名，而"黄阁"可能是姓名。洛与落，古字可通，因此，有人认为"洛下黄阁"，可能就是"落下闳"。不过，古人同姓同名者还很多，这两个名字还有不少差异，当然不应轻下二名一人的断语。这就需要进行一番考察。

桓谭和扬雄是同时代的人，而且交往甚密。他们还对天文问题进行过多次讨论，因此桓谭《新论》所记载的有关扬雄的事迹是比较可信的。但是，由于桓谭《新论》全书早已亡佚，不能窥其全貌，我们只能从历代书籍，主要是类书中所引《新论》片言只语来加以探讨。

扬雄问的那个人究竟是不是汉武帝时代的落下闳呢？唐朝虞世南（公元 558—638 年）编的类书《北堂书抄》未改本卷一三〇引桓谭《新论》这段话，作"黄门作浑天老工"。后三百多年，宋朝李昉（公元 925—996 年）编的《太平御览》引作"落下黄阁"，再后八百多年，清代阮元编《畴人传》时把"洛下黄阁"理解为就是在汉武帝时制订《太初历》的落下闳。那个"黄门作浑天老工"是不是洛下人，究竟是否姓黄名阁，我们不得而知。他是不是那个落下闳，我们却是可以考证出来的。

首先，从时间上看，汉武帝时的落下闳所制订的《太初历》于公元前 104 年开始颁布实行。扬雄于公元前 53 年生于四川成都，那是《太初历》颁布后

①《中国天文学简史》，第 48 页，天津科技出版社，1979 年版。

五十一年。如果落下闳二十岁参加制订《太初历》，到七十岁时，扬雄尚未出生，何能相问？如果扬雄是在十岁少年时提问的话，那么，这位七十岁老人应该在不到十岁的时候就参与制订《太初历》了。如果真有这样出奇的神童、天才，那他也不至于在少年时对浑天仪"殊不晓达其意"，等到七十岁时才开始知道一点。再说，他如果对浑天仪还不晓达其意，那他还怎么会制订《太初历》呢？

其次，浑天仪器是皇家垄断的窥探天意的神秘物品，"繇代相传，史官禁密"①。这位作浑天老工自然只能在京师宫庭里制造浑仪。而扬雄生于四川，"年四十余，自蜀来至游京师"②。扬雄三十多岁时，《太初历》已颁布八十多年了。制订《太初历》的人如果还活着的话，都应该是"百岁老人"了，不可能还只有"七十岁"。因此那个七十岁的老工自然不可能是《太初历》的制订者。

诚然，落下闳的老家据说也在四川，起先隐居于洛下，后来又"拜侍中不受"，可能有相当长的时间是在四川老家度过的。这样，在扬雄未进京时，他们有可能在四川见面。但是，由于年龄的差距，正如上述，即使见面也不会有什么特殊意义。能够转浑天于地下并能制订《太初历》的人怎么会说对浑天仪器"不晓达其意"呢？再说，如果扬雄问的正是落下闳，又知道他的技术是世代家传的，那么，当有人问到浑天时，扬雄就不会把落下闳摆在创制浑天仪的地位上。

无论从那一本类书所引桓谭《新论》中的话里，我们也得不出结论说：黄门老工是"家传的世代制造浑仪的工匠"，因为他只说"少能作其事"，并

①《晋书·天文志》。
②《汉书·扬雄传》。据清代周寿昌考证，"四十"应为"三十"之误。《汉书注校补》，"据此书雄卒于莽之天凤五年戊寅，年七十一，则雄生适当宣帝甘露元年戊辰，至成帝即位，甫二十二岁，阳朔三年己亥，王音始拜大司马车骑将军，雄年三十二，永始二年丙午音薨，雄年三十九，与书中所云'四十余自蜀游京师，为王音门下史'语不合。案古四字作三，传写时由三字误加一画，应正作'三十余'始合。"

没有说他的父亲、祖父也会作其事，也没说从祖先那里学会这种技术的。他虽说"儿子爱学作之"，毕竟还是"爱学"，很难断定他将来必定会子承父志。另外，他说只能按别人设计的"尺寸法度"制作，自己并不明白其中的奥秘，说明他只是一个手工劳动者，落下闳却是创制浑天仪的设计者、太初历的制订者。后人没有区分清楚这两个人的不同身份，才弄出这种张冠李戴的错误来。

据《汉书》记载：扬雄于中年时到京师以后，"大司马车骑将军王音奇其文雅，召以为门下史，荐雄待诏。岁余，奏《羽猎赋》，除为郎，给事黄门，与王莽、刘歆并。"① "成帝时，西羌尝有警，上思将帅之臣，追美充国，乃召黄门郎扬雄即充国图画而颂之。"② 扬雄到了京师，以赋见称，首先被王音看中，当了"门下史"，后来被推荐当了"待诏"，有机会，呈上《羽猎赋》，升为"黄门郎'。还奉诏写赋，歌颂过赵充国。这就是扬雄到京师以后的简单情况。

扬雄当过"黄门郎"，这是什么官呢？什么叫"黄门'呢？《汉书·霍光传》载："上乃使黄门画者画周公负成王朝诸侯以赐光。"③ 颜师古注："黄门之署，职任亲近，以供天子，百物在焉，故亦有画工。"桓谭也讲过有一个"黄门郎程伟好黄白术"④，还说"黄门工鼓琴者有任真卿、虞长倩，能传其度数，妙曲遗声。"⑤ 可见，所谓黄门，就是离皇宫很近的一个机关，里面有各种行业的人，随时供天子使唤的。其中有画工，赋家，也有术士、乐师，"百物在焉"，物指事，百物指有各种本事的人。这里面大概也分等级，起码有两等，一等是"郎"，主要是御用文人；一等是"工"，多数是体力劳动者。

---

① 《汉书·扬雄传》。据清代周寿昌考证，"四十"应为"三十"之误。《汉书注校补》，"据此书雄卒于莽之天凤五年戊寅，年七十一，则雄生适当宣帝甘露元年戊辰，至成帝即位，甫二十二岁，阳朔三年己亥，王音始拜大司马车骑将军，雄年三十二，永始二年丙午音薨，雄年三十九，与书中所云'四十余自蜀游京师，为王音门下史'语不合。案古四字作三，传写时由三字误加一画，应正作'三十余'始合。"
② 《汉书·赵充国传》。
③ 《汉书·霍光传》。
④ 葛洪《抱朴子·黄白篇》引桓谭语。
⑤ 《文选》司马绍统《赠山涛》诗注引桓谭语。

这里有各种行业的人，既有扬雄这样赋家，也有制作浑天仪的老工。扬雄当了黄门郎，于是有机会向黄门老工请教有关浑天仪的事。据他自称七十岁，这时扬雄大概四十岁左右，这位老工比扬雄约大二十多岁，约生于公元前70年左右，那时《太初历》已经颁行三十年左右。因此，扬雄问的黄门老工根本就不是落下闳。可见，《畴人传》上的一句引言无法断定"浑仪的发明远在汉武帝之前"。陈遵妫先生认为："武帝（公元前140—前87年）时，落下闳于地下转运浑天，鲜于妄人度量它；宣帝（公元前73—前49年）时，耿寿昌铸铜为象，这可以说是我国第一个浑天仪。"[1] 我们认为这种说法比较妥当。

（二）浑天说产生于何时？

一般认为，东汉张衡《浑天仪注》是浑天说思想完整体系的代表作。但是，在张衡以前已经有浑天说。它究竟起源于什么时代呢？这里面有一系列问题需要认真加以研究。

首先，范晔《后汉书·张衡传》中只说张衡"作浑天仪"，并没有说他著《浑天仪注》。沈约《宋书·天文志》也只说"衡所造浑仪"，只字未提《浑天仪注》。文中引王蕃的话说："前儒旧说，天地之体，状如鸟卵，天包地外，犹壳之裹黄也。周旋无端，其形浑浑然，故曰浑天也。"[2] 王蕃对浑天说思想有深刻的认识，但他说这种思想是"前儒旧说"，并不说是张衡《浑天仪注》的内容。

其次，《晋书·天文志》引晋代葛洪的话说："《浑天仪注》曰：'天如鸡子，地如鸡中黄，孤居于天内。天大而地小。天表里有水，天地各乘气而立，载水而行。周天三百六十五度四分度之一，又中分之，则半覆地上，半绕地下，故二十八宿半见半隐，天转如车毂之运也。'"[3] 在这里明确提到《浑天

---

[1]《中国天文学史》第一册第217页，上海人民出版社1980年版。
[2]《宋书·天文志》。
[3]《晋书·天文志》。

仪注》，后面虽然也讲到张平子（即张衡）和陆公纪（即陆绩），但没有明确说出《浑天仪注》是张衡的作品。

第三，唐代欧阳询所撰《艺文类聚》、虞世南的《北堂书抄》、徐坚的《初学记》、宋代李昉的《太平御览》和吴淑的《事类赋》都只说《浑天仪》，没有"注"。唐代瞿昙悉达编的《开元占经》中却说："张衡《浑仪注》"，这里又少一个"天"字。

大概从唐朝以后，关于张衡著《浑天仪注》才有比较明确的说法。现在学术界多数人也基本同意这一说法。只有少数人对此提出怀疑，例如陈久金在《科技史文集》（上海科学技术出版社1978年出版）第一辑上发表论文《浑天说的发展历史新探》，这篇论文列出五条理由论证《浑天仪注》不是张衡所著。其中有一条理由是"唐初以前的天文和历史著作都不认为此文是张衡的作品。"经查，我们发现在隋唐之前的梁朝，有一个学者叫刘昭，他在注补《后汉书志》中说："臣昭以张衡天文之妙，冠绝一代，所著《灵宪》、《浑仪》，略具辰耀之本，今写载以备其理焉。"[1] 下面接着抄录《灵宪》全文，而对《浑仪》却不注一字。不过，这里的《浑仪》，与别处说的《浑仪注》、《浑天仪》、《浑天仪注》，可能都是同一篇文章，只是名异实同。《后汉书·律历志下》注引张衡《浑仪》的内容是从"赤道横带浑天之腹"[2] 开始的，没有"浑天如鸡子"一段话。而葛洪所引《浑天仪注》又只有"（浑）天如鸡子"一段，没有"赤道横带浑天之腹"一段。很可能的情况是，葛洪引述了前半部分，刘昭抄录了后半部分。清代学者严可均（公元1762—1843年）和洪颐煊（公元1765—?）都做了辑佚的工作，对于今天的研究还是有帮助的。

根据以上这些复杂情况，我们作如下设想：《浑天仪注》可能是张衡制成浑天仪以后所附的说明书一类，说明浑天仪的原理、构造和机能、作用等。范晔撰《后汉书》时，注意到浑天仪，对于它的文字说明并不留心，以为不值

---

① 《后汉书·天文志》。
② 《后汉书·律历志》。

得将它写入列传，或者根本就没有发现有这个文字说明。也许后代人由于浑天说的广泛流行，才对这些文字有所重视。大概原先只是说明书一类的文字，本来就没有题目，后来作为文章收录，就要加上一个题目，于是有不相同的许多名称，有的题为《浑仪》、《浑天仪》，有的冠以《浑仪注》、《浑天仪注》，有的则称之为《浑天仪图注》。

《浑天仪注》的内容也不一致，有的只有前半部，有的只有后半部，有的短，有的长。清代洪颐煊编辑的《经典集林》所收《浑天仪注》，内容较多，被称为最全的。但是，其中可能杂入一些别人的著作，也可能是注释误入正文。我们作这种猜测有以下一些事实作为依据。

例如，葛洪所引《浑天仪注》云："天如鸡子，地如鸡中黄，孤居于天内，天大而地小。"王蕃引"前儒旧说"是"天地之体，状如鸟卵，天包地外，犹壳之裹黄也。"这里所讲的"鸡子"和"鸟卵"的意思是一样的，都是用来比喻椭圆形的天体。东汉末年的天文学家陆绩（公元187—219年）制作的浑象也是椭圆形的，但他又说："天东西南北径三十五万七千里。"把天体东西和南北的长度说成是一样长的，也就是说天体是正圆形的。王蕃发现了陆绩的这一"自相违背"的说法。王蕃用弹丸比喻正圆的天体，说是"天体圆如弹丸"①。在唐代成书的《开元占经》里，《浑天仪注》曰："浑天如鸡子，天体圆如弹丸，地如鸡中黄，孤居于内，天大而地小。"这里前后两句都是以鸡蛋来比喻椭圆形的天体，中间插入一句"天体圆如弹丸"，与上下文都不一致，而且这句话又是在《晋书·天文志》、《艺文类聚》等书中所引《浑天仪注》文中所没有的。因此这一句话可能是王蕃的话被误掺到张衡的文中来，也可能是后人用王蕃的话来注张衡的文，后来又误入正文的。

又如，《后汉书·律历志下》刘昭注引张衡《浑仪》的头几句话是："赤道横带浑天之腹，去极九十一度十分之五。黄道斜带其腹，出赤道表里各二十

---

① 《晋书·天文志上》引。《宋书·天文志一》同此。

四度。"《太平御览》卷二引张衡《浑天仪》的头几句与此大同小异。而在《开元占经》卷一中，所引这段活，在"五"以后，有注文："横带者，东西围天之中腰也。然则北极小规去赤道五十五度半，南极小规亦去赤道出地入地之数，是故各九十一度半强也。"后来这段注文就误入正文①。这种情况不仅这一处，后面还有几段话，在《开元占经》中是注文，而后人把它当作正文。经过几种书籍引文的比较，注文误入正文的事实就十分明显了。

可见，张衡《浑天仪注》是真中有假，题目也是后加的。如果以为严可均、洪颐煊所辑《浑天仪注》全是真的，那么就有一些问题不易解决。如果因为其中有些注文误入正文，造成掺假现象，便因而否定《浑天仪注》是张衡的著作，恐也不妥当。

根据以上分析，我们认为浑天仪是西汉时落下闳创制的。浑天说思想肇端于西汉，学说体系则形成于东汉，其代表作就是张衡的《浑天仪注》。现在有些同志不同意以上这些比较可靠的传统说法，总是企图证明浑天仪和浑天说在西汉以前就已经存在了。于是，就有必要再探讨一些有争议的问题。

（三） 再探讨几个问题

1. 日月出入地下的问题

浑天说设想天体是浑圆的，一半在地上，一半在地下。日月依附于天体，都随着天体的周日旋转运动而出入地下。盖天说设想天体象磨石那样，在地的上空旋转，日月都依附在天体上，随天旋转。天最低处也比地的最高处高出两万里，所以日月不可能进入地下。天黑不见日，不是日入地下，而是运行远了。这样，日是否进入地下的问题就成了浑天说和盖天说争论的焦点之一。有的人也因此以为只要讲到日月出入地下，就算有了浑天说思想。晋代葛洪就曾

---

① 参看《中国哲学史资料选辑》两汉之部下第427—428页，中华书局1982年第二版。

经引用《周易》上的卦象来论证过浑天说的观点。他说："《晋卦》坤下离上，以证日出于地也；又《明夷》之卦，离下坤上，以证日入于地也。"① 坤是地，离是火，代表日。《晋卦》坤下离上，就是日在地上。《明夷卦》离下坤上，就是日在地下。葛洪以此证明日出入地下，说明浑天说的正确性。换一句话说，在《周易》这部古籍中就已经有了浑天说。

在远古时代，关于日月出入地下的思想只是人们对于日月东升西落的直观反映，并不是浑天说中所谓日月随天出入地下的思想。当时人们认为天在上，地在下，早晨，太阳"初登于天"，晚上，太阳又"后入于地"②。这只是说明日不都在天上，并不是说天体是球形的，因此，这里的日出入地下的思想并不是浑天说体系中的思想。也许这种思想启发过后来的浑天家，但是它本身并不是浑天说的观点，当然也不能说明那时就有了浑天说。我们知道，在浑天说出现以前，主张盖天说的人也有认为日可以出入地中的。例如，《淮南子》讲："以天为盖，以地为舆。"也讲天圆地方，如《齐俗训》说："天之圆也不得规，地之方也不得矩。"又讲天柱折，"天倾西北"这些都是盖天说的说法。关于日月问题，它说："东方，川谷之所注，日月之所出"，"西方高山，川谷出焉，日月入焉。"又说："日出旸谷，入于虞渊。"旸谷和虞渊都在地边上，日月从东方的旸谷出来，落入西方的虞渊，说明《淮南子》也讲日月出入地中。可见，在较早的时期，主张盖天说的人也可以同意日出入地中的说法。当浑天说出现以后，盖天说在与浑天说的论战中，才明确提出日不曾出入地下，只是随天旋转，远近而成明暗昼夜。这时，日出入地下才成为浑天说的重要观点。是否承认日出入地下，也就成了两说论争的焦点。从以上分析来说，我们认为，不是在任何时候，只要承认日月出入地下，就是浑天说思想。

---

① 《晋书·天文志上》。
② 《周易·明夷卦》上六爻辞。

2. 关于惠施命题的问题

《庄子·天下篇》保存着战国时代惠施的一些命题，也被现代人拿来证明浑天说早已存在。例如惠施的命题有"南方无穷而有穷，今日适越而昔来"，和"我知天下之中央，燕之北、越之南是也。"有的人认为，这里"就含有大地是球形的思想"，即表达了浑天说的思想，因此，"可以认为惠施是浑天说的先驱。"①

惠施的这些命题中根本没有说到天体的问题，当然更谈不上有什么浑天说的思想了。这些命题有没有地圆的思想呢？有一些命题，现代人可以把它理解为地圆思想，但是惠施是否有这种思想，那就值得研究了。"南方无穷"可以认为是对地无限大的认识。"有穷"指对某一具体区域的南方来说的。因为大地无限大，所以在任何地方都可以认为是天下的中央，这里提出燕北越南未必有什么特殊意义。这里可能有地无限大的思想，未必有地圆的思想。至于"今日适越而昔来"，只是在时间问题上进行相对性的探讨，与浑天说并无什么联系。总之，惠施的命题似乎不包含地圆的思想，更不沾浑天说的边。

可以设想，如果惠施果真有地圆这样奇异的思想，一定会引起广泛的注意。但是，在现存的先秦资料中，不管是惠施的朋友庄周，还是批判过惠施的荀况，以及许多提到过惠施的先秦诸子，均未提及地圆思想。与惠施同时的学者，在他之后的名流，都没有谈到地圆思想。这能作什么解释呢？只能认为惠施根本就没有地圆的思想。

实际上，浑天家也不是一开始就有地圆思想的。西汉时代，落下闳创制浑天仪，认为天体是浑圆的，这时已有浑天说，但还没有地圆思想。一直到东汉初年，浑天说还是只讲天圆不讲地圆的，认为天体有一半在地上有一半在地下。王充还针对这一缺陷提出批评，他说："天运行于地中乎？……如审运行

---

① 郑文光：《中国天文学源流》，科学出版社，1979 年。

地中，凿地一丈，转见水源。天行地中，出入水中乎？……实者，天不在地中"①。天体怎么能在地中运行呢？那时的浑天说还不能解释浑圆的天体如何在平地上空转动的问题。在王充之后的天文学家张衡提出"天如鸡子，地如鸡中黄"的天地构成模式，才回答了王充的责难，解决了浑圆的天体如何运行的问题，使浑天说形成了完整的体系。"地如鸡中黄"，把大地比作蛋黄，认为这里包含地圆的思想。这是可以说通的。据现有资料来看，这是中国历史上最早的地圆思想。现在也有一些研究者②认为，这句模糊的比喻只能说明地在天的中间，并不是说地是圆的，因为《浑天仪注》还说北极出地面三十六度，南极在地面以下三十六度，如果地是蛋黄那样椭圆形的，那么怎样算这个"度"呢？张衡在另一重要著作《灵宪》中说："天成于外，地定于内。天体于阳，故圆以动；地体于阴，故平以静。"就是说，天体是圆的，在外面作旋转运动，地是平的，在中间不动。而且，据考证，《灵宪》一书写在《浑天仪注》成书之后③。这说明张衡只是明确了地在天的中间的思想，并没有地圆思想。我们认为，这也可以备一说，应该继续加以研究。

我们认为，从逻辑上讲，天文学家从观察天象中产生浑天的思想，后来为了解释天体转动，又提出了地圆的思想。从历史资料上看，先秦没有浑天的思想，西汉时期才有浑天的思想④，而没有地圆思想，到了东汉才有地圆思想。浑天说的发展也是符合逻辑的和历史的统一的。一切科学思想的产生和发展都是有规律的、也有一定的过程，它不是个别科学家灵机一动就能想起来、说出来的，而是要有必要的科学实践和理论的发展作为基础的。落下闳总结前人的

---

① 《论衡·说日篇》。

② 唐如川：《张衡等浑天家的天圆地平说》，见《科学史集刊》1962 年第四期。陈久金也同意这一看法，认为唐如川的结论"大体说来是正确的"，《浑天说的发展历史新探》见《科技史文集》第一辑《天文学史专辑》第 62 页，上海科技出版社 1978 年。

③ 中国社会科学院哲学所中哲史研究室编《中国哲学史资料选辑·两汉之部》："关于《灵宪》的写作，《隋书·天文志》上说：'张衡为太史令、铸浑天仪，总序经星，谓之《灵宪》。'可见《灵宪》写在《浑天仪注》成书之后。"见中华书局 1982 年 3 月第二版第 426 页。

④ 落下闳转浑天于地中，扬雄和桓谭讲论浑天，西汉后期的纬书《尚书·考灵曜》曰："天如弹丸"。

天文观察成果，加以研究，提出浑天的思想，扬雄和桓谭有过浑盖之争，后来王充据盖天而驳浑仪，指出浑天如何能在平地之下转动呢？为了解决这个问题，张衡设想地象蛋黄那样在浑天的中间，解释了浑天如何转动的问题。很显然，在东汉时代，地圆思想的出现既有必要也有可能。也就是说这个时代已经具备了产生地圆思想的理论基础。战国时代还没有这样的基础，因此没有条件产生地圆思想。如果不从整个科学思想的发展过程去加以探讨，只是根据一两个可以这样解释又可以那么理解的思辨性的命题，来研究科学思想史，那么，所得出的结论经常是不甚牢靠的。

3. 关于"圜则九重"的问题

《中国大百科全书·天文学卷》郑文光写的《浑天说》条目中说："浑天说可能始于战国时期。屈原《天问》：'圜则九重，孰营度之？'这里的'圜'，有的注家认为就是天球的意思。"在这里没有指明是哪一个注家把屈原的"圜"注为天球的意思。一般的学术论文都不宜使用"有的注家"这种不明确的提法，作为经典性的《大百科全书》是否可以如此含糊其词，很值得研究。不管是哪一个注家，他必定是在浑天说产生以后，用浑天说的思想来注屈原《天问》的。这是以今注古的错误。这种注文反映了注家时代的思想，并不符合屈原的本意。

把"圜"注为天球，不符合屈原本意，有没有根据呢？有的。屈原在"圜则九重"之后，还问道："八柱何当？东南何亏？九天之际，安放安属？隅隈多有，谁知其数？"这里就有一系列问题。上述"圜则九重"就是此处"九天"。南宋洪兴祖补注云：际，"边也"。这九天都是有边的，怎么可能是浑圆的天体呢？鸡蛋壳那样的天体，哪儿是边呢？古人想象地上有八根擎天大柱支撑着天体，后来被愤怒的共工撞折西北方的擎天柱——不周山，造成天倾西北，地陷东南的状况。屈原的"八柱何当？东南何亏？"就是对此发问的。这个八柱擎天也是浑天说理论中所不应该有的。洪兴祖补注云："隅，角也。"

所谓"隅隈多有，谁知其数？"就是说天体有那么多的边边角角，谁知道确实的数字呢？屈原这一问可把某一"注家"难住了。屈原想象的天体是有边有角的，怎么会是球形的、卵形的呢？浑天说的天却是无边无角的。屈原《天问》跟浑天说挂钩不是很困难吗？

屈原《天问》还有"角宿未旦，曜灵安藏？""角宿"是二十八宿之一，是东方七宿的第一宿，此处表示东方。旦，明亮。全句意即东方尚未明亮的时候。曜灵，指太阳。全句意即太阳藏在何处呢？又问："东流不溢，孰知其故？"水都往东方流去，大海永远不会溢出来，谁知道这是什么缘故呢？象这些问题，对于浑天说来讲，都是不成问题的。屈原发问，说明他还没有浑天说思想。

另外如说："四方之门，其谁从焉？"天上有四个门，谁从那里进出呢？浑天说的鸡蛋壳的天从来是没门的。又如"日月出于汤谷，次于蒙汜"，"览相观于四极兮，周流乎天余乃下"，"朝发轫于天津兮，夕余至乎西极"[1]。在天上参观了"四极"以后才降下。早晨从"天津"（指银河边）出发，晚上到了"西极"。浑天说只讲两极：北极和南极，不讲东西两极，从来没有四极的说法。屈原的这些说法，跟古老的盖天说颇接近，跟浑天说根本不沾边。

4. 关于使用推论的问题

有的研究者根据古星表所列的北极距[2]来确定各次观测的年代，认为《星经》和《开元占经》中保存的若干测量数据是公元前四世纪获得的，即战国初期的观测结果[3]。我们认为这是有根据的。再往下推论，能够测出如此精确

---

[1]《离骚》。

[2] 天体到北天极的角距离，叫北极距，又称极距。例如《星经》称："角为苍龙之首……去极九十三度半。"就是说角宿的北极距为九十三度半。

[3]［英］李约瑟：《中国科学技术史》第二十章第七节，见科学出版社 1975 年汉译本第 428 页："我们有充分的根据相信，石申和甘德确实在公元前四世纪就已用度数定下恒星的位置；假如没有某种刻度的浑环，这种测量是完全不可能的。"陈遵妫《中国天文学史》第二册第 429 页说："把《石氏星经》的年代，看作公元前四世纪，并无不可。"上海人民出版社，1982 年。

的数据，必须借助于带照准器的浑仪。有了浑仪，也就有了浑天说思想体系。于是最后得出结论，战国初期或更早已有浑天说思想体系。我们认为，后面的推论是"未必"的。为什么呢？因为我们不知道古人用什么办法测出这些数据的。古人比较精确地定出一年为 $365\frac{1}{4}$ 日，与现代测定的回归年相比，一年只差了十一多分钟。古人用什么仪器测得如此精确的数据呢？很简单，就是立一根垂直于地面的八尺竿子，然后每天去观测中午的日影长度，坚持数年，积累资料，经过研究，获得准确数据。以后更为准确的数据也是用这种办法获得的。要获得北极距的精确数据，是否非用带照准器的浑仪不可呢？我们以为难下断言。古代的科学不如现代发达，但是，古人因陋就简，进行科学研究的巧妙办法却常常使现代大科学家感到望尘莫及。别的不说，古代许多巧妙建筑就使现代建筑师感到惊叹不已。另外，古人使用什么仪器来观测天文，也难断定他们已经有了浑天说思想。也象盖天说用"周髀"测日影，并不是就有了七衡六间说。他们积累了大量观测资料以后，才有可能把这些经验资料系统化成七衡六间理论。因此，我们认为从北极距数据的精确性难以推断战国时代就有了浑天说。

另外，一般说来，有其器，必有其名。先秦时期如果有了浑天仪，那么，在现存的一切先秦著作中为什么看不到"浑天"、"浑仪"、"浑天仪"这一类词呢？为什么也从未见过明确的浑天说的任何观点呢？在汉武帝以前的著作中也都没有这类思想和名称，连《吕氏春秋》那样集体创作的巨著也都不见有浑天说的痕迹。这只能说明在先秦既没有浑天说，也没有浑天仪。

不。有的人说："战国时代的法家先驱者慎到（约公元前四世纪）曾经说：'天体如弹丸，其势斜倚'……这正是浑天说的主要论点。"[1] 只要有这一条资料，我们以上的一切论证都会一下子被推翻。于是，我们有必要认真研

---

[1] 郑文光、席泽宗：《中国历史上的宇宙理论》，人民出版社，1975 年。

究一下这一新发现，以便重新检验一下以上的论断。这就要从《慎子》一书的考证工作做起。

5. 关于《慎子》一书的考证

《慎子》流行的版本有五种，有明万历五年刊行的《子汇》本，《四库全书》本，《群书治要》本，清代钱熙祚校本（收入《诸子集成》），明代慎懋赏本（收入《四部丛刊》）。前四种版本《慎子》都只有五篇或七篇，都没有关于天文方面的内容。而慎懋赏本《慎子》内容增加了许多倍，共有八十九事，分内外篇，其中有不少自然科学的资料，在外篇第十八事、十九事中记载着很丰富的天文学的思想。这是很奇怪的。究竟是怎么回事呢？

据梁启超、黄云眉、罗根泽等人考证，都认为慎懋赏本《慎子》是一本伪书。梁启超说：慎本《慎子》"显系慎懋赏伪造，为同姓人张目。"[①] 罗根泽为此作过专门考证，著有《慎懋赏本＜慎子＞辨伪》，此文发表于《燕京学报》1929 年第六期上，后收入《诸子考索》一书。这篇文章列出九条理由证明该书是伪书。其中一条理由是：该书中有十四段文字全部或部分抄袭《战国策》、《墨子》、《韩非子》、《孟子》、《鹖子》、《吕氏春秋》、《说苑》、《新书》、《易传》等书。黄云眉《古今伪书考补证》对《慎子》作了详细考证之后，认为罗根泽的辨伪"皆甚确，可参阅。"但是他们对于慎本《慎子》外篇第十八、十九两事均未提及。今补证如下：

（1）"天形如弹丸，半覆地上，半隐地下，其势斜倚，故天行健。地北高，故极出地三十六度，南下，故极入地三十六度，周天三百六十五度四分度之一。"

这一段话，我们从唐代瞿昙悉达编的《开元占经》中都可以读到，但该书不说是战国时代慎子的观点，却认为是东汉以来的天文学家的说法。例如它

---

① 梁启超：《古书真伪及其年代》，见《饮冰室专集》。

引张衡《浑仪注》云："浑天如鸡子，天体圆如弹丸……正北出地三十六度……正南入地三十六度"。"半复地上，半隐地下"是张衡和刘洪都说过的话。而"其势斜倚"，可能是从吴太史令陈卓的《浑天论答难》中的"天体旁倚"一句演变来的。瞿昙悉达所编《开元占经》收集了唐代以前许多天文学家的说法，却没有引用《慎子》的任何一句话。这说明慎子本来就不是天文学家，《慎子》本来就没有天文学的内容。

（2）"日月则违天而右绕，譬蚁行磨上，磨左旋而蚁右行，磨疾而蚁迟，故不得不随磨而左旋焉。"

蚁行磨上的比喻最初见于王充《论衡·说日篇》，《晋书·天文志》介绍盖天说观点时引述了这一比喻。在本章介绍盖天说时已详细论述，此处从简。盖天说把天比作车盖、磨石，浑天说把天比作鸡蛋、鸟卵、弹丸。这是二说争论的焦点。而慎本《慎子》上引浑天家的弹丸说，下引盖天说的蚁行磨石喻，混在一起。说明作伪者对天文学也是一知半解，东抄西摘，胡乱拼凑，形成这样不伦不类的大杂烩，伪迹昭然。

（3）"月如银丸……故明为所蔽而日食。日有暗虚，故阴为所射而月食。"

中国古人对于日月之食的正确认识是在汉代。日食是由于月的遮蔽，这种认识可能产生于西汉。《开元占经》卷九引《五经通义》曰："日蚀者，月往蔽之。"据说《五经通义》是西汉末期刘向的著作。如果这是确实的，那么，这就是现在所能见到的日食原因的最早的明确说法。在王充《论衡·说日篇》中也保存着这种说法，但是那时王充对这种说法还不能解释，以为是错误的。这说明在王充生活的那个时代，人们对于日食的原因已有正确的认识。在西汉中期以前，没有任何人对日食的原因能够作出正确的说明。关于月食的原因，认识得就更晚了。博学的王充没有见过这方面的记载，也没有听过关于这一问题的任何正确说法。稍后的天文学家张衡才第一次提出：月食的原因是"蔽于地"①，并且把造成月食的地球影锥叫做"暗虚"，暗就是暗，虚即空间，地球背着太阳的一面有一个黑暗的空间，月亮运行经过这一空间时就产生月食。在张衡之前，没有人对月食有正确的认识。只有认识到"地如鸡中黄"以后，才有可能认识到月食是由于地体遮蔽。因此，由张衡首先认识月食的真正原因，是合乎思想发展规律的。

另外，在先秦的典籍中，所谓"在天成象"，认为日月都只是"象"，没有实体。汉代盛行阴阳五行学说，许多人认为日月是阴阳之精，是在天上的水火。京房引述别人的观点谈到日月形似弹丸的问题。② 吴太史令陈卓也提出："日月之体，形如圆丸。"③ 北宋沈括进一步阐述这一观点，用"银丸"来比喻月体。他在《梦溪笔谈·象数》中说："日月之形如丸……月本无光，犹银丸"④。东汉才有"暗虚"之说，北宋方见"银丸"之喻，慎到何以先知之？日月食原因的理论是许多天文学家长期探讨的科学成果。要是慎到已有这些见解，那为什么从战国以至西汉中期，没有任何人提到过它呢？博学如《吕氏春秋》，杂识如《淮南鸿烈》，都没有讲过日月之食的真正原因。

还有，《慎子》的"大地四游"说来源于纬书《考灵曜》，对潮汐的见解是吸收历代论潮汐的言论，又加附益而成。

慎懋赏本《慎子》外篇第十八、十九两事中所载天文学的内容，是天文学家长期研究的结果。从汉朝以后，一个天文学家能有一项这样的发现，都对天文学的发展做出了了不起的贡献，而为人们所称道。如果这一系列重大研究成果都是战国初期慎到一个人完成的，那应该是天大的奇迹，慎到应该是伟大的天文学家。但是，历代天文学家都没有提到慎到，《史记·天官书》和历代史书《天文志》也都没有提到他，明代以前的各种类书中的《天文类》也从

---

① 《灵宪》。
② 见本书第四章《日月之谜》第二节。
③ 《开元占经》卷一引《浑天论答难》。明万历丁巳（公元1617年）恒德堂刻本。
④ 《梦溪笔谈》卷七。

未抄录慎子的高见。这说明，明代以前的《慎子》一书根本没有天学方面的内容。慎本《慎子》显系伪造，其中有关天文学的内容，没有一句话是战国初期慎到说过的。"天体如弹丸，其势斜倚"，当然也不可能是慎到说的话。英国学者李约瑟是研究中国科学技术史专家，在他的巨著《中国科学技术史》第四卷"天学"中没有引用过《慎子》的话，所列四百多种公元1800年以前的中文书籍的参考文献中也没有《慎子》这本书。可见一个外国谨慎的学者也不轻信慎本《慎子》。

另外，我们如果引用慎本《慎子》中"天形如弹丸，半复地上，半隐地下，其势斜倚，故天行健。"这一段话，按现代的标点，引文应为"天形如弹丸……其势斜倚"，中间两句省去，应加省略号。郑文光、席泽宗引用时中间没有省略号，说明他们不是从慎本《慎子》中直接引用的。既不考证真伪，也不查找原文，疏忽致误。他们是从哪儿转抄来的呢？

半个世纪以前，陈文涛在《先秦自然学概论》中引用过慎子的话，他说：

至地轴倾斜，周人误为天体倾斜；故慎子云：天形如弹丸，其势斜倚。

……慎到所言；天形如弹丸，则浑天也。①

这里，陈文涛引用"慎子云"，没有用书引号，也没有对引文加引号。郑文光、席泽宗在转引时加上了引号。又将"天形"写成"天体"，（不知是抄错了，还是有意改的。）其他人又从他们书中转抄转引②，再不查原文，以讹传讹。为了不使这一错误继续蔓延，我们对慎本《慎子》作了如上详细考证，

① 《先秦自然学概论》，第38页，商务印书馆，1931年。
② 陈久金在《浑天说的发展历史新探》中说："战国时的慎到就曾经说过：'天体如弹丸，其势斜倚'。"见《科技史文集》第一辑第59页，上海科学技术出版社1978年版。肖兵在《＜天问＞里的宇宙模式——兼论＜天问＞的哲学观点》一文中说："这样，《天问》就为诞生于战国时期的'浑天说'扫除了障碍，廓清了道路。"他又在"浑天说"下加注云："比屈原略早的稷下学派巨子慎到（约公元前四世纪）已提出'天体如弹丸，其势斜倚'。青年屈原曾出使齐国，可能听到稷下诸子类'浑天说'的理论。"见《中国哲学史文集》第191页，吉林人民出版社1979年版。于首奎撰《董仲舒》中也提到汉代"当时的著名历算家落下闳继慎到和惠施之后，又发展了'浑天说'，制作了浑仪，认为天地都是圆的"。见《中国古代著名哲学家评传》第二卷第51页，齐鲁书社，1980年。

供研究参考。

总之，我们认为浑天说肇端于汉武帝时的落下闳，经过二百年左右的科学实验和激烈争鸣，到东汉张衡，才形成比较完整的浑天说思想体系，以后的一千多年中，历代天文学家都是在这个体系的基础上丰富发展天文学的。直到明代中期以后，西方传教士带来西方天文学，浑天说的统治地位才逐渐被取代。

这一节，我们主要考证了浑天说产生的时代，介绍它的基本观点。对于它的发展，在考证中略有涉及，但不作详细介绍，因为在下一节要在与盖天说的竞争中介绍。

三、浑、盖合一说

汉代以前，盖天说占主导地位，因为一统天下，也就没有盖天说这个名称。西汉产生了新的天文学思想体系——浑天说，于是为了便于区别，人们把过去的传统天文学叫做盖天说。这两种学说展开了热烈的争论，双方都在争论中不断修改、完善自己的思想体系，生动地体现了在斗争中发展的情景。

盖天说在西汉时代还比较流行，当时著名学者扬雄根据流行的说法，画出图来表示天体以及运行的度数，并参考四季变化和昼夜更替，使这个体系看起来似乎比较完善。他想为天下建立一种宇宙模式，给后代留下一种永恒的法则。他的朋友桓谭看到后，就问他："天如果象盖子那样转动，人住南方，日在南方轨道为白天，日在北边轨道是黑夜。从图上看出，北边轨道长而南边轨道短，那为什么现在昼夜的时间长短却相当呢？"桓谭大概还提出许多其他问题，扬雄没法回答。但是，扬雄并没有就承认错误，心里还不那么服气，千辛万苦搞出来的一套玩意儿还舍不得就这样扔掉。

有一天，扬雄和桓谭一起去奏事，都在皇宫门外等待皇帝召见。他俩都坐在白虎殿的东厢房走廊下晒太阳。一会儿，日光移走了，他们晒不着太阳了。

这时，桓谭对扬雄说："天体如果象圆盖子那样旋转，阳光应当照到这里走廊下，然后慢慢地向东转去。不应该象现在这样逐渐向上消失。这种情形跟浑天说的说法才是相应的。"扬雄听了，觉得桓谭说的有道理，这才下决心抛弃自己那一套理论，把自己辛辛苦苦画出来的图式全部销毁①。扬雄这种为了真理、果断抛弃自己错误思想的勇气是值得称道的。

在汉武帝时已有浑天说，博学的扬雄为什么无所知呢？古人由于天命论思想的影响，把天文学看得十分神秘，天文仪器也只有皇宫里才有，而且严格保密，所以，浑天仪虽已创制，社会上的人一般都无所知。扬雄虽读书不少，却也未见过浑天仪，不了解浑天说。桓谭为什么知道浑天说呢？因为他有过这方面的实践。他说："余前为郎，典漏刻，燥湿寒温辄异度，故有昏明昼夜，昼日参以暑景，夜分参以星宿，则得其正。"②桓谭当过掌管漏刻（用滴水测定时间的仪器）的官，他发现漏刻受到空气湿度和温度的影响，使时间不那么准确，因此每天还要进行校正，白天根据日影校正，晚上根据星辰校正。能够根据日影和星辰来校正漏刻，说明他必须对日和星辰的运行有比较清楚的认识，对其规律有所掌握。他既是皇宫里管漏刻的官，就有机会接触浑天仪，对浑天说就有所了解。因此，他能指出扬雄盖天图式的弊端，又能利用日影论证浑天说的正确性。

扬雄在桓谭的帮助下，又请教过作浑天仪的老工，对浑天说有了认识。他就从信盖天说转变为信浑天说。这是中国历史上盖天说和浑天说论争的第一个回合，浑天说取得了胜利。后来，当别人问到浑天说和盖天说时，扬雄对浑天说的评价是：巧妙极了，没有能违背它的。对盖天说的评价却是：所能回答别人提出责难的问题没有几个③。意思是说，有许多问题，盖天说都解决不了。

---

① 《晋书·天文志上》录葛洪文引桓谭语。《太平御览》卷二引桓谭《新论》文，较详。
② 见《北堂书抄》未改本，《太平御览》卷二引文略有出入，如"故有"一句缺，"夜分"作"暮夜"。
③ 《法言·重黎》："或问浑天，曰：'……几乎，几乎！莫之能违也。'请问盖天，曰：'盖哉，盖哉！应难未几也！'"

究竟有哪些问题呢？

扬雄认为盖天说主要有八个方面的问题，写了《难盖天八事》。《隋书·天文志》收录扬雄《难盖天八事》的详细内容，今抄录如下，并加评述：

其一云："日之东行，循黄道。昼夜中规，牵牛距北极北百一十度，东井距北极南七十度，并百八十度。周三径一，二十八宿周天当五百四十度，今三百六十度，何也？"

盖天说的盖图是以北极为中心的一幅平面图。二十八宿围绕着北极组成一个大体上的圆环，共有三百六十五度又四分之一度。这些星宿分为四个区域，即东西南北，每个区域有七个星宿。牵牛在北区，东井在南区，它们遥遥相对。牵牛在北区距离北极一百一十度，东井在南区距离北极七十度，牵牛到东井是一百八十度。根据"周三径一"（即周长与直径的比为三比一），二十八宿周天应当是五百四十度，为什么现在只有三百六十度呢？这个"三百六十度"只是举出整数。这是扬雄从牵牛到东井的直线距离来责难盖图的。盖天说认为天是拱形的，但画盖图时却忽略了拱形的说法，把拱形面的星图勉强画在平面上。从盖图上看，牵牛到东井本来是弧线距离却变成了直线，于是产生了矛盾。扬雄的责难可谓击中要害。

在以北极为中心的盖图上，又分为东西南北，牵牛在北极的北边一百一十度处，所以，"牵牛距北极北百一十度"是正确的。新标点本《隋书·天文志》将"北极北"改为"北极南'是不妥当的。这是把北极看作极北，而不是看作天体的中心，是不符合古人原意的。

其二云："春秋分之日正出在卯，入在酉，而昼漏五十刻。即天盖转，夜当倍昼。今夜亦五十刻，何也？"

从盖图上看，当在春分、秋分季节时，日在七衡的中衡轨道上运行。中衡在青图内的弧线长度大约只相当于青图外的弧线长度的一半，也就是说，从盖图上看，白天时间只相当黑夜的一半，而实际上这两个季节，昼夜时间都是五十刻，一样长，这是为什么呢？这是过去桓谭向扬雄提出的责难，"子云无以解"，没法解释。现在扬雄也用这个问题来非难盖天说。这个问题也是出在用平面图来描述拱形的天体，而又没有较科学的投影法。

其三曰："日入而星见，日出而不见，即斗下见日六月，

不见日六月。北斗亦当见六月，不见六月。今夜常见，何也?"太阳出来就看不见星辰，太阳隐没以后才能看见星辰。盖天说讲北斗下面的地方六个月可以看见太阳，另六个月见不到太阳，那么，北斗星就应该六个月看得见，六个月看不见。而实际上现在每天晚上都可以看到北斗星，这是怎么回事呢?

如果扬雄到北极地区生活一年，那他就不会提以上这个问题了，因为在北极地区，确实是六个月可以看到北斗星，另六个月看不到。扬雄大概以为只要日光能够照到北极，日光就会夺了星光，那样就会看不见北斗星。或者，他可能以为北斗星对于全天下人的感觉是一样的，北极底下的人看不见北斗星的时候，全天下的人，包括住在洛阳的人，也都看不见北斗星。全天下人对天象的感觉是完全一致的，这是浑天说的观点，它认为太阳出来，全天下都是白天，太阳西没，全天下都进入黑夜。但是盖天说认为"昼夜易处"，任何一个时刻，有的地方是早晨，另一地方则是中午，又一地方却是傍晚，还有的地方正是半夜。在这一问题上，盖天说比浑天说更正确一些。而扬雄在这里用浑天说错误观点来反对、责难盖天说的正确观点，说明他对盖天说还没有很深刻的理解，因此他很容易被持浑天说观点的桓谭所驳倒。实际上，北极地区六个月出太阳，六个月不见太阳，完全是事实。六个月可见北斗星，六个月不见北斗星，也是事实。盖天说对此作了正确的说明，而扬雄却无所知，说明扬雄对盖天说也相当外行。

其四曰："以盖图视天河，起斗而东入狼弧间，曲如轮。今视天河直如绳，何也?"

盖图上的天河（即银河）是弯曲的弧线，实际看到的天河是直线的，这是为什么?扬雄这一问，给我们的启发不小。盖图上的天河为什么跟直观的观察结果不一样呢?这说明盖图不是完全按直观观察的结果画的。看起来是直线

的天河画成弧形的。同样，看起来是曲线，画出来却可能是直的。可以认为，在盖图的创制者的心目中，天河是弧形的。这一点与天球面是拱形的说法（"天象盖笠"）是一致的。从这一点来看，我们设想以上问题是由于将曲面投影在平面上所造成的，也得到证实。也就是说，首创盖图的人认为天体确实是拱形的，他将拱形天体画在平面上有许多弊病。如果将盖图还原到拱形原状，也许扬雄就提不出这么多问题了。

其五曰："周天二十八宿，以盖图视天，星见者当少，不见者当多。今见与不见等，何？出入无冬夏，而两宿十四星当见，不以日长短故见有多少，何也？"

这里有两个问题，一是从盖图看，人们看到的二十八宿星应当比看不见的少，就是青图所盖的面积不到黄图的一半。但实际上看到的和看不到的一样多，这是什么原因？这仍然是盖图投影法的不合理。二是冬天日短夜长，夏天是日长夜短，无论冬夏，都是看到二十八宿的一半，而没有多少问题，为什么？实际上这里不存在什么特殊问题。如果恢复拱形天体，青图覆盖黄道的一半，那么无论日如何运行，也无论昼夜长短，人们所见的都是二十八宿的一半。这与冬夏出入、昼夜长短没有什么关系。扬雄深信浑天说以后，对盖天说就越来越难以理解了。

其六曰："天至高也，地至卑也。日托天而旋，可谓至高矣。纵人目可夺，水与影不可夺也。今从高山上，以水望日，日出水下，影上行，何也？"

按照盖天说的说法，天是最高的，地是最低的，最低的天也比最高的地高出几万里。太阳附着在天体上，任何时候也比地高出几万里，因此太阳光总是自上往下照射的。扬雄观察到一种现象，从高山上可以看到太阳从地平线以下升起来。为了避免眼睛的错觉，他用水的平面来观察，可以看到太阳从水平面以下升上来，太阳的最初的影子落在水面之上。如下图所示。高山水平测日影，证明了浑天说的正确性，盖天说无论如何也解释不了这种现象。

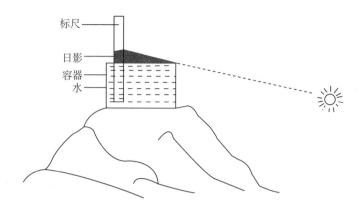

其七曰："视物，近则大，远则小。今日与北斗，近我而小，远我而大，何也？"

观察物体，近看就大，远望就小，这是常识。扬雄所谓"日与北斗，近我而小，远我而大"，可以有两种理解：一是太阳与北斗星相比，一是太阳、北斗星自己比，例如太阳在冬至与夏至相比。

根据七衡图，冬至日，太阳在外衡轨道上，中午时刻离周都洛阳十三万五千里，而北极离周都只有十万三千里，北斗星在中天时比北极更近一些。但是，日在远处，看起来很大，而北斗星在近处，看起来却小得多。另外，一年中每天早晚的太阳离人都有十六万多里，都比北斗星远得多，看起来却更大些。是什么原因呢？我们设想，盖天说当时可以说太阳比北斗星大得多，所以尽管在远处，看起来仍然比北斗星显得大。现在我们知道，北极星、北斗星离地球达几百光年远，都比太阳离地球远若干亿倍，它们比太阳都大得多。从这一点来看，似乎盖天说不难回答。

从另一种理解，即太阳在冬至和夏至时相比，根据盖图，冬至季节太阳比夏至时要远得多，冬至日在外衡，夏至日在内衡。但是，夏至日，太阳视半径为15′46″，而冬至日约为16′17″，冬至太阳离得远，为什么看起来却大一些呢？这种情况是盖天说无法解释的。我们现在知道，冬至日，地球公转运动到近日点轨道上，因此，这时地球距离太阳最近，而夏至日地球运行到远日点，距离太阳最远，这正好与盖图所标示的结果相反。由于远近的缘故，太阳看起来略有大小的差别。由于差别小，肉眼一般无法辨别。扬雄那时用什么办法能够测出太阳的大小呢？这还只能是疑案。

其八曰："视盖橑与车辐间，近杠毂即密，益远益疏。今北极为天杠毂，二十八宿为天橑辐。以星度度天，南方次地星间当数倍。今交密，何也？"

古人坐车，上有车盖遮雨挡日。这个车盖是圆形的，象现在的伞那样。它的骨架是辐射状的条木。这些条木叫盖橑。车轮上也有辐射状的条木，叫车辐。车盖的中心叫杠，盖橑的一端与它相联。车轮中心的圆木叫毂，车辐的一端与它相接。这一段话首先也是先讲常识：盖橑离盖杠越近，它们之间距离越密，越远越疏。同样，车辐也是接近车毂的地方较密，越远越稀。然后讲到盖图，盖图的中心北极相当于盖杠、轮毂，二十八宿相当于盖橑、车辐，用星度来衡量天体，应该在南方离地面很近的方位，星星的间隔比北极附近要大几倍。但是，现在它们却一样密，为什么呢？"交"是俱的意思。

周天是 $365\frac{1}{4}$ 度，这是盖天说和浑天说共同的看法。按天体是鸡蛋形或弹丸形的，南北各星间的间距都差不多，而如果按盖图来看，离北极远的地方，星星的间距要大得多，观察结果南天与地面接近处的星星的间距并不显得特别稀疏。这一点也说明盖图投影法的缺陷，扬雄正是以此来责难盖天说的。

从以上八条来看，除第六条以外，扬雄都是从盖图上找毛病，而且盖图的主要毛病也是由于投影法不大合理造成的。大地是球形的，地球转动。在地球上观察天象，天似乎是一个鸡蛋壳形的。这当然有很多合理性。浑天说相当于现代的球面天文学。盖天说认为天体是拱形的，越靠近北极，这种说法的合理性就越明显，因为地球的自转轴指向北极，所以看起来，很象一个圆盖在旋转。扬雄对平面盖图提出了许多责难。如果把盖图恢复成拱形的，那么，扬雄提的问题多数都可以得到解释。也许首创盖图者心中是明白的，但他的图象表示和文字说明，后人并不能完全理解，似乎有一系列矛盾。扬雄起先也信盖天说，很容易就被桓谭难倒，说明他也没有了解盖天说的真谛：天是拱形的，平面盖图只是用平面来描绘拱形的天。

大约经过半个世纪以后，东汉哲学家王充也参加当时天文学的"百家争鸣"。他在高度评价扬雄和桓谭的学术成就①的同时，不同意他们的浑天说观点，他也"据盖天之说，以驳浑仪"②。王充驳浑天说的内容，从《论衡·说日篇》来看，还相当多，其中主要的就有天日是否入地下、冬夏昼夜长短问题、日月形状圆不圆、日月之食是怎么回事等问题。《晋书·天文志》作为史书只选录了其中最主要的部分，它是："旧说天转从地下过。今掘地一丈辄有水，天何得从水中行乎？甚不然也！日随天而转，非入地。夫人目所望，不过十里，天地合矣；实非合也，远使然耳。今视日入，非入也，亦远耳。当日入西方之时，其下之人亦将谓之为中也。四方之人，各以其近者为出，远者为入矣。何以明之？今试使一人把大炬火，夜行于平地，去人十里，火光灭矣；非灭也，远使然耳。今日西转不复见，是火灭之类也。日月不员也，望视之所以员者，去人远也。夫日，火之精也；月，水之精也。水火在地不员，在天何故员？"③ 这段话的大意是："旧说"就是指浑天说。浑天说认为天体从地下转过去。现在挖地下一丈深就有泉水，天怎么能从水中运行呢？这是极端错误的。太阳只是随着天体旋转，并不是进入地下。人的眼睛所能望见的不过十里远，在那里天和地似乎就合在一起了。实际上天和地并不是合在一起，只是距离远了，人的眼睛才会产生这种错觉。现在看见太阳似乎进入地下，实际上并没有进入地下，也是由于远的缘故。当太阳没入西方的时候，西方那里正处于

---

① 《论衡·超奇篇》："扬子云作《太玄经》，造于眇思，极睿冥之深，非庶几之才，不能成也。" 同书《案书篇》："质定世事，论说世疑，桓君山莫上也"。
② 《晋书·天文志》。
③ 同上。

太阳底下的人也可能认为这时正是中午时刻。天下四方的人们，都各自将太阳离自己近的时候叫做日出，离自己远的时候叫做日入。用什么方法可以证明这种说法呢？现在如果派一个人举着一个大火把，黑夜的时候在平地上走。走到十里远的时候，火光好象就灭了。实际上火把并没有灭，只是远了，火光看不见了，以为是火把灭了。现在太阳转到西方，看不见了，也象看不见火把光那样。另外，日月的形状本来也不是圆的，也是由于远远望去，好象是圆的。太阳是火的精，月亮是水的精，水火在地上都不是圆的，在天上的太阳和月亮怎么会是圆的呢？

王充没有对扬雄的《难盖天八事》作出正面回答，却对浑天说也提出责难。其要点是太阳不入地下，昼夜是太阳离人远近形成的。由于远的缘故，本来不圆的太阳和月亮也好象是圆的。

对于王充的"驳浑仪"，晋代葛洪作出了反应。他首先列出《浑天仪注》中的浑天说观点，说论天者"莫密于浑象者也"，然后又用张衡的浑仪实验，"皆如合符'来证明。又引述桓谭与扬雄的辩论，以浑盖论争史实来说明浑天说的正确性。以上这些说法，从方法上是无可指责的。从当时来看，这里既有理论、又有实验，还有斗争事实，根据是很充分的。但是，葛洪又引《周易》中的卦象来说明天和日都可以进入地下，则是画蛇添足。如说："《明夷》之卦离下坤上，以证日入于地也。"① 离是火，代表太阳，坤是地。离在下，坤在上，证明太阳可以进入地下。这种证明自然是站不住脚的。但是，我们如果历史地看问题，那么对此就会谅解。《周易》这本书在汉代经学盛行的时候，它是五经之一，是儒家的经典著作，是汉代的统治思想的组成部分。东汉末期以后，汉代的五经被抛弃了，经学被玄学所取代，但是唯有《周易》一书又成了玄学家的经典，与《老子》、《庄子》并称"三玄"。春秋时代，孔子喜欢读《易》，战国时代的诸子也常引《周易》上的话，汉、魏，晋四五百年历史

①《晋书·天文志》。

中，它的经典地位始终不动摇。葛洪引用《周易》上的思想来作论证，在当时看来也许还是十分过硬的。而从现在我们来看，完全成了蛇足！历史上常有这样情况，有一些书包含一定的合理性思想，被人尊崇是应该的，但一旦被多数人尊崇，其中每一句话都成了经典，以后就逐渐走向反面，而又受到批判，批判时又是一锅端，给予全盘否定。这种一捧一压的态度都是偏颇的。后来的一些学者可以对于前人的思想作合理的分析，而对于当代的思想，则也容易走向极端。如果我们以历史唯物主义的观点，清醒地理智地看待历史上的一切思想，用同样态度对待现实的一切思想，那么，我们的理论就会更接近于正确，也就比较能经得起历史的考验。相反，有些人的言论适应了某一时期的政治斗争的需要，可能会红极一时，但是时过境迁，却给历史留下一堆笑料。

葛洪的《释浑仪》是一份珍贵的资料，除了引用《周易》卦象一节，其他均有合理性，特别是反驳王充观点的那些论述，则相当有力。其大意略有以下几点：

一、我们可以观察到，从东方升起来的星星，开始离地很近，逐渐升高，然后经过人们的头顶上空，逐渐转到西方隐没下去。而出现于西方的星星一会儿也就落下去不见了。这些星星都没有转到北方去的。日月和星星一样，也是从东方"冉冉转上"，经过上空，转到西方"渐渐稍下"，都没有绕到北边去。按照天体象磨石右转的说法，日月应该从东方到南方，再从南方到西方，然后又从北方向东去。实际情况，"了了如此，王生必固谓为不然者，疏矣。"

王生即王充。葛洪从星星和日月运行来说明日月出东入西的问题，反对不入地下的说法。但是，如果葛洪到北极地区过一个夏天，那他就会自然放弃自己的观点，因为在那里可以看到太阳沿天边旋转的现象，并没有进入地下。

二、太阳有几十颗星星那么大，阳光又很强烈，即使转远了，也应该能看见它的形体。北极的北边的小星星还可以看见，为什么太阳到了北边就看不见了呢？王充用火把比喻太阳，那么火把离人远了，火光逐渐变弱变小，而太阳"自出至入，不渐小也"，不但不逐渐变小，反而更大，这怎么解释呢？王充用火把比喻太阳，太不恰当了。

盖天说认为光的射程为十六万七千里，太阳距离人超过这个距离，就看不见了。北极离人十万三千里，北极往北六万里处的星星还在光射程以内，所以虽小而微，还看得见。太阳转到北边，超过光射程，虽大而烈，也是看不见的。至于日出入时显得更大，王充在《论衡·说日篇》有过解释。虽然王充说法不那么恰当，又受到葛洪的驳斥，但对后代仍有很大影响。

三、太阳进入西方，开始还有半个，像横着的半面镜子，一会儿就沉没了。如果太阳是转到北边去，那么，即将隐没时应该看到象竖着的半面镜子，不应该象横着的半面镜子。这说明日不是转到北边去，而是转到地下去。

四、月光比日光弱得多，月圆的时候，虽然有浓云遮蔽，晚上也比无月之夜明朗一些。如果太阳只是转远了，那么阳光应该象月在云中那样，不至于一到夜晚就全黑暗了。

这里表明他对盖天说的光射程原理还不理解。月虽被云遮蔽，离人仍在光射程之内。日虽强烈，离人超出光射程，所有光已射不到人，所以人也看不着它了。

五、太阳西落以后，星月才出现。日月分别照耀着昼夜。如果太阳一直都在天上，那就不应该有太阳一不见，星月就出现的现象。也就是说，当人看不见太阳时，太阳光还照耀着一部分星月，这些星月应该还是看不见的。他认为星月看不见是由于太阳光照着它们。实际上应该是太阳光照着人们，使人们看不见星月，所以太阳一隐没，人们就看得见星月。

在浑、盖之争中，浑天说从东汉以后长期占着优势，许多天文学家都是信奉浑天说的。而盖天说也有广泛的影响，并且被长期保存下来。从东汉末以后，盖天说也曾经有两次占了上风：一次是在公元六世纪初，当时南北朝的南朝梁武帝萧衍会诸儒于长春殿，讨论天体问题，结论与《周髀算经》完全相符合，"排浑天之论"①。另一次是在公元十六世纪末，明万历时期，西方天文学传入中国，由于作为盖天说基本理论的《周髀算经》中的内容，多与第谷·布拉赫以前的西方天文学相一致，因此有的人认为西方天文学是从中国传出去的，例如《明史·历志》就说："西洋人之来中土者，皆自称瓯罗巴（即欧洲）人。其历法与回回同，而加精密。尝考前代，远国之人言历法者多在西域，而东南北无闻（唐之《九执历》、元之《万年历》、及洪武间所译《回回历》，皆西域②也）。盖尧命羲、和仲叔分宅四方，羲仲、羲叔、和叔则以嵎夷、南交、朔方为限，独和仲但曰'宅西'，而不限以地，岂非当时声教之西被者远哉？至于周末，畴人子弟分散，西域、天方诸国，接壤西埵，非若东南有大海之阻，又无极北严寒之畏，则抱书器而西征，势固便也。"③尧时派四个人去四方观察天象，三方都有具体的地方，而派和仲去西方，没有具体地名，只说"宅西"，住在西方，说明西方遥远，不象东方、南方有大海阻隔，北方有严寒不毛之地。由于地理的便利条件，所以在周朝末期，天文历法工作者分散的时候，就有一些人携带书籍、仪器逃到西方去，因此，西域历代都有一些懂历法的人。所谓"当时声教之西被者远哉"，就是指尧时历法知识向西传播非常遥远的意思。另外，《历志》接着说："西人浑盖通宪之器，寒热五带之说，地圆之理，正方之法，皆不能出《周髀》范围，亦可知其源流之所自矣。"④ 从西方天文学的仪器、理论、方法来看，明代人以为都跟《周髀算经》中的说法差不多，换句话说，西方天文学都是起源于《周髀算经》。当然这些见解未可全信。《周髀算经》和西方天文学有暗合之处，原因是观察的对象是一样的，难免有些略同之见，这并不能推出一定有传承关系。《史记·历

---

① 《隋书·天文志》。

② 唐《九执历》是瞿昙悉达所订，元《万年历》是扎马鲁丁所订，明时从西域译来《回回历》，故称皆西域也。

③ 《明史·历志一》。

④ 同上。

书》称西周末期"畴人子弟分散，或在诸夏，或在夷狄。"① 这也是历学传到西域的证据之一。所谓"畴人子弟"就是指天文历法工作者。清代学者阮元编撰《畴人传》就是中国古代天文历法家的传略。由于西方天文学传入，盖天说的合理性再次显现出来，因而又受到学者们的另眼相看。

浑天说和盖天说争论了一千多年，任何一方也不能完全取代对方，为什么呢？因为它们都有自己的长处和短处，都有一定的合理性。

唐朝建立之初，政治稳定，经济发展，文化繁荣，疆域扩大，外交活跃，给科学的发展创造了良好的社会环境。当时的天文学家在封建政权的支持和组织领导下，进行了一些经过比较严密安排的科学考察，发现了浑盖二说各自的错误，发展了天文学。

浑盖二说都有南北地隔千里，夏至日中午日影长差一寸的说法。唐代天文学家根据前人的一些记载，对这一说法有怀疑。他们就在河南平原地区组织一次实地测量来解决这一悬而未决的问题。他们首先在大体正南正北的方向上选择距离差不多的点，又用水平面来校正绳子，到夏至那一天的中午，四个点同时测量日影的长度。经过计算，大约五百多里，影长差两寸，而且影长和南北距离不成正比例关系，这就否定了"千里一寸"的传统说法。

盖天说认为天地都是拱形的，但在计算时，都是把天当作平面的，没有高低差别，于是太阳也只是南北运行，没有升降变化。在计算中，盖天说从未考虑过内衡比外衡高出几万里的问题。唐代天文学家李淳风在注《周髀算经》时指出，它的计算方法和它的理论是"自相矛盾"的，是"语术相违"的。这当然是对盖天说的批评。

唐代天文学家也发现了浑天说的一些错误。浑天说认为北极出地三十六度，南极入地三十六度，也就是说，距离南极小于三十六度的星星都在地下，

---

①《史记·历书》。《清史稿》也说西方天文学"与《内经》、《戴记》及宋儒之言若合符节"。郭子章《黔草》中说西方天文学"暗与《括地象》、《山海经》合"。见《洪业论学集》，中华书局，1981 年。明清时代在天文学界有一股中学西渐的思潮，这种思潮产生于西学东渐的时代。

全天下的人都永远看不见它们。唐朝延派测影使者到交州（即今越南河内附近）测影，意外发现晚上所见的星星与浑天说不一致，"交州望极，才出地二十余度。以八月自海中南望老人星殊高。老人星下，环星灿然，其明大者甚众，图所不载，莫辨其名。大率去南极二十度以上，其星皆见。乃古浑天家以为常没地中，伏而不见之所也。"[①] 从交州望北极，只出地二十余度，不是浑天说认为的三十六度。老人星，即"船底座 α 星"，也叫"南极老人"、"寿星"。它是南天边最亮的星，也是离北极最远的星，去极一百四十三度[②]。离南极不到四十度。从中原看离南极三十六度以下都看不见，老人星只出地不到四度，看起来特别显得低。但是，测影使者到交州附近的海（即南海）中南望老人星显得特别高，而且在老人星之下还有许多明亮的星，叫不上名字，因为古代星图上都没有记载这些星。大约离南极二十度以上的星都可以看见。而这些星都是古代浑天家认为一直在地下，永远看不见的星。浑天说认为永远看不见的星，唐朝人可以看到了。这说明浑天说不符合天象。当时已经知道，在交州这个地方，北极出地二十余度，南极入地二十余度，如果继续往南走，那么是否可以看到南极出地若干度，而北极隐没不见呢？如果看到这种情况，那么天地构成模式就应该重新加以设想。但是，古人只是对浑天说提出质疑，并没有加以深入研究，使有可能获得的重大科学发现，在眼皮底下滑走，甚为可惜！人们在实践中发现新的事实，对传统观念提出质疑，然后对新事实作研究，修正传统观念，这是科学发展的通常过程。用传统观念否认人们发现的新事实，这对科学发展的阻碍作用，是显而易见的。唐代天文学家不否认新事实，并能根据新事实怀疑传统观念，为以后的天文学发展提供了珍贵的资料。

唐朝人还到过远离长安几千里的北方地区，他们发现那里"昼长而夕短"[③]。这跟长安夏季昼长夜短不一样，长安夜最短也有八个小时左右。但在

---

① 《旧唐书·天文志》。
② 见陈遵妫：《中国天文学史》第二册第 552 页，上海人民出版社，1982 年。
③ 《旧唐书·天文志》。

那大北方，太阳西落后，晚霞满天，一个羊脾才煮熟，东方已经发白，太阳即将东升，估计夜晚时间只有一两个小时。有的认为这里离太阳出入的地方很近，但古书对此却没有记载。不过，他们忘了《周髀算经》说过："北极之下，六月见日，六月不见日"。六个月中不见日落，长昼无夜。这个大北方应该是离北极较近的地方。越往北方，冬夏昼夜长短变化越大。这种现象用七衡六间的盖图可以给予说明。

在南北朝时的梁武帝之所以支持盖天说，也许因为他获得了北方一些地方的日照情况。他说："四大海之外有金刚山，一名铁围山。金刚山北又有黑山，日月循山而转，周回四面，一昼一夜，围绕环匝，于南则现，在北则隐，冬则阳降而下，夏则阳升而高。高则日长，下则日短，寒暑昏明，皆由此作。夏则阳升，故日高而出山之道远；冬则阳降，故日下而出山之道促。出山远则日长，出山促则日短。二分则合高下之中，故半隐半现，所以昼夜均等，无有长短。"① 金刚山北边有黑山。日月围绕黑山转，转一圈就是一昼夜。日转到黑山南边是白昼，日到山北就是黑夜。冬天，日降低，所以日出山的路程短促，白昼时间短，气温也低。相反，在夏天，日升高，日出山的路途就长，白昼时间也就长，气温也高。在春分和秋分的日子，日处于高低的中间，所以昼夜同样长。这些现象，也是可以用七衡六间的盖图来说明的。

从以上两个资料来看，我们可以作合理的推测：开始创制七衡六间图的人很可能到过北方，到离北极很近的地方，观察过那里的日照情况，才设想出这种图。没有这种实践的人不但想不出这种图，而且对已经创制的这种图也不能理解。这种图，对于浑天家来说，也是无法理解的。浑天说认为昼夜是太阳出入地下形成的。太阳出地上，天下皆昼，入地下，天下皆夜。那么天下各地昼夜长短则是一致的。而现在发现的事实是，大北方那里的夜只有一两小时那么短，是长安地区从来未有的奇异现象。

---

① 见唐·瞿昙悉达《开元占经》卷一明万历丁巳（公元 1617 年）恒德堂藏版。

浑、盖二说都有合理性，也都有缺点。汉末赵爽在注《周髀算经》的序文中提出：浑天说和盖天说"兼而并之，故能弥纶天地之道，有以见天地之赜"。赜，读 zé（责），意即幽深难识的道理相当于奥秘。就是说，浑盖二说结合起来，才能认识天地的奥秘，而赵爽的这一说法开了浑盖合一说的先河。

南北朝梁代崔灵恩有鉴于"儒者论天，互执浑，盖二义，论盖不合于浑，论浑不合于盖"，于是，他提出"浑、盖为一"① 的想法，企图将二说统一起来，但还没有具体的统一办法。过了几十年，信都芳想出了统一浑、盖的具体办法。他撰了《四术周髀宗》，在自序中提出："浑天复观，以《灵宪》为文，盖天仰观，以《周髀》为法。复仰虽殊，大归是一。"② 就是说，浑天说是从上往下看天体，画出来的是俯视图；盖天说是从下向上看天体，画出来的是仰视图。俯视和仰视虽然不一样，但它们所观察的却是同一个天体，因此从大体上说，它们还是一致的。明代中期的哲学家王廷相也认为盖天说"其理实与浑天无异"，并引用了以上这段关于浑、盖二说，殊途同归的论述。王廷相在《玄浑考》中引述这些话时，只说"《南史》曰"③，没有注明是谁说的。他在《雅述》下篇也引用了这段话，而且更加详细一些。

明代万历年间（公元 1573—1619 年），西方耶稣会传教士意大利人利玛窦（Matteo Ricci）传入西方天文学，并制造了多种天文仪器。当时天文学家李之藻（公元 1565—1630 年）观看了利玛窦制造的仪器，认为这种仪器把浑天说和盖天说结合在一起了。这个仪器中的星盘本身就是一种浑仪，说明了浑天说的道理，而它的天盘、地盘则和盖天说七衡图中的黄图画、青图画的意思相同。天盘上的赤道、黄道和所刻的星图，投影方法相当合理，地盘上有曲线作为观测天体出地、入地的界限，相当于青图画的边缘。整个仪器的构造比浑天

---

① 《梁书》卷四八，《南史》卷七一，也有同样记载。
② 《北史·信都芳传》卷八九。《北齐书》卷四九有同样内容，但标点有误。
③ 侯外庐选编《王廷相哲学著作选集》第 139 页，据查《南史》无此文，文在《北史》，王廷相抄引之误，中华书局 1965 年。

仪复杂，比七衡图精密。李之藻从而得出结论说："浑、盖旧论纷纭，推步匪异。"就是说，浑天说和盖天说过去争论了很长时间，而实际上，二者在推算历法方面并没有什么差异。因此，他把利玛窦的对平仪的说明译成《浑盖通宪图说》，意指利玛窦的平仪就是浑、盖二说融合成一体的仪器。

这一时期的哲学家王夫之也认为浑、盖是可以统一的，它们的差别只在于观察角度的不同。"乃浑天者，自其全而言之也，盖天者，自其半而言之也。要皆但以三垣，二十八宿之天言天，则亦言天者画一之理。"① 就是说，浑天说讲天的全体，像个鸡蛋壳。盖天说只讲天的一半，所以天像个伞盖形状的半球面形。如果只讲三垣、二十八宿这些星星，不讲天体形状，那么它们就完全统一了。

不久以后，清初的天文学家梅文鼎（公元 1633—1721 年）撰写了一系列天文著作，其中有一篇叫《论盖天与浑天同异》，文中说：

> 盖天即浑天也，其云两家者，传闻误耳！天体浑圆，故惟浑天仪为能惟肖。然欲详求其测算之事，必写记于平面，是为盖天。故浑天如塑象，盖天如绘象，总一天也，总一周天之度也，岂得有二法哉？然而浑天之器浑圆，其度匀分，其理易见，而造之亦易。盖天写浑度于平面，则正视与斜望殊观，仰测与旁窥异法，度有疏密，形有坱圠，非深思造微者，不能明其理，亦不能制其器，不能尽其用。是则盖天之学原即浑天，而微有精粗难易，无二法也。
>
> 夫盖天理既精深，传者遂鲜，而或者不察，但泥倚盖、覆盘之语，妄拟盖天之形，竟非浑体。天有北极无南极，倚地斜转，出没水中，而其周不合，荒诞违理，宜乎扬雄，蔡邕辈之辞而闢之矣。盖汉承秦后，书器散亡，惟落下闳始为浑天仪，而他无考据，然世犹传盖

————————————

① 《思问录外篇》。

天之名，说者承讹，遂区分之为两，而不知其非也。①

梅文鼎认为浑天说和盖天说一样，天体是浑圆的，用塑象来做模式，就是浑天说，把浑圆的天体画在平面上，就是盖天说。后人不能理解，使它们失去本来面目，引起了很多争议。梅文鼎的这段话是最系统、最完备的浑盖合一说。

浑天说和盖天说在两汉之际进行了一场激烈持久的争论，它们各有合理性，双方都不能完全取代对方。在这种形势下产生了最初的融合思想。这是由注《周髀算经》的赵爽首先提出来的。后来，崔灵恩、信都芳等人继续提倡统一浑盖二说，但在浑天说占统治地位之下，这种统一则很难实现。当利玛窦传入西方天文学以后，浑天说也感到相形见绌了，这才促成了二说的统一。最终是由清初天文学家梅文鼎对二说的统一作了系统的总结。二说统一之后就被新的西方近代天文学所取代，而成为历史。

在科学道路上，常有两种学说互相驳难，旷日持久，始终未能完全取代对方的情况。例如在生物学上有摩尔根学说和米丘林学说的争论，在光学上有微粒说和波动说的争论，在中国的天文学史上，也有盖天说和浑天说的争论。这些争论之所以持久，之所以不能完全否定对方，就因为它们都有自己的合理性，都反映了客观事物的某一方面的性质和规律。最后总是要被一种新的科学体系所取代，而这个新的科学体系吸取了它们各自的合理性，在实践的基础上揭示了自然界更深一层的客观规律，将科学水平提高到新的高度。因此，科学发展道路上，两种学说的长期争论的结果，往往不是一方克服一方，而是互相吸取，形成新的体系，而使争论的双方同归于尽。因此，我们对已经被实践证明是错误的学说也不要采取简单方法加以全盘否定，而要采取辩证的扬弃。

郑文光认为：提出浑盖合一的理论是孔孟之徒耍出的新花招。他说："盖

---

① 梅文鼎《历学疑问补》卷一，见《梅氏丛书辑要》卷四九，清同治十三年（公元 1874 年）承学堂刻本。

天说毕竟比不过浑天说。于是，有的孔孟之徒又要出新的花招。从南北朝起，出现了'浑盖合一'的理论，想把浑天说与盖天说合二而一。"① 后面点到"北齐的信都芳"和"梁朝的崔灵恩"。如果说崔灵恩是孔孟之徒，那还多少沾点边，尽管他与孔孟相距千年左右，他毕竟还"通《五经》，尤精《三礼》、《三传》"②。崔灵恩既然都能精通儒家经传，实不愧为"孔孟之徒"。但是，信都芳"精心研究"算术和天文学，只是"欲抄集《五经》算事为《五经宗》"③，想把《五经》中有关算术的内容抄出来，集成一本。这只是想法，也没有实现。仅此一端，再也找不到他与儒家的瓜葛了，何以也成了孔孟之徒呢？至于天文学家赵爽、梅文鼎和唯物主义哲学家王廷相、王夫之，都主张浑盖合一说。即使他们都是孔孟之徒，也很难说他们在耍什么新花招。我们认为，之所以产生"浑盖合一"说，是由于浑盖有各自的合理因素，不能仅仅归之于政治思想的原因。把学术争论归因于政治影响，难免会使问题复杂化，而且往往失之偏颇。文章千古事，得失寸心间。我们撰写科学论文应当有科学的态度，为后代留下比较实事求是的精神财富。

四、宣夜说

（一）宣夜说及其产生时代

三国时的学者蔡邕说："宣夜之学，绝无师法。"《晋书·天文志》记载着宣夜说的基本观点。全文如下：

---

① 郑文光：《试论浑天说》，见《中国天文学史文集》第138—139页，科学出版社，1978年。
②《梁书·儒林·崔灵恩传》。五经指《易》、《尚书》、《诗经》、《春秋》、《礼》。三礼指《仪礼》、《周礼》、《礼记》。三传指《春秋》三传，为《春秋》作注疏的著作，即《左传》、《公羊传》、《谷梁传》。
③《北史·艺术·信都芳传》。

宣夜之书亡，惟汉秘书郎郗萌记先师相传云："天了无质，仰而瞻之，高远无极，眼眚精绝，故苍苍然也。譬之旁望远道之黄山而皆青，俯察千仞之深谷而窈黑。夫青非真色，而黑非有体也。日月众星，自然浮生虚空之中，其行其止，皆须气焉。是以七曜或逝或住，或顺或逆，伏见无常，进退不同，由乎无所根系，故各异也。故辰极常居其所，而北斗不与众星西没也。摄提、填星皆东行，日行一度，月行十三度，迟疾任情，其无所系著，可知矣。若缀附天体，不得尔也。"①

这是保存宣夜说观点的唯一资料。《隋书·天文志》只引到"北斗不与众星西没也"，文字也略有出入。"摄提"以后没录。"摄提"是星名，属二十八宿中的亢宿，是恒星。"填星"是土星。摄提与填星是不一样的，填星有东行，摄提不存在东行的问题。《隋志》也许因此不录后面几句话。《太平御览》卷二录这一段话时，"摄提、填星"四个字变成"七曜"两个字，从文意上说可能是正确的，因为据《史记·天官书》记载，岁星即木星其别名也叫"摄提"。但不知是编录者更正的，还是另有所本。《太平御览》录这段话时，上冠"抱朴子曰"。今本《抱朴子》内外篇均无此文。《晋志》、《隋志》引此文都没有指明出于"抱朴子"。这些细节问题有待于继续考证，不过，这些问题无关大局。从以上资料，我们可以了解到宣夜说的基本观点有两个方面：一是"天了无质"，二是日月星"无所根系"。

"天了无质"，就是说天是无体无质、无色无极的，是充满气的无限空间。它认为，人们所看到的苍天，不是带有苍色的天体，而是人的眼睛远望带气的空间所产生的错觉。人们的日常生活中也有这种错觉，例如眺望远处的黄土山，似乎是青色的，俯瞰深谷，似乎是黑色的。这里是从人的实际经验中来推论苍天是无色无体的，所谓"苍天"只是人们的错觉。这种说法否定了盖天说和浑天说关于天有体的观点。从现在来看，这种观点无疑是更正确的。

---

① 《晋书·天文志》。

日月星"无所根系"。既然天没有体,只是空间,日月星就只好悬于空中。它们为什么不会掉下来呢?那是因为有气承托着,并在气的推动下作各自不同的运行。日一天走一度,月一天走十三度,五星有时走,有时停,有时顺行,有时逆行,有的消失,有的出现,许多星东升西落,北极星却不动位置,北斗星虽然也运行,但不跟别的星一起隐没于西方。日月星不是附着在一个天体上,它们才有这么多差异,如果都镶嵌在一块固体上,怎么会有这些不同呢?这是从天体运行的"异"的方面来说明的。

宣夜说产生于什么时代呢?先秦没有任何记载,就是司马迁的《史记·天官书》和班固的《汉书·天文志》也都没有这方面的记载①。梁代沈约(公元441—513年)撰《宋书·天文志》时收录东汉灵帝时的议郎蔡邕于朔方上书中提到论天体的三家,第一次将宣夜说和盖天说、浑天说并称,说明在蔡邕之前,宣夜说曾经盛行过一段时间。蔡邕又说:"宣夜之学,绝无师法。"说明已经不流行了。

西汉末,扬雄和桓谭讨论天文学时,只是盖天说和浑天说的争论,没有宣夜说的任何观点。扬雄在《法言·重黎》中也只提到盖天和浑天。扬雄有"难盖天八事",从未提及宣夜说。可见,直至西汉末,宣夜说尚未诞生。

东汉初,王充在《论衡·谈天篇》中批评过天是气的观点,这跟宣夜说的第一个观点:"天了无质"相一致。他在《论衡·说日篇》中批评过另一种观点是:"日月之行,不系于天,各自旋转。"这与宣夜说的第二个观点正相合。这两个观点当时似乎还没有什么联系,王充是在两个不同的场合提到的。天是气的观点,跟神秘性相联系,而日月自行的观点又与"天左旋"相联系。这些观点即使与宣夜说有联系,那么它们也许是宣夜说的先声,或者是还没有形成完整体系的宣夜说观点。

我们从《黄帝内经》中也可以看到宣夜说的某些思想痕迹。例如,《六微

---

① 《宋书·天文志》:"天之正体,经无前说,马《书》、班《志》,又阙其文。"

旨大论篇》云："天之道也，如迎浮云，若视深渊，视深渊尚可测，迎浮云莫知其极。"① 这里对天的看法，比作"迎浮云"，"视深渊"，又说是"莫知其极"。这些说法与郗萌所传的宣夜说颇相近。又如《五运行大论篇》载：黄帝问：地是最下的吗？岐伯说：地只是在人的下面，在太虚的中间。黄帝又问：太虚是空的，地是怎么停在中间的呢？岐伯说："大气举之也。"② 太虚充满大气，大地浮在其中，可想而知，日月星也只能飘浮在其中。这种观点与宣夜说观点相一致。《黄帝内经》大约成书于战国时代，至迟不晚于西汉中期。宋朝嘉祐年间（公元十一世纪），高保衡、林亿等认为《素问》第七卷早已亡失，直至隋朝，全元起所注本也没有第七卷。到了唐朝，王冰自己说得到旧藏的第七卷，予以补齐。高保衡、林亿等人表示怀疑，原因是这第七卷的七篇文章"篇卷浩大，不与《素问》前后篇卷等，又且所载之事，与《素问》余篇略不相通。"③ 他们以为这七篇是《阴阳大论》的篇章。张仲景《伤寒卒病论集》云："撰用《素问》、《九卷》、《八十一难》、《阴阳大论》、《胎胪药录》，并平脉辨证，为《伤寒杂病论》合十六卷。"④ 说他写《伤寒论》时参考了以上这些古代医药书籍。可见，《素问》和《阴阳大论》是两本书。这七篇又都称"大论"：《天元纪大论》、《五运行大论》、《六微旨大论》、《气交变大论》、《五常政大论》、《六元正纪大论》、《至真要大论》。又多谈阴阳之气。他们以为这是《阴阳大论》的篇章，被唐代王冰补入《素问》第七卷，确实有道理。张岱年先生认为："《大论》七篇，可能晚些，至迟是后汉中期的作品"。⑤ 后汉中期正可能是宣夜说形成完整体系并广泛流行的时期。

综上所述，我们认为直至西汉后期，宣夜说尚未出现。到了东汉前期才有宣夜说的某些观点，中期才形成系统的宣夜说并产生过广泛的影响。东汉后

---

① 《黄帝内经·素问》。
② 同上。
③ 同上书，第6—7页，人民卫生出版社1963年六月第一版王冰序新校正语。
④ 《注解伤寒论》，第7页，人民卫生出版社，1963年。
⑤ 《中国哲学史史料学》第114页，生活·读书·新知三联书店，1982年。

期，张衡完善了浑天说体系，古老的盖天说受到猛烈冲击而退居下流，宣夜说不堪一击，以致失传。与张衡同时代的郗萌[①]保存了宣夜说的一些资料。宣夜说虽已失传，它的影响仍然留在人们的记忆中，因此，蔡邕还把它跟浑天、盖天并列，称为论天体的三家之一。

（二）宣夜说的影响

宣夜说认为天没有形体，只是无穷无尽的空间，日月星辰不附着在天体上，只是随着气在空间自由浮动。这些说法无疑是十分高明的。它否定了天是一整块固体的说法，从这一点来说，它比浑天说、盖天说都更合理一些，更接近于现代天文学的认识。

宣夜说也有一些不足之处。例如，它承认"日行一度，月行十三度"，也就承认了日月是从西向东旋转的，即右旋。那么，人们为什么每天看到日月都从东向西旋转、即左旋呢？这种天象本来是由地球自转引起的，古人不知道地球自转，以为是天体在旋转，所以提出"天左旋"，即从东向西旋转，日月星辰都被天体带着旋转。这种说法虽然不正确，它却以曲折的形式反映了地球自转的自然现象。浑天说和盖天说都是根据这个天体旋转理论来解释天象，来预报日月之食，来制订历法、检验历法的准确性。很显然，中国古代历法的进步跟天体假说是有密切联系的。而宣夜说却无法解释全天的恒星每天整齐地从东向西运行一周的现象，也不能说明二十八宿的排列位置为什么长期不变，北斗星和北极星的位置关系为什么那么稳定。日月五星（所谓"七政"）虽然运行情况各不相同，但它们都有自己的运行轨道和周期，都是有规律的。这也是宣夜说所解释不了的。对于天体运行，宣夜说强调了"异"而忽视了"同"，看到了天体（指日月星）运行的特殊性，多样性，否定了统一性。这样，它就

---

① 郗萌生卒年不详《晋书·天文志》称他是"汉秘书郎"。《中国天文学简史》第 69 页（天津科技出版社 1977 年版）称他"比张衡略早"，而李约瑟认为他"很可能与张衡同时而年纪略小"。（《中国科学技术史》第二十章第四节第 113 页，科学出版社 1975 年汉译本。）

无法认识天体运行规律，也就不可能制订历法。历法产生于天体运行的规律性。也就是说，当时如果只信宣夜说，也许中国古代就不可能产生历法。从这一个角度来说，盖天说和浑天说采用天体的错误假说而制订出日益精确的历法，比起宣夜说这种比较正确而无实用价值的学说来，似乎更有实际意义一些。人们宁要错误而有用的理论，也不要正确而无用的学说。正因为这样，比较正确的宣夜说不受人们重视，不久就"绝无师法"，而比较有用的错误假说却得到很大发展。在生物进化中的"用进废退"的现象，也出现在天文学和其他科学的发展进程中。

历史上的任何思想体系都不是绝对谬误的，都有一定的合理性，因此会在一定的历史时期或在某一部分人中广泛流行。由于它也不是绝对正确的，总包含着不同程度的谬误，因此也会在一定的历史时期被某些人所抛弃。社会实践是检验真理的唯一标准。任何时期、任何地区的局部实践都不能对一种思想体系（或学说）作出最后判决。宣夜说"绝无师法"，在东汉末年就被当作废品处理了。臭腐是可以化为神奇的，被天文学抛弃的宣夜说，却被哲学家拣回去当作宝贝。于是，宣夜说的观点后来就在哲学界流行了。

关于天是气的观点，以后的哲学家经常提到。例如，晋代张湛注的《列子·天瑞篇》有"天，积气耳"的说法，张湛注文有"自地以上，皆天也"之语。杨泉在《物理论》中说："夫天，元气也，皓然而已，无他物焉。"并且明确说："天无体"，象"烟在上"。他用宣夜说的观点批评浑天说和盖天说。他说："浑天说天，言天如车轮，而日月旦从上过，夜从下过，故得出卯入酉；或以斗极难之。故作盖天，言天左转，日月不（应为"右"）行，皆缘边为道。就浑天之说，则斗极不正；若用盖天，则日月出入不定。"杨泉认为浑天说不能说明北极为什么在偏北的方向上，盖天说不能解释日月出入的地方变化，都是有缺陷的，只有主张天是气的宣夜说才是完美无缺的。唐代柳宗元在答屈原《天问》的《天对》中说：天是"宏离不属"的，不是一个整块固体，而是"漭弥非垠"的，是无边无际的苍茫太空。他还说：日月星辰，"太虚是属"，就在太虚中浮动。北宋道学家张载认为"太虚无体"、"太虚即气"①，日月星辰以至万物都是由气聚合而成的，而且还会离散于太虚之中而还原为气。而后几十年，马永卿所著《嬾真子》卷一中说："盖天，积气耳。"又过几十年，南宋理学家朱熹说："天积气"，"星不是贴天，天是阴阳之气在上面"。还说："地便只在中央不动，不是在下。"② 天就是在地周围运转的阴阳之气，日月不是贴在天上，而是浮在阴阳之气中。明代中期的思想家何柏斋认为"地上虚空处皆天"，王廷相说这种观点"恐非至论矣"③。但是，尽管有反对者，从汉以后的许多哲学家接受了天是气的观点，为唯物主义的气一元论的建立和发展，起了促进的作用。气一元论是唯物主义本体论的主要形式。宣夜说与它是合拍的，或者说，宣夜说为它提供了可贵的思想资料。

当然，后代人对宣夜说的认识和理解也有不妥之处。例如东晋时代，会稽虞喜根据宣夜说，提出《安天论》④。《安天论》认为："天高穷于无穷，地深测于不测。天确乎在上，有常安之形；地魄焉在下，有居静之体。当相覆冒，方则俱方，员则俱员，无方员不同之义也。其光曜布列，各自运行，犹江海之有潮汐，万品之有行藏也。"这里说天是无穷高的，日月星辰这些光曜都是各自运行的。都是宣夜说的观点。但它又说天有"常安之形"，确实存在于上面。并且说天的形状跟地是相应的，"方则俱方，员则俱员"。很显然，这些说法与宣夜说的基本观点又是相违背的。葛洪也发现其中矛盾，他说："苟辰宿不丽于天，天为无用，便可言无，何必复云有之而不动乎？"意思是说，如果星辰不附着在天体上，那么天对星辰运行就不起任何作用，讲星辰运行时就可以不说天，何必说天存在而又说它不动呢？《晋书·天文志》的撰作者对葛

①《正蒙·参两篇》。
② 见《性理精义》卷十引。
③ 见《古今图书集成》卷五引。
④《晋书·天文志》："成帝咸康中，会稽虞喜因宣夜之说作《安天论》。"《太平御览》卷二引《安天论》云"宣夜之法绝灭，有意续之而未违也。"后来受别人影响而作《安天论》。《御览》和《晋志》所引《安天论》差别不小，说明唐宋所见的版本有很大差别，此处多据唐时所撰《晋志》引文进行分析。

洪的说法很赞赏，说是"知言之选"。同时，《晋志》将《安天论》和虞耸的
《穹天论》、姚信的《昕天论》一起列入"好奇徇异之说"。总之，《安天论》
不能完全理解宣夜说，又跟盖天说相掺合，形成不伦不类、自相矛盾的思想
体系。

宣夜说认为日月星辰不是附着在天体上的，而是悬浮在虚空中自由运行
的。这就可以想象，它们在虚空中的高度是不一致的，根据这一点，清代有人
说："今西人言日月五星各居一天，俱在恒星天之下，即不缀附天体之谓。意
其说或出于宣夜欤？"① 仅从这一点，就说西方天文学出于宣夜说，根据是不
足的。西方的九重天说认为天象水晶球那样透明的固体，共有九层，日月五星
各居一层，二十八宿居第八层天，在上面还有一层天，叫宗动天。这与宣夜说
天无形质的观点截然不同。中国古代虽然也有九天的说法，但与西方的九天说
也不一样。"九天"只是偶然巧合，从内容上看，二者也很不相同。屈原的九
层盖，《淮南子》的八方中央九块天，与西方九层球不同。由此可见，凡事不
能只看表面形式、只看名号，要具体分析研究其具体内容，发现其中内在的本
质联系，这样才能真正发现真理。

关于宣夜说的名称。为什么叫"宣夜"呢？过去有几种猜测。一说是，
"宣夜，或人姓名，犹星家有甘石也。"② 战国时代，楚人甘德著有《星占》
八卷，魏人石申著有《天文》八卷，后人把他们的著作合编成一书，题为
《甘石星经》，简称《星经》。从这里联想到宣夜说，"宣"是姓，"宣夜"也
许是宣夜说创始人的名字。二说是，"宣，明也；夜，幽也。幽明之数，其术
兼之，故云'宣夜'。"③ 研究白天黑夜变化规律的学说，叫宣夜说。清代邹伯

———————

① 《调燮类编》，《海山仙馆丛书》，第八函，第 46 册，道光丁未镌，1847 年。王云五主编的《丛
书集成》初编 0211 收入此书，误为宋赵希鹄著。《海山仙馆丛书》不署著者，与署赵希鹄著的
《洞天清录集》合在一册，以此致误。《调燮类编》引述元马端临《通考》、明王逵《蠡海集》，
并详细介绍了西方天文历法，认为"西人精于天文，其历法较中法尤为缜密。"这只能是明清时
代的作品，不可能是宋人赵希鹄所著。
② 虞喜：《安天论》，见《太平御览》卷二。
③ 同上。

奇在半夜时候观测中星，有客人来找他，他说："宜劳午夜，斯为谈天象之宣夜乎？"就是说，宣夜意思是指宜劳午夜。那么，宣夜说就是以晚上观测星辰为中心工作的一个天文学派别。

以上三说，均以某点根据提出的猜想，无可靠的史料根据，所以，只能录以备考，难成定论。

综上所述，天说体系以论天三家为影响最大。盖天说出现最早，在汉代以前占统治地位，后来在神话、迷信、文艺中还有相当大的影响。浑天说出现于汉代，它的天地模式与现代球面天文学相类似，有许多合理性，能用实验证明，能预告日食、能正确说明月食，对制订历法有指导作用。由于它有较多的科学性，它在汉代以后一直统治着天文学界，到西方近代天文学传入，才逐渐被取代。盖天说和浑天说各有长处，在天文学界长期争论，都不能完全取代对方。最后产生了浑盖合一说，并与西方天文学相融合，形成了今天的统一的天文学。宣夜说虽然在制订历法方面没有什么使用价值，但它指出天没有形体，只是气推动着日月星辰，比浑、盖都更为正确。它的见解被理论思维水平较高的哲学家所吸收，产生了广泛深远的影响。它与古代唯物主义的气一元论相呼应，受到中外哲学家、科学家高度赞扬。著名的科学技术史专家李约瑟博士说："这种宇宙观的开明进步，同希腊的任何说法相比，的确都毫不逊色。亚里士多德和托勒密僵硬的同心水晶球概念，曾束缚欧洲天文学思想一千多年。中国这种在无限的空间中飘浮着稀疏的天体的看法，要比欧洲的水晶球概念先进得多。虽然汉学家们倾向于认为宣夜说不曾起作用，然而它对中国天文学思想所起的作用实在比表面上看来要大一些。"[1] 有的说："就宇宙理论来说，宣夜说是达到很高的水平的。""在人类认识宇宙的历史上，宣夜说无疑应该占有重要的地位。"[2]

---

[1]《中国科学技术史》第二十章第四节，第115—116页，科学出版社，1975年。
[2]《中国天文学简史》，第70页，天津科学技术出版社，1979年。

第八章 天人关系

以上探讨了古人对天地认识的发展。天地跟人的关系问题，古人也进行过长期的探索。这就是所谓天人关系学说的发展过程。天人关系学说的发展过程，跟社会制度的变迁和自然科学的进步都有密切的关系，跟哲学思维水平也是紧密相联的。因此，这一学说的发展过程，既反映了各个历史时期的社会状况和自然科学的发展水平，也反映了各个时期哲学理论所达到的不同程度。这一问题，实际上就是人类和自然界的关系问题，也是认识主体和客体的关系问题，同时也包括人与人的关系问题。

人与人的关系不是本书所能详论的。本书只是在论述天人关系中涉及到它。关于天人关系，按先后发展顺序，大体上可以分为以下六个阶段。

一、天命论

（一）天命论的产生及其意义

远古时代，由于生产力极端低下，人们在自然界面前无能为力，以为自然力是一种不可抗拒的力量，产生了对自然现象的敬畏思想。他们以为这些自然现象是由背后的神灵支配着的，于是产生了自然神。《山海经》讲到黄帝与蚩尤战争时说："蚩尤请风伯、雨师，以从大风雨。"[1] 风伯、雨师就是古人想象中主管风和雨的神。打雷、闪电、洪水、大火、日、月，甚至连一年四季的变化也是由神主宰的。还有动植物的神，这就形成了远古时代的多神崇拜。各个部落都崇拜一种神，就是象征本部落的图腾。古称黄帝号"有熊"，这个部落可能就是以"熊"为图腾的。

开始有许许多多部落，也有许许多多神。后来由于部落之间的战争，有些部落联合起来，例如，轩辕氏联合以"熊罴貔貅虎"[2] 为图腾的各部落，打败了炎帝、蚩尤等部落，形成了一个统一的局面。随着部落的统一，多神也归于一神。就象"埃斯库罗斯、索福克勒斯和柏拉图就从先前的粗糙的多神教中创造出一个单一的、至高无上的、正义的宙斯来"[3] 一样，中国古代在漫长的年代中，也创造出一个单一的，至高无上的、正义的神——"天"来。从思维的发展来看、从部落图腾的粗糙的多神论到天命论，认为自然界和人类社会由一个"天"来主宰，第一次探讨了宇宙统一性的问题。尽管在我们现在看来它是极其荒谬、幼稚的；但不可否认，它在人类思维发展史上是有重大意义的。

这个统一的神，殷商时代叫"帝"或"上帝"，周朝称为"天"或"天命"，我们把这些观点合称为原始的"天命论"。这是把宇宙统一于有意志的上帝，即天命。这当然首先是统治者为了巩固自己的统治地位而创造出来的，但从客观条件来看，这也有必要。

在远古时代，人们都处于愚昧无知的状态下，没有什么科学的理论，那时也不可能产生什么高深的科学理论。用什么思想可以调动群众、组织力量，与

① 《山海经·大荒北经》，袁珂：《山海经校注》第 430 页，上海古籍出版社 1980 年。《史记》集解、《艺文类聚》、《太平御览》都引用这条资料。
② 《史记·五帝本纪》。
③ 英国 W·C·丹皮尔：《科学史及其与哲学和宗教的关系》，第 46 页，商务印书馆，1975 年。

外界力量作斗争呢？也就是说，用什么力量可以把人们组织成一个社会以保存和发展人类呢？当时社会中出类拔萃的人物利用人们对自然现象的畏惧心理，编造出"天命论"来，说什么"天"是主宰一切的，最高统治者是天的儿子，叫"天子"，天子是奉天之命来统治人间的。这就是所谓"神道设教"，而创造这种方法的人被称为"圣人"。很显然，"天命论"正是在当时那样的社会存在上产生的并与之相适应的上层建筑。天命论在当时社会条件下起过进步的作用，是有积极意义的。

（二）天命论的演变

统治者创造天命论以后，就利用天命论来欺骗人民，巩固自己的统治。由于阶级压迫和剥削的加剧，阶级矛盾激化了，统治阶级内部就产生分化，各集团之间就展开了激烈的斗争。他们也都采取了天命论作为他们的思想武器，利用天的权威来动员人民，组织人民。例如，商汤要推翻夏朝统治的时候，就宣称："有夏多罪，天命殛之"，"夏氏有罪，予畏上帝，不敢不正。"[①] 这里的"上帝"也就是"天命"。西周要进攻商朝统治者时，也一样打着"天"的旗号，声言"非我小国敢弋殷命，惟天不畀"，"我乃明致天罚"[②]。不是我这个小国家敢于取代殷商的统治，只是上天不给殷商政权，我是代表上天来惩罚他们的。如果谁不去攻打殷商，就是违背了上天的意志，那么，"予亦致天之罚于尔躬"[③]，我们就要代表上天来惩罚你们。西周奴隶主集团就是这样发动奴隶去反对殷商的。危在旦夕的殷纣王也用天命作为自己的精神支柱，说什么"我生不有命在天"[④]，明智的商臣祖伊眼看商朝统治，土崩瓦解，不可收拾，只好哀叹"天既讫我殷命"[⑤]，实在无可奈何。获得胜利的周朝统治者则说：

①《尚书·汤誓》。
②《尚书·多士》。
③ 同上。
④《尚书·西伯戡黎》。
⑤ 同上。

"天命靡常"①，"皇天无亲，唯德是辅"②。他们称周文王"受天有大命"，刻在《大盂鼎》上，并且"祈天永命"③，希望上天保佑他们永远统治人民。可见，在统治阶级内部各派之间的相互斗争都利用"天"的权威作为自己的精神支柱。在夏、商、周那样的奴隶社会里，社会政治斗争主要是统治阶级内部的斗争，因为奴隶"甚至在历史上最革命的时机，还是往往成为统治阶级手下的小卒"④。由于奴隶的愚昧和落后，使天命论的流行成为可能，在这种意义上说，天命论的产生和流行也是合理的。这时期的天命论是各个政治集团都可以利用的精神武器。

夏朝统治者跟民处于对立状态，总是提心吊胆。他们说："予临兆民，懔乎若朽索之驭六马。为人上者，奈何不敬？"⑤ 面对老百姓，象用朽索拉着六匹马驾车，十分小心。而商朝统治者搬出天来监视民，"天监下民"⑥。西周统治者在推翻商朝统治的斗争过程中，看到了民的力量，实际上也依靠了民的力量。他们最早把"民"和"天"联系起来，认为，天是顺从民的欲望的，"民之所欲，天必从之"⑦。"天视自我民视，天听自我民听。"⑧ "天惟时求民主"⑨，天的意志和民的愿望是一致的，要知道天的意志就要注意考察民的愿望，因此，应该把民情、民意作为自己的政治镜子，"人无于水监，当于民监。"⑩ 这种重民的思想是社会生产和阶级斗争发展的产物，它的产生带有必然性，表明了民的社会作用日益增大，受到一些比较开明的统治者在某种程度上的重视。这种重民思想在以后的思想家中还经常出现过，例如说："夫民，

---

① 《诗·大雅·文王》。
② 《左传》僖公五年引《周书》文。
③ 《尚书·召诰》。
④ 《论国家》，见《列宁全集》第 29 卷，第 422 页。
⑤ 《尚书·五子之歌》。
⑥ 《尚书·高宗肜日》。
⑦ 《左传》昭公元年引《泰誓》语。
⑧ 《孟子·万章上》引《泰誓》语。
⑨ 《尚书·多方》。
⑩ 《尚书·酒诰》。

神之主也，是以圣人先成民而后致力于神……于是乎民和而神降之福。"① "国将兴，听于民；将亡，听于神。"② 墨子认为"天"是"爱天下之百姓"的，所以，"兼相受，交相利"是表达了"天意"的。"顺天意者，……必得赏；反天意者，……必受罚。"③ 战国时代的孟子提出："民为贵，社稷次之，君为轻。"④ 孟子这种"民为贵"的思想对后代有广泛深远的影响。

综上所述，在先秦时代，有两种"天"：一种"天"和最高统治者联系在一起，"天子"是"天"的意志代表，"大人者与天地合其德"⑤；另外一种"天"是和"民"联系在一起的，民心所向代表着上天的意志。这两种对"天"截然相反的看法，可以说是这一时期的社会阶级矛盾的反映。从认识论上说，这两种看法都是错误的，但在那个历史时期，把"民"和"天"相联系，提倡重民，爱民的民本主义思想，还是有一定进步意义的。

在春秋末期，一些思想家仍然借用"天"来宣传自己的主张，例如当时的"显学"儒家和墨家就是这样。儒家创始人孔子把所谓"天命"列为三畏之首，同时声称自己是"知天命"的。墨家创始人墨子也是这样，他认为天的意志是"不可不顺"的，而天的意志谁能知道呢？他直接了当地说："我有天志。"⑥ 这里也讲"天命""天志"，却跟过去有所不同。原来，只在"天子"那里才有的"天命"，这时却掌握在不是最高统治者的"圣贤"手中。韩愈在《原道》一文中的所谓"道统"，是以周公为界限，"由周公而上，上而为君"，即指尧、舜、禹、汤、文、武。"由周公而下、下而为臣"，即指孔子、孟子。实际上，"天命"所在，也是这样。最高统治者垄断一切的时代过去了，所以孟子提出武王伐纣是"诛一夫纣"，不算臣子"弑君"⑦。从而打

①《左传》桓公六年引季梁语。
②《左传》庄公三十二年引史嚚语。
③《墨子·天志上》。
④《孟子·尽心下》。
⑤《周易·乾文言》。
⑥《墨子·天志上》。
⑦《孟子·梁惠王下》。

破最高统治者对"天命"的垄断。在这种意义上说，孔子讲天命，墨子论天志，也都是有进步意义的。

不过，孔、墨论天并非企图与天子相对抗，也就是说，其目的不是要破坏天子的统治，恰恰相反，他们是要巩固当时社会制度，力图使之更加完善。"孔子栖栖，墨子遑遑"都是为了"忧世济民于难"①。他们为统治者服务的方式是与众不同的。正如鲁迅所说："据说天子的行事，是都应该体贴天意，不能胡闹的；而这'天意'也者，又偏只有儒者们知道着。这样，就决定了：要做皇帝就非请教他们不可。"② 可见，宣传天命论的学者原来也都是想当帝王师的，只是想用自己的理论为统治阶级服务罢了。因此，他们的天命论即使有点进步意义，也是极其有限的。

社会存在决定社会意识，一种社会意识一旦形成，它就具有相对的独立性，它的发展也有本身特殊的规律性。天命论开始认为天是有意志的，孔子强调天命的作用，把它说成是不可抗拒的客观必然，不以任何人的意志为转移。他说："道之将行也欤，命也；道之将废也欤，命也。公伯寮其如命何？"③ 他的道能不能实行是由天命注定了的，公伯寮能对天命怎么样？ 子夏转述孔子的话说："死生有命，富贵在天。"④ 死生富贵也都是由天命决定的，那么，人就无能为力了。孟子说："天也，非人之所能为也。莫之为而为者，天也；莫之致而至者，命也。"⑤ 他也认为天命是不以人的意志为转移的。儒家虽然认为天命可畏，无法抗拒，但他们还要力求"知天命"，并且积极行动，"知其不可而为之"⑥。这里实际上有两点值得重视：一是儒家多少表现了人的一种主观能动性，有积极进取的思想。二是儒家讲的天命是一成不变的，实际上在

---

① 《论衡·定贤篇》。
② 《鲁迅全集》第三卷《谈皇帝》。鲁迅所说的"儒者"指秦汉以后的儒者。在先秦，既无"皇帝"，讲"天命"也不限于儒家。
③ 《论语·宪问》。
④ 《论语·颜渊》。
⑤ 《孟子·万章上》。
⑥ 《论语·宪问》。

强调天命的时候，已经否定了天是有意志的，即否定了人格神的上天。使天命论向客观必然性、规律性接近。

总之，天命论在上古三代到春秋战国时期，经过一系列的演变过程，有多种不同形态，各有自己的社会意义，不能一概而论。

（三）天命论的衰落

天命论在夏、商、周三代曾经盛行过，后来就逐渐衰落了。衰落的原因约有三个重要方面。

第一个方面就是人们对天不信赖、不理睬。以前，一切问题都以为是天安排的，做好事，天会赐福，做坏事，天会降灾。但是实际上，天命论跟社会生活不能相应。人们根据自己的经历，渐渐动摇对"天"的信仰。有的说："天不可信"①，有的说："昊天不傭"、"昊天不惠"、"昊天不平"②。还有的说："天命不彻"③，"浩浩昊天，不骏其德"④。也就是说，一些人开始认为上天是不公平的，不道德的，不守信用的。因此，上天不值得信赖。

人们不信赖上天，那么，如何看待人世间的不平等现象呢？为什么有贫富贵贱呢？人们只好从实际生活中去寻找原因。他们在生活中发现一些现象的因果关系。如说："下民之孽，匪降自天"⑤，因此，他们"各敬尔身"，"不畏于天"⑥。老百姓的痛苦不是上天降下来的，所以不怕上天，自己处理好自己的事。天有自己的规律，"天道皇皇，日月以为常。"⑦ 天和人没有直接关系，"天道远，人道迩，非所及也。"⑧ 人世间的吉凶祸福，跟上天无关，都是自己

---

① 《尚书·君奭》。
② 《诗·小雅·节南山》。
③ 《诗·小雅·十月之交》。
④ 《诗·小雅·雨无正》。
⑤ 《诗·小雅·十月之交》。第447页，中华书局。
⑥ 《诗·小雅·雨无正》。
⑦ 《国语·越语下》。
⑧ 《左传》昭公十八年。

的行为招来的，"祸福无门，唯人所召。"① 人世间的祸福是人们在平时生活中逐渐酝酿而成的，"积善之家，必有余庆；积不善之家，必有余殃。臣弑其君，子弑其父，非一朝一夕之故，其所由来者渐矣。"② 经常做好事的人家，一定会有值得庆贺的幸福。经常干坏事的人家，也一定会遭受祸殃。这里讲的是社会生活中的因果关系，不是后来佛教讲的因果报应。在国家中，做官的杀国王，在家庭中，儿子杀父亲，这都是最大的乱子，这也是逐渐酝酿出来的，不是突然发生的偶然事件。在这一问题上，古代一些思想家已经摆脱天命论的束缚，通过生活经验来分析社会现象。人们对天的不信赖，已经发展到不理睬。这是天命论衰落的第一种因素。

第二是道家的"道法自然"的理论对天命论起着破坏作用。

商朝称"帝"，周朝称"天"，都是有意志的上帝，也称天命。《老子》提出"道"这个范畴作为宇宙的本原，凌驾于天、帝之上，它说："有物混成，先天地生。……可以为天地母。吾不知其名，字之曰道。"③ 比天地还要早就产生了，这就是道。"吾不知谁之子，象帝之先。"④ 我不知道它是谁生的，只知道它在帝以前就有了。帝、天是古代人崇拜的对象，道在天之上、帝之先，那么，是不是说道就更神了呢？不是的，《老子》称"道法自然"⑤。道效法自然。一切现象都是自然的，没有神的主宰。这就从根本理论上推翻了天命论。后来，道家学派的另一代表人物庄周也说：道是"自本自根"的，"未有天地，自古以固存"，它是从来就有的，在没有天地的时候，它就已经存在了。"神鬼神帝，生天生地"⑥，比帝和鬼都神通广大，能够派生天地。这样，道也压过帝和天，极力贬低天命上帝的地位。《老子》讲："天法道，道法自

①《左传》襄公二十三年。
②《周易·坤文言》。
③《老子》二十五章。
④《老子》四章。
⑤《老子》二十五章。
⑥《庄子·大宗师》。

然。"那么，天也应该是法自然的。《庄子》则明确地把天跟自然现象相联系，他说："其有夜旦之常，天也。"① 昼夜变化，是属于天。《庄子》又说："牛马四足，是谓天。"② 牛和马有四条腿，这是天。一切自然现象都是天，天也就是自然的。天是自然的，就不是人格神，就没有人的意志。整个天命论就失去理论基础。在《庄子》的思想中，天和人的关系，已经不是世界主宰者上帝跟被主宰的人的从属关系，而是自然和人为的关系。牛马四足是自然的，就叫天；穿牛鼻，断马腿，这是人为。天是自然的，是被改造的对象；而人是改造者，要改造天然的东西。《庄子》的这一包含一些革命性因素的理论对后来的唯物论者有很大的影响。但是，道家提倡人们也要象天道那样自然无为，消极适应，反对积极进取，则是落后的。

第三是哲学的发展和科学的进步，激烈地冲击了天命论。

荀子吸取了道家的思想，也把自然的现象称为天，如他把人的感觉器官称作"天官"，把感官感觉功能称为"天职"，还有所谓"天功"、"天情"、"天君"、"天养"、"天政"，也都是这个意思。总之，"皆知其所以成，莫知其无形，夫是之谓天。"③ 所谓"天"就是非人为的、自然的意思，现在所谓"天赋"、"天然"、"天生"一类词语作为"自然"的同义词沿用至今，它们仍然保留着两千多年前的思想痕迹。

荀子在吸取前人思想的同时，对道家思想的消极面作了批判。他批评《老子》"有见于诎，无见于信。"④ 只知道屈，不知道伸。批评庄子"蔽于天而不知人"⑤。只看到自然，要人顺从自然；没看到人应该发挥自己的作用来改造自然。在这方面，他吸取了儒家的积极进取的思想，而抛弃它的天命论。他认为要依靠自己的奋斗，而不是等待上天的恩赐，才能不断进步，"君子敬

---

① 《庄子·大宗师》。
② 《庄子·秋水》。
③ 《荀子·天论》。
④ 同上。
⑤ 《荀子·解蔽》。

其在己者，而不慕其在天者，是以日进也。"① 在生产力迅速提高、社会制度不断革新的情况下，这种自强思想反映了新的生产关系的代表地主阶级上升时期的积极进取的思想。

天文学和历法的发展对荀子的思想影响也是很大的。战国时孟子也知道："苟求其故，千岁之日至，可坐而致也。"② 如果能掌握历法，一千年以后的冬至和夏至，可以坐在家里推算出来。天文学和历法的进步，为荀子的"天行有常"、"天道自然"的结论提供了科学依据。

总之，荀子在社会发展和科学进步的基础上，吸收道家的自然思想和儒家的积极进取的思想，结合当时的天文历法的科学成果，经过一番消化改造的功夫，形成了自己的新的哲学体系，即天道无为、人道有为的天人相分说。这种学说的出现，极大地冲击了原始的天命论。

综上所述，天命论在远古时代产生有它的合理性，进步性，到春秋战国时期逐渐崩溃，破产，也有其必然性。当生产力提高，科学发达的情况下，天命论已经失去合理性，表现了反动性。另外，天命论虽然都是唯心主义的，但它也不是铁板一块，经过具体详细的剖析，也可以发现其中各种差别来，我们对天命论的不同形态应该给予不同的评价。

二、天人相分说

这一学说的代表人物是战国后期的荀子。他在《天论》中说：

> 天行有常，不为尧存，不为桀亡。应之以治则吉，应之以乱则凶。强本而节用，则天不能贫；养备而动时，则天不能病；脩道而不

---

① 《荀子·天论》。
② 《孟子·离娄下》。

贰，则天不能祸。……本荒而用侈，则天不能使之富；养略而动罕，则天不能使之全；倍道而妄行，则天不能使之吉。……故明于天人之分，则可谓至人矣。

关于"天人之分"中的"分"，如何解释，过去有过争议。有的说是"分际"、"分别"的意思。《史记·儒林列传序》："明天人分际"。"天人之分"与"天人分际"大体相当。有的说是"职分"的意思，说明人的作用范围跟天的作用范围不一样。实际上这里也是一种分别。两种说法，大体上也是一致的。荀子这里的思想主要是说天的变化是有规律的，与人事无关。同时，人事的变迁，跟上天也是无关的。人们如果积极生产并且节用，上天不能使人们贫困。如果不发展生产，却要挥霍浪费，那就会贫困，上天不会使他们富裕。总之，人们发挥主观能动性，按客观规律办事，就会获得富裕、健康、吉利、幸福，否则，就会贫病凶祸。这些与上天均无关系。荀子在《天论》中从天人之分中很自然地导出积极的行动口号：

大天而思之，孰与物畜而制之，从天而颂之，孰与制天命而用之！

以前是"天命"主宰一切，人们不断地歌颂它。荀子把天命当作一般事物加以控制、利用。这是对天命论思想的否定，表达了新兴地主阶级的进取心、主动性，代表了当时的进步思潮。天人相分说概括和总结了战国时代的社会科学和自然科学的优秀成果，是当时唯物主义哲学思想发展的高峰。

荀子的天人相分说引导人们注重人事，着重研究现实的社会问题。他"不求知天"，"不慕其在天者"，只强调自身的道德修养和科学知识水平，以便达到"天地官而万物役"①。就是说自己搞好了，就能够让天地万物为人类造福。荀子的学生韩非子和李斯继承了天人相分思想，不信天命，注重研究社

————————————

① 《荀子·天论》。

会现实的问题。但他们抛弃荀子提倡的仁义道德，形成了法家的系统的政治理论体系。

韩非认为，国家的职责就在于治理人民，"治民无常，惟治为法。"① 能把人民治住就是好办法。法家的理论根据就是荀子的性恶论。人的本性既然都是恶的，那就必须用刑罚惩治把他们制服。据说这也是为了"利民"，是"爱民"的根本。韩非说："圣人之治民，度于本，不从其欲，期于利民而已。故其与之刑，非所以恶民，爱之本也。"对人民实行刑罚，是从根本上爱护人民。实行严刑呢？那自然是对人民爱得深，因此，"严刑则民亲法"②。实行严刑以后，人民对法就更加亲近了。这当然只是法家冠冕堂皇的说法，人民是否欢迎严刑酷法，只能由人民来回答。

韩非认为，制订法的出发点是利，怎么有利就怎么规定。"虑其后便，计之长利"③。考虑到以后的便利，为长远利益打算。这当然是对统治者来说的。至于对人民是否便利，韩非和其他法家都很少考虑过。韩非说，为了利，就不能讲仁爱恩亲，因为一讲这些，就必然要妨碍利的实现。"今学者之说人主也，皆求去利之心，出相爱之道"④，韩非认为，这是"诈而诬"的论调。很显然，这里所说的利，正是人主之利，不是人民之利。利不但不能去掉，而且还要用法来维护。这就是所谓"托是非于赏罚"⑤。以赏罚来表达统治者的态度，以此确定是非标准。法家主张，不分等级，不讲情面，"刑过不避大臣，赏善不遗匹夫。"⑥ 这就彻底否定了先秦儒家的"礼不下庶人，刑不上大夫。"⑦ 的制度。

---

① 《韩非子·心度》，王先谦曰："当作'唯法为治'，文误倒。"陈奇猷曰："王说是。"钿案：治应是治乱的"治"，法指法则、标准。正文可通，不误。
② 《韩非子·心度》。
③ 《韩非子·六反》。
④ 同上。
⑤ 《韩非子·大体》。
⑥ 《韩非子·有度》。
⑦ 《礼记·曲礼上》。

刑过赏善，法家的态度是坚决的。在封建社会中，历代被称为清官的那些著名人物大多是具有法家这一思想的。可见，这类大义灭亲、不阿权贵的思想，已经是中华民族优秀传统的一个成分。但是，法家对于"过"和"善"的标准问题还值得探究。他们认为，法是唯一的标准，"一断于法"①，所以史称"法家"。法家认为，治国只要有法，就可以了，其他诸如忠信、仁义、贤智、文学之类，都是没有必要的。韩非子说："人主好贤，则群臣饰行以要君欲。"② 皇帝如果喜欢贤人，那么，官员就会伪装贤人来讨好皇帝。因此，法家认为皇帝不应该喜欢贤人，这样就可以堵住这个漏洞。韩非子又说："人主使人臣虽有智能，不得背法而专制；虽有贤行，不得踰功而先劳；虽有忠信，不得释法而不禁。此之谓明法。"③ 这是"一断于法"的具体内容。就是说，所有智能、贤行、忠信，都不能离开法的制约，都要在封建法的框架中行事。"故行仁义者非所誉，誉之则害功；工文学者非所用，用之则乱法。"④ 仁义、文学都必须抛弃，只要明法就够了。韩非赞扬商鞅的"重轻罪"的主张，认为轻罪重罚才能使民畏惧，民畏惧就不敢违法，民不违法，也就天下太平了。因此，韩非认为，必须"峭其法而严其刑"，"罚莫如重而必，使民畏之；法莫如一而固，使民知之。"⑤ 李斯也主张不要仁义，荀子批评他说：仁义是本，将率是末，"今女不求之于本而索之于末，此世之所以乱也。"⑥ 不讲仁义，只讲峭法严刑，会导致天下大乱。果然言中，秦始皇实行韩非、李斯的法家主张，导致天下大乱，连韩非、李斯也都成了牺牲品。

应该承认，法家理论重视事功，讲求实效，奖励耕战，富国强兵，反对空洞的说教，反对天命论迷信，是很有现实意义的。秦始皇采纳这种理论，令行

---

① 《史记·太史公自序》。
② 《韩非子·二柄》。
③ 《韩非子·南面》。
④ 《韩非子·五蠹》。
⑤ 同上。
⑥ 《荀子·议兵》。

禁止，富国强兵，削除诸侯，统一中国。可以说，这是法家理论在实践中得到了验证。实践证明了它的成功的一面，也间接证明了天人相分说的合理性。

秦统一中国以后十几年，便在农民起义的浪潮中迅速灭亡，这也暴露了法家理论的致命弱点："仁义不施"、"用刑太极"。说明法家理论"可以行一时之计，而不可长用也。"①

过去，思想家将仁义道德说成是天意，一些统治者慑于天威，对人民的剥削和压迫总不敢太过分，精神受到天命论的约束。在诸侯国纷争的时代，民既是生产力，又是战斗力。诸侯王把民当作三宝之一。天人相分说为秦朝皇帝解除了天命论的束缚，天下统一又使秦帝以为天下无敌、江山永固，人民成了奴役的对象。秦始皇以为可以"传之万世"了。秦二世"专用天下适己"，要使全天下为他的私欲服务。李斯火上加油，献上了"督责"的建议，目的使"群臣百姓救过不给"，官民改正错误都来不及，哪有时间考虑别的。这样，每个人都象是犯了罪似的，整天在赎罪的环境中生活。结果造成"刑者相半于道，而死人日成积于市"②，在路上走的人有一半是犯罪的刑徒，每天死的人都堆积在街市上。这是一幅多么悲惨的局面！

由于秦朝统治者横征暴敛、滥用民力、严刑峻法，弄得民不聊生，激化了阶级矛盾，人民纷纷起来造反。关于这一点，李斯后来认识到了。他向秦二世进谏说："关东群盗并起，秦发兵诛击，所杀亡甚众，然犹不止。盗多，皆以戍漕转作事苦，赋税大也。请且止阿房宫作者，减省四边戍转。"③ 秦朝建阿房宫，需要很多劳力和材料，当时运输条件很困难，把建筑材料运到工地，已经是十分艰难的事了。几十万体力劳动者的吃饭问题更难以解决。于是"皆令自赍粮食，咸阳三百里内不得食其谷。"④ 服役者不但要自带粮食，到冬天

---

① 《史记·太史公自序》。
② 《史记·李斯列传》。
③ 《史记·秦始皇本纪》。
④ 同上。

还要自带衣服①。这是何等困苦之事！但是，秦二世自以为至高无上，无法无天，视人民如草芥，任意压迫和剥削，以天下奉一人之私欲。李斯企图劝告他稍微松绑，以挽回影响，暂安民心，却遭杀身之祸。此后，再没有人敢对他的胡作非为提出异议了。这说明，在封建专制制度下，"皇帝一自觉自己的无上威权，这就难办了。既然'普天之下，莫非皇土'，他就胡闹起来。"② 秦二世胡亥"胡闹"的结果是：农民大起义，秦帝国灭亡，曾经为虎作伥的李斯也自食其果。法家理论的局限性和片面性在社会实践中也得到了验证。

对法家理论的分析是从汉初开始的。法家理论和秦政权紧密联系，秦朝速亡的教训，表明法家理论的缺陷。汉初思想家对秦朝速亡的主要原因有比较一致的看法，认为是草菅人命，不施仁义。他们从总结秦亡教训中提出民本思想和仁政的主张。汉初著名思想家陆贾劝刘邦下马治天下。刘邦让他总结历代兴亡的经验教训，陆贾为此写了《新语》一书。该书《道基篇》中说："秦二世尚刑而亡"，"万世不乱，仁义之所治也。"③ 就是说秦朝贯彻法家尚刑的路线是速亡的根本原因，只有实行儒家的仁义之道，才会使天下万世不乱。陆贾提出这些看法，受到刘邦的赞赏，左右还高呼"万岁"④。说明陆贾的思想代表了刘邦君臣的思想。他们出身微贱，备尝秦法之苦，对陆贾思想有深刻的切身体会。也可以说，陆贾表达了这批农民起义者的共同心声。

关于民本思想，贾谊有最系统的论述。他说："闻之于政也，民无不为本也。国以为本，君以为本，吏以为本。""民者，万世之本也。""自古至于今，与民为仇者，有迟有速，而民必胜之。"⑤ 他在《过秦论》中说：秦"以六合为家，殽函为宫，一夫作难而七庙堕，身死人手，为天下笑者，何也？仁义不

① 《云梦秦简》，《文物》杂志1976年第九期。见高敏《云梦秦简初探》，第27页，河南人民出版社，1979年。
② 鲁迅：《谈皇帝》。见《鲁迅全集》第三卷。
③ 《新语·道基》。
④ 《史记·郦生陆贾列传》。
⑤ 《新书·大政上》。

施而攻守之势异也。""牧民之道，务在安之而已。"① 行仁义，安百姓，这是治国的根本。这一条经验就是从强秦速亡的教训中总结出来的。

西汉中期，刘安（公元前179—前122年）主编的《淮南鸿烈》中反复讲的也是利民安民的道理，如《氾论训》云："治国有常，而利民为本。"《诠言训》云："为治之本，务在于安民。"《缪称训》则认为："君子非仁义无以生，失仁义则失其所以生。"利民、安民，是治国的根本。仁义是君子的命根子，失去仁义，就会失去赖以生存的基础。这些结论都是以秦失仁义而亡作为历史背景的。

西汉前期的统治者为了贯彻利民安民的思想，采取任德缓刑、轻徭薄赋、使民以时，以宽民力等一系列措施，让人民有安定的生活环境以休养生息，有利于促进生产的发展。例如汉惠帝四年废除秦时所定的"挟书者族"之律，吕后执政时废除秦时夷灭三族罪及"妖言"令，汉文帝取消诽谤罪和肉刑，汉景帝也一再减刑。与此同时，汉文帝还亲耕"籍田"以鼓励农业生产，"下诏赐民十二年租税之半"，十二年以后，汉景帝"令民半出田租，三十而税一也。"由于汉初统治者采取一系列利民安民的措施，七十年间，社会普遍富足起来，《汉书·食货志》记载：西汉初"至武帝之初七十年间，国家亡事，非遇水旱，则民人给家足，都鄙廪庾尽满，而府库余财。京师之钱累百鉅万，贯朽而不可校。太仓之粟陈陈相因，充溢露积于外，腐败不可食。众庶街巷有马，仟佰之间成群。"② 真是兴盛空前！

秦时扰民过甚，汉初引为教训，实行无为政治。统治者省事节欲，给经济发展创造了良好的政治环境。经济发展了，社会富足了，而秦亡的教训又逐渐淡薄了，"公卿大夫以下争于奢侈，室庐车服僭上亡限。"③ 官吏们奢侈，有皇帝管他们，皇帝这个有至高无上的权力的人要奢侈，怎么办呢？任其发展，必

---

① 《史记·秦始皇本纪》。
② 《汉书·食货志》。
③ 同上。

然导致亡国杀身，要制约他，有什么办法呢？当时学者认为必须借助"天"的权威。这样，恢复天命论成了当时政治的迫切需要。由于社会的发展和科学的进步，旧的天命论已经不那么适用了，必须吸取新的思想成果，改造旧的天命论，创立新的适应当时政治需要的形式。这就是汉代天人感应说产生的历史背景。

从理论上讲，荀子天人相分说过于强调天人之"分"，天对人类的巨大影响作用则估计不足。他认为只要人们勤劳节用，那么"天"就不能使他贫困。但是，他无法解释为什么社会上有很勤劳节用的人却是很贫困的现象。除了社会原因之外，还有自然界（即"天"）方面的原因。在古代生产力还相当落后的情况下，天灾（包括旱灾、水灾、风灾、雹灾、霜灾、虫灾、病害等自然灾害）对农业生产和人民生活以及身体健康都有巨大影响。这种影响是现实存在的、否定不了的。这说明荀子的天人相分说还存在明显的不足。这种理论本身的缺陷，也给天人感应说的产生留下了空子。从而我们发现，唯物主义哲学体系不完备、不彻底的地方，就会有唯心主义哲学来钻空、来填补。这也是天人感应说产生的理论原因。

三、天人感应说

在先秦时期就已经有了天人感应的思想萌芽，例如在《吕氏春秋·应同篇》中载："凡帝王之将兴也，天必先见祥乎下民：黄帝之时，天先见大螾大蝼……及禹之时，天先见草木秋冬不杀……及汤之时，天先见金刃生于水……及文王之时，天先见火，赤乌衔丹书，集于周社……代火者必将水，天且先见水气胜。……无不皆类其所生以示人。"人世间的新帝王将要兴起的时候，上天预先出现一些奇怪的征兆，这些征兆按五行相类似的东西出来告示人们。也就是说，上天的意志通过天象变化来表达，人们如果能够根据天象变化了解到上天的意志，并且顺应上天的意志采取必要的相应措施，那么，就会得到上天的保祐而获得成功。秦始皇不相信天命，他对于五德终始说似乎还有点信，因此他认为秦以水德胜周火德，衣服旗帜都用黑色，数用六，把黄河改名为德水。秦始皇不相信能赏善罚恶的有意志的天，所以他为所欲为。对于提倡仁义的儒家及其学说，采取残酷的"焚坑"政策。由于秦始皇的暴虐，天命论曾经完全丧失威信。强秦的速亡，天命论思想犹如死灰复燃，重新流行起来。推翻秦朝统治的农民起义军的主要领导人项羽和刘邦也都信天命。项羽在战败自刎乌江时说："此天之亡我，非战之罪也。"① 这是天命让我亡的，不是战争的过错。刘邦得病，吕后请医生来看病，医生说：这种病可以治疗。刘邦却骂起来："吾以布衣提三尺剑取天下，此非天命乎？命乃在天，虽扁鹊何益！"② 我是普通老百姓居然能当皇帝，这难道不是天命吗？命既然是上天决定的，即使有扁鹊那么高明的医生又有什么用呢！拒医而死。陆贾也说："治道失于下，则天文变于上。"③ 政治搞得不好，天象就会发生异常变化。这种思想对当时的统治者有很大影响。他们时常把天象的变化和政治得失联系起来。他们派专人注意观察天象的变化，并根据观察结果，来讨论政治问题。例如公元前181年发生一次日食，日食是天象的大变化，属于大灾异。日是阳，日食是阴袭阳。吕后以为这次日食是上天对她篡汉的严厉谴责，引起一场担忧。汉文帝二年（即公元前178年）又发生日食，汉文帝以为他做错了什么事，立即下诏书说："人主不德，布政不均，则天示之以灾，以诫不治。"④ 首先向上天做个检查，然后向臣民征求意见，希望能给他指出错误所在。并于来年春天，亲耕籍田，以鼓励农业生产。

董仲舒（约公元前193—前107年）看到最高统治者皇帝具有至高无上的

---

① 《史记·项羽本纪》。
② 《史记·高祖本纪》。
③ 《新语·明诫》。
④ 《史记·孝文本纪》。

权力，不怕人只怕天，因此他要"屈君而伸天"①，借用"天"的权威来限制皇帝的私欲。董仲舒所要宣传的理论核心是儒家的仁义道德，外加阴阳五行学说和自然科学的某些成果，构成天人感应的学说体系，并加以详细论证。

董仲舒认为："天者万物之祖，万物非天不生"②，人也是天所派生的，"为人者，天也。"③ 所以，人处处与天相应，人体有小骨节三百六十六，跟一年日数相副，人有大骨节十二个，跟一年月数相副，五脏跟五行相副，四肢跟四季相副。有数的，数量上相副，没有数的，按类也相副。总之，"人副天数"④。按类来分，天和人是同一类的，"以类合之，天人一也。"⑤ 经过一番牵强附会，董仲舒首先证明了天和人是同类的。根据同类相应的道理，天人就可以互相感应。

同类相应的思想，古已有之。《周易·乾卦·文言》曰："同声相应，同气相求，水流湿，火就燥，云从龙，风从虎……各从其类也。"《吕氏春秋·应同》云："类固相召，气同则合，声比则应，鼓宫而宫动，鼓角而角动。"这就把共鸣现象作为同类相应的典型例子。天上和地下也会相应，例如天上的月亮和水中的生物就会感应。"月也者，群阴之本也。月望则蚌蛤实，群阴盈。月晦则蚌蛤虚，群阴亏。夫月形乎天，而群阴化乎渊。"⑥ 天上月亮变化，水生动物也随之发生相应变化。据说父母和子女"一体而两分，同气而异息"，也会"忧思相感"、"两精相得"⑦。董仲舒以共鸣现象为例："鼓其宫而他宫应之，鼓其商而他商应之"。但他作出新的分析：

　　　　此物之以类动者也，其动以声而无形，人不见其动之形，则谓之

---

① 《春秋繁露·玉杯》。
② 《春秋繁露·顺命》。
③ 《春秋繁露·为人者天》。
④ 《春秋繁露·人副天数》。
⑤ 《春秋繁露·阴阳义》。
⑥ 《吕氏春秋·精通》。
⑦ 同上。

自鸣也。又相动无形，则谓之自然，其实非自然也，有使之然者。物
固有实使之，其使之无形。①

这是说，同类的事物，例如同样音调的乐器，会相互感动。而感动是通过
无形的声音。人们看不见它们之间相互感动的形迹，就说它是自己响起来的。
其他事物同类相动也是无形的，人们就说是自然的。其实不是自然的，有使它
这样的。事物本来就是互相影响的，只是这种影响是无形的。因此，天人之间
也可以有无形的相互感应。

董仲舒认为，乐器通过无形的声音产生共鸣，天和人是通过无形的气产生
感应的。他对天人之间的中介物气作了如下描述：

天地之间，有阴阳之气，常渐人者，若水常渐鱼也。所以异于水
者，可见与不可见耳，其澹澹也。然则人之居天地之间，其犹鱼之离
水，一也。其无间若气而淖于水，水之比于气也，若泥之比于水也。
是天地之间，若虚而实，人常渐是澹澹之中，而以治乱之气，与之流
通相殽也。②

渐，读 jiān，浸的意思。阴阳之气浸人，如同水浸鱼。水和气的差别就在
于气看不见，水看得见。换句话说，人在气中，就象鱼在水中。这个"离"
同"丽"，是接触的意思，不是分离的意思。水和气相比，就象泥和水相比那
样，泥比水浓稠，水比气浓稠。气由于非常稀薄，人们看不见。人虽然都生活
在气中，却不感觉它的存在，以为天地之间是空虚的。实际上，天地之间充满
着阴阳之气，是实的。以上这些说法都是很恰当的，至今还令人惊叹不已。但
是，他接着将"治乱之气"也混进去，使气带上了神秘主义的色彩。同时，
他利用人们的生活经验："天将阴雨，人之病故为之先动，是阴相应而起

---

① 《春秋繁露·同类相动》。
② 《春秋繁露·天地阴阳》。

也。"① 来证明人的病跟天的阴气会相互感应，从而证明人和天是会互相感应的，感应又是通过无形的气产生的，因此，人是在不知不觉中与天产生了感应。

为了打破一般人从感觉经验中得到的生活常识，以便把人们引入迷宫，他列举了当时还无法解决的十大科学难题来为他的神秘主义的见解作论证。他说：

> 人之言：酗去烟，鸱羽去昧，慈石取铁，颈金取火，蚕珥丝于室而弦绝于堂，禾实于野而粟缺于仓，芜荑生于燕，橘枳死于荆。此十物者，皆奇而可怪，非人所意也。夫非人所意，然而既已有之矣，或者吉凶祸福，利不利之所从生。无有奇怪，非人所意，如是者乎？此等可畏也。②

董仲舒列举这十物的现象，现在也没有完全弄清楚。磁石取铁，现在知道是磁场的问题。芜荑生于燕，燕地比较寒冷，寒冷地带不仅生芜荑，而且生长着很多耐寒植物，尤其是天山雪莲。但是，从植物的本身来说明，还没有完全解决。同样，不耐寒的江南桔树，移到荆州一带就要被冻死，这也是没有完全解决的问题。没有认识的事物，人们感到奇怪，这是很自然的。正确的态度应该是对它进行研究、探索，以求认识。董仲舒列举这些难题不是要大家去研究，而是为了说明他所要说明的问题。这些现象确实存在，人们对它们又不认识，那么，它们对人类是有害还是有益呢，人们也不清楚。他认为这是十分可怕的，"此等可畏也"！原来董仲舒是利用这些奇怪现象来论证神秘主义，要人们对这些现象产生畏惧情绪。

我们从以上所引董仲舒的三大段话中可以看到他是多么善于利用一些自然现象来进行抽象思维的。在这方面，使许多古代唯物主义哲学家相形见绌。这

---

① 《春秋繁露·同类相动》。
② 《春秋繁露·郊语》。

是先秦儒家独断论受到冲击以后产生的经过详细论证的新儒学。由于精细的论证和直接服务于封建政治，新儒学在汉代取得了"独尊"的地位。

世界上既然存在着"声动无形"、"气不可见"、"非人所意"的事实，那么，人就不能否认自己感觉之外的现象存在，也不能否认自己认识之外的未知领域存在。这本来对于认识论来说也是有意义的推论。但是，董仲舒从而得出天人感应也是这种不可否认的"存在"。他从人的病症与天气的感应推广到人和天的精神之间相互感应，并且认为这种感应是吉凶祸福的根本原因，是必须加以密切注意的。如何注意呢？那就是首先要了解天意，然后根据天意采取必要措施，这样才能化凶为吉。怎么了解天意呢？董仲舒认为天意是通过气来向人表达的，因此可以观察气的变化来了解天意。他说："天意难见也，其道难理。是故明阴阳入出实虚之处，所以观天之志。辨五行之本末顺逆、小大广狭，所以观天道也。"① 气的变化就表现为灾异，"谨按灾异以见天意"②，灾异表达天的什么意思呢？"灾者，天之谴也；异者，天之威也。谴之而不知，乃畏之以威。""凡灾异之本，尽生于国家之失。"③ "国家将有失道之败，而天乃先出灾害以谴告之；不知自省，又出怪异以警惧之；尚不知变，而伤败乃至。以此见天心之仁爱人君而欲止其乱也。"④ 灾异是上天对人君的谴告，这就是所谓"灾异谴告说"，它是天人感应说的重要组成部分。上天为什么要谴告人君呢？那是天心对人君的仁爱。为什么呢？"天之生民，非为王也，而天立王以为民也。故其德足以安乐民者，天予之；其恶足以贼害民者，天夺之。"⑤ 天生民不是为了王，天立王是为了民，这是神化了的民本思想。哪个人的道德能够使民得到安乐，天就立他为王；哪个人的罪恶会坑害民，天就会夺他的政权。天把政权交给谁，那是没一定的，"无常予，无常夺"，唯德是

① 《春秋繁露·天地阴阳》。
② 《春秋繁露·必仁且智》。
③ 同上。
④ 《汉书·董仲舒传》引《举贤良对策一》。
⑤ 《春秋繁露·尧舜不擅移，汤武不专杀》。

辅。但是，人君如果稍有过错，上天不是马上就夺他的政权，而是先用灾异来表示警告，给他悔改的机会；如果他一意孤行，不听警告，那就要叫他倒霉，亡国杀身。这说明上天对人君还是爱护的，只要他肯对民施行仁政王道，上天还是要他长期统治下去。这就把儒家的仁义道德当作天意劝皇帝采纳，又以亡国相威胁，带有几分强迫性。谁又能强迫皇帝呢？天，只有天，董仲舒找到天，后代的儒家也常借天来向皇帝进谏。

当年，董仲舒是对皇帝讲天人感应的。现在我们分析起来，天人感应说有两方面的意义：一方面说皇帝代表天意，要人民服从皇帝，这就是所谓"君权神授"。另一方面要皇帝尊天保民，不要胡作非为。这就是所谓"神道设教"。这两方面的意义，在董仲舒的以下两句话中得到充分的体现，即：

屈民而伸君，屈君而伸天。①

"屈民而伸君"是要人民服贴地做良民，不要造反，这对于稳定封建社会自然是有好处的。但是，如果皇帝胡作非为，置人民于水深火热之中，那么，人民忍无可忍，还是要起来造反的。为了避免官逼民反，就必须首先限制皇帝的私欲，端正思想，治理天下。"故为人君者，正心以正朝廷，正朝廷以正百官，正百官以正万民，正万民以正四方。四方正，远近莫敢不壹于正，而亡有邪气奸其间者……王道终矣。"② 只有皇帝的"心正"，才能实现王道。皇帝上承天，下治民，是国家的关键所在，"国以君为主"③，屈君伸天，就是用天的权威限制皇帝私欲，这样可以缓和阶级矛盾，对于巩固封建制度，对于封建统治者的长远利益，都是有好处的。

董仲舒编造天人感应说，符合当时社会政治的需要，也适应当时的思想状况，因此后来的许多学者相随效法，以至形成汉代意识形态的特殊形式——经

---

① 《春秋繁露·玉杯》。
② 《汉书·董仲舒传》。
③ 《春秋繁露·通国身》。

学思潮和谶纬迷信。对于董仲舒的主观动机，后代的学者还是能够理解的。东汉以批判天人感应说最有名的唯物主义哲学家王充对董仲舒的本意也是心领神会的。王充认为，古代圣人讲"天"是为了吓唬无道的国君和无知的人民，他说："'六经'之文，圣人之语，动言'天'者，欲化无道、惧愚者。"① 所以，圣人所讲的"天"不是指苍茫的上空，而是根据人的思想来讲的，他说："及其言天犹以人心，非谓上天苍苍之体也。"② 王充认为，董仲舒跟古代圣人一样，"言君臣政治得失，言可采行，事美足观，……虽古圣之言，不能过增。"③ 董仲舒设土龙致雨，就是用土堆成龙的样子，以此来求雨。王充认为这种方法是求不到雨的。但他认为董仲舒用这种方法来表达自己的诚意，"仲舒用之致精诚，不顾物之伪真也。"④ 并写了专文《乱龙篇》为土龙致雨辩护，阐述其中包含的合理性和政治意义，说明董仲舒"览见深鸿，立事不妄，设土龙之象，果有状也。"对于迷信，"人君布衣，皆畏惧信向，不敢抵犯。"⑤因此，古代圣贤包括董仲舒都用迷信的方法，"略以助政"⑥，以神权作为政权的助手。这种思想，不仅董仲舒有，而且许多学者都有，例如司马相如的《封禅文》、刘向的《洪范五行传》、扬雄的《剧秦美新》、班彪的《王命论》、班固的《典引》等都讲"符瑞之应"⑦，都是神道设教的意思。南宋的赵彦卫在《云麓漫抄》中说："董仲舒、刘向于五行灾异，凡一虫一木之异，皆推其事以著验。二子汉之大儒，惓惓爱君之心，以为人主无所畏，惟畏天畏祖宗，故委曲推类而言之，庶有警悟。学者未可遽少之也。"⑧ 董仲舒、刘向通过五行灾异，拐弯抹角地讲政治，希望皇帝有所警悟。赵彦卫认为后代学者不应该

① 《论衡·谴告篇》。
② 同上。
③ 《论衡·案书篇》。
④ 《论衡·死伪篇》。
⑤ 《论衡·辨祟篇》。
⑥ 《论衡·卜筮篇》。
⑦ 柳宗元《贞符》序及韩醇注，见《柳宗元集》第一册，第30页，中华书局，1979年。
⑧ 《云麓漫抄》卷十四，古典文学出版社，1957年。

简单否定他们。清代学者皮锡瑞（公元 1850—1908 年）在《经学通论·易经》中也说："古之王者恐己不能无失德，又恐子孙不能无过举也，常假天变以示儆惕……后世君尊臣卑，儒臣不敢正言匡君，于是亦假天道进谏，以为仁义之说，人君之所厌闻；而祥异之占，人君之所敬畏。陈言既效，遂成一代风气。故汉世有一种天人之学，而齐学尤盛。"① 近代思想家梁启超（公元 1873—1929 年）也有类似见解，他说："民权既未能兴，则政府之举动措置，既莫或监督之而匡纠之，使非于无形中有所以相慑，则民贼更何忌惮也。孔子盖深察夫据乱时代之人类，其宗教迷信之念甚强也。故利用之而申警之……但使稍自爱者，能恐惧一二，修省一二，则生民之祸，其亦可以消弭。此孔子言灾异之微意也，虽其术虚渺迂远，断不足以收匡正之实效。然用心良苦矣。江都最知此义，故其对天人策，三致意焉。汉初大儒之言灾异，大率宗此指也。"② 现代学者徐复观认为汉儒用天人感应说"控制皇帝已发生相当的效果"③。可见古今学者对董仲舒的天人感应说的产生、作用和历史意义都作了具体分析，不是采取简单否定的方法。他们没有把唯心主义和迷信思想看作仅仅是胡说八道的东西，而是把它看作是根据政治的需要而编撰出来的。从而可见，哲学家根据某种政治需要，或者为了论证某种政治观点，编撰出一种为某一政治服务的哲学，这种哲学是政治的附庸。那么，这种哲学与这种政治在是否进步性方面则是统一的，也就是说，如果政治是进步的，那么为它作论证的哲学就应该也具有进步性，无论是唯物论，还是唯心论，情况都一样。正确反映客观实际的哲学是唯物论哲学。不顾客观实际，只根据政治的需要、或只是从某种观念出发的哲学只能是唯心论哲学，不管那种政治多么革命，也不管那种观念多么进步，都不会改变这种哲学的唯心论实质。当然，在这种情况下，唯心论哲学可能会起到某种进步的作用，但由于它毕竟不符合客观实际，没有

---

① 皮锡瑞《经学通论·易经》，第 18 页，中华书局，1954 年。
② 见《饮冰室丛著》第二卷。引文中的"江都"即指董仲舒，因董曾任江都相，故称之。
③《两汉思想史》卷二《王充论考》。台湾学生书局印行。

正确反映客观规律，时过境迁，它就难免要暴露出荒谬性来，逐渐成为反动的角色。因此，哲学的进步性和反动性的问题，主要是实践的问题，即社会效果的问题。具体地说，某种哲学在某个历史时期对社会生产力的发展起推动作用，那它就是进步的，如果相反，起着阻碍的作用，那它就是反动的。而这种哲学是否正确、包含多少合理因素、对理论思维的发展有多大意义，与它的进步性没有直接的关系。从而可见，对于一种哲学，要从它的社会效果来讨论它的进步性，从理论本身的抽象讨论无助于解决实际问题。

天人感应说的社会效果如何呢？对皇帝是否有"警悟"作用呢？皇帝是否因此而"恐惧一二、修省一二"呢？我们从史书记载中可以发现一些情况。西汉时，宣、元、成、哀几个皇帝在出现日食、地震等灾异时，都下诏罪己。东汉时，光武帝所下此类诏书更多，例如建武五年（即公元29年）夏四月发生旱灾和蝗灾，光武帝下诏曰："久旱伤麦，秋种未下，朕甚忧之。将残吏未胜，狱多冤结，元元愁恨，感动天气乎？"① 同时下令减罪赦囚。建武六、七年也有过类似诏书。另外，光武帝在建武十一年（即公元35年）春二月下诏曰："天地之性人为贵，其杀奴婢，不得减罪。"② 在十年中，曾下过六次诏书，再三强调要释放奴婢。汉朝统治者已经在名义上把奴婢当人看待，不许随便杀害。不象秦朝统治者那样，把全国臣民都当作自己的奴隶看待。建武二十二年九月，河南南阳地区发生一次大地震，光武帝下诏曰："日者地震，南阳尤甚。夫地者，任物至重，静而不动者也。而今震裂，咎在君上。鬼神不顺无德，灾殃将及吏人，朕甚惧焉。"③同时令南阳地区实行免租、减罪等措施。这对灾区人民来说，不是没有好处的。中国之大，年年有灾，官员们经常可以利用灾异向皇帝进谏，随时提醒皇帝要省事节欲、尊贤安民。这对于稳定社会、发展生产是有利的。当然，天人感应说也被统治阶级内部的派别斗争所利用，王莽篡汉利用符瑞，光武中兴也利用符瑞。也有一些"不安分的皇帝"还要

---

① 《后汉书·光武帝纪》。
② ③同上。

"胡闹"①，天人感应说这时就不能收到"匡正之实效"。但是它对一些皇帝曾经起过某种约束作用，缓和阶级矛盾，安定人民生活，间接地有利于生产的发展，这也是事实。

科学地评价一种哲学，必须把它放在具体的历史环境中去考察，不能用我们今天的感情去代替历史的科学的分析。但是，现在许多哲学家一提起董仲舒的天人感应说，就痛骂其荒谬性、欺骗性，批其罪行，清其流毒，似乎应该彻底否定。痛骂天人感应说，正象过去一些人骂奴隶制度一样。让我们看看恩格斯对这种做法的意见吧。他说：

> 用一般性的词句痛骂奴隶制和其他类似的现象，对这些可耻的现象发泄高尚的义愤，这是最容易不过的做法。可惜，这样做仅仅说出了一件人所周知的事情，这就是：这种古代的制度已经不再适合我们目前的情况和由这种情况所决定的我们的感情。但是，这种制度是怎样产生的，它为什么存在，它在历史上起了什么作用，关于这些问题，我们并没有因此而得到任何的说明。如果我们对这些问题深入地研究一下，那我们就一定会说——尽管听起来是多么矛盾和离奇，——在当时的条件下，采用奴隶制是一个巨大的进步。……甚至对奴隶来说，这也是一种进步，因为成为大批奴隶来源的战俘以前都被杀掉，而在更早的时候甚至被吃掉，现在至少能保全生命了。②

天人感应说是跟奴隶制"类似的现象"。我们深入地研究了它"是怎样产生的"、"为什么存在"、"在历史上起了什么作用"，发现它在当时的条件下，曾经起过进步的作用。汉朝社会的各方面都比秦朝有很大的发展，当然这种发展的原因是多方面的，但是，如果我们承认当时的上层建筑、意识形态对这种

---

① 鲁迅《谈皇帝》。见《鲁迅全集》第三卷。
② 恩格斯：《反杜林论》，见《马克思恩格斯选集》第三卷第220—221页。人民出版社，1972年。

发展起了某种促进作用，那么，我们就无法否定作为汉朝统治思想的天人感应说的进步作用。从当时人口的增加和人民生活的相对提高，我们也可以认为，它对农民来说，也是一种进步。总之，我们不应该忽视作为时代精神的精华——哲学对社会进程的影响和推动作用。

董仲舒提倡仁德，具体政策有"限民名田，以澹不足，塞并兼之路"，"去奴婢，除专杀之威"，"薄赋敛，省徭役，以宽民力"①。有些同志认为，董仲舒哲学为这些"爱民"政策作论证，具有进步意义。但他宣传君权神授，为巩固汉朝封建统治服务，则没有进步意义，只有反动作用。为剥削阶级服务，为封建统治者卖力，是我们所反对的。但是，如果以马克思主义的科学方法来分析历史问题，那就不是那么简单了。剥削阶级不都是反动阶级，所有新兴的剥削阶级都是新生产力的代表，都有进步性。新兴的封建统治者也一样有进步性。汉朝封建统治者是封建社会初期的统治者，为他服务还不能说只是反动作用。董仲舒为封建君权作论证当然也不是只有反动作用。恩格斯曾经说过："在这种普遍的混乱状态中，王权是进步的因素，这一点是十分清楚的。"② 我们理解，这种王权之所以是一种进步的因素，是因为它对于消除混乱、统一国家、安定社会、发展生产是有利的。春秋战国时期，社会极端混乱，生产力受到巨大破坏。秦始皇统一中国，消除混乱局面，建立统一的中央集权，在历史上的进步意义是很显然的，也是学术界所公认的。但是，秦朝统一中国以后实行苛政猛法，官逼民反，使社会再次陷入混乱。汉代秦而兴，初期实行无为而治，人民得到休养生息，社会稳定生产发展。中央无为，地方有为，一些诸侯凯觎中央政权，企图作乱，吴王刘濞先起兵，接着吴楚七国都反，几乎动摇汉朝统治天下。在建立统一政权以后，巩固政权，防止重新陷入分裂、混乱，维护安定的局面，这是守天下的继承者所特别关注的问题。因此，在汉代，君权是社会秩序的象征，维护君权就能维护稳定的秩序。董仲舒

---

① 《汉书·食货志》。
② 恩格斯：《论封建制度的瓦解和民族国家的产生》，见《马克思恩格斯全集》第21卷第453页。

为维护汉朝君权作论证，当然也有进步性。总之，在社会混乱的时候，建立统一的王权是进步的因素，为了防止重新陷入混乱，维护统一的王权也是有进步意义的。

当然，剥削阶级的王权是进步的因素，只是暂时的，当它与人民矛盾激化以后，就成了反动的力量，这时推翻王权的革命起义就是进步的力量。陈胜、吴广领导的大泽乡农民起义，推翻秦朝王权则具有进步意义。天人感应说跟其他一切理论一样，都是人类认识过程中的一个环节，也都有产生、发展和消亡的过程。当它支持有进步因素的王权的时候，它有一定的进步性，当王权逐渐走向反面的时候，它也随着成为反动的思想。谶纬迷信就是天人感应说的恶果。开始，天人感应说曾对皇帝起过约束和警悟的作用，后来却成了统治者手中的工具。例如王莽就是靠符瑞为自己上台造舆论的，上台以后他就禁止别人再搞符瑞迷信。《汉书·扬雄传》载："莽既以符命自立，即位之后欲绝其原以神其事。"东汉光武帝也是这样，他利用符瑞，制造舆论，获得政权，刚上台，地位不稳，一遇日食，就下诏求谏，当他地位巩固以后，连续发生七次日食，他竟无动于衷，从不下诏求谏。不仅如此，他还在中元元年十一月发生日食之后，"宣布图谶于天下"①，不允许别人以后再造符命。其他皇帝；有的喜欢用祥瑞来粉饰太平，趋炎附势的官吏则编造符瑞来讨好皇帝；有的皇帝对于灾异，说些空话，进行改元，搞搞形式，并无切实的利民措施；甚至利用灾异整别人，让三公替皇帝受罚。徐防得到东汉和帝的赏识，当上了司徒。后来又升为太尉。太尉、司徒、司空合称"三公"，职务相当于后来的丞相。和帝死后，由安帝即位，当年徐防"以灾异寇贼策免"，从此以后，"凡三公以灾异策免，始自防也。"② 皇帝总算找到替罪羊了。总之，天人感应说后来被统治者用来愚弄人民，起着反动的作用。谶纬迷信使天人感应说发展到顶峰，同时也是使它走向衰亡的关键。

---

① 《后汉书·光武帝纪》。
② 《后汉书·邓张徐张胡列传》。

另一方面，天人感应说促进了社会的安定，而安定社会有利于社会生产的发展和科学的发展。科学的发展反过来冲击了天人感应的学说。汉代自然科学有了很大发展，最主要的是天文学和医学的发展。西汉出现了新的天文学说，即浑天说。在这种学说指导下，人们认识到日月运行是不以人们的意志为转移的，是有客观规律性，而且认识到日月之食也是有周期性的，人们可以正确解释日月之食的原因，还能准确预告未来的日月之食的日期。天文学家和历法家的热烈争鸣，使天文学这些研究成果广泛地影响到全社会，也受到哲学家的密切关注。有一些哲学家就有可能从当时天文学成果中吸取某些思想资料，为建立新的唯物论哲学形式奠定基础，同时也为驳斥天人感应说提供了有力的科学证据。医学的发展，人们对于人身的结构、功能、病症、治疗，都有了一些科学的认识，这对于批判天人感应说也是有帮助的。就是在这种社会进步、科学发展的情况下，东汉哲学家王充提出了新的唯物论哲学体系——天道自然论，对人类的认识作了新的总结和概括。

四、天道自然论

两汉之际，天文学有了长足的发展，盖天说、浑天说、宣夜说各派展开激烈的争论。宣夜说认为天是气，盖天说和浑天说都认为天是固体。哲学家王充在批判天人感应说时，认为天不管是气还是体，都只是物质性的自然物，而不是超物质的人格神。他说："天者，气邪？体也？如气乎，云烟无异，安得柱而折之？女娲以石补之，是体也。如审然，天乃玉石之类也。"[1] 又说：天如果是体，没有口就不能吃东西，天体那么大，如果要吃东西，那也不能吃饱。天如果是气，"若云雾耳，亦无能食。"[2] 因此，祭祀上天，上天根本不会享

---

[1]《论衡·谈天篇》。
[2]《论衡·祀义篇》。

用。祭祀之意，只是"主人自尽恩勤而已"①，表示人们对天地的答谢。王充就是用天文学的成果来批驳祭祀天地可以致福的迷信思想。

天究竟是气是体呢？王充对当时天文学的争论进行分析，又结合自己的经验作进一步研究，他认为天是气可以备一说，而他自己明确倾向于天是体的观点，他说："天，体，非气也。"②"夫天者，体也，与地同。"③ 天究竟是什么样的形体呢？当时盖天说认为天体象车盖，是拱形的，浑天说认为天体象鸡蛋壳，是球面形的。王充不同意他们的看法，他认为"天平正与地无异"④。拱形的说法产生于人目远望所形成的错觉，而球面形的说法无法解释天体如何从地下转过去。因此他认为天是平平的，地也是平平的，天地象两块磨盘和磨石。王充对天地形体的看法并不高明，但他给天文学家提出责难，对天文学的发展起了促进的作用，可贵的是他将天文学成果吸收到哲学中来，认为天地都是自然物，否定了神秘论。

王充积极参加天文学的"百家争鸣"，获得了很多天文、历法方面的知识，掌握了天象变化的许多规律，例如他说："日月行有常度"⑤，"寒暑有节，不为人变改也。"⑥"日朝出而暮入，非求之也，天道自然。"⑦ 日月运行，寒暑更替，这都跟人的意志没有关系。这些规律都是客观的，王充称为"天道自然"。我们便把他的自然观归结为"天道自然论"。

战国后期，荀子只知道日月之食，"是无世而不常有之"⑧。汉代已经发现日月之食是周期性发生的，这就把长期以来被认为是大灾异的现象置于科学研究之下，揭示这些现象的奥秘。历法家利用历史上记载的日食来检验历法的严

①《论衡·祀义篇》。
②《论衡·谈天篇》。
③《论衡·祀义篇》。
④《论衡·说日篇》。
⑤《论衡·感虚篇》。
⑥《论衡·变动篇》。
⑦《论衡·命禄篇》。
⑧《荀子·天论》。

密性，比较各种历法的精确度。哲学家王充利用这些科学成果来驳斥天人感应说显得特别有力，他说："在天之变，日月薄蚀，四十二月日一食，五至六月月亦一食。食有常数，不在政治。百变千灾，皆同一状，未必人君政教所致。"① 四十二个月发生一次日食，五、六个月发生一次月食。日月之食既然是有一定时间（常数）的，那就与政治无关。过去把日月之食看天象的大变异，现在看来也不过是一种与昼夜变化类似的自然现象。推而广之，所谓"百变千灾"，也都不过如此而已，哪里是什么上天的谴告？哪里有天和人之间的精神感应？日月之食根本就不是皇帝治国有什么偏差过错所导致的。王充的结论是：

> 人不能以行感天，天亦不随行而应人②。

人不能用自己的行为来感动上天，上天也不会随人的行为来报应人。既然事实上是这样的，那为什么会产生天人感应、灾异谴告这类说法呢？王充每批评一种说法，总要探讨一下这种说法的产生原因，从来不是简单地认为这种说法是胡编乱造、无稽之谈。王充的这一思想颇值称赞，就连徐复观在贬抑王充的《王充论考》③一文中，对此也加以称道。他说：王充"在伪中求真"，这种做法"不仅是非常合理的态度，而且在研究传说性的历史时，是非常必要的。"④

在批判天人感应中，王充的思想好象恢复了荀子的天人相分的说法。有的学者认为王充是继承了荀子的思想⑤。但是，我们如果深入具体地进行分析研

---

① 《论衡·治期篇》。文中"五至六月"原本作"五十六月"，据《说日篇》："百八十日月一蚀"文意改。"十"可能是"至"的残字，余中间部分，后遂误为"十"。
② 《论衡·明雩篇》。
③ 徐复观在《两汉思想史》卷二增订再版的"自序"中说："几十年来，把王充的分量过分夸张了。"他写《王充论考》是在做"揭破的工作"，"目的在使他回到自己应有的位置。"台湾学生书局出版。
④ 《两汉思想史》卷二《王充论考》。
⑤ 郑文认为王充"遥绍荀卿"，即其一例，见《王充哲学初探》，第 24 页，人民出版社，1958年。

究，就会发现他与荀子有很大的区别。区别最主要的有两个方面：一是汉代天文学发展，使王充有更丰富更有力的例证去反对神学目的论。这一点已详述如上。二是荀子认为天人不相关，而王充认为天和人还是有关系的。首先，王充从实际经验知道，天对动物是有影响的。例如：春天蛇出洞；夏末天凉，蟋蟀就叫；半夜鹤鸣，将晓鸡叫；天要下雨，蚂蚁先搬家，蚯蚓也出土，琴弦还会松缓一些；下雨之前，住在小洞穴里的虫类就会骚动；刮大风之前，住在巢上的动物就会活动起来，似乎能预感到大难临头。王充认为，这些现象就是"天气动物，物应天气之验也。"于是，他说：　"天气变于上，人物应于下矣。"①

其次，根据当时医学的研究成果，王充认为，天对人也是有影响的。当时医书《黄帝内经》认为："人以天地之气生，四时之法成"②，因此，人与天地是相应的，对于四时阴阳的变化，人应该随之变化，才能健康。"逆之则灾害生，从之则苛疾不起。"③ 具体地说，疾病"生于阳者，得之风雨寒暑。"④这是说，天气的变化，使人体从外部引起疾病。并且认为，人的五脏六腑的生理变化都是"应天之阴阳"⑤ 的。王充吸取了这些思想资料，认为天将要下雨，老毛病就会发作，就是天的阴气感应了人的阴气。

为什么天气会感动人和物呢？王充认为，天施气，产生了人和物。因此，人和物都是含着天气而生长的。同气相感，天气和人、物就会相感应。可见，科学的发展提供了天人关系的新资料，使王充的唯物论超过荀子的唯物论，并且也改变了唯物论的哲学形式，从天人相分说变成天道自然论。

讲到天人关系，王充是否回到董仲舒的天人感应说呢？也不是。王充虽然

---

① 《论衡·变动篇》。
② 《素问·宝命全形论》。《黄帝内经·素问》第 158 页，人民卫生出版社，1963 年。下引《黄帝内经》，均同此版本，不再注明。
③ 《素问·四气调神大论》。
④ 《素问·调经论》。
⑤ 《素问·金匮真言论》。

极力批判过天人感应说，但他对董仲舒比较尊重，对其哲学也不是采取全盘否定的态度。很显然，王充对董仲舒的思想是有批评也有继承的。董仲舒说过："天将阴雨，人之病故为之先动。"① 王充也说："天且雨"，"固疾发"②。"且"和"将"都是"将要"、"即将"的意思。天和人的感应，他们所举的例证都是一样的。王充继承了董仲舒的天通过气跟人产生感应的思想，但对天人感应作了两点重要改造：一、董仲舒认为天人可以相互感应，天通过气感应人，人也可以通过气感应天；而王充认为天人感应是单向的，只有天通过气感动人和万物，人和万物不能通过气感动天，原因是天体大而人体小，"以七尺之细形，感皇天之大气，其无分铢之验，必也。"③ 这么渺小的人怎么能感动那么大的天体呢？就象用麦秸敲大钟一样，肯定不会响的。二、董仲舒认为天和人能进行精神感应，天会以气变来谴告皇帝，皇帝也可以用自己的仁爱诚心感动上天；王充认为天和人的感应通过中介物气，气是无意识的，天也是无意识的，天通过气感动人当然也是无意识的，自然而然的。"天地安能为气变？然则，气变之见，殆自然也。"④ "天道当然，人事不能却也。"⑤ 因此，王充对天人关系的认识可以归结为天道自然论，因为天道通过气表现出来，概括为气自然论也是可以的。经过这两方面的改造，董仲舒的天人感应神学目的论就被消化后吸收到王充的唯物主义的天道自然论中来。

天道自然原来是黄老道家的哲学思想，在西汉初期曾经盛行过几十年时间。汉武帝采纳董仲舒的建议，"罢黜百家，独尊儒术"以后，天道自然的思想成为一股暗流，而天人感应、灾异谴告、谶纬迷信、繁琐经学则形成巨大的思潮，荡涤一切，甚嚣尘上。当社会上许多人被天人感应思潮迷惑，如坠烟海的时候，也有个别头脑清醒的人已经看到这种思潮的弊端。天人感应越发展，

---

① 《春秋繁露·同类相动》。
② 《论衡·变动篇》。
③ 同上。
④ 《论衡·自然篇》。
⑤ 《论衡·变虚篇》。

所暴露出来的弊端越多、越明显，能看到弊端的人也越来越多。在这种情况下，天道自然的思想就在否定天人感应说中逐渐抬头、重新崛起。

西汉末年，桓谭就反对天人感应说，认为物性有相宜不相宜，不是上天故意做出来的，意思是说天是没有意志的。他说："余与刘子骏言养性无益。其兄子伯玉曰：'天生杀人药，必有生人药也。'余曰：'钩吻不与人相宜，故食则死，非为杀人生也。譬若巴豆毒鱼，礜石贼鼠，桂害獭，杏核杀猪，天非故为也。'"①就是说，钩吻跟人体不相适宜，所以人吃了它会中毒死亡，并不是上天为了杀人才故意生出钩吻来的。王莽很迷信，"好卜筮，信时日，而笃于事鬼神，多作庙兆，洁斋祀祭"，但是，"为政不善，见叛天下"，起义军包围皇城，王莽无法"自救"，还去求上天保佑。当起义军攻入皇宫，矢射交集，燔火大起的时候，他逃躲在"渐台"底下，"尚抱其符命书及所作威斗"。王莽临死还抱着符命书和威斗，桓谭嘲笑他"可谓蔽惑至甚矣"②。王莽迷信谶纬不能救亡，刘秀利用谶纬却可以中兴。桓谭虽然送旧迎新，却一切照旧，桓谭依然故我，反对谶纬，皇帝新旧一致，都信谶纬。桓谭在光武帝面前说："臣不读谶。"光武帝问为什么，他就"极言谶之非经"③，惹起皇帝大怒，险些送命。

桓谭《新论》对王充影响很大，桓谭反谶纬迷信的思想也传给了王充。东汉时代除了王充，还有一些人反对天人感应说。例如孔季彦就是其中一个。有一天，孔季彦去见刘公，正好有客人送鱼来。刘公欣赏了一会送来的鱼，很感慨地说："天赐予人的东西太丰厚了！生五谷给人当粮食，养育鸟兽给人当菜肴。"在座的客人都附和着说："正象刘公说的那样。"孔季彦说："我的看法跟诸位有所不同，认为不象刘公所说的那样。为什么呢？万物的产生都是各自禀了天地之气，不一定是为了供养人的。人只是知道拿来吃。所以《孝经》

①《太平御览》卷九九〇引桓谭《新论》。
②《群书治要》引桓谭《新论》。
③《后汉书·桓谭冯衍列传》。

上说：'天地之性人为贵'，可贵就在于有知识。伏羲开始尝草木的时候，为了知道哪一种是可以吃的，一天就中毒七十二次，然后才知道五谷是可以吃的，人类才开始种植五谷。不是天本来为人类生五谷的。蚊蚋叮人，蚯蚓吃土，不是上天有意为蚊蚋生人，为蚯蚓生地。如果知道了这个道理，那么，五谷鸟兽不是为人而生，也就明白了。"刘公一时楞住了，等了老半天才说："分析得好！"在座的诸位客人都默不作声。

刘公和众多宾客都有神学目的论的思想，说明天人感应说当时相当盛行。孔季彦提出新见，驳得天人感应说无立足之地，说明新思想正在兴起，有很强的生命力和战斗力。新思想的影响正在扩大，正在为多数人所接受。在桓谭时代，反天人感应说是要杀头的，在王充时代，否定天人感应说是要遭嘲讽的，在孔季彦时代，驳斥天人感应说竟能得到论敌的赞扬和默认。这些情况给我们展示了一种新思潮在与旧思潮作斗争中艰难发展过程。

一种思潮的兴起，一个理论的提出，看起来似乎是偶然的现象，或者是思想家的天才发现，实际上它都是历史发展到一定历史时期的必然产物。天道自然论的产生就是这样的，它是当时社会生产力的提高、阶级斗争的发展和自然科学与社会科学的进步的必然结果，而不是孤立的偶然现象，也不是单靠某一个理论家个人的天才就能发现的。那么，理论家个人在历史上起什么作用呢？理论家顺应历史潮流，研究社会现实，总结思想经验，批判继承文化遗产，结合科学的最新成果，提出新的思想体系，对人类认识作出新的理论概括。新的理论既适应又指导现实的社会实践，促进社会的发展。这就是理论家对历史的贡献。汉代虽然也时常有人反对天人感应说，提出一些正确的见解，但是多属碎义断见，而王充能将这些零碎的思想综合起来，形成系统的唯物主义哲学——"天道自然论"。王充对此进行过详细的论证，以此驳斥过各种迷信说法，发挥了战斗的和启蒙的作用，对后代思想界产生了很大的影响。这就是王充的历史作用和贡献，也是王充哲学之所以能成为东汉初期那个时代的时代精神的精华的原因所在。

当然，中国在历史上任何一个哲学体系也都有其不足之处，王充"天道自然论"自然也不例外，其不足之处主要有以下两个方面：

首先，王充把"天"通过"气"来影响人的无意识的联系，从某些局部的个别的现象，推广到一切领域，就使这种联系经过牵强附会而绝对化，虽然还是无神论观点，但是已经通过形而上学而达到宿命论的境地。他把人和万物的产生、存在、本性、命运都归结为"气"的作用，上天施放出来的气又决定了人世间的一切，如他说："人物吉凶统于天也"①，又说："天本而人末也"，人"生于天，含天之气，以天为主，犹耳目手足系于心矣。"② 因此，"人命悬于天"③。

关于人生富贵贫贱的现象，古人作过许多解释。在天命论盛行的时代，认为是上天（帝）给予的。在天人相分说问世以后，又认为是人本身努力的结果。在天人感应说兴起以后，认为是人的行为感动了上天，上天对此作出反应，有赏有罚，受赏者得富贵，遭罚者处贫贱。王充批判了天人感应说以后，用天道自然来解释这些现象，把自然观机械地搬来解释社会现象，不是从社会本身来寻找解释社会现象的原因，却从外部寻找原因。这就使他从外因论陷入命定论。开始，王充只认为天对人有影响作用，后来却变成了决定作用。起初王充认为天气对人体的生理方面有自然感应的作用，后来扩大到富贵贫贱、吉凶祸福，全都由上天预先决定。这也是王充哲学中的合理性由于跨出一步而陷入谬误的泥坑的根本原因。

其次，王充在综合各种思想时也收入了一些思想杂质。

汉高祖元年七月发生五星联珠现象，就是说在清晨日出之前，五大行星都能看得见，而且木星和土星居于中央，聚集在井宿内。根据石氏《星经》所说："岁星（即木星）所在，五星皆从而聚于一舍，其下之国可以义致天下。"

---

① 《论衡·变动篇》。
② 同上。
③ 《论衡·辨祟篇》。

在《易纬·坤灵图》中也记有："至德之萌，日月若连璧，五星若贯珠。"为了附会这种占星迷信，汉代人便将十个月之前发生的事——刘邦驻军在霸上与这种五星联珠的自然现象联系在一起，说明刘邦起义灭秦建立汉朝政权是上天支持的，汉朝"君权神授"。《史记·天官书》载："汉之兴，五星聚于东井。"《汉书·高帝纪》也记载："元年冬十月，五星聚于东井，沛公至霸上。"《汉书·天文志》也说："汉元年十月，五星聚于东井，以历推之，从岁星也。此高皇帝受命之符也。"① 汉代这些权威性史书所记载的说法跟王充的星气说不相违背，相当符合，因此，王充在批判各种虚妄的时候，却将这种虚妄当作"实诚"加以吸取，并用以证明星象跟社会之间确实有一种什么神秘的必然联系。王充以肯定的语气说：汉军"将入咸阳，五星聚东井。星有五色。天或者憎秦灭其文章，欲汉兴之，故先受命以文为瑞也。"② 可见，"高祖之起，有天命焉。"③ 当时讲所谓"符命"，都是先有"瑞符"，然后才有瑞应。但是，五星聚东井却是刘邦军霸上以后十个月才出现的，他们却把它俩硬拉在一起，附会之迹是十分明显的。王充为了掩盖附会之迹，对时间作了修正，叫做"将入咸阳"，但这不符合史实。王充在这里所讲的"天"，既会"憎"，又有"欲"，显然是有意志的了。这个"天"能以文瑞"受（授）命"给汉高祖，这完全是道地的"天命论"。可见，象王充这样卓越的唯物主义哲学家也没有完全摆脱作为当时统治思想的天人感应说的影响，也难免在一些问题上表现出唯物主义的不彻底性来。

王充认为，天道自然在宇宙间起着决定的作用，人只能起辅助的作用。例如，谷种入地，日夜不断生长，发芽生根，开花结果，这都是天道自然，人是无能为力的，人如果加以干扰，那只能坏事，象宋人揠苗助长那样。人可以做些什么呢？人可以在春天时播种，给谷物生长找个好季节。谷物生长过程中，

① 这里讲的"十月"都是按秦历法。
②《论衡·佚文篇》。
③《论衡·命义篇》。

人们可以耕耘，松土除草、多施肥料，以促进谷物生长。这就是辅助作用。王充归结为"然虽自然，亦须有为辅助。"① 从这个例子来看，他所说的"自然"实指客观规律，"人为"指人的主观能动性。前者是根本的，后者只能在前者的基础上发挥作用。这种观点在现在看来也是对的。由于科学的发展，人的能动作用越来越大，但永远也不能违背客观规律。

王充的天道自然论在天和人的关系上，实际上就是说：天道自然为主，人事有为辅助。王充之后的仲长统（公元179—220年）提出："人事为本，天道为末。"② 似乎是对王充思想的否定。实际情况如何呢？这是值得研究的问题。

王充把天道自然论贯彻到社会问题中去，认为社会发展变化有一种莫名其妙的必然性，王充按传统说法，把这种必然性称为"命运"或"时数"。"命运"、"时数"决定社会历史的进程。他说："世之治乱，在时不在政；国之安危，在数不在教。贤不贤之君，明不明之政，无能损益。"③ 所谓"贤不贤之君"，只是生逢时不逢时的问题，生逢时则为贤君，生不逢时则为不贤之君，"贤君之立，偶在当治之世"；"无道之君，偶生于当乱之时"④。君贤不贤是偶然现象，似乎跟本人的修养、素质没有什么关系，也没有什么规律可循。

仲长统对此有所发展，他对治乱问题作了进一步探讨，认为是有规律可循的。他发现每一个王朝都有发展的三个时期。第一个时期，豪杰出来，经过激烈的斗智争雄，取得胜利，建立了强大的王朝，这是最兴旺的时期。第二时期，天下稳定，人心归一，虽有豪杰之士也不敢作乱。在这个时期，只要下愚之才处于皇帝的位置上，"犹能使恩同天地，威侔鬼神"⑤，对别人来说，都是

---

① 《论衡·自然篇》。
② 仲长统是东汉后期的哲学家，著作有《昌言》一书。此书已佚。《后汉书》本传中引录该书三篇：《理乱篇》、《损益篇》、《法诚篇》。这两句话是引录在《群书治要》卷四十五中的话，不知属于哪一篇。
③ 《论衡·治期篇》。
④ 同上。
⑤ 《昌言·理乱篇》。

皇恩浩荡，神乎其神。后来接班的皇帝以为他是天下的主宰，谁也不敢违抗他，于是就穷奢极欲，胡作非为，这就进入第三个时期，即土崩瓦解时期。这时，"昔之为我哺乳之子孙者，今尽是我饮血之寇雠也。"① 众叛亲离，天下共讨之，王朝就在造反者的打击下灭亡了。仲长统因此得结论说："岂非富贵生不仁，沈溺致愚疾邪？存亡以之迭代，政乱从此周复，天道常然之大数也。"② 富贵产生不仁，沈溺导致愚蠢，这是强大王朝不断灭亡、更替的根本原因。因此，他认为："又政之为理者，取一切而已，非能斟酌贤愚之分，以开盛衰之数也。"③ 掌握政权的人，只能根据实际情况采取切实的措施，并不能把贤人和愚人区分清楚，以便决定社会盛衰的发展趋势。实际上也是说，社会的盛衰和人才贤愚没有必然的联系。这种说法与王充的见解是基本一致的。王充把这种"数"看得十分神秘，而仲长统从人性方面对这种"数"作了解释，高贵地位产生了皇帝的恶性，这种恶性导致王朝的复亡。这种观点显然比王充有所进步。在这里，仲长统的"天道"和王充的说法，是基本一致的，都是指客观规律性。

同一个哲学家使用同一个词还常有不同的含义。仲长统使用"天道"就是这样。上述"天道"是指客观规律。但别处，"天道"有时却指一些迷信。例如他说："故知天道而无人略者，是巫医卜祝之伍，下愚不齿之民也；信天道而背人事者，是昏乱迷惑之主，覆国亡家之臣也。"④ "知天道"是巫医卜祝一类搞迷信的人，"信天道"是昏乱迷惑的人。可见这里所讲的"天道"是指迷信。如果王者搞不好政治，处理不好人事，那么，"虽五方之兆不失四时之礼，断狱之政不违冬日之期，蓍龟积于庙门之中，牺牲群于丽碑之间，冯相坐台上而不下，祝史伏坛旁而不去，犹无益于败亡也。"⑤ 四季按时去祭祀五

---

① 《昌言·理乱篇》。
② ③同上。
④ 《昌言》，《群书治要》卷 45 引。
⑤ 同上。

帝，审判犯人都在冬季进行，这是迷信家的规定。即使一举一动都遵照迷信家的说法去做，即使用大量的蓍草和龟壳堆在庙中进行卜筮，即使用牛羊摆满庙里碑亭进行祭祀，即使让冯相氏一直坐在台上做迷信而不下来，即使让庙祝整天趴在祭坛旁边求神保祐，也都挽救不了失败灭亡。仲长统下结论说："从此言之，人事为本，天道为末，不其然欤？"这里的"天道"就是指以上这些迷信活动。他认为，不依赖迷信而相信自己做善事的人是高明的，做了善事又不放心，有时也搞点迷信，这是中等的人。不注意自己的行为，一味地从迷信中寻求保祐，那是最下等的愚蠢人。至于这一类"天道"，王充也把它放在"为末"的位置上，他说："衰世好信鬼，愚人好求福。"① 又说："夫论解除，解除无益；论祭祀，祭祀无补；论巫祝，巫祝无力。竟在人不在鬼，在德不在祀，明矣哉！"② 王充认为，一切迷信活动都无济于事，关键在于施德政，利人民，不在于求神祭天，只有衰世的愚人才喜欢搞这些迷信。可见，王充的"在人不在鬼"和仲长统的"人事为本，天道为末"是相一致的。这也说明，东汉时代的唯物主义哲学家在天人关系方面的见解基本上是一致的。

王充讲天道自然论，是否像有些同志所说的那样，完全否定了人的能动性呢？不是的。上面已经提到他认为天道自然，还要人事有为来辅助。这就肯定了人的能动性的作用。他把人为放在辅助地位上，这与一些唯心主义哲学家是有很大区别的。像董仲舒认为皇帝的意志能感动上天，又能得到相应的报应，实际上这种天人感应说与唯意志论是相通的。又如后来的陆王心学，把自己的心和宇宙等同起来，说起来是很豪壮的，但是，这就很容易导致说假话、说空话、说大话。政治家可以提一些响亮口号来鼓动人心，如黄巾起义军就有"苍天已死，黄天当立"的口号，以此作为起义动员令。文学家可以让幻想的

---

① 《论衡·解除篇》。解除是汉代一种迷信，这种迷信目的在于"去凶"，办法是先以礼祭祀，让鬼神吃饱了，然后"驱以刃杖"，用武器把鬼神赶走。"祭祀"、"巫祝"和"解除"一样，都是迷信活动。
② 同上。

翅膀任意飞翔，写出动人心弦、烩炙人口的浪漫诗篇，像屈原的《离骚》、枚乘的《七发》以及司马相如的赋。所谓"千金难买相如赋"，这说明艺术的价值。而哲学家则要求理性的分析。到底人在宇宙间处于什么位置呢？是宇宙的主宰者，还是宇宙的附属品呢？尤其是在汉代。即使到了具有现代科学的今天，人类是否能够主宰宇宙呢？在宇宙间，人类作用如何呢？是决定作用，还是辅助作用呢？我们以为，不仅现在，即使再过一万年，人类也只能在一定的范围内对于某些方面起主宰作用，而在更大的范围、更多的方面都只能起辅助作用。冷静地分析，王充把人为作为自然界的辅助力量，未尝不可。

另外，对于儒道比较上，也可以看出王充的观点。道家"恬憺无欲，志不在于仕"，以消极的态度对待人世。而儒墨两家都是主张"入世"的，积极干预人世，"忧世济民于难"，"孔子栖栖，墨子遑遑"，他们都紧张地进行社会活动。对于这两种人生观，王充说："不进与孔、墨合务，而还与黄、老同操，非贤也。"① 他认为不向孔墨学习，而学黄老避世，那就不是贤人。这说明他主张"入世"的，反对"避世"的。王充战斗的一生也充分说明了这一点，这怎么能从《论衡》中找一两句话而加以否定呢？

五、天人交相胜

两汉时代，关于天人关系的争论曾经盛极一时，到了魏晋南北朝时期，哲学争论的兴趣转移到宇宙本体和自然名教等问题上去。虽然杨泉《物理论》讲到天地问题，但是，对天地和人的关系问题，却没有提出新的见解，也没有引起什么争论。祖冲之则是真正的天文学家，只研究天文学，不研究天人关系如何。直至唐代，天人关系问题又被提出来讨论。这次讨论主要有三个名家参

① 《论衡·定贤篇》。

加，因此产生了一定的影响。他们就是韩愈、柳宗元、刘禹锡。

这场争论是由韩愈挑起的，他写信给柳宗元，说："若知天之说乎？吾为子言天之说。今夫人有疾痛、倦辱、饥寒甚者，因仰而呼天曰：'残民者昌，佑民者殃！'又仰而呼天曰：'何为使至此极戾也？'若是者，举不能知天。……吾意天闻其呼且怨，则有功者受赏必大矣，其祸焉者受罚亦大矣。子以吾言为何如？"① 大意是：你知道有关天的学问吗？我给你讲一讲吧。现在，人如果非常痛苦、或者饥寒过度，就仰头呼天，说什么"残害人民的人昌盛，保护人民的人却遭殃！""为什么这样不公道呀？"这些人都不能够了解天。我猜想，天听到他们呼喊怨声，对有功者给予重赏，对有罪者也要重罚。你看我的说法怎么样？

柳宗元怎么回答呢？他说：上而玄苍色的是天，下而黄色的是地。天地虽然庞大也只是象果瓜草木之类的自然物。它们都是没有意志的，怎么能喜怒、能报应呢？怎么能"赏功而罚祸"呢？有功的人是自己立的功，有祸的人也是自己招的祸，跟天地又有什么关系呢？自己不动手，却希望上天给予赏罚，那是"大谬"的。呼喊埋怨，希望上天怜悯而且仁爱，那就"愈大谬"② 了！

可见，柳宗元认为天是自然物，没有意志。而韩愈认为天会赏功罚祸。这原是汉代争论的老问题。但是，有的人认为韩愈未必有这种思想，理由主要是《韩昌黎集》里并无这一封信。

韩愈是否写了这封信，或者发表了这一番议论呢？现在，学术界没有肯定《天说》非柳宗元所著，于是就难于否定韩愈这一思想。另外，柳宗元在《与韩愈论史官书》中批评韩愈"言史事甚大谬"③。韩愈不敢承担写史工作，认为写史者"不有人祸，则有天刑"④，并且列举历代史家来加以证明。柳宗元

---

① 《天说》引，见《柳宗元集》卷十六，中华书局，1979 年。以下引《天说》，均据此版本。
② 《柳宗元集》卷 16。
③ 《柳宗元集》卷 31。
④ 同上。

对此很不以为然。他说：孔子道不行，不遇而死，不是由于写了《春秋》。那时，他不写《春秋》，也是会不遇而死的。周公、史佚虽然也写了史事，却很显贵。范晔、司马迁、班固、崔浩，都遭到不幸，又都是写史的人，但是，他们的不幸都是由于其他原因，不因为写史。左丘明有病失明，不是因为写史。子夏不写史不是也失明吗？这些史事都不能得出不应该写史的教训来。柳宗元认为写史担心的应该是不能直书，"不得中道"。他认为："道苟直，虽死不可回也"，"刑祸非所恐也。"① 只要秉公写史，死都不必怕，还怕"人祸"、"天刑"么？何况这些鬼神是渺茫无实的，是"明者所不道"的。

　　当然，当时信天命论远不止韩愈一个人。我们从柳宗元对这种迷信的批驳就可以隐约看到有这么一股思潮。例如，柳宗元的朋友吴武陵发现树皮上有奇怪的花纹，感到难以解释，有的说是"气之寓"，是树皮里含有的气所造成的，有的说"为物者裁而为之"，是造物主——神有意制作出来的。究竟哪一种说法对呢？吴武陵写信向柳宗元求教。柳宗元明确回答说："余固以为寓也。"② 就是说，这是气自然形成的，不是什么神怪作用。有的人问："然则致雨反风，蝗不为灾，虎负子而趋，是非人之为则何以？"③ "致雨反风"出于《尚书·金縢篇》。周成王时，有一年，"秋，大熟，未获，天大雷电以风，禾尽偃，大木斯拔，邦人大恐"，以为是"天动威，以彰周公之德"，周成王捧着金縢书哭泣，表示悔改。然后，"天乃雨，反风，禾则尽起"，"岁则大熟"④。周成王不知周公之德，致天下大雨，一旦知后，表示悔改，天又反风。说明周成王的行为引起风雨。"蝗不为灾"见于《后汉书·卓茂传》。东汉"平帝时，天下大蝗，河南二十余县皆被其灾，独不入密县界。"卓茂是密县令，因此，有人就认为蝗虫不到密县为灾，是因为卓茂在密县"数年，教化

---

① 《柳宗元集》卷31。
② 《复吴子松说》，《柳宗元集》卷16。
③ 《褅说》，《柳宗元集》卷16。
④ 《十三经注疏》，第197页，中华书局1980年。

大行，道不拾遗。"① "虎负子渡河"事见《后汉书·儒林列传》。刘昆当弘农太守，"先是崤、黾驿道多虎灾，行旅不通。昆为政三年，仁化大行，虎皆负子渡河。"② 据说是刘昆的仁政把老虎都吓跑了。别人向柳宗元提出问题，如果不是人的精诚感应，那么，这些奇怪现象究竟是什么原因呢？柳宗元回答说："子欲知其以乎？所谓偶然者信矣。"③ 你想知道这些奇怪现象的原因吗？那不过是"偶然"而已。就是说，这些不相干的事凑巧碰到一块，并没有必然的因果联系。

雷电霜雪有时会给人带来灾难，有的人就说这是上天对有罪过的人的惩罚。柳宗元认为这种"言天而不言人"是没有道理的。雷霆霜雪只是一种自然的气，"非有心于物者也"。自然之气既不会喜怒，也不会赏罚，例如，春夏季经常打雷，有时轰破巨石，有时劈裂大树，难道石头和大树也犯了什么大罪吗？秋冬季节有霜雪，能使草木凋零，难道草木也有什么非常之罪吗？总之，"苍苍者焉能与吾事"④？

上天与人是不相预的，因此，汉代董仲舒讲天人感应，司马相如、刘向、扬雄、班彪、班固等人加以推广。柳宗元认为，他们说的话象神学家说的，尽是骗人的谎言，"不足以知圣人立极之本"⑤。他认为："圣人之道，不穷异以为神，不引天以为高，利于人，备于事，如斯而已矣。"⑥ 不用怪异现象来把现实问题神秘化，也不借天意之类来抬高自己的理论，只是要有利于人民，又切实可行，那就是圣人之道了。柳宗元被贬以后，看了很多古籍，看了《国语》，批判其不合理内容，写了《非国语》。看了屈原《天问》，写了《天对》，其中有关天命问题作了天人不相预的解答。总之，柳宗元天人不相预的

---

① 《后汉书》。
② 同上。
③ 《柳宗元集》卷16。
④ 《断刑论下》，《柳宗元集》卷3。
⑤ 《贞符》序，《柳宗元集》卷1。
⑥ 《时令论上》，《柳宗元集》卷3。

思想已经确立了。但是，古人为什么经常讲天命呢？他的回答是："古之所以言天者，盖以愚蚩蚩者耳，非为聪明睿智者设也。"① 古人讲天命是为欺骗愚蠢的人，不是对聪明人说的。柳宗元既有这么多论难，说明当时天人感应思想是一股不小的思潮，而韩愈则是一个代表人物。柳宗元的朋友刘禹锡看到《天说》，表示支持，同时感到天人关系问题说得还不透，于是写《天论》三篇，除了肯定柳宗元"非天预乎人也"② 之外，又发展了天人关系的理论，提出了天人交相胜新见解。

刘禹锡在《天论上》③ 中说：一切器物都各有自己用处。"天，有形之大者也；人，动物之尤者也。天之能，人固不能也；人之能，天亦有所不能也。故余曰：天与人交相胜耳。"天有什么能耐呢？春夏阳气上升时，万物生长，秋冬阴气上升时，万物凋零。水和火会伤害万物，木头是硬的，金属是锐利的。壮年时雄壮，老年时衰弱。力气大的征服力气小的。这些自然现象，刘禹锡认为就是天的能耐。人有什么能耐呢？阳气上升时种植，阴气上升时收获，防治灾害，进行灌溉，进行保护，不让破坏，砍树用材，构筑房屋，采矿冶炼，以为农具，用义来约束强讦的人，用礼来排列长幼的顺序，尊重贤人，崇尚功绩，树立正气，压倒邪气。这些方面，都是人的能耐。天不能为人类来制订礼义、维护秩序，人也不能改变天道。这就是天人不相预。进一步，天在自然方面胜人，人在社会方面胜天。这就是天人交相胜。但是，自然界要有人来治理，而人又因万物自然本性来治理万物。因此，天人关系除了交相胜的一面，还有还相用的另一面，说明天人虽然有区别，不能互相替代，而且互相联系，相互为用，这就比荀子的"天人相分"说有了显著进步。

人之所以能胜天，靠的是法度。法度能够正常实行，是非就有一定的标准，行善有功就得赏，作恶有罪便受罚。在这种情况下，人们都知道吉凶祸福

①《断刑论下》，《柳宗元集》卷 3。
②《答刘禹锡天论书》，《柳宗元集》卷 31。
③《刘宾客文集》卷 5，又见《柳宗元集》卷 16。

是与自己的善恶行为紧密相联的，谁也不相信天在其中干预了什么，只是在讲季节的时候才要讲一下天。但是，当法度废止，社会混乱，是非颠倒的时候，法度无法约束为非作歹的行为，人就无法胜天了。那时就是弱肉强食。于是人们就说："遵循道还有什么用呢？一切都只好听天由命。"刘禹锡由此得出结论："生乎治者，人道明，咸知其所自，故德与怨不归乎天；生乎乱者，人道昧，不可知，故由人者举归乎天。非天预乎人尔。"① 社会秩序好的时候，人们知道社会现象的因果关系，就不信天。当社会混乱的时候，人们弄不清楚社会现象的因果关系，就把人事问题归结于天。实际上天并没有参预人事。天命论产生于对社会的无知。这是深刻的思想。

刘禹锡举出浅显的例子来说明人们心目中的天人关系。他说，船在小河里行驶，行止快慢都决定于人，快速而平安，是舵手的技术高，搁浅或翻船，是舵手的水平低，不管船行如何，人们都知道是人的本事问题，跟天没有关系，为什么呢？"理明故也"②，因为人们都知道这些道理。船如果在大江大海里行驶，快慢行止不由人决定，顺风，说是天，危险，也说是天，没有人说是人为的。为什么呢？"理昧故也"③，因为人们根本不知道船行安危的原因。刘禹锡认为，船行都是有规律（数）的，只是人们还不认识船在大江大海中运行的规律，就说是天在起作用。天命论也产生于对自然界的无知，这是刘禹锡的又一深刻思想。

有人问：古代论天的有宣夜说、浑天说、周髀书，还有邹子的谈天，你们的说法是来源于哪一家？刘禹锡答曰："吾非斯人之徒也。"④ 可见，刘禹锡不是依傍前人之说，而是另辟蹊径的。刘禹锡说：

世之言天者二道焉。拘于昭昭者，则曰："天与人实影响：祸必以罪降，

---

① 《天论上》，《刘宾客文集》卷5，又见《柳宗元集》卷16。下引，均据《刘宾客文集》。
② 《天论中》。
③ 同上。
④ 《天论下》。

福必以善徕，穷厄而呼必可闻，隐痛而祈必可答，如有物的然以宰者。"故阴骘之说腾焉。泥于冥冥者，则曰："天与人实剌异：霆震于畜木，未尝在罪；春滋乎菫荼，未尝择善；跖、蹻焉而遂，孔、颜焉而厄，是茫乎无有宰者。"故自然之说腾焉。①

在当时，韩愈是阴骘之说的重要代表，而柳宗元则是自然之说的中流砥柱。韩、柳相争，不亦乐乎，据我看基本上重复汉代的观点，没有什么新见，倒是敲边鼓的刘禹锡看到韩愈观点的错误，基本同意柳宗元的立场，又感到柳"非所以尽天人之际"，所以"作《天论》，以极其辩"②，提出了光辉的思想——天人交相胜，发展了天人关系的学说。

六、天人合一说

过去，学术界有一些人把天人合一说作为唯心主义思想加以批判。近几年，学术界百家争鸣、自由讨论，对天人合一说有了新看法。有的学者认为："中国古代哲学家所谓'天人合一'，其最基本的涵义就是肯定'自然界和精神的统一'，在这个意义上，天人合一的命题是基本正确的。"③ 有的学者认为："天人合一是中国哲学的基本精神"，"是非常宝贵的思想"④。现在看来，有必要对天人合一说作比较系统的研究。

中国古代许多哲学家都谈过天人合一的问题，他们所表述的具体内容很不一样。因此，对各种不同的天人合一说作具体分析，显然是必要的。我们将天人合一说大致上分为五大类。这就是：天人一德、天人一类、天人一性、天人

① 《天论上》。
② 同上。
③ 张岱年：《中国哲学中"天人合一"思想的剖析》，见《北京大学学报》1985年第一期。
④ 李泽厚：《关于中国美学史的几个问题》，见《美学与艺术讲演录》第207页，上海人民出版社，1983年。

一本、天人一道。

（一）天人一德

天人一德的说法产生的年代比较早，对后来的影响也比较久远。

在《周易·乾卦·象言》中说："大人者，与天地合其德"，又说："天行健，君子以自强不息。"天体每日旋转一周，速度很快，古人说是"天行健"，并且说作为"君子"，必须象天那样，要自强不息。孔子说："唯天为大，唯尧则之。"[1] 就是说，天是最伟大的、最崇高的，"大人"和"君子"都要效法天的品德，孔子认为只有"尧"这个圣君真正做到这一点。所谓"与天地合其德"，跟"则天"的意思都一样，都是指效法天的品德。所谓天的品德不过是客观天体的性质，一是大，二是运行快速，并没有什么神秘的意味。说"合德"、"则天"，只不过是比喻性质的说法。古人用自然物来比喻人格，然后又反过来，说人要向自然物的品格学习。这类说法有不少例子。例如，在《管子·水地篇》中对水有这么一大段论述：

> 夫水淳弱以清，而好洒人之恶，仁也；视之黑而白，精也；量之不可使概，至满而止，正也；唯无不流，至平而止，义也；人皆赴高，已独赴下，卑也。卑也者，道之室、王者之器也，而水以为都居。准也者，五量之宗也，素也者，五色之质也，淡也者，五味之中也。是以水者万物之准也，诸生之淡也，违非得失之质也，是以无不满无不居也。集于天地而藏于万物，产于金石，集于诸生，故曰水神。

这段大意是：水是清洁的液体，可以洗涤肮脏的东西，这是"仁"的品质；水是透明的，多了又不透明，这表明它是"精微"的；用量器量水的时

---

[1]《论语·泰伯篇》，《〈论语〉批注》，第181页，中华书局，1974年。

候，不用刮，满了为止，这是"正"的性质；没有水不流，流到平了为止，这是"义"的品格；人都向上走，唯独它向下流，这是"卑"的道德。谦卑的道德是极为重要的、根本的，而水就有这种道德。准是五种量度的根本，素是五种颜色的本质，淡是五种味道的中性，水具备准、素、淡这些品格，所以它是神妙的物质，存在于天地万物之中。后面接着讲"夫玉之所贵者，九德出焉"，也是这类说法。《老子》八章所谓"上善若水"① 也是一种比喻。因此，天人一德的说法开始只是一种以自然物来比喻人的品格，反过来要求人在某种意义上具有这种品格。

天人一德的"则天"思想很容易演变成"顺天"的思想。例如《礼记·月令》中专门叙述了一年的气候变化、物候转换和人事的更替。春生、夏长、秋收、冬藏，这是天气的变化。人事要根据这种变化进行相应的安排。如在春天，是万物生长的季节，人们不应该伐树和打猎，以保护动植物的繁殖。因此，对犯罪的人也不在春耕大忙季节来进行判决和处置②。一到秋天，万物凋零，这是收获季节，既可伐、打猎，也可以处置犯人。是人事顺天，也是所谓"则天"的内容。医家讲人体要顺应天气的变化，也是"则天"的内容。在《黄帝内经》中说："夫四时阴阳者，万物之根本也，所以圣人春夏养阳，秋冬养阴，以从其根，故与万物沉浮于生长之门。逆其根，则伐其本，坏其真矣。故阴阳四时者，万物之终始也，死生之本也。逆之则灾害生，从之则苛疾不起，是谓得道。"③ 就是说得道的"圣人"懂得适应四季气候寒暖的变化，因此就可以少病。如果不适应气候变化，就要生病。气候变化是"天"，顺应气候变化，就是"顺天"，也就是"则天"一项内容。所谓"顺天""则天"，就是要求人的行为与"天"相一致，即"合德"。这是天人合一的一种形态，

① 高亨：《老子注译》，第33页，河南人民出版社，1980年。
②《礼记·月令》："禁止伐木，毋覆巢，毋杀孩虫，胎夭飞鸟，毋麛毋卵"，"安萌牙，养幼少，存诸孤……省囹圄，去桎梏，毋肆掠，止狱讼。"
③《素问·四气调神大论》。

我们称它为"天人一德"说。作为比喻，"天人一德"未尝不可。作为顺应自然的道理，"天人一德"尚有合理性。

（二）天人一类

中国古代有三种影响最大的哲学思想体系：五行、八卦、阴阳。这三种思想体系都包括天与人相对应的思想。例如《尚书·洪范》把人事的"貌、言、视、听、思"跟五行（水、火、木、金、土）相对应，又与天气的"雨、旸、燠、寒、风"相联系。《周易》用八卦来描绘天地万物。乾是天，坤是地，震是雷，巽是风，坎是水，离是火，艮是山，兑是泽。而《说卦》把人事附会上去，乾为父，坤为母，震为长男，巽为长女，坎为中男，离为中女，艮为少男，兑为少女。又把人身与八卦相搭配，"乾为首，坤为腹，震为足，巽为股，坎为耳，离为目，艮为手，兑为口。"这样，通过八卦的形式也把天和人相对应。阴阳起先也是产生于人们对自然界的认识，山的北面背阴处为阴，山的南面向阳处为阳。推而广之，天为阳，地为阴，日为阳，月为阴，火为阳，水为阴，如此等等。《周易》也把人事与阴阳相联系，如《泰卦·象言》曰："内阳而外阴，内健而外顺，内君子而外小人，君子道长，小人道消也。"这里把"君子"和"阳"相对应，把"小人"和"阴"相对应。又如《说卦》云："立天之道曰阴与阳，立地之道曰柔与刚，立人之道曰仁与义。兼三才而两之，故易六画而成卦，分阴分阳，迭用柔刚，故易六位而成章。"[1] 就是说天地人这"三才"，阴与"柔""仁"相配，阳与"刚""义"对应。仁义是人事，在这里也与阴阳搭配上了。在古代医书中对人身的阴阳有详细论述，如说："夫言人之阴阳，则外为阳，内为阴；言人身之阴阳，则背为阳，腹为阴；言人身之脏府中阴阳，则脏者为阴，府者为阳，肝、心、脾、肺、肾五脏皆为阴，胆、胃、大肠、小肠、膀胱、三焦六府皆为阳。……此皆阴阳表里、内

---

[1]《十三经注疏》，第93—94页，中华书局，1980年。

外、雄雌相输应也，故以应天之阴阳也。"① 就是说人体中分阴阳，跟天的阴阳是相应的。此外，还有男为阳，女为阴，气为阳，血为阴，等等。

五行、八卦、阴阳这三种思想体系中都有天与人相对应的思想内容。这些思想后来逐渐汇合，互相渗透，在西汉时代，由哲学家董仲舒把这些思想融合成一个庞大的系统的思想体系，即宇宙系统论。在这个系统中，天与人通过中间的气产生精神感应。为了证明天人会发生精神感应，根据当时同类相感的认识，董仲舒千方百计论证天人是同类的，这就形成了他的牵强附会的天人一类说。或称天人同类说。这一方面的内容在《天人感应说》一节已有详细论述，此处不赘。简单地说，董仲舒的天人感应说的基础或前提是天人一类说，而天人一类说则是天人合一说的一种类型。天人一类说多是牵强附会的不同类相比，因而较少合理性。董仲舒的一些政治思想在当时有一定的进步意义，为当时进步的政治思想作论证的哲学思想，尽管不那么合理，也因政治色彩而带上一定的进步性。

天人一德说向两个方向发展，一是发展为顺应自然的思想，这有合理性又有进步性，一是发展为天人一类说，从比喻到附会，缺乏合理性，只在特定场合有一定的进步性。

（三）天人一性

孟子讲："尽其心者，知其性也，知其性则知天矣。"② 就是说，尽心就能知性，知性也就知天了。由于对心、性、天的理解不同，孟子这段话的含义也就大不一样，于是发展成各自不同的思想体系。我们以为，天人一性、天人一本、天人一道，都可以从这一句话中推导出来。

王充认为天地是从来就有的，天施气于地而生万物，同时也生了人。人

---

① 《素问·金匮真言论》，见《内难经选释》第 17 页，吉林人民出版社，1979 年。又见《黄帝内经·素问》第 24、25 页，人民卫生出版社，1963 年。
② 《孟子·尽心上》。

"禀气而生，含气而长"①，"用气为性，性成命定"②。人的"性"就是由天的气决定的。因此，人性与天性就自然有了一致性。据此，王充认为，天可以通过气来感动人，这种感动是无意识的、自然的。人不能感天，倒不是人性与天性的差异，而是因为天人大小悬殊。

王充说："上世之天，下世之天也。天不变易，气不改更。上世之民，下世之民也，俱禀元气。""凛气等则怀性均"，"气之薄渥，万世若一。帝王治世，百代同道。"③ 就是说天不变化，天所施的气就不改变，气禀决定了人性，气一样，性也一样，因此治理国家的道理也都一样。人性是由天气来的，是由天气决定的，"天本而人末"，人"生于天，含天之气，以天为主"④。这就是王充天人一性说的基本观点。王充的天人一性说的基础是天通过气派生人，人禀气于天。

北宋哲学家张载跟王充略有区别，虽然他们都认为天人是一性的。张载认为，天就是太虚，"由太虚，有天之名"⑤。他又认为，太虚充满着气，太虚也就是气的本体，而其他万物都是气聚合成的客形。"太虚无形，气之本体，其聚其散，变化之客形尔"⑥。人和其他万物一样，都是气的客形。气处于最安静的时候，没有形体，无法感觉，所以叫"无感无形"。气是性的渊源。有知识的人是跟物接触以后才产生"客感"。"客感客形与无感无形，惟尽性者一之。"⑦人和万物是客形，人与物接触产生客感。而天，即太虚，则是无感无形的。所谓"尽性者"，就是指能够彻底了解事物本性的人。只有这种"尽性者"才能把天和人统一起来，统一于物质性，统一于气。张载的天人一性说是在气一元论的宇宙观下产生出来的，它是唯物论的观点。"天人合一"⑧ 四

---

① 《论衡·命义篇》。
② 《论衡·无形篇》。
③ 《论衡·齐世篇》。
④ 《论衡·变动篇》。
⑤ 《正蒙·太和篇》。
⑥ ⑦同上。
⑧ 见《张载集》。

字成语，首先是张载在《正蒙·乾称篇》中提到的。在同一篇中，还有"天人一物"、"一天人"、"万物本一"等说法，说明张载对此并非偶语一句。

（四）天人一本和天人一道

与张载同时代的程颢（公元 1032—1085 年）和程颐（公元 1033—1107 年）两兄弟也讲天人合一，但与张载看法不同。二程说："天人本无二，不必言合。"① 这似乎反对天人合一，而实际上，这话不但不反对天人合一说，而且合得更加彻底，完全是一回事。这就是"天人一本"说。

天人的本是什么呢？张载认为是物质性的气，因而是唯物主义的，而二程不同意，认为这是"以器言而非道也"②，把天人看作一般器物，还不能说从道上理解。二程所理解的本也不一样。

程颢认为不必讲天人"合"，是由于"天人无间"③。他说："人和天地，一物也，而人特自小之，何耶？"④ 如果"别立一天，谓人不可以包天，则有方矣，是二本也。"⑤ 天地和人都是一种物，这未尝不可。但他认为人可以包天，如果人包不了天，那是"二本"。似乎也不是每个人都可以包天。且看他是怎么说的："仁者，以天地万物为一体，莫非己也。认得为己，何所不至？若不有诸己，自不与己相干。如手足不仁，气已不贯，皆不属己。"⑥ "圣人即天地也。"⑦ 只有圣人、仁者，才能把天地万物都当作自己的。至于其他人只能当作理想来追求。这些说法概括起来就是一句话：天地万物是一体，其根本是人。

---

① 《河南程氏遗书》卷六，此卷不分程颢程颐，只称"二先生语"，见《二程集》，中华书局，1981 年。下引二程语，均据《河南程氏遗书》。
② 《河南程氏遗书》卷十一。
③ 《河南程氏遗书》卷二上。
④ 《河南程氏遗书》卷十一。
⑤ 同上。
⑥ 《河南程氏遗书》卷二上。
⑦ 同上。

程颢说："耳目能视听而不能远者，气有限耳。心则无远近也。"① 人的视听受到气的限制，不能达到远处，而想象不受限制，没有远近的区别。也就是说，无论多么远，心都可以想到。因此，心就具备了包罗一切的能力。程颢说："以天下之大，万物之多，用一心而处之，必得其要，斯可矣。"② 用"一心"就可处置天地万物。心如何处置天地万物呢？他又说："圣人致公，心尽天地万物之理，各当其分。"③ 又据孟子的"知性知天"说，作了发挥："尝喻以心知天，犹居京师往长安，但知出西门便可到长安。此犹是言作两处。若要诚实，只在京师，便是到长安，更不可别求长安。只心便是天，尽之便知性，知性便知天，当处便认取，更不可外求。"④ 原来，程颢所说的心处天地万物，就是心想天地万物之理。所以只要尽心去想，就会认识万物之性，从而认识天。"知性便知天"，一作"性便是天"。后说自然更明确一些。简言之，程颢认为人和天地万物为一体，人心可以包罗天地万物，因此，天人就统一于人心，天人一本就是心。这是主观唯心主义的观点。他的"只心便是天"，由南宋的陆九渊和明代的王阳明相继发展成"宇宙便是吾心，吾心即是宇宙"⑤ 和"心外无物，心外无事"⑥ 的主观唯心主义哲学体系。

程颐虽然也讲："天人所为，各自有分。"天和人各有自己的作用，但他认为："只是一理"⑦。天和人在理上面统一了。他又说："道一也，岂人道自是人道，天道自是天道？"没有人道和天道的区别，"天地人只一道也"。⑧ 他一方面说："天下只有一个理"，"物我一理"⑨，"己与理"不能为二。一方面又说："其实只是一个道"，把"天""人"都归结为道，"心即性也。在天为

① 《河南程氏遗书》卷十一。
② 同上。
③ 《河南程氏遗书》卷十四。
④ 《河南程氏遗书》卷二上。
⑤ 《象山全集》卷二十二，见《陆九渊集》第 273 页，中华书局，1980 年。
⑥ 《王文成公全书》卷四。
⑦ 《河南程氏遗书》卷十五。
⑧ 《河南程氏遗书》卷十八。
⑨ 同上。

命，在人为性，论其所主为心，其实只是一个道。"① 他把一切归于道，所以人称"道学家"，天人归于一道，产生了天人一道说。他把一切归于理，所以后人又称他为"理学家"。所谓"宋明理学"、"程朱理学"，就是指程颐和朱熹及其信徒们的学说。天人也归于一理，因此也可以叫天人一理说。

程颐把道或理作为宇宙的根本，也作为天人之本，是客观唯心主义的哲学体系。

天人合一说的五种形态，天人一德说是从比喻引出来的，天人一类说是牵强附会的比附，天人一性说基本上是唯物主义观点，天人一本说或叫天人一心说，是主观唯心主义的观点，而天人一道说或叫天人一理说，则是客观唯心主义的观点。可见，对于天人关系的看法跟哲学家的宇宙观是紧密相联的。

从北宋以后，许多哲学家在天人关系的问题上，大致重复过去的观点，再没有提出新的体系。例如南宋哲学家朱熹在讲天人关系时，在天人一理说的基础上，重述了荀子和柳宗元的观点，认为："天地无心而人有欲"，"人道泯息而不害天地之常运"②。这是天人相分说、天人不相预观点的再现。不能理解这种思想的陈亮（公元1143—1194年）在批判荀子的天"不为尧存，不为桀亡"和柳宗元的"天人不相预"之后，提出了"天人并立"说。他说："人之所以与天地并立而为三者，非天地常独运，而人为有息也。人不立则天地不能以独运，舍天地则无以为道矣。"③ 天地和人是互相依赖的，"并立而为三"，三结合，共同维系着宇宙的一切，缺一不可。如果没有人的作为，天地就不能单独运行，用现代说法来讲，就是地球不转。当然，据说没有天地，人也无法实行什么道了。这种三者并立的说法是《周易·说卦》中"三才"④ 说的翻板。陈亮企图摆脱哲学的指导，却成了天命论哲学的奴隶，他的《上孝宗皇

---

① 《河南程氏遗书》卷十八。
② 陈亮《又乙巳春书之二》引朱熹语，见《陈亮集》第290页，中华书局，1974年版下册。
③ 陈亮《又乙巳春书之一》。
④ 《周易·说卦》："立天之道，曰阴与阳；立地之道，曰柔与刚；立人之道，曰仁与义。兼三才而两之，故易六画而成卦。"

帝》四书可以跟董仲舒的"天人三策"相比。他在其他论著中也常常流露出他对上天崇信的念头。

明代中期的哲学家王廷相说："人与天地、鬼神、万物，一气也。"① 这种说法与张载相一致，都是根据气一元论引出天人合一说。明末清初的哲学家王夫之崇拜张载，也有气一元论思想。同时他还吸收了古代的"五德终始"说、地气说、瑞应说等等，使他对天人关系的看法有很复杂的情况。不过，应该肯定他的主导思想还是唯物主义的。他在讲"在天有阴阳，在人有仁义；在天有五辰，在人有五官，形异质离，不可强而合焉。……天与人异形离质，而所继者惟道也。"② 的时候，不同意牵强附会的比附，但同意"天人一道"说，认为人继承了"天道"。天文学家梅文鼎认为人们揭示客观规律，完全掌握其中道理，那就可以与天心相合，"则吾之心，即古圣人之心，亦即天之心。"③ 这里所谓天之心，就是天体运行的客观规律，人掌握它，就达到天人一心。这里不是用人心统天心，而是要人心符合天心，实际上是梅氏研究天文历法得出的唯物论见解，却没有什么恰当的语言来表达，沿用了"心"这一概念，容易给人造成错觉，以为他也是唯心主义者。

总之，天人合一说情况是复杂的，形式是多样的，各有合理因素。人是自然界的产物，又是自然界的一部分，从这方面讲天人合一，承认人和自然界有统一性，当然有合理性。人类形成社会，社会发展又有其特殊的规律性，如果不顾社会实际，以为一切都要跟自然界一样，都要效法自然界，那是错误的。另一个倾向是把社会的特点强加于自然界，以为自然现象的背后也有神灵主宰着，把自然界神化，拟人化，产生了许多迷信思想。还有一种说法是把人和自然界作了机械类比，把人比作小宇宙，或者把宇宙人格化，虽然有时也能给人

---

① 《慎言·乾圣篇》，见《王廷相哲学选集》第 15 页，中华书局，1965 年。
② 《尚书引义》卷一《皋陶谟》，第 34 页，中华书局，1976 年。
③ 梅文鼎：《历法通考自序》，见《梅氏丛书辑要》卷 60《杂著》第 1 页。承学堂同治十三年（公元 1874 年）刊本。

以某种启发，但这些做法，以现代认识来看，毕竟不是科学的。天人合一说过去常常受到批判，主要原因也在这里。但它强调人要顺应自然，按自然规律进行活动则是可贵的。

综上所述，中国古人在探讨天和人的关系中，经历了漫长的历史过程。在中国社会的早期，这方面论述比较多，思想也比较丰富。社会发展了，人的认识也发展了，中国思想家比较着重于研究人与人的关系，天人关系的论述就显得相对地少了一些，而且多是重复过去的思想。以上所列天人关系的六种学说在中国历史上都有过较大的影响，也都曾经起过一定的作用。它们都包含一定的合理性。许多思想在现在理所当然地要被否定掉，但在产生这些思想的那个时代，它却是高明的，甚至可以说是当时时代精神的精华，正如奴隶制那样，现在被认为是罪恶的制度，但当它刚从原始社会后期出现的时候，它还是最进步的制度，代表着社会前进的方向，是崭新的生产关系。同时，思想和制度不一样，制度可以被彻底取代，而不留痕迹；而具有合理性的思想是不能被彻底抛弃的，而只能被扬弃，其中合理性就被新思想所吸取、所融合。对于天人关系的各种学说，在现代科学不断发展的情况下，人们还有继续研究的必要。它们对于人类探索自然的奥秘和揭示人体秘密，仍然有参考价值和启发作用。

结束语　探索在继续

经过中国人民和世界人民一道进行了几千年的探索历程，现在我们已经知道，人类生活的大地是一个球体。这个球体不是宇宙的中心，也不是与天一样的无限地体，而是无限宇宙空间中的一个微不足道的小星球。满天的日月星辰都是星球，而且都在运动。月球绕着地球转动，地球带着月球围绕太阳旋转，同时自转。五星与后来发现的天王星、海王星、冥王星以及地球都是太阳的行星，都绕着太阳旋转。这九大行星、太阳以及彗星等小成员组成庞大的太阳系。整个太阳系又围绕着银河系旋转。银河系中约有一千亿颗以上象太阳这样的恒星。在宇宙无限空洞中，有无数个象银河系这样的星系。现代科学已经能够利用射电技术观测到离我们一百亿光年那样遥远的天体，发现了光度比太阳大十万倍的超巨星、密度极大的白矮星、磁星、变星、黑洞等。这已经是十分可观的科学成果了。但这远远没有穷尽宇宙的奥秘。宇宙的奥秘是无穷尽的，人类对它的探索也是无穷尽的，现在和将来还要不断地进行新的探索。

远处有无限奥秘可以探索，近处也有无穷奥秘值得研究。我们所生活的地球就有许多没有揭开的谜。诸如"飞碟"呀，"百慕大三角"呀，这是很多人有兴趣探索的自然之谜。有一些现象，人们都以为弄清楚了，而实际上还有许多似懂非懂的地方，例如暴风雨中出现的雷电。雷电通常是象蛇一样在空中一闪就消失了，接着就是一声巨响轰鸣。有时却是一团火球在空中飘动，接触物体时象碰破了什么似的，产生一声雷鸣。具有破坏作用的多是这种球形闪电。人们至今对球形闪电的本质和作用还不很清楚。不但如此，即使对普通的闪电，人们也还有许多迷惑不解之处。例如，中性的云为什么会突然两极分化，变成带大量正负电荷的云？高电压是怎么发生的？据现代科学研究认为，一般大约要有两英里厚的云层才能带电，云层上部带正电荷，云层下部带负电荷，但它们是怎么分开的呢？还在探索之中。许多科学家利用气球、飞机、火箭、卫星，进行过一系列的观察、研究，提出了多种假说，但至今还没有一种令人满意的解释。即使这一问题得出了令人满意的结论，关于雷电的探索也还没有走到终点。还有诸如雷电为什么多发生于陆地上，海面则很少发生？闪电在空中为什么象光亮的神鞭，弯弯曲曲的，而不是象流星那样的直线，或弧线？为什么雷电经常击毁了高处的物体，但又不都是那样？北京那么多高楼大厦，它不去碰，却钻入小平房里去撞，这是为什么？

电被人类广泛利用以后，人们对电的性能和作用已有很丰富的知识，但是，对于自然界的雷电现象究竟会给人类带来什么样的影响却不很清楚。中国古代有各种猜测，一种认为雷是很粗暴的，禀了雷的精气而生的人，脾气也是粗暴的，据说孔子的学生子路就是禀了雷精而生的，因而是个勇猛的人[①]。另外，在《礼记·月令》中说：在打雷的时候受孕，"生子不备，必有凶灾。""不备"即生理方面不完备，有缺陷的意思。"凶灾"指一生中多灾多难。西汉《淮南子》中也有同样思想。王充讲到这一思想时，对于"不备"，有具体的说明，包括哑巴、聋子、跛子、瞎子等，认为"气遭胎伤"造成这些先天的缺陷。这可能是巨雷的响声震惊了孕妇，从而引起一系列生理变化，影响胎儿的发育。究竟是否仅仅由于声音的影响？对孕妇从哪些方面产生影响？后果如何？这些问题都尚待研究。

现在世界上报道过，失明的老人被雷击以后复明。例如印度《星期日旗

[①]《太平御览》卷一三引王充《论衡》曰："子路感雷精而生，尚刚好勇"。今本《论衡》无此文。

报》报道，印度加尔各答一位九十四岁老人，叫拉哈，曾因遭到雷击而双目都恢复了视力。这是为什么呢？仅仅是声响的作用吗？这一奥秘如果能够被探索出来，那么世界上有许多人都将重见光明！

闪电对大气会产生什么影响呢？有的说闪电会使空气中的氧气和氮气化合成二氧化氮，二氧化氮遇到雨水，溶解成硝酸，稀薄的硝酸在土壤里形成多种硝酸盐，成为植物的氮素肥料。也就是说，大雷雨等于给植物普遍地施一次氮肥，这当然对人类是有好处的。人们自然是希望有这种好处的。有的人却忧心忡忡，当发生雷电时，就联想到它可能和癌症有关系。亚硝酸盐在动物试验时发现明显导致淋巴系统恶性肿瘤。许多科学家已经公认亚硝酸盐是一种致癌物质。而雷电就会产生这种物质。就是说，一场雷雨之后，大批致癌物质亚硝酸盐降落，会不会导致癌症？能不能预防？这些问题都没有解决。这种危害当然是人们所不愿意的，它却可能客观地存在着。这种说法未必就是杞人忧天。

球形闪电有一些奇异的现象。例如，《北京晚报》报道：在北京市仅在1984 年 6 月 2 日那天晚上，在不到两小时的时间内，由于雷电引起了四起火灾。21 时 36 分，东革新里文化用品公司宿舍楼锅炉房内电闸被雷击；51 分，法源寺门口一棵老树突然起火；23 时 14 分，东风农场、百子湾棉麻仓库电线杆起火①。这里也报道雷击老树的消息，结果老树起火。看来球形闪电还有许多差别，并不是完全一样的。有一个小学教员贾老师说，她看见一个大火球落到院子里，在离地不到一米的空间消失了。有一个姓邓的军官说，他看见一条电线被球形闪电击中后，落在地面是一道灰末。据苏联《劳动报》报道，苏联每天可纪录到六百次球形闪电。在伯力，有一个球形闪电飞进了一个盛有近七千公升水的大锅里。水立刻沸腾起来。球形闪电在锅里呆了十分钟才熄灭。有的球形闪电在地面炸出一些半米深的坑以后，轰然一声，钻入地下不见了。

另外，据报道，在汉代美女王昭君的故乡，今湖北省兴山县境内，曾有一

---

① 《北京晚报》1984 年 6 月 4 日李万增报道《本市前晚发生四起雷击起火》。

株老甜橙，一日遭雷击断主干。后来枯树发新枝，中央一枝所结的果实无核味甜，旁边一枝结的果无核味酸，另一枝所结果有核味酸①。这究竟怎么回事呢？雷电为什么能使这棵果树产生这样的突变呢？现在人们已经用给植物通电的方法和浇磁化水等方法进行实验，可以看到植物的明显变化，但还没有发现上述果树的那种突变。今后如果弄清果树突变与雷电的关系之谜，那么，人类对于植物会有更丰富的认识，植物学、生物学，都将有巨大的发展。

总之，雷电奥秘还需要继续探索。球形闪电究竟是怎么一回事，尚不明白，雷石、雷斧、雷墨等问题也远远没有弄清。古代所记载的许多有关雷电的奇异现象，并且笼罩着神秘的外衣。我们揭去外在迷信的形式，将会见到其中某些内容反映了实际情况。当然，有些现象，例如无云而雷，只是自然界中发了如雷巨响，实际并非雷电问题。古书还记载了"雷神"的形象，当然不可能有什么雷神。目击者所描述的所谓雷神形象也许是别的什么东西。这也是疑案重重。

关于龙卷风，人们已有一些认识。对于它的形成，人们也提出过一些设想。但是，有些现象难以理解。例如，龙卷风可以把半截房子、汽车、人，吸向空中，可以把钢筋水泥桥的桥面从桥墩上拔起来，把它扭了几扭，然后远远地抛入河中，还能够把高大的铁烟囱管吹成弯曲状，使它的顶部碰到地面。龙卷风威力这么大，却没有把树木吹上天，只把树木拔起来，这是为什么？又如，被龙卷风吹起来的一颗颗小石子，也象枪弹那样，能够打穿玻璃而不使它粉碎。公元 1896 年，"美国圣路易斯的龙卷风夹带的松木棍竟把一厘米厚的钢板击穿！1919 年发生在美国明尼斯达州的一次龙卷风，使一根细草茎刺穿一块厚木板；而一片三叶草的叶子竟象楔子一样，被深深嵌入了泥墙中。"② 如果仅用速度快能够解释这些现象吗？木棍怎么会击穿钢板？柔软的草叶又怎么会插进木板和泥墙？用现代物理学怎么解释清楚呢？另如，苏联发生一次龙卷

---

① 范良智：《闪电在呼唤植物》，见《北京晚报》1984 年 6 月 20 日。
② 金传达：《说风》第 88 页，气象出版社，1982 年。

风，把一个农妇谢莱茹涅娃和她的大儿子和婴儿吹到一条沟里，而她的二儿子被风带到索加尔尼基市，不受任何损伤。"奇怪的是，他不是顺着风而是逆着风被吹到索加尔尼基市的。"① 还有更奇怪的是，1953 年 8 月 23 日在苏联有过一次龙卷风，吹开了一户人家的门、窗。放在五斗橱上的一只闹钟被吹过了三道门，飞过厨房和走廊……最后吹进了阁楼里，闹钟就不再飞行了。龙卷风为什么带着闹钟穿门过户而不损坏别的东西？又为什么落到阁楼里不再飞了？这些现象是现代科学还无法解释的。现在有些人对现代科学还解释不了的现象都采取否定的态度，显然是不妥的。原因就在于现代科学并没有穷尽真理。历史上许多原理都被公认为千真万确的真理，后来都被科学实践发展了。现代科学是科学发展史中的一个阶段，它不是终点，因此，它必然地要被今后的科学实践所发展，停止的论点是错误的。不断探索未知的领域，是人类社会发展的关键。

总之，在我们周围的自然界还有无数的奥秘，需要我们继续不断探索。

对于人本身，人们也作过大量的研究，所谓五脏六腑，八大系统（运动系统、循环系统、呼吸系统、消化系统、泌尿系统、生殖系统、内分泌系统、神经系统），四种组织（上皮组织、结缔组织、肌肉组织、神经组织），似乎了如指掌，没有什么不清楚的。但是，实际上也有许多未知的领域。例如对于癌症还不能完全治疗，说明人类对它尚未完全认识。近来又有一种叫艾滋病的病症正在世界流行，引起西方一些国家的恐慌。说明对此病尚无认识。艾滋病恐怕也不是最后一种未认识的疾病。

中国古人讲天人感应，我们剔除其迷信成分，从科学上分析，也就是天体运行对人体的生理有什么影响？所谓生物节律，实际上就是这种影响。天象变化对病理有什么影响？1980 年太阳黑子活动周期达到高峰，这对心脏病人有什么影响？这些问题都还需要探索。对于中国古代医学中所谓太极、四象、六

---

① 金传达：《说风》第 90 页。

十四卦以及五运六气学说，今人都用现代科学理论和方法加以研究，从而探讨中医的科学性①。关于气功问题，人体特异功能问题，有一些人也进行过研究、实验、表演、诱导，在科学界和思想界都展开过争论。人怎么产生的？过去说是猿变来的，但这也未完全解决。人为什么会衰老？衰老的机制在哪儿？如何延年益寿？这也是许多人感兴趣的科研题目。人是自然界的一部分，探讨自然界的奥秘，必然要与探讨人本身的奥秘联系起来。自然界某些现象对人体产生什么影响，什么样的环境最适合人的生存。中国古人很早就开始注意到这些问题，这些问题又在现代科学的研究探索之中。

　　战国时代的屈原（公元前三世纪）在《天问》中提出了许多问题。过了一千多年，唐代的柳宗元（公元九世纪）和明代的王廷相（公元十六世纪）才作出了回答。现在看来，这些回答都还不能尽如人意（见附录）。我们现在提出的问题，也许只要三、五年便可释疑，有的可能要过几十年才能知晓。当然，有的问题也可能须待千年之后，方可揭示其中奥秘。

　　放眼世界，纵观历史，我们承认还有无数未知的领域，正如《庄子》所说："计人之所知，不若其所不知"②。我们只能不断探索而已。任何企图阻止探索的行为和言论，都不符合迄今为止的社会发展史和人类认识发展史。

---

① 《光明日报》1985 年 11 月 8 日报道："南京大学天文系副教授朱灿生，从一百年天文年历提供的月亮运动的资料里，找到了太阳、四象、六十四卦所对应的月亮运动周期性结构，揭示了中医太极、阴阳五行学说的科学道理。中医研究生傅立群在此基础上研究干支纪年与中医五运六气学说的天体运动的背景，破译了它们所代表的天文周期。他们的工作初步展示了太极图卦、干支纪年和中医五运六气学说所构成的中国古代独特的科学体系。"这实际上是天人关系问题探讨的继续。

② 《庄子·秋水篇》。

附录 关于天地问题的千年问答

　　中国古人谈论天地的文章不少，用对话、问答形式来谈论的也时有所见，相距一千年进行问答的，则极为罕见。战国时代的屈原著有《天问》，向上天提出一百多问，唐代柳宗元根据自己的认识来回答屈原的问题，写成《天对》。明代的王廷相深感《天对》之不足，著成《答天问》，以为补充。

　　屈原《天问》，评注者上百家，几乎代有其人。说明屈原提出了人们普遍关心的问题，也是历代学者感兴趣的难题。这些问题长期激励人们去探索天地的奥秘，因而有重大意义和深远影响。为此，我们现将屈原《天问》、柳宗元《天对》和王廷相《答天问》中有关天地的十九个问题以及答对选译出来，并加详细注释，作为本书附录。在译注过程中，多采前贤研究成果，也提出了自己的一些不同看法，以供学术界参考。

（一）

问①：关于远古开始的情形，

是谁传说下来的？

天地尚未形成，

从哪儿进行考究？

---

① 问，即屈原《天问》之问，下同。

昼夜还没有分别，

谁能彻底弄清它？

只有一团混沌的气，

这是怎么认识的呢？

朝朝暮暮，日夜更替，

为什么要这样呢？①

对②：原始渺茫的情形，

都是荒诞者传下来的。

巨神之类种种说法，

纯属无稽之谈！

黑夜白天，白天黑夜，

不断交替出现。

只有混沌的元气在演化，

哪有什么神的意志？③

答④：在远古时代，

还没有演化出形体。

元气混沌一片，

---

① 《天问》原文是："曰：遂古之初，谁传道之？上下未形，何由考之？冥昭瞢暗，谁能极之？冯翼惟象，何以识之？明明暗暗，惟时何为？"遂古，即远古时代。传道，指传说。上下，指上天下地。冥，黑暗，昭，光明；冥昭指昼夜。瞢，读 méng。极，究竟，即彻底了解。冯，读 píng（凭）。冯翼，指大气盛满的状态。惟象，意即只有无形的气的形象，暗，即暗。明明暗暗，指昼夜更替。时，同是，这样的意思。何为即为何，倒装句。惟时何为，意即为什么要这样做呢？这里有出于什么想法按谁的意志的意思。

② 对，即柳宗元《天对》之对，下同。

③ 《天对》原文是："本始之茫，诞者传焉。鸿灵幽纷，曷可言焉？！昒黑晰眇，往来屯屯，庞昧革化，惟元气存，而何为焉！"鸿，巨大。灵，神灵。幽，不明。纷，混乱。曷，何。昒，读 hū（忽），黑暗。昒黑指夜。晰，读 zhè（浙），明亮。晰眇指白天。屯屯，不停息的样子。庞，读 máng（忙）。庞昧，即蒙昧，指混沌状态。革，变。革化，指演化。混沌状态时只有元气，后来自然演化产生了天地万物，没有神灵来创造世界。这是中国古代哲学中的唯物主义元气一元论。

④ 答，即王廷相《答天问》之答，下同。

渺渺茫茫，不见形迹。

寻找不到什么形象，

所以叫做"太虚"。

这情形不知何时开始，

因此又叫"太极"。

只有这种元气，

跟空间同时存在。

所以无法传述，也无从考究。

没能弄清它，也没能认识它。

大圣人讲究真实，

对它存而不论。

小儒生崇信怪诞，

不断传播谎言①。

（二）

问：阴阳和天，

三者结合。

什么为本？

如何演化？②

对：阴阳和天三结合，

---

① 《答天问》原文是："太古鸿蒙，道化未形，元气混涵，茫昧无朕。不可以象求，故曰太虚。不知其所始，故曰太极。惟兹一气，与虚同宅，是故无传无考，莫极莫识。大圣举真，存而不论，小儒崇诞，晓晓造迷。"鸿蒙即蒙昧。道化指演化过程。混涵，混沌。朕，征兆，迹象。太虚指宇宙尚无形体时的空间。太极指时间上最早时期。兹，这个。同宅，共存。晓晓，恐惧发出的声音。造，纳，接受，另外，晓晓可释为争辩声；造，制造。二说均可通，此处译为"传播"，既有接受的意思，又有向别人宣传的意思，又可以体现"晓晓"的气氛。

② 《天问》："阴阳三合，何本何化?"东汉王逸注曰：三合指"天，地，人。"柳宗元认为"三合"不是指天地人，而是指阴阳和天。我们据柳注译。

同一的本原是元气。

元气慢行产生热，

元气速流产生寒，

热是阳，寒是阴，

阴阳交互作用产生万物。①

答：元气阴阳三结合，

天地之性才形成。

元气是万物的开始，

它就是万物的本根。

不论无形和有形的东西，

都在一定条件下产生变化。②

（三）

问：圆天共有九层，

是谁度量过的？

这么庞大的工程，

是谁创建的呢？③

对：天不是谁创造的，

只是阳气积累多了，

才被称为"九"。

---

① 《天对》："合焉者三，一以统同。吁炎吹冷，交错而功。"柳宗元自注："谷梁子云：'独阴不生，独阳不生，独天不生，三合然后生。'王逸以为天地人，非也。"一指元气，一以统同，指三者统一于元气。功指功用，即演化作用。柳宗元在这里认为是元气的快慢运动产生出阴阳天地万物来。

② 《答天问》："三灵既合，一性乃成。气为物始，厥维本根。形有有无，俟机而化。"三灵指阴阳元气。形有有无，指物质存在有有形和无形两种形式。俟，等。在这里，王廷相和柳宗元一样，都是持元气一元论观点。

③ "圜则九重，孰营度之？惟兹何功，孰初作之？"圜，即圆，指天。营，进行。度，度量。古代传说有九层圆形的天，屈原对此提出疑问。

天也不是圆形的，

只是阳气作循环运动，

才有"圆"的称号。

凝聚分化自然形成天地，

不需要神灵创造。①

答：元气一开始演化，

就形成这个宇宙。

阳气积聚形成九重，

这是荒诞穿凿的论点。

既没有谁的功绩，

也不是上帝创造。

如果不相信我的话，

请你去问"太始"。②

（四）

问：旋转的绳索系在哪儿？

---

① "无营以成，沓阳而九，转输浑沦，蒙以圜号。冥凝玄厘，无功无作。"沓，积聚。阳，阳气。《周易》中把"九"称为"阳爻"，就是阳气极盛的意思。这里柳宗元用后来的阴阳学说来解释"九天"，认为九天是阳气极盛的意思，不是天有九重。輠，读 huì（会），旋转的意思。柳宗元认为天圆是阳气旋转运动，不是有圆的形体，可见是用宣夜说天是气的观点来回答屈原的问题。冥，幽暗；凝，凝结；玄，深远；厘，整治。冥凝，指阴气凝结成大地；玄厘，指阳气形成上天。阴阳二气形成天地，都是自然的，没有神的功劳。这就明确地否定了创世说，阐述了唯物论观点。

② "元气始化，闢此寥廓；积阳九重，厥论荒凿，既无功只，亦非营只。不我以信，请问太始。"厥，其；荒，荒诞；凿，穿凿附会。王廷相认为，阳气积聚而成为九重天的说法是荒诞不经的，太空只是元气分化而成的。他和柳宗元共同之处是，都认为天地万物是自然形成的，没有谁的创建功劳。最后一句"请问太始"，太始见《列子·天瑞篇》："太始者，形之始也。"元气形成最初的有形之物，叫太始。王廷相意思是，宇宙本原都不过是各人的推测，是无法加以检验证实的。

天边又架在什么地方?①

对：何必用绳索系着，

才能固定位置?

广大无边，何处是尽头，

茫茫苍苍，哪里有边际?

天如果是有形体的，

那还怎么称得上大?②

答：水推磨动，

靠轴心运转。

天体旋转，

靠气的机制。

太虚茫茫，

无边无涯，

怎能用绳索系?

怎能架在柱子上?③

（五）

问：八根天柱支在什么地方?

---

① "斡维焉系? 天极焉加?" 斡，读 wò（卧），旋转。维，大绳索。极，边际。加，架。古代传说天不会落下来，是因为有大绳索系在上面，下面又有八根天柱支持着天的八方。屈原就是根据这种传说提出问题的。

② "乌僄系维，乃縻身位! 无极之极，漭弥非垠。或形之加，孰取大焉!" 乌，胡，何。僄，读 xī（奚），等待。縻，读 mí（迷），系。身，本身。身位，自己固定的位置。漭弥，读 màng mí（莽迷），广大弥漫的样子。或，如果。或形之加，意即天如果是有形体的架在上面。柳宗元认为，有形体的东西都有边缘，不可能是无限大的，只有茫茫无边的气才能是最大的。

③ "水之硙，运以枢。天体环转，乘气之机。太虚茫茫无涯，夫安系安加。"硙，读 wèi（位），磨石。枢，轴心。涯，边界。"太虚茫茫无涯"与"漭弥非垠"是一致的。王廷相和柳宗元在太空是无限气体的观点上是一致的。他们都认为天是不能用绳子系、用柱子支的。不同的是，柳宗元认为太空就是天，主宣夜说。王廷相认为天是太空中的一个物体，所以称"天体"。

地的东南为什么塌陷下去？①

对：广大流动的苍天，

哪儿是栋，哪儿是宇？

游离茫苍的上天，

何必依赖八柱的支撑？②

答：大地开窍于山川，

因有虚空而浮水上，

就象空瓶扣水面，

能够浮而不沉。

八柱奠基的说法，

属于荒诞无稽。

地象倒扣的盘子，

昆仑山是地的中央隆起。

地的四旁低下。

中国正在东南方，

西北地高，水流向东南，

地亏东南的说法，

---

① "八柱何当？东南何亏？"在《淮南子·地形训》中记有八极，八极的"西北方曰不周之山"。《天文训》中又说："昔者共工与颛顼争为帝，怒而触不周之山，天柱折，地维绝，天倾西北，故日月星辰移焉；地不满东南，故水潦尘埃归焉。"古代传说，地上有八座大山是支持天体的擎天柱，不周山是八大柱之一，在天地的西北方。后来，因共工发怒，触折不周山，使天倾西北，并由此引起地倾东南。屈原就是根据这一传说提出这个问题的。后面，屈原还提出"康回冯怒，地何故以东南倾？"的问题，跟这个问题一样，都是据同一传说提的。康回是共工的名。

② "皇熙亹亹，胡栋胡宇？宏离不属，焉恃夫八柱？"皇，大。熙，明亮。皇熙，广大光明，指天。亹，读 wěi（尾），行进貌，这里指运行不息。《易·系辞下》："后世圣人易之以宫室，上栋下宇，以待风雨。"栋宇指房屋，栋是顶梁，宇是屋檐。宏，一作完。恃，依靠。柳宗元讲天"宏离不属"，否定固体的天，认为天是游离弥散状态的气体，这与宣夜说比较一致。

属于一种偏见。①

（六）

问：九天的边界，

怎样放置，如何衔接？

相接的拐角多得很，

谁知道有多少数目？②

对：天没有青黄赤黑，

也没有中央和边旁。

怎么能给它划分呢？

只是巧妙的欺骗和任意的胡扯，

---

① "地窍于山川，故以虚而乘水，倒瓶于水，浮而不沉，似之。谓八柱奠之，涉乎谬幽。地如覆盂，昆仑中高，四旁皆下。中国当其东南，故西北高，水皆注之。谓地缺东南，类乎偏见。"涉，关连，属于。谬幽，亦作谬悠，荒诞无稽。地如覆盘，中高旁下，这是古代盖天说的说法。王廷相这里用盖天说解释水流向东南的现象，认为地缺东南的说法是一种偏见。而柳宗元对此没有作出答对。

闻一多《天问疏证》中认为，屈原《天问》"八柱何当？东南何亏？"是"天倾之说"。他说："盖八柱之修短，理当齐一，不容参差，天未倾时，地与天间之距离，本各方尽同，因之八柱之上承于天者，其上端皆与天相密接。既倾之后，天西北距地近，而东南距地远。距离增远而柱未加长，则是东南之柱未曾上属于天，而柱天间必留有空隙也。'八柱何当，东南何亏'者，问余柱何以皆与天相当值，而东南之柱独否。然则此八柱本当言七柱，今言八者，古人朴略，语有未密耳。"闻一多新见，可备一说。但柳宗元认为天是气，不存在"倾"的问题，对于地是否会"倾"，他未表态。王廷相关于天的看法与柳宗元相同，对于"东南何亏"，他是按传统的地倾说来回答的。后文又说："地何故以东南倾"。此处似乎也应是就"地倾"说的。

清代丁晏《楚辞天问笺》认为八柱是在地下，列举古代一些说法来证明。笺云："《河图括地象》曰：地下有八柱，互相牵制。《后汉书·张衡传》注引《河图》曰：地下有九州八柱。《抱朴子》：地下有八柱，广十万里，有三千六百轴，互相牵制。名山大川，孔穴相通。王嘉《拾遗记》：绕八柱为一息，经四轴而暂寝。《事类赋》引《关令内传》：地厚万里，其下得大空，大空四角下有自然金柱，辄方圆五千里。《博物志》又言：地下有四柱，四柱广十万里。"

从上面所录，可以看到，八柱的说法是相当复杂的。屈原说法，与《淮南子》一致，认为八柱在地面上。柳宗元也认为八柱在地面上，但他认为天是气，用不着八柱的支持。而王廷相认为八柱在地下，是支持地体的，但他认为地由于有虚空，可以浮在水面上，用不着八柱的支撑。这些就是本文所涉及的三家对八柱的不同看法。

② "九天之际，安放安属？隅隈多有，谁知其数？"际，边际，边界。放，放置。属，连接。隅，角落。隈，弯曲。隅隈指九块天体相连接处犬牙交错的情形。《淮南子·天文训》："天有九野，九千九百九十九隅。"《淮南子》保存着数目，屈原对这个数目提出疑问，可见，屈原和《淮南子》的说法来源于同一个传说。而这个传说可能是在南方流行的。

才有所谓"幽天"和"阳天"的区别。

天根本就没有什么拐角，

为什么被那些数字弄糊涂了！①

答：有的说天是无穷的，

既然有形体又有度数，

怎么能说是没有穷尽的呢？

有的说天是有穷的，

那么，天边以外，

应当是什么东西呢？

有的说天外还有天，

那么，

那个天之外，

又到哪儿为止呢？

人在天内，

耳目所能接触到的，

思想所能考虑到的，

检验知识，判断是非，

也都只限于天内。

苍天之外，

遥远渺茫，

判断怎么能下呢？

———————————

① "无青无黄，无赤无黑，无中无旁，乌际乎天则！巧欺淫诳，幽阳以别。无限无隅，曷槽厥列？"古代传说天是由九块颜色不同的天拼成，其中有青、黄、黑、赤等色。柳宗元否定这种说法。所谓九天是指中央和八方九块天。柳宗元也否定这种说法，认为没有中央和四旁的分别。际，边界，指划分边界。则，等分。诳，胡说。幽阳指幽天和阳天。曷，何。槽，糊涂。厥，其，指隅限。列，指所列的数目。柳宗元认为天没有九块，没有不同的颜色，也没有幽天和阳天的区别。这实际上承认只有一个统一的天，天是无限的气。

原因何在？

由于人的认识还达不到那里。

所以，古代圣人，

把这些问题放在那里，

不加议论。

只凭个人设想，

议论天外情形，

不是骗人的儒生，

便是荒诞的怪人。①

（七）

问：天跟什么连接呢？

十二次是怎么分的呢？

日月系在何处？

---

① "或曰无穷，既有形度，安无穷尽？或曰有穷，天际之外，当是何物？或曰天外有天，彼天之外，又何底止？夫人在天内，耳目所加，心思所及，裁量知识，亦止天内。覆帱之表，茫芴限隔，一言何施？何也？神识之所不能及也。是故古之圣人，置而不论。哓哓私拟，庞及外际，非欺谩之儒，则怪诞之夫。"帱，读 chóu（仇），帐帷。覆帱，指天空。表，外面。茫芴，恍恍惚惚，难以辨认和不可捉摸的样子。限隔，界限阻隔，这里指遥远的空间阻隔了人的观察力，限制了观察的范围。神识，指认识。王廷相在这里讨论了宇宙无穷和有穷的问题，说明在思辨能力方面，比柳宗元有了很大进步。他提出：对于认识能力尚未达到的时候，对于还无法认识的问题：应该"置而不论"，而不应胡思乱想，毫无根据地乱下结论。王廷相把唯物论思想贯彻到方法论中去，这是很有意义的。

星辰如何排列？①

对：历家运用小竹片，

横七竖八摆地面。

一天到晚观测日影，

历家自己定十二。

此事并非我做的，

怎能告你怎么分？

太阳月亮不需要系，

它们就浮在太空中。

千万星辰如棋布，

尽如日月悬空间。②

答：岁星所经历，

一期过一舍。

---

① "天何所沓？十二焉分？日月安属？列星安陈？"沓，合，这里指连接。十二，指天文十二次。《旧唐书·天文志》下云："天文之为十二次，所以辨析天体，纪纲辰象，上以考七曜之宿度，下以配万方之分野。"十二次是用来划分天区的，以便借此观测日月五星的运行情况。上海 1973 年版《天问天对注》认为十二是指十二辰。天文学史研究者陈久金、何幼琦根据新出土的汉代作品《五星占》："星居箕尾，大阴左徙，会于阴阳之界，皆十二岁而周于天地，大阴居十二辰……"认为十二辰是指"地面十二辰方位"，"岁星有一个影子称作太阴、岁阴或太岁"。（见《学术研究》杂志 1981 年第 3 期第 102 页）就是说，与天上十二次相应的，地上有十二辰。岁星在天上，它的影子在地面，这个影子叫太阴或太岁。岁星在天上经历十二次，而太岁就在地面经历相应的十二辰。这在王充《论衡》中也有旁证。《论衡·难岁篇》说："冀州之部有太岁耳"，说明太岁在地面。因此，王逸以十二辰注十二，不妥，而闻一多《天问疏证》中以十二次注十二，是合适的。

② "折笭剟筳，午施旁竖。鞠明究曛，自取十二，非余之为，焉以告汝？规毁魄渊，太虚是属。棋布万荧，咸是焉托。"笭，读 zhuān（专），筳，读 tíng（廷），都是指用来观测或计算的小竹片。剟，读 yǎn（眼），削。午，午时刻。施，横放。旁，日在两旁、即早晚时刻。中午横放，早晚竖放，观测日影的变化。《仪礼·大射》："度尺而午"，汉郑玄注："一从一横曰午。"度尺而午，就是用尺子来画纵横的线段。宋·吴曾在《能改斋漫录》中认为"旁午"是纵横的意思。可备一说。今人也有取此说者，认为旁午是纵横的意思。午施旁竖，是纵横交错，指占卜时小竹片被投掷成的各种样子。但是，从这一问题来看，屈原的问和柳宗元的对，都看不出他们讲的是指占卜者，所以本人不取此说。鞠，读 jú（菊），研究。曛，读 xūn（熏），太阳落山时的余光。余，我，借"天"的口气作答。规毁，指太阳。魄渊，指月亮。荧，星。咸，都。柳宗元在这里提出日月星都悬浮于空中，吸收宣夜说观点，是对的。但他对天文工作不甚理解，也不知道"十二次"怎么定的，有什么作用，因此不能作出具体回答。

走完一周天，

需经十二年。

太阳走黄道，

一月移一宫，

经过十二月，

正好一周天。

这是天与年相合，

黄道与赤道一致。

一年三百六十日，

周天还分十二辰。

天的阳面最光明，

那是精气所聚合。

太阳月亮和众星，

凭气托附太虚中。

日月五星亮晶晶，

全是自己在运动。

恒星位置终不变，

人们才知有天体。

这叫神妙变化，

这叫天然规律！

日月凭气能悬空，

谁能知道这原因？

星辰如何布满天，

究竟哪个说得清？①

（八）

问：日从汤谷出来，

落入西方蒙汜。

从早晨到晚上，

一共走了多少里？②

对：天旋转好象车轮，

天极象轴心固定在北方，

太阳象轮辐旋转过南边，

它何曾有出有入，

只是你所在的地方偏离它。

日在天上作等高旋转，

岂有出汤谷入蒙汜之理！

日光照到的地方是白天，

照不到的地方便是黑夜。

至于太阳一天走几里，

长期测量，用尽办法，毫无结果，

---

① "一期一舍，岁星所次，计厥周天，历岁十二。日躔所加，月移一宫，历月十二，天度一终。是天与岁合，黄赤相因，故三百六十，分十二辰。天阳昭明，神精所聚；日月星辰，以气而附。七政莹莹，自为运行；经星确然，天体乃成。是谓神化，是谓天纪。彼属彼陈，安知所以？"岁星即木星，它在黄道带每年经过一宫，十二年运行一周天。次，历次，经过。躔，读 chán（蝉），指运行轨迹，扬雄《方言》卷十二云："躔，历行也，日运为躔，月运为逡。"日躔所加，即日运行所经过的。宫，黄道上分十二段，每一段为一宫。黄即黄道，赤即赤道。七政指日月五星。经星即恒星。神化，指神秘莫测的造化，即自然变化。天纪，天的纪纲，指自然规律。日月运行和恒星的布列，王廷相认为都是自然的规律，人还无法了解这些规律。由于科学水平的限制，王廷相无法解答，只好"置而不论"。

② "出自汤谷，次于蒙汜。自明及晦，所行几里？"古代传说，太阳早晨从东方汤谷出来，晚上落入西方蒙汜。屈原就是根据这个传说提出问题的。

看来无法用"里"来量度。①

答：根据浑天仪，想象圆球天；

按照《周髀》书，说是像盖天。

方法不一样，道理都玄妙。

日光所照距离有限，

照不到的地方就黑暗。

黑暗就是夜，

光明就是昼。

夏至季节的半夜，

北方天空如初晓。

以为太阳入地下，

恐怕不是真道理。

日出不是由旸谷，

日入也非落蒙汜。

根据《淮南子》计算，

自东到西千万里，

这种说法荒谬骗人

---

① "辐旋南画，轴奠于北。孰彼有出次，惟汝方之侧！平施旁运，恶有谷汜！当焉为明，不逮为晦。度引久穷，不可以里。"柳宗元把天比作平放在上空的车轮，车轮的轴心（北极）固定在北方，而车辐作圆周旋转，日在轮沿上作等高旋转，即所谓"平施旁运"。日光照耀之处为白天，照不到地方是黑夜，这里没有所谓出汤谷入蒙汜的问题。实际上他也用日远近来说明昼夜变化，基本上采用盖天说的解释。所谓"度引久穷，不可以里"，是对天文学发展的误解。《周髀算经》和《淮南子·天文训》都计算过天的高度，也都根据南北地隔千里，日影长差一寸的说法。到了唐代，天文学家经过实地测量，推翻了"千里一寸"的传统说法。这本来是天文学的一大进步，而柳宗元却因此以为过去的天文学成果都不可靠，日月运行是无法测量的。

跟竖亥步量两极一个道理。①

（九）

问：月亮有什么本事，

怎么能死而复生？

它想得到什么好处，

把小兔藏在怀里？②

对：太阳烈炎确是天下无双，

月亮靠近它就暗淡无光，

遥对太阳就团圆明亮，

这哪儿是什么生死转换？！

---

① "浑器圆测，《周髀》盖天，术不同祖，厥理并玄。日光有限，弗及为暗。暗则为夜，明则为旦。夏至夜中，北天如晓，以为入地，恐非至道。出非由旸，入非沦汜。巨亿巨万，《淮南》计里，荒谬欺迷，与竖亥同轨。"浑器，浑天仪器，西汉落下闳首先创制。圆，指天体象鸡蛋那样，这是浑天说的观点。测，度，推想。《周髀》指《周髀算经》，该书说"天象盖笠"，是盖天说的代表作。玄，奥妙难识。日光有限，这是盖天说的一个观点。盖天说认为日光只能照射到十六万七千里远的地方。日光照到的地方，光明，是白昼；日光照不到的地方，就黑暗，是夜晚。王廷相在这里完全采用盖天说日光射程有限的说法来解释昼夜的形成原因，以回答屈原的问题。

夏至那一天的半夜，北方的天空好象早晨天快亮的样子。王廷相因此认为太阳进入地下形成黑夜的说法值得怀疑。于是也否定了日出旸谷，日入蒙汜的说法。屈原《天问》中的"汤谷"，也就是"旸谷"，"汤"读 yáng（阳）。日入地下为夜，是浑天说的观点。可见，在昼夜形成原因的问题上，王廷相明确采纳了盖天说的见解，否定了浑天说的看法。

《淮南子·天文训》设计用立四个表的办法来测量东西的距离。在一平地立四个表，形成边长为一里的正方形，两边东西方向，两边南北方向。然后在日出的时刻，人从西南表通过东北表附近观察太阳，"假使视日出入前表中一寸，是寸得一里也。一里积八千寸。得从此东万八千里。视日方入，入前表半寸，则半寸得一里，半寸而除一里，积寸得三万六千里。除则从此西里数也。并之东西里数也。"这里虽然讲了测量东西距离的方法，却没有得出真实的结果，所以只是一种估计。在本书第二章对此有较详细论述。另外，《淮南子·地形训》记载："禹乃使太章步自东极至于西极，二亿三万三千五百里七十五步，使竖亥步自北极至于南极，二亿三万三千五百里七十五步。"王廷相认为，《淮南子》计算东西距离和竖亥步量南北里数都是荒谬的。

② "夜光何德，死则又育？厥利维何，而顾菟在腹？"夜光指月亮。育，生。月的朔望，古人称为生死，如《孙子兵法·虚实篇》云："日有短长，月有死生。"菟即兔。古代传说，月中有兔。乐府古辞《董逃行》曰："采取神药若木端，白兔长跪捣药虾蟆丸"王充《论衡·说日篇》引儒者言曰："月中有兔"。傅咸《拟天问》中说："月中何有？白兔捣药。"

表面凹陷产生许多阴影，

人们错觉以为那是兔子。

那是没有形体的影子，

只是神态有点象。①

答：月亮依赖太阳才发光，

向着太阳才见圆满。

人若不在日月中间，

就经常看不见圆月。

月亮离日渐远就渐亮，

离日渐近就渐暗。

人看月亮向阳与背阴，

便见圆缺和明暗。

月亮是太阴元精，

哪有宫阙和楼阁？

谁说月里有白兔，

正用杵臼在捣药？②

（十）

问：何处关闭天就黑？

---

① "毁炎莫俪，渊迫而魄，遐违乃专，何以死育？玄阴多缺，爰感厥兔。不形之形，惟神是类。"毁炎指太阳的烈炎。莫俪，无比。渊，月亮。迫，接近。魄，指月亮未圆时的无光部分。遐，远。违，对面。专，满，指月圆。玄阴，指月亮。缺，亏损，指月中阴影。爰，于是。不形，指不是形体，不形之形，指影子。

② "月光借日，相向常满，人不当中，时有弗见。远日渐光，近日渐魄，视有向背，遂成盈缺。太阴元精，安有宫阁？孰云腹菟，而杵臼以药？"月本无光，由于日的照射才有光。日月正对着，出现满月。人如果不在日月中间，就看不到满月。离日渐远，月亮明亮部分渐大，离日渐近，黑暗部分渐大。魄指月中无光部分。月亮向阳就亮，不向阳的就暗，人们看月亮的角度不一样，看到明暗部分不同，这就是圆缺的形成原因。这一看法基本正确。古人认为月亮是太阴，是元始的精气。王廷相以此说明月亮上不可能有宫楼，也不可能有兔子捣药。

何处打开天就亮？

天门角宿还没开的时候，

太阳藏在什么地方？①

对：天亮不是天门开，

天黑不是太阳藏起来。

何时天亮，何时天黑，

都因太阳沿着黄道运行。

苍龙东宫有开闭的天门，

朝着角宿与亢宿。②

答：太阳转远了，

就是黑夜。

太阳旋近了，

就成白天。

太阳晚上也都在天上，

哪有藏起来的道理？③

（十一）

问：洪水的源泉极深，

用什么办法填平它呢？

土地有九等，

---

① "何阖而晦？何开而明？角宿未旦，曜灵安藏？"阖，读 hé（盒），关闭。角宿，二十八宿之一，东方青龙七宿的第一宿，即今室女座 α、ζ 两星。古称天门。旦，明。曜灵，太阳。

② "明焉非辟，晦焉非藏。孰旦孰幽，缪躔于经。苍龙之寓，而迁彼角亢。"旦，白天；幽，黑夜。缪躔：缠绕，沿着。经，路径，指日运行的轨道，即黄道。苍龙，即青龙，二十八宿的东方七宿的总称，又称东宫。亢即东方七宿之一，即今室女座 χ、ι、φ、λ 四星，古称庙廷。迁，读 wàng，往，前往。柳宗元以日运行轨道解释昼夜形成，采取盖天说。

③ "日远而晦，日近而明。夜常在天，夫焉藏匿？"日运行远近形成昼夜，这是盖天说的观点。黑夜，日也在天上，只是转远了，并没有藏到什么地方去。

根据什么来划分的呢？①

对：禹疏导洪水往低处引，

洪水就从山丘向下行。

哪里需要填平深渊，

才能使水落与地面平？

禹顺从人民的需要，

把田野分为九等，

以此规定种植和纳贡，

才有相应的上中下等。②

答：洪水一经疏导，

就不会泛滥成灾。

水在地中流行，

---

① "洪泉极深，何以寘之？地方九则，何以坟之？"洪泉，鸿渊。寘，即填。九则，九等。坟，分。古代传说，洪水是由几个极大极深的渊源中冒出来的泉水造成的。是大禹用土填了这些渊源，阻止了泉水，消除了洪灾。《淮南子·地形训》："凡鸿水渊数自三仞以上，二亿三万三千五百五十有九。禹乃以息土填洪水，以为名山。"原文"仞"前有"百"，"有"前有"里"，"九"后有"渊"。今据王念孙校改。所谓"地方九则"，传说禹根据各地区的土壤颜色分为九等纳贡，九等是上中下里有上中下，即上上，上中，上下，中上，中中，中下，下上，下中，下下。例如《史记·夏本纪》载："衡漳，其土白壤，赋上上错，田中中"，又如："都野……其土黄壤，田上上，赋中下。"等。《汉书·叙传下》："坤作地势，高下九则。"这里的"九则"即九等，是按地势高低来划分的。坟，是堆高的意思。蒋骥《山带阁注楚辞》注云："则，表则也。坟，高也。"《国语》："禹封崇九山。"增高九座山作为九州的表则。据此，蒋骥把屈原的"地方九则，何以坟之"译作"有九山以为地方之表则，何以坟而高之乎？"也就是说：有九座山作为九州的标志，为什么还要堆高呢？或者说：作为九州标志的九座大山，究竟是怎么堆起来的？

　　九则，一种意见认为是指土地九等，另一种意见认为是指九州的标志。东汉王逸按前者注解，柳宗元根据王逸注作答。但两种说法都肯定"九则"是不误的，有的书把"九则"改为"九州"是没有根据的。我们这里按"九等"的说法来译"地方九则"，这与柳宗元的《天对》、王廷相的《答天问》就都能相应，因为他们也都是这样理解的。

② "行鸿下隙，阨丘乃降。焉填绝渊，然后夷于土？从民之宜，乃九于野，坟阨贡艺，而有上中下。"鸿，洪水。行，疏导。隙，水向下流。阨，其，指水。阨丘，水淹没了山丘。降，指水位下降。前两句说大禹用疏导方法排水，使水位从山丘上降下来。绝，断绝，即堵死。渊，出泉水的深渊。夷，平。夷于土，指水位降到地平面。宜，适宜，指适宜人民的需要。九即分为九等。坟，分。贡，指民向天子纳贡。艺，植，指农业生产。坟阨贡艺，也可以理解，分别规定他们进贡所生产的物品。

土地就被冲平。

说地是填平的，

那不是聪明的想法。

土有五种颜色：

白、黑、青、赤、黄。

土质也有五种：

壤、坟、泥、埴、垆。

根据田地的肥瘠，

把它分为高低等级。

按照等级差别，

来把赋税规定合适。

可见圣人是多么仁爱仔细，

为均平天下如此出力！①

（十二）

问：应龙怎样用尾巴划地？

河水如何流到大海里？②

对：为什么圣人还不行，

反要依赖龙的神？

原是人们勤劳治水，

---

① "疏源导委，泛滥自息。水行地中，厥土乃夷。谓填而平，匪哲之思。土色有五：白黑青赤黄。土质有五：坟坟泥埴垆。辩其坟者，别其田之等差。别其田者，定其税之所宜。圣人仁察，以均天下如此。"委，水流。《礼记·学记》："或源也，或委也。""厥土乃夷"，指土地被水冲平。这与柳宗元的理解不同。匪，同非。哲，聪明。壤，疏松肥沃的土壤；坟，高地的土壤；泥，潮湿的土壤；埴，粘土；垆，黑色坚硬的土壤。"辩其坟者"，辩，辨别；坟，指土壤肥力。
② "应龙何画？河海何历？"王逸注："禹治洪水时，有神龙以尾画地，导水所注当决者，因而治之也。"又说："有翼曰应龙。"洪兴祖《补注》引《山海经图》曰："夏禹治水，有应龙以尾画地，即水泉通流。"应龙即有翅膀的神龙，用尾巴划地，帮助大禹治水。历，流通。

却用龙尾划地骗人!①

答：大禹治理洪水，

靠的是圣人智慧。

骗子伪托龙尾划地，

是要将事情神秘化。

九条大河已经疏通，

万江自然东流归海。

简要办法便可收效，

何须一一加以考察?②

(十三)

问：共工大发脾气，

地为什么会倾向东南?③

对：广大光明的苍天，

不是固定不动的。

一会儿在地的东南，

一会儿又转到西北。

共工那个小子，

哪有翻天复地之力!

谁把你吓成这个样子，

---

① "胡圣为不足，反谋龙智？畚锸究勤，而欺画厥尾！"胡，为什么。畚，读 běn（本），装土用
的器具。锸，读 chā（插），挖土用的工具。究，极尽。柳宗元认为治水是圣人的智慧和人民的
勤劳干出来的，与神龙无关。这里表达一种无神论思想。

② "禹平水土，圣智所加。诞者托龙，以神其事。九河既疏，万流归海。功收简要，何烦遍历？"
遍历，指考察每一条小河流。王廷相只讲"圣智"，不讲百姓的"究勤"，是与柳宗元不同之
处。

③ "康回冯怒，地何故以东南倾?"康回，共工名。冯，读 píng（凭），大。

竟然担忧天极不牢固？①

答：昆仑山是地的顶峰，

四周都是低下的。

水顺地势流向四方，

聚积在低处形成海洋。

中原华夏地区，

正在大地的东南方。

千江万河奔流而来，

好象大地向东南倾斜。

地势高低不同，

是自然演化的。

触折不周山使地倾斜，

此事纯属荒诞。②

（十四）

问：九州是怎么划分的？

川谷为什么那样深？③

对：大地划分为九州，

是大禹考察决定的。

激流成川，缓流成谷，

---

① "圜则九重，孰营度之？地之东南，亦已西北。彼回小子，胡颠陨尔力！夫谁骇汝为此，而以恧天极？"圜，圆。炎，明亮。圜炎，指天。立，树立。植，插地木柱，指固定不动。颠，倒。陨，塌陷。骇，恐吓。恧，读 hùn（混），担忧。柳宗元认为共工不可能有使天地倾斜的力量。

② "昆仑地顶，四旁皆下，水各顺方，潴为海壑。中夏之区，厥维东南，万川来汇，势如倾仄。坤体高卑，元化自然，触山而倾，事涉诞妄。"潴，读 zhū（猪），流聚。厥，其，指中原。维，系，在。仄，倾斜。坤体，即大地。元，元气。化，造化，演化。触山而倾，指上述共工触山使天地倾斜事。水向东南流，王廷相认为不是大地倾斜，而是大地中高旁低，水向四方流。中国在大地东南，所以水在中国向东南流。这是盖天说的观点。

③ "九州何错？川谷何洿？"错，同措，安置、划分。洿，读 wū（乌），深。

因而地势有高低。①

答：疆域是以山川为界来分的，

人民则依风俗异同来定的。

九州的区划，

大致这么定。

高山和深谷，

这是大地本身的道理。

由于流水的冲刷，

山谷一天天深下去。

岩石也会被流水冲垮，

更何况那些疏松土壤。②

（十五）

问：百川东流，东海不溢，

谁知那是什么缘故？③

对：水向东流到"归墟"，

又会环流到西区。

水流土中孔道里，

变浊变清各不同。

高地黑土，干燥疏松，

水便往上渗透。

土中水分有过剩，

---

① "州错富媪，爰定于趾。趮川静谷，形有高庳。"富媪，指大地。趾，足迹，指大禹步行考察。趮，急，指激流。庳读 bēi（卑），短。
② "疆域则因山川限隔，民事则以风土异宜。九州区别，兹惟大义。高陵深谷，地道本体，流水冲激，川谷日下，石亦崩裂，况尔疏壤？"兹，这。高陵，山脊。
③ "东流不溢，孰知其故？"许多河水都流入东海，东海为什么不会溢满？

漏出地面又东去。

水就这样往返流动，

大海又怎么会满溢？①

答：四海之水都是相通的，

大地就浮在海水之上。

江水虽然每天向东流，

大海又怎么会满溢呢？

泉水从源洞里冒出来，

海水又蒸腾成云雾。

江水不断东流入海，

海水又不断蒸发掉。

水变化万端，

不外乎有形无形两种情况。

"百川东流，大海不溢"

就是这些缘故。

《列子》所谓"归墟"，

《淮南子》所谓"沃焦"，

穿凿附会来立论，

---

① "东穷归墟，又环西盈。脉穴土区，而浊浊清清。坟垆燥疏，渗渴而升，充融有余，泄漏复行。器运潋潋，又何溢为？"归墟，东海的无底谷。《列子·汤问》："渤海之东，不知几亿万里，有大壑焉。实惟无底之谷，其下无底，名曰归墟。八纮九野之水，天汉之流，莫不注之，而无增无减焉。"脉穴，土中细孔。坟垆，高起的黑土。渗，渗透。渴，吴楚方言，说水从低向高处流。器，容器，指江河。运，流动。潋潋，读 yóu（游），水流不息的样子。柳宗元采取《列子》"归墟"的说法，来说明"东流不溢"现象，也用循环的道理来说明水在不断运动。

不是严谨人所愿采纳的。①

（十六）

问：大地的东西和南北，

究竟哪一边长？

椭圆形的大地，

面积有多大？②

对：大地的东西和南北，

哪一方都没有尽头。

---

① "四海会通，地浮于上，水虽日注，安得而盈？泉源激于嵌空，云雾化乎氤氲，东流无穷，激化亦无穷。水之虚实有无，不越乎乘化聚散二端而已矣。东流不溢，厥故惟此。御寇归墟，鸿烈沃焦，拟论穿凿，匪贞观所取。"张衡《浑天仪注》说："天表里有水"，"天地各乘气而立，载水而浮。"可见，王廷相地浮水上的观点来自于浑天说。嵌，山石如张口貌。嵌空，指泉洞。氤氲，气混和动荡貌。张九龄《湖口望庐山瀑布泉》诗云："灵山多秀色，空水共氤氲。"即所谓蒸腾。激化，指蒸发。"泉源"四句，是说泉水不断流出来，水又不断地蒸发，形成循环，因此东流不溢。乘化，顺应大自然的变化。聚散，聚合和疏散。张载认为气聚合形成万物，万物分化又成气，一切变化都是气聚散变化。王廷相继承了这种思想。但这只是对自然现象的笼统的猜测，并不能具体说明气是如何聚合成具体的事物，因此解释具体问题时则不能有确切的说明。例如关于"东流不溢"问题，王廷相在《策问》第五首中把"海纳百川，何以不溢？"列为"物理疑而未释者"之一。此处所答不过是一种猜测，由于科学水平的限制，也只能是猜测。虽然是猜测，我们也可以看到，他的水平已比柳宗元有所提高。御寇，列御寇，战国时人，相传是《列子》一书的作者。御寇归墟，指《列子·汤问》中的归墟说法。鸿烈，指西汉刘安组织编写的《淮南鸿烈》一书。沃焦，相传是东大海中的一座山或一块巨石，水流到那里就被燋尽气化。古人想象出来，解释东流不溢问题。《文选·江赋》注引《玄中记》曰："天下之大者，东海之沃焦焉，水灌之而不已。"沃焦，山名也。在东海南，方三万里。同书《养生论》注引司马彪曰："尾闾，水之从海外流出者也，一名沃焦，在东大海之中。……在扶桑之东，有一石，方圆四万里，厚四万里，海水注者无不燋尽，故曰沃焦。"这里说沃焦就是尾闾。尾闾之说已见于《庄子》。《秋水篇》曰："天下之水，莫大于海：万川归之，不知何时止而不盈；尾闾泄之，不知何时已而不虚。"《庄子》的尾闾，既不是大山，也不是巨石，而是海水的排泄口，象动物的肛门，因此叫尾闾，尾指尾巴，闾指门户。王廷相认为归墟和沃焦说法都是不可信的。

② "东西南北，其脩孰多？南北顺椭，其衍几何？"脩，即修，长度。衍，广度。《管子·地数》："地之东西二万八千里，南北二万六千里。"《山海经》、《淮南子》、《开元占经·地占篇》引《河图括地象》都说"东西二万八千里，南北二万六千里。"天下东西长，南北短，形成椭圆形。这大概是战国到秦汉对大地的大小的流行说法。屈原就是针对这种传说，提出问题的。

它们广阔无边，

如何比较短长！

茫茫大地无法测量，

怎么知道它的大小呢？①

答：天地有四极的说法，

渺茫没有根据。

地有多长多宽，

谁能进行比较？

臬表土圭测日影，

仪器办法都保存，

数字虽然可以推算，

谁能检验正确与否？②

（十七）

问：天地四方有大门，

谁从那里出入？

西北大门打开，

让什么气通过？③

对：寒冷温热气候，

随着季节出现。

---

① "东西南北，其极无方。夫何鸿洞，而课校脩长！茫忽不准，孰衍孰穷？"极，尽头。方，处所。其极无方，尽头不知在哪儿，即没有尽头的意思。鸿洞，指广阔空间。课，考核。校，比较。茫忽，渺茫恍忽。准，测量工具，不准，指无法测量。

② "天地四极，冥茫无据。其长其衍，孰能校之？臬表土圭，遗法俱在。数虽可推，孰为验之？"臬表土圭是古代测日影的仪器，南北各树直立的标尺叫臬表，平卧在地面的尺子叫圭，或土圭。

③ "四方之门，其谁从焉？西北辟启，何气通焉？"古代传说天地四方有门，放出寒暑之气，形成四季变化。屈原就针对这一传说提问题。

季节不断更替，

产生四门观念。

开门放出气来，

这是气的源泉。①

答：天在旋转，

天门怎么开？

太空即使有门，

谁能从那里出入？

元气弥漫，

何处不有？

为什么要等西北门开，

才能通过呢？②

（十八）

问：太阳为什么不到那里？

烛龙到那里要照什么？

太阳没升起的时候，

---

① "清温燠寒，迭出于时。时之丕革，由是而门。辟启以通，兹气之元。" 燠，读 yù（郁），热。迭，交替。丕，大。革，变化。是，这。元，源泉，气之元，又称元气。柳宗元认为气是存在的，"天地之门"是假设的。

② "玄浑爱转，厥门何辟？荒忽之上，谁哉出入？元气絪缊，何区不融？何西北启门，而鸿蒙始通？" 玄浑，指天。荒忽之上，指渺茫太空。絪缊，即氤氲，指弥漫。

若木怎么会发光？①

对：长龙的口会发光，

它的头在北方。

九阴之地极其阴暗，

就靠龙口之光照亮。

若木开花有光耀，

是它禀受于太阳。②

答：黑夜太阳藏起来，

烛龙出来放光芒。

太阳尚未升起的时候，

若木花已经闪闪亮。

这都是奇谈怪论，

都没有事实根据。

严谨笃实的学者，

---

① "日安不到？烛龙何照？羲和之未扬，若华何光？" 烛龙，古代有各种不同传说。景差《大招》中有"北有寒山，逴龙赧只"，逴龙就是烛龙。《山海经》对烛龙有更多的描述，如《海外北经》载："钟山之神，名曰烛阴，视为昼，瞑为夜，吹为冬，呼为夏，不饮，不食，不息，息为风，身长千里。在无晵之东。其为物，人面，蛇身，赤色，居钟山下。"《大荒北经》载："西北海之外，赤水之北，有章尾山。有神，人面蛇身而赤，直目正乘，其瞑乃晦，其视乃明，不食不寝不息，风雨是谒。是烛九阴，是谓烛龙。"烛龙又叫烛阴，是人面蛇身的神。《淮南子·地形训》曰："烛龙在雁门北，蔽于委羽之山，不见日。其神人面龙身而无足。"郭璞注《山海经》引纬书《诗·含神雾》曰："天不足西北，无有阴阳消息，故有龙唧火精以往照天门中也。"《洞冥记》载："东方朔游北极钟火山，日月不照，有青龙唧烛，照山四极。"闻一多考证，钟火山即章尾山，"烛龙即火山耳"。闻一多认为所谓烛龙就是现在说的火山。我以为，北方，西北方，实际上都是讲的北极地区，因为向西再向北，仍为北极地区。北极寒冷，一年中有六个月不见太阳，所以称"太阴"或"九阴"。北极地区有奇异的北极光，赤色，长条形。在冬季日光不照的情况下，北极光一旦出现，明亮如白昼，一消失，便又是一片黑暗。这就是"视为昼，瞑为夜"。北极光出现时，象一条火龙在空中荡动，所以叫"烛龙"。羲和，指太阳。扬，升起。若华，若木之光华。《山海经·大荒北经》载："大荒之中有衡石山，九阴山，洞野之山。上有赤树，青叶赤华，名曰若木。生昆仑西，附西极，其华光赤，照下地。"闻一多以为"若木即云霞"，又说："盖传说西北方有积阴之地，日所不照，或云烛龙照之，或云若华照之。"似以为烛龙和若华，名异而实同。若华在西方，烛龙在北方，或西北方。方位不同，恐非一事。

② "脩龙口燎，爰北其首；九阴极冥，厥朔以炳。惟若之华，禀羲以耀。"脩龙指烛龙。燎，明亮。炳，亮光。羲，羲和，指太阳。

把它列入纬书的论调。①

（十九）

问：什么地方冬天温暖？

什么地方夏季寒冷？②

对：厚厚的冰雪覆盖着狂山，

即使夏至也不间断。

南方的炎洲四季炎热，

司寒之神也不敢去碰。③

答：炎州的海边，

冬天也扇扇子。

阴山和瀚海，

夏天也结着冰。

这只是南北大致的区分。

低洼地带春来早，

冬天无风也暖和。

虽在北方也一样。

高山顶上常积雪，

夏季雨天也生寒。

---

① "夜而日晦，烛龙施光。羲和未生，若华呈照。斯皆怪辟，有说无实。经士笃学，置诸纬论。" 王廷相认为烛龙和若华的说法都是怪论，没有任何根据，象汉代纬书理论一样，是违背经义的。朱熹注 "烛龙" "若华" 时说："夫日光弥天，其行匝地，固无不到之处。此章所问，尤是儿戏之谈，不足答也。" 王廷相与朱熹的认识差不多，以为没有白昼太阳照不到的地方。

② "何所冬暖？何所夏寒？" 所，地方。

③ "狂山凝凝，冰于北至。爰有炎洲，司寒不得以试。" 狂山，山名。《山海经·北山经》："狂山，无草木。是山也，冬夏有雪。" 凝凝，指冰多而厚。北至，即夏至，古人认为日沿黄道运行至最北处，那是一年中最热、白昼最长的夏至。炎洲，《十洲记》："炎洲在南海中，地方二千里。" 司寒，掌管寒冷的北方之神。

虽在南方无差别。

这就不能拘守大致的区分。

说寒温永远固定那里，

那就不是远见卓识！①

---

① "炎州海滹，冬亦挥篿。阴山瀚海，夏有凝冰，其南北之大分乎！洼下春先，无风冬暖，虽北亦然。高峻雪积，雨夏寒生，虽南无间。其不可以大分拘者乎！谓寒暖恒有定方，即非大观精鉴。"滹，水涯，指海边。篿，读 jié 捷，扇子。瀚海，旧称北方的海名。明代又用来指戈壁沙漠。王廷相在《玄浑考》中说："阴山瀚海之涯，而其寒岂不愈冽哉？"阴山瀚海，指北方最冷的地方。大分，大致划分。间，差别。大观精鉴，观察大局全面，鉴别精细，相当于远见卓识。

后 记

六十年代，我在中国人民大学哲学系学习马克思主义哲学原理。由于社会动乱，我们没来得及听上中国哲学史的课，更没听过中国大文学史的课，就毕业下乡了。动乱结束以后，我通过考研究生，才重返北京。1978年至1981年，我在中国社会科学院研究生院当研究生，向钟肇鹏先生学习中国哲学史，研究王充哲学。王充哲学与他的天文学思想有密切关系，要弄清他的天文学思想，就要懂一些中国古代天文学的基础知识。为此，我向北京天文馆的陈遵妫先生学习中国古代天文学史。这样，我才能从哲学与天文学的结合上写出了"王充天论"。"王充天论"后来成为我的硕士论文《王充哲学思想新探》（1984年3月已由河北人民出版社刊行）中的重要一章。

1981年研究生毕业，我到北京师范大学哲学系任教，讲中国哲学史课。为了教学的需要，我在备课中，对历代哲学家的原始资料作了一些粗略的研究，对于他们的天论思想都比较留心，并且形成了一些看法，写成论文。已经发表的有《董仲舒的宇宙系统论》、《柳宗元天论研究》、《陈亮宇宙观剖析》、《王廷相宇宙论述评》、《中国古代的天地起源说》等。在广泛接触古人论天的基础上，我把中国古代哲学家论天和天文学家谈哲学，都联系起来思考，这就形成了我思想中的模糊印象：中国古人对天地奥秘的探索历程，即对自然界认识的发展史。又经几年研究，终于写出了这本书。

本人才疏学浅，要对中国古代哲学和天文学进行结合研究，实在勉为其难。不过，我相信有志者事竟成。我以积跬步而登高峰的精神，选定目标，苦心钻研，时有心得，随即记下，日积月累，便成一篇，坚持数年，遂合一书。这本书就是这么写成的。

书稿写成，交给中国社会科学出版社。编辑同志认真审阅，付出了艰苦的劳动，提出了宝贵的修改意见。在最后定稿的时候，还请侯成亚、郭绍明、周秀光等同志审阅部分内容。他们也都提了可贵的意见。在此书出版之际，谨向钟肇鹏先生和陈遵妫先生致以由衷的谢忱！并向中国社会科学出版社的编辑同志和侯成亚等同志表示衷心的感谢！

限于个人水平，虽竭力而为，本书仍难免有错，敬希读者不吝赐教！

作　者

1985 年 11 月 14 日

于北京市丰台区北大地三里

周桂钿文集

中国传统科技

下

海峡出版发行集团
福建教育出版社

中国古人论天

导　言

　　天有两个特点：大和高。孔子说："巍巍乎！唯天为大。"① 把"天"字分解开来，就是"一"和"大"。就是第一大的意思。王充说："天无上"，"天去人高远"。② 天是最高的，没有比它更高了。因此，东汉文字学家许慎在《说文解字》中对"天"的解释是：

　　　　天，颠也，至高无上，从一大。

　　天大，内容极为丰富；天高，人类难以接触。这就是天有无穷奥秘而又难以探索的基本原因。天虽然难以接触捉摸，却是可以观察的。中国古人就是通过观察来认识天，通过对天文的观察来了解天体运行的规律，从而猜测、解释天文的奥秘。《周易·贲卦·彖传》说："观乎天文，以察时变。"观察天文，观察些什么内容呢？《吕氏春秋·当赏》说："民无道知天，民以四时寒暑、日月星辰之行知天。"由气候寒暑的变化和日月星辰的运行来认识天。认识

---

① 《论语·泰伯篇》。
② 《论衡·变动篇》。

天，就是了解"时变"，即时节的变化。了解时变，又是为了"敬授人时"，告诉人民准确的时节。准确时节对于以农业生产为基础的民族有着特殊重要的意义。时就是时间、季节。确定准确的季节，就要有精密的历法。历法是研究天文成果的最主要的实际运用。

中国是天文学发展比较早的国家。历法的精确性也曾在世界上多次处于领先地位。

第一章　天的本质

天是什么？这似乎是不言而喻的问题。古今许多学者都没有专门讨论这个问题。但是，从他们的各种论述中，发现他们对于这个问题有很大的分歧。从唯物论和唯心论、无神论和有神论来分，首先便有天的本质是物质的还是至上神的问题。如果是物质，那又有天是什么样的物质，是固体还是气体的问题了。

一、是神，是物？

洪荒时代的原始人分不清人与自然界的区别，以为能够运动的、变化的东西，都是有精神的，有意志的。这就是最初的万物有灵论。刮风、下雨、打雷、闪电，都是有神灵的。日月星辰，风霜雨露，都有神灵。而这些神灵又服从一个总的神灵，这个总神灵就是"天"。天是宇宙间最高的主宰者，它是"百神之大君"，不但决定人世间的一切事物，而且管理着天上的各种神灵。雷的神到人世间来打雷，也是奉天之命的。其他一切自然现象，也都是按天的意志出现的。这就是天命论。

天命论认为人世间的政治也是由天的命令决定的。天命令谁当统治者，谁就成为天子，代表上天来管理人间。因为天子是上天意志的唯一代表，在社会上有至高无上的权威。谁反对天子，就是反天命，就要受到诛杀。

天命论产生于商、周时代，因为适合于当时的经济基础，所以成为最有权威的意识形态，成为几百年的统治思想。连大思想家孔子、墨子都受到天命论的影响。从远古时代的典籍如《尚书》、《诗经》中，可以经常看到"天"、"帝"等字眼。可见，天是神的思潮曾经弥漫于整个春秋战国时代。

天命论盛行以后，牵强附会的说法越来越多，谬误也越明显。天命论的可信程度不断下降，群众的疑虑不断增加。老庄道家提出凌驾于天之上的"道"，否定天的最高权威性。"道"又是自然的。这样，天是神的老调子受到了严重的威胁。战国后期的荀子提出："天行有常，不为尧存，不为桀亡。"（《天论》）否定了天主宰人世的说法。他认为"天"是自然的，一切天象变化都是自然现象，有些天象如星陨、日月之蚀、风雨的异常现象，由于很少发生，发生时，人们感到奇怪，是可以理解的，害怕则没有必要。荀子虽然没有明确提出天是物质的命题，但他认为日月星辰的运行，四季寒暑的更替，风雨气候的变化，万物的生长，都是自然的现象，都称为"天"。这就否定了天是神的说法，表达了天是自然物的思想。

荀子"天论"对天是神的说法是一次很大的挑战，但天命论并不因此消亡。它在人心中的深刻影响和社会的实际需要使它得以继续存在。陈胜、吴广起义时，采取鱼腹丹书、篝火狐鸣的办法，就是利用人心中的天命论影响。起义军主帅项羽、刘邦也都有天命论思想。项羽打了败仗，不承认自己用人、决策、战略方面的各种错误，认为只是天命问题。刘邦患病时，吕后想请医生，刘邦说自己是一个老百姓，能当上皇帝，完全出于天命。生病也是天命决定的，医生会有什么办法呢？以后的皇帝也都有天命论思想。吕后、汉文帝都由于日食而感到精神紧张。

秦灭亡，汉朝重视总结秦亡的教训，认为原因在于皇帝地位最高、权力最大，没有办法制约。皇帝一旦胡闹起来，或者好大喜功，或者不施仁义，天下必大乱。于是，汉初统治者采取黄老无为之术，在汉初的几十年中，这种方针在实际上取得明显效果，经济迅速恢复、发展，人口增加，社会富裕达到了空前的地步。无为而治的合理性得到了实际的证明。汉景帝时吴楚七国叛乱，这个沉痛教训又给汉代思想家提出一个新的问题，皇帝无为时如何防止诸侯觊觎中央权力？也就是如何防止尾大不掉的问题。

时代的需要召唤出思想家。董仲舒应运而生，提出了"屈民而伸君，屈君而伸天"的口号。突出皇帝，要民服从皇帝。这里所谓民，包括普通老百姓，但主要是指那些掌握部分权力的诸侯、官僚，要他们无条件地服从皇帝。这样才能维护统一安定，防止分裂割据。这也是董仲舒"大一统"论题中的应有之义。皇帝是天子，是上天的代表，这是天命论的本义。"屈民而伸君"，只是沿用天命论，比较容易论证，也比较容易被社会所认可。但是，"屈君而伸天"就比较困难了。皇帝有至高无上的权力，又是上天的代表，天命所在，怎么能制约他呢？当时当然还不知道如何建立民主制度，那只好再搬出"天"来。原始天命论认为皇帝就是天子，是天命所在。皇帝理所当然地拥有解释天命的特权。皇帝可以玩弄天命统治别人，别人却无法利用天命来制约他的权力。孔子认为自己"五十而知天命"，墨子自称掌握"天志"，这就把皇帝掌握的天命转到"知识分子"手中，打破了最高统治者对天命的垄断。"知识分子"有了天命的解释权，由于智者见智，仁者见仁，解释各不相同。如何才能达到共识呢？还是董仲舒想出了好办法。他三年不窥园，专精研究出一套解释天命的规范。首先，灾异是天意。以前比较注重日食、地动。董仲舒认为天通过气来表达思想，旱灾、水灾、火灾、蝗灾等等都是天意的表现。还有任何怪异，也是上天对皇帝的警告。这样，表达天意的现象大大增加了。每年每月每日都可以找到理由向皇帝进谏，为臣子们发表意见大开方便之门。其次，阴阳五行学说结合现实，解释灾异。最后，按阴阳调和、五行生克，提出消灾的具体办法。例如春天暖得早，董仲舒认为这是"火干木"。春天属木，暖和属火。这就是灾异。发生了灾异，就要"变救"。就像学生受到老师的批评，要纠正错误。怎么救呢？董仲舒说要施德天下，为百姓办点好事，问题就解决了。如果皇帝对臣属不尊重、没礼貌，上天就会以"夏多暴风"来表示不满意。怎么办呢？皇帝对臣属注意礼貌就行了。董仲舒挖空心思，附会出这一套天人感应的理论，只是为了给官僚们提供一种向皇帝进谏的精神武器，同时也是要给皇帝产生能够使他有所顾忌的精神威胁，使他不敢胡作非为。最终目的还是为了封建统治的长治久安。

以上可以看出，天是神的说法当然是不科学的，但在历史上，的确还起过一些维护社会安定的作用。天是神的观点，从哲学上说是唯心主义的，是神学迷信；但从历史的观点看，也是不能全盘否定的。

荀子提出"天行有常"以后，天是物的思想与天是神的说法并传。天是神从先秦的孔、墨到西汉的董仲舒，再到唐代的韩愈。天是物从荀子到东汉的王充，再到唐代的柳宗元。

王充认为天是像地一样的物体，在几万里的高空上，没有意志，不会与人产生精神感应。他以求真的精神否定了天人感应的说法。他揭露了天人感应说的种种矛盾。例如天神论认为"雷为天怒"，"雨为天喜"，雷雨多同时，天为什么喜怒常同时呢？人喜怒同时多是神经不正常的疯子，难道天也是疯子？天神论认为把不干净的东西给人吃，会遭雷殛。但是，吕后把戚夫人砍去四肢、剜去眼、舌，放在厕所里，天却没有雷殛吕氏。有时羊被雷打死，羊有什么过错呢？天几万里那么大，一头牛作为供品也不过像一粒米，怎么也吃不饱。想通过祭祀天地来获福的人，能希望吃不饱的上天给他们赐福吗？天大人小，人不能感动上天，也像麦秆敲不响大钟，星火烧不热大锅水那样。天神论者认为精神能够感天。王充举例说，一个圆圆的水果放在眼前，不用手而用精神，不能拿来吃，可见精神作用比手还小。精神不能搬动水果，又怎么能感动比水果大无数倍的天体呢？总之，"人不能以行感天，天亦不随行而应人。"（《论衡·明雩篇》）

柳宗元、刘禹锡在王充天道自然论的基础上提出天是"有形之大者"，而且像大瓜果一样，是自然物。古人讲天神是为了欺骗愚蠢的人，不是对聪明人说的。人的福祸都是人们自己创造的，与天没有关系。以为大喊大叫，上天会免祸赐福，那是愚人的幻想。柳宗元在《贞符》序中指出董仲舒、司马相如、刘向、扬雄、班彪、班固都宣扬的天命瑞符的迷信说法，都是"诳乱后代"的错误说法。韩愈不敢参加撰写史书的工作，认为写史的人"不有人祸，则有天刑"。柳宗元加以严厉驳斥，认为周公、史佚、孔子写了史，并没有遭祸；司马迁、班固、范晔、崔浩虽然遭了祸，却不是由于写史。左丘明有病失明，不是因为写史，子夏不写史也失明。柳宗元认为写史担心的是不真实，没道理。如果能够秉笔直书，死都不怕，还怕什么"人祸"、"天刑"吗？这里一方面表现出柳宗元的强烈正义感，另一方面也表达了他不信天神的唯物论观念。

显然，无神论是科学的观点，它在破除迷信上，在引导人们正确认识世界和改造世界方面，长期起着进步的作用。

二、是气，是体？

在承认天是物的前提下，对于天是什么样的自然物，是气态，还是固体，历史上还有许多不同的看法和争议。

在荀子《天论》中看不出天是气，还是体。到了汉代才有关于气、体之争。首先是论天三家，盖天说、浑天说认为天是体，宣夜说认为天是气，没有固态形体。宣夜说没有留下著作。《晋书·天文志》保存着宣夜说的主要思想内容：

> 宣夜之书亡，惟汉秘书郎郗萌记先师相传云："天了无质，仰而瞻之，高远无极，眼瞀精绝，故苍苍然也。譬之旁望远道之黄山而皆

青，俯察千仞之深谷而窈黑。夫青非真色，而黑非有体也。日月众星，自然浮生虚空之中，其行其止，皆须气焉。是以七曜或逝或住，或顺或逆，伏见无常，进退不同，由乎无所根系，故各异也。故辰极常居其所，而北斗不与众星西没也。摄提、填星皆东行。日行一度，月行十三度。迟疾任情，其无所系著，可知矣。若缀附天体，不得尔也。"①

宣夜说的主要观点有二：一是天无形质，二是日月星辰无所根系。根据主要是辰极、北斗、日月、众星"伏见无常，进退不同"的差异性。它认为如果日月星辰都附在一个固体的天上，那就不会有这些差异性。但是，全天恒星每天整齐地东升西落，二十八宿的相对位置都是固定不变的。宣夜说不能解释日月星辰运行的一致性方面的现象。另外浑天家却可以用实验证明天是体。做一个浑天模型，在地下或暗室中转动。浑天象的变化，跟实际观察到的完全一致。根据浑天说，可以解释日食和月食现象，可以制订比较精确的历法，还能预告日月之食的日期、时刻、食分。盖天说也认为天是体。王充是汉代盖天说的代表人物，对于天是气，是体，有一段明确的论述：

> 如实论之，天体非气也。……秘传或言天之离天下六万余里，数家计之，三百六十五度一周天。下有周度，高有里数。如天审气，气如云烟，安得里、度？又以二十八宿效之。二十八宿为日月舍，犹地有邮亭为长吏廨矣。邮亭著地，亦如星舍著天也。案附书者，天有形体，所据不虚。由此考之，则无恍惚，明矣。（《谈天篇》）

东汉以后的天文学家都认为天是体。认为天是气的宣夜说到三国时就"绝无师法"了。宣夜说被天文学家所抛弃，却被哲学家所采纳。哲学家关于

---

① 《隋书·天文志》引文只到"北斗不与众星西没也"。《太平御览》卷二引录这段话时，上冠"抱朴子曰"。今本《抱朴子》内外篇均无此内容。

天是气的论述是很多的。晋代张湛注的《列子·天瑞篇》有"天，积气耳"的说法。杨泉《物理论》称天是元气，"皓然而已，无他物焉"。柳宗元认为天是"宏离不属"的，日月五星，"太虚是属"。这跟宣夜说的观点比较一致。北宋张载提出"太虚无体"、"太虚即气"，认为所见到的天象东升西落不是天体运转，而是地在中间旋转。这是中国历史上第一次提出地球自转的说法。马永卿和朱熹都同意《列子》"天，积气"的观点，朱熹又有自己的独到见解。朱熹认为天是气，气旋转着，分为九层，里软外硬，最外一层像硬壳一样。这样就把天是气、是体两种观点统一起来了。他家藏浑仪，信浑天说，又有哲学家相信天是气的特点，于是经过调合，形成了天分九层，内为气外为硬壳的思想体系。

宣夜说天是气的思想可能引发了张载气一元论的思想体系。宣夜说还受到当代科学家和哲学家的高度赞扬。著名的科技史专家、英人李约瑟博士说："这种宇宙观的开明进步，同希腊的任何说法相比。的确都毫不逊色。亚里士多德和托勒密僵硬的同心水晶球概念，曾束缚欧洲天文学思想一千多年。中国这种在无限的空间中飘浮着稀疏的天体的看法，要比欧洲的水晶球概念先进得多。"① 宣夜说有很多合理性，是比较正确的理论。但在汉代，它不能指导制订正确的历法，缺乏实用价值，不为当时社会所重视。

———————————

① 《中国科学技术史》第115-116页，科学出版社，1975年汉译本。

第二章　天的形状

斗转星移、日月穿梭。阴晴圆缺，气象万千。天，究竟是什么样子的？

一、是圆，是浑？

　　人们对这无边无涯的苍天，只能靠想象来描绘它的形状。想象的起点往往是生活的体验。中国古代在很早以前就发明了车，乘车遇到烈日暴雨，就需要有遮盖的，车盖也就应运而生了。在这种车里坐着考虑天地问题，就容易把天地想象成大的车盖和车，天是车盖，地便是车。于是就产生了天像车盖的说法。在《周髀算经》卷上有"天圆地方"、"笠以写天"的说法。在《晋书·天文志》上，"周髀家"认为"天员（圆）如张盖，地方如棋局"，也表达了同样的看法。说明天像打开的车盖，悬于空中。因为车盖像现代的雨伞，是圆形的，人们环视四周，觉得天也是圆的，因此有"天圆"的说法，这大概就是对天的形状的最古老的说法。

　　天是圆的，地是方的，那么，天所覆盖的地面就不能完全，地的四角上空就没有天。但是，没有哪儿的地是没有上天的，因此，有人对此提出怀疑。《大戴礼记·曾子·天员》载：

> 单居离问曾子曰："天员而地方，诚有之乎？"
>
> 曾子曰："如诚天员而地方，则是四角之不揜（掩）也。且来，
> 吾语汝。参尝闻之夫子曰：天道曰员，地道曰方，方曰幽而圆曰明。"

在这里，曾子把"天员地方"作了新的解释，认为天员不是说天的形状是圆的，天员是天明。地方是说地是幽暗的。方圆成为明暗的另一种说法。

《吕氏春秋》对方圆又提出新的解释。在《圆道篇》中说：

> 何以说天道之圆也？精气一上一下，圆周复杂，无所稽留，故曰
> 天道圆。何以说地道之方也？万物殊类殊形，皆有分职，不能相为，
> 故曰地道方。

这段话是对曾子的"天道曰圆，地道曰方"的解释，天道圆是指天的精气上下循环运动，地道方是指地上万物的千差万别。总之，方圆都不是指形状。

东汉赵爽在注《周髀算经》时说："天动为圆"，"地静为方"，又以动静来解释方圆。他说：

> 物有圆方，数有奇偶；天动为圆，其数奇；地静为方，其数偶。
> 此配阴阳之义，非实天地之体也。天不可穷而见，地不可尽而观，岂
> 能定其方圆乎？

天地都是看不到头的，怎么能确定它们的形状是圆的还是方的呢？

从以上可以看出，从先秦到两汉时代，有一些人不同意传统的说法：天是圆的形状。他们对"天圆地方"作了各种新的解释。

与此同时，又有一些人提出天是"浑"的。三国时吴国天文学家王蕃在《浑天象说》中说：

> 前儒旧说，天地之体，状如鸟卵，天包地外，犹壳之裹黄也。周

旋无端，其形浑浑然，故曰浑天也。①

像鸡蛋那样的周旋无端的形状叫浑。《庄子·应帝王》的最后一段讲中央之帝"浑沌"，头上没有七窍，大概就像鸡蛋那样。后来别人帮它凿出七窍来，结果破坏了它的自然本性，把它凿死了。

最早使用"浑天"这个词的，是扬雄所著的《法言》。该书《重黎》篇载：

> 或问浑天，曰：洛下闳营之，鲜于妄人度之，耿中丞象之。几几乎，莫之能违也！

扬雄认为浑天的道理、是非常精密的，能完全与天象相符合。他认为创立浑天理论的重要人物有三个：洛下闳，鲜于妄人，耿中丞。

《宋书·天文志》录扬雄这段话以后说：

> 若问天形定体，浑仪疏密，则雄应以浑义答之，而举此三人以对者则知此三人制造浑仪，以图晷纬。

《隋书·天文志》引虞喜的说法"洛下闳为汉武帝于地中转浑天，定时节，作《太初历》"。

可见，浑天是西汉时代的洛下闳创立的。浑天，是指天是浑圆的。有的比喻为鸟卵，有的比喻作鸡蛋，有的则比作弹丸。洛下闳制作一个浑天仪，圆球形状，上面标着天上星宿，然后在地下室里转动，能跟实际天象相吻合。这是用仪器实验的方法证明浑天理论的正确性。这就是最初的浑天理论。后来经过鲜于妄人、耿中丞、张衡等人的进一步研究、补充、完善，到东汉张衡制造出水运浑天仪，并写出"浑天注"，才形成完整的浑天说思想体系。

浑天说认为天的形状是浑圆的。

---

① 《宋书·天文志》。

对于浑圆的理解也有不同，一是像鸡蛋鸟卵那样的椭圆形的，一是像弹丸那样的球面形的。这种差别从比喻（鸡蛋和弹丸）上可以看出来，同时也可以从东西长与南北长的同异看出来。东西长与南北长相等，就是球面形。南北短东西长，则是椭圆形。《关令内传》载："天地南午北子相去九千万里，东卯西酉亦九千万里。"① 这就是球面形的。《山海经》认为"天地之东西二万八千里，南北二万六千里"。② 这就是说天是椭圆形的。

天究竟是浑的还是圆的？汉代学者展开热烈的争论。天是圆的，原是传统见解。天是浑的，是新的研究成果。新、旧之间的争论就是浑天说和盖天说的争论。

在浑、盖之争中，扬雄和桓谭的来往值得一提。扬雄开始相信盖天说，并且根据盖天说画出天体运行图来，标上度数，结合昼夜变化和四季更替，使之形成比较完善的宇宙模式。他满以为创立这么一个体系，就可以为后代树立起一种永恒的法则，让人们永远遵循着。他的朋友桓谭粉碎了他的幻想。

桓谭参加过天文方面的研究工作，当过掌管漏刻（用滴水测定时间的仪器）的官。他说：

> 余前为郎，典漏刻，燥湿寒温辄异度，故有昏明昼夜，昼日参以晷景，夜分参以星宿，则得其正。③

桓谭在研究中发现空气的温度和湿度会影响漏刻的度数，使时刻不准确，因此，每天需要进行校正。白天根据日晷的影子进行校正，晚上根据星宿的方位（主要是中天）来进行校正，这样才能使时刻比较准确。桓谭参加这种工作，有机会接触保存在皇宫里的浑天仪，也能了解浑天说原理。他一见扬雄按盖天说画出来的图，便中肯地指出其中毛病。扬雄当然不甘心就此抛弃。

---

① 《太平御览》卷二。
② 《太平御览》卷三十六。
③ 《北堂书钞》未改本。《太平御览》卷二引文略有出入，无"故有"句，"夜分"作"暮夜"。

有一天，扬雄和桓谭都在皇宫门外等待皇帝的召见，他俩坐在白虎殿的东厢房前走廊下晒太阳。一会儿，日光移走了，他们晒不着太阳了。见此，桓谭对扬雄说：

> 天即盖转而日西行，其光影当照此廊下而稍东耳。无乃是。反应
> 浑天家法焉。①

这段话的大意是：天如果像圆盖子那样旋转，日随着西行，那么，日光应当照例到这里走廊下，然后慢慢向东移去。现在不是这样，却跟浑天家的说法相应。《晋书·天文志》说是"拔出去"。日光"拔出去"，说明日到西方不是旋转，而是沉下去。所以，日光"拔出去"应了浑天家的法，证明浑天说的正确性。于是，肯定"浑为天之真形，于是可知矣。"

在同桓谭的多次讨论之后，扬雄终于明白了浑天说的道理，承认了自己的错误，"立坏其所作"，马上销毁自己的制作。

扬雄从信盖天说转而相信浑天说。当别人问到浑天说和盖天说时，他强调浑天说极其巧妙，"莫之能违"。对于盖天说，他认为"应难未几"，所能解释的现象没有多少。意思是说，盖天说还存在许多问题难以解决。后来，他写了《难盖天八事》，今存《隋书·天文志》。

维护传统说法的学者，为了对抗新学说，一方面从新学说中吸取思想资料，充实、改造、发展旧理论，对传统说法作出新的解释，以便逐渐靠近、接纳新思想，使传统说法有了新的生命力。另一方面对新学说，从各种角度提出责难，企图否定新学说的合理性。客观效果却促进了新学说的完善和发展。从此可见，新、旧学说的撞击，对双方都有促进发展的作用，其结果，对双方都起到去粗存精、去伪存优的净化作用。

一次争论的结束，并不能最后决定是非。扬雄和桓谭辩论之后不久，王充

---

① 《太平御览》卷一。《晋书·天文志》引文，将"扬雄"改为"信盖天者"。

又出来"据盖天之说，以驳浑仪"。① 他说：

> 旧说天转从地下过。今掘地一丈辄有水，天何得从水中行乎？甚不然也。日随天而转，非入地。②

王充认为地是平实的，而且地中有水，鸡蛋壳似的天怎么能从地下水中转过去呢？浑天仪的实验是皇宫秘密，王充不了解。

张衡继王充之后研究浑天说，认为天地像一个鸡蛋，天像蛋壳，地像蛋黄，天包地外。这样，天的旋转就不必穿过地体，只是在地的外围转动。这就解决了王充提出的难题。

这一次浑、盖之争，王充的责难，促进了浑天说思想体系的形成和完善。

事实胜于雄辩，浑天仪器的实验结果有力地支持了浑天说理论。但是，仅仅有实验证明显然是不够的。正确的理论还要在实际运用中继续接受验证。按浑天说理论制订了《太初历》，提高了精确性，根据浑天说理论可以解释日食、月食等现象，并且能够预知日月之食的日期、时刻和食分。由于这些优越性，浑天说被历代天文学家所接受。从汉代到明代的一千多年中，浑天说在天文学界一直占着统治地位。

经过辩论、实验，经过一次又一次的实践所证实。这样的理论是否就一定是正确的呢？实际上，并不是那么简单。被公认为真理的浑天说到了唐代，就遇到了新实践的挑战。

浑天说认为南极下地三十六度，离南极三十六度以内的星都在地下，人始终看不见。唐代一些天文学家随军队到达南海，观察到老人星（俗称"寿星"，西名"船底座 α 星"）以下许多星，大致离南极二十度以上的星都能看见。这些星都是浑天说认为在地下的。浑天说认为北极出地三十六度，从交州（即今越南河内附近）望极，才出地二十余度。浑天说认为日出地面时天下都

①《晋书·天文志》。
②《晋书·天文志》，《说日篇》有类似内容。

是白天，日入地下，天下皆夜。按这种说法，全天下昼夜都是同时的，长短也都是一致的。唐朝军队到了遥远的北方，发现那个地区"昼长而夕短"。太阳西落，满天晚霞的时候，开始煮一个羊胛，羊胛刚熟，东方已经发白，太阳即将东升。估计"夕短"到只有一两个小时。唐代建立了统一大国，又扩大了疆域，为天文学的研究提供了有利的条件。疆域的扩大，也扩大了人们的视野和思路，才发现了局限于中原地区而产生出来的浑天说理论的错误。可惜的是，当时虽然发现了错误，却没有作深入研究，没有一个人因此打破旧观念，重新设想出新的宇宙模式，也没有人因此发现盖天说在这方面论述的合理性。一种有较多合理性的浑天说占了统治地位，另一种也有一定合理性并且可以补充浑天说之不足的盖天说，却被遗忘了。天文学思想统一的结果，失去了一次天文学革命的机会。天文学的发展一直不能冲破浑天说的局限。当西方近代天文学传入中国时，浑天说体系才开始瓦解。这是在唐代发现浑天说理论错误以后八九百年的明代，滞后了将近一千年！

盖天说认为天是一个圆形的盖子，但没有讲明它有多大，只讲了太阳在这个天盖上运行的轨道和太阳所能照到的天体，并且设想天体上有七个同心的圆圈，一圆圈就叫一衡。每两圆圈之间都有一些间隔，这叫间，共是七衡六间。从内往外，先是一衡，也叫内衡，二衡，三衡，四衡即中衡，五衡，六衡，七衡即外衡。日就在一衡和七衡之间运行。一衡和七衡之间的圆环就是日运行的黄道带，所以涂以黄色。日在冬至日运行到外衡。外衡直径四十七万六千里，周长一百四十二万八千里。盖天说认为日光射程为十六万七千里。日在外衡时所照见天体的直径为：

476000 里 + 167000 里 × 2 = 810000 里

推出周长为二百四十三万里。这就是盖天说所谓可见天体。出这个范围，日光照不到，人们看不见，就不知道了。

盖天说用这个七衡六间理论和日光射程十六万七千里的假设来说明昼夜、冬夏等各种变化。

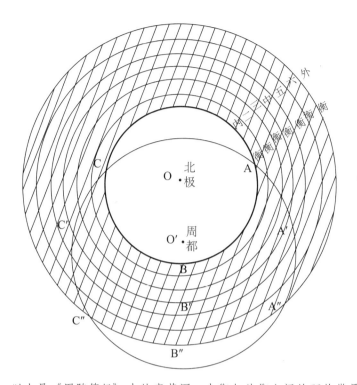

　　以上是《周髀算经》中的青黄图。内衡与外衡之间的环状带是日
运行的区间，为黄道带。图上黄色，今以阴影表示。以周都为圆心的
圆 AA′A″C″C′C，是人在周都所能看见的天体部分，原图以青色表示。
故称青黄图。夏至日，日出于东北方的 A 点，入于西北方的 C 点，春
分、秋分日，日出于正东方 A′点，入于正西方的 C′点。冬至日，日出
于东南方的 A″点，入于西南方的 C″点。夏至日中午，日在 B 点，离周
都最近，日影最短，冬至日中午，日在 B″点，中午日影最长。

　　盖天说以七衡六间说为基础画出一个青黄图，如图。北极是七衡同心圆的
圆心。周都离北极不远，在内衡以内。以周都为圆心，以日光射程十六万七千
里为半径画一个圆。这个圆内都涂上青色，表示人所见到的蓝天范围，同时也
表示日进入这一区域时，周都就是白天，出了这一区域，周都就是黑夜。盖天
说提出"昼夜易处"的观点，完全符合现代不同时区的情况。它说：日运行

到北极的北方，北方中午，南方半夜；日在东方，东方中午，西方半夜；日在南方，南方中午，北方半夜；日在西方，西方中午，东方半夜。

盖天说用青黄图来解释四季变化和地面物候的异同，是最为精彩的内容。它说：日运行到离北极最近的内衡时，叫北至或夏至，离周都最近，日影最短，天气最热，白天最长。日运行到离北极最远的外衡时，叫南至或冬至，离周都也最远，日影最长，天气最冷，白天最短。日运行在中衡时，白天黑夜一样长，天气不冷不热，这就是春分和秋分两个节气。这种说法跟现代天文学有相同之处。内衡相当于北回归线，外衡相当于南回归线，中衡相当于赤道。只不过中国古人在天上划线，西方人在地上划线。更令人惊奇的是，它所说的"北辰之下"相当于现代的地球上的北极。"六月见日，六月不见日"，而且"夏有不释之冰"。中衡左右地区相当于赤道附近的热带。不管日在最北、最南，那里都是暖和的。日到外衡时，周都虽然是寒冷的冬天，而中衡左右地区，"万物不死，五谷一岁再熟"，"冬有不死之草，夏长之类"。根据青黄图可以知道，当周都夏天时节，外衡下地正处于冬天的气候。当周都冬天的时候，日运行到了外衡，那里正是炎热的暑期。这些说法完全符合我们现在对地球物候的了解。中国古人的这些说法不可能偶然与地球五带说巧合。很可能是有人到过遥远的地方，了解到许多现象，想出青黄图模式来解释这些现象。盖天说的这些观点都比浑天说更具合理性，完全可以补浑天说的不足。唐代发现的一些新现象，如果用盖天说理解，那是很容易解释的。

二、是倚，是正？

天文学家都观察到天象在旋转，而且旋转的中心是北极。盖天说认为，天盖的中心是北极。浑天说认为，浑天有两极：南极和北极，南极在地下三十六度，① 北极在地上三十六度。整个天就是以南北极为轴心在旋转着。

北极为什么在北方的上空？浑天说解释很简单，天体是斜倚的。北极在北方地上三十六度，南极在南方地下三十六度。因此，北极都在地上，一年到头都能看见。白天因为阳光太甚，看不见，当日全食的时候，就可以看到。南极在地下，终年不见。北极向北斜，所以看到北极在北方上空。

盖天说对此则有不同解释。中国古人认为自己生活的地区是大地的中央，而北极又是天的中央，为什么这两个中央不相对应呢？要解释这一难题，可以采取两种方法，一是对天下功夫，一是对地想办法。

有些人认为天是斜倚的。这大概是从浑天说那里受到启发，吸取"天体旁倚"的思想，对北极为天的中心作出新的解释。这种解释可以维护人们生活的地方是地的中心的说法。但是，倚天说对崇天的中国古人来说，大概比较难以接受。从现存古籍来看，尚未发现主张并论证倚天说的文字。倚天说只保存在作为批判资料中或综述里。

王充在《论衡·说日篇》中引录倚盖说的话：

> 天高南方下北方，日出高故见，入下故不见，天之居若倚盖矣，故极在人之北，是其效也。极，其天下之中，今在人北，其若倚盖，明矣。

倚盖说的根据主要是北极是天的中心，又在人的北方。日随天旋转，转到南方高处，人见到了，这是白天；转到北方低处，人看不见，就是黑夜。

王充引录倚盖说的观点，不是赞同，而是为了批驳。王充接着说：

> 夫取盖倚于地不能运，立而树之然后能转。今天运转，其北际不

---

① 中国古代以周天为 $365\frac{1}{4}$ 度。下同。

著地，（著地）者，触碍何以能行？由此言之，天不若倚盖之状，日之出入不随天高下，明矣。

车盖倚靠着地就不能旋转，立起来才能旋转。天能够运转，说明它不倚靠着地。如果天的北边倚靠着地，那怎么能运行呢？王充由此断定天的形状不像倚盖。"天平正与地无异"（《说日篇》）。在天是倚是正的问题上，倚盖说没有留下代表人物，王充是平正说的主张者。

三、是穹，是平？

天像蒙古包帐篷那样是拱形的。古人把它比作"笠"、"车盖"，都表达了这种感觉认识。

对于拱形的天，《周髀算经》卷下有具体的叙述。它认为，北极是天的中心，也是最高处。北极底下的地也是大地的中心，是大地的最高处。四周都比中央低。天的中央比四周高六万里，地的中央也比四周高六万里。天离地八万里。因此，天的四周最低处也比地的中央最高处高出两万里。①

可见天体直径八十一万里，周长为二百四十三万里。中央比四周高六万里。半径四十万五千里大于六万里，可见，天体不是半球形，而是球冠形。《周髀算经》认为天和地都是球冠形的，而且曲率相等。所以它说："天象盖笠，地法覆盘。"在这里，天是拱形的，不但有恰当的比喻，而且有具体的数字。可以说拱形已被确定了。

后来，虞昺②著《穹天论》，文曰：

---

① 原文："极下者其地高人所居六万里。滂沲四聩而下。天之中央，亦高四旁六万里。""天象盖笠，地法覆槃，天离地八万里。冬至之日，虽在外衡，常出极下地上二万里。"
② 虞昺，三国时吴国学者虞翻的第八子，字子文，仕吴为黄门郎，又拜尚书、侍中。入晋为济阴太守。

天形穹隆如笠，而冒地之表，浮元气之上。譬覆奁以抑水而不没者，气充其中也。日绕辰极没西南还东，不入地中也。①

穹天论的基本观点都是盖天说中有的。它只是说明一下天为什么不会落到地面上，说是"浮元气之上"。元气有浮力。像盒子扣在水面，用力压它而不会沉没下去，就因为中间充满着气，气有向上浮的力。

王充认为天是平正的，地也是平正的，任何地方与相应的上天的距离都是相等的。王充根据自己的生活经验作出解释。首先，他认为，"人望不过十里，天地合矣。"人看到十里远，似乎在那里，天和地连接上了，合在一块了。但是，当人走到十里处，就会发现，那里的地离天还是那么远。可见，人望远会产生天地合的错觉。而认为天中央高四方低，正是这种错觉导出的错误理论。

其次，王充又以在湖边的感受为例。在大湖边上，似乎看到远处的湖水和天连在一起，中间没有岸。实际上，湖的那一边有岸，因为远，看不见岸，就以为水天相连。又如泰山极高，远望就像小土块，距离再远一些，就看不见了。又如一个人举着火把在平地上走，走远了也看不见，以为火灭了，实际上火仍在烧着，只是远看不见。

"从北塞下近仰视斗极，且在人上"，认识到东西南北各方的人"皆以近者为高，远者为下"。南方人说天南高北低，北方人也会说天是北高南低的。

最后，王充得出结论说：

天……平正，四方中央高下皆同。今望天之四边若下者，非也，远也。非徒下，若合矣。（《说日篇》）

总之，《周髀算经》的天之中央高旁六万里，"天象盖笠"，和虞丙的《穹

①《太平御览》卷二。"冒"是覆盖的意思。奁是小盒子。

天论》都认为天是穹形的。王充认为"天平正与地无异"，认为天穹只是远望产生的错觉。

四、何谓九天？

从现有资料看，九天首见于春秋时代的兵书《孙子兵法》。该书《形篇》有"善攻者动于九天之上"。九天，极言其高。战国时代，九天变成了九层天体。屈原《离骚》："指九天以为正兮，夫唯灵修之故也。"《天问》又说："圆则九重，孰营度之?"九重圆形的天体，就是屈原对天的想象。《吕氏春秋》把九天理解为中央和八方的九块天，或称九野。《有始》称天有九野，分别是："中央曰均天，东方曰苍天，东北曰变天，北方曰玄天，西北曰幽天，西方曰颢天，西南曰朱天，南方曰炎天，东南曰阳天。"《淮南子·天文训》也有这九天，只是"颢天"作"昊天"。《尚书·考灵曜》东方作"皞天"，西方作"成天"，南方作"赤天"，其余相同。西汉扬雄《太玄经》另有九天，分别是："一为中天，二为羡天，三为从天，四为更天，五为睟天，六为廓天，七为减天，八为沉天，九为成天。"① 扬雄的九天不是对天体的描述，而是对一年四季变化的象征性描述。

唐代柳宗元《天对》在回答屈原《天问》中的"圆则九重，孰营度之"的时候，提出"沓阳而九"，积聚浓厚的阳气而被称为九天。九天指阳气极盛，不是指有九层天体。这是柳宗元的新解释。因此在回答"九天之际，安放安属"时，他说天只有明暗的区别，没有这许多块，当然也没有如何拼接的问题。就是说，在柳宗元的心目中，天就是阳气，显然受宣夜说的影响，否定具体的板块结构。

---

① 《太玄经·太玄数》。"《太玄》八十一首，每九首为一天，表示一年四季的变化过程。而以每九首的第一首的首名命名。"见郑万耕《太玄校释》，北京师范大学出版社，1989 年。

　　宋代朱熹也讲九重天，却与屈原不同。屈原的九重天像九块圆饼迭起来那样。朱熹认为九重天像画轴那样卷起来。天是气，从里到外共九重，一重比一重硬，最外一层像硬壳一样。他说："《离骚》有九天之说，注家妄想，云有九天。据某观之，只是九重。盖天运行有许多重数。（以手画图晕，自内绕出至外，其数九。）里面重数较软，至外面则渐硬。想到第九重，只成硬壳相似。那里转得又愈紧矣。"（《朱子语类》卷二）朱熹认为天有九重，软硬不同，而且又都在运行之中，运行又有松紧快慢之差。他的最外一重"硬壳相似"的天，与浑天说的浑天差不多，内部许多重较软的天则跟宣夜说所讲相近。

　　总之，中国古代的九天约有六种意义：一是极高天，二是九层天，三是九块天（九方天），四是九节天，五是沓阳天，六是九重天。除此之外，汉代还有一种神称为九天。因此有九天庙之说。（见《史记·封禅书》及《索隐》）

　　西方也有九天说。他们认为天是由九重透明的球面组成的。日月五星各居一天，已有七重天了。恒星居第八重天。第九重天，也就是最外层、最高远的天，是上帝和群神居住的宗动天。上帝在宗动天上主宰着其他八重天和地球上的人类。可见，中西虽都有九天之说，纯属偶然巧合，其实际内容则有很大差别。

五、论天种种

　　中国古代论天者很多。汉代论天，《晋书·天文志》据蔡邕的说法，列出三家：一曰盖天，二曰宣夜，三曰浑天。汉灵帝时，蔡邕于朔方上书，说：

　　　　宣夜之学，绝无师法。《周髀》术数具存，考验天状，多所违失。惟浑天近得其情。今史官候台所用铜仪则其法也。立八尺员体而具天地之形，以正黄道，占察发敛，以行日月，以步五纬，精微深妙，百代不易之道也。官有其器而无本书，前志亦阙。

论天三家，只有浑天一家"近得其情"。

《晋书·天文志》又列出论天后三家：会稽虞喜因宣夜之说作《安天论》；虞喜族祖河间相耸立《穹天论》；吴太常姚信造《昕天论》。《晋书》最后评论道：

> 自虞喜、虞耸、姚信皆好奇徇异之说，非极数谈天者也。至于浑天理妙，学者多疑。

又说：

> 仪象之设，其来远矣。绵代相传，史官禁密，学者不睹，故《宣》、《盖》沸腾。

《晋书》列六家论天，只承入天说是正确的，因为有浑仪的实验来证实。其他各家由于没有看到浑仪，胡乱猜测，或者只是"好奇徇异"，所以都不能了解天道。

祖冲之的儿子祖暅之在《天文录》中说：

> 盖天之说，又有三体：一云天如车盖，游乎八极之中；一云天形如笠，中央高而四边下；亦云天如欹车盖，南高北下。

对于后三家，《天文录》说：

> 后有虞昺作《穹天论》，姚信作《昕天论》，虞喜作《安天论》。

众形殊象，参差其间。①

贺道养《浑天记》对各家论天也作了评论：

> 昔记天体者有三：浑仪，莫知其始，《书》"以齐七政"，盖浑体也；二曰宣夜，夏殷之法也；三曰周髀，当周髀之所造，非周家术也。近世复有四术：一曰方天，兴于王充，二曰轩天，起于姚信，三曰穹天，由于虞喜。皆以抑断浮说，不足观也。唯浑天之事。征验不疑。②

他们都肯定浑天说的合理性。方天就是平正之天，不为祖暅之所注意。究竟谁创《穹天论》，《晋书》称虞耸，《天文录》称虞昺。虞耸和虞昺是两兄弟，虞耸是虞翻的第六子，虞昺是第八子。虞耸入晋任河间王相。虞喜《安天论》称："族祖河间立穹天"。这个虞喜称"族祖"的应是"虞耸"。后代论天，基本上都是这些论天的延续，没有对天的形状提出新的学说。

---

① 《太平御览》卷二。
② 同上。

第三章　天的来源

天，不论是气是体，它究竟是怎样产生的？这是中国古代思想家、天文学家长期议论的问题。这个问题无法验证，议论没有结果，只是各提自己的看法，留在世间。这些看法归纳起来，可以大体分两大类：一类认为天从"无"来，一类认为从"有"来。从无来又可以分为神创说和道生说两种。从有来也可以分为精气说、元气说、水生说、气生说和固有说多种。以下对这些学说分别进行介绍。

一、神创说

神创说最早见于《淮南子》。《淮南子·精神训》曰：

> 古未有天之时，惟象无形，幽幽冥冥，茫茫昧昧，幕幕闵闵，鸿蒙澒洞，莫知其门，有二神混沌生，经地营天。

《太平御览》卷一引的这段话与现存《淮南子》的各种版本相比，文字上略有出入。此处"混沌生"，他本作"混生"。他本"经天营地"，此处却作"经地营天"。这二神，原为神，所以汉人高诱注："二神，经天营地之神。"

而后人用自己的想法来注它，认为二神是指阴气和阳气。这二神究竟是什么神，不明确。但它是经营天地的神，则是明确的。

在《遁甲开山图》中也有神的记载：

> 有巨灵者遍得元神之道，故与元气一时生混沌。（《太平御览》卷一）

巨灵神生混沌二神，混沌二神经营产生天地。后来，这个巨灵神的传说消失了，而盘古的传说逐渐盛行起来。

三国时吴国徐整在《三五历纪》中记载：

> 天地浑沌如鸡子，盘古生其中。万八千岁，天地开辟，阳清为天，阴浊为地。盘古在其中，一日九变，神于天，圣于地。天日高一丈，地日厚一丈，盘古日长一丈。如此万八千岁。天数极高，地数极深，盘古极长。后乃有三皇。数起于一，立于三，成于五，盛于七，处于九，故天去地九万里。（《开元占经》卷三、《太平御览》卷二、《艺文类聚》卷一同）

徐整是三国时吴国人，曾任太常卿。他所著《三五历纪》已失传。关于盘古的神话故事被唐代的《开元占经》和《艺文类聚》所引录，又被宋代的《太平御览》所录存。并被另外一些著作家所改编和发展。在署名"梁·任昉"的《述异记》中，把盘古死后，身体化成日月星辰、风云、山川、田地、草木、金石，作为补充、发展。而托名晋·葛洪所著的《枕中书》（又称《元始上真众仙记》）将盘古称为盘古真人，又自号"元始天王"。它说：

> 昔二仪未分，溟涬鸿濛，未有成形，天地日月未具，状如鸡子，混沌玄黄，已有盘古真人，天地之精，自号元始天王，游乎其中，溟涬经四劫，天形如巨盖，上无所系，下无所根。天地之外，辽属无

端。玄玄太空，无响无声，元气浩浩，如水之形，下无山岳，上无列星。积气坚刚，大柔服结。天地浮其中，展转无方。若无此气，天地不生。天者如龙，旋回云中，复经四劫，二仪始分，相去三万六千里。……元始天王在天中心之上，名曰玉京山。（见《道藏·洞真部·谱箓类·腾上》，中华民国十二年十月上海涵芬楼影印）

盘古真人被道教看作开天辟地的最初的神。这是流传广泛的说法。

在汉代，还有一个创世的神，称"太一"。《吕氏春秋》说："太一出两仪"，两仪就是天地。所以，《孔子家语》说："太一分出天地。"《淮南子·诠言训》曰："洞同天地，浑沌为朴，未造而成物，谓之太一。"高诱注曰：

太一，元神，总万物者。

《天文训》云："太微者，太一之庭也；紫宫者，太一之居也；轩辕者，帝妃之舍也；咸池者，水鱼之圃也；天阿者，群神之阙也。"高诱注曰：

太一，天神也。

太一，又称"泰一"。亳人薄诱忌说：

天神贵者泰一，泰一佐曰五帝。

泰一是天神中最尊贵的，也就是至上神，五帝都是它的助手。总之，太一或泰一，在汉代也曾被人们奉为至上神，是派生天地两仪的元神。

二、道生说

道家的创始人老子认为宇宙万物是道派生出来的。《老子》说：

道生一，一生二，二生三，三生万物。（第四十二章）

汉代刘安主编的《淮南子·天文训》称：

> 天地未形，冯冯翼翼，洞洞灟灟，故日太始。道始生虚霸，虚霸
> 生宇宙，宇宙生气，气有涯垠，清阳者薄靡而为天，重浊者凝滞而为
> 地。清妙之合专易，重浊之凝竭难，故天先成而地后定。天地之袭精
> 为阴阳，阴阳之专精为四时，四时之散精为万物。

在《淮南子》中，道也是宇宙的本原。它派生出虚霸、宇宙、气。由气分化出清阳之气和重浊之气来。清阳之气就浮向上空成了天。

道的本义是道路，后来被引伸为法则、道理、规律等多义。道家把它作为宇宙本原。这个道不是物质性的实体，是道家哲学的最高范畴，是客观的精神实体。

东汉科学家张衡也把宇宙演化的前期看作是道的发展过程。最初虚无的"溟涬"阶段，是道根。自无生有的"庞鸿"阶段，是道干。元气剖判，形成天地的"太元"阶段，是道实。以后就由天地衍生万物了。从这里也可以看出，道是派生宇宙万物的。

许多思想家以类似于道的哲学范畴作为宇宙本原，例如《周易·系辞传》以"太极"为本原。所谓"易有太极，是生两仪"就是说太极派生天地。北宋哲学家周敦颐在太极上加一个无极，绘制一个无极演化成阴阳五行天地万物的《太极图》。西汉董仲舒认为在天地产生之前存在着"元"。扬雄认为"玄"是天地本原。纬书《易纬·乾凿度》认为宇宙前期是由太易、太初、太始、太素演化出天地万物来。它说：

> 有太易，有太初，有太始，有太素也。太易者，未见气也；太初
> 者，气之始也；太始者，形之始也；太素者，质之始也。气形质具而
> 未离，故日浑沦。浑沦者，言万物相浑沦而未相离也。

今本《列子天瑞》篇有同样的一段话。《易纬》产生于西汉末年到东汉初年。《列子》据传是战国时代的列御寇著作，那就是《易纬》抄《列子》。后

人考证认为，今本《列子》是魏晋时代的伪书，那就是《列子》抄《易纬》。

宋人编撰的《太平御览》录《帝王世纪》曰：

> 形变有质，谓之太素。太素之前，幽清寂寞，不可为象，惟虚惟无，盖道之根。自道既建，犹无生有，太素质始萌，萌而未兆，谓之庞洪，盖道之干。既肯，万物成体。于是，刚柔始分，清浊始位，天成于外而体阳，故圆以动，盖道之实。

顾公直答陆机曰："恢恢太素，万物初基。"（以上均见《太平御览》卷一）《帝王世纪》与张衡说法有相似之处，顾公直也采取这种说法，在太素之前没有物质，只有道。太素以后才有物质，才有天地万物，因此，他们的思想基本上都承认道派生天地万物的"道生说"。

《老子》又说："天下万物生于有，有生于无。"（第四十章）"无"就是"道"。魏晋时代的哲学家王弼认为道就是无，"天地万物皆以无为本"（《晋书·王衍传》）。所以，魏晋时代的玄学家"以无为本"也是"道生说"。

三、气化说

中国古代有一些人认为天地万物，包括人类，都是由气化生的。这就是气化说。气化说在漫长的历史过程中，有不同的形式。主要有精气说、阴阳气说、元气说、气体说。

战国时代成书的《管子·内业篇》首先提出精气说。它说："凡物之精，此则为生。下生五谷，上为列星。流于天地之间，谓之鬼神。藏于胸中，谓之圣人。"又说："精也者，气之精者也。""凡人之生也，天出其精，地出其形，合此以为人。"《庄子》提到"通天下一气耳"。但没有提到天是否也是气。他认为人是由气聚合变成的，如："人之生，气之聚也。聚则为生，散则为死。"

（《知北游》）"气变而有形，形变而有生。"（《至乐》）如果说"天地与我并生，而万物与我为一"（《齐物论》），那么，天地万物自然也应该都是气聚合而成的。不过，这只是我们的推论，庄子并没有这么明确的说法。至于"通天下一气耳"，虽然可以作这样的理解，但也不是唯一的理解。把庄子的以上说法联系起来，说他把气当作天地万物（包括人类）的本原，也不是无稽之谈，至少也可备一说。

战国时代，阴阳学说已经相当流行。约成书于战国至秦汉时代的医书《黄帝内经》，用阴阳学说来解释宇宙的起源和天地的产生。它说："积阳为天，积阴为地"，又说："清阳为天，浊阳为地。"（《素问·阴阳应象大论》）这就是以阴阳之气来解释天地的起源。这种说法影响到西汉刘安一帮人。所以，《淮南子》也讲："清阳者薄靡而为天，重浊者凝滞而为地"（《天文篇》）。为了表明其思想深刻，总要从清阳和重浊之气再往前推，推出了宇宙、虚霩、太始即道。在西汉末的纬书中也常出现以阴阳之气讲天地产生的。例如：《易纬·乾凿度》载："清轻者上为天，重浊者下为地。"清轻者就是阳气，重浊者就是阴气。直至晚唐，无名氏的《无能子》仍然保存这种思想。《无能子·圣过》载：

> 天地未分，混沌一气。一气充溢，分为二仪。有清浊焉，有轻重焉。轻清者上，为阳为天；重浊者下，为阴为地矣。

阴气和阳气形成天地。在此之前，阴气和阳气混合在一起，这是清浊、轻重未分时的混沌之气。《淮南子》只叫"气"。纬书中则称为"元气"。如《河图括地象》说：

> 元气无形，汹汹隆隆，偃者为地，伏者为天。

王充《论衡·谈天篇》载："说《易》者曰：'元气未分，浑沌为一。'儒书中又言：'溟涬濛涌，气未分之类也。及其分离，清者为天，浊者为地。'"溟滓濛涊，浑沌为一，都是说气未分的那种状态，那就是元气。《无能子》讲的"混沌一气"也就是元气。

对于由元气化生天地的说法，王符《潜夫论》有一段最系统的论述：

> 上古之世，太素之时，元气窈冥，未有形兆。万精合并，混而为
> 一。莫制莫御，若斯久之，翻然自化。清浊分别，变成阴阳。阴阳有
> 体，实生两仪。天地壹郁，万物化淳。和气生人，以统理之。（《本
> 训》）

王符讲宇宙最初阶段，以太素为起点，不讲太素以前的太始、太初、太易等几个阶段。太素时期，宇宙间充满元气。元气是浑沌的，是"万精合并，混而为一"的。然后清浊分开，有了阴气、阳气。阴气下沉为地，阳气上浮成天。

由元气而演化出天地的说法，产生于纬书，王符作了概括，又向后流传。魏晋时代的嵇康《太师箴》云："浩浩太素，阳曜阴凝，二仪陶化，人伦肇兴。"这里的"浩浩太素"就是元气。二仪就是天地。到了唐代，柳宗元在《天对》中说："庞昧革化，惟元气存。"在最早时代，宇宙只有元气，到明代中期，哲学家王廷相与朋友何瑭讨论宇宙论时，王廷相阐述了他的元气论。他认为"元气之中，万有俱备"，元气之上、之外，没有任何东西。他认为："天地、水火、万物皆从元气而化、盖由元气本体具有此种，故能化出天地、水火、万物。"（《内台集·答何柏斋造化论》）由王符的"万精合并"到王廷相的"万有俱备"，都认为元气是浑沌的物质。元气能够演化出天地来，王廷相认为是由于元气中包含天地的种子。这一元气种子说，是王廷相的特殊发明。

种子说，如果肯定种子是有限的，那么也要承认宇宙间的事物是有限的。这对于不断变化、发展的自然界来说，似乎不那么符合实际。中国古代还有一种理论，认为气是宇宙的本体，宇宙万物都是由一种单一的气，通过不同的聚

合形式而产生的。战国时代的庄子所谓"通天下一气耳"就已有这种思想的萌芽。到北宋时代，哲学家张载把这一思想系统成一个气体论思想体系。

张载认为："太虚无形，气之本体。"虚空的本质就是气。"太虚即气"或"虚空即气"，是他的重要命题，也是立论的基础。气在不断的运动、聚合、疏散之中。太虚就是天，"由太虚，有天之名"。实际上，天，太虚，都是气的本来状态。气聚合就成了有形的万物，张载称为"客形"。客相对于主，客形就是相对于"本体"即本来状态而说的。所谓"其聚其散，变化之客形尔。"就是这个意思。气可以聚合成万物，而万物消亡，也就是疏散复归于气。由于聚合的形式不同，产生了性质很不相同的宇宙万物。张载不用"万精"和"种子"来解说万物的起源，这却使他的理论具有更大的容纳性，可以说明无限的变化。表明他有更高的理论抽象的思维能力。张载的《正蒙》一书具有如此高的理论水平，才使清代哲学家王夫之推崇备至，写下《张子正蒙注》一书，以弘扬张载的气体论。

三国时吴国处士杨泉著《物理论》一文，此书已佚，今有清严可均辑本。杨泉认为天就是元气。他说："元气皓大，则称皓天，皓天，元气也。"又说："夫天，元气也，皓然而已，无他物焉。"但他认为，元气并非从来就有的，元气是由水派生的：

> 所以立天地者，水也。夫水，地之本也，吐元气，发日月，经星辰，皆由水而兴。
>
> 星者，元气之英也。汉，水之精也。气发而升，精华上浮，宛转随流，名之曰天河，一曰云汉，众星出焉。

联系以上两段话，就可以看出，杨泉是水一元论者。他认为水会"吐元气，发日月，经星辰"。水吐的元气升上空间，英者成为星。不是英者，就是皓然无垠的苍天。在杨泉看来，天的本质是元气，而元气的本原是水。水蒸发出元气成为天。杨泉在《五湖赋》中，说五湖"乃天地之玄源，阴阳之所徂。"也表达了同样的观点。

四、固有说

中国历史上只有极少数人认为天地是固有的，从来就是这样的。天地是天地之间万物的本原。东汉哲学家王充在《论衡·道虚篇》中说：

> 天地不生，故不死……夫有始者必有终，有终者必有始。唯无终始者，乃长生不死。

他在《齐世篇》又说：

> 上世之天，下世之天也，天不变异。

王充认为天地从来没有生，也不会死，没有开始，也不会终结。现在的天就是过去的天，将来的天也还是这样，天不会变化。

《庄子》认为道是"自古以固存"的。王充的宇宙观可以概括为天地是"自古以固存"的。把《庄子》的宇宙观称为道本原论或道一元论者，同样可以称王充为天地本原论者。

五、忧天议

王充认为天地不生不死、无始无终，自然没有什么值得忧虑的。但是，多数人认为天地曾经由他物演化而成，有起源就会有毁灭。特别是过去传说共工争帝不胜，怒触不周山，天柱折，地维绝，曾经使天倾西北，地倾东南。如果未来再出现类似共工这样的争权夺利的战争挑动者，那会不会出现触折其他天柱的可怕现象呢？《列子·天瑞篇》记载着一个杞国人担忧天地崩坏的事。录于下：

> 杞国有人，忧天地崩坠，身亡所寄，废寝食者。又有忧彼之所忧者，因往晓之曰："天积气耳，亡处亡气。若屈伸呼吸，终日在天中行止，奈何忧崩坠乎？"其人曰："天果积气，日月星宿，不当坠邪？"晓之者曰："日月星宿，亦积气中之有光耀者。只（即）使坠，亦不能有所中伤。"其人曰："奈地坏何？"晓者曰："地积块耳，充塞四虚，亡处亡块。若躇步跐蹈，终日在地上行止，奈何忧其坏？"其人舍然大喜。晓之者亦舍然大喜。
>
> 长庐子闻而笑之，曰："虹霓也，云雾也，风雨也，四时也，此积气之成乎天者也。山岳也，河海也，金石也，火木也，此积块形成乎地者也。知积气也，知积块也，奚谓不坏？夫天地，空中之一细物，有中之最巨者。难终难穷，此固然矣。难测难识，此固然矣。忧其坏者，诚为大远。言其不坏者，亦为未是。天地不得不坏，则会归于坏。遇其坏时，奚为不忧哉？"
>
> 子列子闻而笑曰："言天地坏者亦谬，言天地不坏者亦谬。坏与不坏，吾所未能知也。虽然，彼一也，此一也。故生不知死，死不知生，来不知去，去不知来。坏与不坏，吾何容心哉？"

这就是被李白称为"杞国无事忧天倾"的故事。这里有四个人物。一是杞国人，担心天地崩坏，自己没有地方藏身，连吃饭、睡觉都没心思。二是"晓之者"，担忧杞人忧坏身体，前去劝说的人。他以天地是形，人就在天地中生活，天地不会坏，人也不必忧，来劝导杞国人。杞国人相信此话，解除了忧愁，很高兴。"晓之者"也因此感到十分高兴。三是长庐子。他认为天是气，地是形，怎么能说不会坏呢？天地由于大，坏得慢一些，并不是不会坏的。到了将坏的时候，人还是会担忧的。四是列子。他认为所谓毁坏，从宏观上看，只不过是"物质的转化"。这个天地毁坏了，又会产生新的天地。这也未必都是坏事。在新的天地中，也许人们会生活得更好，那又何必为旧天地的毁灭而担忧呢？这当然是比较深刻的思想。

另一次议论天地是否毁坏的问题，见于元代伊世珍写的《瑯嬛记》。他是用"姑射谪女"和"九天先生"的问答形式来讨论的。原文录于下：

> 姑射谪女问九天先生曰："天地毁乎？"
>
> 曰："天地亦物也，若物有毁，则天地焉独不毁乎？"
>
> 曰："既有毁也，何当复成？"
>
> 曰："人亡于此，焉知不生于彼？天地毁于此，焉知不成于彼也？"
>
> 曰："人有彼此，天地亦有彼此乎？"
>
> 曰："人物无穷，天地亦无穷也。譬如蛔居人腹，不知是人之外，更有人也；人在天地腹，不知天地外，更有天地也。故至人坐观天地，一成一毁，如林花之开谢，宁有既乎？"[①]

九天先生的最后一段话是一个系统的宇宙观的表述。主要有两点：一是把宇宙和天地分开，天地是人们生活的世界，实际上就是指地球，或太阳系。天地是有限的，而宇宙是无限的，宇宙中有无限的空间，无数的天地。二是各个具体的天地都是有生死、有始终的。在宇宙中，无数个天地，有的形成，有的毁灭，没有穷尽，而宇宙却无始无终。

汉代张衡讲天地像一个鸡蛋，天外面空间究竟还有什么，他说："过此而往者，未之或知也。未之或知者，宇宙之谓也。宇之表无极，宙之端无穷。"（《灵宪》）大意是说，天地之外是宇宙，宇宙在时空上说都是无限的，我们现在还不认识它。

---

① 伊世珍《瑯嬛记》，见《津逮秘书》，博古斋，中华民国十一年（公元 1922 年）。

唐代柳宗元把天地比作"大果蓏"。① 刘禹锡说天是"有形之大者"。② 都是把天地看作具体的物体，并没有视为无穷大的宇宙。

元代，与伊世珍同时的邓牧在《伯牙琴·超然观记》③ 中说：

> 天地大矣，其在虚空中不过一粟耳。
>
> 虚空，木也，天地犹果也。虚空，国也，天地犹人也。一木所生，必非一果，一国所生，必非一人。谓天地之外无复天地焉，岂通论耶？

邓牧把虚空和天地作了严格的区分，并用树与果、国与人的关系作比喻，明确提出"一木所生，必非一果；一国所生，必非一人。"说明虚空中绝不止一个天地。天地之外肯定还有别的天地。天外有天，成为一句俗语。用现代天文学来看这一问题，中国古代的这种思想仍然有其合理性。地球之外有其他星球，太阳系之外有其他太阳系，银河系之外还有其他银河系。真是天外有天！

---

① 柳宗元《天说》。
② 刘禹锡《天论上》，见《柳宗元集》卷十六，中华书局，1979 年。
③ 邓牧《伯牙琴》，中华书局，1959 年。

第四章　天的运行

中国古代很早就有天在运行的说法。《易·乾·象》曰："天行健，君子以自强不息。"用天的急速运行来引发君子应当自强不息的思想，说明关于天的运行已为人们所熟知。《吕氏春秋》更进一步认为，人们是通过天体运行和气候变化来认识天的。该书《当赏》上说：

> 民无道知天，民以四时寒暑、日月星辰之行知天。

人们对日月星辰进行长期的连续不断的观察、记录，不断地有所发观，对天的认识也逐渐增多、丰富、准确、深化。

一、天的中心

最初，人们看到日月东升西落，又看到月的圆缺变化和全天星辰的东升西落。仔细观察发现全天星辰的相对位置没有变化。于是，中国古人就把天想象成一块像青石板那样的固体，而星辰都是镶嵌在上面的发光体。之后，他们又发现许多星从东方出现，逐渐经过头顶上空，落入西方，而北方天空则不同，"故辰极常居其所，而北斗不与众星西没也。"（《晋书·天文志》引宣夜说）

北极星一直在那一处，不动地方。北斗星虽然也在旋转，但没有像其他星那样消失在西方，而是转到北天后又转到东方过来。孔子说：

> 北辰居其所，而从星共之。（《论语·为政》）

北辰即指北极星。共即拱，意思是说众星环绕北极星运行。天如果是一块旋转着的固体，不动地方的北极星就是这个天体的旋转中心。这是中国古人从生活经验中体悟出来的道理。

战国时代的天文学家经过仔细观察，发现北极星也在移动，真正天极是不动的，而那里却没有星。这一重大发现，首先记载在《吕氏春秋》中。该书《有始》称：

> 极星与天俱游，而天极不移。

战国后期已发现北极星移动，后来，祖暅之、梁令瓒、沈括、邵谔等天文学家都观察到这一现象，而且都测出北极星距离天极的度数。

二、天左旋

天极是天体的旋转中心。天的旋转方向很容易看出来，只是说法有所不同。星辰从东方出来，经过中天，转向西方。这就是天的旋转方向。面对北极，把这个旋转方向叫做"逆时针"方向。中国古代称为"左旋"。关于"左旋"古人似乎没有作出答复。而对于日月星辰东升西落的现象，《淮南子·天文篇》载：

> 昔者共工与颛顼争为帝，怒而触不周之山。天柱折，地维绝，天倾西北，故日月星辰移焉；地不满东南，故水潦尘埃归焉。

日月星辰像明珠，放在天这个盘子上。当天盘倾斜时，日月星辰这些珠都纷纷滚到低的一边去。天倾向西北，日月星辰都移向西北方。在这里，天是不动的，只是日月星辰在运动。

共工触不周之山，为什么会引起天柱折，地维绝，为什么又会导致天倾西北、地不满东南？这就需要了解《淮南子》作者的心目中的宇宙模式。

在《淮南子·地形训》中有八极之说。八极就是：

> 自东北方，曰方土之山，曰苍门；
>
> 东方，曰东极之山，曰开明之门；
>
> 东南方，曰波母之山，曰阳门；
>
> 南方，曰南极之山，曰暑门；
>
> 西南方，曰编驹之山，曰白门；
>
> 西方，曰西极之山，曰阊阖之门；
>
> 西北方，曰不周之山，曰幽都之门；
>
> 北方，曰北极之山，曰寒门。

天地是两块固体，天在上，地在下。地的八方有八座大山支撑着天体，天体才不致于落下来。所以，这八座大山就是八根天柱，又是地的八极。极是边缘的意思。八座大山是地的边缘。屈原《天问》所谓"天极焉加？"就是说天的边缘架在什么上面。

地为什么不会陷下去？是由八根绳子系着。八根绳子叫八维。地由八绳维系。上面挂在天"斡"上。屈原对此提出疑问："斡维焉系？"（《天问》）斡与维是怎么系起来的？这是没有人能作出回答的问题。在这个天地模式中，天地由八柱八绳相连结，形成稳定的结构模式。

共工争帝失败，怒触不周之山。不周之山倒了，西北方的天柱折了。天体倾向西北方，日月星辰都移向那边。天倾西北，东南方的天就翘起来，由于天柱支撑，东南方的地并没有被拉起来，却使维系大地东南方的巨绳被拉断了。

这就是"天柱折"导致"地维绝",产生"天倾西北"和"地倾东南"的形势。"倾"是向下倾斜的意思。由于天地倾斜,日月星辰向西北移动,水向东南流淌。

《淮南子》的说法解释日月星辰向西北移动的现象,属于很古老的传说。屈原《天问》中的"斡维焉系?天极焉加?八柱何当?东南何亏?"也是根据同一古老的传说来提的问题。这也许还是楚文化善于想象的特性的表现。

只要认真观察,就会发现,向西北方移去的日月星辰又会从东方重新出现。二十八宿的轮转至为明显。特别是浑天家制造出浑天仪以后,可以用实验反复证明天上星辰的旋转过程。这是无法用"天倾西北"来解释的。因此,后代的天文学家几乎都同意天体旋转的说法,说不出旋转的原因。"天左旋"成为许多天文学家的共同看法。"天左旋"曲折地反映了地球自转运动的现象,因此包含一定的合理性。

三、日月右旋

天左旋,是从东到西。日月右旋,那就是从西到东。这正是所谓"太阳从西边出来"了。

人们在观察天文中发现,天上的许多星的相对位置基本不变,只有日、月和五行星(太白、岁星、辰星、荧惑、填星)不断移动,在天上没有固定的位置。这七个天上成员,合称"七政",又叫"七曜"、"七纬"。张衡《灵宪》称:

> 凡文耀丽乎天,其动者七,日月五星是也。
>
> 北宋哲学家张载也说:
>
> 在天而运者,惟七曜而已。(《正蒙·参两篇》)

七曜是怎么运行的呢？人们在长期观察中发现，以经星（恒星）为背景的天穹上，日每天移动一小段距离。古代天文学家就把日每天移动的距离定为一度。日运行方向与天的运行方向相反。天每日从东到西运行一周，日随着天体旋转一周，而它自己在天上又向东移动了一度。经过三百六十五天又四分之一日，日运行一周天，回到原来的位置上，这就是一年的时间。同时这也是中国古代确定天的度数的根据。中国古代认为天是 $365\frac{1}{4}$ 度，而不是西方的 360 度。这是换算中西天文度数时必须注意的。

为了确定天上的位置，需要寻找一些标志。而那些不动位置的经星自然是最佳对象。先把在日运行轨迹附近的、正好在"度"上的比较明亮的星找出来。在北方天上的一颗星作为起点，联系周围一些星，形成一个图形，命名为"牛"。这就是西汉历法所谓"岁起牛初"的那个牛宿。从牛宿往西 8 度，有一颗明亮的星在度上，联系附近的星，形成图象，命名为"女"。由女往西 12 度又有一颗星在度上，命名为"虚"。如此一颗一颗地寻找过去，直到最后一颗星叫"斗"。斗离牛不是整数，是 26 度 13 分。一共二十八颗在度上的星，合称二十八宿。有了二十八宿和度数，才好观测七曜运行速度、某一时刻所在的位置以及运行轨迹和周期。

在确定度数和二十八宿以后，天文学家再进行认真的、长期的观测，知道日每日运行一度，月每日运行十三度多，而五颗行星的运行则是十分复杂的，有时运行，有时停留，有时从西向东顺行，有时又从东向西逆行，有时快速，有时缓慢，似乎它们的运行没有规律性。中国古代天文学家长期追踪观测，终于掌握了它们的运行规律，虽有留、逆，总体上都右旋。

在这些研究的基础上，天文学家确认：天左旋，日月五星右旋。这些问题大概在先秦时代都已经解决。

西汉时代，出现一本书叫《夏历》。《夏历》认为"列宿日月皆西移，列宿疾而日次之，月最迟。故日与列宿昏俱入西方；后九十一日，是宿在北方；

又九十一日，是宿在东方；九十一日，在南方。此明日行迟于列宿也。月生三日，日入而月见西方；至十五日，日入而月见东方；将晦，日未出，乃见东方。以此明月行之迟于日，而皆西行也。"（《宋书·天文志一》）这段话的大意是：列宿（指恒星，包括二十八宿）和日月都是从东向西移动的。列宿速度快，日其次，月最迟缓。日和某一列宿在傍晚同时进入西方。经过九十一天以后，当日傍晚入西方时，那个列宿已经到了北方。又过九十一天，这种时刻，列宿已在东方。又九十一天，该宿已在南方。由此可见，日运行速度比列宿慢。初三那天，月才出现，当日入西方时，月在西方天上。到十五那一天，日入西方时刻，月才从东方升起。到了月末，日未出的时候，月才出现在东方。由此可见，月的运行比日迟缓。不过，日月和列宿一样，都是向西运行的。

由于日月和列宿都是作圆圈的循环运动，《夏历》当然用运行的快慢来说明它们前后位置的变化。西汉后期学者刘向（约公元前77—前6年）根据《鸿范传》的说法来驳斥《夏历》的观点。《鸿范传》把月底的月在西方叫"朓"，朓是迅速的意思。把月初的月在东方叫"侧匿"。侧匿是缓慢的意思。记载天象的史官把星象向西运行叫做"逆行"。这说明，星象向东运行是顺行，是正常现象。刘向认为《夏历》的说法违背了传统的说法，是不能成立的。刘向认为《夏历》是"好异者"编撰的。

认为日月是从西向东运行的，是右旋说。《夏历》所主张的日月从东向西运行，被称为左旋说。这两种说法的争论，据我们所见资料，刘向批驳《夏历》①的记载是第一次。

刘向以后不久，东汉初的哲学家王充（公元27—100年）用蚁行于磨来比喻日随天转，阐述右旋说。他说：

---

① 郑文光误以为刘向依据《夏历》提出左旋说，是完全颠倒了。见《中国天文学源流》第117页，科学出版社，1979年。《隋书》则误将《鸿范传》当作刘向的著作。

> 日月……系于天，随天四时转行也。其喻若蚁行于硙上，日月行
> 迟天行疾，天持日月转，故日月实东行，而反西旋也。（《论衡·说
> 日篇》）

硙即磨。《说文解字》："硙，磨也。从石、岂声。古者，公输班作硙。"《晋
书·天文志》把王充的这种说法作为"周髀家"的观点，加以引用。它记载：

> 周髀家云："……天旁转如推磨而左行，日月右行，随天左转，
> 故日月实东行，而天牵之以西没。譬之于蚁行磨石之上，磨左旋而蚁
> 右去，磨疾而蚁迟，故不得不随磨以左回焉。……"

在《晋书·天文志》的作者看来，也许王充就是盖天说中的一派——周
髀家的代表人物。左旋说认为日月和列宿都是向西旋转的，只有快慢不同，方
向则是一致的。右旋说认为日月和列宿的旋转方向正相反，列宿左旋，日月右
旋。但是，日月右旋，为什么人们看到的是日月东升西没，而不是西出东没
呢？王充的比喻就是要说明这个问题，要解决日月自行以及与天行的关系。天
体旋转像推磨那样，从东向西左行。日月是从西向东右行的，又随着天从东向
西左行。日月实际上向东运行，却被天带着向西方没去。也像蚂蚁在磨石上爬
行，磨旋转得快，而蚂蚁爬得慢，所以不得不随着磨向左旋转去。

左旋说和右旋说都是以地球为静止的中心、日月围绕地球旋转的这一错误
假设为前提的。从本质上说，都是错误的。由于这些假设从不同的角度反映了
客观的自然现象，因此有一定的合理性和不同的实用价值。

左旋说认为日月和列宿都是东升西落的，每天旋转一周。这种说法符合人
们的直观经验，符合人们看到的东升西落现象。这种现象叫周日视运动。这种
周日视运动反映了地球的自转运动这一客观自然现象，因此有合理性。日每天
东升西落地左旋一周，那为什么会有冬夏寒暑的变化？冬天，日出东南没西
南；夏天，日出东北没西北，这又为什么？很显然，左旋说解释不了这些周期

变化的自然现象。

右旋说承认天左旋，日月被天体牵以西没，也能正确地反映地球自转运动。它认为日月还有自己的运动。天体左旋，日月右旋。天体沿着赤道①从东向西运行。而日每天向东移动一点。经过一年时间，日就在天穹面上画了一圈，回到出发点。日一年在天穹面上的运行轨迹，就是所谓"黄道"。黄道与赤道不平行，相交成有一定角度的夹角。这两个圆圈有两个交点。春分和秋分两个节气时，日正好运行到交点上。冬至时，日运行到最南方，离赤道最远处。夏至时，日运行到最北方，也是离赤道最远处。日在赤道以南，叫赤道外，在赤道以北，叫赤道内。从春分到秋分，日在赤道内，从秋分到春分，日在赤道外。日在恒星天上运行一周，这叫日的周年视运动。这种周年视运动反映了地球绕太阳的公转运动。右旋说反映了地球的自转和公转运动，能解释冬夏寒暑、日出没方位、昼夜长短、运行快慢等变化的自然现象，能够给制订精确的历法、预报日月之蚀提供理论指导。很显然，右旋说比左旋说有更多的合理性，也有更多的实用价值。因此，汉代以后的许多天文学家都主右旋说。

左旋说合理性少，由于它符合人们的直观经验，容易被人接受，因此在天文学的门外汉那里，在不必制订历法的人们那里还有一些市场。群众的盲目信仰，不会影响专家的理性思考。尽管有许多人认为太阳不会从西边出来，并不影响天文学家坚持右旋说进行天文研究和制订日益精确的历法。但是，宋代以后，情况发生变化，出现了不正常的情况。

四、地圆转

北宋哲学家张载（公元 1020—1078 年）提出：

---

① 中国古代天文学的赤道在天上，即地球赤道面延伸与天穹面的交线。

> 天左旋，处其中者顺之少迟，则反右矣。（《正蒙·参两篇》）

"处其中者"指日月五星。"顺之少迟"说日月五星顺着天体左旋，由于缓慢，看起来像是向右旋转。这是明显的左旋说的观点。同一个张载又说：

> 日月五星，逆天而行。（同上）

日月五星与天的运行方向相"逆"，天左旋，日月五星当然右旋。这是右旋说。

不论左旋说，还是右旋说，都承认天是左旋的。天左旋是它们的理论基础。还是这个张载，也是在《正蒙》这本书的《参两篇》中，又提出与前两说截然不同的观点：

> 凡圆转之物，动必有机。既谓之机，则动非自外也。古今谓天左旋，此直至粗之论尔，不考日月出没、恒星昏晓之变。愚谓在天而运者，惟七曜而已。恒星所以为昼夜者，直以地气乘机左①旋于中，故使恒星、河汉回北为南，日月因天隐见。太虚无体，则无以验其迁动于外也。

张载认为"天左旋"是"至粗之论"，没有细考日月出没和恒星昏晓的变化。这就否定了左、右旋说的共同基础。张载明确表达自己的独到见解："在天而运者，惟七曜而已。"恒星的昼夜变化张载说是，"直以地气乘机右旋于中"，是地在中间旋转。这是中国古代最早的明确提出地球自转的说法。王夫之非常崇拜张载，对地球自转作了正确理解，却表示不敢苟同。他注曰：

> 此直谓天体不动，地自内圆转而见其差。于理未安。（《张子正蒙注·参两篇》）

---

① 王夫之《张子正蒙注》曰："左当作右。谓地气圆转，与历家四游之说异。"四游说认为地四季游至四方，与公转说近。

张载认为太虚无体，只是气。气怎么能使全天的日月星辰整齐地从东向西旋转呢？只是地在中间进行"圆转"运动，才看到天象的移动变化。他认为这种运动不是外力的推动，"动非自外"，是自身有运动的机能。

关于地动的思想，早已有之。汉代纬书中有多处记载。例如：《春秋纬·元命苞》说："天左旋，地右动。"《河图括地象》说："天左动起于牵牛，地右动起于毕昴。"与此类似的有《尸子·君治篇》的"天左舒而起牵牛，地右辟而起毕昴。"《白虎通义》载："天左旋，地右周。"《春秋纬·元命苞》还说："地所以右转者，气浊精少，含阴而起迟，故转右，迎天佐其道。"《春秋纬·运斗枢》还说："地动则见于天象。"这些说法已经包含地圆转的思想，所谓"周"、"转"，正是旋转的意思。这些思想，也许启发了张载，使他说出了地球自转的明确思想。

日本学者小川晴久认为张载根本就没有地动的思想，只是后人"根据地动说来解释张横渠原文"。他说：中国人的地动说，"不是通过亚洲祖先的地动说（也没有），而是通过耶稣会传教士带来的西方地动说而知道的。"①

中国在西汉末年出现的纬书中多次提到地动思想，所谓"地右动"、"地右周"、"地右辟"、"地右转"，都是地动的说法。那是公元前的事，据说耶稣诞生于公元元年 12 月 25 日，那么，中国地动思想产生于耶稣诞生之前，怎么会由耶稣会传教士带来西方地动说才知道地是动的呢？

张载明确把地称为"圆转之物"，又说"恒星不动"，"所以为昼夜者"，是由于地"右旋于中"。这当然已经是很明确的地球自转的说法。小川晴久认为"右旋于中"应为"左旋于中"，不同意王夫之对此更正。但是，左、右虽可改变方向，而"旋"却是无法改变的。只要承认地球在中央"旋"着，不管是右旋，还是左旋，都是地动说思想。如果承认张载有地旋的地动说思想，

---

① 小川晴久《东亚地动说的形成》，原载日本延世大学国学研究院《东方学志》第 23、34 合辑（1980 年 2 月），徐水生译成汉文，载《科学史译丛》1984 年第 1 期。

那就不必请六百年以后朝鲜人金锡文（公元1658—1735年）和洪大容（公元
1731—1783年）来充当建立地动说体系的亚洲创始人。

当然，说张载有地球自转的地动说思想，并不是说他建立了太阳系思想体
系。而近代谭嗣同（公元1865—1898年）却说："地圆之说，古有之矣。惟
地球五星绕日而运，月绕地球而运，及寒暑、昼夜、潮汐之所以然，则自横渠
张子发之。"（《石菊影庐笔记·思篇三》）谭嗣同的这些说法比较牵强，但他
在西学东渐的时候，为了弘扬民族精神，宣传爱国思想，进行这种解说，情有
可原。比起谩骂祖先的民族虚无主义者和历史虚无主义者来说，精神是可佳
的。不过，科学是实事求是的。这种方法在科学研究中也是不可取的。

五、左旋说泛起

汉代讨论结果，左旋说消沉，右旋说占了统治地位。北宋时代，张载复述
了左旋说、右旋说的观点，而他自己主地旋说，否定左旋说和右旋说的共同前
提："天左旋"。

南宋朱熹凭自己的直观经验，选择了张载文章中关于左旋说的话加以宣
传。当有人问到天左旋、日月星辰右转的时候，朱熹说：

> 疏家有此说，人皆守定。某看天上，日月星不曾右转，只是随天
> 转。天行健，这个物事极是转得速。且如今日日与月星都在这度上，
> 明日旋一转，天却过了一度；日迟些，便欠了一度，月又迟些，又欠
> 了十三度。（《朱子语类·理气下》）

"疏家"，一作"儒家"。这里根据"某看天上"，朱熹就肯定左旋说。

> 天左旋，日月亦左旋。但天行过一度，日只在此，当卯而卯，当

午而午。某看得如此，后来得《礼记》说，暗与之合。（同上）

这里还是以"某看"为根据，再借《礼记》为自己立论张目。

但历家只算所退之度，却云日行一度，月行十三度有奇。此乃截法。故有日月五星右行之说，其实非右行也。横渠曰："天左旋，处其中者顺之，少迟则反右矣。"此说最好。

　　横渠说日月皆是左旋，说得好。（同上）

一再提出横渠（张载），也是为了支持自己的立论。

朱熹以自己的"看"作为根据，理由很不充分。因为历代天文学家都一看再看，看了千把年，难道看不到"左旋"？朱熹的"看"并没有新发现。他对历法家的右旋说不理解，以为仅仅为了计算的方便。

本来，朱熹作为天文学的门外汉随便议论一番，无可厚非，也无关大局。但是，朱熹学说后来被宣布为正统儒学，他的《四书集注》具有与五经同等的权威性，是几百年中科举考试的依据。许多学者把朱熹的每一句话都奉为经典，不容怀疑。朱熹关于左旋说的讲话也成了当时庸儒不敢异议的权威结论。这些早已落后了的观点又在一些著名学者（如魏了翁、史绳祖等）中流传开了。特别是朱熹的高足弟子蔡沈（公元1167—1230年）号九峰先生，著有《书经集传》，其中就有左旋说的观点，在学者中颇为流行。

明朝初期，朱元璋当了皇帝。当他与群臣讨论天和日月五星运行时，许多大臣都按蔡沈的左旋说来对答。朱元璋很不满意，他说：

　　天左旋，日月五星右旋。盖二十八宿，经也，附天体而不动；日
　月五星，纬也，丽乎天者也。朕尝于天清气爽之夜，指一宿以为主，
　太阴居星宿之西，相去丈许。尽一夜则太阴渐过而东矣。由此观之，

则是右旋。此历家尝言之，蔡氏特儒家之说耳。①

皇帝虽然在政治上是最高的权威，而思想权威却是思想家。尽管朱元璋不同意蔡沈的左旋说，而孙承泽仍然相信蔡沈的见解，持左旋说。许多学者认为只要学习儒家著作，宇宙间的万事万物都可以认识，再看别的书就都是多余的。总校《永乐大典》的翰林院学士瞿景淳就是这些思想僵化的典型代表。他在《天文杂辨》中说：

> 然则学者果何以释群疑乎？本之《系辞》，以穷其原；合之《太极图》，以尽其蕴；参之《经世》，以极其变；考之《正蒙》，以知其化；终之晦翁语，以会其全，则造化之意、言、象、数，皆在我矣，而奚必旁搜（博采），以玩物丧志哉！②

瞿景淳认为，只要读《周易·系辞》、周敦颐的《太极图》、邵雍的《皇极经世》和张载的《正蒙》，再用朱熹的说法去理解，就什么宇宙奥秘都可以掌握了。朱熹的话成了权威性语言。左旋说本已沉寂上千年，成了渣滓、死灰，由朱熹一提倡，死灰复燃，沉渣泛起，一时间流行天下，连皇帝也抵挡不住。但是，风行天下的未必就是真理。是非对错，后人还会继续研究，还会不断地做出分析、总结。

六、所见略同

朱元璋认为右旋说是"历家"的说法，而蔡沈的左旋说则是儒家的说法。分了历家与儒家。

---

① 孙承泽《春明梦余录》卷五九《钦天监二·观象台》，古香斋鉴赏袖珍本。《明史·历志一》有类似记载，时间在洪武十年三月。"纬也丽乎"原作"纬乎"，据文意加。
② 见《广古今议论参》卷一，明崇祯壬午年（公元1642年）刻本。"博采"二字原残。

戴震（公元 1724—1777 年）说："今考蔡氏说，本之张子、朱子，故自宋已来，儒者与步算家各持一议。"（《续天文略》卷上，见清·曲阜孔继涵刊刻《微波榭丛书》）这里分了儒者与步算家。

王锡阐（公元 1628—1682 年）在《晓庵新法·自序》中对这两家作了深刻的评论。他历数过去天文学家的各种贡献以后，叙述到宋代。他说：

> 至宋而历分两途，有儒家之历，有历家之历。儒家不知历数，而援虚理以立说；术士不知历理，而为定法以验天。天经地纬、躔离违合之原，概未有得也。（见《翠琅玕馆丛书》卷五）

儒家论历，是哲学家谈天文，理论是有的，不过，有脱离实际的倾向。历家论历，有些只知道某些结论，而不懂道理，不知道结论是怎么来的。当结论与天象不合时，他们会从天象方面寻找原因。所以，这些人研究历法由于方法不对头，都没有收获。

王锡阐精通中西天文学。他用三人对话的方式，详细讨论左旋说和右旋说的是非问题，结论是右旋说包含较多的合理性。

作为哲学家的王夫之就从哲学的角度作出分析和评论。

王夫之（公元 1619—1692 年）在注《正蒙》时尚无定见，因此只说"未问孰是"、"未详孰是"（《张子正蒙注》）。当他著《思问录外篇》时，从思维方法上加以分析研究，得出很有价值的哲学结论。他首先介绍历家和儒家的两种说法：

> 历家之言，天左旋，日月五星右转，为天所运，人见其左耳。天日左行一周，日日右行一度，月日右行十三度十九分度之七。……而儒家之说非之，谓历家之以右转起算，从其简而逆数之耳。日阳月阴，阴之行不宜踰阳。日月五星（原作"行"）皆左旋也。……其说始于张子，而朱子题之。（《思问录外篇》）

先将历家之言和儒家之说摆出来，然后加以评论。他认为：

> 夫七曜之行，或随天左行，见其不及；或迎天右转，见其所差：
> 从下而窥之，未可辨也。（同上）

左、右旋说都有自己的理由，"从下窥之"，分不清谁是谁非。但是，像朱熹那样，"某看天上"，自然是分不清的。如果对天象进行长期观察、研究，那就不同了。上面提到的王锡阐也都是根据前人"从下窥之"所得大量资料，进行研究，得出判断的。王夫之虽然对天文学的详细研究情况不太了解，但从哲学上体会天文学研究原理还是有高明之处。他评论说：

> 张子据理而论，伸日以抑月，初无象之可据，唯阳健阴弱之理而
> 已。乃理自天出，在天者即为理，非可执人之理以强使天从之也。理
> 一而用不齐，阳刚宜速，阴柔宜缓，亦理之一端耳。而谓凡理之必
> 然，以齐其不齐之用，又奚可哉！（同上）

汉代虽有过左、右旋说之争，当时似乎解决了。宋明时代，张载重提左旋说观点，朱熹加以宣扬。所以，王夫之认为是张载和朱熹为代表的儒者提倡左旋说。左旋说没有观测资料作为根据，只是按阳健阴弱这个道理来立论的。阳刚宜速，阴柔宜缓，因此日速月迟，应该左旋。按右旋说，日行一度，月行十三度，与阴阳之理不合。王夫之认为理就在天象上，天象变化规律就是理，不能用人们的理去强迫天象服从。而且同一个理因不同的时间、地点、条件，都会有不同的表现，怎么能用一种情况笼统地涵盖一切呢？水属于阴，火属阳，水应该流动缓慢，而火应该蔓延极快，但是，在特殊情况下却不是这样的，例如：

> 三峡之流，晨夕千里，燎原之火，弥日而不踰乎一舍。（同上）

这就可以驳斥阳疾阴迟的笼统说法。王夫之最后在天文研究方面批评了唯

心论倾向。

> 以心取理，执理论天，不如师成宪之为得也。（同上）

按自己的想法去选择理论，再拿着这种理论去讨论天文，这就是一条唯心主义路线。相反的路线是研究天文，从中发现理，这叫"理自天出"。人虚心接受这种理，这样再讨论天文问题，就有了实在的内容。这是一条唯物主义路线。

王夫之用唯物主义哲学作指导，对中外天文学成果作综合研究，得出结论："右转亡疑"。肯定了右旋说，得出与天文学家王锡阐相同的结果。朱熹及其学生们在唯心主义哲学指导下，始终相信左旋说。

第五章　日的神奇

中国古人仰观天象，首先注意到的就是日月。所以，《周易·系辞上》称："悬象著明，莫大乎日月。"中国古人对太阳之谜的探索，历经曲折的过程，充满丰富的神话，既有美丽的想象，又有理性的探讨。

一、远近

日的远近问题，中国古代有过一些探讨。刘义庆（公元 403—444 年）《世说新语》记载一个故事：有一个人问洛阳的神童说："长安与日，哪个远？"神童不假思索，立即回答道："日远。"旁人说："日，看得见；长安，望不见。为什么说日远呢？"神童说："经常有客人从长安捎信来，却没有客人从日上来。"①

这个故事是以洛阳为基地，讨论长安远还是日远。以无客人从日来，说明日远。从另一角度说，人与日的空间隔断，使人无法到日上去了解情况，所谓可望而不可即。日的信息就是光和热。人只有通过"看"和"晒"来了解日。这就有了很大的局限性。人们想用推理来作为补充手段。看得见和没人来就是

---

① 《太平御览》卷三引刘昭《幼童传》，与此意思相近。幼童是晋明帝司马绍的童年。

推理前提，但是得不出中肯的结论。

《列子》一书记载另一个讨论日远近的问题：

> 孔子东游，见两小儿辩斗。问其故，一儿曰："我以日始出时去人近，而日中时远也。"一儿以日初出远，而日中时近也。一儿曰："日初出大如车盖，及日中则如盘盂。此不为远者小而近者大乎?"一儿曰："日初出则沧沧凉凉，及其日中如探汤，此不为近者热而远者凉乎?"孔子不能决也。两小儿笑曰："孰谓汝多智乎?"

这个故事就是根据日的自然信息——光和热来推论的。根据光，大近小远，推出早晨近中午远。根据热，热近凉远，推出早晨远中午近。这两个推论，因为根据不同方面，推出正好相反的结论来。这也说明。推论是有局限性的。这是一个非常复杂的问题，古今中外学者讨论了几千年，尚未完全解决。

推论不能解决问题。但是，研究却不能因此而停止。中国古人在研究日远近方面还采取其他的办法。

日在天上，究竟离人多远呢？无法用尺子去量，又不能由台阶登上天，怎么能知道日的远近呢？过去，有一个人叫荣方，他问陈子：

> 今者窃闻，夫子之道，知日之高大，光之所照，一日所行，远近之数，人所望见，四极之穷，列星之宿，天地之广袤。夫子之道，皆能知之。其信有之乎?
>
> 陈子曰：然。……此皆算术之所及。子之于算，足以知此矣。①

陈子知道日的高、大、光照多远，一天运行的距离，列星、天地等问题。荣方不太相信，亲自请教陈子。陈子说是这样的，这都是靠算术计算出来的，只要你学了算术，也一样能算出来。后面，陈子就向荣方介绍如何用"周髀"来观测日影，

①《周髀算经》卷上。

然后通过计算得出天的高度。日附在天上，天的高度就是日的高度。具体方法是：日中立竿测影。中午树立竿子测量日影的长度。这根竿叫"周髀"，长度为八尺。夏至那天中午日影是一年中最短的，只有一尺六寸。往南一千里的地方，日影长为一尺五寸。北方一千里的地方，日影长为一尺七寸。这就是说，当"周髀"长八尺时，日影差一寸，地面距离就是一千里。由此推出，夏至那一天，日在南方一万六千里的上空，冬至那一天，日在南方十三万五千里的上空。当日影六尺长时，往南六万里，就到日下，那里立竿就不见影。从那里到日上下距离为八万里。周髀与日的斜距离就是十万里。这是最早使用勾股定理的。用一根竹筒望日，竹筒长八尺，中空直径一寸，正好看到日在竹筒中。说明日的直径与日人距离之比是一比八十，那么，距离十万里，日的直径就是一千二百五十里。这样一来，日的距离和大小都由测影、计算得出来了。

二、阳乌

日的名称很多。《太平御览》卷三引《纂要》云："日光曰景，日影曰晷，日气曰晲，日初出曰旭，日昕曰晞，日温曰煦，在午曰亭午，在未曰昳，日晚曰旰，日将落曰薄暮，日西落，光返照于东，谓之反景，景在下曰倒景，日有爱日、畏日。"又引《广雅》曰："日名耀灵，一名朱明，一名东君，一名大明，亦名阳乌，日御曰羲和。"

日为什么叫乌呢？最初，《左传》哀公六年载：楚国"有云如众赤乌，夹日以飞三日。"善于想象的楚国人可能由此得到启示，便把日想象成乌鸦，加油添醋，编出一个神话故事来。据说在尧那个时代，天上有十个日，每个日都有只乌鸦，这当然不是一般的乌鸦。乌鸦全身发光发热，晒得草木焦枯，流金铄石，成为人民的大害。尧就命令羿，仰射十日，中其九乌皆死，羽翼落到地面。所以，现在只有一个日。①

汉文帝时，有人观察到日中有"王"字，有的就说"日中有踆乌"（《淮南子·精神篇》），更多的说是"日中有三足乌"（《五经通义》、《春秋纬·元命包》、《论衡》、《黄帝占书》等，《艺文类聚》卷一和《太平御览》卷三、四引）。按现代科学考察，这个所谓"三足乌"也许正是现代所说的"太阳黑子"。但在当时只有用神话来弥补认识的空白。据《汉书·五行志》载："成帝河平元年……三月乙未，日出黄，有黑气大如钱，居日中央。"② 河平元年，即公元前二十八年。这一记载被天文学界公认为中国古代对太阳黑子的最早记载。当时所谓"王"字，所谓"踆乌"、"三足乌"，也许是对太阳黑子的不同描述。

后来，三足乌却成了拉日车的动物。《淮南子·说林训》有"乌力胜日"的说法，就是说三足乌的力气能胜任拉日的事。但是，三足乌老想下地吃草，不好好拉日车。驾驭日车的羲和总是要用手掩三足乌的眼睛，不让它下地吃草。吃这种草可以长生不老。③

由于神话传说，日有了乌的别名。分别有玄乌、金乌、阳乌之称。日是阳主，是阳的代表，所以又叫阳乌。

三、羲和

羲和也像阳乌一样，与日结下了不解之缘。

据《尚书·尧典》记载：尧"乃命羲和，钦若昊天，历象日月星辰，敬

---

① 《楚辞·招魂》："十日并出，流金铄石。"《天问》："羿焉毕日，乌焉解羽。"《艺文类聚》引《淮南子》曰："尧时十日并出，草木焦枯，尧命羿仰射十日，中其九乌皆死，堕羽翼。"《太平御览》引文同。今本《淮南子·本经篇》文有出入。
② 《汉书》第 1507 页，中华书局新标点本。
③ 《洞冥记》。

授人时。"由羲和负责观察日来确定季节，这是从事农业生产所需要的。《吕氏春秋》和《律历志》也都提到"羲和占日"①

《尚书·胤征》还提到，有一年秋天发生日食，引起社会普遍恐慌，而羲和因为喝醉了酒，没有及时报告，受到严厉惩罚。② 这说明尧的时代，羲和是负责观察日的运行的人。

羲和，后来有了许多变化。从"羲和占日"来看，羲和是一个人。《尚书·尧典》载："帝曰：咨，汝羲暨和，期，三百有六旬有六日，以闰月定四时成岁。"在这里，羲与和是分开的，不是一个人，或者是两个人。《尧典》又载：

> 分命羲仲，宅嵎夷，曰旸谷，寅宾出日，平秩东作，日中星鸟，以殷仲春。厥民析，鸟兽孳尾。
>
> 申命羲叔，宅南交，平秩南讹，敬致，日永星火，以正仲夏。厥民因，鸟兽希革。
>
> 分命和仲，宅西，曰昧谷。寅饯纳日，平秩西成，宵中星虚，以殷仲秋。厥民夷，鸟兽毛毨。
>
> 申命和叔，宅朔方，曰幽都，平在朔易，日短星昴，以正仲冬，厥民隩，鸟兽氄毛。

《尚书》孔氏传说："羲氏、和氏世掌天地、四时之官。"古代男子称氏，妇女称姓。说明羲氏、和氏是两个男子，或是两个氏族。又引"马云"："羲氏掌天官，和氏掌地官，四子掌四时。"所谓"四子"，就是上面引文中的四个人：羲仲、羲叔、和仲、和叔。他们被分配到东南西北四方去观察天象，来

---

① 《吕氏春秋·勿躬》："羲和作占日。"《史记索隐》："按《系本》及《律历志》：'黄帝使羲和占日'。"

② 《尚书·胤征》："乃季秋月朔，辰弗集于房，瞽奏鼓，啬夫驰，庶人走。羲和尸厥官，罔闻知，错迷于天象，以干先王之诛。"《左传》、《史记》、《汉书》、《竹书纪年》都有类似记载。

确定四季的日期，所谓掌管四时。从以上资料来看，羲氏有两个儿子：羲仲和羲叔，和氏也有两个儿子：和仲与和叔。羲与和是两个氏族。这两个氏族是世代负责天文历法方面的官。

有的人认为，羲和就是官名。《尧典》说尧"乃命羲和"，《律历志》称"黄帝使羲和占日"。尧时有羲和，前四代黄帝时也有羲和，所以，羲和不是一个人，而是一个负责天文历法的官名。《史记·历书》载："尧复遂重黎之后，不忘旧者，使复典之，而立羲和之官。"所以，西汉末和王莽新朝都有羲和这个官。西汉哀帝崩后，平帝时代，刘歆曾任羲和。① 王莽把大司农改名羲和。② 同时还有牺和、牺仲、和仲、牺叔的官名。③ 梁代刘昭认为天文历法的官，在颛顼时代的官叫"重黎"，唐尧、虞舜、夏、商各代都叫"羲和"。④ 所以，《史记正义》引《吕刑传》云："重即羲，黎即和，虽别为氏族，而出自重黎也。"⑤

楚文化中，羲和被想象成驾驭日车的神。《离骚》载：

> 朝发轫于苍梧节兮，夕余至乎悬圃。欲少留此灵琐兮，日忽忽其将暮。吾令羲和弭节兮，望崦嵫而勿迫。

这段诗的大意是：我早晨从苍梧出发，傍晚到了悬圃。想在"灵琐"（暗指宫门）稍微停留一会儿，日却快西落了。我让羲和慢点儿，已经望得见崦嵫了，就不要那么着急了。这就是说，羲和是驾日车的，能够决定日行的速度。王夫之注文明确指出："羲和，日御。"⑥ 唐代徐坚等人编的《初学记》

---

① 《汉书·楚元王传》、《后汉书·律历志》、《汉书·王莽传》。
② 《王莽传》："更名大司农曰羲和，后更为纳言。"
③ 《王莽传》："牺和鲁匡设六管，以穷工商。""遣太师牺仲景尚、更始将军护军王党将兵击青、徐，国师和仲曹放助郭兴击句町。太傅牺叔士孙喜清洁江湖之盗贼。"
④ 《后汉书·律历志》注。
⑤ 《史记·五帝本纪》注。
⑥ 《船山遗书·楚辞通释》，上海太平洋书店，民国廿二年。

卷一引《淮南子》曰："爰止羲和，爰息六螭，是谓悬车。"① 高诱注："日乘车驾以六龙，羲和御之，日至此而薄于虞泉，羲和至此而回六螭。" 螭是传说中的无角龙。晋代傅玄《日升歌泳》曰："东光升朝旸，羲和初揽辔，六龙并腾骧，逸景何晃晃。"② 上述《洞冥记》描写羲和驭日，还要用手掩三足乌的眼睛，不让它看下面的不老草。这些资料都说羲和是驾驭日车的神。

还有一种最特殊的说法见于《山海经》。《山海经·大荒南经》载：

> 东南海之外，甘水之间，有羲和之国。有女子名曰羲和，方日浴于甘渊。羲和者，帝俊之妻，生十日。③

在这里，羲和既是国名，又是一位妇女，她是帝俊的妻子，又是十日的母亲。男性，到这里成了女性。驾驭日车的车夫，此处成了日的母亲。

对于这种矛盾说法，为《山海经》作注的郭璞（公元276—324年）企图将矛盾的说法协调起来。他引用《归藏·启筮》的内容，说明羲和是在天地初始时主宰日月的。

她能主宰日，是由于能生日。由于她主宰日，所以，尧设立羲和这个官来负责管理季节。后世就把羲和官邸当作"国"，因此有"羲和之国"。④

《艺文类聚》卷五引《尸子》曰："造历数者，羲和子也。"羲和子是日，又怎么能造历数呢？

从以上来看，羲和有两类形象，一是人，一是神。是人的形象也有几种不同的说法：一种说法是：羲和是尧时代的一个负责天文历法的官员。他的儿子分别在四方观察天文，研究历数，制订历法，敬授民时。另一种说法是：羲和是羲氏与和氏两个氏族，羲氏系世代负责天文的官，和氏为世代负责地理的

---

① 今本《淮南子·天文篇》："爰止其女，爰息其马，是谓悬车。"文异。
②《艺文类聚》卷一，上海古籍版社，1965年初版。
③ 袁珂《山海经校注》第381页，上海古籍出版社，1980年。
④《太平御览》卷三。

官。还有一种说法认为羲和是负责天文历法的官名，颛顼时代称重黎，重管天，黎管地。尧时改为羲和，羲即重，管天；和即黎，管地。

羲和作为神的形象也有多种不同的说法，一是天地始生时就有的主宰日月的神，二是生十日的帝俊之妻，三是驾驭日车的车夫。

羲和是驾驭日车的神。这种说法在后代最为流行，在许多文学作品出现。如曹植《与吴季重书》："思欲抑六龙之首，顿羲和之辔。"韩愈《李花二首》："泫然为汝下雨泪，无由反旆羲和车。"白居易《和三月三十日四十韵》："律迟太簇管，日缓羲和驭。"又《题旧写真图》："羲和鞭日走，不为我少停。"马祖常《公子行》："兰灯桂浆炙文鱼，但苦不驻羲和车。"

四、太阳（阳燧）

日的特点是发光发热，与地上的火极为相似，所以，王充说：

> 夫日者，天之火也，与地之火，无以异也。（《论衡·说日篇》）

日的发光，给人间带来光明，"日出东方，照临下土。"（《太平御览》卷三引《诗经·邶风·日月》）日的发热，给人间带来温暖，特别在寒冷的冬天，受到人们的热烈欢迎，而在夏天，太热，令人害怕。《左传》文公七年载："酆舒问于贾季曰：'赵衰、赵盾，孰贤？'对曰：'赵衰，冬日之日也；赵盾，夏日之日也。'"杜预注："冬日可爱，夏日可畏。"

一个日到了夏天就能够热得使人可畏，如果有十个日在天上出现，一定会晒得草木焦枯，甚至会把金属和石头晒化，那自然会给人类带来严重的灾害。《招魂》所谓"十日并出，流金铄石"，就是说的这个意思。

日的光和热，使天下人都强烈地感受到。在阴阳学说的影响下，日就成了阳的突出代表。《春秋内事》曰："日者，阳德之母。"《说文解字》称：日为

"太阳之精"。皇甫谧《年历》曰："日者，众阳之宗，阳精外发，故日以昼明，名曰曜灵。"① 总之，日就是"众阳之宗"，就是"太阳"。《淮南子·天文训》说："积阳之热气生火，火气之精者为日。"热气、火、日，是这么一个等级关系，是阳的"系列"。

从西汉开始，人们制造出一种用具叫阳燧。《淮南子·天文训》说："阳燧见日则燃而火"。《览冥篇》又说："阳燧取火于日"。用这个例子说明物类相应、阴阳相感的道理。

东汉王充也多次提到阳燧。在《论衡·说日篇》中说："验日阳遂，火从天来。"可见，阳燧是可以向日取天火的用具。它是明亮的凹面体，通过反光聚焦达到取火的目的。王充说：

> 阳燧取火于天，五月丙午日中之时，消炼五石，铸以为器，乃能得火。今妄取刀剑偃月之钩，摩以向日，亦能感天。（《乱龙篇》）
>
> 人用阳燧取火于天，消炼五石，五月盛夏，铸以为器，乃能得火。今人但取刀剑铜钩属，切磨以向日，亦得火焉。（《定贤篇》）

当时人们以为要在盛夏中午的时候，烧炼五石，才能铸造出能够取天火的阳燧。取火的方法是"向日"。后来，人们发现把"偃月之钩"即凹面体，磨得光亮以后，向日也可以取火。没有必要一定要在盛夏中午铸造。

晋代葛洪说："今火出于阳燧，阳燧员而火不员也。"（《晋书·天文志上》）员即圆。这是说阳燧是圆形的。

五、日形

日是圆的。这是人们视觉所得的共同经验。似乎是无可争议的。中国古代

---

① 以上均见《艺文类聚》卷一。《年历》，《太平御览》卷四作《季历》。形近而误。

居然有人提出日不是圆的，而且是一位大名鼎鼎的哲学家。这就是东汉王充。他说：

> 儒者谓日月之体皆至圆。彼从望见其形，若斗筥之状，状如正圆，不如望远光气，气不圆矣。夫日月不圆，视若圆者，去人远也。何以验之？夫日者，火之精也；月者，水火精也。在地水火不圆，在天水火何故独圆？日月在天犹五星，五星犹列星，列星不圆，光耀若圆，去人远也。何以明之？春秋之时，星陨宋都，就而视之，石也，不圆。以星不圆，知日月五星亦不圆也。（《说日篇》）

王充认为日不是圆的，理由有两条：一是日是火，在地，火不圆，在天，火也应同样不圆；二是日与五星、列星（恒星）都一样，陨落下来的列星是不圆的石，所以，日和五星也都不是圆的。至于人们认为日月是圆的，那是由于人离日月十分遥远，看起来似乎是圆的，实际上是一种错觉。

王充日不圆的观点，显然是错误的。

首先，地上水火不圆，日月是天上水火，所以也不圆。二百多年后的晋代葛洪提出阳燧生火，阳燧圆而火不圆，方诸生水，方诸方而水不方。说明天上日月可以生水火，日月圆，水火未必圆。

其次，陨落在宋都的星是不圆的石头。陨星就是列星，列星、五星、日月都是同类的，因此它们都是不圆的。王充这一论据在中国古代没有人提出过反驳。日月、行星（五星）、恒星（列星）都是类似的天体，都是圆形的。因为当时科学水平还无法对此作出正确的解答。陨石则较为复杂，它在宇宙空间是什么形状，可能也是圆形的。它经过地球附近时，地球的吸引力而陨落于地球。它在陨落过程中，与地球的大气摩擦，产生高温、燃烧、爆炸，落到地面时就不圆了。由此可见，因陨石不圆，即推出一切天体不圆，日月也不圆，是不妥的。

第三，王充认为日月不圆，远看似乎是圆的。因为日月距离人都是那么远，如果远视见圆，那应该看到的日月都是圆的，而实际上并非如此。月亮有圆缺盈亏的变化自不必说。日在食时，有时缺上，有时缺下，有的亏多，有的食少，不尽相同，人们都可以看得清楚，怎么能说由于远，看起来都似乎是圆的呢？特别是日全食时，人们可以看到日食越来越多，后来剩下像钩的样子，最后完全食既。然后复明，也是从如钩开始，逐渐复圆。葛洪正是据这些现象来驳王充的。(《晋书·天文志上》)

六、日行

日的运行，是个很复杂的问题。

最初，人们看到日东升西落，认识到日是从东经过人们的上空向西运行。现代把日的这种运行称为周日视运动。

日从东方何处升起，到西方又落入何处呢？《尔雅·释地》载：

> 东至日所出为太平，西至日所入为太蒙。(《太平御览》卷三引)

这大概就是现在我国东方的大洋称为太平洋的来历。

在《山海经》中，说日出的"谷"叫温源谷，又称汤谷。大概就是现在所谓温泉。又说："汤谷上有扶桑。"扶桑是一棵大树。十日在汤谷中洗浴，然后停留在扶桑的树枝上，"九日居下枝，一日居上枝"(《海外东经》)。屈原《天问》中有"出自汤谷，次于蒙汜"的说法，《淮南子·天文训》也说："日出于汤谷，浴于咸池。"东方汤谷有扶桑，西方蒙汜有相应的细柳。因此，汉儒说日"旦出扶桑，暮入细柳"。王充认为，扶桑、细柳，都是地方名。"扶桑，东方地；细柳，西方野也。桑、柳，天地之际，日月常所出入之处。"(《论衡·说日篇》)

东方朔撰《海内十洲记》，记扶桑在东海之东岸陆地的东边碧海中，有一个地方万里的岛，上有林木，"叶皆如桑，又有椹树，长者数千丈，大二千余围。树两两同根偶生，更相依倚，是以名为扶桑。"（见《百子全书》第七册）所以，扶桑是树名，又因树得地名。现在，日本国在东海之外，所以，中国过去以"扶桑"为日本国的代称。所谓"日本"也有日之本原的意思，也就是日出之国的意思。隋朝大业三年（公元 607 年），当时倭国国王遣使朝贡，使者所持国书上写："日出处天子致书日没处天子，无恙。"（《隋书·东夷列传，倭国》）原为"倭奴国"，① 后因"日出处"演变成日本国名。

屈原《天问》问道："出自汤谷，次于蒙汜。自明及晦，所行几里？"日从汤谷运行到蒙汜，经过多少里程？《淮南子·天文训》的最后一段文字，介绍了测量地广的方法，没有确定东西两极距离的具体数字。②

《周髀算经》认为天一日旋转一周，日附着在天体上，随着天体也旋转一周。日向东移动一度，所以，日旋转少一度一周天。由于天这块圆盘以北极为中心旋转的，日在离北极近的位置，所经过的里程就少，离北极越远所历里程越长。夏至日离北极最近，历程最短，一昼夜，日行程七十一万四千里。冬至日离北极最远，历程最长，为一百四十二万八千里。其他日子，日所行历程在冬至和夏至之间不等。

王充对大地作一次估计，向东五万里，向西五万里，"东西十万"（《论衡·谈天篇》）。这就是王充估计的地大，也是日白天行程的里数。

我们现在知道，日周日视运动不是太阳绕地球运行一周，而是地球自转一周所看见的天象。如果仍以地球为参照物，设想日绕静止的地球旋转。那么，日与地的各处平均距离就是旋转圆周的半径，为二亿九千九百一十九万六千里，乘以 2π。约等于十八亿八千万里。白昼，日行九亿四千万里。这个天文数字，是古人从未想到过的。

---

① 《后汉书·光武帝纪》中元二年载："东夷倭奴国王遣使奉献。"日本福冈市今存金印"汉委奴国王"，据考是这一次东汉光武帝所赐予的。汉以为承土运，数尚五，印章为五字。
② 参阅拙著《天地奥秘的探索历程》第二章第二节。中国社会科学出版社，1988 年。

日的运行，白昼时，人们可以看到。晚上它躲在什么地方呢？早晨之前，它在哪儿呢？屈原问道："角宿未旦，曜灵安藏？"（《天问》）角宿，二十八宿之一，在东方，旧称天门。曜灵指日。东方天门未亮的时候，日藏在什么地方呢？屈原《九歌·东君》以日为"东君"，说它"杳冥冥兮东行"。"杳冥冥"是幽暗的意思。这句话说日从幽暗的地方向东方运行，也就是从地下到东方去。然后又从汤谷出来，开始第二天的运行。这样循环往复，周而复始。

关于日的运行，在中国古代主要有三种观点：一是日早晨从东方汤谷出来，经过上空，到西方落入蒙汜，然后从地下回到东方，开始下一循环。这是最早的日出入地下的说法。二是日随天旋转，不出入地下的盖天说观点。它以日离人远近来解释昼夜明暗的变化。它假设日光射程为十六万七千里，在日光射程之内，人可以见光，为白昼，距离超过日光射程，就是黑夜。三是张衡建立的浑天说所主张，地如蛋黄，天如蛋壳，日随天绕地而行，既不进入地中，也不是只在上空旋转。

关于日行，各种观点都在相互辩论。主盖天说的王充指出，汤谷扶桑和蒙汜细柳应该都是小地方，如果日出自扶桑，入于细柳，那就应该一年到头都从同一方位出入。如果春秋时节从扶桑、细柳出入，还可以说得通，但是，冬夏时节就不行了。因此，他认为："如实论之，日不出于扶桑，入于细柳。"（《论衡·说日篇》）王充认为，当日在扶桑、细柳时，那里的人民说是中午时刻。各地人都以日在自己上空为中午，日在两旁为早晚。哪有什么"出于扶桑入细柳"？

持浑天说的扬雄不同意盖天说。按盖天说观点，天都比地高，日又都在天上，那就应该在任何时刻日都在上方，而扬雄的试验是在高山上设置一个水容器，旁立一表，可以看到"日出水下，影上行"[1]，高山水平测日影，证明浑

---

[1] 扬雄《难盖天八事》，见《隋书·天文志》。

天说是正确的，盖天说无法解释这种现象。另一个支持浑天说的葛洪说：盖天说所谓日行像火把那样，离人远就看不见，不是进入地下。火把离远，逐渐变小，最后看不见，而日入西方之前，不但没有变小，反而更大，这又怎么解释呢？他又说：如果日是转到北方去而隐没，那么在隐没的时刻，应该看到北边那半个先消失，剩下竖半镜，不会像现在这样，先消失下面半个，剩下横半镜。横半镜证明浑天说正确，盖天说不对。

东汉张衡以后，浑天说占了统治地位，绝大多数人都相信浑天说。日出入地下的说法得到普遍的承认。到了唐代，人们发现了新的现象：薛延陀之北有回纥和铁勒，离长安六千九百里。回纥和铁勒的北方有骨利干，在瀚海的北边。骨利干的北边是大海。那个地方"昼长而夜短"①，入夜以后，天上还有亮光，没有完全黑暗。煮羊腿还没熟，天就亮了。浑天说认为日出入地下，全天下都是一样的昼夜。骨利干为什么会有那样"昼长而夜短"的现象呢？浑天说解释不了。这正可与盖天说的"北极之下，六月见日，六月不见日"②的说法相接近。

盖天说以北极为天的中心，极下的地方是地的中心。日随天旋转。当日在东方时，东方中午，南方早晨，西方半夜，北方黄昏。当日在南方时，南方中午，西方早晨，北方半夜，东方傍晚。日在西方，西方中午，北方早晨，东方半夜，南方傍晚。日在北方，北方中午，东方早晨，南方半夜，西方傍晚。这叫"昼夜易处"。全天下的昼夜是不同的。这符合现代科学所了解的全球时差。

《周髀算经》的这种说法，在南北朝时代，南朝梁武帝有更为形象的描述：

> 四大海外有金刚山，一名铁围山。金刚山北又有黑山，日月循山而

①《旧唐书·天文志》和《新唐书·天文志》。瀚海即瀚海，原指贝加尔湖。骨利干位置相当于苏联下通古斯卡河流域。
②《周髀算经》。

转，周回四面，一昼一夜，围绕环匝，于南则现，在北则隐，冬则阳降而下，夏则阳升而高，高则日长，下则日短，寒暑昏明，皆由此作。夏则阳升，故日高而出山之道远；冬则阳降，故日下而出山之道促。出山远则日长，出山促则日短，二分则合高下之中，故半隐半见，所以昼夜均等，无有长短。旧照于南，故南方之气燠；日隐在北，故北方之气寒。南方所以常温者，冬月日近南而下，故虽冬而犹温，夏则日近北而高，故虽夏犹不热。北方所以常寒者，日行绕黑山之南，日光常自不照，积阴所聚，熏气远及，无冬无夏，所以常寒。故北风则寒，南风则暖，一岁之中则日夏升而冬降，一日一夜则昼见而夜隐。黑山之峰正当北极之南，故夏日虽高而不能不至寅而现，又至戌而隐。春秋分则居高下中。朝至金刚山之外，虽与山平而去山犹远，故为金刚所障，日未能出。须至卯，然后乃现，西方亦复如是。冬则转下，所隐亦多，朝至于辰，则出金刚之上，夕至于申，则入金刚之下。金刚四面略齐，黑山在北，当北弥峻，东西连峰，近前转下，所以日在北而隐，在南则现。夫人目所望，至远则极，二山，虽有高下，皆不能见。三辰之体，理系阴阳，或升或降，随时而动。

梁武帝所说的黑山颇似接近北极圈的一座高峰。所描绘的现象，都是合理的，而解释则带有浓厚的阴阳学说的特点。这些内容都比较浅显。梁武帝经常讲学，这一段话也可能是讲学的一段记录稿。需要指明的是方位名称。中国古代以地支称时间和空间。十二支与时间的关系是：子时为半夜，然后每两小时为一个时辰，分别是丑时、寅时、卯时、辰时、巳时、午时、未时、申时、酉时、戌时、亥时。午时即中午，卯时为早晨，酉时为傍晚。十二支与方位的关系是：子在正北，然后按顺时针方向每三十度为一支，分别为丑、寅、卯、辰、巳、午、未、申、酉、戌、亥。卯为正东，酉为正西，午为正南。南北方向的线叫子午线，现代地理学称经线。图示如下：

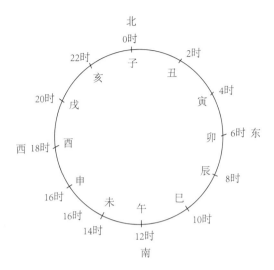

所谓夏日至寅而现，至戌而隐，就是说夏日早晨于东方偏北三十度的东北方出现，隐没于西偏北三十度的西北方。春分、秋分时日出正东方入正西方，所谓"出卯入酉"。冬天出于辰，即东偏南三十度的东南方，入于申，即西偏南三十度的西南方。

七、七衡图

《周髀算经》根据日在恒星天上的运行画了七衡图。七衡图就是七个同心圆。日夏至那天在东井，那是最小的圆，称为内衡。冬至在牵牛，是最大的圆，叫外衡。由内到外，分别为内衡、二衡、三衡、四衡（中衡）、五衡、六衡、外衡。日在内衡时是夏至，也是日到了最北处，所以又称北至。然后往南运行，到二衡时为大暑，到三衡为处暑，中衡为秋分，五衡为霜降，六衡为小雪，外衡为冬至。日在外衡是运行到了最南方，又叫南至。物极必反。日到外衡以后就开始向北运行。从外衡到六衡，就是大寒，五衡为雨水，中衡为春分，三衡为谷雨，二衡为小满，到内衡又是夏至。开始新的循环。从南到北，又从北到南，一往返为一年，即回归年。相邻两衡的间隔，正好两个节气。七衡六间，往返十二间，正好二十四节气。

中国古代在天上画七衡图，西方现代天文学在地上画纬线。两两相应，内衡与北回归线相应，中衡与赤道相应，外衡与南回归线相应。

《周髀算经》说外衡直径四十七万六千里，周长为一百四十二万八千里。日光射程为十六万七千里，日在外衡时所照到的天体圆面直径八十一万里，周长二百四十三万里。这就是盖天说所说天体。"过此而往者，未之或知。或知者，或疑其可知，或疑其难知。"

北极星是天的中心，周都在北极南方十点三万里。日光射程为十六点七万里，这也是人目所见的最远距离。以周都为圆心，以十六点七万里为半径，所作的圆，就是身处周都的人所能见到的天体。把这块圆涂上青色，表示可见天体。内衡和外衡之间是日运行的区域，涂上黄色，表示日运行的黄道带。黄道带和青圆图组成青黄图。

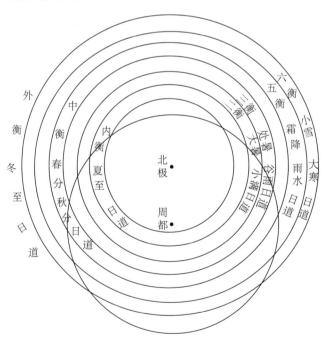

用青黄图可以说明夏天昼长夜短，影短气热，冬天昼短夜长，影长气寒。也可以说明夏日出于东北，入于西北，而冬日出于东南，入于西南。春秋分出卯入酉，还可以说明北极不动，北斗不与众星俱没。从冬夏物候变化和日在各衡间运行情况，推出："极下不生万物。北极左右，夏有不释之冰。"又推出："春分之日夜分以至秋分之日夜分，极下常有日光；秋分之日夜分以至春分之日夜分，极下常无日光。"① 赵君卿注："北辰之下，六月见日，六月不见日。"② 日出为昼，日没为夜，一年就是一昼夜。因此，"北极左右，物有朝生暮获。"③ 从朝到暮，时隔半年。这些推测与现在所了解的北极地区的情况相吻合。

从青黄图中还能推出："中衡左右，冬有不死之草、夏长之类。"④ "万物不死，五谷一岁再熟。"⑤ 这与现在赤道附近的热带地区也是一致的。

还可以推出：在外衡左右，与周都冬夏相反。日在外衡，外衡左右为夏，周都为冬。日到内衡，周都为夏，外衡下地为冬。在中衡时，周都与外衡各为春秋。

中国《周髀算经》的七衡图与西方地球五带说正相应。差别是：中国在天上画七个圆，西方在地上画五个圈。天壤之别，仅此而已。

八、日食

关于日食问题，先有记事，后才有探索。我国古代特别重视对日食的观察和记录。据天文学家陈遵妫先生统计，我国历代记录日食共有一千一百二十四

---

① 《周髀算经》卷上及赵君卿注。
② 同上。
③ 《周髀算经》卷下。
④ ⑤同上。

次。用《日月食典》来检验一下，《日月食典》中没有的七十三次，与《日月食典》差一天的有一百八十一次。陈先生认为："其中比《日月食典》迟一天的是由于《日月食典》采用格林威治时的缘故。"① 绝大多数记载都是基本正确的。

我国古籍中记载日食的最早时间，可以推到公元前 22 世纪夏朝仲康时代。《尚书》记载：夏朝仲康年间，负责观察日的羲和贪酒，没有及时准确地报告天象。有一年秋天发生日食，瞽乐官敲起鼓来，管币的啬夫逃走，一般人也都乱窜。羲和失职，没有报告，犯了杀头罪。按当时《政典》规定：报告天象早了要杀头，晚了也要杀头，一概不能赦免。于是，胤国国君受王命去征讨羲和。② 据陈遵妫先生推算，这次日食发生在公元前 2137 年 10 月 22 日在目，它是世界上最早的日食纪事。

商代甲骨文有日食纪事。周代的日食纪事见于《诗经》。

从春秋时代开始，日食记载都比较具体准确。在春秋二四二年中，日食三十七次，基本准确。

大量记载，积累了丰富的研究资料。

科学研究都受当时社会的统治思想——时代精神的精华——哲学的影响。在天命论盛行的时代，日食是上天意志的表现，是上天对人世间君王失政的谴责和警告。在阴阳学说和天命论结合产生天人感应说时，日食就是阴盛阳衰，是太后侵权的象征。所以，西汉有一次日食，使正在篡权的吕太后精神紧张。

不管受到来自各方面的干扰，科学研究总是不断深入，不断发展，不断接近客观事实。

---

① 《中国天文学史》第 3 册第 871 页，上海人民出版社，1984 年。
② 《古文尚书·胤征》："羲和湎淫，废时乱日，胤往征之。……乃季秋月朔，辰弗集于房。瞽奏鼓，啬夫驰，庶人走。羲和尸厥官，罔闻知，昏迷于天象，以干先王之诛。《政典》曰：'先时者杀无赦，不及时者杀无赦。'"学术界认为《古文尚书》是伪书。此事，在《左传》、《史记》、《汉书》中均有类似记载，仍可为信据。据《左传》昭公十七年记载，可知"辰弗集于房"为日食。《太平御览》引此为"日食"首例。

春秋时代的天文学家梓慎首先提出在夏至冬至和春分秋分的"二至二分"① 时候，发生日食是正常现象，不是灾异。这是根据日月运行规律来解释日食现象，对"日食为灾"的迷信，打破第一个缺口。

战国时代，哲学家荀况提出：天行有常。"日月之有蚀"，是"无世而不常有"的自然现象，"怪之，可也；而畏之，非也。""日月食而救之"，不是真的去救，只是一种文饰。"故君子以为文，而百姓以为神。以为文则吉，以为神则凶也。"（《荀子·天论》）日食是自然现象，救日食是统治者欺骗人民的一种手段。

西汉时出现了新的天文学说——浑天说。在浑天说指导下，对日食的研究有了长足的发展。首先认识到日食是月掩蔽的结果。西汉刘向在《五经通义》中说：

> 日蚀者，月往蔽之。②

王充《论衡·说日篇》引儒者话说："日食者，月掩之也。"纬书《春秋感精符》也说："日光沉掩，皆月所掩。"③

其次，认识到日食现象的发生是有周期性的。王充在《论衡·说日篇》中说：

> 大率四十一二月日一食，百八十日月一蚀。蚀之皆有时，非时为变，及其为变，气自然也。

三年多，日食一次；半年左右，月食一次。这是如何推算出来的，却不得而知。《史记·天官书》有月食周期为"凡百一十三月而复始。"并认为："故

---

① 《左传》昭公二十一年：梓慎对曰："二至、二分日有食之，不为灾。日月之行也，分，同道也；至，相过也。"
② 见瞿昙悉达《开元占经》卷九。
③ 《左传》昭公二十一年：梓慎对曰："二至、二分日有食之，不为灾。日月之行也，分，同道也；至，相过也。"

月蚀，常也；日蚀，为不臧也。"① 月蚀是经常出现的自然现象，而日蚀则是不好的灾异。西汉《太初历》推算过月食周期，《后汉书·律历志》认为"《太初历》推月食多失"，而《四分历》仍然采用《太初历》的办法。

东汉熹平三年（公元 174 年），刘洪作《七曜术》，其中有推算日食的具体方法。后人以为是比较准确的。② 汉末郑玄学习刘洪的《乾象历》，"以为穷幽极微"③。以后，魏时杨伟、后秦姜岌、刘宋何承天、唐代僧一行等天文学家都为人们探索日食的规律做出过重大的贡献。

九、两小儿辩日

《列子·汤问篇》记载着这样一个故事：孔子到东方去游历，路上遇见两个小孩在争论问题。孔子过去询问，一个小孩说，一个东西近看比远看显得大，太阳初升时看起来大，至中午时看起来小，所以说太阳早晨时刻比中午时刻离人们近一些。另一个小孩说，太阳像一个大火球，离人近就热，离人远就凉，中午人们感到太阳特别热，早晨却很凉，太阳还是中午时刻离人近，早晨时候要远一些。到底谁说得对呢？孔子听了，也无法解答。于是两个小孩都讥笑他："谁说你是有大学问的人呢！"④

这个故事未必真实，但它提出的问题却是耐人寻味的。古今中外对这个问题讨论了几千年。一些著名的专家认为从现代科学的观点看来，这一问题并不像表面上那样简单。"⑤

---

① 《史记》第 1332 页，中华书局新标点本。
② 《晋书·律历志中》第 500 页，中华书局新标点本。
③ 同上。
④ 原文见本章第一节。
⑤ 李约瑟《中国科学技术史》第二十章第四节。李氏请比尔和杜赫斯特代为解决。见科学出版
    社，1975 年汉文版，第 133 页注①。

　　首先，在地球上，早晨和中午时刻因不同的经度和纬度都有很大变化。按经度来说，当有的地方处于早晨时刻，另一地方却是中午，早晨和中午在不同的地区却可以在同一时刻。对于不同纬度来说，差别就更大了。一般来说，从早晨到中午，时间间隔六小时。由于冬夏昼夜长短不同，早、午的间隔也有相应的变化，夏季昼长，早、午间隔就大，冬季昼短，早、午间隔就小一些。随着纬度增高，早、午间隔的差别就越大。到了北极圈，从春分到秋分，六个月都可以看到太阳；从秋分到春分，六个月不见太阳。如果以日出为白昼，日入为黑夜，那么北极地区一年只有一昼夜。古代人说那里的植物是"朝生暮获"①，实际上与温带地区春生秋获一样。如果以太阳出在最高时刻为中午，那里早、午间隔将是整整三个月。由于时间间隔不同，对于讨论太阳早午远近问题也增加了复杂性。

　　其次是关于太阳离观察者远近的问题。一般说来，地球如果处于静止状态，处于中午时刻的地区比处于早晨时刻的地区离太阳大约近地球半径的距离，但是地球是在运动中，它绕着太阳作公转运动，公转轨道是一个椭圆形，太阳处在这个椭圆形的一个焦点上，因此，地球距离太阳的远近跟地球所在的公转轨道上的位置也有关系。夏至地球在远日点上，冬至地球在近日点上。从近日点到远日点，即冬至到夏至这段时间，地球公转不断远离太阳，从早晨到中午，地球在六小时中远离太阳的距离超过地球半径，这就使中午比早晨离太阳远了。另外，太阳离观察者的距离，跟地球的形状、地球纬度、日出入时间，以及地球自转轴方向的缓慢变化和行星的引力对地球公转轨道的微小影响等原因都有关系。这是需要天文学家去作精密的计算的。已故天文学家戴文赛的计算结果，对于地处北纬四十度的北京来说，"目前每年从一月二十二日到六月五日中午太阳比日出时远，二月初远一千公里，三月初远四千公里，四月初远达六千四百公里，以后差别减少到零。六月五日之后，中午太阳比日出时

---

① 《周髀算经》卷下之一："凡北极之左右，物有朝生暮获。"见《四部丛刊》本。

近，七月初近五千八百公里，九月中近达一万六千公里，以后差别减小到第二年的一月二十二日。"这是根据 1954 年的运行情况计算的，但由于地球自转轴的方向变化是以二万五千八百年为一周期的，所以变化在短期内是很微小的，可以忽略不计。因此，"上述计算结果对今后一百年仍适用"。① 可见，太阳的远近问题，虽然极为复杂，经过天文学家长期的努力，艰苦的工作，终于能够比较准确地计算出来了。

实际上，太阳看起来大小与远近距离并没有多大关系。根据戴文赛的计算结果，上半年中午的太阳比早晨远，而下半年中午的太阳比早晨近，而人们用眼睛看起来，一年到头，每天早晨的太阳似乎都比中午大。另外，即使在上半年四月初中午的太阳比早晨远离我们最多的时候，也只有六千四百公里，只相当于日地平均距离（一亿四千九百六十万公里）的十万分之四多一点，相当于看一公里远处的四厘米之差。这么微小的差距不可能产生明显的温度升降和大小变化，人的感官是很难感觉出来的。

于是，第三个问题，即冷热的问题并不是由于太阳的远近造成的。实际上，冬至时太阳离地球比夏至时近五百万公里，而对于地处北半球的中国来说，冬至时太阳却比夏至时凉得多。根据现代物理学知道，中午人们感觉太阳比较热，主要是由于阳光直射和所射透的大气层比较薄。从早晨到中午阳光对大气的加温过程也是一个原因。这个问题也就算基本解决了。

第四个问题，即大小问题，是最后也是最难的问题。为什么在早晨，太阳刚出地平线上的时候，看起来显得特别大呢？

在这个问题上，有两种不同的看法。一种认为由于早晨太阳靠近地面，受到雾气（又叫蒙气）的影响，阳光发生折射，所以人们看到的太阳是比较大

---

① 见《光明日报》1955 年 8 月 15 日《科学副刊》。中国科学院自然科学史研究所的陈美东"依现代天文学提供的数据和理论公式的计算表明：就我国大部分地区而言，……在近期内约每年二月十日至六月一日，日始出时近，日中时远，一年中的其它日子，都是日始出时远而日中时近。"见《北京晚报》1986 年 5 月 28 日第 2 版《两小儿辩日解》。

的虚象，而中午没有折射，或折射较小，人们看到实像或接近实像，所以比较小。另一种认为，中午和早晨的太阳都一样大小，所谓早晨大，中午小，只是人的眼睛的错觉。

天文学家用现代仪器进行观测，发现太阳在早晨时的横径（水平方向的径长）与在中午时的直径相等，而竖径（垂直方向的径长）却比中午时的直径小了大约五分之一，所以，早晨刚升起来的太阳，看起来有点扁。这是阳光通过大气层产生折射的结果。观测实验的结果表明，由于大气折射的影响，太阳在早晨的面积似乎比在中午时小了一些，而看起来却显得大了许多，说明太阳大小问题，不在于所看到的实象、虚象，而在于眼睛的错觉。这种分歧，在天文学界应该说也已经解决了。

至于眼睛为什么会产生这种错觉，古今中外有过各种解释，归纳起来，大体上有四种说法：

一是湿气说。就是说夜晚，大海湿气蒸发到空中，早晨太阳升起的时候，湿气产生晃漾，蓬勃，人望太阳似乎觉得大了。就像人们看水中的石头似乎比在水外大那样，也都是湿性造成的。[1]

二是明暗问题。就是说早晨天还不太亮的时候，太阳刚出来，显得大些；而在中午，全天大亮，太阳就显得小了。就像同样的火把，在黑夜里显得又大又亮。而在白天，火光就不那么明亮，而且显得小些。一千年前的东汉时代，哲学家王充和天文学家张衡就已经提出这种看法。王充说："日中光明，故小；其出入时光暗，故大。"[2] 张衡说法叫"由暗视明"。现在还有一些天文工作者也持这种见解，只是用了不同的名称，叫做"光渗作用"。

用"光渗作用"解释太阳大小问题，表面上看似乎可以说得通，用它解

---

[1]《古今图书集成》引阳玛诺《天问略》曰："太阳早晚出入时近于地平见大，午时近于天顶见小，何也？……此非由于地之远近也，湿气使然也。盖夜中水气恒上腾，气行空中，悉成湿性，湿以太阳自下而上映带而来晃漾焉，蓬勃焉，人望之以为如是其大耳……试水中所见或石或木，必大于水外者，皆湿性之势也。"中华书局，民国二十三年十月（公元 1934 年）影印版。
[2]《论衡·说日篇》。

释星星和月亮的情况，就遇到困难了。在桓谭《新论》中记载西汉时的关子阳首先发现天刚黑时，从东方升起的星星分布比较稀疏，相距有丈把远。到了半夜，这些星星转到天顶上，看起来就很密，相距只有一两尺远。[①] 南北朝时的天文学家姜岌也观察到猎户座在刚出现于东方的时候，各星之间的距离较大，到天顶时，距离就好像缩小了。后来他又用浑天仪进行观测，结果发现猎户座在东方和在天顶时一样，各星之间的距离没有变化。[②] 这一事实说明，星星之间的距离没有变比，人们觉得在东方时比在天顶时要大一些，这种错觉的产生情况显然跟太阳早晨大、中午小的错觉是一致的。星星间距变化的错觉与"光渗作用"无关，那么，太阳的大小恐怕未必是"光渗作用"的结果。另外，农历初十前后，月亮东升时，天还是亮的，到天顶时，已是深夜，根据"光渗作用"，的道理，月亮在天顶时应该显得大一些，而在初升时则会显得小一些，但是，实际情况并非如此，而正好相反，月亮东升时仍然显得大，到中顶时，虽然在黑天"光渗作用"下，月亮却显得小些。星星的间距、月亮的大小，情况都与太阳一样，都是与"光渗作用"无关的，为什么太阳的大小就与"光渗作用"有关呢？这是值得商榷的。

三是背衬问题。有些人认为，早晨太阳显得大，是由于初开时，地平线上只有一角限的天空，而且附近又有树木，房屋，做它的背衬。而当太阳升到天顶时，在那庞大无比的整个天空背景衬托下，这时太阳就显得渺小了。"这解答未能满意。因在海洋中月出时水天相连接，别无一物可资比较，亦看得大。"[③] 另外，如果人们进入狭谷密林，借助于层层的树木枝叶或山巅作衬，来观察中午的太阳，是否也可以像早晨那么大呢？有的岩洞可以从岩石的裂缝中看见顶上的"一线天"，人们如果通过"一线天"来观察太阳，是否比在"一角天"的太阳显得更大一些？在城市里借助于高楼大树，也可以造成中午

---

① 《隋书·天文志》。
② 同上。
③ 《竺可桢科普创作选集》第 134 页《中秋月》，科学普及出版社，1981 年版。

时的"一角天"，是否也可以看到大太阳呢？有的人用书卷成圆筒来观察初升的太阳，太阳就不显得大。当把书卷紧成一小孔时，看到的太阳却变得更小一些，这是为什么呢？为什么"一线天"、"一孔天"中的太阳不比"一角天"的太阳显得大呢？看来背衬的说法与"光渗作用"一样，在解释某些现象时也许是合适的，对于太阳的大小问题，要解释得比较清楚，还有一定困难。

四是由对天空的错觉所导致的。首先，人们觉得天空像一个球冠形状，天顶似乎比地平线更接近于观测者。这样一来，人们就把同样大小的太阳似乎放在远近不同的位置上来估计，于是就产生了错觉，以为早晨从较远的地平线上刚升起来的太阳，比在较近的天顶上的太阳要大一些。古希腊天文学家托勒密和现代科技史专家李约瑟都持这种看法。用这一说法去解释星距疏密和月亮大小，也都可以说得通。但是，人们对天空为什么会产生像球冠形状的感觉呢？是地面的景物的背衬问题呢？还是地球表面的曲率问题呢？或者是别的什么问题？总之，这是需要作进一步研究的问题。

竺可桢在1948年浙江大学科学团体联合会上对这一问题作了解释，他同意博林的观点。他说："到了近来哈佛大学的生理学教授博林研究这种错觉才知道与我们视觉神经有关。凡看物体直看看得大，下看或上看看得小。假使一个人横卧在地上，就觉得天顶月亮大，天边月亮小了。"①

这个小故事不仅是科学的问题，而且包含着深刻、丰富的哲学问题。如近热远凉、近大远小的经验是否绝对的，是否可以作为推论的前提？推论是否有逻辑错误？为什么会得出相反的结果？圣人是否无所不知？孔子对日远近问题是由于"致远恐泥"，知而不言呢？还是"不知为不知"的求实态度呢？对这一问题不能正确回答，是否就不算有大学问呢？如此等等，不一而足。它在哲学认识论方面，给人以颇多启迪。

_____

①《竺可桢科普创作选集》第134页《中秋月》。

第六章　月的奥秘

日落西山，百鸟投林，风止人息，万籁俱寂。晴空万里，月朗星稀，抬头望月，浮想联翩。月中那些影子究竟是什么？月为什么会圆会缺？在那科学不发达的时代，人们只好用幻想、神话来填补认识上的空白。嫦娥奔月的神话传说就这么产生了。探索月的奥秘，就从神话开始。

一、嫦娥奔月

嫦娥奔月是一个很古老的神话故事。嫦娥是羿的妻子。羿是善射的英雄，曾经奉尧之命，射落九个日，他从西王母那里讨得长生不死药，带回家，想跟妻子一块享用。妻子嫦娥偷吃了长生不死药，飞升上天，到月中去。有的说她带着白兔去，有的说她到月中成了月精，变成了蟾蜍。

这个故事大概产生于先秦，形成于汉代。

像羲和观察日那样，也有专人负责观察月。《吕氏春秋》称这个人为"尚仪"。① 同时有一个作弓的人叫"夷羿"。墨子也称"羿作弓"。②《世本》载：

---

① 《吕氏春秋》卷十七《勿躬》："羲和作占日，尚仪作占月，后益作占岁，胡曹作衣，夷羿作弓"。
② 见《非儒下》。

"常仪占月"。①《帝王纪》也作"常仪"。②《山海经·大荒西经》载:"有女子方浴月。帝俊妻常羲,生月十有二,此始浴之。"帝俊就是帝佶又作帝喾。尚仪、常仪、常宜、常羲、姮娥,③ 实际上都是一个人。古代,姮、尚与常通。仪、宜、娥,相通。所以,嫦娥的名字有许多变化。先说是帝喾的妃子,后又说是羿的妻子,而且偷药奔月,似乎有生动的故事情节,流传比较广。后人的文艺作品中也多以这种传说为依据。如李商隐《常娥》诗曰:"常娥应悔偷灵药,碧海青天夜夜心。"又如杨维桢《修月匠歌》诗曰:"羿家奔娥大轻脱,须臾踏破莲花瓣。"

月中的成员在不断增加。战国时屈原已经知道月中有兔,晋代傅咸说:月中的白兔在捣药。到了唐代,月上已有月宫,宫前已长成一棵五百丈高的桂树。吴刚学仙犯规,被罚在月中砍桂树。④

关于唐明皇游月宫的传说,更觉神奇。最早记载这件事的是郑棨《开天传信记》。他是唐朝人。他在《序》中说:"国朝故事莫盛于开元天宝之际。服膺简策,管窥王业,参于闻听,或有阙焉。承平之盛,不可殒坠,辄因步领之暇,搜求遗逸,传于必信,名曰《开元传信记》。"郑棨限据自己看到、听到的开元天宝年间的事记下来,为了说明可靠性,以便传于必信,题书名为"开天传信记"。关于游月宫的传说,他是这么记载的:

> 上尝坐朝,以手指上下按其腹。朝退,高力士进曰:"陛下向来数以手指按其腹,岂非圣体小不安耶?"
>
> 上曰:"非也。吾昨夜梦游月宫,诸仙娱予以上清之乐,寥亮清越,殆非人间所闻也。酣醉久之。合奏诸乐,以送吾归。其曲凄楚动

---

① 旧题汉宋忠注。
②《史记正义》引《帝王纪》云:"帝喾有四妃……次妃娶訾氏女,曰常仪,生帝挚。"
③《淮南子·览冥篇》:"羿请不死之药于西王母,姮娥窃以奔月。"
④ 唐代段成式《酉阳杂俎·天咫》:"异书言桂高五百丈,下有一人常斫之,树创随合。人姓吴名刚,西河人,学仙有过,谪令伐树。"中华书局,1981 年 12 月。

人，杳杳在耳。吾回，以玉笛寻之，尽得之矣。坐朝之际，虑忽遗忘，故怀玉笛，时以手指上下寻，非不安。"

力士再拜贺曰："非常之事也。愿陛下为臣一奏之。"其声寥寥然，不可名言也。力士又再拜，且请其名。上笑，言曰："此曲名紫云回。"遂载于乐章，今太常刻石在焉。

原来，月上太冷清。嫦娥窃药奔月，独守云房。许多诗人都同情她的寂寞。李白《把酒问月》诗曰："白兔捣药秋复春，嫦娥孤栖与谁邻？"杨亿《无题》诗云："嫦娥桂独成幽恨，素女弦多有剩悲。"刘筠《泪二首》诗曰："欲诉青天销积恨，月娥孀独更愁人。"

如今，月上已是一个"小社会"了。有白兔、蟾蜍，有诸仙，还有喝醉桂花酒后，挥斧砍桂树的壮汉吴刚。嫦娥当然不会感到寂寞了。诸仙要演奏美妙的乐曲，还要有人谱写和演习。嫦娥有了谱曲的工作以后，生活更感到充实了。似乎在月宫中住着一个超一流的乐团，一年到头都有仙乐传出。杜甫听到锦城妙曲，感叹道："此曲只应天上有，人间能得几回闻？"（《赠花卿》）

历代文化人，尤其是音乐爱好者，都很想有朝一日，梦游月宫，会一会嫦娥，听一听仙乐。人类进步的结果，可以登上月球了。人们惊奇地发现，一直向往的地方是一片荒土。科学的现实打破了美妙的幻想。而真正乐土却是自己脚下这个地球！

二、阴宗（方诸）

在阴阳学说中，日属阳，而月属阴。日、火、热是阳的三个层次；月、水、冷则是阴的三个层次。日为阳宗，或积阳之精；月为阴宗，或积阴之精。

日称太阳，月称太阴。

月为阴宗，所有属阴性的东西都与月有关系。

阴阳学说是讲对立统一的，讲阴阳相对立而存在的。它与西方对立统一学说不同之处在于，阴阳学说将对立的双方的基本属性确定下来，一方属阴，一方属阳。但又不凝固化，单纯化，它肯定阴中有阳，阳中有阴。阴阳双方中又各有阴阳，以此推至无穷。从大的说，天属阳，地属阴。天上有日月，日属阳，月属阴。日是阳中之阳，月是阳中之阴。火属阳，水属阴。生物中，植物属阴，动物属阳，动物中天上飞的属阳，地上跑的属阴。地面上动物，地上跑的属阳，水中游的属阴。水中生物，游动的鱼类是阴中之阳，贝壳之类是阴中之阴。在四季四方和四兽的关系中，春在东方，其兽鳞虫，以苍龙为代表，是阴中之阳。夏在南方，其兽羽虫，以朱雀（或凤）为代表，是阳中之阳。秋在西方，其兽毛虫，以白虎为代表，是阳中之阴。冬在北方，其兽为甲虫，以玄武（乌龟）为代表，是阴中之阴。把五行分配到四方中去，火在南方，是太阳；水在北方，为太阴；木在东方，为少阳；金在西方，为少阴。土在中央，是阴阳中和的。对于人体来说，男为阳，女为阴。一个身体，前为阴，背为阳，内为阴，表为阳，下为阴，上为阳。体内脏腑，五脏为阴，六腑为阳。五脏中，心为阳中之阳，肺为阳中之阴，肾为阴中之阴，肝为阴中之阳。脾为阴中之至阴。整个人体，气血为阳，骨肉为阴。气血相对，气为阳，血为阴。骨肉相对，骨为阴，肉为阳。中医将五味、清浊之气、寒暑以及病理、药性都以阴阳差别来说明、治疗。

月为阴宗，中国古人发现这样的现象，月相盈亏的变化对水生动物，尤其是贝类如蚌蛤之类有明显的影响。如《吕氏春秋·精通》：

月也者，群阴之本也。月望则蚌蛤实，群阴盈；月晦则蚌蛤虚，群阴亏。夫月形乎天，而群阴化乎渊。

月圆的时候，水生动物都比较充实饱满，肉多。月晦的时候，水生动物都一齐瘦了。说明月是阴宗，群阴都随着月而产生相应的变化。《鹖冠子》和《淮南子》、《论衡》也都有这类说法。① 连女人的经水来潮也与月有关，故称月经。

月为阴宗。中国古人还用一种试验作为论证。试验的仪器就是方诸。《淮南子·天文篇》说：

阳燧见日，则燃而为火；方诸见月，则津而为水。

唐代欧阳询《艺文类聚》卷一引这句话时，注曰："方诸，阴燧大蛤也。熟摩拭，令热，以向月，则水生。铜盘受之。下水数石也。"这里说的方诸，是大蛤壳，属天然之物。王充说：

今伎道之家，铸阳燧取飞火于日，作方诸取水于月，非自然也，而天然之也。（《乱龙篇》）

后来，方诸已非自然之物，而采取铜铸成方形的。所以，葛洪说："水出于方诸，方诸方而水不方"（《晋书·天文志上》）。蛤壳没有方形的，铜铸的方诸才能是方形的。

《周礼·秋官·司烜氏》载："司烜氏掌以夫遂取明火于日，以鉴取明水于月。"汉郑玄注："夫遂，阳燧也。鉴，镜属，取水者，世谓之方诸。"由此可见，方诸是铜铸的方形镜子。

高诱注《淮南子》时说"下水数滴"，欧阳询说："下水数石"。如果此"石"是十斗之石，那就是奇迹了！恐怕还是"数滴"较为可靠。高诱没有作过试验，只是听"先师说"的。

《诗经》曰："月离于毕，俾滂沱矣。"（《小雅·渐渐之石》）《尚书·洪范》曰："月之从星，则以风雨。"王充也说："众阴之精，月也。方诸向月，水自下来，月离于毕，出房北道，希有不雨。"（《论衡·顺鼓篇》）下雨与月

---

① 《鹖冠子·天则》："月毁于天，珠蛤嬴蚌，虚于深渚，上下同离也。"《淮南子·说山篇》："月盛衰于上，则嬴蚑应于下，同气相动，不可以为远。"《论衡·顺鼓篇》："月毁于天，螺蚄舀缺，同类明矣。"

有关系。当月行接近毕宿的时候，天就会下雨，所以，当"月离于毕"时，孔子要外出，就嘱咐子路带上雨具。（见《论衡·明雩篇》）关于月为阴宗，最为有力的证据却是月和潮汐的相应关系。

三、月行（潮汐）

月行与日行有相似之处。天文学家认为月是右旋的，与天体左旋的方向相反。日每天行一度，月每天行十三度多，比日快十多倍。出入之处，也与日相同。

关于月行与潮汐的关系，发现得可能晚些。在西汉以前，出现过许多博学贤圣，撰写过鸿篇巨著。像《吕氏春秋》和《淮南子》都是征集天下博雅之士共同编写的，全都没有讲到月与潮的关系。所有现存的著作，讲月的很多，也讲月与水、与雨的关系，就是没讲到与潮汐，讲到潮汐也不提月。《山海经》说海潮是大海鳅引起。一只巨大的海鳅钻进海底的一个大洞穴，把穴中的水都排挤出来，海水就涨潮了。当海鳅出洞穴的时候，海水又灌进洞穴，潮水就退了，这就叫汐。[1] 这种说法不能说明为什么潮水一天来两次，也不能说明潮水来去的时间那么有规律性地变化着。

西汉时代，枚乘《七发》对于涛（潮水）产生的原因没有作出说明，只是说"江水逆流，海水上潮"是"似神而非者"的自然现象。但在这篇赋中提到："潮头趤到弭节伍子之山，通厉胥母之场"，大意是："潮头走到伍子之山稍稍停顿，然后再远行至胥母之场。"[2] 也许由此引起新的说法。新的说法是：吴国大将伍子胥受冤枉被吴王夫差杀死，并把尸体煮烂以后，扔到江里。伍子胥冤魂"驱水为涛"，形成了海潮。

---

[1] 晋代周处《风土记》、南宋赵彦卫《云麓漫抄》、明代瞿景淳《潮汐》都引《山海经》的这一说法，而今本《山海经》却无此文。

[2] 北京大学中国文学史教研室选注《两汉文学史参考资料》第 26 页注，中华书局，1962 年。

东汉王充生在东南沿海的会稽上虞（今浙江省上虞县），离海边不远，离钱塘江也不远，对于吴越地理比较熟悉。他经过考察、研究，认为伍子胥冤魂"驱水为涛"的说法是一种虚妄。首先，海边的那些江在伍子胥死之前就有潮水，怎么会是伍子胥冤魂推动的呢？其次，冤枉他的是吴王夫差，冤有主，他应该在吴国的江里驱水为涛，怎么会跑到别国去"为涛"呢？现在不管是吴国的江，还是越国的江都有潮汐现象。再次，吴王夫差已经死了。吴国也灭了，伍子胥为什么还"为涛"不止呢？还有，历史上有许多受冤屈而死的，屈原沉江，申徒狄蹈河，子路受菹，彭越获烹，他们为什么都不会"为涛"，而独独伍子胥会"为涛"呢？如果说伍子胥比别人本事大，那为什么在生前不能营卫自己，死后却能"为涛"呢？活的伍子胥带千儿八百人乘船去驱水，也成不了那么大的涛，死的伍子胥，尸体都煮烂了，还怎么能有那么大的本事呢？从此可见，"驱水往来，岂报仇之义，有知之验哉！"（《书虚篇》）在天人合一的思想影响下，王充认为地的百川也像人体的血脉，是有规律的，"自有节度"，潮汐往来，也像人的呼吸气的出入，是有节奏的。王充说：

涛之起也，随月盛衰，小大满损不齐同。（《书虚篇》）

潮水的发生是随月的盛衰的。潮水发生的时间、大小，都与月有关系。这是第一次将潮汐现象与月联系上。所谓"月正潮平"，就是说，月在中天，即子午线上时，潮水就达到最高峰，即"满"。月向西，潮就退了。相隔十二小时多，又有一次"潮平"。一天两次潮起潮落。每天潮水大小都在变化，从初三开始，潮水逐日变小，到十一小极而大，到十八又是最大，以后变小，到二十五又是小极而大。这是所谓潮水"初三、十八大"。[1] 我国著名的钱塘江高潮是一大景观。为什么钱塘江的潮最壮观呢？王充有个解释："其发海中之时，漾驰而已，入三江之中，殆小浅狭，水激沸起，故腾为涛。……曲江有

---

[1] 福建沿海民谚。有人以为潮水随月盛衰，望大晦小。例如《入药镜》注文以为潮水"至月晦则极其小矣。"见《全真秘要》第89页，中国人民大学出版社，1988年。

涛，竟以隘狭也。"（《书虚篇》）由于狭窄、底浅，海潮来时，在狭浅的江中，都冲起了非常壮观的浪涛。王充关于潮汐现象的论述，先根据历史、地理、人情，从逻辑上驳斥伍子胥冤魂"驱水为涛"的虚妄说法，然后提出潮水与月的相应关系，以及由地形产生高潮的解释，包含科学道理。这些精彩而雄辩的论述，受到英国李约瑟博士的高度赞扬。李约瑟把这段话全部引录在其巨著《中国科学技术史》上，并加评论说："到了公元一世纪，王充就已在他的《论衡》一书中清楚地指明了潮汐对月亮的依赖关系了。他的整段话提供了一个极其值得注意的例子，说明这位伟大的怀疑论者，是怎样把一种民间迷信批驳得体无完肤，所以，我希望读者原谅我把它全部引用在这里。"[1]

　　科学的观点往往都要受到责难。这是很普遍的现象。因为科学的观点往往是反传统的、反时髦的。王充的新见解受到许多人的指责，唐代状元卢肇讥讽王充"徒肆谈天，失之极远"。[2] 他认为海潮是日出入海中激起来，"日激水而潮生"，"潮之生因乎日也"，并且认为这是"必然之理"，[3] 似乎是千真万确的道理。

　　如果潮水是日出海中激起来的，那么，潮水起落时间应该同日出入海中的时间是相应的。例如日出后两小时涨潮，天天如此。而实际上不是这样的。涨潮时间是经常变化的，每天推迟约四十八分钟，约十五天为一周期。这种现象，是卢肇所无法解释的。宋代科学家沈括正是从这一方面批评卢肇的。他说："卢肇论海潮，以谓'日出没所激而成'，此极无理。若因日出没，当每日有常，安得复有早晚?"[4] 沈括是严肃的科学家，他在海上对海潮现象进行长期观察研究，发现：每当月在子午线（正南方）上时，潮就涨平了，反复

① 《中国科学技术史》第二十一章，见汉译本第 762 页。
② 《浑天法》，见姚铉辑《唐文粹》卷五，《四部丛刊》。
③ 《海潮赋》并序，同上书。
④ 沈括《梦溪笔谈·补笔谈》卷二，见胡道静《梦溪笔谈校证》第 931—932 页，古典文学出版社，1957 年。

观察，天天如此，"万万无差"。① 在陆地观察，离海越远，潮就来得越迟。在这里，潮汐现象与月行的相应关系，再一次被严肃的科学家的认真观察所证实。

王充以后，谈论潮汐的人还很多。晋代葛洪提出"天河激涌"说，燕肃又提"随天进退"说，徐兢主张"气升地浮"说，张载提出"大地升降"说。南宋赵彦卫《云麓漫抄》卷七，明代姚宽《西溪丛语》和陶宗仪《南村辍耕录》卷十二都有潮汐方面的各种观点。特别是《南村辍耕录》所录宣昭《浙江潮候图说》把各种说法并列起来，没有分析判断，被称为"古今之论潮候者，盖莫能过之"。② 其实那是一个抄录各种观点的大杂烩！这些观点相互矛盾，如冰炭不相容，他却混为一谈。只能说明他没有弄清是非对错，对潮汐现象没有正确的理解，更没有确定的见解。他远不如王充、沈括那样有独到见解，更不能像他们得出正确的结论。可以说，王充、沈括对潮汐现象的论述，在中国海潮认识史上增加了真理颗粒。而宣昭只是汇集了一堆破烂，没有比前人增加什么合理性。宣昭的贡献是保存了某些有用的东西。

四、月形

月无光，由于日的照射，月才有光亮。这是对月的一种极为重要的基本看法。这种看法最早见于《周髀算经》。《周髀算经》卷下载："故日兆月，月光乃出，故成明月。""兆"同"照"。

月的形状，一般认为是圆的。王充说日月不圆，经葛洪反驳以后，没有人再说不圆了。在西汉后期，对于月的形状有两种看法：一是认为月是球状的，

---

① 沈括《梦溪笔谈·补笔谈》卷二，见胡道静《梦溪笔谈校证》第 931—932 页，古典文学出版社，1957 年。
② 陶宗仪《南村辍耕录》卷十二。

似弹丸；一是认为月是扁的，似铜镜。京房（公元前77～公元前37年）说：

> 月与星辰，阴者也，有形无光，日照之乃有光。先师以为："日
> 似弹丸，月似镜体。"或以为月亦似弹丸，日照处则明，不照处
> 则暗。①

京房的老师是焦延寿，"焦延寿独得隐士之说"。② 月似镜体的说法，可能
出自焦延寿，也可能焦延寿是从隐士那里听来的。总之，在西汉时代已有两种
说法。三国时吴杨泉在《物理论》中，以盈亏变化证明月是圆形即似弹丸的
球形。

> 月，阴之精。其形也圆，其质也清。禀日之光而见其体，日不照
> 则谓之魄。故月望之日，日月相望，人居间，尽睹其明，故形圆也。
> 二弦之日，日照其侧，人观其旁，故半照半魄也。晦朔之日，日照其
> 表，人在其里，故不见也。③

后秦天文学家姜岌《浑天论答难》对月形的讨论，明确提出："月无亏
盈，亏盈由人也。日月之体，形如圆丸，各径千里。月体向日常有光也，月之
初生，日耀其西，人处其东，不见其光，故名曰魄。……研之于心，验之于
日，月体向日有光而形圆矣。"④ 梁武帝则明确提到："星月及日，体质皆圆，
非如圆镜，当如丸矣。"⑤ 梁代天文学家祖暅之、北宋科学家沈括等人也都认
为月是圆球形的。沈括比之为银丸，元代赵友钦比之为黑漆球。⑥ 文学家苏轼
认为月是"大圆镜"。⑦

---

① 《尔雅注疏》卷六《释天》疏引，见《十三经注疏》，中华书局，1980年。
② 《汉书·儒林传》。
③ 《开元占经》卷十一引，中国书店，1989年11月第1版《唐开元占经》第96页。
④ 《开元占经》卷一。
⑤ 同上。
⑥ 《革象新书》。转引自《中国天文学史》第140页，科学出版社，1981年。
⑦ 何薳《春渚纪闻》卷七《辨月中影》引。

总之，月的形状有三说：不圆、圆镜、圆球。月的性质，共认为阴。但有气态和固态之分。沈括、宋应星等都认为是气团。王充认为是石，唐人有"七宝合成"① 的固体之说。关于月中的影子，有的说是桂树、兔和蟾蜍，有的说是大地的影子，何远《春渚纪闻》卷七《辨月中影》引王安石说法："月中仿佛有物，乃山河影也"，又引苏轼诗："正如大圆镜，写此山河影。妄言桂、兔、蟆，俗说皆可屏。"有的说是月体凹凸不平在日光照射下出现的影子。段成式《酉阳杂俎·天咫》中所记载的嵩山隐士的说法："其影，日烁其凸处也"最为正确。

五、月食（暗虚）

日食，了解日月运行轨道，又知道月不发光，就比较容易认识到日月相交之际会出现日食。月食就不同了。月在望的时候才会出现食。盖天说认为日月都在天上，没有什么掩蔽月而产生月食。当浑天说出现以后，可以说地体遮了日光，使月不能承受到日光而出现月食。这种观点最早是由东汉天文学家张衡提出来的。他说：

> 月光生于日之所照……当日之冲，光常不合者，蔽于地也，是谓暗虚。在星星微，月过则食。②

这个"暗虚"就是地球的影锥。这个影锥在虚空中，称为"暗虚"，是很合理的。月和五星经过这个"暗虚"就会出现月食和星微。后秦姜岌对月食问题进行一次答难。大意如下：

难者说：日照耀星月，星月才生光明。但是，月望那一天，半夜的时候，

---

① 段成式《酉阳杂俎·天咫》："君知月乃七宝合成乎？月势如丸，其影，日烁其凸处也。"
②《灵宪》，《后汉书·天文志》注引。

日在地底下，月在地上，中间隔着地体。日光从哪儿过去能照到月呢？大地影子"暗虚"怎么会总在正对着日的那一点上呢？①

这个提问者是个行家，所提问题，一针见血，打中要害。认为地大几万里，而日月直径都是一千里，当然就无法解释地影只在正对着日的一小区域。

难者又说：日夜食则众星亡。按月体不大于地。现在，日在地下，月在地上，地体大还不能掩日光，使它照不到月，月体比地体小怎么能遮蔽日光，使它照不到星呢？②

这个问题是上一问题的继续，属于同类同题。不知道日大于地，这些问题都无法作出正确的解答。晋代刘智也提过类似的问题。他说：

凡是光照，发光体小于掩蔽体，影子就比掩蔽大。日的直径只有一千里，这么大的地体来掩蔽，那么地影（暗虚）要遮过半个天空。星和月被掩蔽，哪能只在交会的时候呢？③

由于不知日大天地，就无法解释地影（暗虚）只相当于月大小的区域。于是，有些科学家和哲学家都想法另找出路。古称（实是张衡）暗虚，不敢妄改，就对暗虚进行新的解释，赋予新的意义。姜岌以两烛作比喻，不能解决问题，受到祖暅之的批评。刘智恢复"阴含阳而明，不待阳光明照之"（同上），推翻"日照月而明生"的前提，更陷于混乱。张载承此说，提出"月不受日之精"④ 而生月食。王夫之认为："此以理推度，非其实也。"⑤

南宋时，朱熹用阴阳学说来讲月食。他认为阴中有阳，阳中有阴。"火日外影，其中实暗"，⑥ 日中有阴，实暗，可以射出暗虚之气，月正对着暗虚之气的时候，就出现月食。有的将暗虚二字分开，说成是"日有暗气，天有虚

---

① 《浑天论答难》，《开元占经》卷一引。
② 《开元占经》卷一引。
③ 《浑天论答难》，《开元占经》卷一引。
④ 《正蒙·参两篇》。
⑤ 《张子正蒙注·参两篇》。
⑥ 《正谊堂全书·濂洛关闽书》引《朱子语类》。

道"。① 月在虚道中运行，被日暗气所射，产生月食。由于许多人误解暗虚，使本来清楚的问题复杂化了。

元代学者史伯璿（公元1298—1354年）对月食和暗虚的混乱说法进行澄清。他先复述朱熹等人的观点："晦朔而日月之合，东西同度，南北同道，则月掩日而日为食。望而日月之对，同度同道，则月亢日而月为之食。"史氏认为"月掩日而日食之说易晓，月亢日而月食之说难晓"，他认为还是张衡的说法是对的。"惟张衡谓对日之冲，其大如日，日光不照，谓之暗虚。暗虚逢月则月食，值星则星微，说无以易矣。"史氏对暗虚作出自己的理解："但不知对日之冲何故有暗虚在彼？愚窃以私意揣度，恐暗虚是大地之影，非有物也。盖地在天之中，日丽天而行，惟天大地小，地遮日之光不尽，日光散出遍于四外，而月常得受之以为明。然凡物有形者，莫不有影，地虽小于天，而不得为无影。既曰有影，则影之所在，不得不在对日之冲矣。盖地正当天之中，日则附天体而行，故日在东，则地之影必在西。日在下，则地之影必在上。月既受日之光以为光，若行值地影则无日光可受，而月亦无以为光矣，安有不食者乎？如此则暗虚只是地影可见矣，不然日光无所不照，暗虚既曰对日之冲，何故独不为日所照乎？"② 这里讲天比地大，又讲日为地掩，来肯定月食由于地影所蔽。除了没有明确提出日比地大之外，其他基本上都是正确的，而且通俗易懂。

明代朱载堉（公元1536—约1610年）给皇帝上书时，讲到月食，认为暗虚是影子，影子遮蔽月产生月食。他用一个白丸比喻月，用一个黑丸比喻产生影子的天体。点个蜡烛象征日。在暗室中，中间悬挂黑丸，左边点蜡烛，右边挂白丸。移动蜡烛，当射向白丸的烛光被黑丸挡住，白丸就得不到烛光，正像月食。③ 这个比喻是十分恰当的。可惜的是，他始终没有说出，这个黑丸就是

---

① 《南齐书·天文志》，中华书局，1972年。
② 史伯璿《管窥外篇》，浙江《平阳县志》卷三十六。
③ 《明史·历志一》，中华书局，1974年。

地体，那个暗虚就是地体的影子。如果朱载堉再前进一步，那么，历代对张衡月食论的所有疑问都会顿时冰释。

六、最后一步

当西方天文学传入中国以后，中国学者发现前人如张衡、史伯璿等人对日月之食的看法与西方人不谋而合。例如：顾炎武（公元 1613—1682 年）在《日知录》中说："日食，月掩日也；月食，地掩月也。今西洋天文说如此。自其法未入中国，而已有此论。"① 下面就引张衡的话来证明。当时有人提出不同看法，说是有一年，月食的时候，日未西没，人可以同时看到日月，说明地并没有遮挡日光射向月。学了西方科学的李鲈说那月亮只是虚像，真正的月亮在地平线下，被地体掩蔽，发生月食。② 李鲈用空气折射产生虚像来解释这种现象是对的。又如，《瓯风杂志籀园笔记》中说：史伯璿的看法"与今泰西天文学家论月食为地影（所蔽）之说正合"。

每一个民族都有自己的传统观念，这种观念深刻地影响着人们的思想，并且形成各民族独特的思维方式。各种思维方式有各自的优缺点。各民族之间的思想碰撞、文化交流，可以互相借鉴，取长补短。这是对各个民族都有好处的正常现象。各民族的发展历史，已经用事实证明了这一真理。闭关自守，夜郎自大，排斥外来思想，都将造成落后。同样，要用自己的思想观念去取代其他民族的思想观念，由于某一时期在某方面有所发展或者由于某方面的科学研究处于领先地位，就以为本民族一切方面都比别人优越。这也是一种阻碍发展的狭隘的观念。

中国从秦汉建立大一统国家以后，直至明朝，郑和下西洋，还给所谓西洋诸

---

① 顾炎武《日知录》，商务印书馆《万有文库》本卷三十第十册第四、五页。
②《明史·历志一》，中华书局，1974 年。

国即从东南亚到非洲东岸的几十个国家送去当时世界上比较先进的历法。郑和率领的船队在印度洋上行驶，浩浩荡荡，十分气派！对自己的成就有些陶醉了，看不到别人的长处，例如，当西方传入近代天文学时，一些思想家认为西洋人的天文学除了望远镜之外，都是剽窃中国的思想。王夫之说："西洋历家既能测知七曜远近之实，而又窃张子（张载）左旋之说以相杂立论。盖西夷之可取者，唯远近测法一术，其他则皆剽袭中国之绪余，而无通理之可守也。"① 在朝廷上，抵制外来思想则更为严重。"自利玛窦入中国，测验渐密，而辩争亦遂日起。终明之世，朝议坚守门户，迄未尝用也。"② 西方望远镜的观测技术比较高明，而历法则各有优缺点，所以讨论来讨论去，始终未能采用西方的历法。当然，中国学者或官僚中也不乏开明之士，如王锡阐、梅文鼎、徐光启等人。他们深入研究中西各种历法，取精去粗，唯是而从，绝无门户之见。

王锡阐（公元 1628—1682 年），号晓庵，是清初重要的民间天文学家，著《晓庵新法》。他"考证古法之误而存其是"，对外来的历法也采取分析的态度，"择取西法之长而去其短"，注意天文观察，积累丰富经验，"兼通中西之术"。③ 梅文鼎称他"能兼中西之长，且自有发明。"④ 《四库全书总目》《晓庵新法》提要说："锡阐独闭户著书，潜心测算，务求精符天象，不屑于门户之分。"⑤ 《四库全书总目》提要称梅文鼎"是皆于中西诸法融会贯通，一一得其要领，绝无争竞门户之见。"⑥

徐光启、李之藻、李天经等人提倡西历，经过长期的争论，始终未能实施新的西历。

直到明清之际，经过明末清初一场天文历法的争论以后，天文历法界肯定

① 《思问录外篇》。
② 《四库全书总目》卷一〇六《御定历象考成》提要。
③ 潘耒《晓庵遗书》序，见乾隆《震泽县志》卷三十六《集文》。
④ 见乾隆《震译县志》卷二十《隐逸》。
⑤ 《四库全书总目》卷一〇六。
⑥ 《四库全书总目》卷一〇六《勿庵历算书记》提要。

了西方天文历法的优点。在这种时候，一种盲目崇洋的错误倾向很可能抬头，从自高走向自卑。对于这种情况，当时清朝政府还是注意到了的。明万历年间传教士阳玛诺（Emmanuel Diaz）来中国，著《天问略》来解释中国讨论上千年未解决的暗虚问题。他说：

> 日轮圆光大于地形也，地之影渐锐而小，至有尽焉，甚明也。凡星月无光，借日之光，太阳照及其体则光生焉，不然则否。倘日与地等，地或更大焉，则其影为无穷之影，宜射荫直过诸星之天，必见诸星有食焉者矣。今惟地体甚小，锐影有尽，不到诸星之天。故日光无碍，照及木、火、土以及列宿诸天，而诸星恒明，光无朦也。①

这里讲的日大地小是非常正确的，解决了暗虚的问题。朱载堉没走完的最后一步，由西方的传教士阳玛诺代替了。这里所谓"诸星之天"似乎还是西方九层天的内容。他把所有星（包括恒星）都看作不会发光的，现在看来也是不对的。清朝同意出版这本书，并收入《四库全书》加以介绍，是基本肯定的。阳玛诺在该书《序》中，"舍其本术而盛称天主之功，且举所谓第十二重不动之天为诸圣之所居，天堂之所，在信奉天主者乃得升之。"清代学者认为他的这些说法是骗人的，"盖欲借推测之有验，以证天主堂之不诬。用意极为诡谲。然其考验天象，则实较古法为善。今置其荒诞售欺之说，而但取其精密有据之术，削去原序，以免荧听。"②

删去宣传天主教的《序》，保存"精密有据"的天文学内容。这是很恰当的做法。取其精华，去其糟粕。清朝前期统治者对外来思想已经懂得这种正确的原则，并且付诸实施。

清朝后期统治者被帝国主义列强打怕以后，关起门来，患了恐洋症。不但

---

① 《古今图书集成》卷一，清雍正四年（公元 1726 年）编，中华书局，民国二十三年（公元 1934 年）影印。
② 《四库全书总目》卷一〇六《天问略》提要。

怕洋人的舰坚炮利，而且也怕洋人的学术思想。似乎洋人的学说也会扰乱龙床的安宁。从明初到清末，中国统治者对外来思想的态度正好转了一百八十度，从一个极端转到另一个极端。

第七章　繁星世界

天上，除了日月，就是星星。星星无数，宇宙无边。苍茫天穹就是无限的繁星世界。

天的中央是北极，那里有北极星，也称极星。

一、北极星

中国古人对北极星的认识是相当早的。在两千五百年以前的春秋时代，孔子就说过北极星在那儿不动，其他众多的星都围绕着它转。他说：

> 为政以德，譬如北辰，居其所而众星拱之。（《论语·为政》）

孔子认为实施德政，人民就会团结在他的周围，就像北极星那样，在那儿不动，众星围绕着它旋转。孔子在这里用北极星在众星中的中心位置来比喻实行德政的人在人民中的中心位置。这说明，当时人们对北极星是天体上不动的中心已有普遍的认识。或者说，至少这在读书人中已经是常识。战国中期以前的人对此没有怀疑。

北极星附近有五颗星，有一颗是不动的，像车轮的中心轴，像枢纽，因此把那一颗星称为纽星，表示是转动着的天体的枢纽。这就是北极星。西方天文学称为鹿豹座4339。

公元五世纪的南北朝时代，南朝的科学家祖暅之"以仪准候不动处，在纽星之末，犹一度有余"（《隋书·天文志上》）。用仪器观测天体不动的地方，在纽星之外一度多。这就打破了传统的见解。

公元八世纪的唐代天文学家梁令瓒经观测发现天不动处离纽星"乃径二度有半"（《宋史》卷四八）。梁与祖又不同，是度量问题，还是仪器精确度问题？十一世纪的北宋科学家沈括也进行了实测。他详细叙述了实测过程和结果，就像现代公布科学实验报告那样。他用一个长窥管来观察极星，初夜时，极星在窥管中，过了一会儿，再从固定的窥管中看不见极星。极星跑到窥管外去了。这首先可以说明极星不是不动的。究竟不动处离极星多远呢？他用逐渐扩大窥管的办法，使极星在窥管内旋转。经过三个月的时间，每天初夜、中夜、后夜各画一图，共画二百多张图，才搞清楚这一问题。后来他移动窥管，使极星沿着窥管边缘之内旋转，"夜夜不差"（《梦溪笔谈》卷七）。然后测出天极不动处离极星有三度多。

十二世纪的南宋初年，天文学家邵谔也进行了观测，结果认为天极不动处离极星达四度多。

把这些观测结果、年代，列表如下：

观察者	汉代	祖暅之	梁令瓒	沈括	邵谔
观察年代（公元）	约100	502	730	1074	1144
观察结果 （极星与天极距离）	○	一度多 （1.6）	二度半 （2.5）	三度多 （3.9）	四度多 （4.2）

根据梁令瓒观测年代和计算结果，可以推算出约每二百五十年极星距天极增加一度。然后推算出祖暅之的一度多为一点六度，沈括的三度多为三点九度，邵谔的四度多为四点二度。因为汉代时间大约定于张衡的时代，所以所有

推算的结果都是近似值。

科学家经常要用自己的实验来检验过去的科学成果。当自己实验结果与传统说法不同时，要继续深入研究。发现问题应该是研究的起点，而不能根据自己一时一人的实验而轻易否定前人的科学研究成果，也不能盲目相信古人而妄自菲薄。要知道真理不是一次实验所能检验、所能确定的。许多真理都是经过反复检验，才逐渐确立起来的，而且还要在实践中不断补充、修改，才逐渐完善、精确的。

现在，人们已经知道，地球不是正圆球形的。赤道半径（六千三百七十八公里）比极半径（六千三百五十七公里）约长二十一公里。太阳、月球和行星对地球各部分作用力不平衡，使地球自转轴的方向发生极为缓慢的变化。地球自转轴的北极所指的恒星天的位置也在不断移动，移动一周约需二万五千八百年。也就是说，人们所看到的北极不动处是常动的，不是固定的。现在所看到的就不是过去的北极，今后也不是现在这个样子。大约再过六千年，北极就会移到造父星，造父星成了那时的北极星。过一万两千年左右，北极移到织女星附近，那时的北极星就是织女星。由于以上这种原因，祖暅之和沈括相隔五百多年，观测结果不一致是正常的现象，不存在谁对谁错的问题，应该说都是基本正确的。因为实践本身是发展的，人们的认识也是发展的。古人对北极不动处的观测，给后人留下了有益的启示。

《史记·天官书》和纬书《文耀钩》所谓天极星就是北极星，是天皇大帝即太一神所常居的地方。太一，又叫泰一，是天神中最尊贵的。天帝居的中宫，又叫紫微垣、紫宫，说明这是发号施令的地方，是主宰天神运动的中心。所以，地上的皇帝也把自己居住的地方叫"紫禁城"，表明这里是中央集权的所在。

二、北斗七星

中国对北斗七星有很多说法。首先，这七颗星各有名称，第一天枢，第二旋，也作璇。第三机，也叫玑。第四权，第五衡，第六开阳，第七摇光。第一至第四，合称为魁。第五至第七称为摽。《晋书·天文志》说："一至四为魁，五至七为杓。"又说："魁四星为璇玑，杓三星为玉衡。"《尚书·舜典》上的"有璿玑玉衡，以齐七政。"就是指根据北斗的方位来确定日月五星的位置。有的人认为"璿玑玉衡"是玉制的天文仪器。（见《尚书正义》注）

北斗七星还有许多名称和意义。

其一，"第一曰正星，主阳德，天子之像也；二曰法星，主阴刑，女主之位也；三曰令星，主中祸；四曰伐星，主天理，伐无道；五曰杀星，主中央，助四旁，杀有罪；六曰危星，主天仓五谷；七曰部星，亦曰应星，主兵。"（《晋书·天文志上》）

其二，"一主天，二主地，三主火，四主水，五主土，六主木，七主金。"（同上）这是让北斗主之宰天地和五行。

其三，"一主秦，二主楚，三主梁，四主吴，五主燕，六主赵，七主齐。"（同上）这是将北斗七星与春秋战国时代的七个诸侯国相联系。这里有吴没有越，有赵没有魏和韩，有梁没有鲁和宋。

其四，"七政者，北斗七星，各有所主：第一曰正日；第二曰主月法；第三曰命火，谓荧惑也；第四曰煞土，谓填星也；第五曰伐水，谓辰星也；第六曰危木，谓岁星也；第七曰剽金，谓太白也。日月五星各异，故曰七政也。"（《史记·天官书》索隐）北斗七星主宰日月五星。

其五，北斗七星与四季的联系。《鹖冠子·环流》载："斗柄东指，天下皆春；斗柄南指，天下皆夏；斗柄西指，天下皆秋；斗柄北指，天下皆冬。斗柄运于上，事立于下，斗柄指一方，四塞俱成。"傍晚时，北斗的斗柄所指的方向跟地上的季节相应的关系。因此，北斗七星"运乎天中，而临制四方，以建四时"（《晋书·天文志上》）。

汉代人把北极星当作天帝，把北斗看作天帝所乘的车。于是北斗就有了特殊的地位。如说：

> 斗为帝车，运于中央，临制四向。分阴阳，建四时，均五行，移
> 节度，定诸纪，皆系于斗。（《史记·天官书》）

北斗是天帝的车，天帝乘北斗车在中央运行，统制各方，主宰阴阳、四时、五行。在这种体系中，日月五星也在北斗的统辖之下，于是，北斗成了"七政之枢机，阴阳之元本"（《晋书·天文志上》）。

地球绕太阳的公转运动，与北斗星的相对角度产生变化，因此，四季变化与北斗视位置正好有相应关系。这种相应关系是自然的，没有主宰和被主宰的关系。

三、五行星

五行星指金星、木星、水星、火星、土星。中国古代很早就已经观察到这五颗星，并且作了认真的观测研究。

在《史记·天官书》中首先提到的是岁星，因为岁星在五行中属木，所以后来就叫木星。岁星"曰东方，木，主春，日甲乙。义失者，罚出岁星。"岁星代表东方，在五行中属木，主宰着春季，管辖的日期是甲和乙两天。谁办了不义的事，由岁星负责惩罚。岁星运行的周期是十二年，"十二岁而周天"。天上分十二次，岁星每岁运行经过一次，"岁行一次，谓之岁星"（杨泉《物理论》）。岁星又叫"摄提"、"重华"、"应星"、"纪星"。《史记》列出这么

多名称，却没有"木星"这个名称。

其次是荧惑。《天官书》称："曰南方，火，主夏，日丙丁。礼失，罚出荧惑。"荧惑在方位中的南方，五行中属火，四季主宰夏天，日期中管辖丙、丁两日。违背礼制，由荧惑进行惩罚。

第三是填星，属土，即后来称为土星。

第四是太白，属金。太白的名称特别多，如殷星、太正、营星、观星、宫星、明星、大衰、大泽、终星、大相、天浩、序星、月纬。"太白晨出东方为启明，昏见西方为长庚。"（《史记索隐》引《韩诗》）太白又叫启明、长庚。还有很多名称，如《天官占》说太白又名"在正"、"荧星"、"官星"、"梁星"、"灭星"、"大嚣"、"大衰"、"大爽"（见《史记正义》引），但也没提到"金星"这个名称。到了南北朝时代的南朝，徐陵的《徐孝穆集》中有"金星将婺女争华，麝月与嫦娥竞爽。"的诗句，已有"金星"这一名称。南宋朱熹说："启明、长庚，皆金星也。"（《诗集传》）也使用"金星"这个名称。

五是辰星，属水。辰星有七个名称：小正、辰星、天兔、安周星、细爽、能星、钩星。也没出现"水星"的名称。

天上许多恒星的相对位置没有明显变化，古人以为它们都是嵌在天体上，不会移动，能移动的只有七政：日月五星。古人注意观测五星的运行轨迹和周期，发现它们基本上是沿着天体旋转的相反方向运行。天从东向西旋转，古称"左旋"，日月五星都是从西向东旋转，古称"右旋"。五星在运行中速度有快慢（古称"疾徐"），也有停止不行（古称"留"）的时候，还会退行（古称"逆行"）。行星与日相合，看不见，叫"伏"。所以，五星在运行中有合见、迟速、逆顺、留行的各种情况。

古人经过长期观测计算，五星运行会合周期也日益精确。《五星占》保存秦代的资料，《汉书·律历志》保存《太初历》的数据，与现代测值作一比较，是可以发现中国古代的天文数值的精确度。列表如下：

星名		水星	金星	火星	木星	土星
会合周期	《五星占》		584.4		395.44	377
	《太初历》	115.91	584.13	780.53	398.71	377.94
	现代测值	115.88	583.92	779.94	398.88	378.09

行星与日相合，看不见，叫伏。两次伏之间的日期叫做会合周期。据《太初历》测定水星的会合周期为一百一十五点九一日，现代测值为一百一十五点八八日，相差零点零三日，不到一小时。土星会合周期与现代测值也只差零点一五日，不到四小时。其他行星的会合周期与现代测值也都没有相差一天的。这说明中国是天文学发达比较早的国家之一。

行星在恒星天上的位置，经过若干时日，又回到这个位置上。这是行星运行周期，也叫恒星周期。关于行星的恒星周期，列表如下：

星名		水星	金星	火星	木星	土星
恒星周期	《五星占》				12 年	30 年
	《太初历》	1 年	1 年	1.88 年	11.92 年	29.79 年
	现代测值	87.97 日	224.7 日	1.88 年	11.86 年	29.46 年

火星周期，《太初历》与现代测值一致，木星、土星的周期也都比较接近。水星、金星的周期差距较大。

除了行星与日会合之外，还有两行星的会合，三行星的会合，四行星、五行星的会合问题。《史记正义》引《星经》文：

> 凡五星，木与土合为内乱，饥；与水合为变谋，更事；与火合为旱；与金合为白衣会也。

五行星，木星与土星会合，是内乱、饥荒的征兆。木星与水星会合，是政变或改革的预兆。木星与火星会合，就会产生旱灾。木星与金星会合，将有丧事发生。

关于五行星运行中的迷信说法还很多，不能一一列举。

四、二十八宿

为了观测日月五星的运行，古人将天上的恒星标上名称。日在天上运行，一日行一度，三百六十五又四分之一日运行一周天，这就是一年。于是，将天体分为三百六十五点二五度。在日运行的轨道附近有二十八颗星恰好在度上，所以就将这些星作为标志，合称二十八宿。单个星不好辨认。古人将这颗星与附近的几颗明显的星联系成一个图形，赋予名称，便于指称。

这些星又分为东西南北四个区，每区有七宿。东方七宿是角、亢、氐、房、心、尾、箕。北方七宿是斗、牛、女、虚、危、室、壁。西方七宿是奎、娄、胃、昂、毕、觜、参。南方七宿是井、鬼、柳、星、张、翼、轸。

四方有四象。以四种动物作为代表。东方苍龙，南方朱雀（或赤乌），西方白虎，北方玄武。玄武是乌龟。北京故宫博物院北门原名"玄武门"就是这么来的。清朝避康熙玄烨的讳，改为"神武门"。

中国古代把动物分为五大类，即鳞、羽、毛、甲、倮。鳞即带鳞的鱼类，龙是其代表，羽指有羽毛的鸟类，朱雀（赤乌，后来用凤）来作代表；毛指兽类，以虎为代表；甲指带壳的动物，以乌龟为代表；不带鳞羽毛甲的归为一类，称为倮，是以人为代表。天上四象就是根据地上动物分类来命名的。四类分四方，倮类居中央。

二十八宿那些名称历代星相家各有不同的说明，似乎都是自己的理解。例如说"虚是废墟的意思"等。汉代把天上的星座看作一个社会，把二十八宿以内看作一个皇城。对二十八宿就从这种观念出发进行解释。例如：东方七宿的角宿，《唐开元占经》卷六十载："角二星，天关也。其间，天门也。其内，天庭也。故黄道经其中，日月五星之所行也。角主兵。"石氏认为："两角之间是中道，角一名天田，一名天根。右角为尉，左角为狱。角者，天之府庭也。天门者，左右角之间，天道之所治也，阳气之所升也，臣之象也。"（同上）

中国古代还有分野说，就是说天上的二十八宿与地下的九州相应。《史记·天官书》载：

> 角、亢、氐，兖州；房、心，豫州；尾、箕，幽州；斗，江、湖；牵牛、婺女，扬州；虚、危，青州；营室至东壁，并州；奎、娄、胃，徐州；昴、毕，冀州；觜觿、参，益州；东井、舆鬼，雍州；柳、七星、张，三河；翼、轸，荆州。

有的人又将二十八宿与地下的诸侯国相对应，如《淮南子·天文篇》载：

> 角、亢，郑；氐、房、心，宋；尾、箕，燕；斗、牵牛，越；须女，吴；虚、危，齐；营室、东壁，卫；奎、娄，鲁；胃、昴、毕，魏；觜觿、参，赵；东井、舆鬼，秦；柳、七星、张，周；翼、轸，楚。

《史记》有州而无诸侯国，《淮南子》有诸侯国而无州。

这些分野举一例子即可说明。在宋景公时，荧惑守心，荧惑（即火星）停留在心宿处。星相家子韦说："荧惑是代表上天进行惩罚的。心宿是宋国的分野。荧惑守心，表示上天要惩罚宋国的国君。分野说是星相家进行占星的理论基础。这也是天人合一、天人感应理论的组成部分。例如，齐景公时，荧惑守虚，过年也不去。齐景公问晏子天要惩罚谁，晏子说惩罚齐国。齐景公不高兴，也有怀疑："天下大国十二，皆曰诸侯。齐独何以当？"晏子说："虚，齐野也。"虚宿是齐国的分野。后来，齐景公按晏子的说法行动，坚持了三个月，荧惑就离开了虚宿。这是政治、占星术和天人感应说相结合的产物。（事

见《晏子春秋》卷一）

五、三垣、五官、十二次、十二辰

古人将天上星象看成一个社会。北极是天的中央，也像首都皇城是国家的中心。因此，在北极附近，星象组成三个垣：一是紫微垣，又称紫宫、紫垣。主要包括北斗七星以内以北极为中心的一批星象。以北极为中心，右边有七颗星排列成一条弧线，称为右枢。左边有八颗星排列成一条相反的弧线，称为左枢。这两条弧线正好围成一个像"垣"的样子。这大概就是名叫"紫微垣"的原因。在紫微垣的东北方是太微垣，紫微垣的东南方是天市垣。

五官。《史记·天官书》将北极周围定为中官，二十八宿分四方，分别为东官、西官、南官、北官等四官，与中官合称五官。

《吕氏春秋》和《淮南子》对四方五行相配时，东方属木，春季、苍（青）龙；南方属火，夏季、朱鸟（雀）；西方属金，秋季、白虎；北方属水，冬季、玄武。土呢？他们将中央属土，黄龙，系于夏季后面。在星象上，把轩辕黄帝当作中央帝系于南官。

《隋书·天文志》则把二十八宿分为四方，二十八宿以内为中官，以外为外官。这样共有六官。

今本《史记》把五官称为五宫，即中宫、东宫、南宫、西宫、北宫。陈遵妫先生认为，"宫"字实系"官"字之误。[1]《天官书》也可以作为旁证。

十二次。二十八宿这么一圈还有十二次的分法。日一年运行一周天，一个月所运行经过的区域叫做一次。一年十二个月，经过一周天，于是把周天分为十二次。次是次序的意思，指日依次经过这些地方。岁星十二年一周天，每岁

---

[1]《中国天文学史》第265页。

到达一次。这十二次也有一串怪名称，分别是：

星纪、玄枵、诹訾、降娄、大梁、实沈、鹑首、鹑火、鹑尾、寿星、大火、析木。

《汉书·律历志》将十二次与二十八宿、二十四节气都相对应起。如说：

星纪，初斗十二度，大雪。中牵牛初，冬至。终于婺女七度。

十二次的第一次星纪从二十八宿的斗宿十二度开始。这一点就是二十四节气中的大雪。中经牵牛初度，那是冬至，终于婺女七度。婺女宿共十二度，七度以后就属于十二次的第二次玄枵。玄枵从婺女八度开始，相应的节气是小寒。中间在危宿初，相应节气为大寒。结束于危宿十五度。接下去：

诹訾，初危十六度，立春；中营室十四度，惊蛰；终于奎四度。

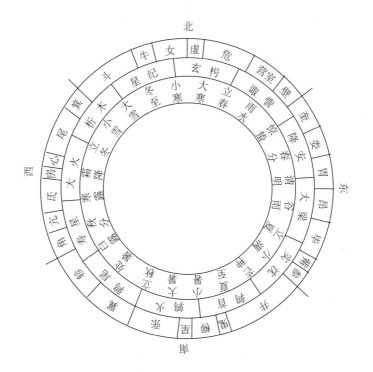

降娄，初奎五度，雨水；中娄四度，春分；终于胃六度。

大梁，初胃七度，谷雨；中昴八度，清明；终于毕十一度。

实沈，初毕十二度，立夏；中井初，小满；终于井十五度。

鹑首，初井十六度，芒种；中井三十一度，夏至；终于柳八度。

鹑火，初柳九度，小暑；中张三度，大暑；终于张十七度。

鹑尾，初张十八度，立秋；中翼十五度，处暑；终于轸十一度。

寿星，初轸十二度，白露；中角十度，秋分；终于氐四度。

大火，初氐五度，寒露；中房五度，霜降；终于尾九度。

析木，初尾十度，立冬；中箕七度，小雪；终于斗十一度。

十二辰。与天上十二次相对应的，地上有十二辰。《晋书·地理志》载："天有十二次，日月之所躔；地有十二辰，王侯之所国也。"《旧唐书·天文志》载："天文之为十二次，所以辨析天体，纪纲辰象，上以考七曜之宿度，下以配万方之分野。"这个分野就是指与天文相对应的地上侯国。

古人把一日划分为十二时刻，每一时刻都用十二支来命名，分别叫子、丑、寅、卯、辰、巳、午、未、申、酉、戌、亥，合称十二辰。一时辰相当于现在的两个小时。从午夜开始，夜十一时到一时为子，一时到三时为丑，三时到五时为寅，五时到七时为卯，七时到九时为辰。以此类推。

辰字有很多用途，十二辰也有不同意义，这是必须注意的。

星辰，一般是天文学研究所需要而命名的。也有一些星辰名称却与民间传说、神话故事相联系。

六、牛女、参商

牛女，二十八宿中有牛宿、女宿，它们分别是摩羯星座的 β 星和宝瓶星座

的 ε 星。民间盛传的牛郎织女星却不是牛宿和女宿。牛郎星又叫河鼓星，是天鹰星座 α 星，两旁有两颗小星，形成中间大两头小的橄榄式。织女星是天琴星座的 α 星，这星的旁边也有两颗小星，组成一个三角形，像犁头的样子。牛郎星和织女星分别在银河的两边。民间说："牛郎东，织女西，牛郎橄榄式，织女犁头尖。"又说它们隔着银河，在每年阴历七月初七那一天夜里，成千上万的喜鹊组成桥梁，架在银河上面，让他们相会一次。牛郎星与织女星距离约为十六光年，牛郎以光的速度飞行十六年才能到达织女星，他们在一夜之间当然是无法相会的。七夕相会，鹊桥飞渡，过去是神话传说，后来是艺术美化，不是科学。

参商，参指二十八宿中的参宿，商指二十八宿中的心宿，也叫辰星。《春秋左传》鲁昭公元年载子产的话说："古代高辛氏有两个儿子，长子叫阏伯，老二叫实沈，居住在旷林。两个儿子不团结，每天都要打架。尧认为不好办，只好把阏伯派到商丘去主管辰星，亦称商星，即心宿。派实沈到大夏去主管参星。"① 参星在西方，心宿在东方，彼此不相见。因此杜甫诗句有："人生不相见，动如参与商。"② 十二次中有实沈，与参宿、觜宿等相应，可能与上述传说有关。"实沈，参神也。"③ 以参宿的神为十二次的一次。

七、寿星、彗星、流星雨

中国古人对许多星象还有研究。例如古人认为寿星出现，天下安定，如果向它祈祷，它就会给人以福寿。《史记·封禅书》载：《寿星祠》《索隐》：

---

① 《春秋左传注》载："子产曰：'昔高辛氏有二子，伯曰阏伯，季曰实沈，居于旷林，不相能也，日寻干戈，以相征讨。后帝不臧，迁阏伯于商丘，主辰……迁实沈于大夏，主参'。"
② 杜甫《赠卫八处士》。
③ 《春秋左传注》载："子产曰：'昔高辛氏有二子，伯曰阏伯，季曰实沈，居于旷林，不相能也，日寻干戈，以相征讨。后帝不臧，迁阏伯于商丘，主辰……迁实沈于大夏，主参'。"

"寿星，盖南极老人星也，见则天下理安，故祠之以祈福寿。"这里的"寿星"不是十二次中的"寿星"，而是南极老人星。西名叫船底座 α 星。在中原地区，很难看到它，因为它在接近南天的地平线上。但是，在南海上看它就容易，它在地平线以上很高的地方。唐代人观察到它，发现"老人星殊高"，[①]否定浑天说所讲南极入地三十六度的观点。

不经常出现的彗星，也被古人认为是凶兆的异常天象。例如京房认为："君为祸则彗星生也"，[②] 皇帝做了坏事，彗星就产生了。郑康成说："彗星主扫除"。[③] 彗星长长的，像扫帚，有的几尺长，有的几丈长，还有的从天的这一边达到天的那一边那么长，古人称作"长竟天"。从彗星像扫帚，说它主管扫除，进而又说它象征"除旧布新，改易君上"，[④]换句话说，就是改朝换代。改朝换代就因为君臣失政所导致的必然结果，所以《荆州占》说："彗星见者，君臣失败，浊乱三光，逆错变气之所生也。"[⑤]石氏称："扫星者，逆气之所致也。"[⑥]董仲舒说是"恶气之所生也"。[⑦] 刘向也认为是"君臣乱于朝，政令亏于外"[⑧] 导致彗星出现。总之，彗星是凶兆。高帝三年七月出现彗星，刘向认为当时项羽当楚王，彗星"除王位"，表明楚将要灭亡。[⑨] 另一次，宣帝地节元年正月，"有星孛于西方，去太白二丈所"，西方天空彗星离太白星有两丈远的地方。刘向认为："太白为大将，彗孛加之，扫灭象也。"结果呢？"明年，大将军霍光薨，后二年家夷灭。"[⑩] 彗星接近太白星，太白是大将，所以第二年大将军霍光就死了，再过二年，霍家灭族。古代经常把天象变化跟社会政事联系起来，似乎其中有什么必然的因果关系。越联系越相信占星术，使占星术世代相传、经久不绝。正因为这样，中国古人对彗星的出现都认真观

---

① 《旧唐书·天文志》。
② 见《开元占经》卷八十八《彗星占上》，恒德堂藏板，万历丁巳（公元1617年）刻本。
③ ④⑤⑥同上。
⑦ 《汉书·五行志》。
⑧ 见《开元占经》卷八十八《彗星占上》，恒德堂藏板，万历丁巳（公元1617年）刻本。
⑨ 同上。
⑩ 《汉书·五行志》。

察，详细记录。关于哈雷彗星，中国历代史书都有完整系统的记录，保存了珍贵的天文资料。在《春秋经》鲁文公十四年载："秋七月，有星孛入于北斗。"《公羊传》曰："孛者何？彗星也。"[1] 近代天文学家认为这次所见彗星就是哈雷彗星。哈雷彗星平均每隔七十六年行近太阳一次，肉眼可见。从这次鲁文公十四年（公元前 613 年）看到哈雷彗星到清朝末年，共看到三十一次，在我国史书中均有详细记载。各国史志也有一些记载，多不系统。而且公元前 613 年这一次也是最早的一次。过了两千多年，英国天文学家、格林威治天文台台长哈雷（公元 1656—1742 年）利用万有引力定律推算出这颗彗星的运行轨道。

中国古人对非常壮观的流星雨现象也有记录。《春秋经》鲁庄公七年载："夏四月辛卯，夜，恒星不见。夜中，星陨如雨。"鲁庄公七年，即公元前六八七年，这也是世界上比较早的有关流星雨的记录。流星雨现象少有发生，后来的人没见过流星雨，对"星陨如雨"作了不正确的理解，使这一记载长期受到歪曲。例如，《春秋左传》载："夏，恒星不见，夜明也。星陨如雨，与雨偕也。"理解为陨星与雨一起下。下雨何得"夜明"？现代也有流星雨现象发生，例如据古巴《格拉玛报》1984 年 4 月 23 日报道，墨西哥城上空出现一场流星雨。起初它像一颗流星陨落，紧接着又是一颗陨落，以后便是一大群闪闪发光的星体像雨一样地落下。所以构成这场"雨"的星星，似乎来自同一个地方，天文学上称这个地方叫辐射点。这种现象在墨西哥城上空持续了三个晚上。（见《北京晚报》1984 年 6 月 18 日）

八、超新星

我国对超新星的观察和记载也是比较早的。例如，在《宋会要辑稿》中

---

① 《十三经注疏》。

记载，北宋至和元年，即公元 1054 年，"五月晨出东方，守天关，昼见如太白，芒角四出，色赤白，凡见二十三日。"《宋史·仁宗本纪》载："宋嘉祐元年三月辛未，司天监言自至和元年五月客星出东南方，守天关，至是没。"这颗新星从公元 1054 年 6 月 10 日到 1056 年 4 月 6 日可以看到，长达一年零十个月之久。"① 《宋史·天文志》也记载这颗新星，在"太白昼见经天"条目下，记有"至和元年五月壬辰，九月己丑，十月辛卯，皆昼见。三年四月己丑，昼见。"嘉祐元年就是至和三年。《天文志》只记"昼见"的日子，基本一致。这颗在天关方位上的白天看到像"太白"金星那么明亮的超新星经过几百年演化成现在的蟹状星云及其中心的脉冲星。北宋时代对这颗超新星的记载，为研究蟹状星云的演化发展史提供了重要资料，并为天体演化理论提供了可靠的证据，在二十世纪物理学发展史上是颇有意义的。美国物理家维基·韦斯科夫在《二十世纪物理学》中写道："有一次这样的爆炸发生在公元 1054 年，它遗留下著名的蟹状星云；我们观察这个星云，可以看到爆炸的余烬还不断膨胀，中央则是一个脉冲星。这次爆炸必定曾经是一次非常壮观的现象，开始几天它的亮度甚至超过金星。当时欧洲的智力水平，同今天相比竟是如此地不同：没有人觉得这种现象是值得记录的。在现代欧洲的编年史中什么记录也找不到，而中国人却为我们留下了这次星象的初现及其逐渐消没的细致的定量描述。欧洲的思想在文艺复兴中才发生巨大变化，这件事难道不是有力的见证吗?"② 这说明，欧洲在文艺复兴之前，在某些科学领域是落在我国之后。

---

① 见陈遵妫《中国天文学史》第三册第 1177 页注②。
② ［美］V. F. 韦斯科夫《二十世纪物理学》汉译本第 21—22 页，科学出版社，1979 年。

第八章　历法

恩格斯说过："科学的发生和发展一开始就是由生产决定的。"① 农业民族为了定季节，就已经绝对需要天文学。天文学的实际应用，首先是制订历法。

一、历法的产生

《周易·系辞上》载："仰以观于天文，俯以察于地理，是故知幽明之故。"这里所谓"仰观"和"俯察"，现在就叫"观察"。天文学的实践主要是观察，历法也是在观察的基础上产生的。"在天成象，在地成形，变化见矣。"观察天上的"象"即日月星辰，观察地上的"形"即山川动植万物，对天象地形的观察，可以看到自然的变化。天上变化最明显的就是日月，因此，大概观察首先也应是以日月为对象的。

人们首先感觉到的当然是昼夜的变化，这个变化跟太阳的升落密切相关，太阳从东方升起的时候，天就亮了，太阳西落之后，天就黑了。第二天又是这样重复一次。"物质生活中提不出重复的刺激，精神生活中便形不成相应的反

①《自然辩证法·科学历史摘要》第 162 页，见人民出版社，1971 年。

映。"① 昼夜变化和太阳升落给人们以强烈而又频繁的重复刺激，自然会给人们留下深刻的印象，形成了最早的时间概念：日。

其次，在夜晚的天上，明亮皎洁的月亮特别引人注目。月亮的圆缺变化当然也不会被人们所忽视。古人看到新月像蛾眉，接着一天比一天长大，长圆，然后又从圆满到亏缺、消失。过几天，又有像蛾眉的新月出现。经过多次反复的刺激，人们对月相这种变化周期有了认识，形成了时间的另一个概念：月。新月长成半圆形，"其形一旁曲，一旁直，若张弓弦也。"② 所以叫"弦"。长成圆形，叫"望"。以后又亏缺成半圆形，也叫"弦"。"望"之前叫做"上弦"，"望"之后叫做"下弦"。后来再变细小乃至消失，像火熄灭一样，看不见光了，叫做"晦"。过几天，好像死灰复燃，又重新出现新月，这叫"朔"。

第三，"日月运行，一寒一暑"，"变通莫大乎四时"。③ 四季气候的寒暑变化也给人们留下了深刻的印象。从寒冷的气候经过一段温暖季节，进入炎热的暑天，又经过凉爽的季节，重新出现寒冷的时节。这种情况虽然也是反复多次刺激着人们，但由于周期太长，界线并不那么明显，因此对它的认识要晚一些。在寒暑变化的同时，植物也有明显的变化，叶生叶落，花开花谢，也呈现着周期性。寒暑之气的变迁和物候的更替，形成了气候的概念。四季气候的变化，人们开始只有一个模糊的概念，并不那么明确，后来才逐渐明确起来，并且日益精密、准确。历法就是这样发展起来的。

据传说黄帝时就有历法，《史记·历书》说"黄帝考定星历"。④《索隐》引《系本》及《律历志》文说："黄帝命使羲和占日，常仪占月，臾区占星气，伶伦造律吕，大桡作甲子，隶首作算数，容成综此六术而著《调历》

① 庞朴《阴阳五行探源》，见《中国社会科学》，1984 年，第 3 期。
② ［唐］欧阳询《艺文类聚》卷一引《释名》文。上海古籍出版社，1965 年。
③《周易·系辞上》。见《十三经注疏》。
④ 见《史记·历书》。

也。"① 这是说黄帝组织领导了造历工作，而具体造历者是容成，因此，《世本》上的"容成造历"与此并不矛盾。在《资治通鉴》中有"命容成作盖天及《调历》"的记载，也与上述说法一致。只是加了作《盖天六历》的内容。据《汉书·律历志》记载，先秦有六历：《黄帝历》、《颛顼历》、《夏历》、《殷历》、《周历》、《鲁历》，② 合称"古六历"。所谓《黄帝历》，可能就是《调历》。而《索隐》称在古六历之前还有《上元太初历》等。③ 这可能是伪托。古六历中可能也有伪托的，如《黄帝历》和《颛顼历》。以前以为《夏历》也是伪托的，现在的新的研究成果表明它可能是真的。陈久金、卢央、刘尧汉合作研究彝族天文学史，他们认为：《夏小正》是十月历，彝族有十月太阳历，二者"同源于羌夏古历"，他们的结论是："总之，十月太阳历大约是从伏羲时代至夏代这段时期内形成的。这种历法一旦创立，便在夏羌族中间牢固地扎下了根，并且一直沿用到今天。它是世界历法史上创制时间最早的历法之一，是使用时间最长久的一部历法。无疑，它在天文学史上具有重大的价值，应当占有重要的地位。"④ 现在傈僳族保留传统的自然历也是十个月的，分别叫：过年月，盖房月，花开月，鸟叫月，火烧山月，饥饿月，采集月，收获月，酒醉月，狩猎月。⑤ 这些月的天数不定，界限模糊，也是太阳历的雏形。古六历在先秦时代都可以看到。秦统一中国以后，选用《颛顼历》。汉因秦制，到汉武帝时才用《太初历》取代《颛顼历》。以后历代都进行历法改革，据《明史·历志》记载，"黄帝迄秦，历凡六改。汉凡四改。魏迄隋，十五改。唐迄五代，十五改。宋十七改。金迄元，五改。"⑥ 元以后，明有《大

---

① 见《史记·历书》。
②《汉书·律历志》。
③《史记·历书》注［一］《索隐》按："古历者，谓黄帝《调历》以前有《上元太初历》等。"
④ 陈久金、卢央［彝］、刘尧汉［彝］合著《彝族天文学史》，第 237 页，云南人民出版社，1984 年。
⑤ 邵望平、卢央《天文学起源初探》，见《中国天文学史文集》第 2 集第 5 页，科学出版社，1981 年。
⑥《明史·历志一》。

统历》，清有《时宪历》。几经改订，日臻精密。还有一批没有行用的历法。据《中国天文学史》列表统计有九十四个。① 加上古六历（除《颛顼历》）有九十九个。据陈遵妫《中国天文学史》（第三册）列表统计，到太平天国的《天历》，共有一百零三个。

这些历法是怎么发展的呢？《夏小正》讲星宿的位置和物候的变化，大概也就是以此来定历法的。例如："三月，参则伏"，② 看不见参宿。"四月，昴则见。"③ 看见昴星。又如："七月……寒蝉鸣。"④ "八月……剥枣"。⑤ 如此等等。也就是说，《夏历》根据星宿的出没和物候的变化来制订历法，一个回归年定为三百六十六日，⑥ 把这个周期叫做"岁"。这个周期，夏朝叫岁，商代叫祀，周时叫年，唐虞时代叫载。⑦

西周时代，开始使用最简单的观测工具——周髀。就是用八尺长的标竿立在平地上，来观测日影的长短变化。在一天中，日影最短的时刻叫做午。这时日影在正北的方向，说明日在正南天上。午时刻的日影每天也不一样长，也在不断变化，有时每天变长，到最长时又每天变短，短而又长，如此反复。午刻日影最长的那一天定为冬至日，这一次日影最长到下一次日影最长，即这次冬至到下次冬至日，这个周期叫做一年。周朝这个周期比夏代较精密一些。这个历法的进步跟观测仪器的发明有直接关系。以后的历法进步也跟创制新的观测仪器有紧密关系。因此，周髀的发明也跟天文望远镜、射电望远镜的发明一样在天文学史上有重大意义。

① 《中国天文学史》第 253—255 页，科学出版社，1981 年。
② 见王聘珍《大戴礼记解诂·夏小正》第 33—42 页，中华书局，1983 年。
③ ④同上。
⑤ 陈久金、卢央［彝］、刘尧汉［彝］合著《彝族天文学史》，第 237 页，云南人民出版社，1984 年。
⑥ 《尚书·尧典》，见《十三经注疏》。原文是："期三百有六旬有六日，以闰月定四时成岁。"
⑦ 《尔雅·释天》："夏曰岁，商曰祀，周曰年，唐虞曰载。"见《十三经注疏》。

二、历法的进步

大概从战国到汉代，人们已经把天想象为一个整体。日月在恒星天上的运行轨道也被揭示出来，并且确定以日在恒星天上每天移动的长度为一度，一周天为三百六十五度又四分之一度，这样，一年就是三百六十五日又四分之一日。现代叫回归年，一回归年为三百六十五点二四二二日。古人测定与现代计算结果相比，只长了零点零零七八日，相当十一分钟多。王蕃《浑天说》："周天三百六十五度五百八十九分度之百四十五"，据推算与现行公历比多五分钟，比理论计算多不到六分钟。（见《太平御览》卷二）在两千年以前，中国历法就已精确到如此程度，说明我国历法发达是比较早的。人们观察到日在恒星天上的运行轨道，实际上反映了地球绕太阳旋转的轨道，因此才会得出如此精确的结论。同样方法，测得月亮在恒星天上的运行轨道，月亮运行一周天需要二十九日多。月亮运行的轨道叫白道。

一年三百六十五日多，一月二十九日多，年和月的关系如何呢？一年有十二个月还余十七日左右。古人采取十九年中增加七个闰月来进行调整。南北朝时的祖冲之（公元429—500年）提出在三百九十一年中设置一百四十四个闰月，比以前就更精确一些了。

以太阳的周年视运动为依据来制订的历法叫阳历，或叫太阳历，这种历法与月亮无关。以月亮的圆缺变化周期为依据所制订的历法叫阴历，或叫太阴历，这种历法与太阳无关。二者兼而有之，是阴阳合历，叫阴阳历，这种历法以太阳的周年视为回归年，以月亮的圆缺变化周期（朔望月）为月，用闰月来调整两者的关系。我国古代历法就属于这一种阴阳历。

从以上可见，制订历法似乎并不很困难，我国在两千年以前就已经制订出很好的历法。但是，要制订精确的历法却是很不容易的。根据上面讲到的，我国大约在两千年以前就已经定出一年为三百六十五日又四分之一日，跟现代计算的回归年相比，只长约十一分钟多，数字不大。但是，只要过了一百三十年，就差了一天多。过上几百年，那就都不准确了。开始实行新历法，都还可以。经过几十年或几百年，问题就来了，初一应当见不到月亮，结果月亮出现了，十五月亮应当圆，实际上不圆了。月食十五，日食初一，这也是检验历法精确度的办法，汉代曾经用过去日月食的记载来检验历法，从而比较历法的优劣。一般历法都是实行若干年后就不准确了，就要改历，历史上出现过多次历法改革运动，也因此创造出许多种历法。历法的精确度不断提高。

人们现在已经知道，地球的赤道直径比经线圈直径稍微大一些，地球像个扁球体。赤道带比较突出一些。太阳和月亮对于赤道带突出的部分的引力差使地球转轴受到影响而有些微偏离。由于这种原因，天球上赤道（地球赤道面延长与假想天球面的交线）与黄道的交点（春分点）也沿着黄道向西缓缓滑行。这样，太阳周年视运动每年回到冬至点时也没有回到原来的位置，而且逐渐向西移动。由于移动非常小，每年只移动五十点二四角秒，即一度的百分之一稍多一些。开始并没有引起人们的注意。公元前四世纪的战国初期，测得冬至点在牵牛初度。公元前二世纪的西汉初制订《太阳历》时仍然沿用这个说法，没有重新观测冬至点。公元前一世纪刘歆在编《三统历》时已经发现冬至点似乎不那么准确在牵牛初度，有点怀疑，但还没有很大把握来肯定这一怀疑。问题尚未明朗化，采取这种慎重态度还是必要的。到了公元一世纪的东汉时代，历法家贾逵根据五年的实际观测，断定冬至点不在牵牛初度。[①] 一是传统说法，一是近人实测结果。二者发生矛盾究竟有几种可能性呢？起码存在四种可能：一是传统说法错了，可能在远古时代，条件差，观测不准确，而近人观测比较准确，产生了不一致。二是传统的说法是对的，近人的观测有误差。三是二者都正确，是客观现象有了变化，也就是说冬至点移动了。四是都错

---

① 《后汉书·律历志中》："五岁中课日行及冬至斗二十一度四分一……他术以为冬至日在牵牛初者，自此遂黜也。"

了。迷信传统的说法，不重视最新的观测结果，是保守的思想。相反，只相信自己的观测结果，过去的一切说法只要不符合今天的实践，就都认为是错误的，这往往要犯经验主义的错误，这也是狭隘意识所带来的弊病。轻视历史经验的这种偏见也是极端有害的。对于以上几种情况未能作出最后判断之前，允许充分讨论，"百寮会议，群儒骋思"，这样就可以集思广益，"益于多闻识之"。① 司马彪撰的《后汉书·律历志》中把当时的各种重要议论都记载下来，以备"后之议者"② 参考折衷。这说明司马彪是很有远见的，比起中国历史上许多拘泥于门户之见甚至"党同伐异"的学者来，实在高明多了。大概正与司马彪同一时代的虞喜就因此而有了重大发现。他根据历代保存下来的观测结果，再跟自己的实际观测作比较，又进行了认真的计算，详细的分析，发现冬至点每年向西移动一些。也就是说，太阳每年冬至没有回到原来的位置，岁岁有差，所以把这一现象叫做"岁差"。他还推算出岁差的具体数值，大约每五十年差一度。由于岁差的发现，制订历法的精确度又有所提高。最初将岁差用于制订历法的是祖冲之（公元 429—500 年）。他根据自己的实测进行一番研究，认为每四十五年十一个月差一度。这个数值跟实际情况差距较大，因为他第一次在制订历法时考虑到岁差现象，所以他的《大明历》精确度仍然有所提高。由于戴法兴的反对，当时较为先进的《大明历》未能实行。经过改朝换代，由于祖冲之的儿子祖暅之的努力，《大明历》才得以实行。我国从汉朝开始，历法之争旷日持久，相当激烈。祖冲之的《大明历》在祖冲之死后才得以实行。隋朝刘焯（公元 544—610 年）的《皇极历》也因胄玄、袁充等人的排斥而不能实行，到刘焯死后也没有实行，这个"术士咸称其妙"的历法只好作为历史资料保存在《隋书·律历志下》中。这是科学在发展中受到封建政治破坏的一个典型例子。

---

① 《后汉书·律历志中》。
② 《后汉书·律历志中》："五岁中课日行及冬至斗二十一度四分一……他术以为冬至日在牵牛初者，自此遂黜也。"

仅仅谴责一下胄玄、袁充等人的过错并不能解决任何问题，如果对短命隋朝的历法斗争作一简单的评述，也许还会给我们提供一些有益的启示。

三、历法的斗争

隋朝（公元581—619年）只有短短的三十八年，制订历法却经过了复杂的斗争。这一斗争不是纯粹的学术之争，而往往与迷信、政治相纠缠。

（一）张宾历（开皇历）

隋初历法，沿用周静帝时马显的《丙寅元历》。开皇四年，改用张宾历。

张宾是个道士，自称会看相，会看星历，知道天下兴亡的事。他知道杨坚想篡夺北周的大权，便用历法讲天下到了需要改朝换代的时候，说杨坚的"仪表非人臣相"。意思说杨坚命定是要替代北周当皇帝。这当然暗合杨坚的心思，便被引为知己，留在身边当个参谋。杨坚果然篡权成功，当了隋文帝，证实了张宾的看相术。张宾就被隋文帝杨坚提拔当了华州刺史。又让他组织刘晖、董琳、刘右、马显、郑元伟、任悦、张彻、张膺之、衡洪建、粟相、郭翟、刘宜、张乾叙、王君瑞、荀隆伯等人"议造新历"。马显是正行用的《丙寅元历》的创制者，郑元伟与董峻合作，制定过《甲寅元历》，还与刘孝孙等人讨论过日食问题，张乾叙是算学博士，郭翟、刘宜是太史司历，即专管历法的。这些人对制订历法都有一技之长，有的如马显本来就是历法专家，当时历法界老前辈。张宾仅仅由于政治上得势，成了这一班历法专家的召集人和制订历法的主持者。

张宾历法水平不高，又不想下功夫创立较好的历法，于是采取投机取巧的办法，拿何承天的《元嘉历》稍加修改，就成了《张宾历》。隋文帝称赞《张宾历》"验时转算，不越纤毫"，"实为精密"，① 同意颁行，批准施用。

《张宾历》施用不久，历法界老前辈刘孝孙和新秀刘焯"并称其失"，② 说这个历法"学无师法"。意思是外行人搞的历法。据《隋书·律历志中》记有六条："其一云，何承天不知分闰之有失，而用十九年之七闰。其二云，宾等不解宿度之差改，而冬至之日守常度。其三云，连珠合璧，七曜须同，乃以五星别元。其四云，宾等唯知日气分余恰尽而为立元之法，不知日月不合，不成朔旦冬至。其五云，宾等但守立元定法，不明须有进退。其六云，宾等唯识转加大余二十九以为朔，不解取日月会准以为定。此六事微妙，历数大纲，圣贤之通术，而晖未晓此，实管窥之谓也。"

刘孝孙和刘焯对张宾历的意见多用"唯知"、"但守"、"唯识"，表明它从总体上说是保守的、传统的，没有吸取历法研究中的最新成果。其中最重要的是没有将岁差研究用于制订历法。晋代虞喜根据前人对冬至的观测记录，研究发现太阳沿黄道一周天和冬至一周岁是不一致的，天自为天，岁自为岁，冬至点岁岁有差，故叫"岁差"现象。虞喜发现岁差现象后一百多年，南朝宋元嘉时，何承天制订的《元嘉历》却没有考虑岁差的问题，仍然按古代十九年七闰的老办法。以后，南朝的祖冲之制订《大明历》时才将岁差现象考虑进去。《大明历》因考虑岁差而提高了准确性，这是历法的一大进步。而张宾所定历法仍沿用何承天的早已落后的十九年七闰法，当然订历不可能是高水平的。虞喜发现岁差已二三百年，祖冲之用岁差于历法也已一百多年，在南朝行用几十年。张宾订历法却不知有岁差，以为冬至点是固定不移的。说明张宾是孤陋寡闻的，没有掌握学术发展的最新信息。二刘（刘孝孙和刘焯）认为"验影定气"是何承天历法的长处，而张宾却不采用，用的是推测法。"合朔顺天"是何承天历法的短处，张宾却全盘接受，以至重蹈迷途。二刘总结张

---

① 《隋书·律历志中》。
② 同上。

宾的历法对何承天历法来说，是"失其菁华，得其糠秕"。①

张宾正受到隋文帝的宠信，趋炎附势的刘晖想顺张宾这根杆往上爬，就与张宾联合起来，共同对付刘孝孙。但他们在学术上是外行，无法与刘孝孙抗争。只好仗着政治上的优势来压对方，置他们于死地。说刘孝孙"非毁天历"，又说刘焯协同刘孝孙"惑乱时人"，② 这当然是扣帽子。果然，二刘就都被罢斥了。

张宾死后，刘孝孙马上进京，企图翻案。张宾的余党刘晖出来辩难，刘孝孙仍然无法通过这一关。后来，由于刘孝孙的弟子请愿，经国子祭酒何妥推荐，隋文帝就把刘孝孙提拔为"大都督"。让他的历法与张宾历讨论比较，平等竞争。这时，有一个从来不知名的张胄玄突然出现。他跟刘孝孙一起向张宾发起攻击。讨论虽然热烈，理论应有长短，但对于外行人来说，很难分出优劣来。优劣总有得到区别的时候。这个时候果然就到了。那就是隋文帝开皇十四年七月（即公元594年7月23日）要出现日食。日食是检验历法优劣的好办法，从汉代就开始这么比较过历法的优劣。预告日食也日益精密。开始，谁能说准哪一天发生日食，就算精密，后来，就要预告日食的时刻、食起何方以及食分多少。隋文帝决定用这一天的日食检验各种历法的精确度。检验结果，张胄玄的预告完全正确，刘孝孙的只有一半正确，而张宾历"皆无验"。隋文帝明确肯定了刘孝孙和张胄玄的成果，并且"亲自劳徕"。③这本来是改用新历的极好机会。但是，刘孝孙的偏激情绪使这次大好时机顿时丧失。他提出："先斩刘晖，乃可定历。"④这叫得理不让人，逼人太甚，致使坏了大事。刘孝孙只碰到过这么一次好时机，没有珍惜，结果至死也没有得志过。

（二）张胄玄历（大业历）

刘孝孙死后，杨素等人推荐张胄玄。隋文帝召见，张胄玄谈夏天昼长日影

---

① 《隋书·律历志中》。
② ③④同上。

短的道理，文帝很高兴，让他参加制订历法。这就是张胄玄历。

张胄玄历出台以后，受到两方面夹攻。一方面当然是守旧派，张胄玄历奏上，隋文帝交给杨素，让他组织同行讨论。以张宾余党刘晖等人为代表，根据旧历法和古史记载，提出许多问题。特别是司历刘宜详细列举历来的记载，对照张宾历和张胄玄历，似乎前者比后者准的时候多些。互相驳难，使隋文帝也弄不清究竟哪一个有道理。隋文帝令杨素等人提出研究历法中遇到的难题六十一个，让他们解释。刘晖哑口无言，一个问题也解答不了，而张胄玄能回答五十四个。在这时候，内史通事颜敏楚提出："汉时落下闳改《颛顼历》，作《太初历》云：'后当差一日，八百年当有圣者定之。'计今相去七百一十年，术者举其成数，圣者之谓，其在今乎。"① 这话正合隋文帝的口味，他立即出来充当汉后八百年的"圣者"，就下诏书，首先称自己"上顺天道，下授人时"，其次称张胄玄"理思沉敏，术艺宏深，怀道自首，来上历法。""群官博议，咸以胄玄为密。"最后，把刘晖、刘宜等十人全部免职。批准"胄玄所造历法，付有司施行"。②

张胄玄历也受到从另一方面来的挑战。与刘孝孙合作过的刘焯，听说张胄玄受到进用，赶紧修改刘孝孙历法，改名《七曜新术》送给隋文帝。这种历法跟张胄玄历法有很多差别。张胄玄感到一种威胁。他和朋友袁充互相吹捧。张胄玄称袁充的历法为"妙极前贤"，袁充夸张胄玄的历法为"冠于古今"。他们联合起来，共同压制刘焯，致使刘焯翻不了身。但是，历法总要与天象相应，这是有客观标准的，是主观意志无法改易的。张胄玄历施行几年以后，就发现与天象有些不合，但为了维护自己的地位和压制别人，就硬着头皮不作变动。到大业四年（公元 608 年）刘焯死以后，才敢改动。

《隋书·张胄玄传》称"胄玄所为历法，与古不同者有三事"：

其一，宋祖冲之于岁周之末，创设差分，冬至渐移，不循旧轨。每四十六

---

① 《隋书·张胄玄传》，《北史·张胄玄传》。
② 《隋书·律历志中》。

年，却差一度。至梁虞创历法，嫌冲之所差太多，因以一八六年冬至移一度。胄玄以此二术，年限悬隔，追检古注，所失极多。遂折中两家，以为度法。冬至所宿，岁别渐移，八三年却行一度，则上合尧时"日永星火"，次符汉历"宿起牛初"。明其前后，并皆密当。

其二，周马显造《丙寅元历》，有阴阳转法，加减章分，进退蚀余，乃推定日，创开此数。当时术者，多不能晓。张宾因而用之，莫能考证。胄玄以为加时先后，逐气参差，就月为断，于理未可。乃因二十四气列其盈缩所出，实由日行迟则月逐日易及，令合朔加时早，日行速则月逐日少迟，令合朔加时晚。检前代加时早晚，以为损益之率。日行自秋分已后至春分，其势速，计一百八十二日而行一百八十度。自春分已后至秋分，日行迟，计一百八十二日而行一百七十六度。每气之下，即其率也。

其三，自古诸历，朔望值交，不问内外，入限便食。张宾立法，创有外限应食不食，犹未能明。胄玄以日行黄道，岁一周天，月行月道，二十七日有余一周天。月道交络黄道，每行黄道内十三日有奇而出，又行黄道外十三日有奇而入。终而复始，月经黄道，谓之交。朔望去交前后各十五度以下，即为当食。若月行内道，则在黄道之北，食多有验。月行外道，在黄道之南也，虽遇正交，无由掩映，食多不验。遂因前法，别立定限，随交远近，逐气求差，损益食分，事皆明著。

祖冲之运用岁差于历法，属于首创。他以冬至每四十六年差一度来计算的。梁朝虞劘认为祖冲之的差率太大，他改为每一百八十六年冬至移一度。张胄玄折衷二者，以八十三年差一度来计算。现在计算结果，按我国古度计算，岁差应是七十点六四年差一度。相比较，张胄玄的岁差率比祖冲之和虞劘的都更接近于现代计算结果，因此，张胄玄的历法也就比以前行用的历法都更精确一些，所以说它"上合尧时"，"次符汉历"，"明其前后，并皆密当"。① 此

---

① 《隋书·张胄玄传》。

外，本传还称"其超古独异者有七事"，其中主要包括一些比较具体的问题。如：张胄玄对日行有迟速，五星运行不均匀，月道交黄道有内外之别，春秋二分昼夜不等及月行迟速等问题，都有所阐述。因此，"胄玄独得于心，论者服其精密"。① 从此可见，张胄玄在历法上有所创新，有所贡献。他压制刘焯的历法则是严重过错。而刘焯的历法不能行用，张胄玄的压制是重要原因，但不是唯一的原因。

（三）刘焯历（皇极历）

刘焯天资极高，聪明过人。曾在京师与左仆射杨素、吏部尚书牛弘、国子监祭酒苏威等在国子监（即学部）"共论古今滞义，前贤所不通者。每升座，论难蜂起，皆不能屈。杨素等莫不服其精博。"② 刘焯对《九章算术》、《周髀》、《七曜历书》等天文历法方面的书都有很深的研究，"核其根本，穷其秘奥"，并著有《稽极》、《历书》等书。他曾与刘孝孙一起反对过张宾历，又著《七曜新术》，跟张胄玄的历法较量过。两次失败，他对隋文帝失去信心。开皇二十年（公元600年），隋文帝让太子主管历法的事。太子就征集天下历算之士，在东宫研究历法。刘焯觉得这又是一次机会，就修改自己的历书，并改名《皇极历》，送给太子，还向太子指出张胄玄历的缺点和错误，共有以下六条：

一、是张胄玄历所谓日月交食，星度见留，并非实录，认真讨论，则有许多错误。

二、关于日月五星运行的错误说法有五百三十六条。

三、张胄玄快六十岁时献的历法，与今行用的历法不同。而今历与刘焯原先的历法相同。可见，胄玄历"元本偷窃，事甚分明"。

四、张胄玄后来自己推算日食还没有过去所订的历法准确，有事例四十

①《隋书·张胄玄传》。
②《隋书·刘焯传》。

四条。

五、刘孝孙造历，都有根据，而张胄玄对于这些，"未为精通"。

六、刘焯所造历法都是有根据的，都没有张胄玄的缺点和错误。

刘焯认为自己在开皇初年搞的历法还不完备，"未能尽妙，协时多爽，尸官乱日，实点皇猷"。这样不成熟的历法，"犹被胄玄窃为己法"，① 还被张胄玄所剽窃。刘焯认为自己现在所造的《皇极历》是经过多年精心研究的、十分完备的历法。愿意提出一些问题，请张胄玄回答，就可以检验张胄玄历的优劣。

大业元年（公元605年），原为太子的杨广登基当了隋炀帝。这时，又有王劭等人向隋炀帝推荐刘焯。隋炀帝说，早知了，还是将刘焯的《皇极历》交给张胄玄审核。张胄玄认为，刘焯历的定朔有问题。双方经过辩难，是非不决，刘焯只好又罢归了。大业四年（公元608年），太史奏曰："日食无效"。这时，隋炀帝要召见刘焯，想施行他的历法。袁充正受隋炀帝宠信，又与胄玄等合伙，共同排斥刘焯历。又正好碰上刘焯死了。"术士咸称其妙"② 的刘焯历终不能施行。

（四）评三历之争

道士张宾不学无术，仅仅能揣度政界头面人物的心思。得势以后，用一批行家的成果欺世盗名。

按刘焯的说法，刘孝孙的历法是采纳了刘焯的思想，而张胄玄又附会刘孝孙，说明张胄玄的历法是"元本偷窃"的。另外，刘焯又说张胄玄原来的历法与后来行用的历法有很大差别，而后来的历法则与刘焯早先的历法相同，这也是偷窃的明证。

刘焯的说法是一面之词，不可全信。按他的说法，张胄玄历是抄袭二刘的

---

① 《隋书·律历志下》。
② 同上。

历法。张胄玄以善于算术进入太史院，以日食检验历法优劣的时候，负责检验的杨素等人的结论是："胄玄所克，前后妙衷，时起分数，合如符契。孝孙所克，验亦过半。"可见，张胄玄比刘孝孙的水平高。刘焯提出挑战，张胄玄进行反击，双方辩论，刘焯也不能胜张胄玄。刘焯历可能有一些长处，胜过张胄玄历，但张胄玄历可能也有某些长处，是刘焯历所无法取代的。所以，互相驳难，是非不决。张胄玄吸取了刘焯历中的一些长处，也是有的，这也是使刘焯无法取胜的原因之一。

张胄玄研究历法是行家，又善于吸取别人的长处，使他的历法处于较高水平。他又善于选择时期，利用政治权威，为历法研究服务。二者妥善结合，使他始终处于不败之地。

二刘的历法有可取之处，但都由于个人方面的某些性格与封建社会政治不相适应，阻碍了历法的行用。刘孝孙受压抑时敢于斗争是对的，得志以后，报复过当，失去支持，成为终生的憾事。

刘焯的学问是公认的，"天下名儒后进，质疑受业，不远千里而至者，不可胜数。论者以为数百年已来，博学通儒，无能出其右者。"[1] 但他因心胸狭隘，锋芒毕露，伤害了很多人。另外，他还以清高自许，废太子勇令他"事蜀王"，他没兴趣。隋炀帝召他去当术学博士，他嫌官小，"称疾罢归"。[2] 跟张胄玄辩论，胜负难分，他"又罢归"。

刘焯自负才华，不能忍辱负重，多次失去机会，有了好时机又不善于利用，结果终其生，也未能发挥一技之长。这是他的终身遗憾，也使后人为他痛感惋惜。

中国古代的科学，特别是历法，是比较先进的。元代历法家郭守敬（公元1231—1316年）和王恂等人共同编制的《授时历》，精确度相当高，它以三百六十五点二四二五日为一年，跟现在世界流行的格里高里历一岁周期相

---

① 《隋书·刘焯传》。
② 《隋书·律历志下》。

同。《授时历》于公元 1281 年开始施行，比格里高里历行用时间要早三百年。这个精确度和现代计算出来的结果只差二十六秒。到了明朝后期，邢云路在《戌申立春考证》中提出了更精确的回归年长度。它的数值是三百六十五点二四二一九〇日，比用现代理论推算的当时数值仅小零点零零零零二七日，相当于二点三三二八秒。一年只差两秒多。这个精确度在当时属于世界先进水平。

第九章　天的迷信

　　天在中国古代包括地面上的一切自然现象，包括地球以外的一切宇宙空间和天体。真是奥秘无穷。人类在探索宇宙的过程中，起初由于科学不发达，产生迷信，是不可避免的。从这种意义上说，迷信也是人类认识自然界过程中的一个阶段。从历史事实来看，猜测和迷信为科学研究积累了大量有用的资料，提供了各种可以参考借鉴的思想。是否可以说，没有过去的迷信和猜测也就没有后来的科学？这道理就如恩格斯论证过的科学和宗教的关系。

一、天命论

　　中国古代最早对于天的迷信是天命论。它盛行于商周时代。天命论的主要观点是：谁当最高统治者，是由上天的命令决定的，即所谓"君权神授"。这个上天不像西方天主教的上帝那样具有人的形象，而是茫茫的天穹。它可以由人们去想象、去塑造。所以，天的性质就由人的不同想象、不同塑造而有了不断的发展变化。有的说它支持天子，有的说它同情人民，有的说它具有理性，有的说它颇有感情。但是，"天何言哉！"天不能说话，又怎么知道"天老爷"的心思呢？许多思想家都千方百计地证明自己的思想就是体会到的天意，是代表天志的。后来就产生了新的关于天的迷信——天人感应说。

二、天人感应说

天人感应说盛行于汉代。商周的天命论和先秦的天文学、阴阳五行说以及占星术等成为天人感应说的基础和构成材料，由西汉哲学家董仲舒把这些材料系统化成天人感应的思想体系。他首先证明人副天数，如天有阴阳，人有哀乐，天有四季，人有四肢，天有五行，人有五脏，天有十二个月，人有十二个骨节，天有三百六十六日，人也有三百六十六块小骨节，天有昼夜，人有视瞑，天有冬夏，人有刚柔。总之，天有什么，人也就有相应的什么，这叫人副天数。由于人是天生的，所以象天。由此可见，天人是同类的。又根据当时同类相应的观点，就推出天和人会相互感应。人体的各部位可以与天感应，特别是精神会与天感应。

天人感应，这人主要是指皇帝。皇帝做了得民心的好事，天就会表示赞扬。所谓表示，一是在气候上风调雨顺，一是在特殊的瑞物上，即天降下朱草、甘露、景星、黄龙。如果皇帝有了邪心，做了劳民伤财、伤天害理的坏事，天就会表示反对。先是以灾异（水灾、旱灾、虫灾、火灾等）来谴告。皇帝不醒悟，天又会降下怪异（无冰、狗生角、地震、日食等），来警惧。皇帝还不觉悟，那就要失败、亡国灭身。怎么知道灾异、怪灾表述了上天的什么意思呢？那就是根据阴阳五行以及分野星占等来作推断。这当然有很大的灵活性，所以，董仲舒、京房、刘向、刘歆等人所推出的结果不尽相同。例如，史载鲁桓公十五年"春，亡冰。"刘向认为这是"不明善恶之罚也。"董仲舒"以为象夫人不正，阴失节也。"[1] 又如成公元年，"二月，无冰。"董仲舒

---

①《汉书·五行志第七中之下》，第1407页，中华书局新标点本。

"以为方有宣公之丧，君臣无悲哀之心，而炕阳，作丘甲。"刘向以为"时公幼弱，政舒缓也。"① 有的时候，他们看法差不多，就说"指略同"。② 利用占星术的主要有日食问题。例如，鲁昭公十七年"六月甲戌朔，日有食之。"董仲舒认为，这次日食发生在毕宿，毕宿是晋国的象，所以是指晋厉公诛四大夫，失众心，被栾书、中行偃所弑而死。③

三、占星术

占星术的迷信是建立在天人相应的基础上的。天上列宿主要是二十八宿和地上的不同区域相对应。这是固定的。日月五星是不断运行的，它们是天上派出的使者，一方面巡视四方，一方面施行赏罚奖惩。例如木星即岁星是对"逆春令，伤木气"行为的惩罚，火星即荧惑是罚"逆夏令，伤火气"的，金星即太白星是罚"逆秋令，伤金气"的，水星即辰星是"杀伐之气、战斗之象"。填星又称土星，它所到星宿，其对应的国家就"吉"。然后，这五星两两相配，又有象征。例如岁星与填星都在某一宿，该宿所对应的地区国家就会出现内乱。岁星与荧惑相合，那个国家就要闹饥荒，发生旱灾。五星和日月配合又有一套象征。其他星也有不同象征。专门讲日的叫日占，讲月的叫月占，讲五星的叫五星占。还有流星占、杂星占、客星占、妖星占、彗星占，以及其他占术。唐代瞿昙悉达编了一部《开元占经》，共一百二十卷，其中有一百一十卷是天文和气象方面的历代占术，可谓占经集大成者。历代史书《天文志》、《历法志》、《五行志》、《律历志》等都经常讲到这类迷信。在整个封建时代的二十四史中，这方面似乎也是一门内容丰富的学问。

---

① 《汉书·五行志第七中之下》，第 1407 页，中华书局新标点本。
② 同上。
③ 《汉书·五行志第七下之下》，第 1495 页。

开始，二十八宿与各地区相应。王充提出星气说，出现了星与个人相应的新迷信。王充说：

> 众星在天，天有其象。得富贵象则富贵，得贫贱象则贫贱，故曰在天。在天如何？天有百官，有众星。天施气，而众星布精，天所施气，众星之气在其中矣。人禀气而生，含气而长，得贵则贵，得贱则贱；贵或秩有高下，富或资有多少，皆星位尊卑小大之所授也。故天有百官，天有众星，地有万民，五帝、三王之精。天有王梁、造父，人亦有之，禀受其气，故巧于御。（《论衡·命义篇》）

王充把天上星星想象成犹如人世间那样，有帝王、百官以及平民百姓，有富贵贫贱的不同等极，有各种特殊人才，例如善于驾车的人。这些星放出气来，落到地上，人禀了哪一颗星的气，就有了那颗星的社会地位和一生的命运。社会的发展，使那些帝王将相有了在天的星斗，老百姓也就找不到自己所属的星了。《三国演义》写诸葛亮拜星斗，就是这种占星术的流传。

四、历法迷信

在历法（即时间）上，编造迷信也是由来已久的。《吕氏春秋》的十二纪就是十二个月，将宇宙间的声音、颜色、气味、方位、数量、五行等都联系在一个系统中，根据五行相生相克，就可以推出许多预言来。但是，《吕氏春秋》没有那样去做。这些事由后人做了。从王充《论衡》中可以看到汉代对时间方面的一些迷信。《讥日篇》中说到《葬历》讲埋葬要选择好日子。日有刚柔，月有奇耦，刚柔相得，奇耦相应，就是吉，否则就是凶。其他如祭祀、沐浴、裁缝、盖房，都要选择日子。例如沐浴，"子日沐，令人爱之；卯日沐，令人白头。"岁星运行，是古人更为重视的。搬家要注意不要抵触太岁，也不要背离太岁。

干支五行说是流传最广的历法迷信。

干是天干，有十，即甲、乙、丙、丁、戊、己、庚、辛、壬、癸。

支即地支，共十二，即子、丑、寅、卯、辰、巳、午、未、申、酉、戌、亥。

天干与五行相配，甲乙为木，甲为木兄，乙为木弟，丙丁为火，丙为火兄，丁为火弟，以此类推，戊己为土，庚辛为金，壬癸为水。

地支与五行相配，土居于特殊地位，管着四支，其他各管两支。王充在《论衡·物势篇》中已有这种思想。朱伯崑教授研究认为西汉京房易学就有五行配地支的说法。①

中国古代以干支纪年纪日，并用地支与十二月、十二时相配。这就为迷信提供了编造的基础。干支是六十为一循环周期，干支都带着五行属性加入循环。

见下图：

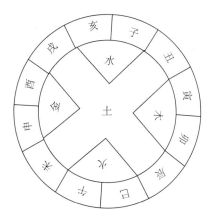

在六十干支中，最后十二个，从壬子到癸亥，从五行属性上看，重迭的很多，占八个，叫八专。入壬子那一天开始就入了八专期间，是百事不顺的日

---

① 见《易学哲学史》上册第 132 页，北京大学出版社，1986 年 11 月。

子，多为凶日。

从序数21甲申到30癸巳这十天中，干支多是相克的。如甲申是木金，金克木，支克干。又如癸巳是水火，水克火，干克支。除了丙戌和己丑两天，其他都是相克的。也都是凶日，合称十方墓。

在六十天中，就有十六天是凶日，占四分之一还多。对于具体的个人来说，也还有特殊的凶日。例如这个人命中带火比较多，在有水的日子，就不是好日子。

1. 甲子（木水）	2. 乙丑（木土）	3. 丙寅（火木）	4. 丁卯（火木）
5. 戊辰（土土）	6. 己巳（土火）	7. 庚午（金火）	8. 辛未（金土）
9. 壬申（水金）	10. 癸酉（水金）	11. 甲戌（木土）	12. 乙亥（木水）
13. 丙子（火水）	14. 丁丑（火土）	15. 戊寅（土木）	16. 己卯（土木）
17. 庚辰（金土）	18. 辛巳（金火）	19. 壬午（水火）	20. 癸未（水土）
21. 甲申（木金）	22. 乙酉（木金）	23. 丙戌（火土）	24. 丁亥（火水）
25. 戊子（土水）	26. 己丑（土土）	27. 庚寅（金木）	28. 辛卯（金木）
29. 壬辰（水土）	30. 癸巳（水火）	31. 甲午（木火）	32. 乙未（木土）
33. 丙申（火金）	34. 丁酉（火金）	35. 戊戌（土土）	36. 己亥（土水）
37. 庚子（金水）	38. 辛丑（金土）	39. 壬寅（水木）	40. 癸卯（水木）
41. 甲辰（木土）	42. 乙巳（木火）	43. 丙午（火火）	44. 丁未（火土）
45. 戊申（土金）	46. 乙酉（土金）	47. 庚戌（金土）	48. 辛亥（金水）
49. 壬子（水水）	50. 癸丑（水土）	51. 甲寅（木木）	52. 乙卯（木木）
53. 丙辰（火土）	54. 丁巳（火火）	55. 戊午（土火）	56. 己未（土土）
57. 庚申（金金）	58. 辛酉（金金）	59. 壬戌（水土）	60. 癸亥（水水）

算命先生认为人是带有五行命的。这个命就是从出生的年、月、日、时的八字中推算出来的。为了算命，算命先生要熟背干支配五行的歌诀："甲乙寅卯皆为木，丙丁巳午皆为火，戊己辰戌丑未皆为土，庚辛申酉皆为金，壬癸亥子皆为水。"

这些吉日、凶日，究竟有没有什么道理呢？现在根据人身的节律，有高潮和低潮之分，高潮日，精力旺盛、办事容易成功；低潮日，精神和体力都较差，办事容易出错。据报道根据节律安排司机出车，可以减少车祸的事故。如果按节律可以分出吉日、凶日。那么干支五行说与节律是否有一定关系呢？这方面还有待于探讨。

总之，只有科学的发展和社会经济的发达才能真正破除迷信。迷信现象作为社会现象的一种，必须认真研究，作出谨慎的细致的合理的分析批判，耐心的教育，才能奏效。简单粗暴的办法，历史已经证明，是不能解决问题的。

科海漫谈

陈亮宇宙观剖析

陈亮是南宋时代著名思想家，与朱熹、陆九渊几可鼎足为三。学术界多数同志对这三家的哲学评价是：朱熹是客观唯心主义的理学大师，陆九渊是主观唯心主义的心学领袖，而陈亮是唯物主义的功利学派的代表，陈亮在哲学上"与唯心主义朱、陆等人的观点展开了尖锐的斗争"。陈亮的哲学是否唯物主义？要弄清这个问题，需要首先剖析一下他的宇宙观，才好下比较切近的结论。

首先，我们知道陈亮说过"夫盈宇宙者无非物，日用之间无非事。"① 充满宇宙的"无非物"，这一句显然是唯物论的观点，许多论文、教科书也都据此断定陈亮的宇宙观是唯物主义的。我们认为，陈亮有唯物论思想因素，主要表现在功利思想和务实精神上，而这一句话不足以证明他的宇宙观是唯物的。后面将作详细剖析。

其次，宋代哲学家经常讲"道"、"理"，因此被称为"道学家"、"理学家"。陈亮对"道"也有一些论述。他说："道非出于形气之表，而常行于事物之间者也。"② 形气指形体和气，气是无形的物质。道非出于形气之表，说明道只在事物中间流行，不能脱离事物。他又说："天下固无道外之事。"③ 如果把道理解为规律，规律不能脱离事物，每一事物都是有规律的，上述观点便可以理解为，道和事物，即规律和事物是紧密结合、不可分离的。换句话说，凡有事即有道，凡有道即有事。这无疑是有合理性的。但是，他还说：喜怒哀乐爱恶"六者得其正则为道，失其正则为欲"④。那么，在"失其正"的事那

---

① 《陈亮集》，《经书发题·书经》。
② 《陈亮集》，《勉强行道大有功》。
③ ④同上。

里，有没有道在流行呢？关于道与事物的关系如何，何者为本原，陈亮在以上的论述中没有作出明确的回答。

至于道和人的关系，陈亮认为人是根本，道是依赖人而存在的。上面已讲到，陈亮认为道在事物之中流行，又说没有"道外之事"，同时，他在回答问题时又说：没有"身外之事"① 这样，"道"与"身"在事物上重合。在事物上，"道"和"身"即人的关系如何呢？陈亮叙述历史发展过程的时候，作出了明确的回答：如果没有汉朝和唐朝的那些"贤君"，那么，"道之废亦已久矣"②。说明"道"是依赖人而存在的，这种人不是普通老百姓，而是帝王"贤君"，即封建最高统治者。

从以上陈亮对"道"的论述来看，他的这方面思想不完备，也不系统。因此，我们认为，以此难以确定他的哲学体系，更不能断定他是唯物主义哲学家。

在宇宙观方面，陈亮阐述得最充分、最明确而又比较完备的要算是天命论了。他在上孝宗皇帝书中开宗明义就说："臣窃惟中国，天地之正气也，天命之所钟也，人心之所会也，衣冠礼乐之所萃也。百代帝王之所以相承也，岂天地之外夷狄邪气之所可奸哉！"百代帝王之所以能在中国这个地方传下来，就因为这里是"天命"所赋予的。后面他又接着说了许多关于天命论的观点，诸如："天人之际，岂不甚可畏哉！""天命人心"，"皇天无亲，惟德是辅"，"天道六十年一变，陛下可不有以应其变乎！"后来还说："天锡陛下以非常之智勇，而又启陛下以北向复仇之意。""陛下聪明自天。""陛下厉志复仇，足以对天命。""天生英雄，殆不偶然，而帝王自有真，非区区小智所可附会也。"云云。天生英雄不是偶然的，帝王自然是天命赋予的真命天子，所以皇帝都应该按天意去办事，如果不按天意办事的话，那么，天命就要改变主意了，这是"甚可畏"的。陈亮给皇帝上书说这一番话，西汉董仲舒举贤良对

---

① 《陈亮集》，《问答》下。
② 《陈亮集》，《乙巳春书之一》。

策时也说类似的话。董仲舒讲："观天人相与之际，甚可畏也，"陈亮说："美人之际，岂不甚可畏哉！"陈亮的说法完全是董仲舒思想的再显，董仲舒是天人感应论者，而陈亮也应该是一个天命论者。

董仲舒自称是"视前世已行之事"认识到天人感应说的，陈亮是怎么产生天命论思想的呢？无独有偶，他也是总结历史经验的结果。陈亮在给皇帝上书中郑重其事地谈了这件事：

> 辛卯、壬辰之间，始退而穷天地造化之初，考古今沿革之变，以推极皇、帝、王、伯之道，而得汉、魏、晋、唐长短之繇，天人之际，昭昭然可察而知也。①

辛卯和壬辰分别是公元 1171 年和 1172 年，陈亮当时二十八九岁。他说那时研究过宇宙的本原、古今的变化，寻找历史发展的常道，从而弄清了汉魏晋唐朝代延续长短的根本原因，这原因就是天人之间的关系，而且是非常明白，可以通过观察而知道的。这完全是董仲舒天人感应说的翻版。

陈亮不仅对皇帝这么说，而且在其他场合也是这么说的。例如，他在《问答》中说：刘邦作为"匹夫不阶尺土而有天下，此天下之大变，而古今之所无也"。为什么唯独刘邦能这样呢？陈亮慨叹道："嗟夫！此岂可谓非天哉！"天子是天命所在，群臣的出现也是天意。韩信等跟随刘邦起义，陈亮认为，是"天使英雄之士出佐其君，以制天下之变，以息天下之争"②。对于"诸葛亮不可出蜀，庞统、法正之死"，陈亮很感慨地说，"天真无意于汉哉！"③ 此外，陈亮还多次提到"天祐下民"、"实为民设"之类西周时代的古老的天命论观点。他不厌其烦地重复皇帝奉天行赏罚的思想，如说："夫赏，天命；罚，天讨也。天子奉天而行者也。赏罚而一毫不得其当，是慢天也，慢

① 《陈亮集》，《上孝宗皇帝第一书》。
② 《陈亮集》，《酌古论·韩信》。
③ 《陈亮集》，《三国纪年·关羽》。

而至于颠倒错乱，则天道灭矣。灭天道，则为自绝于天……赏不违乎天命，罚不违乎天讨，犹曰：此周天子之所以奉乎天者也。"①

从以上资料来看，我们以为陈亮实实在在地在宣扬天命论，他有明确的、比较系统的天命论思想。在这方面，他不比赫赫有名的董仲舒逊色。

陈亮还有人本物末的思想。对于孟子所谓"万物皆备于我"，他在《问答》中把它解释为"一人之身，百工之所为具"。就是说，百工都是为了人身而具备的，种庄稼是为了吃饱肚子，织布为了保温御寒，盖房子为了居住，所以说，天下没有"身外之事"，也没有"性外之物"，从而又得出"身与心"为内，万物都是外，"乐其内而不愿乎其外也"是"教人以反本，而非本末具举之论也"。就是说，"身与心"是本，万物是末。这种观点包含主观唯心主义的倾向。这种观点，陈亮在跟朱熹辩论时得到了更为充分的阐述。朱熹认为"天地无心而人有欲"，"人道泯息而不害天地之常运"，这里承认天地是客观的、无意志的，也不以人的意志为转移，显然是继承荀子、柳宗元的唯物论思想，而陈亮对此表示"不能心服"②。而陈亮自己的观点是：

> 人之所以与天地并立而为三者，非天地常独运，而人为有息也。
> 人不立则天地不能以独运，舍天地则无以为道矣。③

没有人，天地就不能运行，没有天地就不会有道。人不仅是事物之本，而且也是天地与道的本了。有的论著引用"舍天地则无以为道"一句作为唯物论的证据是不恰当的。

历史上谁主张天人不相预，陈亮一概格批勿论。不管是荀子，还是柳宗元，陈亮都把他们和佛教放在一起批判。

荀子在《天论》中说："天行有常，不为尧存，不为桀亡。"这是千古至

---

① 《陈亮集》，《经书发题·春秋》。
② 《陈亮集》，《乙巳春书之二》。
③ 《陈亮集》，《乙巳春书之一》。

论！历代唯物主义者都支持这种观点，包括一些唯心主义哲学家也不敢否认，而陈亮居然对此作了歪曲的解释，并加以断然否定，他说：

> 夫"不为尧存，不为桀亡"者，非谓其舍人而为道也。若谓道之存亡，非人所能与，则舍人可以为道，而释氏之言不诬矣。使人人可以为尧，万世皆尧，则道岂不光明盛大于天下？使人人无异于桀，则人纪不可修，天地不可立，而道之废亦已久矣。①

他认为，道的存亡是由人（尧和桀这样的统治者）决定的，因此不能"舍人而为道"，如果最高统治者这个人都像桀那么坏，那么，不但人类社会不能维持，就连天地也无法存在，道也要废了。既然不能"舍人而为道"，那也就是说，天道为尧存，为桀亡。陈亮的观点可以概括为："道之所在，固不外乎人也。"这与主观唯心主义心学创始人陆九渊的说法相似。陆九渊说："理之所在，固不外乎人也。""理"变成"道"以外，余皆相合。

唐代柳宗元提出"天人不相预"的唯物主义命题，也遭到陈亮的激烈反对。陈亮在给朱熹的信中说：

> 天下，大物也。不是本领宏大，如何担当开廓得去！……高祖、太宗及皇家圣祖，盖天地赖以常运而不息，人纪赖以接续而不坠。而谓道之存亡，非人所能预，则过矣。汉、唐之贤君果无一毫气力，则所谓卓然不泯灭者果何物邪？道非赖人以存，则释氏所谓千劫万劫者，是真有之矣。②

这里，陈亮在批驳天人不相预时，重新论述下天道依赖贤君而存在的观点。贤君就是指尧、舜、禹、汉高祖、汉光武、唐太宗、宋太祖等"真命天子"。陈亮认为，只有他们才有资格与天地"并立而为三"，只有他们"本领

①《陈亮集》，《乙巳春书之一》。
② 同上。

宏大"，参预天地，使"天地赖以常运而不息，人纪赖以接续而不坠"。可是，陈亮所谓人本的思想实质上是君本思想，跟西汉初期贾谊的民本思想是相对立的，是典型的唯心的英雄史观。

陈亮认为，皇帝是"天命所在"，即由有意志的上帝所授命的。但是，"天命"即有意志的上帝在哪里呢？如在宇宙之内，他说"盈宇宙者无非物"，那么天命也是物吗？天命是特殊的物吗？是凌驾于万物之上的主宰者，是神物吗？或者说，天命存在于宇宙之外，在彼岸世界，是遥控此岸世界的世外神灵。无论如何辩解，也无法弥缝理论的裂纹。我们从中可以看到，唯物论的个别命题，是如何在天命论的唯心主义体系中被融化了。

总之，陈亮没有提出系统的哲学见解，他有时从古老的西周天命论采掇观点，有时从董仲舒的天人感应说中吸取思想，有时却又加进主观唯心主义的因素和唯心的英雄史观的成分。一方面讲感情"得其正则为道"，一方面又讲没有"道外之事"。陈亮的哲学观点就这样支离破碎地、相互矛盾地存在着。

陈亮的哲学观点为什么如此古老而破旧呢？

宋代统治者对外族入侵没有抵御能力，只好关门侈谈道德性命问题。脱离实际，空谈命，其结果使政治更加腐败，国力更加削弱。陈亮有见于此，在《延对》中说：

> 而二十年来，道德性命之学一兴，而文章政事几于尽废。其说既偏，而有志之士盖尝患苦之矣。十年之间，群起而沮抑之，未能止其偏，去其伪，而天下之贤者先废而不用，旁观者亦为之发愤以昌言，则人心何由而正乎！臣愿陛下明师道以临天下，仁义孝悌交发而示之。尽收天下之人材，长短小大，各见诸用。德行言语，政事文学，无一念或废，而德行常居其先，荡荡乎与天下共由于斯道。

在这里，陈亮指出，片面的理论统治社会二十年所造成的思想混乱，花十年时间进行拨乱反正，尚未见明效，原因在于没有充分发挥贤者的作用。他主张尽收天下人才，以贤者为用，首先进行道德教育，然后加强政治，繁荣文学，天下都这么办，才有复兴的希望。陈亮的见解有一定的合理性，他为当时封建统治者出谋划策，有切实可行之处。但是，他反对脱离实际的空谈，却将一切抽象的理论思维不加区别地完全否定了，这就从一个极端走到了另一个极端，他把理论探讨称为"玩心于无形之表"①，一概视为"腐儒之谈"②，因此，他的观点就有轻视理论的经验论倾向。对于前人的哲学研究成果，陈亮也没有认真地研究，没有系统地批判继承前人的合理思想，全祖望和黄百家都说他"无所承接"③。很显然，他轻视哲学，以为不要哲学，就凭自己的"推倒一世之智勇，开拓万古之心胸"④，去"中兴"南宋政权，他企图摆脱哲学理论的指导，其结果，正如恩格斯所说的那样，他"作了哲学的奴隶"，而且"恰好是最坏哲学的最坏、最庸俗的残余的奴隶"⑤。西周的天命论，西汉的天人感应说，到了宋朝，都已经成了最古老的、最庸俗的哲学，而陈亮正好成了这些最坏哲学的"残余的奴隶"。

我们认为陈亮的哲学思想，主流是唯心主义的天命论。但是，我们仍然注意到，他在政治思想和军事思想方面强调功利，注意研究现实问题，并提出一些切实可行的政见。他也曾到南京一带考察形势，提出一套军事行动计划。他的从实际出发的思想，务实的精神，讲实际效果的主张，虽然还没有上升到哲学理论的高度，其精神"是吻合于唯物主义的原则，也可以说体现了唯物论的基本精神的。陈亮跟朱熹的争论，在政治思想方面，陈亮强调功利，提倡务实，有合理因素，但是在哲学上分歧并不是唯物论和唯心论的斗争，而是唯物主义阵营内天命论与理学的争论。陈亮在政治上有某些进步性，但在哲学方面，在理论思想方面，比起朱熹的理学、陆九渊的心学都要落后得多。

---

① 《陈亮集》，《与章德茂侍郎书》。
② 《陈亮集》，《又癸卯秋书》。
③ 《陈亮集》，《宋元学案·龙川学案》。
④ 《陈亮集》，《又甲辰秋书》。
⑤ 《自然辩证法》人民出版社 1971 年版第 187 页。

剖析了陈亮的宇宙观，我们可以看到，在中国历史上，有些人在政治上是进步的思想，在宇宙观上却未必是唯物主义的哲学家。他们在实际生活中，在政治斗争中，有些见解有唯物论的原则，在探讨宇宙终极本原时，要作哲学理论的概括，却未必能坚持唯物主义观点，这些人由于缺乏理论指导，只能在某些方面取得一定成果，在广泛的思想领域中则不见得有很大的成就。过去一些同志根据"唯物论一定是进步的，进步的一定是唯物论"的公式，出于陈亮的政治思想有某些进步性，就勉强把他的哲学思想也说成是唯物的。范文澜把问题简单化的观点叫做"迁论"①。我们认为，深入解剖，综合研究，才能避免"迁论"。

（原载《浙江学刊》1984 年第 1 期）

---

① 范文澜，《中国通史简编》，第二编第四章第二节。

浑天说与地心说的比较
——兼论中西文化的差异

浑天说与地心说是东西方类似的宇宙学说，故有许多人进行比较，评说东西方文化的优劣。有些人认为，中国的浑天说就差一步没有赶上西方的地心说。这种观点值得研究，不知是从哪一方面来比较，差了哪一步？

从时间上比较，浑天说产生于西汉太初历颁布之前。太初历元年即公元前104年。据扬雄《法言·重黎》称："或问浑天，曰：洛下闳营之，鲜于妄人度之，耿中丞象之，几几乎，莫之能违也。"《宋书》称这三人是"制造浑仪"的人，而洛下闳则是首创者。洛下闳参与制订太初历。《隋书·天文志》引虞喜的说法："洛下闳为汉武帝于地中转浑天，定时节，作《太初历》"。很显然，浑天说创立于公元前二世纪。西方的地心说是古希腊天文学家托勒密（公元90—168年）建立的。他于公元127—151年在亚历山大里亚城进行天文观测，在前人的研究基础上，建立了地心说。中国的浑天说创立于公元前二世纪，西方的地心说创立于公元后二世纪，从时间上说，浑天说不会比地心说差一步，这是很显然的。地心说被日心说所代替，浑天说也被近代西方天文学所取代，地心说与浑天说各在东西方统治天文学界达一千多年，而浑天说比地心说流传时间要长数百年。浑天说先立而后消。

从科学的历史地位来讲，浑天说是从占星术迷信中分离出来的科学体系，此后由科学实验和实践反复证明，没有产生过明显的反科学现象。它奠定了科学发展的基础。而地心说是从科学进入宗教迷信，在黑暗的中世纪起着反科学的、阻碍科学发展的作用。哥白尼迟迟不敢公开自己研究的日心说，布鲁诺反对地心说而在外国流亡 15 年，一回国就被逮捕入狱，监禁达 7 年之久，最后被烧死于罗马的鲜花广场。反对地心说的另一位著名科学家伽利略也被罗马教庭圣职部以异端罪判处终身监禁，死于软禁之中。三百多年以后的 1980 年，梵蒂冈宣布为伽利略平反。可见，连宗教界也承认当时对伽利略的处治是错误的，是对科学家的迫害。地心说给"上帝"留着位子，成为宗教迷信反对科学的工具，成为阻碍科学发展的绊脚石。西方宗教利用地心说迫害过许多科学家，而中国的浑天说没有被用来迫害科学家。没有宗教团体或政治势力利用浑天说整人。浑天说并不神圣，它可以和盖天说、宣夜说以及后来的各种天说，也包括明代传入的西方近代天文学一起讨论、比较，平等竞争。在这一点上，浑天说也不比地心说差半步。是否可以说，浑天说比地心说更开放、更开明一些呢？

从科学水平方面来看，问题就比较复杂一些。地心说认为地是圆球体，处于宇宙中心，天是九层透明的同心圆，绕地球旋转。日月五星各有一层天，恒星又一层天，最上面是宗动天，是上帝和诸神所居的场所。这就是所谓九天。中国原来也有九天说，屈原在《天问》中说："圆则九重，孰营度之？"《孙子兵法·形篇》有"善攻者动于九天之上"的说法。这是指天像圆盘那样，有九层，一层比一层高，最高的一层叫九天。到秦汉时代，天由九层变成一层。《吕氏春秋·有始》把天分为九块，即中央和八方各一块，拼成一层天。九天分别是："中央曰钧天，东方曰苍天，东北曰变天，北方曰玄天，西北曰幽天，西方曰颢天，西南曰朱天，南方曰炎天，东南曰阳天。"《淮南鸿烈》、纬书、扬雄《太玄经》也都有各不相同的九天说。《淮南鸿烈》、纬书与《吕氏春秋》其九天则大同小异。扬雄的九天则以一年气候变化为线索划分的。这与星空九天大异，前者分时间，后者分空间。后代如唐代柳宗元、宋代朱熹都有不同的九天说。九块拼成一层天，是浑天家继承的九天。

地心说与浑天说相比，前者主九层天，后者主一层天。而现代球面天文学也把天看作一层球面。而从立足于地球的人类来说，以地球为中心，把地外天空景象视为一球面，是便于观测的一种科学假说，有较多合理性，以致在现代科学中还有球面天文学的一席之地。而九层天的说法已被现代科学所抛弃，从这一点上比较，地心说明显不如浑天说。关于地的形状，浑天说以蛋黄比喻地体，说明其中含有地是椭圆球体的观念，但在其他论述中并没有明确说明地是球体，在各种计算中也没有考虑到地球的曲率，如说北极出地、南极入地的度数应因地而异，日出日落的时刻也应因地而异。实际上浑天家尚未考虑到地面曲率；而在解释月食时，认为是月亮进入地球影锥（旧称暗虚）时的现象，表明了地球的观念，如果地是极大的平面的体，那么就不会有圆的影锥。总之，浑天说有地球观念而无明确表述。这一点，浑天说不及地心说。

地心说用若干轮（本轮、均轮等）的相互关系来解释日月五星的运行轨迹，表明了较高的数学水平。这种计算有两大缺点：一复杂，二不准。而中国人善于用简单的方法获得比较准确的结果。周代用八尺长的标竿（周髀）立地，每天测量在地面的日影。每天竿影最短的时刻为中午，说明日在中天。一年中，日影最短的时刻就是夏至日的中午，中午日影最长的那一天是冬至日。经过数百年乃至上千年，进行这种简单的连续的观测，得出了一回归年为 $365\frac{1}{4}$ 日的相当精确的结果，这在中国是两千年前的结论。浑天说在这种经验的基础上创立出来。它又指导后代天文学家进行更认真的观测和研究，得出越来越精确的结果。

中国古人制订了百余种历法，其中元代郭守敬制订的《授时历》定一回归年为 365.2422 日，与现行公历相同。公历即格里历，比授时历晚三百年施行。授时历颁行于公元 1281 年，格里历于公元 1582 年才开始在意大利等国施行。明初，郑和下西洋携带大统历赠送给沿途各国。大统历实际上就是授时历。郑和第一次下西洋在公元 1405 年，说明郑和赠送给沿途各国的大统历则是当时世界上最先进的历法。古代天文学最重要的实际用处在于制订历法。历法的精确度是衡量天文学水平的主要标准。从中国历法的精确度可以说明浑天说比地心说进步。

中国比较重视积累实际经验，比较重视实际用处，而西方比较重视理论，重视数学计算。在古代，在十五世纪以前，中国的科学走在世界前列，许多项目和总体水平，远远超过同时代的欧洲。西方人重视理论研究，重视数学这样的长线专业，对于科学发展有很大后劲。西方现代科学远远超过中国，原因可能是多方面的，而重视理论，可能是最重要的一条。要站在世界科学的最高峰，就必须有较高的理论思维水平。西方理性主义哲学流行，就是关键所在。没有远见卓识的人，只看眼前经济效益，那是看不到理论的作用。不重视理论，一切发展都没有后劲。

（原载《北京师范大学周报》1989 年 12 月 15 日）

朱熹的宇宙论和天文观

古人对天地奥秘的探讨，按现代科学来分，有的属于宇宙论、天文学，有的则属于气象学、地理学、地质学。朱熹对这些问题的探讨，没有写成专著。我们将他的这些方面的零散议论，抽出几个问题来加以述评。这几个问题就是宇宙演化论、天地结构论、日月左旋说、日月面面观等四个问题。

一、宇宙演进强化论

从先秦道家提出"道出一，一出二，二生三，三生万物"的道一元论的宇宙演化论后，宇宙演化论就成了古代一些思想家关注的问题。《淮南子》对道家的道一元论进行改造，把道生万物的中间环节"一"、"二"、"三"改成"虚霩"、"宇宙"、"气"、"天地"。东汉张衡则把道演化成万物的中间环节称为"溟涬"、"庞鸿"、"元气"、"天地"。而王符认为宇宙演化是从元气开始的，元气之前的演化环节都是不存在的。这就是汉唐之际流行的元气本原论。北宋时代，张载以气的聚散来说明宇宙万物的生灭，不谈宇宙的演化过程。而周敦颐用无极、太极代替道家的道，作为宇宙的本原，由此产生阴阳、五行，然后化生出天地万物来。朱熹综合前人的思想，主要吸收周敦颐的说法，形成自己的宇宙演化理论。

首先是宇宙本原问题，这是所有探讨宇宙演化论的前提。宇宙演化的起点在哪儿？宇宙是从哪儿由什么东西演化出来的？前人主要有两类观点，一是由虚无的道演化出来的，一是由最原始的物质元气演化出来的。前者是唯心主义哲学，后者是唯物主义哲学。张衡的"溟涬"和周敦颐的"无极"、"太极"，都与道家的道差不多，都是虚元的、抽象的概念，古人称为"形而上"。朱熹继承周敦颐的说法，把太极作为宇宙的本原。他对周敦颐的说法作了一些加工改造。一是将无极和太极合二为一。他说："'无极而太极'，不是太极之外别有无极，无中自有此理。"这个"而"字，没有先后次序的问题。本意"只是无形而有理"。"无极者无形，太极者有理也。""周子所谓'无极而太极'，非谓太极之上别有无极也，但言太极非有物耳。"① 朱熹认为，无极是说明太极是无形的，并非太极之外还有一个无极。二是将太极解释为理。他说："太极无形象，只是理。"又说："所谓太极者，只是二气五行之理，非别有物为太极也。"② 又说："太极只是天地万物之理。"③ 这就是说，阴阳五行，天地万物，所有的理总称为太极。他说太极"非别有物"，"无形象"，说明太极不是物质性的东西，而是抽象的理。朱熹把抽象的非物质性的太极作为宇宙本原，他的哲学体系就是客观唯心主义。

其次，本原如何演化出万物来。朱熹说："未有天地之先，毕竟是先有此理。"④ 理在天地之前就存在着。理怎么派生出天地万物来的呢？这里需要一种材料。这种材料就是气。他说："五行阴阳，七者滚合，便是生物底材料。"⑤ 这些生物的材料也是先后出现的。最先有的大概还是阴阳之气。周敦颐《太极图说》中说："动而生阳，静而生阴。"朱熹解释道："动即太极之动，静即太极之静。动而后生阳，静而后生阴，生此阴阳之气。"⑥ 就是说，太极的动静派生出阴阳之气。他虽然反复讲"理与气本无先后之可言"，理气先后问题，"皆不可得而推究"，但他最后还是说："有是理便有是气，但理是

---

① 《朱子语类》卷94。
② 同上。
③ 《朱子语类》卷1。
④ 同上。
⑤ 《朱子语类》卷94。
⑥ 同上。

本。"①"先有理"②,"理生气"③。

理生气,这是第一步。气开始是混沌状态,然后由混沌走向分化,分化出阴气和阳气。这是第二阶段。他说:"方浑沦未判,阴阳之气,混合幽暗。及其既分,中间放得宽阔光朗,而两仪始立。""两仪是天地"④。气如何派生出天地来的呢?朱熹也是用气的运动来说明。他说:"天地初间只是阴阳之气。这一个气运作,磨来磨去,磨得急了,便拶许多渣滓。里面无处出,便结成个地在中央。气之清者便为天,为日月,为星辰,只在外,常周环运转。地便只在中央不动,不是在下。"⑤ 他所说的"清刚者为天,重浊者为地"⑥,主要是继承了《淮南子》的思想。其中"刚"字却是来自于高空有"刚风"的说法。这种说法可能出于道教。

接着,天地又化生出五行。他说:"天地生物,五行独先。"⑦ 五行也不是同时出现的,五行中大概先有水火,然后才有木金。他说:"天地初始混沌未分时,想只有水火二者。水之滓脚便成地。今登高而望,群山皆为波浪之状,便是水泛如此。只不知因甚么时凝了。初间极软,后来方凝得硬。""水之极浊便成地,火之极清便成风霆雷电日星之属。""天一自是生水,地二自是生火。生水只是合下便具得湿底意思。木便是生得一个软底,金便是生出得一个硬底。"⑧ 朱熹一方面讲天地生五行,同时另一方面也讲阴阳生五行。如他说:"阳变阴合而生水火木金土。阴阳气也,生此五行之质。"⑨ 另外,朱熹讲天地阴阳五行时,没有截然分开,常常讲到相互间的错综复杂的联系。如说:"天地统是一个大阴阳","阴阳是气,五行是质……不是阴阳外别有五行。""五

①《朱子语类》卷1。
② 同上。
③《太极图说解·集说》。
④《朱子语类》卷94。
⑤《朱子语类》卷1。
⑥ 同上。
⑦《朱子语类》卷94。
⑧《朱子语类》卷1。
⑨《朱子语类》卷94。

行相为阴阳，又各自为阴阳。"① 又说："地即是土，土便包含许多金木之类。天地之间，何事而非五行？"② 天地是大阴阳，天地又都是五行，五行又包含阴阳。总之，天地、阴阳、五行不能截然分行。

最后，天地阴阳五行派生出万物来。朱熹说："造化之运如磨，上面常转而不止。万物之生，似磨中撒出，有粗有细，自是不齐。"③ 又说："五行阴阳，七者滚合，便是生物底材料。"④ 朱熹也吸收张载的气聚合成万物的思想，认为气结聚，自然生物，"若不如此结聚，亦何由造化得万物出来？"⑤ 又说："太极所说，乃生物之初，阴阳之精，自凝结成两个，后来方渐渐生去，万物皆然。"⑥阴阳之气凝结成牝牡、雌雄，然后不断衍化、发展。天地像个磨，中间有阴阳之气、五行之质，经过滚合，产生出粗细不同的万物来。将朱熹的宇宙演化过程用表示如下：

对于这个演化过程，朱熹说："自下推而上去，五行只是二气，二气又只是一理。自上推而下来，只是此一个理，万物分之以为体，万物之中又各具一理。"⑦这模式与前人有何区别呢？

《淮南子·天文训》的模式是：

$$道 \rightarrow 虚霩 \rightarrow 宇宙 \rightarrow 气 \begin{cases} 清阳之气 \rightarrow 天 \\ 重浊之气 \rightarrow 地 \end{cases} \rightarrow 阴阳 \begin{cases} 火 \rightarrow 日 \\ 四时 \\ 水 \rightarrow 月 \end{cases} 万物$$

朱熹的模式将《淮南子》模式中的"虚霩"和"宇宙"两个环节砍掉，由太极（理）取代道，直接派生气。而在天地和万物之间加进去五行，而

①《朱子语类》卷1。
②《朱子语类》卷94。
③《朱子语类》卷1。
④《朱子语类》卷94。
⑤⑥⑦同上。

《淮南子》只有水火，没有五行。另外，阴阳之气与天地的关系，朱熹认为阴阳生天地，《淮南子》则相反。从这个模式中表达了朱熹演化理论是从无到有，从虚到实的过程。

王符《潜夫论·本训篇》的模式是：

王符只讲阴阳不讲五行，只从物质性的元气讲起，认为物质性的元气是宇宙终极本原。朱熹则在气之前加上非物质性的理。这是唯物论和唯心论的分水岭。

《老子》讲道派生万物，而万物中又都有道。汉唐哲学家讲气派生万物，同时万物又都有气。佛教讲佛性普通存生，以月印万川作比喻。朱熹讲理普遍存在于万物中，阴阳之气普遍存在于万物之中，可以认为是吸收综合了前人的思想，是他"理一分殊"在宇宙演化中的反映。

朱熹的宇宙演化论广泛吸收综合前人的思想，作一些改造，形成自己的体系。这体系最主要的特点是由虚到实、由清到浊，由软到硬的演变过程。本原是理，即太极。理是形而上的、无形象的。由理生出阴阳。阴阳是气，然后生出五行的质。五行的质也不相同。先生水火，然后才生木金。他说："'阳变阴合'，初生水火。水火气也，流动闪铄，其体尚虚，其成形犹未定。次生木金，则确然有定形矣。"① 先有未定形的水火，后有定形的木金。另外，他讲波浪之状的群山时说："初间极软，后来方凝得硬。"又说："山河大地初生时，须尚软在。"② 讲到高山岩石中有螺蚌壳时说："常见高山有螺蚌壳，或生石中，此石即旧日之土。螺蚌即水中之物。下者却变而为高，柔者变而为刚，此事思之至深，有可验者。"③ 又说："今高山上多有石上蛎壳之类，是低处成

① 《朱子语类》卷 94。
② 《朱子语类》卷 1。
③ 《朱子语类》卷 94。

高。又蛎须生于泥沙中，今乃在石上，则是柔化为刚。天地变迁，何常之有？"① 我们可以把朱熹的宇宙演化论概括为强化论。强化论是对道家"有生于无"、"实出于虚"的思想的新发展。

二、天地结构浑天说

天地结构论在中国历史上影响较大的还是汉代的论天三家：盖天说，浑天说，宣夜说。

朱熹家里可能有一个浑仪②，所以，他谈到天地结构时总是以浑天说作为依据。浑天说肇端于西汉落于闳，完成体系于东汉张衡。张衡《浑天仪注》称："天如鸡子，地如鸡中黄，孤居于天内，天大而地小。天表里有水，天地各乘气而立，载水而行。周天三百六十五度四分度之一，又中分之，则半覆地上，半绕地下，故二十八宿半见半隐，天转如车毂之运也。"③ 张衡在《灵宪》中列了浑天范围以后说："过此而往者，未之或知也。未之或知者，宇宙之谓也。宇之表无极，宙之端无穷。"这就是说，宇宙是无限的，而天地结构体系却是有限的。对月食也作了新解释："月光生于日之所照……当日之冲，光常不合者，蔽于地也。是谓暗虚。在星星微，月过则食。"④ 以地掩蔽日光来解释月食，是浑天说的一个特点。盖天说认为月在天上，地在下，无论如何也不会遮盖天上的月。只有把地看作悬在天中的一个大物体，才会出现影锥（即暗虚）。月食和行星经过影锥时就会出现"食"的现象。朱熹接受了浑天说的

---

① 《朱子语类》卷94。
② 据张立文考证，见《孔子研究》，1988年第3期。
③ 《晋书·天文志上》录晋葛洪引《浑天仪注》文。说《浑天仪注》以此处为最早。约后二百年，梁刘昭注范晔《后汉书·律历志下》也引"张衡《浑仪》"文。唐代《开元占经》、《艺文类聚》也都引录。因差异很大，真中有伪，所以有人怀疑该文非张衡所著。本书上册对此作了详细考证，可参考。
④ 《后汉书·天文志上》刘昭注引。

思想，并加以想象发挥，于是产生了他的天地结构论。

朱熹说："天包乎地，地特天中之一物尔。"① "天文有半边在上面，须有半边在下面。"② "天有黄道，有赤道。天正如一圆匣相似，赤道是那匣子相合缝处，在天之中。黄道一半在赤道之内，一半在赤道之外，东西两处与赤道相交。"③ "地却是有空阙处。天却四方上下都周匝无空阙，逼塞满皆是天。地之四向底下却靠着那天。天包地，其气无不通。"④ "天以气而依地之形，地以形而附天之气。"⑤ 天地通过形气而相互结合成一个物质体系。

中国古代对立体空间的三维，用六个方向来称说。例如东西南北上下，或四方上下。朱熹认为天在六个方向上都充满着气，而地只在五个方向，即"四向底下"，都挨靠着天，只有"上"这一方向留出一个空间，让人和万物作为存在和活动的场所。

地以形而附天之气。这句话似乎表达了这样的意思：地体浮在气中，也像木头浮在水面，风筝飘在空中那样。这种思想也有渊源。《黄帝内经·素问·五运行大论篇》就有地在"太虚之中"，由"大气举之"的说法。张衡《浑天仪注》也有"天地各乘气而立，载水而行"的见解。张载在《正蒙·参两篇》中曾提到过"地在气中"。朱熹在注《楚辞·天问》时引了《黄帝内经》的说法，他对浑天说和张载著作都很熟悉。所以，朱熹继承这些思想则是非常明显的。能不能说朱熹讲这些天气是来源于汉代宣夜说呢？宣夜说认为"天了无质"，只是无边的气，"日月众星，自然浮生虚空之中，其行其止，皆须气焉。"⑥ 宣夜说没有讲到地的问题。朱熹虽然讲到气，讲到气托地，却与宣夜说没有关系。以下的说法可以作为进一步证明。

---

① 《朱子语类》卷1。
② 《朱子语类》卷2。
③ 同上。
④ 《朱子语类》卷1。
⑤ 同上。
⑥ 《晋书·天文志上》。

朱熹所说的天是没有形质的吗？他从高山上无霜露谈到道教所谓高处有刚风，再论《离骚》中所说的"九天"。他说："《离骚》有九天之说，注家妄解，云有九天。据某观之，只是九重。盖天运行有许多重数。（以手画图晕，自内绕出至外，其数九。）里面重数较软，至外面则渐硬。想到第九重，只成硬壳相似，那里转得又愈紧矣。"① 朱熹把最外面的一层天看作是"硬壳相似"的。这仍然是浑天家所说的天像鸡蛋壳。天壳和大地之间充满大气，像鸡蛋白那样。这跟宣夜说就不相干了，因为宣夜说认为"天了无质"。

朱熹的这些说法："天文有半边在上面，须有半边在下面。""有一常见不隐者为天之盖，有一常隐不见者为天之底。"② 以及"天正如一圆匣相似"等等，都是浑天说的观点，均无宣夜说的任何痕迹。

综上所述，朱熹的天地结构模式基本上是浑天说模式。在浑天说这个模式上，朱熹提出了一些新见解，丰富了这个模式。

首先，朱熹用天气的急速旋转来解释地不下落的问题。天动地静是中国传统的观点，他没有新见。大气托地，前人也已有论述。大气如何托举这块沉重的大地呢？前人不见详述，而朱熹对此颇有新见。他说："天运不息，昼夜辗转，故地确在中间，隤然不动。使天之运有一息停，则地须陷下。"③ 天之气急速运转，托举着大地。

其次，朱熹对九天作出新解释。《离骚》讲九天。过去有的人理解为像九个盘子摞起来那样的九层天。《淮南子》认为天是由中央和八方九块天拼成的。这九块天分别是：中央钧天，东方苍天，东南方阳天，南方炎天，西南方朱天，西方昊天，西北方幽天，北方玄天，东北方变天。柳宗元说"沓阳而九"，天是浓厚的阳气，所以才叫九天。朱熹认为九天是九重天，天像画轴那样，自内绕出，共九重，里层较软，往外，一重比一重硬，最外一重即第九

①《朱子语类》卷 2。
② 同上。
③《朱子语类》卷 1。

重，像硬壳一样。

最外层像硬壳的天虽然也是固体，却与大地不同。朱熹认为阴阳之气在急速旋转运动中，磨出的渣滓汇集在中间结成个地，像一盆带杂质的水，水在旋转中，杂质就逐渐汇集于中央。这也许正是朱熹提出"地者，气之渣滓也"①观点的经验基础。而天的最外层硬壳并不是气之渣滓结成的，而是最清的气结成的。朱熹讲到高山上的气的时候说："上面气渐清，风渐紧"②。越高处，气越清，风越大。所谓"万里刚风"，就是指万里高空"气清紧。"古人从生活经验中体会出气运作越迅速就越冷，如柳宗元讲"呼炎吹冷"③，元气缓慢移动就炎热，迅速运作就寒冷。高空有"万里刚风"，越高越冷，所以，苏东坡"唯恐琼楼玉宇，高处不胜寒"④，不敢乘风归去。朱熹的看法跟柳宗元、苏东坡的看法差不多，也认为越高处气越清，风越紧，也越冷。气运行迅速会生热，古人恐怕还没有这种观念。

第三，朱熹认为地有尖角。唐太宗率兵到过骨利干。骨利干这地方夏季，"昼长而夜短，既夜，天如曛不瞑，久脒羊髀才熟而曙，盖近日出没之所。"⑤昼长夜短的骨利干，傍晚，落日余晖还在，煮羊髀才熟，就看到东方的曙光，中间似乎没有真正的黑夜。唐代天文学家一行认为这是靠近日出没的地方。朱熹认为这是大地的尖角。他说："唐太宗用兵至极北处，夜亦不曾太暗，少顷即天明。谓在地尖处，去天地上下不相远，掩日光不甚得。"⑥ 又说："地有绝处。唐太宗收至骨利干，置坚昆都督府。其地夜易晓，夜亦不甚暗。盖当地绝处，日影所射处。"⑦ 他还引《资治通鉴》上的说法，"夜熟一羊髀而天明"。

---

① 《朱子语类》卷 1。
② 《朱子语类》卷 2。
③ 《天对》，见《柳宗元集》。
④ 《水调歌头·明月几时有》。
⑤ 《新唐书·天文志一》，"羊髀"，《旧唐书》作"羊胛"，朱熹引作"羊脾"，形近而误，不知孰是。
⑥ 《朱子语类》卷 1。
⑦ 同上。

他是这样解释的："此是地之角尖处。日入地下，而此处无所遮蔽，故常光明；及从东出而为晓，其所经遮蔽处亦不多耳。"① 总之，朱熹认为那昼长夜短的骨利干是地的角尖处。

朱熹认为昼长夜短的地方是地的尖角处。地如果有尖角，那就不可能是圆的，就违背了浑天说，而接近盖天说的天圆地方说。方形的地才有尖角。但他讲"日入地下"，仍然是浑天说的观点，因为盖天说认为日都在天上，不入地下。唐朝人如果再往北走几百里，虽然不能到达北极圈内，只要靠近北极圈，夏至前后也可以看到日绕天边旋转，不入地下的奇观，就可以彻底打破浑天说日入地下的观念。由此可见，实践范围的扩大对于理论发展的意义多么重大。把一个小范围的实践中得出来的经验当作普遍真理，显然是不合适的。朱熹缺乏天文学研究实践，对浑天说坚持不能彻底，对地有尖角也不过是猜测。

最后，关于世界末日问题。佛教讲过大劫难，现代也盛传人类毁灭的预言。有人问朱熹："天地会坏否？"朱熹说："不会坏。"但他接着又说：如果人类无道极了，坏透了，那么，天地就会"一齐打合，混沌一番，人物都尽，又重新起"②。怎么重新起呢？"以气合。二五之精，合而成形，释家谓之化生。如今物之化生甚多，如虱然。"③天地把人物（指人类和生物）都毁灭了，然后由气（阴阳五行之气）结合，化生出人物来，也像虱子由气化生的那样。总之，他认为天地不毁灭而人类却会毁灭，同时也会再生。

三、日月运行左旋说

中国古人观察到日月星辰都是东升西落的，就认为它们都是从东方向西方旋转的。从东向西旋转，古称"左旋"。后来，天文学家经过长期观察，发现

---

① 《朱子语类》卷1。
② ③ 同上。

恒星（古称经星、列星）每天都整齐地左旋一周，于是就把它们设想为镶嵌在一块固体的天上，认为天体每日左旋一周。而日月五星每天也随着天体左旋一周，而它们在天体上又有自己的运作轨迹，即从西向东旋转，古称"右旋"。右旋速度各不相同。日每天右旋一度，月每天右旋十三度多，岁星（即木星）十二年才运作一周天。古人分天为十二区域，称十二次，风星每岁过一次，故称岁星。荧惑（即火星）多数情况是右旋的，有时停止，古称"留"，有时左旋，古称"逆行"。这样，它就给人留下迷惑的印象。因此而称"荧惑"。这些天文学家认为天体左旋，日月五星右旋。这就是"右旋说"。另一些人认为天体左旋，日月五星也是左旋的，只是速度没有天体那么快，相对于天体来说，落后了一些，看起来似乎右旋了。这就是"左旋说"。"左旋说"和"右旋说"共同点是都认为大体是左旋的，争议的焦点在于日月五星左旋还是右旋，并以此来分别命名这两种学说。

根据现有的资料来看，"左旋说"和"右旋说"的争论是从西汉开始的。当时出现一本《夏历》持左旋说观点。它认为"列宿日月皆西移，列宿疾而日次之，月最迟"[①]。列宿即列星，指恒星。日月和恒星一样都是西移的，即左旋的。当时天文历法家刘向引《鸿范传》上的说法来驳《夏历》的"左旋说"观点，阐述了"右旋说"的道理。[②] 后来，王充在《论衡·说日篇》中也阐述"右旋说"的观点，并用蚁行砭（磨石）上作比喻。他认为天左旋像磨石转，日月右行像蚂蚁在磨石上爬行。磨石左旋速度快，蚂蚁向东爬行却被磨石带着向西移去。王充这一比喻被作为"周髀家说"写入《晋书·天文志》。

北宋张载对这一问题作过深入的研究。他叙述过"左旋说"和"右旋说"

---

① 《宋书·天文志一》。原文有"向难之以《鸿范传》"，是驳难"夏历"的。他认为《夏历》是"好异者之所作"的。刘向驳斥《夏历》"左旋说"是很明显的。郑文光误以为刘向依据"夏历"，提出"左旋说"，这实在是弄颠倒了。见《中国天文学源流》第 117 页，科学出版社，1979 年版。
② 同上。

的观点，但他又说："古今谓天左旋，此直至粗之论耳。"① 对"左旋说"和
"右旋说"都加以否定，认为它们都是"至粗之论"。究竟精论是什么呢？他
说："愚谓在天而运者，惟七曜而已。"② 七曜就是日月五星。他认为天上只有
日月五星在运行，其它星辰都是不动的。那么看到列星东升西落呢？他说那是
因为地在中间旋转。王夫之对张载这一说法作了确切的阐述。他说："此直谓
天体不动，地自内圆转而见其差。"③ 地在中央旋转，看到天象似乎在移动。

　　张载叙述过"左旋说"和"右旋说"，自己却是主张"地旋说"的。朱熹
根据自己的理解，将张载认为"至粗之论"的"左旋说"当作张载的观点加
以引用，来证明自己的见解的正确性。朱熹说："天最健，一日一周而过一
度。日之健次于天，一日恰好行三百六十五度四分度之一，但比天为退一度。
月比日大，故缓，比天为退十三度有奇。但历家只算所退之度，却云日行一
度，月行十三度有奇。此乃截法，故有日月五星右行之说。其实非右行也。横
渠曰：'天左旋，处其中者顺之，少迟则反右矣。'此说最好。"④ 又说："横
渠说日月皆是左旋，说得好。"⑤ 还说："日月随天左旋，如横渠说较顺。"⑥
"横渠说天左旋，日月亦左旋。看来横渠之说极是。"⑦ 朱熹左一个横渠，右一
个横渠，似乎他是横渠的忠实信徒。实际上他根据自己的观点选择张载的言
论，似有拉大旗作虎皮的嫌疑。除此之外，朱熹提出了自己的两条理由：一是
自己观察。当有人提到日月星辰右转时，朱熹说："自《疏》家有此说，人皆
守定。某看天上，日月星不曾右转，只是随天转。"⑧ 看下天上就可以下结论，
那还要科学研究干什么？看一下天上就想否定许多天文学家长期观测研究的结
果，未免太轻率了。二是阴阳学说。有的学生问："日是阳，如何反行得迟如

① 《正蒙·参两篇》。
② 同上。
③ 《张子正蒙注·参两篇》。
④ 《朱子语类》卷2。横渠指张载。张载居横渠讲学，世称横渠先生。朱熹引文不代表张载观点。
　　参见本书上册第55页。
⑤ ⑥⑦同上。
⑧ 《朱子语类》卷2。

月?"朱熹说:"正是月行得迟。"① 日是阳,月是阴,阳速阴迟,日行速,月行迟。这是根据阴阳学说推导出来的结论。王夫之对这种阳健阴弱的说法表示怀疑。他说:火为阳,水为阴,"三峡之流,晨夕千里,燎原之火,弥日而不逾乎一舍。"② 长江三峡的水一天可以流过千里,而燎原大火,一天移动不超过三十里。可见阴未必都比阳缓慢。王夫之认为研究天象应该从天象的实际情况出发,天象实际情况就包含着理,不能用现成的人类社会的理强加在天象上。这叫:"理自天出,在天者即为理,非可执人之理以强使天从之也。"③ 王夫之的观点是唯物的。

"左旋说"只能反映地球自转运动,"右旋说"既能反映地球自转运动,又能说明地球公转运动。因此,"右旋说"有较多的合理性,为汉代以后天文学家所普通接受。张载超越于左右旋转说之争,提出地动说,为现代科学所证实。朱熹不能理解张载的高明理论,仅以"某看天上"的直观感觉和阳健阴弱的现成理论,就断定"左旋说"是对的,并且歪曲天文历法家的研究成果,认为他们主张"右旋说"只是为了计算方便,或者是"守定"成说。这真是外行说内行是外行。

朱熹哲学思想对后世影响很大,并被统治者确定为正统儒学。他的"左旋说"也被后世儒奉为圭臬。魏了翁、史绳祖、蔡九峰等人都是主张"左旋说"的。明朝初期,一些儒者据蔡九峰的"左旋说"跟主张"右旋说"的皇帝朱元璋辩论。可见,朱熹"左旋说"影响之大。一个哲学家对哲学发展有贡献,应该肯定。其他方面有错误,应作具体分析。爱屋及乌,盲目崇拜,这是不可取的。朱熹"左旋说"的流传,留给我们的是一个深刻的教训。

---

① 《朱子语类》卷2。
② 《思问录外篇》,见《思问录·俟解》,中华书局,1956年9月。
③ 《思问录外篇》。

四、日月面面观

日月是古人经常议论的对象，月中黑影是什么？月相为什么有盈亏变化？为什么会产生月食？许多古人都力图作出解释。博学的理学家朱熹也不甘寂寞，对这些问题也都发表了自己的看法。

首先，朱熹认为月中的黑影是地的影子。他说："月之望，正是日在地中，月在天中，所以日光到月，四伴（疑为畔）更无亏欠；唯中心有少压翳处，是地有影蔽者尔。"① 他又说："月体常圆无阙，但常受日光为明。……十五六则日在地下，其光由地四边而射出，月被其光而明。月中是地影。"② 这两段话大同小异，其大意是：当月望的时候（农历十五、十六），月在天上，日在地下，日光从地的四边射出，照到月上，月全亮了，成了满圆。中间的黑影是地的影子。

地是实体，不像树枝，月中黑影扶疏样子，怎会是地的影子？如果说月望时有地的影子，那么不在望时，那半边明月为什么也有影子？

月中的影子，究竟是什么？中国古人有过多种猜测。最初，有嫦娥奔月的神话故事。后来，有人提出月上的黑影是日光照在凹凸不平的月面上所产生的明暗现象③。宋代又有一种看法，认为月面像镜子，大地山河在月镜中的影子就是那些黑影。如王安石说："月中仿佛有物，乃山河影也。"④ 苏东坡的诗句有："正如大圆镜，写此山河影。妄言桂、兔、蟆，俗说皆可屏。"⑤ 现代已经

---

① 《朱子语类》卷2。
② 同上。
③ 〔唐〕段成式《酉阳杂俎》前集卷一《天咫》载，太和中有隐者言："月势如丸，其影，日烁其凸处也。"
④ 〔宋〕何远《春渚纪闻》卷七《辨月中影》。
⑤ 同上。

知道，月面确是凹凸不平的，月中黑影正是月面不平所造成的。

朱熹的看法显然是继承了北宋王安石和苏东坡等人的看法。王、苏只讲地形在月镜中的影子，没有论证，只是猜测。朱熹进行了论证。"今人剪纸人贴镜中，以火光照之，则壁上圆光中有一人。月为地所碍，其黑晕亦犹是耳。"① 朱熹这种比喻不能确切说明月中黑影的成因。当学生问："月中黑影是地影否？"他的回答采取不确定的口气："前辈有此说，看来理或有之。"当学生怀疑地碍日光的说法时，他采取了勉强应付的遁词："终是被这一块实底物事隔住，故微有碍耳。"② 地是实体，只要遮住就出现黑块，与微不微无关。学生出于对老师的尊重，不再追问下去。再追问下去，也逼不出更高明的结论来。朱熹论证结果表明他的观点不能成立，他自己也没有把握，也不敢深信自己的说法。因此他又说："今月中有影，云是莎罗树，乃是地形，未可知。"③ "未可知"是他的结论。朱熹摆脱前人的限制，对这些现象作理性的思考，并且承认"未可知"的这种理智态度，对我们还都有所启迪。

其次，朱熹对月相变化的解释基本上是正确的。他认为"月体常圆无阙"④，因受到日光照射才明亮的。由于地、月、日三者的位置不同，月出现盈亏圆缺及上下弦的变化。望时，日在地下，日光从地的四边射向月体，所以月就圆亮。当"日月相会时，日在月上，不是无光，光都载在上面一边，故地下无光"⑤，地面看不见月光。这些解释都是对的。北宋科学家沈括（公元1031—1095）在《梦溪笔谈》中把月体比作"银丸"，对月相变化作了正确解释以后，对宋以后的学者有广泛的影响。朱熹多次提到"沈括"、"沈存中"，也表明他对沈括思想的继承。可见，哲学家注意吸取科学家的意见是十分必要的。也许有人以为这一条经验是微不足道的，或者是尽人皆知的。但是，在日月之食的问题上，从朱熹及以后的学者的见解中，就可以看到这一条经验是何

①《朱子语类》卷2。
② ③④⑤同上。

等重要。

第三，关于日月之食，朱熹有一套见解。当学生问到同度同道时，也许因为他家藏浑仪，所以对黄赤道作了非常正确的说明："天有黄道，有赤道。天正如一圆匣相似，赤道是那匣子相合缝处，在天之中。黄道一半在赤道之内，一半在赤道之外，东西两处与赤道相交。"① 黄道与赤道在东边的交点叫春分点，在西边的交点叫秋分点。朱熹所说的"度"是经度。如他说："度，却是将天横分为许多度数。""望时是月与日正相向。如一个在子，一个在午，皆同一度。谓如月在毕十一度，日亦在毕十一度。虽同此一度，却南北相向。"② 朱熹在这种理解的基础上考察日月之食。他说："日所以蚀于朔者，月常在下，日常在上，既是相会，被月在下面遮了日，故日蚀。"③ "日月交会，日为月掩，则日食。"④ 朱熹对日食的理解是正确的。关于月食则复杂多了。古人对月食有许多猜测。第一次正确说明月食原因的是东汉天文学家张衡。他根据浑天说的天地模式，提出月食是蔽于地。他说："月光生于日之所照……当日之冲，光常不合者，蔽于地也。是谓暗虚，在星星微，月过则食。"⑤ 这里提出一个新概念：暗虚。它指大地背日光一面在虚空中的影锥。月从地球影锥即暗虚中经过，就出现月食现象。这本来是对月食现象的正确解释。但是，正确的观点并不能保证都有好运气。几百年后，许多人对暗虚提出质疑。有人提出："月望之日，夜半之时，日在地下，月在地下，其间隔地，日光何由得照月？暗虚安得常在日冲？"⑥ 刘智也说："言暗虚者以为当日之冲，地体之荫，日光不至，谓之暗虚。凡光之所照，光体小于所蔽则大于本质，今日以千里之径而地体蔽之则暗虚之荫将过半天，星亡月毁岂但交会之间而已哉？"⑦ 古人认为日月的直径都是一千里，而地大几万里，那么，暗虚如果是地的影子，这影子

① 《朱子语类》卷2。
② ③④同上。
⑤ 《灵宪》，《后汉书·天文志》注引。
⑥ 姜岌《浑天论答难》，见严可均辑《全晋文》卷153，又见《开元占经》卷1。
⑦ 刘智《论天》，见《全晋文》卷39，又见《开元占经》卷1。

应该遮了半边天，怎么会只在当日之冲的时候才见月食呢？只有认识到日大而地小以后，才能解决这一疑问。当时没有认识到日大地小，就不能解决这一问题，于是天文学家就寻求别的思路。有人认为月食是"阴损则不受明"，就是说阴（月）有了毛病，不能反映光明，就出现月食。刘智认为："阴不受明，近得之矣。"① 朱熹讲"日月食皆是阴阳气衰"②，正是这种思想的反映。又有人认为暗虚不是地影，而是日中射出来的一种暗气。《南齐书·天文志》称"日有暗气"，"暗虚之气"掩盖了月，就产生月食。朱熹对"日有暗气"的说法又有发展。他认为："火日外影，其中实暗"，当月正好对着日中暗区的时候，就产生月食。他又说："月食是与日争敌。月饶（绕）日些子，方好无食。"③ "至明中有暗虚，其暗至微。望之时，月与之正对，无分毫相差，月为暗虚所射，故蚀。虽是阳胜阴，究竟不好，若阴有退避之意，则不相敌而不蚀矣。"④ 这里，朱熹对月食原因有三种说法，一是阴气衰，二是月入日中暗处，三是日的暗虚之气射中月。这些说法都不正确。但他肯定日月食"不足为灾异"⑤，反对迷信是对的，他没能正确理解张衡的"暗虚"说，主要由于当时人还不知道日比地大几十万倍。他的三种说法都是根据哲学家的阴阳学说而提出的猜想，没有充分的科学根据。

朱熹是一个客观唯心主义哲学家，对天文家没有太多的研究，只是读一些前人的书，加上自己的直观经验，然后进行思考，作一些议论。这些议论有对的，也有错的，没有什么重大发现或极高明的见解。他采纳这些研究成果运用于哲学，对反对迷信、反对有神论都是有力的支持。总之，朱熹对于天文学不是作科学家的研究，而是进行哲学家的思考。这些思想对科学家有促进创造性

① 刘智《论天》。
②《朱子语类》卷2。
③ 同上。
④《性理大全》《正蒙注》，又见《性理会通》。
⑤《朱子语类》卷2。

思维的作用，而不是科研成果。把哲学家对科学的思考和议论当作普遍真理，深信不疑，那是不妥当的，用哲学家的思想启发、锻炼人们的理论思维能力，能促进科学发展；盲目崇拜哲学家的具体论述，却将阻碍科学的发展。两种态度，两种结果。

（原载《福建论坛》1991 年第 5 期）

朱熹是思想家，不是天文学家

  南宋时代的朱熹在魏晋南北朝至隋唐三教鼎立之后，以儒学思想为基础，融汇释、道思想，而形成的新儒学，也即理学。朱熹还吸收了当时的自然科学方面的许多成果，包括天文学、气象学、地质学、生物学、医学等许多学科的新成果。这是中国古代大思想家的一般特点。大思想家一般都融合了前人许多思想，才形成庞大丰富的思想体系。但是，朱熹吸取了天文学、气象学、地质学、生物学、医学的思想资料，也许还加上哲学家的一些想象和猜测，可能对后人有所启发，我们却不能称朱熹既是天文学家、气象学家，又是地质学家、生物学家、医学家。

  同样是天文学问题，天文学家是从科学角度进行研究，谈论的是具体的研究成果。而哲学家是从哲学角度来思考这些问题，谈论的是比较抽象的道理。例如关于左旋说和右旋说的争论问题，张衡、姜岌、王锡阐都是从科学角度讨论的，而张载、朱熹、王夫之都是从哲学角度讨论的。王锡阐说宋以后"历分两途"，一是儒家之历，一是历家之历。实际上已经指出思想家和历法家对历的不同研究方法了。思想家不太了解制订历法的具体方法，只是"援虚理以立说"，讲抽象的道理。历法家掌握具体的方法，但思想受到局限，不能从总体上认识历法问题。这就明确地说明了思想家与科学家的不同。

  思想家作为外行者对科学问题发表一些议论，对后代科学家却可能起了启发的作用。所以，哲学家虽然不是科学家，对科学问题的议论却可能有价值。这也是不容忽视的。现在问题在于如何评价这些议论。我以为首先要避免两种倾向：一是否定。以现代科学的尺子来衡量古代的科学思想，认为那些全是谬误，毫无价值。或者用现代西方的"科学"定义来套，认为那些理论，包括天文学和医学的所有理论都不能算科学，至多只是一些经验。按这种说法，我们现在的所有理论，在不久的将来也都被作为半科学，再过较长的时间，必然会被斥为非科学、伪科学。应该说在实践中受到验证的理论都是科学，只是发展程度有所不同。二是拔高。许多著作、文章中喜欢把某种说法定为"最早"、"第一次"、"作了重大贡献"。"第一次"的判断是不能轻易作出的，因为在此之间的书要都查过，确实没有，才好说"第一次"。没有全部查过，怎能轻易使用这种断语呢？在左、右旋说问题上，朱熹的见解不及张载，以"某看天上"的方法也不足称道，受王夫之、王锡阐的批评是必然的。在日月等问题上，朱熹也没有什么高见。有一些正确见解来源于沈括的《梦溪笔谈》。因此，中国人写的《中国天文学史》就很少提到朱熹。

为了避免否定和拔高两种倾向，我以为扎实详细的具体研究是可靠的好方法。例如讲到朱熹的天文学思想，往往都只了解汉代论天三家的简单情况，与朱熹说法作比较，似乎朱熹显得异常高明。但在这里忽略汉宋之间的一千年的天文家发展。关于日食月食问题，汉代有争议，张衡的说法是最高明的。后来北宋沈括又作了通俗的解说，并有浅显的比喻来形象说明。朱熹采纳了沈括的说法，比汉代有较大进步，却没有超越沈括。月食本是蔽于地影，张衡将地影称为"暗虚"。后人不理解，以为"暗虚"是日放射出来的一种气。朱熹也接受这种看法，显然是落后的。我们只有全面了解某一方面的思想发展全过程，真正领会朱熹说法的实际内容，摆到具体历史阶段中去比较，才能看出朱熹思想与前人不同之外，和对后代产生的影响。这样才能恰如其份地评价朱熹思想的价值。例如朱熹根据"某看天上"，就肯定左旋说，反对右旋说。这种思想被他的学生当作真理广为传播，产生了不好的影响，直到明朝初期，还有一些官员持这种比较落后的观点。因此，没有对前后的思想作广泛、深入、全面的了解，就无法把某个思想家的思想摆在历史的恰当位置上。为了广泛、深入、全面的了解，就要作扎实、详细、具体的研究。

（原载《朱子学刊》1991 年第 2 辑）

从地球学谈起
——兼评欧洲中心主义和西学中源论

我们脚底下这块大地现在看来似乎并不神秘，但是，人类对它的探索是长期的艰苦的过程。中国古人对它也作过很多研究，并且在两千年前对它就已经有了很多高明的认识。这是西方一些科学家所不愿意承认的事实。在欧洲中心主义者看来，欧洲之外的地方都没有科学，即使有也微不足道。中国古人很早就有地游的观念。古人长期观察日月星辰位置的一年周期性变化，提出"星辰四游说"。汉代纬书《尚书纬·考灵曜》载："春星西游，夏星北游，秋星东游，冬星南游。"星游是地游的反映，所以，"星辰四游"的实质就是"地有四游"。但是，人们为什么感觉不出地在游呢?《考灵曜》解释说："地恒动不止，人不知，譬如人在大舟中，闭牖而坐，舟行，不觉也。"大地四游，产生四季。这跟现代的地球公转说法相一致。关于地球自转的问题，北宋张载有比较明确的说法，他在《正蒙·参两篇》中说天上运动的只有日月五星这"七曜"，日月出没，恒星昼夜变化，都是由于地这个"圆转之物"在中间左旋（从西向东旋转）。宇宙空间如果什么也没有，那么就没有办法通过外物来验证地在迁动。这就很明确地说明了地球自转的现象。关于地球五带问题，盖天说的经典《周髀算经》中有七衡六间说与地球五带说相应。七衡是在假想天球上以日运行轨道来划圈。七圈同心圆。日运行到最北时的轨道为内衡，日行最南时的轨道为外衡。与内外衡距离相等的中间一圈是中衡。日在内衡的那一天为夏至，日在外衡的那一天为冬至，日在中衡时是春分或秋分。内衡与北回归线对应，外衡与南回归线相应，中衡与赤道相应。可见七衡图与五带说相应。而且《周髀算经》所讲的物候更证实了这一点。它说北极地区"夏有不释之冰"，夏天有不融化的冰。中衡（赤道）左右地区，"冬有不死之草，夏长之类"，冬天有的草还不死，甚至还长着夏季生长的植物种类。并且"万物不死，五谷一岁再熟"，所有植物都不死，五谷一年可以收获两次，如双季稻之类。总之，中国古人对地球的一些论述有无可辩驳的合理性，与西方现代科学有契合之处。但是，欧洲中心主义者认为这些都不科学。为什么呢？因为这些论述不符合西方现代科学的"定义"。

西学中源论者认为西方近代科学都是从中国学去的。例如王夫之在《思问录外篇》中说："西洋历家既能测知七曜远近之实，而又窃张子左旋之说以相杂立论。盖西夷之可取者，唯远近测法一术，其他则皆剽袭中国之绪余，而无通理之可守也。"就是说只有望远镜技术值得学习，西方其他学说都是剽袭中国的。例如西洋历法家就是"窃"张载的左旋理论来立论的。但还不那么具体。近代谭嗣同在《石菊影庐笔识·思篇三》中说："地球五星绕日而运，月绕地球而运，及寒暑昼夜潮汐之所以然，则自横渠张子发之。"谭嗣同认为，行星绕日，月绕地球，昼夜、寒暑、潮汐这些自然现象的本质，都是张载发现的。而且张载的说法"一一与西法合"。我们认真查一下张载的著作，没有发现谭嗣同所说的这些内容。这显然是一种夸大，是没有充分根据的。现代有些人提出中学西源说，认为中国古代天文学是从西方，从古巴比伦或古印度传进来的。例如中国有二十八宿，古巴比伦、印度、阿拉伯也都有二十八宿。于是许多人认为中国是从外国学来的。至今没有定论。从商周时代提出宇宙模式，春秋记录天象，汉代建立体系，而后不断深化、精确，可以看出中国古代天文学有自己独立发展的明显的过程。其间虽有一些交流，似乎还不是源与流的关系，而是异源异流之间的相互渗透。

对待历史，首先必须坚持实事求是。对资料进行研究考证，去粗取精，去伪存真，然后从可靠的史料引出切实的论断，既反对夸大事实，以为什么都是我国第一，也反对蔑视祖先，以为什么都是外国的好。其次必须坚持发展观点。各国历史都是发展变化的。我国在明朝中期以前，科学技术还处于世界领先地位，以后才逐渐落后于西方。如何看待这样发展的历史呢？一方面，不能说以前进步，以后也一定进步，否定后来以至今天的落后事实。另一方面，也不能说后来落后，以前也不可能进步，否定过去的领先事实。以前进步，是我们祖先的光荣，如今落后是我们的羞耻。好汉不称当年勇，立志子孙不叨父祖光。虽然"我们先前比你阔得多"是历史事实，不值得骄傲；应当奋发图强，让我们将来也比你们阔。没出息的子孙有两种：一是津津乐道父祖的荣光，自己不思进取；一是自己贫穷落后，都认为是祖先的责任，前人的罪过，而自己似乎毫无责任，一味地埋怨前人，埋怨环境，埋怨客观条件。

这些观点，对于认真学过马克思主义哲学的人来说，都是不难理解的。不学哲学，以为哲学不能产生经济效益，不予重视。结果出现了社会思想混乱，这是对轻视哲学的一种惩罚。哲学虽然不直接产生经济效益，却会产生难以想象的社会效益。

（原载《民主》1992 年第 4 期）

《黄帝内经》的唯物论思想

一、《黄帝内经》成书年代考

《汉书·艺文志》载："《黄帝内经》十八卷。"说明西汉时代已有此书。但究竟成书于何时，尚无定论。

《黄帝内经》为什么称"黄帝"呢？《淮南子·修务训》说："世俗人多尊古而贱今，故为道者，必托之于神农、黄帝而后能入说。"这反映了秦汉时代"尊古贱今"的习俗，著书立说总要托名神农、黄帝。《神农本草经》、《黄帝内经》大概都是这类托古之作。晋代皇甫谧认为：《黄帝内经素问》"非黄帝书，似出于战国。"（《甲乙经》序）明代方孝孺也认为：《黄帝内经》"出于战国，秦汉之人"（《逊志斋集》卷四《读三坟书》）。这些都只是简单的猜测，没有实据。清代考据学盛行以后，学者对以前古书都加以考据辨伪，于是有姚际恒的《古今伪书考》。姚际恒认为，书中有"失侯失王"之语，"秦灭六国，汉诸侯王国除，始有失侯王者。"另有"黔首"一词，秦始皇二十六年才"更名民曰黔首"。对于时刻，《黄帝内经》称"夜半"、"平旦"、"日出"、"日中"、"日昳"、"下哺"，而不用十二支，"当是秦人作"。但有的地方又称"岁甲子"，"寅时"，用十二支纪年记时，"则又汉后人所作"。姚际恒的结论："故其中所言，有古近之分，未可一概论也。"黄云眉补证列举《黄帝内经》中的一些说法跟《老子》、《晏子春秋》、《吕氏春秋》、《春秋繁露》、《左传》、《孙子》、《文子》、《列子》等书说法相近。因此，黄云眉定为"汉后人所作也"（《古今伪书考补证》）。龙伯坚认为《黄帝内经》个别篇章，如《灵兰秘典论》有"胆者，中正之官"，"膀胱者，州都之官"。中正是曹魏时的官称，州都是刘宋和北魏时的官称，同时皇甫谧《甲乙经》没有引用《灵兰秘典论》的一句话，因此，它很可能是魏晋人的写作。

今本《黄帝内经》分《素问》和《灵枢》两部分。一般人以为《灵枢》后出。清代考据学对于古书辨伪是有很大贡献的，但有时使人产生一种疑古太甚的思想，对于一些古书，仅据个别字句，也未深究，便判定为伪书。例如《灵枢》被列在《素问》之后，而《素问》又是魏晋南北朝以后的作品。实际上这是很不可靠的。首先，《汉书·艺文志》已收录《黄帝内经》。近年从马王堆三号墓出土的医学帛书，有些文字跟《灵枢》文字很相近。说明《黄帝内经》，包括《素问》和《灵枢》都是秦汉时代成书的。

鉴于《黄帝内经》的许多说法跟西汉前期的流行说法比较一致，因此，我们认为，《黄帝内经》大约成书于西汉前期，其中包括《素问》和《灵枢》。《素问》中的《天元纪大论》等七篇与其他篇，虽有分合之别，但都是汉代古医书。因此，我们可以将《黄帝内经》作为一个整体来研究。它成书于西汉前期。它的哲学思想就是西汉前期的一个哲学体系。在这一时期盛行"黄老之学"，它又叫"黄帝"内经，也许它正是"黄老之学"的一个医学分支。

二、《黄帝内经》的阴阳本原论

汉代探讨宇宙本原成为一种风气，一般思想家都想提出自己的看法，连研究自然科学的医学家和天文学家也不例外。《黄帝内经》对此也作了努力探讨，它说："阴阳者，天地之道也，万物之纲纪，变化之父母，生杀之本始，神明之府也。"（《素问·阴阳应象大论》）在这段话中，"阴阳"是主语，讲了它与"天地"、"万物"、"变化"、"生杀"、"神明"的关系。我们弄清这些关系，也就弄清了《黄帝内经》的宇宙观。

首先，阴阳与天地是什么关系呢？它说："阴阳者，天地之道也。"唐王冰注："谓变化生成之道也。"道是道路，无不由也。阴阳是天地变化生成的道路，换句话说，天地是由阴阳生成的。王冰注是否符合原意呢？《阴阳应象大论》还说："积阳成天，积阴成地。""清阳为天，浊阴为地。"就是说，由阴阳成为天地。用哲学语言来说，就是阴阳派生天地，阴阳是天地的本原。

阴阳派生天地以后，天有天气，地有地气，"地气上为云，天气下为雨。雨出地气，云出天气"（《阴阳应象大论》）。云雨是由天地派生。不仅如此，"天有精，地有形，天有八纪，地有五里，故能为万物之父母"（同上）。天地是"万物之父母"，自然是万物的本原了。王冰注云："阳为天，降精气以施化；阴为地，布和气以成形。"就是说天的精气跟地的和气结合产生万物。又说："天地气交，万物华实。"（《四气调神大论》）有时还说：天地"形气相感而化生万物"（《天元纪大论》）。

根据以上思想，我们可以把《黄帝内经》的宇宙演化过程列为简单的公式：

阴阳→天地→天地之气→万物

根据这一公式，阴阳是天地万物的本原，因此，《黄帝内经》的宇宙观可以大致概括为阴阳本原论。

《黄帝内经》的"阴阳"是什么呢？这本书讲"阴阳"之处极多，找几段有代表性的话抄录如下：

水为阴，火为阳，阳为气，阴为味。……阴味出下窍，阳气出上窍。味厚者为阴，薄为阴之阳。气厚者为阳，薄为阳之阴。……气味，辛甘发散为阳，酸苦涌泄为阴。阴胜则阳病，阳胜则阴病。阳胜则热，阴胜则寒。……故重阴必阳，重阳必阴。（《素问·阴阳应象

大论》）

　　所谓阴阳者，去者为阴，至者为阳，静者为阴，动者为阳，迟者
为阴，数者为阳。（《素问·阴阳别论》）

　　寒暑燥湿风火，天之阴阳也，三阴三阳上奉之。木火土金水火，
地之阴阳也，生长化收藏下应之。天以阳生阴长，地以阳杀阴藏。天
有阴阳，地亦有阴阳。（《天元纪大论》）

从以上几段话，我们可以看到，《黄帝内经》中的"阴阳"是物质性的实
体，如说："阳为气"，"阳气出上窍"；"阴为味"，"阴味出下窍。"但是仅以
物质性实体难以说明诸如"阴胜则阳病"、"重阴必阳"、"去者为阴，至者为
阳"以及"阳生阴长"、"阳杀阴藏"的说法。很显然，这里的"阴阳"是指
作用、功能来说的。可见，"阴阳"既是物质性的实体，又表示物质的不同状
态、功能。上述"积阳成天，积阴成地"，"清阳为天，浊阴为地"，这里"阴
阳"则指物质性实体。物质性的实体才有清浊之分。这个"阴阳"能否说就
是"阴气"和"阳气"呢？我们以为，别人可以这么理解，但《黄帝内经》
没有这么明确地说过。所谓"阴气"是指有"阴"这种功能的气，"阳气"是
指具有"阳"这种功能的气。说"阴阳"未必就是气，如上述第一段中的
"水为阴，火为阳"，"水火"虽然也会变化成气，但它们本身跟气仍有区别。
又如上述同段中有"阳为气，阴为味"，说明气并非贯穿一切的。因此，我们
认为《黄帝内经》还没有提出气一元论的思想，它是用"阴阳"作为宇宙的
终极本原，并用它贯穿天地万物，解释一切自然现象，因而可以称它为阴阳本
原论的宇宙观。

在《黄帝内经》中，"阴阳"既指物质性的气，也指动物来去的状态，还
指寒暑燥湿的功能，还用以区别内外、表里、上下、左右、男女、前后等等。
因此，我们认为，它是对宇宙一切现象认识的最高抽象，它区别于只承认物质
实体的原子论、元气论的唯物论，也区别于脱离物质实体的理一元论和道一元

论。阴阳有时并没有包含物质实体，但总与物质实体相联系。例如讲内外、上下、左右、前后，都是指空间范围。空间是物质存在的形式，如果没有具体物质，也就无所谓内外、上下、左右、前后了。阴阳是从各种不同的角度来反映物质，来概括物质的各种性能。因此可以说，阴阳是中国人对物质各种性能的一种普遍抽象，一种理论概括。

三、系统的中医认识论

中医有一套系统的独特的认识论。如果说西医是以解剖为基础的结构医学，那么，中医就是以功能为基础的功能医学。过去，由于中西不同，西医认为中医是不科学的。现在，世界现代科学的发展，中医的科学性已经逐渐被人们所认识。很多西医工作者开始重视研究中医。中医许多理论跟现代的三论（控制论、系统论、信息论）是相符合的，或者可以说，中医理论已具三论的思想萌芽。中医的唯物论认识论很值得研究。

人体可知论

唯物论的认识论是建立在可知论的基础上的。对于整个宇宙，《黄帝内经》都用"阴阳"来加以说明，形成阴阳论宇宙观。对于具体事物，则有不同深度的认识。当时时髦的学问是"天人之际"，许多学者都畅谈天人如何。《黄帝内经》对于"天"那一头的认识比较一般，例如它说："天至高，不可度，地至广，不可量……非人力之所能度量而至也。"（《灵枢·经水》）限于当时的科学水平，它认为天地的广大都是人们无法度量的。当然，这并不是说它毫无天文知识。天人相比，它对"人"这一头的认识要深刻得多。它说："若夫八尺之士，皮肉在此，外可度量切循而得之，其死可解剖而视之，其脏之坚脆，府之大小，谷之多少，脉之长短，血之清浊，气之多少，十二经之多血少气，与其少血多气，与其皆多血气，与其皆少血气，皆有大数。"（同上）

就是说，人体是有限，从外部可度量，看得见摸得着，死后，还可以解剖开来，看内部脏腑，看谷脉血气。大致情况都差不多，这就是"皆有大数。"正常人体如此，病态人体如何呢？它说："今夫五藏之有疾也，譬犹刺也，犹污也，犹结也，犹闭也。刺虽久，犹可拔也，污虽久，犹可雪也，结虽久，犹可解也，闭虽久，犹可决也。或言久疾之不可取者，非其说也。……言不可治者，未得其术也。"（《灵枢·九针十二原》）内脏有病，就像刺扎入皮肉那样，是可以拔掉的。也像弄脏了的东西那样，可以洗干净的。又像打了结似的，完全可以解开。还像水道被堵塞了一样，是能够捅开的。病都是可以治的，虽然时间久了，也一样能治。世界上没有不能治的病，只是人们还不了解治疗的办法。治病是对人体的认识，能治好一种病，说明对某一点有正确的认识，什么病都能治，说明人体完全可以认识，没有禁区，没有无法认识的"不治之症"。有的人认为有些病是鬼神作祟，这种病是无法治疗的，只能靠求神保佑。《黄帝内经》否定这种看法，它说："拘于鬼神者，不可与言至德。恶于针石者，不可与言至巧。病不许治者，病必不治，治之无功矣。"（《素问·五藏别论》）相信鬼神不相信医生，不让医生看病，这就治不好病。在这里，科学和迷信的对立是显然的。《黄帝内经》从医学的角度，谈对人体以及疾病、治疗的认识，阐述了唯物论的可知论思想。

整体系统论

《黄帝内经》所认识的人体是一个系统的整体。在这个整体中有许多系统，一个脏器就是个系统。例如，肾脏就是一个系统，它是"主蛰封藏之本，精之处，其华在发，其充在骨，为阴中少阴，通于冬气。"（《素问·六节藏象论》）内脏分五脏六腑，五脏指心、肝、肺、脾、肾。这五脏成一个系统，"所谓五藏者，藏精气而不泻也，故满而不实"。六腑也是一个系统，"六府者，传物而不藏，故实而不能满也"。（《素问·五藏别论》）六腑指胆、胃、小肠、大肠、三焦、膀胱。五脏六腑又形成一个大的系统。"凡十一脏，取决于胆也。"（同上）胆在十一脏腑中有着特殊的地位。胃也不一般。"胃者，水谷之海，六府之大源也。五味入口，藏于胃以养五脏气，气口亦太阴也。是以五脏六府之气味，皆出于胃。"（《素问·五脏别论》）"胃者，五脏六府之海也，水谷皆入于胃。五脏六府，皆禀气于胃。"（《灵枢·五味篇》）水谷入胃，化成后天之气，滋养五脏六腑。五脏六腑都要靠胃提供营养才继续正常发挥功能。如何滋养呢？它认为"五味各走其所喜"，水谷的气味不同，所滋养的脏器也不同，例如："谷味酸，先走肝；谷味苦，先走心；谷味甘，先走脾；谷味辛，先走肺；谷味咸，先走肾。"（同上）"谷气津液已行，营卫大通，乃化糟粕，以次传下。"（同上）谷气能够正常运行，营气和卫气也就畅通无阻，这样就能将糟粕传送排泄出去，维护人体的正常功能。谷气就像是能量，是动力的源泉，是维持生命的基础。

五脏六腑是怎么联系起来的呢？通过经脉联系起来。《灵枢·海论篇》载："夫十二经脉者，内属于脏腑，外络于肢节。"十二条经脉把五脏六腑和肢体联系在一起。十二条经脉各自成一系统，又互相衔接，形成经络系统。由于经络系统的沟通，人体成为一个整体，一个系统的整体。这十二条经脉（又称经络）又是以肾气为根本的。《难经·八难》中说："诸十二经脉者，皆系于生气之原。所谓生气之原者，谓十二经之根本也，谓肾间动气也。"在《黄帝内经》中只称"肾气"，解释《内经》的《难经》称为"肾间动气"，因为这是生气之原，所以又称"原气"。后代医家则称"元气"。肾气是"五脏六腑之本，十二经脉之根，呼吸之门，三焦之原，一名守邪之神。"（同上）可见，肾气对人体的重要作用。肾气是先天之本，胃气是后天之本，用现代医学的说法，前者是先天素质，后者是营养状况，这对人体来说，都是十分重要的。

人体是一个系统，人体是大自然的产物，与自然界也构成一个大的系统。"人以天地之气生，四时之法成。"（《素问·宝命全形论》）因此，人和天地之气、四时变化都有相应的关系。例如说："上配天以养头，下象地以养足"（《素问·阴阳应象大论》）"天不足西北"，因此"人右耳目不如左明也"；

"地不满东南"，因此"人左手足不如右强也"（同上）。这些说法可能只是勉强附会。但它关于四季、昼夜对人体的影响的论述则是深刻的，至今也是中医的理论组成部分。

人体与天气相应，"天暑衣厚则腠理开，故汗出，……天寒则腠理闭，气湿不行，水下留于膀胱，则为溺与气。"（《灵枢·五癃津液别篇》）天气热，腠理开，就出汗；天气冷，腠理闭，汗出不来，就下流到膀胱成为尿排出体外。天气冷暖随四季变化，古代称为"四时阴阳"，《黄帝内经》载："夫四时阴阳者，万物之根本也。所以圣人春夏养阳，秋冬养阴，以从其根，故与万物沉浮于生长之门。"（《素问·四气调神大论》）就是说，人要随着气候的变化而变化。"逆之则灾害生，从之则苛疾不起。"（同上）违背气候的变化就要生出灾害来，顺从它就不会产生什么怪病。四季容易生什么病，这也是有一定规律的。"春善病鼽衄"，因外感风寒，产生鼻塞流涕。"仲夏善病胸胁，长夏善病洞泄寒中"，夏天容易患痢疾、腹泻之类的病。"秋善病风疟，冬善病痹厥。"（《素问·金匮真言论》）秋天容易患风疟的病，冬天容易生手足麻木厥冷的病。

一年四季是一个大周期，一天昼夜是一个小周期，现在说就是地球的公转和自转周期。在大周期中，人体有相应的变化，在小周期中，人体也有相应的变化。大小周期是相应的，早晨与春天相应，中午与夏天相应，傍晚与秋天相应，半夜与冬天相应。《黄帝内经》载："以一日分为四时，朝则为春，日中为夏，日入为秋，夜半为冬。"（《灵枢·顺气一日分为四时篇》）人体与此相应，"朝则人气始生，病气衰，故旦慧；日中人气长，长则胜邪，故安；夕则人气始衰，邪气始生，故加；夜半人气入脏，邪气独居于身，故甚也。"（同上）植物在一年四季中的变化是："春生、夏长、秋收、冬藏"，人气在一天中也有类似变化。"平旦人气生，日中而阳气隆，日西而阳气已虚，气门乃闭。"（《素问·生气通天论》）人得了病，人体中的正气与病气作斗争，春夏（昼）时人气在生长，病气就受到抑制，所以感到"旦慧昼安"。秋冬（夜）

时人气已收藏入脏，病气就发作，病情似乎就严重一些，这就是"夕加夜甚"（同上）。

《黄帝内经》把人体看作一个整体，这个整体有一个又一个系统，各个系统又组合成大系统。人体与自然界也组成系统。它把人体看作小宇宙，小宇宙和大宇宙是相应的。在讲相应时，与汉代董仲舒等人所讲的相应有类似之处，有些显然是比较牵强的。但是，一个细胞具有一个生物体的一切信息，已为现代科学所证明。一个人体是否也具有自然界一切信息呢？还有待于科学的证明，现在还难以断定这种说法必定错误。

辨证施治论

认识世界的目的在于改造世界，认识人体生理病理的目的则在治病养生。要治病，首先要诊病。根据系统的理论，内部脏器的功能通过经络将信息传送到体表来，这就表现为脉搏、气味、肤色、润燥等。内部脏器发生某种病变，体表也发生相应的变化。从这些变化就可以知道内脏的病变。《黄帝内经》对此有系统的总结："诸风掉眩，皆属于肝；诸寒收引，皆属于肾；诸气膹郁，皆属于肺；诸湿肿满，皆属于脾；诸痛痒疮，皆属于心。"（《素问·至真要大论》）这是讲病态和五脏的关系。"心者，生之本，神之变，其华在面，其充在血脉，为阳中之太阳，通于夏气。"（《素问·六节藏象论》）这是说心脏跟脸色、血脉的联系，同样，肺与毛、皮相联系，肾与头发和骨头相联系，肝与指甲和筋相联系，脾胃与嘴唇和肌骨相联系。另外，"肺气通于鼻"，"心气通于舌"，"肝气通于目"，"脾气通于口"，"肾气通于耳"，"五脏不和，则七窍不通。"（《灵枢·脉度篇》）这是五脏和五官相联系的问题。这就可以从五官功能的正常与否，推知内脏的正常与否。"肺和则鼻能知香臭"，鼻不知香臭，肺就有毛病。"心和则舌能知五味"，舌不知五味，则有心病。"肝和则目能辨五色"，"脾和则口能知五谷"，"肾和则耳能闻五音"。总之，五官感觉不正常，就表明相应的内脏有了病。

五脏究竟有什么毛病呢？《黄帝内经》把疾病分为"风寒暑湿燥火"，例如："诸禁鼓栗，如丧神守，皆属于火。诸痉项强，皆属于湿。诸逆冲上，皆属于火。诸胀腹大，皆属于热。……"（《素问·至真要大论》）这种证候病机分属的学说，将证候与脏腑，六气联系起来分析，为以后医学的"四诊"和"八纲"奠定了理论基础。这里也包含控制论的思想萌芽。

中医的"四诊"：望、闻、问、切。都是根据整体系统论的观点，从体表的证候来诊断脏腑的疾病，这是功能医学比解剖医学优越之处。例如：望。看舌头来诊病，要看舌质颜色、舌头形态、舌苔的颜色、厚薄。光是舌头的形态，就有"纵"、"萎"、"强"、"卷"、"短"和转动是否灵活等种。"视唇舌好恶，以知吉凶。"（《灵枢·师传》）看舌头就知道病情是否严重。后代把看舌头来诊断疾病发展成一门专门学问，叫舌诊。另外，望脸色、毛发、指甲，也都是为诊断提供可靠的信息。又如，切，指切脉。《黄帝内经》记录了二十多种脉象。《素问·脉要精微论》载："夫脉者，血之府也，长则气治，短则气病，数则烦心，大则病进，上盛则气高，下盛则气胀，代则气衰，细则气少，涩则心痛，浑浑革至如涌泉，病进而色弊，绵绵其去如弦绝，死。"这里一连串讲了十一种脉象。

关于"四诊"的作用和联系，《黄帝内经》作了概括性的论述："善诊者，察色按脉，先别阴阳。审清浊而知部分、视喘息、听音声而知所苦，观权衡规矩而知病所主，按尺寸、观浮沉滑濇而知病所生。以治无过，以诊则不失矣。"（《素问·阴阳应象大论》）这段大意是善于诊病的医生，观察患者的颜色和切脉时，先要辨别阴阳。观察脸色时要注意色泽明（清）暗（浊）的不同来了解病变的部位，望视患者呼吸的缓急，听声音的长短粗细，可以知道痛苦的程度，诊察四时脉象的不同，可以知道疾病所属的脏腑，按尺脉的凉热，切寸口的浮沉、滑涩，从而了解发病的原因。用这种办法治病，就不会发生过错，这样来诊病也很少失误。我们发现，这里所论只是"四诊"中的三诊，缺一"问"诊，问诊是必要的，诊病"必审问其所始病，与今之所方病"（《素问·三部九候论》）。必须详细问开始怎么病的，有什么征候，以及现在是怎么不合适的。也就是要问病的历史和现状。它把"不问"作为诊病中"四失"之一，"诊病不问其始，忧患饮食之失节，起居之过度，或伤于毒，不先言此，卒持寸口，何病能中，妄言作名，为粗所穷，此治之四失也。"（《素问·征四失论》）对思想情绪和饮食起居的了解，对诊断是有重要参考价值的。人的疾病有时是由于社会地位变化引起的，例如："尝贵后贱，虽不中邪，病从内生，名曰脱营。尝富后贫，名曰失精，五气留连，病有所并。"富贵者突然变成贫贱，虽然不受什么感染，自己的情绪就导致一些疾病，这些疾病就要靠问才能了解病因。因此，"凡欲诊病者，必问饮食居处，暴乐暴苦，始乐后苦，皆伤精气，精气竭绝，形体毁沮。暴怒伤阴，暴喜伤阳，厥气上行，满脉去形。"（《素问·疏五过论》）可见，有些病，问诊是非常重要的。

在治疗方面，《黄帝内经》提出"不治已病治未病"的预防为主的方针是可贵的。同时，提出标和本的问题，有的先治标，有的行治本，其中有很丰富的辩证法思想。治疗就是使各器官恢复正常功能，治病就是调整功能，"有余者泻之，不足者补之"（《灵枢·根结篇》），"无问其病，以平为期。"（《素问·三部九候论》）平就是指平衡、正常。恢复正常功能就是治疗目的。

近几年，考古发现，从马王堆出土的医学帛书有十几中，有的可能比《黄帝内经》还要早一些成书，有的可能是同时代的作品。《黄帝内经》与它们相比，显然如鹤立鸡群，高出一筹，也许正是由于《黄帝内经》达到了当时医学的最高水平，所以才得以广泛流传，而其他医书在历史过程中都逐渐筛选掉，只有埋在地下的才偶尔被保存下来。并不排除另一种可能性，即《黄帝内经》原本未必如此高明，有些部分由历代医家作过整理、修订。可以肯定的是，《黄帝内经》流传几千年，有广泛而深远的影响，它奠定了中医的理论基础。

中医之所以能流传几千年，就因为它确实能治病。它能治病，说明它对人体和药物有正确的认识。《黄帝内经》在科学实践中总结出一大套唯物的中医认识论是很有价值的，它是世界思想史上的一朵瑰丽的花。

（原载《甘肃社会科学》1993 年第 3 期）

浑天说杂议

——兼评《浑天说与老庄思想》

最近，读到《大自然探索》1993年第1期上刊登的张国祺、王素清《浑天说与老庄思想》的文章，觉得对于浑天说存在许多争议问题，有必要加以考辨和讨论。由于问题比较杂，故命此文为"杂议"。

一、浑天说之源

要研究浑天说之源，需要对"源"作出界定。源，古作"原"，指水流的起始，现代所谓泉眼。水从地下冒出地面，形成水流，冒出之水叫泉，冒出之处叫源，因此有"源泉"之称。以此为喻，加以引申，将一事之初也称作"源"，或叫"源头"。据此，浑天说之源应指浑天说最初提出者。现在能够看到的古籍中，最早提到浑天说的是西汉末年的扬雄《法言·重黎》。其文曰："或问浑天，曰：洛下闳营之，鲜于妄人度之，耿中丞象之。几几乎，莫之能违也。"讲到浑天说，这里提到三个人。他们对于浑天说的创立都作了贡献，而列于首位的是汉武帝时代的洛下闳。他应是浑天说的首创者。同时代的桓谭曾与扬雄讨论过浑天说与盖天说的是非问题。《晋书·天文志》记载蔡邕对汉代论天三家的评述，认为浑天说"近得其情"，最为正确，而宣夜说"绝无师法"，盖天说"多所违失"。

东汉末，马融（季长）认为舜时的"玑衡"就是浑天仪。三国时，王蕃认为尧时羲和创造的浑天仪。晋时，刘智提出"颛顼造浑仪"。在《隋书·天文志》所载这些说法，略加注意，就会发现，时代越晚的人，所说创制浑天仪的时代越早，因此也越不可信。颛顼、尧、舜那些远古时代是否有人创制浑天仪，根本无需讨论。需要讨论的倒是现代人提出的种种看法。

张国祺、王素清的文章引林德宏《科学思想史》的观点，认为约公元前 4 世纪的慎到提出"天体如弹丸"，"为浑天说提供了重要的思想来源"。

这是以讹传讹的典型例子！

这一错误观点，不是张国祺、王素清提出的，也不是林德宏提出的。许多人，包括林德宏，都是看了郑文光、席泽宗《中国历史上的宇宙理论》一书，接受这一错误观点的。其实，郑文光和席泽宗也都没有看过慎到的著作《慎子》。《慎子》一书非常简短，只有五篇，后来，清代严可均从《群书治要》中录出七篇本《慎子》。不管五篇本，还是七篇本，都没有郑文光所引的那一句话。后来，我们从《四部丛刊》中查到明代慎懋赏本《慎子》。这本书分内外篇，共有八十九事，份量比其他版本增加许多倍。梁启超、黄云眉、罗根泽等人考评认为这是一本伪书。梁启超说：慎本《慎子》"显系慎懋赏伪造，为同姓人张目。"（《古书真伪及年代》，见《饮冰室专集》）罗根泽作了详细考证，著有《慎懋赏本〈慎子〉辨伪》，刊于《燕京学报》1929 年第六期上，后收入《诸子考索》一书。这篇文章列出九条理由证明它是伪书。这些理由都是有说服力的。黄云眉认为罗根泽的辨伪"皆甚确，可参阅"（《古今伪书考补证》）。

罗根泽的考证没有提及慎本《慎子》外篇第十八事和第十九事。这两段专讲天文方面的内容。笔者对这两段的伪文作了补证，参见中国社会科学出版社 1988 年 5 月出版的拙著《天地奥秘的探索历程》第 216—250 页。

慎本《慎子》第十八事开头就说：

> 天地既判而生两仪，轻清浮而为天，重浊凝而为地。天形如弹丸，半覆地上，半隐地下，其势斜倚，故天行健。地北高，故极出地三十六度；

南下，故极入地三十六度。周天三百六十五度四分度之一。

所谓"生两仪"、"天行健"，都是《周易·系辞》上的话。"轻清浮而为天，重浊凝而为地"是《淮南子·天文篇》上的话。"天形如弹丸"以下，"如弹丸"、"半覆""半隐"，"极出地三十六度""极入地三十六度"等，都是唐代瞿昙悉达编的《开元占经》中引录张衡和刘洪的话，没有提到慎到和《慎子》。"周天三百六十五度四分度之一"，回归年长度精确到365.25日，与现代回归年365.2422日相比，只长了0.0078日，相当于11分钟多。这也是秦汉时代的天文学研究成果，与慎到毫无关系。

郑文光没有读过五篇本和七篇本《慎子》，也未曾看到过慎懋赏本《慎子》。从他们的引文可以看出来。按现代汉语的规范，引"天形如弹丸，其势斜倚"，略去"半覆地上，半隐地下"，应用省略号表示。原来，郑文光是从陈文涛《先秦自然学概论》中转引的，又没有查校原著，导致以讹传讹。由郑文光、席泽宗《中国历史上的宇宙理论》误引，又使陈久金、萧兵、于首奎、林德宏等一系列人都相随而错。教训在于不查原著，轻信、转引。

从上考证可知，《慎子》没有说过"天体如弹丸"的话，与浑天说毫无关系，不足以证明浑天说起源于战国时代。后来，郑文光为了寻找理由证明自己的错误观点，在《中国天文源流》（科学出版社，1979年）中，又将惠施的命题："南方无穷而有穷，今日适越而昔来"，"我知天下之中央，燕之北、越之南是也。"（《庄子·天下篇》）作为浑天说之源，称惠施为"浑天说的先驱"。实际上，这些话中只谈地，不讲天，怎么会有"浑天说"呢？

郑文光撰写《中国大百科全书·天文学卷》中的"浑天说"条目时，又举出屈原《天问》的"圜则九重，孰营度之？"，说这个"圜"就是天球的意思，说明"浑天说可能始于战国时期"。屈原在《天问》中说天是有边有角的，并由八柱支持着。这种有边有角的天与浑天说的犹如弹丸、鸟卵形状的浑天大不一样。屈原的《天问》也帮不了郑文光的忙。中国天文学史上从未有过九层天球的观点。

陈遵妫先生在《中国天文学史》中认为浑天说肇端于西汉落下闳，是平实的见解。郑文光千方百计想推前到战国时代，结果是徒劳的。而清华大学出版社的《科学技术史讲义》将浑天说的出现定于公元二世纪，失之过晚。扬雄与桓谭讨论过浑天说与盖天说的优劣，扬雄在桓谭的争论以后，从信盖天说转信浑天说，并以浑天说观点，写《难盖天八事》。扬、桓都死于公元一世纪，浑天说怎么会在二世纪才出现呢？

二、浑天说与道家哲学

张国祺、王素清认为："道家思想就是浑天说的思想来源。"这种说法是否可以成立，还值得研究。而他们提出的理由则是不妥当的。

首先，浑天说的名称是怎么来的？王蕃的说法是正确的。他说："前儒旧说，天地之体，状如鸟卵，天包地外，犹壳之裹黄也。周旋无端，其形浑浑然，故曰浑天也。"（《宋书·天文志一》）浑，指周旋无端的形状，比作鸟卵（椭圆面）或弹丸（球面）。圆指平面圆、浑指球面圆。以天体为球面圆，比作鸟卵、弹丸者，为浑天。这与道家有什么关系呢？

张国祺、王素清称道家代表作《老子》对浑天说的产生具有"极大的影响"。他们首先引录《老子》第二十五章的文字："有物混成，先天地生，寂兮寥兮，独立而不改，周行而不殆，可以为天下母，吾不知其名，字之曰道，强名之曰大，大曰逝，逝曰远，远曰返。"张、王二位将"有物混成"解为"这个东西是浑沌而成的"，进一点说："这个浑浑沌沌而被称之为'道'的东西，就是天文学浑天说的基点"。这个"浑浑沌沌"是什么意思呢？如果它就指《庄子·应帝王》中所说的"中央之帝为浑沌"的那个"浑沌"，即没有五官七窍的头颅，相当于现在所谓的囟门，那么，它与浑天说则有一致之处，却与《老子》的"道"相去甚远。因为迄今为止，还没有人认为《老子》的"道"像一个鸡蛋或一个圆球。

《老子》的"混成"是指各种不同成分混合而成。王符称为"万精合并，混而为一"，指宇宙本原——元气的初始状态。（《潜夫论·本训》）混，有时可以用浑，表示混合。但是，表示浑圆的浑，不能用混。因此，混、浑只在混合、混浊的意义上可以通用。在表示圆球面、球体的意义上不能通用。按有的哲学工作者的意见，《老子》的"道"是指宇宙初始浑沌状态的元气，那么，这种元气应该说是宣夜说的观点，与蛋壳形的固体浑圆的天有什么关系呢？怎么会成为浑天说的基点呢？道可以作为宇宙本原，可以描述宇宙演化过程并说明天地是如何产生的。而浑天说不重视演化过程，重视的是天地现在的形状以及运行规律。二者有很大的区别。浑天说属于自然科学，道家属于哲学，二者有明显的区别。但是，浑天家不是生活在真空中，不能不受无孔不入的哲学的影响。张衡研究出浑天说体系以后，对这个体系作出理论说明，写了《灵宪》。① 天文学家对宇宙演化作理论说明，不能不吸收哲学家的观点。张衡《灵宪》正是这样，他用道的演化来说明宇宙的演化，显然受到道家哲学的影响，他所用的"太素"、"元气"、"两仪"之类名词，则采自汉代儒家，还有阴阳家和方术之士的思想以及古代传说，混而为一，用来说明浑天说。很显然，张衡如实地观察客观天象，并进行严密推算，研究出浑天说的科学成果，并非在道家、儒家、阴阳家的哲学指导下作研究的，只是用这些哲学来说明研究成果。因此，不能过高地估计道家哲学对浑天说的影响，更不能将老子作为浑天说的思想渊源。张国祺、王素清认为张衡的浑天说与托勒密的地心说"相似"，"各有自己的特点，但却同样辉煌"。"中国古代天文学在整个科学史上所占的位置，应该比科学史家通常所给予它的重要得多。"我们认为，他们

---

① 《隋书·天文志》："张衡为太史令，铸浑天仪，总序经星，谓之《灵宪》。"

这些观点都是很正确的、很精辟的。

三、应如何评价汉代论天三家

汉代论天三家：盖天说、浑天说、宣夜说。最早对三说进行评论的先有扬雄、桓谭，他们同意浑天说，反对盖天说，扬雄有《难盖天八事》。后来，有王充奋起，进行辨析，否定"天运行于地中"的浑天说观点，反对"日月自行，不系于天"的宣夜说观点，肯定了盖天说的基本观点，并将拱形的天修正为平面的天。扬雄和桓谭未曾论及宣夜说，王充虽论三说，均未著名。东汉末，蔡邕才对三说作总结性评论：

> 宣夜之学，绝无师法。《周髀》术数具存，考验天状，多所违失。惟浑天近得其情，今史官候台所用铜仪，则其法也。立八尺员（圆）体而具天地之形，以正黄道，占察发敛，以行日月，以步五纬，精微深妙，百代不易之道也。官有其器而无本书，前志亦阙。（《晋书·天文志》）

《晋书》说："蔡邕所谓'周髀'者，即盖天之说也。"《周髀算经》是盖天说的经典，所以用经典称其学说。而浑天说"有其器而无本书"，所以只好称"浑天"。对三说的评论，蔡邕的态度是明朗的：宣夜说"绝无师法"，盖天说"多所违失"，只有浑天说"近得其情"，"精微深妙"，是"百代不易之道"。

从此以后，历代天文学家都崇信浑天说，直到明代传入西方近代天文学以后，才逐渐失去对浑天说的信仰。到了现代，崇洋媚外的一些人，言必称希腊，以为中国的浑天说也不如西方古代的地心说。在形而上学猖獗的时代，把浑天说与法家相联系，而把盖天说与儒家相联系，以此划分是非对错、进步反动，使思想史陷入一团糟的状况。这使现代史学家为厘清这些问题付出了难以计数的时间和精力。

　　我以为对历史人物、事件、学说的评价，都不能离开历史。孤立、抽象的评价可以说是不科学的、不合理的。

　　中国在西汉以前，天文学只有盖天说一种。从文字记载来看，比较可靠的应该是从商周之际开始的，这就是《周髀算经》第一段的内容。当时商高提出："天圆地方"说。这就是最初的盖天说。又称"天员（圆）如张盖，地方如棋局"（《晋书·天文志》）。张开的车盖，像现在的雨伞，圆拱形状。棋局又称棋枰、棋盘，是方平形状。圆的天与方的地相对，存在矛盾之处，如曾子所说："如诚天圆而地方，则是四角之不揜也。"（《大戴礼记·曾子天圆》）天圆地方如果是确实的话，那么，地的四角就没有天覆盖着。也许正因为有人提出责难，盖天说就作了修改，提出"天象盖笠，地法覆槃"（《周髀算经》卷下）。天和地都是圆拱形的，而且中间相距八万里，天地拱高各六万里，最低的天也比地中央最高处还高出二万里。这次盖天说提出了许多新见解，都是很有科学价值的，是浑天说所没有达到的新水平。一是昼夜易处。浑天说认为日出，天下皆昼，日入，天下皆夜。这次盖天说认为同一时刻，天下各处有昼夜的不同。当日运行到天极的北方时，北方地处于日中（中午），南方地处于夜半时刻，日运行到天极的东方时，东方日中，西方夜半，日到南方，南方日中，北方夜半，日到西方，西方日中，东方夜半。它把这种现象称为"昼夜易处"，跟现代地球各地时差理论，是相一致的。二是七衡图。在天面上画七个大小不同的同心圆，圆心在北极，即天顶。日夏至时在内衡运行，逐渐移向外衡，冬至时在外衡，又逐渐移向内衡。日的南北移动一周期为一年，现在称一回归年。西方在地球表面画经纬线。七衡图中的内衡与西方经纬线的北回归线对应，中衡与赤道对应，外衡与南回归线对应。"春分秋分，日在中衡"，与西方日直射赤道是一致的。七衡图能非常精确地解释一年中昼夜长短的变化，四季寒暑的更替，以及大地日照、物候的种种奇特现象，其合理性、准确性，令人惊异。如说："中衡左右，冬有不死之草，夏长之类。"中衡即赤道附近，到冬季还有不死的草，还长着夏季才能生长的植物种类。又说那里

"万物不死，五谷一岁再熟"。所谓"万物不死"，是指一年到头，没有像温带那样，一片枯黄。五谷再岁，是双季稻之类。极下不生万物，"北极左右，夏有不释之冰"，到夏天冰也有没化的。在北极地区，从春分到秋分，六个月见日，从秋分到春分，六个月不见日。日出为昼，日入为夜，北极地区一年只有一次日入日出，也就是只有一昼夜。所谓"凡北极之左右，物有朝生暮获。"朝生暮获，与别处的"春生秋获"是一样的，朝暮时间相当于别处的六个月。现代科学承认，盖天说的这些观点，基本符合地球五带的实际情况。这也是盖天说的合理性观点。

西汉产生了浑天说。当时只认为天是球面状，并不断地绕地旋转。可以用浑天仪来验证。一个人用浑天仪在暗室（密室、地下室）中匀速旋转，观察并报告某星从东方地平线升起，某星在西方没入，与观象台上观察到的情况完全一致。西汉落下闳和东汉张衡都作过这种试验。张衡用水力推动浑天仪旋转，就更加精密、准确。因此，葛洪认为"莫密于浑象"。崔子玉对张衡的浑天仪、地动仪的精密极为赞赏，因此称赞张衡"数术穷天地，制作侔造化"（《晋书·天文志》录葛洪文）。汉代人比较重视实证，而浑天说的试验为自己提供了强有的实证，因此得到许多人的赞同，只有看不到试验的人在那里盲目反对。浑仪"繇代相传，史官禁密，学者不觌，故宣、盖沸腾。"（同上）浑天仪藏在皇宫里，严格保密，一般学者看不到，所以有宣夜说、盖天说的纷纷批评，"浑天理妙，学者多疑。"（同上）西汉时代用浑天说理论作指导，制订出比较精密的太初历，并且正确地解释了日食现象，是月掩日的结果。东汉张衡以鸡蛋作比喻，天像蛋壳，地像蛋黄，天绕地旋转。他将地的影锥称为"暗虚"，说月和行星通过暗虚时，就出现月食和星食现象。从此可见，浑天说有助于制订精确的历法，并能正确解释日月之食的现象，还发现日食月食的规律并能作出预报。

历法是天文学研究的主要应用。日食月食是天象出现重大灾异。浑天说既有助于制订精确历法，又能预告日食月食，实用性极高，受到封建统治者的极大重视。

地球自转，在地球上的人把地球设想为不动的参照物，人们看到的天象则是旋转的。天球旋转反映了地球的自转。因此浑天说是有很多的合理性。现代的球面天文学与浑天说原理相同。从这一点上说，浑天说比地心说进步，地心说的那些本轮、均轮都已在现代天文学中销声匿迹。

由于浑天说有诸多优越性和合理性，历代天文学家都按浑天说理论研究天文历法。中国古代历法的进步、发展，都与浑天说的理论分不开。王蕃《浑天说》："周天，三百六十五度五百八十九分度之百四十五。"（《太平御览》卷2引）王蕃生于公元三世纪前期的三国时代。在一千七百多年前，王蕃提出的回归年长度与现代通行于世界的公历相比，只多了五分钟。公元十三世纪的元代，郭守敬所制《授时历》，跟现行公历长度相等，一回归年为365.2425日，而比公历早实行整整三百年。三百年前的明代后期，刑云路计算出更为精确的回归年长度，数值为365.242190日，比用现代理论推算结果只小了2秒多。这是当时世界上最精确的数据。有了浑天说以后，中国历代历法在世界上一直处于领先地位。是西方在地心说指导下的历法所望尘莫及的。西方抛弃了地心说以后的历法才开始超过中国。从这一点上说，中国浑天说也比西方地心说更进步。

宣夜说认为天没有体，只是气推动着日月星辰自由运行。天没有体，现代科学已经证实，在这一点上，它比盖天说和浑天说都更正确。盖天说和浑天说都认为天是整块固体，日月星辰都附着在天体上。宣夜说认为天无体，同时否定了日月星辰附着天体的观点。这也是正确的。它认为日月星辰在气的推动下自由运行，现代科学认为是在万有引力的作用下作有规律的沿着一定轨道的运行。推动与引力在一定意义上说是相反的。一切都用引力来解释，是否也会遇到困难呢？应该说这些也都不是最后的定论。宣夜说由于有一些比浑、盖都高明的合理性，才受到著名科技史专家的好评。李约瑟博士说："这种宇宙观的开明进步，同希腊的任何说法相比，的确都毫不逊色。亚里士多德和托勒密僵硬的同心水晶球概念，曾束缚欧洲天文学思想一千多年。中国这种在无限的空间中飘浮着稀疏的天体的看法，要比欧洲的水晶球概念先进得多。虽然汉学家们倾向于认为宣夜说不曾起作用，然而它对中国天文学思想所起的作用实在比表面上看来要大一些。"①

宣夜说认为日月星辰在无限空间中自由运行，那么这种运行就没有规律性。按照这种说法就不会有历法。盖、浑都能提出日月星辰运行的规律性，浑天说还用浑天仪模拟运行规律，甚至能根据运行规律对日食月食作出预报。宣夜说正确而无实用价值的理论，不如浑天说错误而有实用价值的假说。详加比较，浑天说的错误假说包含更多合理的因素，而宣夜说的正确理论却是笼统空疏的。这种复杂的是非对错关系，难以用简单的方法去区分精华和糟粕，也难以批判、继承。

宣夜说大概流行于东汉前期。班固《典引》："臣固言，永平十七年，臣与贾逵、傅毅、杜矩、展隆、郗萌等。"（见《文选》卷48）说明班固与郗萌同时代。郗萌是宣夜说的代表人物。他在王充之后、张衡之前。到东汉末，蔡邕就说它"绝无师法"。可见，宣夜说在天文学界流行时间不长。

宣夜说不能用于制订精确的历法，它在天文学界就无立足之地。它从天文学界逃出来，却进入了哲学界，并产生了深远的影响。三国时的杨泉，晋代张湛的《列子注》，唐代的柳宗元、北宋张载，南宋朱熹，明代王廷相，都受宣夜说的影响，认为天就是气。

总之，浑天说从汉以后在天文学界占统治地位，而宣夜说被天文学家所遗弃，却受到哲学家的青睐。盖天说虽有正确不被理解和重视，因其特别古老，受到统治者的宠幸，按天圆地方的模式，建筑圆形的天坛与方形的地坛。汉代三家论天，都流传到两千年后的今天！

---

① 李约瑟主编，《中国科技史》第20章，第4节。

四、浑天说和地心说的比较

地心说，也叫地球中心说。是西方科学家托勒攻于公元二世纪提出的，与中国东汉时代的张衡制作浑天仪，是同一时代。地心说认为地球是宇宙的静止中心，其他天体，包括日、月、星辰都围绕地球运行。这一学说在西方天文学界一直占统治地位，直至十六世纪，哥白尼提出日心说以后，才被取代。日心说在十七世纪前后传入中国，浑天说也就被取代。两相比较，二说有许多相似之处，都是从公元二世纪产生后开始统治天文学界，也都是在日心说的冲击下失去统治地位。其内容也有相似之处，即都认为地球是静止的中心，而日月星辰都围绕地球作旋转运行。

除了以上相似之处外，二说还有一些差别。首先，地心说明确指出地球是圆球体，而浑天说用蛋黄比作地，虽也有圆球的意思，但在一系列论述中都没有考虑地球的曲率，说明它对地球体尚未十分重视。地心说以日月星辰所在的高度和不同的运作轨道来说明它们的运行规律，并认为它们都是物质实体。而浑天说认为日月星辰都在一个球面上运作，如果说它们都是实体，那么无法解释它们为什么在同轨同度时不会相撞。于是只好把它们都视为气，像云雾那样。

其次，地心说在计算日月星辰运作轨迹时，采用了若干轮（本轮、均轮等）相互关系，表现了西方数学相当高的水平。但这种假设不利于计算，虽然通过极为复杂的计算，却得不出比较准确的结果。而浑天说用一个天球面来计算，简单而准确。但是，浑天说需要长期观测资料作为基础。这是中国思维重经验的表现。中国两千多年都有专门观察天象的机构，从事不间断的观测，积累了无与伦比的丰富准确系统完整的资料，这是至今研究天文学不可缺少的宝贵资料。在浑天说思想指导下，中国古人制订了百余种历法。其中元代郭守敬制订的《授时历》定一年为365.2422日，与现行的公历完全一致。公历即格列历，比授时历晚三百年施行。授时历颁行于公元1281年，格列历于公元1582年才开始在意大利等国施行。陈遵妫先生认为："明初颁行的大统历实际上就是授时历"[1] 那么，郑和下西洋时赠送给沿途各国的大统历就是当时世界上最先进的历法。古代天文学最重要的实际用处在于制订历法。历法的精确度是衡量天文学水平的主要标准。中国历法的精确度和进步性，是否可以说明中国古代天文学比西方古代天文学进步？是否可以说浑天说比地心说更合理？至少应该说在日心说出来之前是这样的。怎么能说浑天说比地心说还差一步呢？

另外，在现代天文学中，地心说的那种假说，复杂而又不准确的计算，都已被淘汰。而浑天说的天球面假说仍然保存在现代的球面天文学中。从这一点也可以看出，浑天说的假说比西方地心说包含更多的合理性，也更有生命力。总之，浑天说与地心说相比，各有优缺点，没有理由说浑天说比地心说还差一步。

五、余论

多年来，社会上流行歌功颂德的风气。一旦有什么批评，不是攻击，就是揭露，弄得学术界很少正常的批评。没有社会舆论的监督，伪劣产品就会泛滥成灾。没有平等的学术争论，谎言谬论也会扩散传播，遗害后人。这些道理本不难明白，但有些人就不愿意公开自己报刊的疏漏，甚至不肯批评自己编发的文章。或者是关系户塞上去的伪劣产品，为了顾面子而不顾声誉，或者由于思想认识上的偏见，以为有人批评就丢面子，不知道这种批评是一种讨论，是有利于繁荣学术，也有利于提高知名度的。

---

[1] 陈遵妫主编，《中国天文学史》第1478页注③。

既然是学术讨论，就不能认为自己的观点都是对的，在讨论中取长补短，互相促进，达到繁荣学术、提高水平的目的。

我的这篇短文，多是外行话，又对《大自然探索》刊登的张国祺、王素清二位先生的文章作出评论，有些是批评，也欢迎张国祺、王素清两位先生提出反批评。当然也欢迎学术界对这些问题感兴趣的同行一起探讨。为了倡导正常学术讨论的风气，我才愿意将这不敢自信的文稿拿出来发表。如果引起讨论，或者能有一些学者发生同感，那我就大喜过望了。

（原载《甘肃社会科学》1994 年第 3 期）

张载论天

中国古代思想家几乎无不论天，北宋张载也不例外。张载所论之天有两方面的意思，一是哲学的天，一是科学的天。张载的哲学之天，论者甚多，而他的科学之天，论者甚少，并多不确当，故有再论之必要。

一、浑天说

浑天说肇端于西汉落下闳，完成体系于东汉张衡。浑天说基本理论是天地结构像一个鸡蛋，天像蛋壳，地像蛋黄。地在中央不动，天在外围旋转。张载继承了浑天说的思想，认为"地纯阴凝聚于中，天浮阳运旋于外，此天地之常体也"（《正蒙·参两篇》，下同）。地凝聚于中，颇类蛋黄，而天像浮阳运旋于外，不像蛋壳那样固体，倒像飘云彩霞那样的气体。天是气，是汉代宣夜说的观点。宣夜说不能指导制订精确的历法，不久就"绝无师法"。被天文学抛弃的宣夜说，却被哲学家所采纳。唐代柳宗元在《天对》中解说"九天"的时候，说天是由极盛阳气所构成，所以称为"九天"。由于阳气作旋转运动，所以叫"圆"。[①]张载认为"太虚即气"，"由太虚，有天之名"（《正蒙·太和篇》），天就是太虚，就是气。由此可见，张载继承了宣夜说和柳宗元的天是气的思想，再与浑天说结合，产生了独特的天地结构体系：固体的地在中央，周围环绕着无边的气。固体的地是阴气凝结成的，构成广大清天的是无穷的阳气。

二、地球说

汉代浑天说把地比作蛋黄，本有地球说，但因为浑天家计算历法时，从不考虑地面的曲率，说"北极出地三十六度"（张衡《浑天仪注》），不分地区，也是没有地球观念的表现。现代研究者认为地比为蛋黄，只是说明它在天的中央，并不是说它是圆球体。因此，一些研究者认为浑天说并没有地球说思想。

如果对浑天说的地球思想还可以提出怀疑的话，那么，张载的地球思想却是明确的、不容置疑的。

首先，张载的天地结构模式，"地在气中"，气就是天，即地在天中。这就具备了地球说的最起码的条件。

其次，张载认为："凡圆转之物，动必有机，既谓之机，则动非自外也。"一般地说，凡是圆球体本身就有转动的机制，也是自然本性。

最后，张载从以上两个理由推出，地是悬在天空中的旋转着的圆球体。由此可以解释恒星、银河的昼夜运转。"恒星所以为昼夜者，直以地乘气机左旋于中，故使恒星、河汉回北为南，日月因天隐见。太虚无体，则无以验其迁动于外也。"太虚无体，没有参照物，天象在外面迁移运行怎么看出来的呢？就因为地在中间乘着气机在旋转着。现代科学说这是地球的自转运动。

有一点需要说明的是，上述引文中，原为"地气乘机"，"气"与"乘"误倒。今予更正。在张载之前，唐代的刘禹锡说天"一乘其气"，又说万物"乘气而生"（《天论》），只说"乘气"，不说"气乘"。在张载之后，王廷相在《慎言·乾运篇》中说："天乘夫气机，故运而有常。"又在《雅述·下篇》中说："天之转动，气机为之也。"这里讲的"气机"、"乘夫气机"，又可为旁证。从文意上看，张载认为地是阴气凝聚成的大物体，成体以后，张载都只称其为地，不再说它是气，虽说"地在气中"，他也认为地体毁坏以后也会复归于气，但在地体这一过程中，他从不说"地气"如何。地在气中，地的旋转要乘气机，是顺理成章的。

三、地旋说

天动地静，是中国古人的经验，也成了传统观念。对于地震这种形式的地动，中国古人有所体会，认识却不一样。对于旋转运动的认识可能要晚得多。战国时代，《庄子·天运篇》提出对地静的怀疑。西汉后期的纬书中有了一些值得研究的提法，如《春秋纬·元命苞》说："天左旋，地右动。"《河图·括地象》称："天左动起于牵牛，地右动起于毕。"另外，《尸子·君治篇》有"天左舒而起牵牛，地右辟而起毕昴"的说法。东汉初期成书的《白虎通义》有"天左旋，地右周"的说法。动辟、周，都是说地的运动。这种运动又都是与天相对的。这说明地与天都是作旋转运动，只是旋转的方向相反，即相对。对此，《元命苞》有明确的说法："地所以右转者……迎天佐其道。"左右是怎么分的？我们所看到的天象东升西没，就是"天左旋"。那么，地右转，就是地面从西向东旋转。怎么知道地从西向东旋转呢？《春秋纬·运斗枢》说："地动则见于天象。"我们为什么感觉不出来呢？《尚书纬·考灵曜》解释说："地恒动不止，人不知，譬如人在大舟中，闭牖而坐，舟行，不觉也。"人在大船中坐，就感觉不出船在动，如果打开窗户，看到两岸景色都向后移动，就知道船在行进。我们看到全天星辰都从东向西移动，也可以推知地正在从西向东转动。这就是"地动则见于天象"。

西汉时代，有一场左旋主和右旋说的争论。天文学家首先观测到天从东向西旋转，即天左旋。日月五星与天的运行不是同步的，虽然它们也从东到西，但一天不是旋转一周。如何解释这一现象，分为两派。一派认为日月五星速度慢，日每日比天慢一度，月每日比天慢十三度多，五星也都比天慢若干度不等。这种观点就是左旋说。另一派认为日月五星附着在天体上，一方面随天旋转，一方面又自己运动，就像蚂蚁在旋转着的磨石上爬行。天左旋，日月五星右旋。天左旋快，一日一周天，而日右旋慢，一日右旋一度，月右旋，一日十三度多。这是右旋说观点。这两种观点争论了一千多年。西汉时刘向根据《鸿范传》的说法来驳当时人伪造的《夏历》的左旋说观点。东汉时代的王充首先用蚂蚁在磨石上爬的比喻来解说右旋说观点。直到明末，仍有民间天文学家王锡阐与王锡纶、沈令望讨论左右旋说的问题。王锡阐用解答问题的方式，一步步论证右旋说的合理性。

张载也讲述过左旋说和右旋说的观点，但他认为左旋说和右旋说的共同观点"天左旋"是"至粗之论"。他说："愚谓在天而运者，惟七曜而已。恒星所以为昼夜者，直以地乘气机左旋于中。"天上只有日月五星在运行。恒星之所以有昼夜变化，是由于地在中间作左旋运动。张载继承了汉代"地动见于天象"的思想，否定了"天左旋"的观点，提出了地球圆转的新观点，即地旋说。天左旋，相应的应该是地右旋。他所说地"左旋于中"，"左"应是"右"之误。

四、七曜之行

张载说："在天而运者，惟七曜而已。"七曜指日月五星。七曜又叫七政。他认为"顺天左旋"，"稍迟则反移徙而右尔，间有缓速不齐者，七政之性殊也"。日月五星在天上运行的速度是不同的。具体地说："月阴精，反乎阳者也，故其右行最速；日为阳精，然其质本阴，故其右行虽缓，亦不纯系乎天，如恒星不动。金水附日前后进退而行者，其理精深，存乎物感可知矣。镇星地类，然根本五行，虽其行最缓，亦不纯系乎地也。火者亦阴质，为阳萃焉，然其气比日而微，故其迟倍日。惟木乃岁一盛衰，故岁历一辰。"

天是阳，左旋。月是阴精，与阳相反，所以月右行最快。日为阳精，内质却是阴的，所以日右行较缓，一日才行一度。它毕竟不像恒星那样完全系在天上不动。金星、水星还有进退的问题，运行过程比较复杂。镇星即土星，与地相类似，是五行的根本，运行就最为缓慢。火星阴质，比日慢一倍。木星即岁星，一岁经历一辰，十二年行一周天。

张载用日月五星的不同性质来解释天文学研究的成果。他认为阴运行缓慢，而阳运行快速。月是阴精，所以右行最速。"天左旋，处其中者顺之，少迟则反右矣。"少迟则反右，右行最速，就是左旋最缓。镇星即土星，也是"行最缓"的，而日和火星属阳，速度则快一些。王船山把张载的这些理论概括为"阳健阴弱之理"。王船山说："张子据理而论，伸日以抑月，初无象之可据，唯阳健阴弱之理而已。"他认为阳健阴弱只是阴阳之理的一端，一个方面，还有另一端。举例说，火是阳，水为阴，"三峡之流，晨夕千里。燎原之炎，弥日而不逾乎一舍"。一舍三十里。长江三峡的水一天会流出千里远。诗人李白乘轻舟从三峡顺流而下，"千里江陵一日还"，"轻舟已过万重山"，而燎原大火在山林中蔓延燃烧，一天蔓延不过三十里。水是阴，火是阳，在特殊情况下，阴的速度比阳的速度还快。王船山认为道理从客观事物中引出来，而不能用片面的理去衡量事物。他说："理自天出，在天者即为理，非可执人之理以强使天从之也。"（以上引文，均见于王夫之《思问录外篇》）批评张载用阴阳的道理来代替对日月运行的观测研究。

五、对张载论天的评论

对张载论天有两种不同倾向的评论。一种是抬高。例如，谭嗣同在《石菊影庐笔识·思篇三》中说："地圆之说，古有之矣。惟地球五星绕日而运，月绕地球而运，及寒暑昼夜潮汐之所以然，则自横渠张子发之。"但其下所抄录张载《正蒙》语录，都不能证明张载已有地球绕日运行，月绕地球而行的思想。接着，他说：西方近代天文学，"张子皆已行之。今观其论，一一与西法合"。有的研究张载思想的专著居然引用谭嗣同的话，说明张载的天文学水平，实在是不可靠的。

另一种是贬抑。例如，日本学者小川晴久认为张载根本没有地动的思想，只是后人根据地动说来"解释张横渠原文"。他还说：中国人的地动说，"不是通过亚洲祖先的地动说（也没有），而是通过耶稣会传教士带来的西方地动说而知道的"①。

以上两种倾向都是偏颇的。张载明确表达了地球自转的思想，并非像小川晴久所说的中国人没有地动思想。张载虽有地动思想，却没有地球绕日运行、月绕地球运行的思想，谭嗣同的说法是言过其实的。像《河殇》作者那样妄议浑天说，乱捧地心说，更不足为训。

（原载《宋明思想和中国文化》学林出版社 1995 年 10 月）

---

① 小川晴久《东亚地动说的形成》，载《科学史译丛》1984 年第 1 期。

中国古代循环论种种

中国古代有许多循环论思想，值得作一番综合研究。

一、三统、三正、三教循环论

关于三代，孔子曾多次提到。孔子曾说："殷因于夏礼，所损益可知也；周因于殷礼，所损益可知也；其或继周者，虽百世，可知也。"（《论语·为政篇》）又说："周监于二代，郁郁乎文哉！吾从周！"（《论语·八佾篇》）这"二代"指夏、殷。还说："行夏之时，乘殷之辂，服周之冕"（《论语·卫灵公篇》）。也是夏、殷、周三代并称。三统、三正、三教就是以三代为基础的。孔子以后的许多儒者也常称三代。例如，孟子说到教育机构时说：学校，"夏曰校，殷四序，周四庠。学则三代共之，皆所以明人伦也。"（《孟子·滕文公上》）对于年岁，三代也有不同的名称，"夏曰岁，商曰祀，周曰年。"（《尔雅·释天》）

董仲舒总结前人对三代的各种说法，在《春秋繁露·三代改制质文》中说：夏，黑统；殷，白统；周，赤统。统，就是"天统"，即天下统一的气。统气一变，万物都产生相应的变化。这就是黑、白、赤三统。认为一年十二个月，与十二地支相配，就是：一月寅，二月卯，三月辰，四月巳，五月午，六月未，七月申，八月酉，九月戌，十月亥，十一月子，十二月丑。历法规定哪一个月为一年的开始，这是古代很重视的一个问题。夏代历法"建寅"，就是以寅月为正月，上面的月份与地支相配就是夏历的情况。殷代"建丑"，即以丑月为正月，夏历的十二在殷历为正月，夏历的一月就是殷历的二月，以此类推。周代"建子"，以子月为正月。子月在夏历是十一月，殷历十二月。夏、殷、周三代历法的正月分别设在寅月、丑月、子月，就是三正。

汉代人研究这些变化以后，认为汉代继周而起，应该用夏历的正月即寅月。汉代四百年中，社会一切制度都深入人心，大都以此定型，因此以后都以夏历寅月为正月，再不回到殷历、周历的丑月、子月去了。因此，所谓"三正"的循环只是汉人对古代历法的总结，对后代没有什么意义，因为后代历法是以观测天象进行日益精密的推算作为基础的。由于五行观念的深入人心，三统交替说也被五德终始说所代替。

与三统、三正相应的，还有三教说。

教，就是对人民的教育。教育的办法，在古代主要是上行下效，"上为之，下效之"，因此，教也就是效。"教者，效也。"（《白虎通·三教》）后代教育多通过说服，因此就称为说教，相对说教，古代那种上行下效，便称为身教。随着时代发展、教育也要随之变化。为什么要变化？因为任何一种教育都是有优点也有缺陷的。要纠正前一代社会弊端，要改变旧教育的缺陷，就要采取新的教育方法，也就需要教育改革。

《白虎通·三教》载：

> 王者设三教者何？承衰救弊，欲民反正道也。三正之有失，故立三教以相指受。夏人之王教以忠，其失野，救野之失莫如敬，殷人之王教以敬，其失鬼，救鬼之失莫如文，周人之王教以文，其失薄，救薄之失莫如忠，继周尚黑，制与夏同。三者如顺连环，周而复始，穷则反本。

夏代王者用"忠"教育人民。忠诚老实，纯朴专一，怎么想就怎么说，怎么说就怎么做，各有各的想法，各有各的做法，没有法则规矩，弊端是野蛮，为了补救野蛮的弊端，就要提倡敬。殷代王者取代夏之后，就用"敬"来教育人民。敬什么呢？敬鬼神。用神秘的超现实的鬼神迷信，来教育人民，要使人民不敢胡思乱想，要从心里相信鬼神，按鬼神的规矩思考、行动，凡事要先卜筮，事后要祭祀，这就克服了原始质朴的"忠"的弊端——野蛮，却产生另一弊端——信鬼。在社会思想发展史上，迷信鬼神比什么也不信、什么也不懂的朴忠，有所进步。信鬼毕竟还是一种愚昧的观念，要克服这种社会弊端，就要提倡比较理智的文明，因此，代殷而起的周朝王者提倡文明，当时所谓"文"指文饰。把虔诚的祭祀变成一种在理智指导下的仪式、礼仪。而内心则是理智的。

周朝王者用理智制定礼仪，规定生活规范，这就是所谓"制礼作乐"。这些规范要人遵守，不管你心中是怎么想的。这样就产生这样现象：心中的情绪被统一的礼仪所掩盖。例如父死，守孝三年。有的孝心特重，想守六年，有的孝心较轻，只想守一年，但他们都克服自己的心志，压抑情绪，遵循统一的三年规范，这是所谓"取长补短"，"损有余以补不足"，也是"中庸之道"。这种礼仪使人的真诚被掩盖了，产生了虚伪，没有孝心的人也可以按似乎很有孝心的规范举行仪式。这种虚伪，古代称为"薄"，所谓"薄俗"，就是不实在的、弄虚作假的习俗。如何克服这种薄俗呢？儒家提出"制与夏同"，实行夏代的纯朴的"忠"的教育。从夏，经殷、周，又回到夏，这是一个循环，夏忠、殷敬、周文，"三者如顺连环，周而复始，穷则反本。"

汉朝统治者自以为继承周朝，应该尚黑，实行夏政。结果是，历法改用夏历建寅，其他都无法恢复夏朝制度。教以忠，实际上行不通。秦始皇不祀鬼，不取殷的敬教，禁止《诗》、《书》文学，也不取周的文教，尚黑，尊崇法家，以忠教。很像夏政，但很快灭亡。汉朝思想家反复研究历史发展的规律，他们发现，三教在三代是历史发展的过程，到了汉代，不能简单地回到原始的夏政，而应在更高的程度上进行综合创新。因此，他们认为："三教一体而分，不可单行，故王者行之有先后。何以言三教并施，不可单行也？以忠、敬、文无可去者也。教所以三何？法天、地、人，内忠、外敬、文饰之，故三而备也，"（《白虎通·三教》）天、地、人，忠、敬、文，哪一个也少不得，因此，三教不能单行，只能并施。汉代就采取并施三教的方针，取得成功。

汉代三教并施的成功，三教循环的理论从此也失去了现实意义。三教说对于人类早期的思想发展的过程和规律作了有价值的探讨。先是纯朴自然，忠诚老实，接着产生迷信，虔诚崇拜，形成宗教，最后，发展成文明，在理智面前保存一些类似宗教的仪式，作为情感的文饰。在人类文化发达以后，如果只讲纯粹的理性，坚持理性主义，那么，人类的情感失去活动的地盘，这种生活可能极端单调而乏味。当然，反对理性主义，陷入非理性主义，则走到另一极端，也是倒退的。理性与情感应该并存，才符合进入文明社会的人类的需要。

二、四时、四方循环论

四时有两种含义：一年的四时，指春、夏、秋、冬四季。一日的四时，指朝、昼、夕、夜四个时刻。这两种含义都是指时间上的循环变化。用现代科学来解释，这两种四时循环论分别反映了地球公转和自转的周期性，地球绕太阳运转一周为一年，地球运行轨道是椭圆形的，太阳居于椭圆形的一个圆心上，地球运行轨迹有近日点和远日点。地球在近日点为冬至，在远日点为夏至，冬至与夏至之间有春分，夏至到冬至之间有秋分，四季就是根据地球绕太阳运行的轨道确定的。运行轨道是循环的，原没有什么起点，在历法上，人们以春作为一年的第一个季度。这就设定了一个起始点，冬成为终点。冬后是春，终点接着始点，表现了往复循环的特点。一日四时的变化，反映了地球自转的过程。一年四季的变化与植物生长的变化有密切的关系，因此有春生、夏长、秋成、冬藏的说法。这对于一年生的草本植物最为适合。一年生草本植物生长周期更形象地反映四时的循环论。

四方指东、南、西、北，原无顺序可言。从战国到秦汉时代，四方与四时相搭配，东配春、南配夏，西配秋，北配冬。四时有顺序，四方也就有了顺序。从空间上说，人面朝东方，然后旋转一圈，又回到东方。这也是一种循环。

方位与时间的对应循环，以日的运行最为明显。日从东方升起，转到南方，又入西方。日没之后，有些天文学家认为日转到北方去，然后再从东方升起。《周髀算经》和王充《论衡》都持这种观点。这样，日的运行既有一日的时间顺序，又有东南西北的方位顺序。

一日的时间分为四个时刻：日出、日中、日入、日没，分别对应的方位是东、南、西、北。这四个环节的循环又与春、夏、秋、冬，生、长、成、藏等相对应。

另外，《周髀算经》还有一个非常特殊的相当于现代所谓地区时差的那种地区与时刻的循环对应。

首先，它认为"凡日月运行四极之道。"四极指东西南北极远处，道即轨道，运动指循环运动。四极的中央是天的中心，中国人居住极的南方，因此称天的中心为"极"或"北极"。极的下方地区，称作"极下地"，即西方近代地球的北极。中国古人所说的"北极"在天上，认为是天的最高处，距地八万里，比周边的天高六万里，是天的中心。相应的地区"极下地"也是地面最高处，比人们所居地高出六万里，也是地面的中心。"天象盖笠，地法覆槃"，这是中国古人的一种天地结构模式。

其次，它认为天是旋转的，日附着在天体上随天而转，同时日本身也作一种每天移动一度的缓慢运行。这两种运动，分别称作"日周日视运动"和

"日周年视运动"。人们看到日一天东升西落运行一周期，就是日周日视运动。天文学家观察到的日在恒星天上每天运行一度，一年运行一周期的现象，称为日周年视运动。什么叫恒星天？恒星在短期内没有明显的移动，所以被称为"恒星"。满天恒星的位置没有什么变化，中国古代天文学家就把恒星想象为镶嵌在一块固体上的发光体。而这块想象的固体，古称天体，天体却是看不见的，只是由恒星相对位置的不变来想象它的存在，因此，这个天就称为恒星天。现代天文学中的球面天文学仍需这个想象的恒星天。

第三，《周髀算经》称"昼夜易处"，白天与黑夜因地区而有不同。以"极"为中心，当"日运行处极北，北方日中，南方夜半；日在极东，东方日中，西方夜半；日在极南，南方日中，北方夜半；日在极西，西方日中，东方夜半。"一般人以为，日出，天下都是白昼，日入，天下都是黑夜。这是古人经验所得出的结论。《周髀算经》提出"昼夜易处"，是对传统观念的严重冲击。这种地区与时刻的对应循环理论被现代地区时差的科学研究所证实。如果把《周髀算经》上的东西南北用地球上的地方来表示，那么极南是北京，极西是土耳其的安卡拉，极北是美国的纽约，极东是美国的夏威夷。据《周髀算经》的说法，当纽约中午的时候，北京正处于半夜时刻。夏威夷中午，安卡拉半夜，北京中午与纽约半夜同时，安卡拉中午与夏威夷半夜同时。这种认识在两千年前的中国实属罕见，是石破天惊的创见。

此外，与四时相配的还有四灵、四德、四气等。四灵原指龙凤麟龟，后指苍龙、朱雀、白虎和玄武（即乌龟）。《周易·乾卦》有元、亨、利、贞四字，历代对此有许多解释，其中一种说法也是把元、亨、利、贞与春、夏、秋、冬相附会。元为体仁，亨为合礼，利为和义，贞为干事，君子的四德与四时也是相应的。四气是董冲舒的说法。他在《春秋繁露·阳尊阴卑》中说："喜气为煖而当春，怒气为清而当秋，乐气为太阳而当夏，哀气为太阴而当冬。四气者，天与人所同有也。"

三、五行、五德循环论

五行，金、木、水、火、土，原是构成世界的五种要素，是平等并列共存的。虽有各自不同的特性，并不相妨。《尚书·洪范》载：

> 五行：一曰水，二曰火，三曰木，四曰金，五曰土。水曰润下，
> 火曰炎上，木曰曲直，金曰从革，土爰稼穑。润下作咸，炎上作苦。
> 曲直作酸，从革作辛，稼穑作甘。

这是最早记载五行的典籍，只讲五行各自的特性，并与五味相对应，并没有讲五行之间的相互关系。

《淮南鸿烈·齐俗训》高诱注引《邹子》曰："五德之次，从所不胜，故虞土、夏木、殷金、周火"。五德，就是五行之德。五行之德的次序是相胜的，所以说：虞舜受土德，夏朝受木德，木胜土，夏朝取代虞舜。殷朝受金德，金胜木，殷朝推翻夏朝。周朝受火德，火胜金，周朝灭了殷朝。胜火者水，以后取代周朝的新统治者必定受了水德。这就是五行相胜的一套理论。木胜土，金胜木，火胜金，水胜火，土胜水。这是一个循环的关系。

秦始皇相信这个理论，当他灭周、吞并六国、统一天下以后，就自认是受了水德，把黄河改称"德水"，并用与水相配套的系列：数字用六、颜色尚黑、行政重法治。例如符、法冠都用六寸，车用六尺宽，驾六匹马。六尺定为一步。服饰、旗帜、衣裳，都以黑色为上。以每年十月为岁始。《史记·秦始皇本纪》载："始皇推终始五德之传，以为周得火德，秦代周德，从所不胜，方今水德之始。"

上引《邹子》称"五德之次，从所不胜"。从所不胜，《史记正义》释为：

"从其所不胜于秦"。秦从周而来，周不能胜秦，所以称从所不胜。火不胜水，水是从不胜水的火而来的。后来把这种关系换成水克火，或水胜火这类说法，总称五行相克、五行相胜。

别一种说法是五行相生。水生木，木生火，火生土，土生金，金生水。这也是一个循环，水生木，木生火，比较容易理解。火生土，火烧可燃物以后留下的灰，就是土。土生金，土积压时间长了变石，金是石冶炼出来的，所以古人认为金是土生的。金生水。古人用方形的金属容器（方诸）晚上向着月亮，上面就会出现小水珠。这叫"方诸见月则津而为水"，也叫"金生水"（《淮南鸿烈·天文篇》）。

西汉董仲舒把五行相胜和五行相生结合起来，提出五行"比相生而间相胜"的说法，比就是相邻的意思，比邻的关系是相生。间指间隔，间隔二者的关系是相胜。

五行相生相胜说明了万物互相制约的道理。所谓制约就应该包含相生和相胜两个方面，如果只有一个方面就不行。一般讲制约，并不一定包含循环性道理。因此，五行相生相胜说是中国古代辩证法思想的一个重要内容。西方人虽然没有概括出这条规律，却也已经发现自然界有这类现象。例如达尔文在《物种起源》中提到的，猫吃田鼠，田鼠捣毁熊蜂窝，熊蜂给三色堇和红三叶草传粉受精。这是一条极简单的生物链。当一个地区猫多，田鼠就少，田鼠少，熊蜂就多，熊蜂多，三色堇和红三叶草也就多。相反，猫少、田鼠多、蜂少，三色堇就频临绝种。五行相生相胜说可以反映自然界生物链的生克关系，也可以说是对自然界这类现象的概括和图示。现在中医说五脏生理病理现象，也是用五行相生相胜的道理来作说明。心为火，肝为木，肾为水，肺为金，脾为土。五脏功能也有相生相胜的关系。水生木，滋肾的药物有益于肝功的保养。土为脾，气味为香，土生金，香气和脾功能（消化力）对肺是有益的。同时，五脏也有相胜的关系。当心强肝弱的时候，服补心的药物，火胜木，就会损害肝的功能。同样道理，任何补药补了不该补的脏，就会损害该脏所胜的另一脏，起了毒药的作用。因此，任何补药，用药不当，则成毒药。正常人不应乱服补药，有病者更应慎补。

五行相生相胜说，对于维持自然界的生态平衡，对于合理养身，都是有意义的。

四、其他循环论

中国古人发现自然界有许多周而复始的现象，例如昼夜更替，四时变化，二十四节气，二十八宿循环，四方圆周，以及月相变化，白道、黄道、赤道的周札，五星运行不同周期，以及植物的长芽、生根，开花、结果和生、长、收、藏，动物的生、长、衰、亡。人造的循环论还有十天干，十二地支，天干和地支结合叫干支，干支是以六十为周期的。

中国古代长期使用干支纪年纪日，使我们现在推算历史的时间有很高的精确性。不管换了多少朝代，改了多少年号，几千年来的干支纪年没有中断，也没有变更。十二地支配上十二类动物，即所谓十二生肖，分别是子鼠，丑牛、寅虎、卯兔、辰龙、巳蛇、午马、未羊、申猴、酉鸡、戌犬、亥猪。一个人出生之年的地支就是这个人的生肖属性，例如乙丑年生，他就属牛，十二年以后是丁丑年，这年出生的人也属牛。生肖是十二年一周期，六十年一大周期。属牛的人到了逢丑的年，都叫本命年。干支完全重合的，要经过六十年大周期，因此每个人到了六十岁，就是一个大寿，六十花甲子。

用干支纪日，六十日一周期。这在推算时间上有一个准确性。后来算命先生利用干支纪日去推算黄道吉日，推算一些"不宜动土"、"不宜出门"的凶日。地支还用于纪时，十二地支配一日二十四小时，一地支配两小时。半夜十一时至一时为子时，一时至三时为丑时，三时至五时为寅时，五时至七时为卯时，七时至九时为辰时，九时至十一时为巳时，十一时至下午一时为午时，下午每两时为一地支时，分别为未时、申时、酉时、戌时、亥时。早晨指辰时，中午指午时。

用干支纪年、纪日、纪时，在中国古代应用十分普遍。商代甲骨文中就已有天干地支纪日，距今三千年以上。

还有八卦：乾、坤、震、艮、离、坎、兑、巽。邵雍排的六十四卦圆图。扬雄《太玄图》也反映方位与时间循环关系。邵雍的元、会、运、世则是时间的大循环。一元十二会，一会三十运，一运十二世，一世三十年。一元共十二万九千六百年。世界历史是以一元为一个大周期的，治乱兴衰、吉凶祸福，都要重复一遍。结合天干地支、五行、卦气，可以推算出每年每天的吉凶祸福、治乱兴衰。天干地支使用时间很长，而邵雍的元、会、运、世虽然也在思想界产生一定的影响，但在实际中并无所可用。而十二万多年的周期也是无法验证的说法。

（原载《贵州社会科学》1996 年第 4 期）

伪科学与唯科学

当科学成为一种时髦的时候，就可能出现伪科学。当前，有些人用《周易》算命，说是《周易》预测学。预测学是一门科学，把算命称为预测学，就是一种伪科学。又如气功，它对调整人的心理、生理平衡，治病防病确有某些作用，但并不是什么病都能治。一些人利用气功欺世盗名，这就是伪气功，也是伪科学。

我们国家目前还有许多文盲，人民的文化素质还不够高，科学观念也不够强，对伪科学识别能力较低。这是伪科学能够广泛流传的社会基础。基于这种认识，我们要大力宣传科学知识，提倡科学精神，抵制伪科学，揭露伪科学。更重要的是要提高全民族的文化素质，这样才能最大限度地净化科学领域，把伪科学清除掉。何祚庥院士主编的《伪科学曝光》（中国社会科学出版社，1996年10月版）是一本反对伪科学的书，值得向广大群众推荐。著名科学家钱学森的著作《人体科学与现代科技发展纵横观》（人民出版社，1996年9月版）是从现代科技的发展，从宏观的角度，审视人体科学。钱老对科学发展有战略的眼光，站得高，看得远，对科学研究有指导作用。

科学是要提倡的，但科学也不是万能的。人们追求真、善、美，科学主要解决真的问题，对于善、美，就未必都能用科学去解决。例如，中国人画一幅"百花齐放"的国画，桃花、梅花、荷花、菊花一起开，只要好看（美）就行。而从科学上讲，不同季节的花是不能同时开放的。又如《西游记》是一部神话名著，受到人们的喜爱，但如果用科学来衡量，许多地方就说不通。科学有一定的适用范围，人生不能只有科学。

另外，科学也不是一成不变、停滞不前的，而是不断发展、提高的。科学的眼光，应该包含历史的眼光、实践的眼光、发展的眼光、辩证的眼光。不了解科学发展史的人，很难有科学的眼光。科学发展史上有许多科学的结论被推翻，被修正，被扩充，很多经典科学被后人证明只有在特定的情况下才是正确的。科学都是以假说的形式发展的。有些科学观点是通过个别实验、理论推导得出的，没有广泛的社会实践作最后的评判标准，也是未必可靠的。科学的发展总要向现有的权威提出挑战。有些科学结论是正确的，或者说有合理性，但由于人们的片面性或绝对化理解，使其由合理导向了谬误。因此，如果没有较高的文化素质，没有实践经验和辩证唯物主义的素养，只相信科学，并以现有的科学结论来判断一切是非，必然出现很多偏差。这不是科学的过错，而是唯科学的偏颇。这个问题比较复杂，需要继续探讨。从科学发展史来看，唯科学的错误很明显，也容易理解。因此，我们要读一些科学史和辩证唯物主义的书，这对于我们反对伪科学和唯科学都有好处。

（原载《中国文化报》1997 年 7 月 19 日）

天坛的文化内涵

北京城里有天坛、地坛、日坛、月坛、社稷坛、先农坛等古代建筑。所谓坛，是祭祀的场所。北京古代建这些坛，是祭祀自然神的。西方只有"上帝"的概念，没有"天"的概念。在中国，天既是自然神又是人格神，并不像西方"上帝"那样明确。据考证，甲骨文中的"天"，是指人头顶上的空间，即上天。殷、周时代人们认为天在上面监视着人间，并主宰自然界和人类社会。这种思想被称为"天命论"。天成为至上神，祭天是十分重要、最为隆重的祭祀仪式，而且只有天子才有祭天的资格，因此，全国只有首都北京有一个天坛。这是中国传统文化的特色。

天坛的位置在紫禁城的南方，地坛在北方，日坛在东方，月坛在西方。这有什么根据呢？这是根据"伏羲八卦方位"设立的。伏羲八卦，南方乾卦，北方坤卦，东方离卦，西方坎卦。乾即天，坤即地；离是火，属阳，与日对应，坎是水，属阴，与月对应。所以，四坛分别位于四方。天安门与地安门也是南北相对的。日月是阴阳，天地也是阴阳。南方为正阳，故北京前门那里有正阳门。

天坛是祭天的场所。每年皇帝都要到这里祭天一次，从南门进去，走过长长的大道，到达祈年殿。祈年殿是祭天的大殿。皇帝在祈年殿上跟天对话。实际上，天是不说话的，只是皇帝一个人在那里自言自语，像一般人在神庙里祈祷那样。皇帝代表百姓向上天祈祷，祷词无非是"风调雨顺，国泰民安"之类。为什么到这里祈祷风调雨顺？古人认为风雨是天管的，天又是有意志的，所以，皇帝到这里向上天祈求赐予良好的气候。

天坛祈年殿的建筑以象征天为设计。屋顶的蓝瓦，象征天的蔚蓝色。祈年殿以及皇穹宇、圜丘等都是圆形的，象征天的形状。天的形状怎么是圆形的呢？古人根据当时的直观观察和简单的天文研究，认为天像一个大而圆的不断旋转着的盖子，北极是天的中心，众星围绕着北极从东向西旋转，列星在天上的位置又是相对稳定的，像一整块固体，上面镶嵌着无数闪光的星星。与天对应的地，就像棋盘那样，是方形的。因此，有"天圆地方"的说法。紫禁城北边的地坛是方形的，也是从这种说法来的。

祈年殿中间有四根大柱，代表四时：春、夏、秋、冬。四时与四方对应，东方春，南方夏，西方秋，北方冬。四柱以外又有十二根大红柱，代表一年十二个月。再往外，与壁相联的还有十二根柱子，代表一日的十二个时辰。一个时辰等于两个小时。十二地支，与十二时辰一一对应，故古人以地支来命名时辰。半夜为子时，因此，半夜也称"子夜"。代表十二个月的十二柱与代表十二时辰的十二柱相加，共二十四柱，又代表二十四节气。再加上里面四根金柱，共二十八柱，代表二十八宿。二十八宿是天上黄道附近的二十八组星辰，用来确定日月五星运行的位置和轨道，便于观察、测量和计算。

祈年殿的四柱上面还有八根短柱，与八卦相对应，它与下面的二十八柱相加，总数为三十六，正是天罡的数。

祈年殿的基座是三层圆台，每一层圆台的周边都由望柱和栏板包围。望柱上刻着不同的花纹，第一层是云纹，第二层是凤纹，第三层是龙纹。也就是说，从第一层以上都是在云天之上，龙高凤低，表示男尊女卑。

天坛祈年殿是宗教祭祀的场所，但它与其他的宗教不同，是作为中国古代国教儒教祭祀的建筑物。因此，天坛也成了儒教的物证。当然，儒学中更多的是政治哲学、伦理哲学、教育哲学，但也有一部分内容具有宗教的性质。因此，在隋唐以后，儒教与佛教、道教并称"三教"。

（原载《文化学刊》1997 年第 11 期）

儒家文化与中国科技

儒家文化是中国传统文化的重要组成部分。中国科技的发展与否，都与文化有关系，特别是与儒家文化有着紧密的关系。其中有很多复杂的关系，只好具体分析两个具体问题，以见一斑。

一、儒家文化与天文学

历代儒家都是敬畏上天的。孔子的三畏，首先就是畏天命，就是知道"天行有常"的荀子也是承认天的权威的，他说："皇天隆物，以示下民"，"天之生民"、"天之立君"，承认天对万物、对君权的主宰作用。汉代董仲舒大讲"天人合一"，都强调天与人的复杂的双向关系。

历代儒家宣传天与人的复杂而神秘的关系，促使历代统治者注重天意，以便敬天。如何窥探天意？就是通过观测天文和各地的气候、物候的变异。于是，历朝都设立观测天文的专门机构，进行连续不断的观测，积累了大量的天文资料，然后凭借这些资料进行研究，促进天文学的发展。

传说很早就开始观测天象星辰，战国时代的甘德和石申观察星辰，绘成星图，留传下来。甘德著《天文星占》，石申著《天文》，后人将二书合为一书，称《甘石星经》。这书中主要是观察全天的恒星，分若干星座及多少颗星。如四辅，"四辅四星，抱北极枢星，主君臣礼仪，主政万机，辅弼佐理万邦之象。辅佐北辰，而出入授政也。"四辅是四颗排成长方形的星，围在北极星周围。后面是政治内容，说明它们在天国辅佐北极治理万机。这是观察不动的恒星位置的成果。

对于运动着的五星的观测，难度就大多了。从长沙马王堆汉墓出土的《五星占》帛书，则是这方面的成果。帛书《五星占》详细记录了水星、金星、火星、木星、土星在秦始皇元年（公元前 246 年）至汉文帝三年（公元前 177 年）70 年间的运行轨迹和会合周期。它记录的金星会合周期为 584.4 日，比今测值 583.92 日只大了 0.48 日。土星的会合周期为 377 日，比今测值 378.09 日只小 1.09 日。木星会合周期为 30 年，比今测值 29.46 年只大了 0.54 年。这些测值的差异，还未必都是古代观测者的失误，还可能是五星在两千年中的细微变化。这种推测并非毫无根据的，下面的事实引人深思。

现代天文学已经知道，地球的赤道直径略大于经线圈的直径，因此，地球是扁圆形的，不是正圆形的。太阳和月亮对地球赤道带突出部分的引力差使地球的旋转轴受到影响，稍微有些偏离。这种偏离使地球的旋转轴南北极所指向的天穹位置产生缓慢的变化。太阳运行到了最北处，在恒星天上的冬至点。这个点也在缓慢西移。中国古代把太阳一年中在恒星天上的运行轨道叫黄道，黄道轨迹就是日周年视运动的轨迹。西方的地球赤道面延长，与天球面相交，这条相交线就是中国古代所谓的天上的赤道，黄道与赤道的相交点，一是春分点，一是秋分点，这两个点也在缓慢移动着。地球旋转轴北极所指的天上的位置，古代也称作"北极"。北极附近的星称为北极星。现代天文学知道，北极点缓慢移动，在恒星天上划一圆圈，这一周期为 25800 年，每年只移动很小的距离，现观测值为每年 50″多。一百年才移动一度多。这么细微的现象，中国古代是怎样发现的呢？

大约在公元前四世纪的战国初期，中国古代天文学家测得冬至点在牵牛初度。《周髀算经》卷上有"日冬至在牵牛"。《论衡·说日篇》："冬时日在牵牛"。牵牛，二十八宿之一，北方七宿的第二宿。冬至时，日在最远离北极的牵牛处。直至公元前二世纪，西汉制定《太初历》时仍然沿用这一观点，没有重新测定冬至日的位置。公元前一世纪，刘歆在编《三统历》时已经发现冬至点在牵牛初度似乎不那么准确，产生过怀疑。到了公元一世纪的东汉时代，天文学家贾逵根据五年的实际观测，断定冬至点不在牵牛初度，认为冬至点在斗宿二十一度四分一（$21\frac{1}{4}$度）。在这里，今人实测与传统说法产生矛盾，有几种可能的原因呢？大约有四种可能：一、可能传统说法错了，因为古代实测条件较差，结果不准确，或者在流传中产生讹误；二、可能传统的说法是对的，由于精巧的观测技术失传，后人测量水平下降，或者今人所指的星宿与古代有差异，牛唇不对马嘴；三、可能传统说法与今人测量都是正确的，只是客观天象随着时间的变迁而有了变化；四、可能二者都错了。

由于天象变化是非常缓慢的，短期内是看不出变化的，因此，一般人都容易采取第一种态度，简单地否定了传统的说法。凡事都迷信传统的说法，一旦有人提出新的见解，就盲目反对，认为过去的说法是经过长时间的实践检验，是绝对可信的。这是保守的观念。相反，如果有人只相信自己的观测结果或者今人的观测结果，把过去的别人的一切说法观测结果只要不符合自己的观测结果，都判为错误，予以否定。这显然也是狭隘的经验主义的错误。轻视历史经验的偏见在理性盛行的现代化比较流行，危害也是很明显的。唯科学主义是比较高级的经验主义，但毕竟也属这类偏见。而古代中国，保守的观念要相对严重一些，所谓"祖宗之法"不敢轻易改动。在几种可能性并存物情况下，如果没有确凿的、公认的事实作为根据，还是先别下结论，先展开自由讨论。当时，贾逵提出与传统说法不一致的新见解，就曾进行过充分的讨论，"百寮会议，群儒骋思"。司马彪撰写的《后汉书·律历志》就把当时各种议论都记录下来，以备"后之议者"参考折衷。这是比较客观的态度，也是严谨治学的正确态度。这些议论也许启发了当时的研究者。当时的观天者虞喜因此有了重大发现。他根据历代保存下来的丰富的观测资料，结合自己的实测结果，进行了认真的计算，详细的分析，发现历代观测的结果按时代先后顺序摆在一起，冬至点每次都向西移动了一些，也就是说，日每年冬至点都没有回到原来的位置，总是差一点，岁岁有差，因此称这一现象为"岁差"。虞喜根据以往观测的结果，计算出来，大约每五十年差一度。后来，南朝何承天计算出约一百年差一度。前者嫌大，后者嫌小。根据现代推算，当时的赤道岁差值约为77.5年差一度。后代的历法家推算结果与现代推算值比较接近。例如周琮的《明天历》（公元1064年）定为77.57年差一度，皇居卿的《观天历》（公元1092年）定为77.83年差一度，陈得一的《统元历》（公元1135年）定为77.98年差一度。以后，从祖冲之开始，制订历法时都考虑到岁差的因素，使历法精确度不断提高。

我们从岁差的发现过程，可以了解到：一、儒家敬天思想促使人们，特别是统治者对天象坚持长期的认真观测，不断积累大量丰富的资料，为天文学研究打下坚实的基础；二、不断观测、积累，到了一定时候，就会豁然贯通，明白一项深刻的道理。宋儒朱熹就有这种思想，他关心天文学，岁差的发现也许对他也有启发作用。从此可见，中国古代天文学是与占星术迷信纠缠在一起的，占星术促进了天文学研究，天文学也为占星术提供了丰富的资料，二者在科学发展的初期有互相促进的作用。天文学有了长足发展以后，天文学逐渐占领市场，占星术则逐渐退出市场。战国后期，荀子提出"天行有常"，就是天文学发展的结果。但是，占星术的影响并不是那么容易退出历史舞台的，即使天文学十分发达以后，占星术仍然有一定的市场。科学也不是万能的，以为有了科学，什么问题都可以得到解决，那也是不切实际的幻想。

中国古代天文学与占星术还在中国文化方面留下深刻的影响。中国古代研究天上的星宿，用人间的现实去想象星星的关系，于是给星星命名的时候，就表现出这种社会局限性来。例如在天的中央自然是天上的最高统治者的住处，于是就有了那些特殊的名称。中央是北极，北极的周围分三个垣：紫微垣、太微垣、天市垣。紫微垣中有天皇大帝、五帝内座、勾陈、四辅、帝、太子、三公、三师、华盖、上辅、少辅、上卫、少卫、上宰、少宰、上弼、少弼等。在太微垣中有五帝座、太子、幸臣，还有上将、次将、上相、次相、虎贲、郎将、灵台、明堂、三公、九卿、五诸侯等。在天市垣中有周、秦、巴、蜀、梁、楚、韩、宋、燕、徐、吴、越、齐、中山、赵、魏、晋、郑等。三垣的名称反映了春秋战国时代的地名、官名。可以说，天上星象名称是春秋战国时代人间社会在天上的投影。紫微垣在天的中心，是最高天帝的居所，那里有天皇大帝及帝妃勾陈、太子等。这就把先儒的天命具体化了，形象化了。明清时代把皇帝的居处皇宫称作"紫禁城"，这个"紫"字，就是这么来的，表明此处是天下的中心，是最高统治者的住所。也表明此处是权力的中心。

中国古代还有分野说，天上的星宿位置与大地的不同地区是相应的。天上的二十八宿与地面的诸候国是相应的。《淮南子·天文篇》所载内容可以列为表1：

表1

二十八宿	对应诸候国
角·亢	郑
氐·房·心	宋
尾·箕	燕
斗·牵牛	越
须女	吴
虚·危	齐
营室·东壁	卫
奎·娄	鲁
胃·昴·毕	魏
觜·参	赵
东井·舆鬼	秦
柳·七星·张	周
翼·轸	楚

司马迁的《史记·天官书》所载，二十八宿不是跟诸候国对应，而是跟"州"对应。九州据说是大禹时确定的。《淮南子》中的诸候国没有中山国，

有魏、赵，而没有晋，时代应在三家分晋以后的战国时期。《淮南子》成书在前，《史记》成书在后。今将《史记》所载，列为表2，以供参阅。

表2

二十八宿	对应的州
角·亢·氐	兖州
房·心	豫州
尾·箕	幽州
斗	江·湖
牵牛·婺女	扬州
虚·危	青州
营室至东壁	并州
奎·娄·胃	徐州
昴·毕	冀州
觜·参	益州
东井·舆鬼	雍州
柳·七星·张	三河
翼·轸	荆州

分野说为天人感应、占星术提供了一个重要内容。"荧惑守心"就是一个典型的例子。《吕氏春秋·制乐》和《淮南子·道应篇》都记载了这个故事。荧惑就是现在所说的九大行星中的火星，古代天文学家观察发现，荧惑运行，进退行止没有一定规律，使人感到迷惑，因此给它取了这个名称。占星家认为它是上天执行惩罚的使者。"心"是宋国的对应星宿。"荧惑守心"就是荧惑星停留在心宿处，表示上天要对宋国进行惩罚。因此，宋景公感到十分恐惧，害怕上天给宋国降灾。

从天文学到占星术，是从科学到迷信。这种现象是倒退的，但在社会上，占星术以劝善为目的，从伦理政治方面看也有一定的价值。

天文学的发展，不断淘汰过时的理论。科学是发展的，而古老的科学在科学界失去价值，在文化界却获得了新生。

在汉代流行三种天文学说：盖天说、浑天说、宣夜说。盖天说是最古老的，大概产生于殷、周时代，思想流传到战国时代才产生了盖天说的代表作《周髀算经》。《周髀算经》中所说到的理论，先有"天圆地方"说，认为"天圆如车盖"，天像圆形的车盖，"地方如棋局"，地像方形的棋盘，地是不动的，天在上空旋转。后面又有一种理论，叫"天象盖笠，地法覆盘"，认为天地结构形式是，天地都是拱形的，中间高四周低，相距八万里。恒星是嵌在天的内壁上，五星与日月都在天的内壁上运行。日的运行是沿着黄道行进，每日前进一度，365 日又四分之一日运行一周天，回到原来的位置。北极是天的中心，北极下面的地区是地的中心，称为北极下地。北极下地的四方是东西南北，中国人住地在北极下地的东南方。日在东南方时，是白天，日在西北方时，是黑夜。日在东方时是早晨，日在西方时是傍晚。盖天说在天上画了七个同心圆圈，叫"七衡图"。日运行到外衡，离北极最远的时候，就是冬季；日运行到内衡，离北极最近的时候，就是夏季。日在中衡左右，是春秋季节。以七衡图来解释四季的变化，并且说中衡下地"冬有不死之草，夏长之类"，"万物不死，五谷一岁再熟"。这就是现在所讲的赤道附近的热带地区所有的现象。而在北极下地"六月见日，六月不见日。从春分至秋分六月常见日，从秋分至春分六月常不见日。见日为昼，不见日为夜。所谓一岁者，即北辰之下一昼一夜。"因此，别处的春生秋获，在北辰之下，却是朝生暮获。此处奇异现象还有："夏有不释之冰"。这些说法与现在我们所了解的近代科学中的地球五带说是完全一致的。

以后，西汉时代的天文学家落下闳提出浑天说理论，认为天是圆球形的，像一个鸡蛋，在地外旋转。并和自制的仪器加以验证。东汉天文学家张衡制造浑天仪，并且写了注。这个《浑天仪注》成了浑天说的代表作。这种理论认为天地像一个鸡蛋，天像蛋壳，地像蛋黄，天包地，在外旋转，地居中央不动。并且用浑天仪来验证。这种理论能够预测日食月食，能够指导准确的历法，因此成为天文学家所信仰的学说，逐渐取代盖天说，长期占据天文学的统治地位。

东汉时代出现"宣夜说"，但很快就失去市场。这种理论认为天是空的，这自然很有合理性，受到英国科学史专家李约瑟的赞赏。但它认为日月星辰在天空中自由运行，不能解释它们有规律的、周期性的运行现象，也不能正确指导制订实用的历法。因此它就很快"绝无师法"，失传了。

以后虽然还有一些天文学说，影响都不太大。在约两千年中，在天文学界，浑天说都占统治地位。而盖天说成为文化内容流传世间，宣夜说则被哲学家所采纳，成为论天的一个重要流派。

天命论是比较崇古的，天命论者选择了最古老的盖天说作文章。汉代提倡天人感应，使天命重新受到重视。天命与盖天说相结合，才产生了天坛地坛。天坛地坛是以古老的天圆地方学说来建筑的，天坛以圆形建筑为主，地坛以方形建筑为主。现在我们看到的天坛地坛，已经不是什么科学，也不是什么迷信，而是一种古老的有民族特色的文化。

天坛丰富的文化内涵，不是一般游客所能了解的。天坛的主建筑是祈年殿，祈年殿的圆形来于天圆地方说。里面有四根龙井柱代表四季，殿内十二根大金柱代表十二个月，最外环的十二根檐柱象征十二个时辰。十二根金柱和十二根檐柱共二十四根，象征一年二十四节气。这二十四加上四根金柱，就是二十八，代表天上的二十八宿。在藻井上还有短小的八根井柱，合为三十六，代表三十六天罡，也象征一年三百六十日。祈年殿的瓦片是深蓝色的，是象征天空的颜色。圜丘和皇穹宇（俗称"回音壁"）也都是圆形的建筑，皇穹宇的屋顶也是天蓝色的。这种天蓝色，古代又称青色或玄色，因此又称"青天"、"玄天"、"天玄地黄"。

祈年殿是皇帝祈求上天赐给"风调雨顺、国泰民安"的非常神圣的地方。这是汉代以来天人感应的深远影响。皇帝祈天的日子定于夏历每年正月上辛日。什么叫上辛日？中国古代以干支纪日，天干：甲、乙、丙、丁、戊、己、庚、辛、壬、癸。地支：子、丑、寅、卯、辰、巳、午、未、申、酉、戌、亥。天干和地支配合，形成60个单位的循环周期。如甲子、乙丑、丙寅一直到癸亥，再从甲子开始。中国古代就是用这种方法来纪日，60日一周期。天干十项，因此每十日就有一个"辛日"，而"辛"日在一个月中就有三日，第一个"辛"日为"上辛日"，第二个为"中辛日"，最后一个为"下辛日"。皇帝在正月的"上辛日"到天坛祈天，如果"上辛日"正好在初一就改为"中辛日"祭天。

皇帝为了表示对上天的虔诚，在祭天之前要斋戒三日，所谓斋戒，要独居，不饮酒，不茹荤，洗澡更衣，干干净净地前去祈祷。所谓"不茹荤"，就是要吃素。鱼肉不能吃，香的植物如葱、蒜、韭等也都不能吃。除此之外，皇帝的祭天活动还有许多仪式、规矩，就不一一介绍了。

从上面所述，可以看到，中国古代的科学与迷信互相影响，最后凝结为文化，留下了中国特色的文化内容。在科学、迷信、文化中间，儒家思想起了连接的作用。

二、儒家思想与医学

儒家的核心思想是"仁""仁者爱人"，这是儒学的通义，也是儒家的重要原则。因此，儒学也可以称为"仁义之道"。从"爱人"的原则出发，很容易推出"救死扶伤"。死伤是人的大患，非常需要救扶。而医学则是救死扶伤的最好办法。有仁爱思想的人去学医，是非常正常的现象。医学在远古时代常与巫术相联系，甚至可以说医学是从巫术中分离出来的。但是，医学独立以后，就成为儒家仁爱思想的极好体现者，因此有儒医之说。

医学的基础理论是"四诊""八纲"，从哲学角度讲，最重要的就是"阴阳"和"五行"，儒家与医家通过"阴阳""五行"紧密地联系起来。这一句话过于简单，也许使人感觉有点牵强，略加分析才能使人认同。

"阴阳"一词产生甚早，虽然不见于"易经"，却见于"易传"，而且盛行于春秋战国时代。战国时代已经有阴阳家，成为一大学派。"五行"说最早见于《尚书·洪范》。《洪范》按传统的说法反映了殷末周初的思想成果。今人考证以为此前已有"五行"之说，但都缺乏可靠的根据，《史记·五帝本纪》载，黄帝时代已有"五行"，司马迁所说未必可靠。黄帝时代是否有青铜器，是否有金属？如果没有金属，那就不可能有"五行"。汉代戴德编辑的《大戴礼记·五帝德》也提到黄帝治五气，并非"五行"。《尚书·大禹谟》载："禹曰：……水、火、金、木、土、谷，惟修……"这里虽有五行的具体内容，却多了"谷"，成了六行，而不是五行。在《尚书·甘誓》中，有帝启称扈氏的罪行是"威侮五行，怠弃三正"，这里虽有五行，不知是否指金木水火土。如果是指金木水火土，那么是怎么"威侮"的呢？不好理解。只有《洪范》讲到五行，既有具体内容，又有五行的性质和气味，十分圆满。因此，我们认为，五行说真正起源于殷末周初，比较妥当。其他说法还都不能令人信服，都有疑点和值得商榷之处。

阴阳、五行都产生于较早的时代，未必在孔子之后。但可以说孔子很少讲到阴阳、五行。孔子虽是儒家的创始人，儒家不仅仅有孔子，还有两千多年中的历代大儒。思孟学派和荀子已经讲到阴阳五行，汉代儒家就开始大讲特讲阴阳五行了。被称为经学大师、"纯儒"的汉代大儒董仲舒大讲阴阳五行，并有所创新。例如，关于五行，虽然早有论述，对于五行之间的相互关系问题，论述就晚得多，大概从春秋时代开始，人们已经认识到五行相克即相胜的关系。金克木，木克土，土克水，水克火，火克金。这种相克的关系，至晚在春秋时代已有认识，因此，在《孙子兵法》中有"五行无常胜"的说法。战国时代的驺衍著《终始》文，提出"五德转移"说或"五德终始"说，就是以相克为依据的。五德就是五行之德。它认为，黄帝得土德，夏得木德，殷得金德，周得火德。木克土，夏取代黄帝时代。金克木、殷取代夏。火克金，周取代殷。秦始皇采纳了这种思想，认为克火者水，秦取代周，应该得水德。因此他就按水德的内容制订自己的一系列特殊政策。如严刑峻法，数用六，尚黑色。以后的学者相信五行相克的还很多。至于五行相生，则是董仲舒提出的。他说："比相生而间相胜"（《春秋繁露·五行相生》）。他把五行顺序也作了调整。木、火、土、金、水。比，指紧接着的，如木生火，火生土，土生金，金生水，水又生木。间，指间隔一项的，如木克土，火克金，土克水，金克木。董仲舒研究出来的这种五行顺序和相生相克的关系，为后人所接受，对中医理论也有很大的影响。董仲舒认为，五行相生中，生者为母，被生者为子。在中医理论里，五脏与五行相对应，木对应肝，火对应心，土对应脾，金对应肺，水对应肾。金代名医张元素在《医学启源》中用五行生克的关系来解释内脏虚实泻补的治疗原则，可以看到儒家思想对医学的影响。

儒家的中庸思想对医学也有很大的影响。中庸强调不偏不倚，反对走极端。用阴阳学说来讲，就是要达到阴阳平衡。这种思想在中医理论中是非常重要的内容。

至少在西周时代就已经有了阴阳的思想。春秋战国时代，阴阳学说已经相当流行，被各类思想家广泛应用。有的用阴阳学说解释地震，有的用阴阳学说说明气象变化，有的用阴阳原理讨论动物和植物的各种关系。总之，当时思想界比较盛行的是用阴阳学说来解释世界万物，来说明一切自然现象和社会现象。可以说就是阴阳论哲学。儒家大约在战国后期开始重视阴阳问题，加以研究，阐发义理。与此同时，医家也应用阴阳学说来解释生理、病理，来诊病，来开方用药，治疗疾病。哲学家先提出阴阳学说，医学家应用阴阳学说。阴阳学说虽然不是儒家首先提出来的，但是，儒家的中庸思想对于阴阳学说的平衡观念起了非常重要的作用。孔子认为中庸是非常高尚的道德，又说"过犹不及"。后儒理解，中庸就是不偏不倚，非左非右，反对两个极端，坚持最适当最合理的原则。孔子的孙子，战国时代的大儒子思对中庸作了专门论述，著有《中庸》。历代儒家如郑玄、何晏、二程、朱熹、康有为等都对中庸有所发挥。

康有为作《中庸注》说中庸是盛德至道，"以其不高不卑，不偏不蔽，务因其宜而得人道之中，不怪不空，不滞不固，务令可行而为人道之用。"他的意思是，中庸既是高尚的道德修养，又是思想方法的问题。办一切事要从实际出发，实事求是，因地制宜，因时制宜。既能想得开，又能行得通。儒家讲的"中道"、"中行"、"中正"、"中和"、"中"等都有类似的思想，其中包含丰富的辩证法思想。朱熹在《中庸章句》中说："善读者玩索而有得焉，则终身用之有不能尽者矣。"能领会中庸的道理，将终身受用无穷。

中庸从方法论的意义上对医学发生了很大的影响。医学讲"八纲"，其中之一就是阴阳。医学阴阳论认为，男为阳，女为阴，人体上身为阳，下身为阴，背为阳，腹为阴，体表为阳，内脏为阴，六腑为阳，五脏为阴。对于皮肤来说，肉为阴，对于骨骼来说，肉为阳。气为阳，血为阴。在五脏中，心属于火，是阳，肾属于水，是阴。五脏属阴，心是阴中之阳，肾是阴中之阴。肾本身又可以分为阴阳，因此有肾阴肾阳。肾虚有阴虚阳虚之分。补肾阳的中药有鹿茸、海狗肾、巴戟天、阳起石等，补肾阴的中药有石斛、枸杞子、女贞子、龟板、鳖甲等。在肾中，阴阳要平衡，阴虚要补阴，阳虚要补阳。正常情况是阴阳基本平衡。如果在阴阳平衡的情况下，补了阳，就会导致失衡，引起疾病。因此，中医认为，补药是不宜滥用的，没病也会补出病来。从这一意义上说，补药也是毒药。在一个肾脏中，是这样的，在其他脏器中也是这样的。《庄子·达生》载：鲁国有一个人叫单豹，在山洞里练气功，70多岁了，脸色还很红润，后代所谓"鹤发童颜"。不幸的是，单豹被饿虎吃掉。另一个人叫张毅，练就一身好武艺，力气很大，可以与猛虎搏斗。但是，他才40岁，就因内热病，英年早逝。庄子总结说："豹养其内而虎食其外，毅养其外而病攻其内。此二子者，皆不鞭其后者也。"内为阴，外为阳。这两个人没有内外兼顾，顾此失彼，后果都不好。庄子所谓"鞭其后"，就是说要重视被忽略的那一方面。赶一群羊，要用鞭打走在最后的一只羊，这只羊就会赶快跑到前面去，另一只羊就落到最后，然后再打这一只新的落后者，这样就可以把一群羊顺利地全部赶走。如果只赶前面的几只羊，那么，后面的几只羊就可能落伍走散。庄子用这个"鞭后"来比喻需要加强弱的方面以求平衡，从营养上说，就是缺什么补什么。从最根本上说，仍然是中庸的原则。

阴阳论认为动是阳，静是阴，因此，动静也是阴阳的问题。《黄帝内经·灵枢·九针论》上说，人有五劳"久视伤血，久卧伤气，久坐伤肉，久立伤骨，久行伤筋，此五久劳所病也。"这里所说的"五劳"，前四劳都是"静"的，最后一劳是"动"的。久静会引起疾病，久动也会导致疾病。中医认为应该动静结合。北京西山有一座金大定十年（公元1170年）建筑的大觉寺，大殿门前的横匾上写着"动静等观"，这也是动静结合、阴阳平衡的另一种说法。

三国时代的名医华佗曾经对他的学生吴普说："人体欲得劳动，但不当使极尔。动摇则谷气得消，血脉流通，病不得生，譬犹户枢不朽是也。是以古之仙者为导引之事，熊颈鸱顾，引软腰体，动诸关节，以求难老。吾有一术，名五禽之戏，一曰虎，二曰鹿，三曰熊，四曰猿，五曰鸟，亦以除疾，并利蹄足，以当导引。体中不快，起作一禽之戏，沾濡汗出，因上著粉，身体轻便，腹中欲食。"（《三国志·魏书·方伎传》）印度佛教主静，菩提达摩到嵩山少林寺，面壁九年，是静的典型。欧洲人主动，提出"生命在于运动"。这是两种对立的观念。中国人则主张动静结合，反对只动不静，也反对只静不动。在养身上，从事体力劳动的工人农民，业余应该多参加下棋、打扑克、听音乐、看电视之类的娱乐活动。而从事脑力劳动的知识分子则应多参加体育活动，这叫互补。很显然，养身是要讲中庸的，要讲阴阳平衡的。

物质条件的好坏，对养身也起十分重要的作用。过于贫困，不利养身，所谓"饥寒交迫"、"贫病交加"，所谓"贫穷夫妻百事哀"，都说明了这个道理。这个道理也容易理解。但是，物质条件好了，为什么也不利于养身呢？庄子说得好，"虽富贵不以养伤身，虽贫贱不以利累形。"（《庄子·让王》）富贵人家有钱养身，因为不懂养身的道理，所以，反而害了健康。这类事比比皆是，不胜枚举。例如有钱人家的小孩，吃的过多，穿得过暖，容易产生各种疾病。而穷人的孩子却没有那么多病。因此说："欲要小儿安，三分饥与寒。"

《吕氏春秋·本生》记载，富贵人家"出则以车，入则以辇，务以自佚，命之曰招蹶之机。肥肉厚酒，务以自强，命之曰烂肠之食。靡曼皓齿，郑卫之音，务以自乐，命之曰伐性之斧。三患者，贵富之所致也。"一出门就乘车，腿脚就会衰退。美味佳肴会使消化系统发病。美色音乐会使人性受到损害。这些都是富贵人家才有的物质条件，这些条件本来是对人体有好处的。但是，享受太多，就会走向反面，有害健康。《吕氏春秋·重己》又说："室大则多阴，台高则多阳，多阴则蹶，多阳则痿，此阴阳不适之患也。是故先王不处大室，不为高台。味不众珍，衣不燀热。燀热则理塞，理塞则气不达；味众珍则胃充，胃充则中大鞔；中大鞔则气不达，以此长生可得乎？"这里是说住的问题。房间太大，阴森潮湿，住这样的房间，容易得"蹶"病。《黄帝内经》有《厥论篇》，对厥病作了专门系统的论述。厥有寒热之分。这里讲"多阴"引起的"厥"，应该是"寒厥"。多阴引起的寒厥，"阳气日损，阴气独在，故手足为之寒也。"中医又说是寒湿病。台高即地基高，阳盛干燥，住这样的房间，容易患"痿"病。什么是"痿"病？看来也比较复杂。《黄帝内经》有《痿论篇》作了系统论述。痿病是由五脏热引起的疾病。"肺热叶焦，则皮毛虚弱急薄著，则生痿躄也。""心气热，则下脉厥而上……胫纵而不任地也。""肝气热，则胆泄口苦筋膜干，筋膜干则筋急而挛，发为筋痿。""脾气热，则胃干而渴，肌肉不仁，发为肉痿。""肾气热，则腰脊不举，骨枯而髓减，发为骨痿。"《黄帝内经》大约成书于战国末期至西汉初期，与《吕氏春秋》同一时代，因此，二者思想可以互相参照。陈奇猷在《吕氏春秋校释》中注这段文章时，未能引用《黄帝内经》的内容，是较大的缺陷。吃的美味佳肴，穿的皮毛过暖，也都会引起各种疾病。鞔，同"懑"，意思是腹中闷胀。理塞气不达，中大鞔气也不达。偏阴偏阳，都会引起气不达。只有阴阳平衡，才能使气畅通，身体健康。这当然也是中庸的问题。西汉枚乘《七发》中也有类似说法。《七发》："今夫贵人之子，必宫居而闺处，内有保母，外有傅父，欲交无所，饮食则温淳甘脆，□□肥厚，衣裳则杂□曼暖，□烁热暑，虽有金石之坚，犹将销铄而挺解也，况其在筋骨之间乎哉？故曰：纵耳目之欲，恣支体之安者，伤血脉之和。且夫出舆入辇，命曰蹶痿之机，洞房清宫，命曰寒热之媒，皓齿娥眉，命曰伐性之斧，甘脆肥□，命曰腐肠之药。"《吕氏春秋》、《黄帝内经》和枚乘时代相近，思想也相近，基本上都认为，享受过分，对于养身保性是不利的。从理论上倡导节约，节约才符合养身之道。这并非"好俭而恶费"，而是为了循道。不知循道，导致疾病，终于短寿，都是"惑召之也"。不知养身之道，随心所欲，就是一种大惑。这种大惑，可以说表现为对于中庸的偏离。

西汉大儒董仲舒根据公孙尼子的《养气》"里藏泰实则气不通，泰虚则气不足。热胜则气寒，□□□□□，泰劳则气不入，泰佚则气宛至，怒则气高，喜则气散，忧则气狂，惧则气慑"。提出"凡此十者，气之害也，而皆生于不中和"。（《春秋繁露·循天之道》）也就是说，所谓气的危害，都是产生于"不中和"。这也可以说，医家的思想对哲学家的影响，也是为哲学家提供有力的根据。由于哲学家的肯定，使医学家的思想具有广泛的影响。

上面所说的道理，是从物质上、生理上讲的。西汉思想家董仲舒则是从社会上、心理上来讲贫富调均问题。他在《春秋繁露·度制》中说："大富则骄，大贫则忧。忧则为盗，骄则为暴。此众人之情也。圣者则于众人之情，见乱之所从生，故其制人道而差上下也，使富者足以示贵而不至于骄，贫者足以养生而不至于忧，以此为度而调均之，是以财不匮而上下相安，故易治也。今世弃其度制，而各从其欲，欲无所穷，而欲得自恣，其势无极，大人病不足于人，而小民羸瘠于下，则富者愈贪利而不肯为义，贫者日犯禁而不可得止，是世之所难治也。"在社会上，贫富两极分化，有一部分人太富了，就骄傲起来，就不能平等待人，所谓"财大气粗"，横暴乡里，引起社会动乱。另一些人过于贫困，基本生活不能得到保证，贫无立锥之地，"常衣牛马之衣，而食

犬彘之食"(《汉书·食货志上》),除了物质困难之外,在精神上还受到迫害,
"贪暴之吏,刑戮妄加"(同上),许多平民只好逃避山林,沦为盗贼,虽有严
刑峻法,不能阻止社会动乱。为了社会稳定,圣者制订了调均的方针,不让富
者太富,穷者太穷,让富者可以显示高贵,却没有骄横的资本,使贫者生活虽
然困难,却不至于饿死。这种从社会宏观上把握中庸之道,董仲舒是从孔子那
里学到的。孔子说:"不患贫而患不均"。董仲舒就是以此为根据,提出调均
思想的。这个调均,当然不是平均主义。它承认差别,只是反对贫富两极分
化,反对贫富差别过大。中庸认为,贫富不能没有差别,差别又不能过大。

从以上可见,中庸无论在社会科学还是在自然科学上都有它的合理性。

(原载《呼兰师专学报》1998 年第 3 期)

讨论关于科学的几个问题

五四运动有两个主题：科学与民主。经过几十年的社会实践，选择了有中国特色的民主制度。关于科学的问题，最近几年又有一些新讨论，例如中国过去有没有科学？中国在十五世纪以前科技领先于欧洲，到了近代为什么落后了？这是所谓李约瑟难题。中国为什么没有发展出现代科学体系？讨论这些问题，对于我们思想的解放，观念的改变，视野的开阔，创新的启迪，都是有好处的。因此，对于这些尽管是作不出最后结论的问题，我还是有兴趣参与讨论的。

1. 中国有没有科学

这个似乎很简单的问题，讨论起来还相当复杂，相当麻烦。因为什么是科学的问题也还有争议。如果我们从古今中外的事实出发，来思考类似的问题，也许不是没有好处的。近代以来，中国的相对落后，在国民的心目中，事事不如人。在三十年代，就有一些学者说中国没有哲学，也没有科学。例如贾丰臻在《中国理学史》的序中说："我敢大胆地说中国以前只有理学，没有什么叫做哲学。""我又敢大胆地说中国以前只有理学，没有什么叫做科学。"关于中国有没有哲学，似乎没有什么争议了，因为很多人研究了中国哲学，不但中国学者研究，洋人也在研究。不但东洋学者研究，西洋学者也在研究，并且还有不少成果问世。《中国哲学史》的专著和教材也已经出版了一大批，还培养了一批又一批中国哲学专业的博士、硕士。所以现在不用讨论中国有没有哲学了。至于中国有没有科学，现在看来还有讨论的必要。最后的结果也许跟哲学问题差不多。有中国特色的哲学，也有中国特色的社会主义，是否也有中国特色的科学呢？这就首先要弄清楚什么是科学。

2. 什么是科学

什么是科学，这是很有争议的问题。许多人都有自己的定义。有的说能够被证明的理论就是科学。有的又提出能够被证伪的才是科学。有的人说，凡是被社会实践检验证明了的理论，就是科学的理论。有的人提出"科学"的概念："一般说来，科学应该是由概念、定律、定理、公式和原理等要素组成的具有逻辑自洽的知识体系。"[①] 很显然，中国没有西方的那些概念、定律、定理、公式和原理，因此就可以说中国没有科学。那么，中国为什么曾经那么强盛过。据说那是因为技术发达，不是科学。这样一来，我们就有了一些疑问：在公元二世纪的时候，西方有托勒密的地心说，中国有张衡的浑天说。两者差别不大，如果说地心说是科学，那么，浑天说自然也是科学。那么，就不能说中国没有科学。当然，就在同一期杂志上所发表的文章（薛风平《浅论伪科学》）说："原来的'科学'理论随着实践的发展被证明是非科学。如托勒密'地心说'中认为：地球是宇宙的中心。这一观念统治人们长达几个世纪，直到 16 世纪，哥白尼提出'日心说'，认为：太阳是宇宙的中心，地球是宇宙中一颗普通的行星。'地心说'才被证明是伪科学。"这里说"地心说"不是科学，而是伪科学。那么，"日心说"是不是科学呢？现代宇宙论认为：日只是太阳系的中心，而不是宇宙的中心。"日心说"是不是伪科学呢？如果"日心说"也是伪科学，那么，西方也没有什么传统科学了，只是进入现代以后才有科学。但是，可以预见，现在的科学，过若干年，又有新的科学出来，现在的这些所谓的"科学"，也都将被一一否定。其结果，人类就都没有科学了，有的只是被人们暂时误认为"科学"的伪科学。这位作者还说："原先的'伪科学'随着实践的发展被证明是科学。如达尔文的'进化论'认为：人类

[①] 钱兆华《对"李约瑟难题"的一种新解释》，载《自然辩证法研究》1998 年 3 月第 14 卷第 3 期。

是由古代一种类人猿逐渐发展而形成的，人类的祖先是猿。还违背了基督教的基石'上帝创世学'，因而被牛津大学主教说成'毫无根据的造谣'。后来'进化论'被证明是科学的。"这里也有一系列问题：有人否定或反对，能不能说它就是"伪科学"？一切科学结论都不是最后的，都需要发展，都会被否定。恩格斯曾说：现在被认为是错误的东西，过去被许多人认为是正确的，说明它包含一定的真理性。任何科学上的重大发现，都是与人们现有的观念不相一致的。如果都与传统观念相一致，那么，科学还怎么发展呢？

这位作者又说："科学理论具有可检验性。这种检验在相同的条件下针对不同的人具有重复性。"这种所谓"科学理论"，一般指自然科学，不适合社会科学。因为社会发展都是一度性的，没有重复性。例如苏联的十月革命，不可能再重复一次。希特勒在德国也不会再出现一个，第二次世界大战也不可能重演一次。中国革命的农村包围城市这种方式也不可能在他国再现。就是在自然科学领域，关于检验也是很复杂的问题。就用现成的例子来说，地心说"统治人们长达几个世纪"（应该是十四个世纪），说明它在至少一千多年中被实践所反复证实。为什么还不是科学呢？过一千多年才被否定，难道就因此被判为伪科学吗？现在我们所知道的科学怎么能保证它们不会被一千年以后的实践所否定呢？所谓反复检验，都无法肯定时间的一致性。时间是重要条件，时间不同，就无法具备相同条件。在一天中有昼夜变化，在一个月中又有月相的盈亏。在一年中有寒暑的更替。由于岁差的问题，北极点每年都有微小的改变，一个周期需要25800多年。科学的发展，今后还将会发现时间有更长的周期。当人们没有发现时，以为时间在重复，实际上是不断变化的，从来没有过完全的、绝对相同的重复。因为这些差别都是非常微小的，在现代的一般实验中都可以忽略不计。当人们科学水平发展到了一定阶段，进行更为精密的实验，那时就要考虑这些因素，否则就可能使实验不精确。现在不需要考虑这些因素，说明现在的科学还相当落后。

有的人认为，自然科学没有民族性，文化则有民族性，文化只有特色，没有优劣。实际上，这里仍然有一些误解。从世界历史这样宏观的角度去考察这个问题，我们会发现这个说法还有问题。最简单的事实是，一千多年以前，中国在天文学方面有盖天说、浑天说、宣夜说，西方有地心说。在医学方面，西方有以尸体解剖为基础的医学，中国有以活体功能为基础的医学，至今还称西医、中医。有的人说中医不是科学，为什么？没有概念吗？不是的。中医有经络、阴阳五行、四诊八纲等一大套理论。过去说中国的汉字这种方块字不科学，甚至说是中国科学落后的重要原因。现在许多人发现汉字在电脑中使用比英文有更多的优越性。现在一些国际学者认为汉字有利于开发右脑，有利于提高人的智力、发展创新思维。汉字没有什么变化，所谓科学不科学，只是人的认识的变化。现在世界上有统一的科学模式，我以为主要的原因有两条：一是西方在近代科学发展比较快，居于领先地位。二是交通发展，使各国之间交流增加。在全世界联成一体以后，先进者自然占优势，居于主导地位。非主导的，就被淹没。

3. 科学与技术

科学与技术有什么联系与差别呢？科学是研究客观事物的本质，是以理论的形态出现的，比较抽象，因此，科学是无价的，没有专利。科学、技术、经验，是有一些区别的，但是，由于三者之间联系十分紧密，有时很难分清，经常需要展开讨论，才能逐渐弄清。

例如，许多研究中国科技史的专家，都认为中国古代典籍如《墨经》、《徐霞客游记》、《九章算术》、《齐民要术》、《农政全书》、《伤寒杂病论》、《天工开物》、《梦溪笔谈》都是自然科学的重要著作。李约瑟博士说："沈括的《梦溪笔谈》是这类文献（指科学观察的文献）中的代表作。沈括可算是中国整部科学史中最卓越的人物了。"在《梦溪笔谈》中，有很丰富的内容，"科学内容占全书篇幅一半以上。"李约瑟博士还作了详细的统计，他说，《梦溪笔谈》全书26篇，附录4篇，共584节，人文资料270节，人文科学107

节，自然科学207节。"广义地说，科学几占全书的五分之三。"这是李约瑟博士研究的结论。

一个谈《李约瑟难题》的哲学硕士钱兆华副教授认为李约瑟博士在这里有"误解"，"把经验总结和对现象的描述当作科学。"他认为："中国历史上的《墨经》、《徐霞客游记》等著作只是对自然现象进行了较为细致的描述；《九章算术》、《齐民要术》、《农政全书》、《伤寒杂病论》、《天工开物》等著作也只是对解决有关计算问题，如何长好农作物，如何医治疾病和如何进行各种手工业等问题所做的较为系统的经验总结，而《梦溪笔谈》则兼有以上两者，它们都不能算作自然科学著作。事实上，在这些著作中不仅没有任何科学的概念、定理、定律和公式，也没有提出任何定型的学说，更没有形成系统的科学理论。很显然，用科学的标准来衡量，它们既不能与欧几里德的《几何原本》，托勒密的《天文学大全》，亚里士多德的《物理学》同日而语，甚至也不能与阿基米德的静力学理论相提并论。"因此，这位钱硕士认为，李约瑟所说的"在十六世纪前中国的科技一直处于世界领先水平就完全站不住脚，因为事实上，在十六世纪前中国只是在技术和在对社会实践经验的总结上走在了世界的前头，而在自然科学方面从来就没有走在过世界的前头，甚至根本就没有出现过西方意义上的独立的系统的自然科学理论"。①

这里有两点奇怪的事：一是沈括的《梦溪笔谈》，中国的钱硕士认为它不是"西方意义上"的自然科学著作，不能与西方的科学著作同日而语、相提并论；而西方的著名科技史专家李约瑟博士却认为它是科学著作，因此沈括"可算是中国整部科学史中最卓越的人物了"。评价如此悬殊，而且是东西方的学者身上，岂非大怪事？二是托勒密的《天文学大全》。此书的核心内容是他的地心说体系。钱硕士认为，"用科学的标准来衡量"，它既有"科学的概念、定理、定律和公式"，也提出了"定型的学说"，"形成系统的科学理论"。

---

① 见《自然辩证法研究》1998年3月第14卷第3期第55～56页。

是沈括的《梦溪笔谈》所不能"同日而语"的。可是，就在钱硕士发表此文的同一期杂志上，后面十多页，有一位更年轻的哲学硕士认为，"地心说"已经被证明是"伪科学"。同一本书，同样是中国培养出来的两位哲学硕士，也一样用"科学的标准来衡量"，却得出相差甚远的结论，怪不怪？

4. 科学在发展

科学的产生需要许多步骤。大体上说，第一步是观察，没有对自然现象的观察，就没有自然科学，没有对社会现实的观察，也就没有社会科学。汉代论天三家，就是在长期观察天象的基础上产生的分歧，是以不同的假说来说明观察的结果。还有一个典型的例子，关于北极点的位置，由于前后观察的结果不一致，在几百年的连续观察中，发现有不同的变化。如何看待这种差异？有四种可能：一是过去观察有误，后来观测是准确的；二是过去观测是正确的，由于方法失传，后来观察不准确；三是前后观测都不准确；四是前后观测都是准确的，只是客观现象有了变化。晋代的天文学家虞喜进行研究，认为北极点是缓慢移动的，岁岁有差，故称"岁差"。关于日食，关于哈雷彗星，关于太阳黑子，中国历史上的认真观察和详细记录，为天文学研究提供了丰富的资料。特别是我国1054年观测到的天关附近的客星，并作详细记录，为现代天文学研究提供了非常珍贵的资料，为宇宙天体的演化提供了重要依据。因此，董光璧先生提出"历史记录的科学价值"应该受到应有的重视。（见同一杂志第52页）观察、记录，形成经验。经验总结，加以理论化，就产生科学。在科学的指导下，才产生了一系列的科学技术。

经验的总结，并将其系统化，提出一种假说来概括这些经验，就是科学。只要当时能够受到一些实践的检验，并为同行专家所接受，那么，它就有合理性，它就是科学的。科学是不断发展的，因此它必将被后来更新的科学所取代。例如，汉代的盖天说，提出天是一个整体，像拱形的车盖（伞形），并提出七衡六间的假说，来说明日月运行，昼夜更替，寒暑变化以及夏季昼长夜短和冬季夜长昼短的现象，还能解释北极六月见日、六月不见日的现象，以及中衡（赤道）左右冬天长着夏季的植物，一年不落叶。而在北极附近，夏季有不化的冰。这里有概念、公式、原理等，也有"系统的科学理论"，算不算科学呢？如果算，那么就不能说中国没有科学。汉代另一派天文学家认为天地结构像一个鸡蛋，天像蛋壳，地如蛋黄，天大而地小，天包地，在外旋转，地在内不动。浑天家还可以用实验来证明这种说法的合理性。从汉代以后的一千多年中，中国古代天文学一直是浑天说占统治地位。因为它能指导制订日益精确的历法。根据它可以解释并预告日月之食。历代天文学家反复检验，都一再证实它的正确性。浑天说算不算科学呢？如果托勒密《天文学大全》中的"地心说"是科学，那么与它相类似的张衡《浑天仪注》中的浑天说为什么就不是科学呢？天文学的发展，先有地心说（浑天说），后有日心说，再有现代天文学，以后还有更新的天文学。这些理论连接起来，就是科学发展的过程。地球自转，地心说和浑天说用天球旋转来解释，曲折地反映了客观实际。这里包含合理性是无疑的。简单地否定过去，是缺乏科学史的辩证法观点；轻信现实，也是缺乏辩证历史观的素养。学历史使人明智。历史知识贫乏和缺乏辩证法素养的人也就不那么明智，要么全盘否定，要么全盘肯定，缺乏的就是认真分析。现在有些人用简单化的眼光看待科学发展史，好像以前都是错误的，只有现在的才是正确的。殊不知再过几十年，现在所谓正确的东西，到那时又会有一批变成错误的了。如果过一千年，后来人会将我们现在认为是金科玉律的东西当作笑柄，会认为我们是多么幼稚无知，还处于启蒙前的那个阶段。

5. 中医是科学

前面提到的钱硕士认为，《伤寒杂病论》只是讲了"如何医治疾病"，是"经验总结"，不是科学著作。奇怪的是，作者不提《黄帝内经》。《黄帝内经》成书于西汉以前，班固将其收录于《汉书·艺文志》。《伤寒杂病论》是东汉张仲景所著，在班固之后。《黄帝内经》以阴阳五行、脏象、经络等内容建立自己的医学理论体系。西医以尸体解剖为基础，以化学药品为治病药物。中医以活体功能为基础，以草木矿石等自然物为治病药物。《黄帝内经》奠定了中医理论的基础，以后的医家逐渐补充、完善这个医学体系，发展医学。中医有五脏六腑、阴阳五行、四诊八纲、经络体系等一些概念、原则。在药物方面，《神农本草经》，共载365味药，分上中下三品。中经孙思邈等药学家，到明代李时珍撰成《本草纲目》，收有1892味药，配成11096种药方。每一味药都有性、味、入经、主治、发明、附方等项内容，形成中国特色的药物本草学的体系。中医与中药形成完整的中医药体系。与西医比较各有优劣，但都是科学的理论。

中医把人体看成一个活生生的整体，人体的健康是由生理和心理两方面决定的。人体与环境又构成一种复杂的联系。中医认为，人产生疾病的原因主要有两方面：内因与外因。外因指环境的变化，如风、寒、暑、湿、燥、火等六淫邪气侵入体内所导致的疾病。所谓伤寒、伤湿、伤风都会引起疾病。内因，指喜怒忧思悲恐惊等七情所导致的疾病，所谓喜则伤心，怒则伤肝，忧则伤脾，思则伤肺，恐则伤肾。在中医看来，人的情绪对于健康影响极大，许多疾病都是由于情绪过度强烈而导致的。望、闻、问、切，是中医的四诊，有特色的是"切"。切脉是表明中医是以功能为基础的医学。如何治病，原则是八纲辨证施治。八纲是阴阳、表里、寒热、虚实。最根本的是阴阳，其他六纲都可以归结为阴阳。也就是说，各种疾病的产生，都可以说是由于阴阳失衡，治病就是要调理阴阳，使之平衡。草药配伍成方剂，有君臣佐使，即有主治的药，配上次要的药，配成一种既能治病，又没有或很少副作用的良方。董光璧先生称中医学范式本质上是"生物心理社会医学模式"，这种模式包含系统论、全息论的思想萌芽，也包含生态原理、自组织原理和意念反射原理。中医中的扶正祛邪的原理可能给治疗免疫力丧失的艾滋病提供一种可能与希望。中西医结合，将成为医学今后发展的方向。

说中国没有科学的人认为中医只有"如何医治疾病"，不承认中医是科学。如果从汉代开始，中医治病已达两千多年之久，而且现在还在几十亿人口中进行治病、养身、食疗。在如此广大的地区、这么长的时间中治疗了许多疾病，凭什么说它不科学？我们应该树立社会实践的权威，据此，我们有理由认为，这种所谓的"科学标准"本身就不科学！

自然科学是关于自然界的知识体系，医学就是关于人体的知识体系。这个知识体系受到不同文化的影响而有很不相同的表述，也有各不相同的内容。例如体育，美国人爱打篮球，日本人喜欢相扑，中国人重视武术，蒙古人爱骑马，各有所好，但不能说打篮球才是体育，相扑、武术、骑马都不是体育。这种狭隘的观念在发达国家很流行，以欧洲中心主义者最为典型，他们"认为任何一种重要的发明或发现都绝对不可能在欧洲以外的任何地方诞生"（李约瑟语），他们在科学史上，将欧洲科学史当作世界科学史，以为欧洲第一的，就是世界第一的，无视世界其他各国的任何科学贡献。这是很不公平的。遗憾的是，"中国科学工作者本身，也往往忽视了他们自己祖先的贡献"。（李约瑟语）

6. 一种现象的解释

有人提出，在中小课本中能见到几个中国人？数理化各学科中，发明创造者几乎都是欧洲人。这种现象应该得出什么结论呢？能得出中国古代没有科学吗？

首先应该肯定的是欧洲在近代以来，科学走在了世界的前列，特别是近三个世纪以来，发明创造很多。

其次，应该说这些教材，包括课堂制教学，都是欧洲人创建的，因此，教材充分反映了欧洲人的科学成果，对欧洲以外的各国科学研究成果了解很少，这是情有可原的。谁也不能在全面掌握全世界科研成果以后才来编写中学教材。如果这样苛求，恐怕至今也编不出教材来，但是，几亿学生正等着用书哩！另一种情况是，某种发明创造产生于欧洲以外的地方，编者虽然也知道，却觉得不那么重要，不予采纳。这里有认识问题，也有某种偏见。例如，测雨器是朝鲜李朝英宗四十六年庚寅（中国清朝乾隆三十五年，公元1770年）最先制造的。下雨时，从内壁刻度上就能读出降水量。欧洲人认为不重要，没有在教材中提到。由于上有"乾隆庚寅五月造"字样，致使有些人误认为这是中国人所创造的。实际上这只是当时朝鲜使用中国的历法，只能说明中国当时的历法水平还比较高。

第三，还有另一种情况，中国与欧洲有同样的发明创造，中国人虽然发明在前，编者却选了后者的欧洲人。这当然是欧洲中心主义者的偏见。例如，关于航海的问题，哥伦布于公元1492年率船三艘，船员87人（一说90人），从巴罗斯港启航，横渡大西洋，到达美洲。后来又有三次航海到美洲。在哥伦布航海之前87年，于公元1405年，中国明代郑和奉命率庞大的航海船队从福建太平港（闽江口）启航，下西洋。船队有二百余艘船，大船62艘，长44丈（合140多米），宽18丈（合60米），可乘一千多人。全体人员共有27800多人。经过30多个国家，沿途与各国进行广泛的文化交流与经济贸易。后来又六次下西洋。

郑和航海与哥伦布航海相比，时间早了87年，船队规模大一百倍以上，人员多了三百多倍，航海次数为七次，所经过的国家和航程也都比哥伦布多。郑和航海表明中国在造船业和航海业上都居于当时世界的前列。但是，欧洲人写的航海史和一些非欧洲人写的航海史，几乎都没有提到郑和航海，而对哥伦布航海却给予了特别重视并大加宣扬。甚至一些中国人写的航海史，也是详细介绍哥伦布的情况。对于郑和航海，介绍很简略，甚至不提。总之，我们对本国的历史研究还是很不够的。郑和航海的船队航海几万海里，没有发生任何海难事故。那么大的船队，那么大的海船，却没有科学而只有技术，哥伦布那三艘小船不但有技术，而且还有科学。这不也是很奇怪的事吗？

关于风的等级，现在世界上流行的是"蒲福风级"。蒲福（公元1774—1857年）是英国人，于公元1805年拟定风级。蒲福分为十二级。中国清代大型丛书《古今图书集成》中收有署名"李淳风"的著作《观象玩占》中也有风的等级，风分十级，几乎可以与蒲福风级一一对应。李淳风是唐代初年的天文学家，生于隋代，比蒲福早十一个世纪。清朝花几十年时间，于雍正三年（公元1726年）编成《古今图书集成》。《古今图书集成》也比蒲福早诞生几十年。因此中国李淳风的风级比蒲福风级至少早一百年以上。世界科学史上却没有"李淳风风级"，只有"蒲福风级"。由此可见，中国许多发明没有署名，与西方重视个人专利不同。欧洲人写科技史时经常没有提到中国，也是情有可原的。但是，我们应该心里有底，这是有多种原因的，并不能说明中国古代没有科学而只有技术。

综上所述，我们认为，中国古代不是没有科学只有技术。主要的原因：一是中国古代的科学技术，人们研究不够，却用西方的科学模式来衡量有中国特色的科学技术和发明创造。一是欧洲中心主义者故意不提中国的发明创造，另一原因是中国古人没有专利的观念，所有发明创造都没有署名。我们如果抛弃某种错误的、狭隘的观念，重新认真地、实事求是地研究中国古代的发明创造，那么，将会有许多新的发现。

（原载《自然辩证法研究》（北京）1999年6月底15卷第6期）

中国传统的科学及其特色

五四运动时代讨论了两个主题：科学和民主。我国现在实行的人民代表制的民主制度是从中国自己的传统中发展起来的，这是中国特色的民主制度。至于科学，许多科学理论和科学技术都是从西方引进的，中国自己有没有科学，这在一些人那里还很成问题，确实需要加以研究。要讨论中国有没有科学，首先就要弄清楚什么是科学。如果关于什么是科学都不清楚，或者自己觉得很清楚，却经不起别人的推敲与质疑，那么，要讨论科学的问题就相当困难。

一、科学是什么

科学是很复杂的问题。中外科学家给科学下过的定义很多，也都不一样，曾经进行过各种争论，至今没有定论，似乎也不可能有最后的结论。有的说科学必须是被科学实践证明的理论。有的说科学应该是能够被证伪的。这些讨论是有益的，说明科学理论和科学观念在发展。

我以为，对于什么是科学，只有从科学发展史上加以考察，才可能进一步作出有一定根据的探讨。如果一个关于科学的概念对于当代说得通，放在古代就说不通；在欧洲说得通，在其他地方就说不通，那么，这个定义就有时代局限性和地域局限性。关于这些情况，一些较著名的科学史专家有如下值得重视的论述。

首先，科学开始是与技术、哲学、神学融合在一起的，没有独立的所谓科学。到了近代，科学才从融合体中独立出来，这与西方的分析方法有关。不仅科学从融合体中分离出来，科学本身也分析成数学、化学、生物学、天文学、地理学等等独立的学科。从大的分，有自然科学和社会科学，今后还将综合成一门统一的"科学"。

英国 W·C·丹皮尔在《科学史及其与哲学和宗教的关系》一书的"原序"中说："在希腊人看来，哲学和科学是一个东西，在中世纪，两者又和神学合为一体。文艺复兴以后，采用实验方法研究自然，哲学和科学才分道扬镳。"① 为什么用实验方法，就使哲学和科学分开呢？因为科学可以实验，而哲学不能实验。他还认为，一百年前惠威尔写出关于归纳科学的历史和哲学以后，科学的历史才更清楚了，这时才有可能写一部这样的科学史，它有科学思想发展的完备的轮廓，又能反映科学与哲学、宗教的复杂联系。以前为什么不可能写独立的科学史？因为它与哲学、宗教融合在一起。

也是英国的科学史家斯蒂芬·F·梅森，认为科学的历史根源主要有两个：技术传统和精神传统。精神传统包括哲学和宗教；到了近代，科学才有独立的传统，它包含实践和理论两个部分，因此，科学发展所取得的成果也就具有技术和哲学两方面的意义。科学的发展反过来又影响了它的根源，影响了技术和哲学。

科学和哲学，自然科学和社会科学，是有分有合的，曾经合在一起，后来分开，今后还要合起来。马克思在《1848 年经济学－哲学手稿》中预言，自然科学和社会科学"将是一门科学"。人类思想的发展将是合久必分，分久必合的。

其次，科学是不断发展的。科学是研究客观事物的现象和变化的规律。西方人把客观事物的本质及其变化规律叫做"实在自身"。物质世界是客观实在的，科学研究就是为了认识这个实在。科学的发展、进步，就是对实在的认识的深入，也是人类的认识向实在的接近。人类认识只能不断接近实在，永远不

---

① W·C·丹皮尔：《科学史及其与哲学和宗教的关系》"原序"，英国 W·C·丹皮尔著，李珩译，张今校，商务印书馆 1975 年版。

能达到实在。因此，科学必然是不断发展的，永无止境的。

第三，所有的科学都只能是假说。科学是人类认识过程中的知识体系。丹皮尔认为，现在的科学方法是用"数学的方式"和"物理学的概念"来解释自然现象。而"物理科学的根本概念都是我们的心灵所形成的一些抽象概念"，都不是实在本身，都没有达到实在本身。这些在人的心灵上形成的抽象概念所构成的知识体系，只能是假说，只是在某些方面大体反映了实在的某些性质，不能完全反映实在的全面情况。

不仅物理学的概念都是抽象的概念，都是人类的假说，而且其他所有的科学领域里的一切成果也全都是人类的假说。有人认为，数学是最可靠、最客观的，但是恩格斯说："全部所谓纯数学都是研究抽象的；它的一切数量严格说来都是想象的数量，一切抽象在推到极端时都变成荒谬或走向自己的反面。"①

过去有一些假说，如远古时代的人们"以为同类事物可以感应相生，因此就企图在交感巫术的仪式中，用模仿自然的办法，来为丰富的土壤祈得雨水、日光或肥沃。"② 他们相信精灵，"以为自然界必定有种种精灵主宰……太阳变成了菲巴斯的火焰车，雷电成了宙斯或索尔的武器。"③ 对于天象的观察，发现星辰相对位置不变，行星运行颇有规律，就设想一定有一个不变的命运之神在控制着人类的命运，而人类的命运可以从天象中观察到，于是就产生了巫术、占星术和原始宗教。东西方都存在这种情况。观察天文，产生了占星术，同时产生了天文学。科学和迷信并存，两者融合在一起。对于世界的本质，西方产生了德谟克利特的原子论，中国产生了汉代的元气论和张载的气论。关于宇宙模式，"在埃及人和巴比伦人的心目中，宇宙是一个箱子，大地是这个箱子的底板。爱奥尼亚人以为大地是在空间中自由浮荡着的，毕达哥拉斯派则以

① 恩格斯：《自然辩证法》，《马克思恩格斯选集》第 3 卷，第 569 页，人民出版社 1972 年版。
② W·C·丹皮尔：《科学史及其与哲学和宗教的关系》，"绪论"。李珩译，张今校，商务印书馆 1975 年版。
③ 同上。

为大地是一个圆球，围绕着中央火运行。阿利斯塔克研究了地球与日月的明确的几何学问题，以为把这个中心火看作是太阳，问题就更加简单了。他还根据他的几何学对太阳的大小作了估计。但是，大多数人都不接受这个学说。希帕克仍然相信地球居于中心，其余各天体全都按照均轮和本轮的复杂体系绕地球运行。这个体系通过托勒密的著作，一直流传到中世纪。"①

中国古人对于自然现象也有过许多猜想，如认为打雷闪电和日月都有神灵。他们在天象观察中发现恒星的相对位置没有变化，就把天象设想为一整块固体上镶嵌着的发光珍珠。占星术与天文学也是并存的，并交织在一起。中国两千多年前的汉代，天文学家讨论过天的形状问题，有的认为天像一个伞形的盖子，把大地设想为伞盖下的方形棋盘，或者是一个覆盖着的盆子，这是"盖天说"；有的认为天像一个鸡蛋壳，地像是蛋壳中间的蛋黄，这就是以汉代张衡为代表的"浑天说"；有的认为天就是无边的气，没有什么盖子和蛋壳。这一浑天说与西方托勒密的地心说极为相似。这个体系也像地心说那样，一直流传到日心说诞生。

可以肯定的是，不管东方还是西方，远古时代的科学假说都是低水平的，按照现代人的观点来看，似乎都是错误的、没有什么价值的。但是，从科学史专家的眼光来看，即使是当时经院哲学相信上帝是人的心灵所能把握，也是有意义的，因为由于它的产生"就为科学铺平了道路，因为科学必须假定自然是可以理解的。"②

但是，现在许多人对现有的科学成果过于相信，产生了两个偏向：一是对于被现代科学所否定了的过去的科学成果，全盘否定，判为错误；一是认为现在的科学成果完全反映了客观实在，已经不是什么假说了。两个观点综合成一句话，就是：今是而昨非。是，似乎永远是，不会再被推翻。西方有一句典型

① W·C·丹皮尔：《科学史及其与哲学和宗教的关系》，"绪论"。李珩译，张今校，商务印书馆1975年版。
②《科学史及其与哲学和宗教的关系》。

的说法：是就是是，非就是非，除此之外，都是鬼话。恩格斯说："初看起来，这种思维方式对我们来说似乎是极为可取的，因为它是合乎所谓常识的。然而，常识在它自己的日常活动范围内虽然是极可尊敬的东西，但它一跨入广阔的研究领域，就会遇到最惊人的变故。形而上学的思维方式……每一次都迟早要达到一个界限，一超过这个界限，它就变成片面的、狭隘的、抽象的，并且陷入不可解决的矛盾，因为它看到一个一个的事物，忘了它们互相间的联系……它只见树木，不见森林。"① 恩格斯在谈到"永恒真理"的时候，对形而上学的思维方式进行深入批判，他举例强调，变数出现以后，"数学上的一切东西的绝对适用性、不可争辩的确定性的童贞状态一去不复返了"；天文学、力学、物理学、化学有了长足的发展，"最后的、终极的真理就这样随着时间的推移变得非常罕见了"。他认为："真理和谬误，正如一切在两极对立中运动的逻辑范畴一样，只是在非常有限的领域内才具有绝对的意义。……对立的两极都向自己的对立面转化，真理变成谬误，谬误变成真理。"② "这种辩证哲学推翻了一切关于最终的绝对真理和与之相应的人类绝对状态的想法。在它面前，不存在任何最终的、绝对的、神圣的东西；它指出所有一切事物的暂时性。"③ 真理和谬误，"只有相对的意义：今天被认为是合乎真理的认识都有它隐蔽着的、以后会显露出来的错误的方面，同样，今天已经被认为是错误的认识也有它合乎真理的方面，因而它以前才能被认为是合乎真理的。"④

如果我们承认以上这些说法对于我们研究科学问题有指导意义，如果我们不仅在口头上承认，并且在具体的科学研究中运用辩证法的话，那么，我们就可以讨论一些具体的科学理论和科学观念的问题了。

---

① 恩格斯；《反杜林论》，《马克思恩格斯选集》第 3 卷，第 61、127—130 页。
② 同上。
③《马克思恩格斯选集》第 4 卷，第 213 页。
④ 恩格斯：《路德维希·费尔巴哈和德国古典哲学的终结》，《马克思恩格斯选集》第 4 卷，第 240 页。

二、中国有没有科学

这个问题虽然从五四运动以来，讨论了近一个世纪，虽然中外科学史专著都介绍了中国古代的许多科学成果和科学思想，但至今还有一些人用不同的方式、不同的语言表达一个共同的意思：中国没有科学。

中国古代有许多科技成就：例如两千年前的秦代建筑了绵延万里的长城；隋代挖了从北京通州到浙江杭州两千多里的大运河；秦代有徐福带千名童男女驾船东渡到日本；汉代就能造出十几丈高的大楼船；唐代富强名闻天下，长安简直成了东半球许多人向往的天堂。汉唐盛世就不必多说了，就是宋代以后，偶有西方人到了中国，也都盛赞中国的繁荣昌盛与制度文明。到了明清时代，中国仍然是雄踞东方的大帝国。正如李约瑟博士所说："中国的这些发明和发现往往远远超过同时代的欧洲，特别是在 15 世纪之前更是如此（关于这一点可以毫不费力地加以证明）。"①

按这种说法，中国在 15 世纪以前，实际的科学水平超过同时代的欧洲。但是，欧洲在 16 世纪以后就诞生出近代科学，而中国文明却没有能够在亚洲产生出与此相似的近代科学，其阻碍因素究竟是什么？这就是所谓"李约瑟难题"。

海内外学者在解释"李约瑟难题"时，提出了各种观点。有的认为是由于中国古代有重农抑商的经济政策，中央集权的封建专制制度与科举制度使知识分子热心于读书做官，注意力不在科学研究上；官办的科技管理体制不利于科研的发展，闭关自守。中国古代有什么，凡此种种，都被说成是中国科技落后的原因或因素。有的说因为中国是一个大一统大国，船大不便掉头；有的说

---

① 李约瑟：《中国科学技术史》第 1 卷"序言"，科学出版社 1975 年版。

由于中国是在大陆上，以农业为主，是黄色文化，决定了落后保守的特性。有的说儒学影响了科技进步，因为儒家重视"道"轻视"技"；更有的甚至把中国使用方块形的汉字也作为中国科技落后的一个重要因素。西方人认为，中国科举制度是一大创造，而中国的林毅夫教授认为，科举考试的科目是阻碍中国科学进步的重要阻力。① 庞朴认为，整个文化背景的差异是东西科技发展面貌不同的根本原因。他说：东西文化的差别，"使得中国人在古代那种较为经验的、直观的、混一的科学技术中得以做出巨大贡献，而发展不出纯逻辑、数学以及建基于其上的分门别类的近代自然科学，致使自然科学在其近代面貌中独具西方思维的神采。"② 吴彤则认为，"李约瑟难题"的实质是自组织问题，"即中国古代社会未能向学术研究提供一个激发科学自组织演化的环境和条件，不仅基本阈值没有达到，而且对学术研究的控制基本是以国家行政命令和官办方式控制的，这种控制当然是被组织的方式。"③ 我认为，这些问题还可以继续探讨，即使没有共识，也会给人们许多启迪。但是，有的人在解这个难题时，明确表示中国没有科学，那就要再讨论一下。他们说：中国过去只是技术发达，不是科学进步。换句话说，中国古代只有技术，没有科学："一般说来，科学应该是由概念、定律、定理、公式和原理等要素组成的具有逻辑自洽的知识体系"，而中国从来没有这样的"知识体系"，因此，是李约瑟误把经验总结和对现象的描述当作科学。这位作者认为："中国历史上的《墨经》、《徐霞客游记》等著作只是对自然现象进行了较为细致的描述；《九章算术》、《齐民要术》、《农政全书》、《伤寒杂病论》、《天工开物》等著作也只是对解决有关计算问题，如何长好农作物，如何医治疾病和如何进行各种手工业等问题所做的较为系统的经验总结；而《梦溪笔谈》则兼有以上两者，它们都不能算作自然科学著作。事实上，在这些著作中不仅没有任何科学的概念、定

① 林毅夫：《制度、技术与中国农业发展》，上海三联书店、上海人民出版社 1994 年版。
② 庞朴：《秋菊春兰各自妍》，《自然杂志》13 卷 15 期。
③ 吴彤：《生长的旋律》，山东教育出版社 1996 年版，第 180—181 页。

理、定律和公式，也没有提出任何定型的学说，更没有形成系统的科学理论。很显然，用科学的标准来衡量，它们既不能与欧几里德的《几何原本》，托勒密的《天文学大全》，亚里士多德的《物理学》同日而语，甚至也不能与阿基米德的静力学理论相提并论。"因此，他断言："在16世纪前中国只是在技术和在对社会实践经验的总结上走在了世界的前头，而在自然科学方面从来就没有走在过世界的前头，甚至根本就没有出现过西方意义上的独立的系统的自然科学理论。"①

深入研究世界科学史，不能不对以上观点提出质疑。

世界各国各民族在生活和生产实践中都有所发现或发明。西方人在近代有了很大发展，开始整理古代研究成果，编成各种科学学科的学说体系，形成了有概念、定理、定律和公式之类的科学理论。应该肯定，这是欧洲人对世界科学的贡献。这一套科学理论比较系统、严密和完善，取代了世界其他相形见绌的学说。这样造成了一个假象：文化有民族性，科学没有民族性。例如有希腊文化、埃及文化、巴比伦文化、中国文化、印度文化，却没有法国物理、英国化学、美国生物、德国数学。事实上并非如此简单。宗教属于文化，但基督教的信徒不限于是欧洲人或美国人；佛教的信徒有印度人、中国人、日本人，但也有亚洲以外的人。医学属于自然科学，有西医，有中医，还有非中非西的"藏医"，世界各民族的人都会生病，患病以后，都需要治疗，在长期治疗实践中产生了经验，少数肯思考的人就把经验总结出来，提出假说，形成医学。五百年前各民族都有自己的因地制宜的特殊医学。西医流行以后，其他各种医学就被掩盖了。几十年以前，中国也曾经有人提出中医是不科学的，是迷信，应该取缔，好在当时的许多领导人是从农村出来的，知道中医确能治病，才没有取缔。

---

① 钱兆华：《对"李约瑟难题"的一种新解释》，《自然辩证法研究》杂志，1998年3月第14卷第3期，第55—56页。《光明日报》1998年3月20日刊登访谈文章《如何面对"李约瑟难题"》也有类似观点。

中国人吃饭用筷子，西方人吃饭用刀叉。即使中国人以后吃饭也用刀叉，也不能说中国过去没有餐具。能不能说筷子就是中国特色的餐具呢？由此类推，可以对许多问题作出类似的解答。

在天文学上，西方有托勒密的地心说，中国有张衡的浑天说，这两种东西方二世纪的学说有很多相似之处，都是以人类生活的大地为静止的中心。如何评价地心说？有人认为，由于地心说被哥白尼的日心说所否定，因此它是"错误的理论"①，甚至有人认为它是"伪科学"②。如果承认这种观点，那么，我们应该同时肯定日心说也是"错误的理论"，也是"伪科学"，因为它也被现代天文学所否定：太阳只是太阳系的中心，不是宇宙的中心。而现代天文学对于宇宙的看法，到若干年以后，或一百年，或一千年以后，是否也会被更新的学说所否定呢？如果会，那么，现代天文学也将变成"错误的理论"、"伪科学"。这么一来，只要科学在发展，就不可能有"正确的理论"、"真科学"；如果不会有新的理论取代，那么，科学就不会有大的发展，科学的发展就只能在原有的基础上增加新的成果，不可能有所突破。我们认为，科学是在发展中不断更新的，应该给过去的科学成果以一定的历史地位，而不能全盘否定。持形而上学思维方式的人是无法理解"自然辩证法"的。我们承认日心说是科学，也应该同时承认，在西方天文学界占统治地位达一千多年的地心说也是科学。由此同样道理，与地心说相似的浑天说也应该是科学的。而只要承认浑天说曾一度是科学的理论，就无法否定中国有传统的科学，即中国曾经有自己特色的科学。

中国医学有系统的经络学说，有四诊八纲和脏象学，以及阴阳消长、五行生克等理论，形成系统的知识体系。李时珍的《本草纲目》对近两千种药物进行分类，分为62类，配成一万多种方剂，对每一种药都有释名、集解、正误、气味、主治、发明、附方等项内容，条分缕析，内容详备。这算不算是有

---

① 沈小峰主编：《自然科学概论》"绪论"，河南科学技术出版社1986年版，第3页。
② 薛风平：《浅论伪科学》，《自然辩证法研究》杂志1998年3月第14卷第3期，第67页。

概念、定理的知识体系呢？难道只有西方植物学里把植物分为单子叶和双子叶才是科学？东汉哲学家王充曾说："入山见木，长短无所不知，入野见草，大小无所不识。然而，不能伐木以作室屋，采草以和方药，此知草木而不能用也。"① 只知道草的名称和形状还不够，更重要的要知道这些草可配什么方，治什么病。可惜的是，两千年后的某些西方人还不知草药能治病，断言"草根怎么能治病?!"对于草根的治病功能毫无所知的所谓"植物学"，算不算完整的"知识体系"呢？

有一种奇怪的现象是：西方的科学史专家充分肯定中国历史上科学的成就，而中国的科学史研究者却极力否定中国科技成就。例如，上述这位作者对《梦溪笔谈》作了"不能算自然科学著作"的判断，而欧洲人的李约瑟博士却认为《梦溪笔谈》是极为重要的科学著作，其作者沈括因此"可算是中国整部科学史中最卓越的人物了"②。又如，汉代"宣夜说"认为，宇宙是无限的空间，气托着天体在其中自由浮动。李约瑟博士认为："这种宇宙观的开明进步，同希腊的任何说法相比，的确都毫不逊色，亚里多士德和托勒密僵硬的同心水晶球概念，曾束缚欧洲天文学思想一千多年。中国这种在无限的空间中飘浮着稀疏的天体的看法，要比欧洲的水晶球概念先进得多。"③

宣夜说的"先进"是技术吗？不是。因为它根本就没有任何技术。这种宇宙观只有理论，只能是科学。欧洲专家认为它比托勒密地心说"先进得多"，而中国人却说中国历史上从未有过科学，没有可以与托勒密《天文学大全》同日而语的科学著作。这是一种"谦虚"，抑或还是别的什么原因？

---

① 王充著：《论衡·超奇篇》，上海人民出版社1974年版。
② 李约瑟：《中国科学技术史》，第1卷第1分册，北京科学出版社1975年版，第289、115页。
③ 同上。

三、中学数理化课本上为什么没有中国人的名字

这一问题说得简单点，是因为这是欧洲人编的，或者是其变相翻版。说得复杂一点，原因就多了。但是，归纳起来，还是欧洲人的局限性。

首先，应该肯定的是欧洲在近代以来，科学有了长足发展，特别是近三个世纪以来，欧洲人的发明创造很多。但正因为这样，欧洲人也就产生了局限性，主要包括两个方面：知识局限性与观念局限性。

欧洲人的知识局限性表现在，他们只能根据自己所知来编写中学教材，自然对于欧洲以外的地方历史上有什么发现，不太了解，就没有采用。例如，关于风的分级，现在世界上流行的是"蒲福风级"。蒲福是英国人，生于公元1774年，于1805年拟定风级，按西方的思维模式，分为十二级（一打十二）。中国清代编撰大型类书《古今图书集成》，其中收有署名"李淳风"的《观象玩占》一书，对风级按中国传统的十进位，分为十级。相比较，两者极为相似。谁都不能说蒲福风级才是高明的"科学"，而李淳风的风级只是描述风的"技术"。李淳风是唐初的天文学家，比蒲福早了一千多年。就是花几十年时间才编成、于清雍正三年即公元1726年正式印行的《古今图书集成》，也比蒲福早诞生近半个世纪。欧洲人编中学课本的人可能没有看过《古今图书集成》，大概也看不懂，情有可原。另外，中国的四大发明，欧洲人都知道，中国却没有发明指南针和火药的人名。中国很多发明都没有署名。庄周曾任漆园吏，两千年前的战国时代就已经开始使用自然漆，这是谁发明的？不知道。总之，中国有的发明没有署名，这不能埋怨欧洲人；有的发明是有记载的，而欧洲人没有看到，这是他们的知识局限性。

至于欧洲人的观念局限性，近三四百年来，由于近代以来欧洲发展很快，一些欧洲人因此就以为"任何一种重要的发明或发现都绝对不可能在欧洲以

外的任何地方诞生"。这是李约瑟先生对欧洲中心主义者的批评。在这种观念的束缚下，不可能客观、公正地评论各国的科学发明，不能正视历史事实。"在一部 1950 年出版的关于工艺史的著作中，作者则没有把一些明明是属于中国人的成就归功于中国人，例如，关于中国人最先认识到磁极性、发明火药以及最早制造铸铁等等，在这部著作中都只字不提。"① 这显然是一种偏见。

在航海方面，中国有突出的贡献，除了发明罗盘（指南针）之外，中国在造船业方面也一直居于领先地位。有可靠记载的，如秦代徐福东渡日本；汉代造楼船；特别是明初郑和下西洋，更是震惊世界的创举。郑和奉明朝皇帝的命令，率庞大船队从福建闽江口太平港启航下西洋，时为公元 1405 年，船有二百余艘，其中大船 62 艘，称为宝船。每艘宝船长 44 丈（合 140 多米），宽 18 丈（合 60 米），可乘一千多人。首航率领全体人员 27800 多人，先后七次下西洋，经历亚非三十多个国家。中国使者与沿途各国进行广泛的文化交流与经济贸易，增强中国与世界各国的互相了解。87 年以后，欧洲人哥伦布才开始航海，他率领 87 人（一说 90 人），驾三艘小船，横渡大西洋，到达美洲，后又三次西航。欧洲人以后蜂拥而至，开辟了一大片殖民地，以救世主的身份，把印第安人赶尽杀绝，欧洲人从此发了财。这种发财的刺激，提高了欧洲人的冒险精神，科学研究以及航海技术也因此得到加强和发展。欧洲人说哥伦布航海促进了世界近代科学的发展，也不是没有道理的。

郑和航海与哥伦布航海相比，郑和早了 87 年，从规模看，郑和有二百艘大船，哥伦布只有三艘小船；人数上，郑和所率是哥伦布的三百倍；航海次数是七比三。郑和航海增加了中国与世界的互相了解，与亚非三十多个国家进行了文化交流和经济贸易。欧洲人说哥伦布航海发现了美洲新大陆，这个说法似乎欠妥。在那里生活了千万年的印第安人难道没有发现美洲？还要等欧洲人来"发现"？世界发展是要有代价的，欧洲人的发展，代价却是由欧洲以外的人

①《中国科学技术史》第 1 卷"序言"。

付出的。欧洲人的发展是以印第安人的灾难为代价的。相比之下，中国人的睦邻政策是否更可贵呢？欧洲人写的科学史，航海史，都充分地肯定了哥伦布航海，却几乎没有提到郑和航海。郑和航海表明当时中国在造船业和航海业方面在世界上处于领先地位，有绝对优势。过了半个世纪以后，欧洲人也还没有赶上这种水平。如果能够正视这一事实，那么，有一些人在那里宣传"蓝色文化"如何开放进步，而把中国归入封闭落后的"黄色文化"的种种神话，就会不攻自破了。奇怪的是，哥伦布那三艘小舢板，是科学；而中国郑和所率庞大航海船队却只有技术而没有科学！从世界历史这样宏观视角来审视科学问题，应该能够作出正确公允的评价，怎么能只看近三四百年的情况，以偏概全，简单否定欧洲以外特别是中国人民对世界科学发展所曾经作出过的贡献。17 世纪欧洲传教士到中国来，对中国多有赞美之词，几百年来，欧洲发展了，对中国的过去全都否定了，这是多么的不公平呀！

四、中国传统科学思想有什么特色

中国传统科学重实用，重性质，重综合。这是特色，是优点，也包含缺点；既值得研究、发扬，同时也要认真学习外国科学思想的长处，来补传统科学的不足，目的在于发展我国的现代科学，对世界科学的发展作出较多贡献。

一，重实用。孔子讲："知之为知之，不知为不知，是知也。"（《论语·为政》）这是科学所要求的最起码的诚实态度。孔子首先提倡"知"人情世故、社会伦理，"知"如何待人接物、立身处世。知道历史，也是为现实服务，与现实没有太大关系的，如怪异现象、暴力行为，变乱、鬼神，宇宙问题，孔子很少谈到。战国时代，庄子说："六合之外，圣人存而不论；六合之内，圣人论而不议；春秋经世先王之志，圣人议而不辩。"（《庄子·齐物论》）荀子讲"圣人不求知天"（《荀子·天论》）。他们都重视社会现实，重视实用。

印度佛教传入之前，中国可以说还没有成形的宗教，只有类似原始宗教的天命论，天命论也是为现实的政治服务的，所谓神道设教，为教化服务。在传统思想的指导下，医学比较发达，那是治病救人的需要。天文学也比较发达，一方面由于农业立国需要定节气，一方面由于天命论是统治者的精神支柱。与农业有关的土壤、水利、品种等，都有一些成果。太重实用，对于暂时还不知道有什么实用价值的自然现象，就不热心去研究，这就可能使很有前途的课题失之交臂。例如电的用处之广，现代人都知道了，但打雷现象，中国人早就知道了，却没有深入研究。居里夫妇研究放射现象，不知用途，又很艰难，能够坚持研究下去。西方这种探索自然奥秘的精神，对科学发展是有好处的，这种追求真理、不计功利的精神值得我们学习。可惜的是，中国古代的"正其谊不谋其利，明其道不计其功"却受到反复批判。太重实用，太重功利的思想，是缺乏远见的，虽然有时会取得明显的效果，但从总体上说，是不利于科学长远发展的。

二，重定性。中国传统重视定性，对于量的差别则不够重视。孟子所谓"五十步笑一百步"，就是一种典型的说法。打了败仗，大家都逃跑了，跑了五十步的士兵笑话跑了一百步的士兵。这个笑，是讥笑后者跑得早，跑得快。而孟子认为，逃跑的性质是决定意义的，至于跑了多少步，只是量的差别，不足以改变这种逃跑的性质。中国人也讲"心中有数"，但这个"数"放在"心"中，别人不知道他"心"中有没有这个"数"，更不知道他"心"中这个"数"具体是多少，只是一个十分模糊笼统的"数"。西方人对数是斤斤计较的，写在纸上，摆在桌上，大家都可以看到，越来越精确。"数"成了科学发展的重要支柱，以至达到"量化是科学的标志"的程度。引进量化观念，提高量化水平，是发展科学的基础性工作。我们要以西方的重"数"来补我们只重"性"的不足。

三，重综合。中国早有整体统一的观念，大一统理论加强了这种观念。在研究人体的医学中，这种观念得到集中体现。首先，中医把人体放在自然界中加以考察，以四季变化对人体的影响为突出的考虑，同时考虑到社会环境对人的情绪的影响，以及情绪对于生理、病理的影响，再通过望、闻、问、切等方法，多角度地进行综合考察，然后再通过整体分析综合，作出初步诊断。中医还有阴、阳、表、里、寒、热、虚、实八纲，这实际上是四对范畴。关于治疗，中医强调保健超过治疗，防病胜于治病；治疗中，又以治本为主，治标为辅；治病又不能脚痛医脚，头痛医头，而是从全身的功能状况来考虑治疗方法，发展出经络学说、阴阳五行和脏象理论。人体内脏分别与体表、五官都有联系，例如，肝开窍于目，肾开窍于耳，五脏分别与五官相对应。也就是说，中医看眼睛的毛病，诊脉时首先要注意肝的功能是否正常，要用治疗肝病的药来解决眼睛的毛病。头发、皮肤、指甲、脸色也都与内脏的功能有关系，色泽的变化都意味着内脏是否正常。不正常还有气与血的不同情况。气为阳，血为阴，这是望诊所要注意的。中医这种以人的活体的功能为基础的医学，与西医以尸体解剖为基础的医学，是很不相同的体系，但同样能治病。我认为都是科学，只是体系不同。中医以活体功能为基础，所以比较重视整体，重视功能，这是中国重综合传统的特点；西医以尸体解剖为基础，所以比较注意局部，注意组织，这是西方分析传统的特点。

由于重综合，几项工作也综合在一起。例如关于"天"的研究，实际上包括天文学、占星术、气象学、半政治半宗教的天人学以及医学和哲学上的天人关系学。因此，中国古代关于"天"的学说是多学科的综合研究，每个学者都是从某一学科或几个学科来研究天，不尽相同，不能混为一谈。笼统地把中国古代天文学称为"天文星占之学"，实际上是不合适的。荀子论天与王充论天是不同的，张衡说天与郗萌说天有很大的差别，邹衍谈天与董仲舒谈天也不一样。天文学早期与占星术纠缠在一起，是世界各国共同的现象。地心说不是也在第九层天上安排了上帝的居处吗？可见，天文学与占星术混合在一起，并不是中国古代天文学的特殊现象。

中国重综合，是优点，也是缺点。现在需要的是引进西方的分析方法，来补中国缺乏细致分析的不足。重综合，造成模糊不清，量化不准，以及许多弊端，都需要加强分析，才能得以克服。重视分析，进行分门别类的研究，是科学发展的重要条件。

中国传统的科学思想与西方的科学思想有互补的关系。中国重整体综合，西方重局部分析；中国有较多的辩证思维，西方有较多的定量研究；中国重实用价值，西方重理论体系；中国重继承维护，西方重革新发展；中国医学以活体功能为基础，西医以尸体解剖为基础；中国医学以草药为主，西医以化学药品为主。中西方的科学思想各有长处，互相结合，更有利于科学的发展，也将是世界科学发展的新趋势。模糊数学、测不准原理、系统论、全息论，这些最新的科学进展都包含中国传统科学思想的某些成分，这就已经预示着今后世界科学发展的趋势。

（原载《学术月刊》（上海）1999 年第 11 期）

我的宇宙观

哲学是关于宇宙观的学问。宇指空间，宙指时间。宇宙就是整个时空，或称四维时空。佛教称世界，世为时间，界为空间。世界也是整个时空。宇宙观、世界观，在这个意义上是同义语。中国古人对于哲学的研究，主要不是单纯地研究抽象的时空，而是以广阔的时空作背景来研究一切事物。司马迁说："究天人之际，通古今之变，成一家之言。"究天人之际，是从空间的角度进行研究；通古今之变，是从时间的角度进行研究。研究的都是事物，都是天地间的一切事物。中国古人所谓事物，主要是人类的事情。人类在自然环境和社会环境中活动，研究人类的活动，自然同时要研究人类与生活环境的关系，即主体与客体的关系。成一家之言，就是建立自己独特的哲学体系。从最广阔的背景来研究事物最本质的理论问题，就是哲学。一切事物都是与人类相联系的，没有人类，也就没有事物，更没有哲学。从根本上说，所有哲学都是人的哲学。

人的活动是有目的的，人类活动的最普遍的目的在于追求真、善、美。对真、善、美追求的根本问题的理论探讨，就是哲学，或者称哲学思想和哲学体系。胡适认为："凡研究人生切要的问题，从根本上着想，要寻一个根本的解决：这种学问，叫做哲学。"（《中国哲学史大纲》）真、善、美，就是人生切要的问题，要从根本上解决，就是哲学研究。冯友兰认为："哲学的内容是人类精神的反思"（《中国哲学史新编》）。真、善、美，就是人类精神。对它反思就是企图从更高的理论层次来研究它，也就是寻求根本解决。可见哲学家对哲学的定义在本质上都是相通的，尽管有一些细节上的千差万别。

　　哲学的本质决定了哲学的两大特点：高明性与抽象性。哲学能够从最宽广的空间和历史的角度看待事物，因此较少局限性，也较少片面性。哲学的见解在空间上是多角度的联系的看问题，在时间上是发展变化的看问题，总之是比较辩证地看问题。因此也就是比较高明。在分析问题时，表现为识大体，有远见。这就是我所说的高明性。哲学是离物质基础比较远的，是高度抽象的，研究哲学不会产生物质财富，不会直接生产物质产品，因此，哲学是清水衙门，哲学工作者理应比较清贫。历代著名的哲学家大多是较穷的，甚至贫困潦倒。哲学是精神产品，最好的哲学是时代精神的精华。学习哲学可以锻炼、发展人的理论思维，丰富、提高人的精神境界。它不能满足人的物质需要，可以满足人的精神需要。

　　学习哲学的人可以很多，也可以是全民的。研究哲学的人可能很少，以哲学为职业的人只能是少数人，因为他们不能生产物质资料，而这些物质资料是大量的，又是人类每天所必须的东西。

　　以哲学为职业的人，可以统称为哲学工作者。哲学工作者也是分层次的，可以大体分为三个层次：一是哲学理论创立者、理论体系建立者，中国古代称为"圣人"。所谓"圣人作"，作，就是创造的意思。这是极少数人，他们是划时代的影响久远的大哲学家。二是阐发大哲学家的思想，并有所发展、丰富，或在不同时代不同地区加以创造性地应用，大力弘扬，卓有成效。古代称这种人为"贤人"。所谓"贤人述"，述，就是复述、传述的意思。这个"述"，不仅是传播，而且有创造，有发展，有提高，有深化。三是广大的传播者、宣传者。这是绝大多数，由于他们的努力，许多哲学思想得以传播，在社会上起应有的作用。这些人虽然水平不高，也是功不可没的。有些人所知不多，但能把其中某些内容运用于实际，并获得某些成功。

　　前两者都可以称为哲学家，只是有大小之分，而且，大小之分也是比较模糊的，接触到具体问题，就很难讨论清楚。有时似乎也不必要讨论那么清楚，例如，创造《周易》的人是圣人，所谓"圣人作"，传统说法，"伏牺作八卦"。周文王演为六十四卦，孔子作《十大传》。传统说法，"易历三圣"。伏牺、周文王、孔子都是圣人。孔子虽说自己述而不作"，只是"述"，没有创新。由于他的"述"，对古代思想进行整理、综合，重新建构思想体系，对于保存并发展中国传统文化有重大贡献，这种综合也具有创造性，所以也有圣人之功。中国儒道两家影响久远，久是从时间上说的，远是从地域上即空间上说的。儒家创始人孔子和道家创始人老子都称得上是大哲学家。汉代经学大师董仲舒、宋代理学集大成者朱熹也是大哲学家。德谟克利特、苏格拉底、柏拉图、亚里士多德、耶稣、穆罕默德，都是大哲学家，都是影响久远的哲学创始人。大量的哲学工作者是没有创新的，或者虽有一点创新却没有久远的影响，至多热闹了一阵子也就销声匿迹了，在世界历史上未能占据思想领域的一席之地。但是，他们有普及哲学的贡献。是他们把圣贤的智慧传播给普通群众，传播给远方的人们和子孙后代。哲学之所以能够流传久远，除了哲学本身的深刻性、普遍性之外，就是由于众多哲学工作者的共同努力。

为了说明以下观点，下面列举一些事例，进行分析并加以说明。

一、《庄子》的"道"

《庄子·秋水》："井蛙不可以语于海者，拘于虚也；夏虫不可以语于冰者，笃于时也；曲士不可以语于道者，束于教也。"井底之蛙，所见的天只有井口那么大，所接触的水也不过数尺，告诉它海的广阔，它不能理解，受到它所生活的空间的限制。虚，就是空间。拘虚，就是受空间的局限。夏天生长的昆虫，没有经历过冬天，跟它讲冰，它不能理解，这是受它生活时间所局限。曲士指一曲之士。庄子指战国时代的某一学派的学者。他们受到不同的教育而产生的思想偏见，不能理解道。只有超越一定的时空，摆脱自己生活环境的局限，才能从道的角度来观察事物，考察问题并且得出正确的结论。这个道就是宇宙观的学说即哲学。以哲学观察事物，应该没有地域和时间的局限性，就是从世界历史这种宏观的角度来观察事物。《庄子》说，"以道观"（《天地》），就是以哲学观。

《庄子》不但用以上的比喻来讲"道"理，还举出实际例子来证明它。《庄子》说：丽姬是戎国的美丽姑娘，当她被晋国抢走时，曾经大哭一场。她到晋国以后，由于美丽，当了王姬，与晋王同吃山珍海味，同睡上等高级床，生活如在天堂之上。她后悔以前的哭了。这说明在丽姬的心目中，是非由于时间的推移产生了变化，过去认为非的，后来认为是。同样道理，过去认为是的，后来也会可能变非。摆脱时间的局限，可能就没有这些是非了。也就是说，世界上并没有超越时间的是非。所谓"越超时间的是非"，换一种说法：是，在任何时候都是"是"；非，在任何时候都是"非"。这种是非不会因时间的推移而产生变化。《庄子》认为没有这种绝对的是非，只有在一定的时间条件下的相对的是非。对于空间也一样，对于不同地区，不同群体，甚至不同个体，也会有不同的是非。《庄子》很喜欢使用寓言。文中说，人在潮湿的地方睡觉，会患关节痛病，泥鳅难道也是这样吗？人在树上睡觉，因害怕而发抖，猿猴难道也这样吗？到底谁最懂得睡觉的好地方呢？究竟谁是谁非？对于人来说，睡觉的好地方，是有自己的标准的。对于泥鳅、猿猴，也各有自己的标准。但是它们之间是不能互相取代的。这就叫"彼亦一是非，此亦一是非"。关于饮食问题也是这样，麋鹿爱吃青草，蜈蚣爱吃蛇，猫头鹰爱吃老鼠，究竟哪个知道美味呢？这又是一个"彼亦一是非，此亦一是非"（《庄子·齐物论》）。

根据《庄子》的这些思想，来分析我们当今现实中存在的实际问题，就可以使人得到某种启发。我们也以食物为例。现在世界上的人对于食物的好恶是千差万别的。例如，韩国人爱吃狗肉，美国人爱吃牛肉，日本人爱吃生鱼片，这都是很正常的。但是，美国人说："吃狗肉太残忍。"美国人爱吃牛肉，印度人不吃牛肉，印度人能不能说美国人太残忍呢？但是，这时的美国人不说吃牛肉太残忍，却说印度人不吃牛肉是"不开化"。回民吃牛肉，却不吃猪肉，广州人爱吃蛇肉，南方人爱吃甜的，北方人爱吃咸的，四川人爱吃辣的，山西人爱吃酸的。口味各不相同。生活的方方面面都各不相同，都是长期生活形成的。正所谓，穿衣戴帽，各有所好。这是可以自由选择的，不能以自己的习惯为是非标准，来批评别人的习俗。美国人的习俗不能作为全人类的是非标准。个别人以美国人的习俗为标准讨论是非问题，局限性十分明显，错误也是很显然的。学好哲学的人就要尽量避免这种偏见，也是可以避免这种偏见的。

二、蓝色文化与黄色文化

近年来，有一种黄色文化和蓝色文化的说法。两色文化论者认为，地处内陆的国家为黄色文化，这种文化的特点是封闭、落后、野蛮；地处海洋的国家为蓝色文化，这种文化的特点是开放、先进、文明。这种说法一度十分流行。到底对不对呢？我们先从世界各国的情况来考察一下。现在世界上最富的国家有美国、日本、欧洲各国。这些国家多数有海岸线。比较穷的国家主要在亚非拉诸国。在亚非拉诸国中有的国家也有很长的海岸线。例如印度尼西亚，是万岛之国，其海岸线比较长，不比那些最富的国家中任何一个国家的海岸线短。非洲四周沿海国家也都有海岸线，它们却都不怎么富。这说明从当代世界各国来看，并非靠海洋的国家都是富国。如果从历史的角度来考察，又是另一番景象。现在最富的美国，在二百多年前，还是英国的殖民地，当然谈不上富。现在中等富裕的澳大利亚，过去曾经是十分落后、野蛮的地方。英国把它作为犯人的流放地。澳大利亚可以说主要是英国犯人开发出来的。并非因为它有很长的海岸线就会发展起来的。中国与日本相比，现在日本比中国富裕，这是日本明治维新以后的新变化。而在过去的两千年中，日本一直比中国落后。而中国在三百年前的一千多年中，一直是世界大国富国。连欧洲各国也不能与中国相比。当中国有了五千多万人口的两汉时代，世界历史上还没有澳大利亚和美国。英国也只是克尔特人居住的小国，长期备受欺凌，只是在17世纪资产阶级革命以后，才逐渐强大起来。到19世纪成为世界最强的国家。才神气了三百多年，现在已经比它以前的殖民地美国落后了。一些国家的暂时强大，怎么能就据以断言它的地理位置的优越性呢？怎么能说它的"风水"就好呢？从世界历史的角度来考察，世界上许多陆地国家都曾经称雄世界，中国、罗马、蒙古、法国、德国、俄罗斯、美国都曾经是或者现在是世界级强国。所谓陆地国家，一般也都有一些海岸线，有的海岸线还很长。例如中国被某些人当作陆地的黄色文化的典型代表。实际上，中国的海岸线在世界上却是比较长的。所谓黄色文化的中国却曾经是海上霸主。中国在明代前期的永乐三年即公元1405年，航海家郑和带着27800多人，率二百多艘远洋船队，浩浩荡荡下西洋。当时最大的船长44.4丈，宽18丈，可载5000吨。在世界海洋上大扬其威。中国在当时的世界上，造船业和航海业都是最先进的，居于世界领先地位。过了87年以后，哥伦布才驾着三艘小船，带着八九十个人首航大西洋，到美洲探险。要说蓝色文化，海洋文化，中国应该是海洋的最早的主人，比海洋国家有更多的蓝色文化。是任何欧洲国家所无法比拟的。五百多年前，当中国郑和七次下西洋的时候，欧洲人还没有发现隔洋对岸的美洲。澳大利亚虽然在太平洋包围之中，过去却是非常落后的地方。道理很简单，在科技比较落后的时候，海洋是人们交往的最大障碍，太平洋几乎是不可逾越的天然阻隔。没有交流，就比较封闭，比较落后。一千多年前，当中国唐僧去西天取经，鉴真往东洋传法的时候，澳大利亚的居民尚未与外界有任何联系。正因为严重封闭，澳大利亚连动物都是与其他地方不同的有袋类。这怎么能说海洋国家的蓝色文化就一定从来就是开放的呢？过去陆地是交通最方便的条件。现在海洋可以行船，天堑变成了通途。将来航空发达，以往难进的西藏可能会变成旅游胜地。因为那里的空气污染最少。到那时候，地理环境就不成为人们交流的障碍，而真正的障碍却是人们自己，却是一些国家大使馆的签证。

我以为哪个国家强大，原因是多方面的，不能只用地理环境来解释。世界强国并不是一成不变的，从世界历史来看，皇帝轮流做，明年不一定轮到哪一家。中国古语说得好，没有不散的宴席，也没有长盛不衰的国家。强大都不是命里注定的，是几代人或十几代人在某种机遇下共同努力的结果。只从地理上来研究国家的盛衰，容易陷于片面性，因为地理环境只是经济发展和政治文化的因素之一。从世界历史来看，首先发展的是陆地国家，而不是海洋国家。而且在社会发展的过程中，人的因素所起的作用越来越大，地理作用相对的越来越小。在今天科学发达时代宣传地理决定论，显然不合时宜。

三、浑天说与地心说

近二三百年来，中国在科技和国力方面都比西方落后，而辉煌的历史也受到牵连。同样在公元一世纪的时候，出现在中国的浑天说和出现在西方的地心说，原可以不分轩轾。但是，有人却认为浑天说不如地心说，并说中国人就差这一步不能迈过去。

关于这个问题，也需要从哲学的角度即世界历史的角度来加以分析。

中国的浑天说认为天像一个鸡蛋壳，地处于中央，像蛋黄。地体不动，天绕地旋转。日月五星附着在天体上运行，随天运转，同时又各自运行。日在天上每天运行一度，运行一周天需要一年时间。月每天运行十三度多。浑天说以长期观察为基础，可以推算出比较准确的历法，并能预测日食和月食。西方的地心说认为天是由九层透明的同心圆构成的，日月五星各居一层，恒星居一层，共八层，最上面还有一层即第九层是上帝居住的，叫宗动天。为了解释日月五星的运行，地心说用圆形的轮转来解释旋转运动，这种轮叫均轮。为了说明旋转运动的不均匀性，它把五星假设在以均轮上的点为中心的小轮上作小旋转运动，这种小轮叫本轮。由于运动十分复杂，必须用更多的轮，均轮和本轮增加到八十多个，计算十分复杂。以数学计算为基础的西方地心说，也能推算出比较准确的历法和预测日月之食。按现代科学来看，两者差别不大，都是世界科学史上的光辉一页。但是，有人认为这里有高低之分，而且认为浑天说不如地心说，那么我们也只好对二者的细微差别作一番计较。

首先，二者所指导下的历法的精确度。天文学的实用就在于制订准确的历法，历法准确率高，就说明指导制订这种历法的天文学水平高。这是客观标准，不能靠主观意见或某种观念来判断高低。中国从东汉开始，天文学界基本上是在浑天说指导下进行天文研究和制订历法。晋代虞喜发现岁差，唐代僧一行测量子午线，元代郭守敬主持制订《授时历》以及明代邢云路《戊申立春考证》等都是在浑天说的指导下研究的成果。元代郭守敬（1231—1316）《授时历》定一回归年为365.2425日，与实际周期相比，一年只差26秒。跟现代世界通用的公历相同，而比公历早行用整整三百年。《授时历》于公元1281年行用，公历于公元1582年行用。明初郑和下西洋时给各国送去的历法，就是以《授时历》为基础制订的《大统历》，在当时世界上是最先进的最精确的历法。郑和第一次下西洋是在公元1405年，比公历行用年代还早177年。明代邢云路于公元1608年经过实测，计算出一回归年长度为365.242190日，同现代理论计算值一年只差2.3秒。这种精确在当时的世界上也是居于先进水平。他还写了《古今律历考》，总结了历代研究天文学的成果，提出："星月之往来，皆太阳一气之牵系也。"这种说法已经预示着日心说即将诞生，由于其他原因，这种思想的萌芽被摧残了。这些事实说明中国的历法在浑天说的指导下比西方在地心说指导下所制订的历法要先进一些，同时说明浑天说比地心说略胜一筹。

其次，浑天说采取一层天的模式，便于理解，计算也方便，准确性高。相反，地心说用几十个轮来说明天体的运行，不好理解，计算复杂，准确性差。优劣从此也可见一斑。

第三，地心说在日心说出现以后就被送进历史博物馆，在现实社会中已经不再使用。而浑天说却被现代天文学所吸收。现代的球面天文学就与浑天说有相似性。这也说明浑天说有更强的生命力，有更多的合理性。

第四，浑天说在中国历史上虽然居于天文学的统治地位，却没有人因反对浑天说而受到迫害。地心说因与宗教相结合，在黑暗的中世纪，曾有许多著名科学家因反对地心说而受到迫害。就是哥白尼提出日心说也是提心吊胆的，《天体运行论》积压了几十年才公开发表，即使这样，也还受到指责，还被罗马教廷列为禁书。这虽然反映了东西文化的差别，也表明浑天说与地心说的细微差异。

我们是否可以从以上这些方面看出浑天说与地心说的孰优孰劣的微小差异呢？

四、中西文化比较

中国和西方在文化方面有许多不同，各有自己的特点。如果可以从真、善、美来划分的话，那么可以说，西方哲学建立在科学基础上的求真哲学则是其主流，而中国建立在修身治国的基础上的求善哲学是其特色。西方哲学注重宇宙方面的研究，中国哲学却注重政治方面的研究。西方探讨宇宙问题，分为唯物和唯心两个阵营，主要概念是物质和意识。中国哲学研究政治问题，分为王道和霸道两条路线，主要概念是善与恶、仁政与暴政。中国儒家思想是中华民族精神的主干，在大约三千年中长期占统治地位。儒家创始人孔子没有探讨宇宙的本原，只讲人世间的生活法则，讲仁义礼智信，讲正名修身、从政治国。战国时代的儒家代表、被称为"亚圣"的孟子提倡仁政，设计了实施王道的仁政方案，并从人性上加以论证，形成了影响久远的孔孟之道。

过去，有些人根据西方人对哲学的理解，以为只有研究宇宙本原的理论才是哲学，其他理论都不是哲学。由于中国的孔子、孟子以及许多儒家都没有研究宇宙本原的问题，因此都不是哲学，并且从此推出，中国没有哲学。

哲学应该从全世界历史的哲学中概括出哲学的定义来，不能只从欧洲哲学中概括哲学的定义。世界上有各种哲学，除了宇宙论哲学外，还有政治哲学、宗教哲学、艺术哲学、道德哲学等等。西方以科学哲学即宇宙论哲学为主，并不是说没有其他哲学，例如苏格拉底哲学和柏拉图的理想国，也都属于求善哲学。就是亚里士多德比较重视自然哲学的思想体系中也包含许多政治伦理学的内容，即求善的哲学思想。同样道理，中国哲学以求善哲学为主，也不是说就没有求真哲学。例如东汉时代的哲学家王充就是中国有代表性的求真哲学家。王充诚心求真，"疾虚妄"而"归实诚"，不怕违背世俗，不怕责难非议，坚定地阐述自己的看法，毫不动摇，毫无顾忌，这才有了科学精神的超前觉醒。王充没有对地位、利益的任何顾虑，没有奉承上司的任何念头，也没有投合读者口味的想法，只是一味地求真求实，不遗余力地进行"虚实之辨"。因此，王充的思想比较接受客观实际，又符合辩证唯物主义原则，也有更多的合理性和进步意义，从根本上说，也更符合人民的利益。王充提出"知为力"（相当于"知识就是力量"），充满理性的科学精神。提倡"自为佳好"，保持自己的独特人格和理论特色。因此，许多哲学家都很赞赏王充哲学，认为他是"唯物主义哲学阵营里"的"一个大哲学家"①，有的说他的学说"是中国古代唯物主义发展的顶峰"②，有的说王充《论衡》"不仅在中国而且在世界哲学之林也是一部当之无愧的唯物主义巨著。"③ 可见王充是学术界公认的中国古代求真哲学的唯物主义代表。

还有一类哲学是以艺术为基础的求美哲学。在中国古代最典型的艺术哲学是庄子哲学。按西方求真哲学来衡量，庄子哲学是唯心主义的相对论，是悲观厌世的，没有一点合理性。按求善哲学的标准来衡量，它也不合格。它反对当官，认为当官是用无价之宝的随侯之珠弹麻雀，得不偿失。它反对仁义，认为为了仁义，会残生损性，损害健康，摧残本性；宣传仁义，会扰乱别人的人性。就是说，仁义会破坏自然人性。它认为，读书是学习古人的糟粕，学习知识，知识是无穷的，"以有涯随无涯殆己"（《养生主》）。所以它主张"绝圣弃知"（《在宥》）。庄子哲学不求善不求真，历代许多大思想家为什么都喜欢它？因为它中间有美。徐复观先生著《中国艺术精神》，认为庄子哲学中的"道"是艺术精神，对中国古代艺术界有深刻的影响，对绘画、书法、雕塑都有广泛的影响，特别是绘画，简直可以说是庄子哲学的私生子。因此我们可以称庄子哲学为求美哲学或艺术哲学。本来是非常高明的孔子哲学和庄子哲学，用西方的求真哲学模式来衡量，它们都成了唯心主义哲学，被认为是落后的，错误的，甚至是反动的。实际上，求真哲学讨论的问题主要是真假虚实，求善哲学讨论的问题是善恶义利，求美哲学讨论的问题主要是美丑雅俗。问题不同，不能相互取代，评价标准也应该不相同。不能以一种标准否定其他的一切。同样是求真哲学，不同国家、不同民族也会有很大不同，也会有各自的特色。例如，西方人讲原子论，中国人讲元气论，西方讲对立统一规律，中国讲

---

① 冯友兰：《中国哲学史新编》，1984 年修订本第三册第 290 页，人民出版社，1985 年。
② 杨兴顺：《王充——中国古代的唯物主义者和启蒙思想家》序。
③ 钟肇鹏：《王充年谱》，齐鲁书社，1983 年。

阴阳五行学说，西方有地心说，中国有浑天说，西方有绝对精神，中国则有太极、道、理。从世界历史的宏观角度看，这些各有各的特色，可以互相取长补短，难分高低优劣。

我以为有两种错误观念必须指出。一是以为什么都是自己的好，并以自己的标准来衡量批评别人。先秦诸子百家各学派"自是而相非"，就是这种局限性的表现。现在也有一些学者存在这种毛病，其典型代表就是李约瑟博士所批评的欧洲中心主义者。李约瑟说：欧洲中心主义者"认为任何一种重要的发明或发现都绝对不可能在欧洲以外的任何地方诞生。""在一部1950年出版的关于工艺史的著作中，作者则没有把一些明明是属于中国人的成就归功于中国人"，"中国科学工作者本身，也往往忽视了他们自己祖先的贡献"（《中国科学技术史》）。欧洲中心主义者以及受其影响的中国某些科学工作者的思想局限性是很明显的。更有甚者，一个东方人到欧洲留学后，认为鸦片战争的错误在中国一方，而英国向中国输出鸦片却成了输送现代化，禁烟成了抵制现代化。

二是文化高低与财富多少相联系。文化高低与财富多少本来就是不同步的，庄子虽穷困，不失为出色的哲学家，而曹商虽有车百乘，也不过是一名普通政客。庄子曾向监河侯借粮食，不能说监河侯的文化水平比庄子还高。司马迁的《史记·孔子世家》的最后说："天下君王至于贤人众矣，当时则荣，没则已焉。孔子布衣，传十余世，学者宗之。自天子王侯，中国言六艺者折中于夫子，可谓至圣矣！"孔子的物质财富比所有的天子王侯都少，而思想影响远远超过所有的天子王侯。历代的天子王侯活着的时候，十分荣耀权威；死以后也就完了，后人也记不起他们了。他们财富虽多，文化思想却十分贫乏。从历史上看，这类现象是普遍存在的，例如唐代诗人李白、杜甫、自居易，是家喻户晓的，而唐代的皇帝，很少人能把他们的名字都说出来，更不用说那些文武官员了。现在许多人普遍崇敬当了大官的贵人和发了大财的富人。在选择职业上，也容易被当前的收入高所吸引，如今，我国的邮政、银行的营业员和出租司机，文化水平多在高中这一层次，而收入却在大学教授之上。这是中国北京二十世纪最后十年的特殊状况。不能说收入高，就是文化水平高。这是很简单的道理。同样道理，当今，美国人富，不能推出美国文化有什么特别高明、特别优越的地方。很多人因为美国人富，就认为美国的文化、习惯、价值观念和生活方式都是好的。甚至企图从地理环境、历史文化寻找当今美国富强的原因。所谓海洋文化或蓝色文化就是这么研究出来的。中国则是封闭落后的黄色文化。美国人这么说，有的中国人也跟着这么说。精神财富与物质财富不是同步的，这是不言而喻的，有些人却对此不能有正确的认识。

五、科学与技术

明代前期，中国的造船业与航海业都是世界上一流的，最先进的。明朝中期以前，中国科学技术在许多领域都处于先进行列，是欧洲各国所望尘莫及的。但是，为什么近代科学并没有在中国发生，中国为什么在近代落后了？这就是所谓的"李约瑟难题"。有的人解释说：古代中国超过西方的大多是技术，不是科学。没有以科学为基础的技术，发展是有限的。这才是中国长久以来科学发展不及西方的重要原因之一。①

什么是科学？以前有人说被试验证实的，就是科学的，后来有人又提出能被证伪的才是科学。古今中外关于科学的定义自然不止这两个。究竟什么才是科学呢？能不能用现在的定义去衡量古代的科学呢？或者说古代中外都没有现代意义上的科学？郑和航海的大船高八层，长 44 丈，宽 18 丈，载重 5000 吨，

---

① 见《光明日报》1998 年 3 月 20 日第五版。

航海七次，没有发生海难事故，安全航行几十万公里，不知是否"以科学为基础"？而哥伦布航海乘三艘小船，载着几十个人，是否就是"以科学为基础"呢？西方技术是从什么时候开始"以科学为基础"的呢？如果西方从来就是以科学为基础的，那么，如何解释在三世纪到十三世纪的一千多年中，西方的科学技术都远远落后于中国呢？古巴比伦、古希腊、古印度、古埃及那些曾经十分显赫的古老国家有没有"以科学为基础"的技术呢？它们为什么兴盛，又为什么衰亡呢？那些古国都没有科学吗？

一般地说，自然科学是没有国界的，也没有民族特色。既没有法国的物理，也没有德国的化学，更没有犹太族的数学和大和民族的地质学。但是，在交流很少的上古时代，各地方的人们有各自风俗习惯和文化积累。虽然是研究同一对象，也会采取不同的假说方式，因而产生了不同的科学形式。科学的发展总是以假说的形式进行的。例如对于天文的观察，对象都是天文，古巴比伦、古印度与古代中国对天区的划分就不一样，古埃及把天区划分为 36 组，中国和古印度都是划分为 28 宿。中国认为天是一层的固体，形状像鸡蛋。西方认为天有九层。应该说，中国的浑天说和西方的地心说都是古代的科学。因为它们都曾经被证实，也曾经被证伪。它们也都代表科学发展史上的一个阶段，一定水平，一种假设。我们没有理由说，地心说是科学，浑天说不是科学。同样道理，不能说郑和率领的巨大航海船队只是没有以科学为基础的技术，而此后 87 年才出航的哥伦布所驾的小船却是以科学为基础的技术造出来的。在医学上也有这种情况。西方医学是以解剖学为基础的医学，医疗是以化学药品为主。中国医学则是以功能为主，通过活体功能来进行诊病，用草药来治病。这是同样研究人体的医学却有极不相同的体系。直到今天，这两个体系还没有办法统一起来。现在许多医学工作者虽然努力于采用中西医结合的办法来治病，收到一定效果。但还未能从根本上解决问题。现在许多人认为西医是科学，而中医就不是科学。解剖学是科学理论，中医的四论八纲、阴阳五行，就不是科学理论。但是，中医两千多年来给无数人治好了病，至今还在给许多人治病，根据什么说它不是科学呢？中医用阴阳五行解释人体的肺脏相互关系，以及与五官、全身生理病理的联系，据此开方用药。中草药至今仍有优越性，有很强的生命力，是西医所无法代替的。过去有人说中医是迷信，美国人说草根怎么能治病，我们应该如何对待这些问题呢？在建筑上，用钢筋水泥才是科学，用砖瓦木材就不是科学？

科学应该是有水平程度的差别的。高水平的是科学，低水平的也是科学，只是水平低就是了。最早的远古时代，能够把火点着，就是了不起的科学。后来，能够用火煮食物，用火加工木竹，冶炼金属，也都是了不起的科学。现代冶金成为一门学问，这是科学，不能说以前的用火炼铁，都只是技术，都没有科学，也都不是科学。

科学在各个地区发展是不平衡的，由于交流少，产生了不同的科学假说，或称科学模式。近代以来，由于西方科学发展较快，影响很大，交通发达，交流频繁，西方科学很快就取代了世界各地相形见绌的古老的科学，形成了世界公认的科学体系，形成了各种学科体系。例如，日心说取代了西方的地心说，也取代了中国的浑天说。在这种情况下，中国人也都在学习、引进西方科学。这样一来，很自然地出现这种现象或观念，以为只有西方这一套才是真正的科学体系，全盘否定所有与此不相符合的各种科学假说、科学模式，甚至把它们都贬斥为"封建迷信的和神秘巫术的东西"。

各种科学假说都有一定的合理成分，例如，中国古代的浑天说，现代科学已经知道，浑天说所说的蛋壳状的刚性天体是不存在的，但它以地球为观察中心，把所观察的天象设想在一个天球面上，这个天球面是从东向西移动的，这一现象曲折地反映了地球从西向东旋转的自转运动。观察到的日月五星在恒星天上的运行轨迹，认为日月五星都是右旋的，即从西向东运行，曲折地反映了地球绕太阳所作的公转运动。我们不能因为它的天体假说的错误，就全盘否定它的合理性。浑天说提出后，能够指导推算准确的历法，能够预测日食、月食，能够解释春夏秋冬和昼夜的交替变化。科学的发展会发现这种假说中的某些错误内容，加以改正，提出新的假说。科学就是这样进步了。但是，只要是科学，它就不是终点，就会继续发展，因此它就不可能是绝对正确的，就一定有不完善的地方，也就一定要被以后更新的科学研究所否定、所修正、所发展。过去的科学是这样的，现在的科学也是这样的，将来的科学也是这样的。总之，一切科学总是以假说的形式发展的，概不例外。因此，不能因为过去的科学已经被否定，就不予承认。以为现在的科学才是真正的科学，这是缺乏历史眼光的表现。很显然，现在的科学也会被未来的科学所否定。如果以为现在的科学已经到顶了，那就是停止的观点，不符合科学发展史的事实。关于科学问题，需要讨论的问题还很多，不能在这里细谈了。

（原载《中国社会科学院研究生院学报》2000 年第 3 期）

天命论与中国古代哲学

一、三代天命论的基本内容和历史意义

在《尚书》中，《大禹谟》、《皋陶谟》与《益稷》三篇都记载了益、禹和皋陶的一些天命论思想。如说："皇天眷命，奄有四海，为天下君。"又有"天之历数在汝躬，汝终陟元后"、"天禄永终"、"惟德动天"、"昊天"、"天道"等说法。又如《皋陶谟》中说："天秩有礼"，"天命有德"，"天讨有罪"，"天聪明自我民聪明，天明畏自我民明威"等。《益稷》云："以昭受上帝，天其申命用休"，"敕天之命，惟时惟几"。在禹用事时代，天命已经公认为最高神性权威，与上帝为同义语。禹的儿子启作《甘誓》，宣布有扈氏的罪行是"威侮五行，怠弃三正"。五行指五行之德。三正指历法。"天用剿绝其命，今予惟恭行天之罚。"天灭有扈氏，启代表天来进行惩罚。从此以后，天子可以替天行赏罚，成为一种流行的说法，也成为传统的观念。天能奖善罚恶，天子替天行道。天子成为上天的代表，必须领会天意，行为要符合天志，要表达上天的好生之德、仁爱之心。否则，天子就不称职，就要换掉。

启借天命灭绝有扈氏。汤用同样口号灭绝夏的最后一个统治者桀。汤与桀战于鸣条之野，《汤誓》称："非台小子，敢行称乱，有夏多罪，天命殛之。""夏氏有罪，予畏上帝，不敢不正。"姬发周武王与商纣王战于牧野，作《牧誓》曰："今商王受，惟妇言是用"，犯了很多罪，给人民造成灾难，"今予发，惟恭行天之罪。"从此可见，谁得到人民的拥护，谁就可以代表天命，天

子不是固定的人选。例如，周武王伐纣，纣王说："呜呼！我生不有命在天？"我不是有天命吗？祖伊告诉他："呜呼！乃罪多参在上，乃能责命于天？"（《西伯戡黎》）你犯了太多的罪，怎么能责怪上天呢？这也反映了开明的失败者的心态。

天命论的基本内容是：天是自然界和社会的最高主宰者，是至上神，是所有人都信仰的、敬畏的。天的命令即天命是不可违抗的，天意与民意是相一致的，谁尊重民意，保护人民，为人民做好事，天就命令他代表上天来统治人民，那么，他就是有至高无上权力的天子。如果他当了天子，滥用上天给他的权力，胡作非为，为自己谋私利，贪欲无度，给人民带来灾难，陷于痛苦的深渊，那么，上天就要寻找能为民除害的人当天子，剥夺原来的天子的一切权力，并让他受到身败名裂、国破家亡的严重惩罚。西周统治者总结了历史的经验，得出了重要的结论："皇天无亲，惟德是辅"。（《左传》僖公五年引《周书》文）皇天没有跟谁特别亲近，只是辅助有"德"的人。有"德"的人就是能为人民谋利益的人，受到人民拥护的人。"民之所欲，天必从之。"（《左传》昭公元年引《泰誓》文）天如此重视人民的欲望、要求，作为天子该怎么办呢？西周统治者提出施政的总方针是："敬事上帝"（《尚书·立政》）、"保万民"（《尚书·君陈》），后人概括为"敬天保民"。

从三代的著作来看，至上神的天只跟最高统治者发生联系，对普通百姓、对民并没有发生直接的关系，都是通过天子去爱护和保护人民。最高统治者——天子是天与民的中介，起着上传下达的作用，而周朝统治者的敬天保民的思想正是反映了这种角色作用。

关于天命论的进步意义，可以从理论和实践两方面来进行探讨。从理论上讲，天命论第一次提出宇宙统一性的问题，它认为自然界和人类社会之上有一个唯一的主宰"天"，天是至上神。换句话说，宇宙统一于"天"。天命是不可抗拒的。它主宰自然界和人类社会的发展变化，都是铁的法则，人是无能为力的。这种天命论反映了当时生产力落后和科学水平低下的现实。后来道家提出"道"比天地更根本，而有了"道"一元论的宇宙观。再后来，有的哲学家认为道就是混沌不清的气或元气，提出了"气"一元论或"元气"一元论的宇宙观。有的哲学家认为道就是理，提出了"理"一元论。从整个中国哲学史来看，天命论是中国古代最早的一个哲学形态，它第一次对宇宙统一性作了概括。而且还可以说：没有古代的天命论，也就没有后来"道"一元论、"气"一元论、"理"一元论。

从实践方面讲，在当时的条件下，人民极端愚昧无知，没有文化，更谈不上科学思想，没有任何别的理论能够掌握，而只有自然力的作用，使他们有敬畏的思想，把自然力概括为"天命"才能使他们信服统治者。天命论适应当时的经济基础，是最佳的上层建筑。它能够动员群众、组织群众，向自然界作斗争，保存并发展人类。荀子说人能够战胜老虎，是因为人能够"群"，即组织成集团。人之所以能够"群"，是由于有了天命论。人类发展到一定阶段，才产生了天命论，天命论产生以后，人类的文明程度迅速提高。孔子说："周监于二代，郁郁乎文哉！吾从周。"（《论语·八佾》）周代文明程度较高，与天命论的进步作用有一定关系。对于周代以后的封建统治者，天命论还经常起着协调社会关系、限制当权者欲望的合理作用。

二、天命论的发展衍变

天命是统治者概括出来的，统治者自命"天子"，就是要用天的权威作为自己的精神支柱，并威吓百姓，使他们顺从自己的统治，不敢反抗，以此巩固政权。

"天子"有了"天"作靠山，为所欲为，贪图享受，没有爱民之心。另外，别的政治集团也可以打着"天"的旗号来夺权，而且自称受天命来惩罚他。并且提出夺权的理论，天命没有固定的人选，谁最有道德，它就辅助谁。

什么叫道德？为人民办好事，受到人民拥护的人就是最有道德的人。这有什么根据？天生了人，多数自然是人民。人民的愿望，天一定要给以满足。民的视听，代表上天的视听，民的情绪，代表上天的情绪，民意表示天意，民心就是天心。总之，天生了民，为民树立君王，是让君王为民服务，保护民，替民谋利除害。因此，谁能为民谋利除害，谁就是代表了天意，谁就是合格的"天子"，否则，他就不能当天子，上天就要另选高明来取代他。

各政治集团都可以利用天命，无法分辨。人民又无法说话，难以表达自己的意愿。后来主持祭祀的神职人员和负责观察天文的占星者就出来解说天意。根据《史记·天官书》记载："昔之传天数者，高辛之前，重、黎；于唐、虞、羲、和；有夏，昆吾；殷商，巫咸；周室，史佚、苌弘；于宋，子韦；郑则裨灶；在齐，甘公；楚，唐昧；赵，尹皋；魏，石申。"一下子列出著名的14人。汉代有唐都、王朔、魏鲜等人。司马谈就是从唐都那里学习天文星占的。

古书记载：宋景公的时候，"荧惑守心"。荧惑就是火星，它的运行有顺逆和行留的变化，它留的时候，停在那个星空，叫"守"或"在"。心是二十八宿中的心宿，东方七宿中的一宿。古人认为天上星区与地上诸侯国是相应的。心宿与宋国相应。荧惑代表天的惩罚。荧惑守心，意思是天要惩罚宋国国君，因此，宋景公很害怕，就招子韦来问："荧惑守心，为什么呀？"子韦说："荧惑代表天的惩罚，心宿是宋国的分野，表明宋国君要受灾祸，不过，可以把祸移到宰相身上。"宋景公说："宰相是治理国家的，如果移灾祸给他，他死，那不好。"子韦又说："可以移给人民。"宋景公又说："人民死了，我还当谁的国君呀？宁可我一个人死了！"子韦又说："可移到收成上。"宋景公也不同意，他说："收成不好，人民饿死。当国君的想杀死人民为自己保命，谁还愿意奉我为国君呀？看来我的命该尽了，您不必再说了！"子韦退几步，北面再拜说："我首先表示对您的祝贺。天虽然在很高处，耳朵却能听到地面人的说话。您有合格国君的三句话，天必定要三赏您。今天晚上，荧惑必定会迁徙三舍，您的命也会延长二十一年。"宋景公问："你怎么知道的？"子韦就说三善言有三赏，星就三徙，一徙就是七星，一星相当一年，三七二十一，所以延长寿命二十一年。子韦管星占，他对天象有解释权，实际上已经成了上天的代言人。这个故事见于《吕氏春秋·制乐篇》、《淮南子·道应篇》、《新序·杂事篇》、《论衡·变虚篇》。齐国的甘公和魏国的石申都有天文著作，后人把他们的书合并为一书，称《甘石星经》。齐国还有一个"太卜"，也是研究星占的人物。齐景公曾经问太卜："你有什么本领？"他说："能使大地动起来。"晏子去见齐景公，齐景公对晏子说："我问太卜：你有什么本事，他说能使大地动起来。人本来可以使地动起来吗？"晏子支吾不答。他出来后去找太卜，问道："昨晚我看见钩星在房宿和心宿之间，地就会动吗？"太卜说："是的。"晏子走后，太卜赶紧跑去见齐景公，说："我不能使地动起来，是地自己本来将要动起来。"这个故事见于《晏子外篇》、《淮南子·道应篇》、《论衡·变虚篇》。

据《史记·天官书》记载：兔有七个名称，即小正、辰星，天欃、安周星、细爽、能星、钩星。钩星就是辰星。辰星"曰北方水"，是水星。钩星"出房、心间，地动"。所记与上述一致。但是，现在天文地理学家还没有发现地震与水星运行有相应关系。科学家已经提出月亮的引潮力对地震有引发的作用。行星引发地震的可能性当然也是存在的。

神职人员以了解天命为专业，国君经常要请教他，他对政治的影响力是相当大的。这些神职人员具备一定的天文知识，以此特长，在垄断天文知识的情况下可以故弄玄虚，上欺君王，下骗百姓。社会的发展，一些士人与神职人员互相渗透，例如晏子也观察天文，也看到水星在房、心之间，打破了太卜的垄断，揭露了谎言。司马迁的父亲司马谈也曾向唐都学过天文占星术。神职人员巫觋、卜筮，掌握史料的太史和一般士人交叉融合，神职人员对天命的解释权被打破了。

融通天地古今的称为圣人。鲁哀公问孔子什么样的人才称得上圣人。孔子回答说："所谓圣人者，知通乎大道，应变而不穷。能测万物之情性者也。大道者，所以变化而凝成万物者也。情性也者，所以理然不然取舍者也。故其事大，配乎天地，参乎日月，杂于云霓，总要万物，穆穆纯纯，其莫之能循，若天之司，莫之能职，百姓淡然不知其善。若此，则可谓圣人。"（《大戴礼记·哀公问五义》）圣人要知通大道，能测万物，配天地，参日月，总要万物。实际上把各种事物的知识都融通起来。这么一来，天文星占的神职人员代天说话的权力被称为圣人的夺走了。圣人代表上天说话在很长时间中成为士人共识。

王充的说法很具有代表性。他说："上天之心，在圣人之胸；及其谴告，在圣人之口。"（《论衡·谴告篇》）这当然不是王充的发明。他是从传统说法中推导出来的。《周易·乾卦·文言》："大人与天地合其德。"又有太伯说："天不言，殖其道于贤者之心。"可见，"夫大人之德，则天德也；贤者之言，则天言也。"（《论衡·谴告篇》引）代天说话的是圣贤。孔子说自己五十岁的时候开始"知天命"，而墨子自称"我有天志"，他说的"天志"就是"兼相爱，交相利"，实际上是他的政治主张。孔、墨都用"天"来支持自己的政见，向别人宣传。天命论变成了圣贤的政见。

为了推广自己的主张，就利用天命，同时他们又把天命说得完善无缺，这样就容易露出破绽。天命最重要的内容是赏善罚恶，这是所有圣贤所公认的，但是，社会实际并非如此，有的人做了好事没得善报，有的人干尽坏事却寿终正寝。有些人辛勤劳动却不得温饱，而另一些人不劳动，却长享富贵荣华。世间这多不平事，为什么上天看不见，管不了呢？或者上天根本就没有意识，什么也不知道，只是一个无边无际的虚空？从春秋时代开始就有人对上天提出怀疑。春秋末期的思想家老子提出"天法道，道法自然"（《老子·二十五章》），在天之上还有"道"，而道又是自然的。这样，天的神秘性、权威性就让给了道。而道又是"法自然"的。那么，过去依赖天的人们失去了精神依托。在这种情况下，战国后期的儒家荀子提出天人相分，人不能依靠天，只能靠自己，靠自己的脑和手的积极进取，去创造美好的生活。在荀子"天论"

的冲击下，天命论失去了权威性，一度消沉。荀子的两个学生韩非和李斯帮助秦统一天下，秦始皇就不相信天命。

韩非认为治理天下要用法，只要用了法，就有是非功过的标准，人们的行为就有法可依。但是，法所能管的事情是很有限的，而精神方面还需要有所寄托。统治总要有两手，古代称教化和刑罚，外国叫牧师和刽子手，总需要软硬两手。只用一手的偏颇，已有许多失败的教训。徐偃王重德，受到诸侯的尊崇，而周穆王出兵灭之。偃王有无力之祸。秦始皇"振长策而御宇内，吞二周而亡诸侯，履至尊而制六合，执敲朴以鞭笞天下，威振四海"（贾谊《过秦论》），力大无比。但秦政权十分脆弱，几百个农民，揭竿而起，只有几十年江山的秦朝就土崩瓦解，成为历史。教训是偏于力而有"无德之患"。这是法家的偏颇，也是秦政权的偏颇，由历史作了判决。

汉朝思想家总结春秋战国时代兴亡经验，特别重视总结强秦在短期中灭亡的重大教训，认为秦失败是由于"举措暴众而用刑太极"（陆贾《新语·无为》），"万世不乱，仁义之所治也。"（《新语·道基》）对于六国，秦何等强！对于农民起义，秦又何等脆弱！反差如此之大，原因何在？"仁义不施，而攻守之势异也。"（贾谊《过秦论》）

中央集权的封建制度下，皇帝有至高无上的权力。皇帝好大喜功，为所欲为，没有约束机制的权力必然腐败，皇帝胡闹起来，非胡闹到亡国不可。有什么办法能制约皇帝的权力，这是当时的思想家反复考虑、亟待解决的问题。

两千多年前的西汉时代，既不能设置议会制度，也不能选举民众的代表。制约皇帝的权力，还只能靠超现实的东西，最后还是选择了天命论。天命论在以前流行一千多年，在战国时代受到严厉批判和冲击，在人们思想中既有深层的潜意识的影响，又有许多明显的漏洞和破绽，使人们无法相信。西汉思想家董仲舒利用阴阳五行来重新论证天命论，使天命论发展到更为精密的天人感应说阶段。从此以后，董仲舒的天人感应说对整个中国封建社会都产生了深刻的影响。明清时代的首都北京，前有天坛，后有地坛，还有日月之坛、社稷坛等，都是天人感应思想的遗迹。

董仲舒以人事讲天，把人事的变化原因归结为天。而天是什么样子，并没有深究。东汉王充就要认真讨论一下天的问题。他认为生物才有意志，据当时天文学家研究知道天离地面八万里高，有几万里那么大。如果天是生物，那么这么庞大的身体，应该吃很多食物。人们用一头牛来祭天，天吃不饱，牛对于天来说还没有一粒小米那么大。天吃这么点东西，怎么能乐意为人服务呢？天如果有耳朵，在八万里之高，怎么能听见地面人默默的祈祷呢？人与人交往，距离远了，语言都听不懂，需要翻译，天与人的差别更大，怎么不需要翻译就能听懂东西南北各地方人的说话呢？天如果是生物，那么，它的头、腿、胸腹、耳目都在哪儿呢？如果它不是生物，那么，根据天文学研究，有两种看法：一种观点认为天是固体；女娲炼石，补天，说明天像玉石之类的庞大固体。另一种说法则认为天是充满气的无限空间，像烟雾那样。王充认为，无论天是玉石还是烟雾，都不可能有意志，也不可能吃什么东西。因此，天是自然的，不会对人类作出赏罚。王充不相信天，却相信命。命是一种必然性，这种必然性是怎么产生的？他借用偶然性来解说必然性。具体地说是这样的：宇宙上天下地，两块固体之间有广大空间，天气施下，地气蒸上，二气交合，自然生出万物和人类。天上许多星星有不同性质和地位，天施气时，星星的气也随着施下。人受胎时接受哪一种星气，就从娘胎里决定了性格、智力、命运。这种必然性的一生命运就是受胎时偶然遇上什么星气决定的。简单地说，人的命运是星气决定的。星在天上，星气决定命运，与天命决定论，没有本质的不同。如果说有差别，那么可以说天命中的天是有意志的，而星气没有意志，天命是赏善罚恶的，而星气却是自然的，与善恶无关。

唐代韩愈和宋代陈亮还继续讲有意志能赏罚的天命论，而《三国演义》讲诸葛亮拜斗，就是星气说的反映。古代的天逐渐变成一个天上的世界，有玉皇大帝，也有太白星君、玉皇后妃、公主，还有玉皇住的天宫，王母娘娘的蟠桃园，还有南天门等等，天人感应中的"天"变成了天帝即玉皇大帝。天完全人格化了。这些说法跟道教有一定关系。先是笼统的一个天，一层比一层高，最高的是第九层，汉代把九重天改为中央和八方的九块天，仍然是九天，却只有一层，而这一层的形状有三种说法：拱形的像伞盖，球形的像蛋壳，平面的像磨石。这就是盖天说、浑天说以及王充的方天说。还有一种说法，天没有形体，只是充满气的空间，这是宣夜说。道教吸收佛教关于天堂、人间、地狱等的说法，创造了三十六天说。

北宋张君房辑道教书《云笈七签》卷二十二《高上九玄三十六天内音》载："第一无上元景无色郁单无量天英勃天王姓混"。简称"无量天"神为"英勃天王"，姓"混"。其他天的简称分别是：清微王、无精天、入色天、无极天、玄徽天、玄清天、梵行天、无穷天、迦净天、赤天、大梵天、寂然天、玄妙天、福德天、际淳天、乐天、近际天、快见天、结爱天、应声天、道德天、须达天、阿那天、梵宝天、微樊天、识慧天、伊檀天、太极天、慧入天、念慧天、阿檀天、无色天、洞微天、灭然天、极色天。每个天都有一个天王。另一种说法见于上书卷二十一《四梵三界三十二天》，三界是：第一欲界，第二色界，第三无色界，三界共三十二天。三界之上还有梵行天、上清天、玉京天、玄都天。一共也是三十六天。昆仑山是地天交通口，按道教规则修炼，智慧上品，从而修炼成仙，能够飞行来去，才能通过天地交通口上去，成为天上的新成员。道教的天类似空中楼阁那样的东西，其中住着天王和神仙才是有神通的，尤其是最高层上住着的"太上道君"是有无边法术的，是宇宙的真正主宰者。

道教把中国传统的学问与佛教说法糅合一起，附会成一个神仙世界。例如：中国的昆仑山，跟佛教的须弥山合而为一。说日月绕着这座大山运行，产生了昼夜的变化，而日在四方运行中产生同一时刻各方早晚昼夜的不同，是吸收了汉代盖天说"昼夜易处"的观点。盖天说认为地的中央高四处低，日在东方，东方中午，南方早晨，西方半夜，北方傍晚。道教认为地的中央最高就是昆仑山，佛教叫须弥山，日月绕着它运行。日月、五行星、二十八宿、北斗九星、璇玑玉衡等也都作了新的解释。例如上书第二十四卷《日月星辰部·总说星》载："北辰星者，众神之本业。……北辰者北极不动之星也，其神正坐玄丹宫，名太一君也。极之为言者，界也，是五方界俱集于中央，是最尊居中也。……中央名为中和，上极上星，固最高最尊为众星之主也。北极星，天之太常，其神主升进，上总九天，中统五岳，下领学者。……太极君名北辰，主帝制，御万神。"北辰、北极、太一、太乙，在中国古代曾有特殊地位，在盖天说中，是天的中心不动处，又是拱形天的最高处。中心、至高，就成为天上众神的尊主。道教从这种意义上把北辰星神化为"众神之本"。

天人关系是中国古代最复杂的哲学问题，最早则是天命论，后来逐渐发展、演变出天堂这个玄虚又形象的神灵世界。

三、天命论影响久远

天命论在商周时代的进步作用，上面已经讲到。春秋时代，孔、墨都是重视人事的，但他们也讲天命、天治，由于群众信仰天，他们为了宣扬自己的学说，不得不与天相附会。不管是理论家还是政治家，要宣称一种主义，总是根据当时当地群众的知识水平和觉悟程度，这是现实基础，没有这个现实基础，就是脱离实际，很难取得成效。因此，我们研究思想家的学说，也要注意这个现实基础，离开现实基础，抽象地凭空讨论某种理论，不可能作出合理的中肯的评价。孔子讲知天命、畏天命、天厌、天生、天纵天丧，都是用来装点自己的理论，并非自己相信。他说"知天命"，天命是什么呀？他从来没有说出来。当然，荀子揭穿了"天命"的秘密。《荀子·天论》：

> 雩而雨，何也？曰：无何也，犹不雩而雨也。日月食而救之，天旱而雩，卜筮而后决大事，非以为得求也，以文之也。固君子以为

文，而百姓以为神。以为文则吉，以为神则凶。

零是求雨的仪式。天旱，零以后就下雨了。为什么？荀子以为这没什么，不零不是也下雨吗？日月食，人们敲锣打鼓去救它，实际上不救，它也会亮的，进行卜巫，然后决定大事。荀子认为这都不是真的祈求得到的报应，而是一种文饰。文饰就是一种形式、仪式。这类祈天的活动，君子认为是仪式，百姓以为真的神灵。视为仪式是有好处的，视为神灵，那就可以惹祸生灾。荀子这段话是很深刻的，可以用来注解孔子所讲的"知天命"、"畏天命"，孔子不是真的相信天命，为了宣传理论，神道设教，才这么讲的。

秦始皇重人事，不用天命论来装饰，又没有制约皇帝至高无上的权利，很快就灭亡了。

王莽是相信天命的，开始，他勤政廉洁，恭谦俭朴，又用天命论来装饰，取得成功。他从摄政、假皇帝到真皇帝，都用天命论为自己铺路，造成大势所趋的形势，连王莽的后台太皇太后也被逼交出代表皇帝权力的玉玺，汉时"诸侯王二十八人、列侯百二十人、宗室子九百余人"，"公卿大夫、博士、议郎、列侯张纯等九百二人"，还有四十八万七千五百七十二人都用各种方式表示支持王莽当皇帝。王莽派陈崇等八人"分行天下，览观风俗"，到处都是一片歌功颂德的声音。后来，王莽自己也渐渐地相信天命论。当前线军马节节败退的时候，王莽率群臣到南郊，"陈其符本末，仰天曰：'皇天既命授臣莽，何不殄灭众贼？令臣莽非是，愿下雷霆诛臣莽！'因搏心大哭，气伏而叩头。又作告天策，自陈功劳千余言。"还让平参加痛哭，哭得悲哀又能诵读策文的提为郎官。哭"郎"官的达五千余人。当起义军攻入皇宫时，他逃渐台，"犹抱持符命、威斗"，还想乞求上天保佑（《汉书·王莽传》）。

当时的思想家桓谭对王莽的失败有过切实的论。他认为王莽的失败在于"不知大体"和"蔽惑"。谭说：

> 王翁好卜巫，信时日，而笃于事鬼神。多作庙兆，洁斋祀祭，牺

牲穀膳之费，吏卒办治之苦，不可称道。为政不善，见叛天下，及难
作病起，无权策以自救解，乃驰南郊告祷，搏心言冤，号兴流涕，叩
头请命，幸天哀助之也。当兵入宫日，矢射交集，燔火大起，逃渐台
下，尚抱其符命书，及所作威斗，可谓蔽惑至甚矣。（《群书治要》，
见严可均辑《全后汉文》卷十三）

桓谭说王莽"蔽惑"，就是由于他"为政不善"，却想"幸天哀助之"，这
也是不识大体。此后两千年中，勤政善治，又缘饰天命的统治者，地位巩固，
社会稳定；为政不善，想依赖天命的蔽惑者，都要亡国丧家、身败名裂。

魏晋时代，仍然因袭汉代的政治统治，时常强调"天人之际"。"魏明帝
黄初中，护军蒋济奏曰：'夫帝王大礼，巡狩为先，昭祖扬祢，封禅为首。是
以自古革命受符，未有不蹈梁父，登泰山，刊无竟之名，纪天人之际者也。'"
（《晋书·礼志下》）黄初是魏文帝的年号，明帝年号有"太和"、"青龙"、
"景初"。黄初为景初之误。景初元年即公元237年，景初三年，明帝薨。这里
所说的"巡狩"、"封禅"、"受符"，都是"天人之际"的政治内容，都是汉
代天人感应论的政治传统。晋武帝平吴以后，统一天下，太康元年即公元280
年，尚书令卫瓘等上奏，认为这是"帝王之盛业，天人之至望"。又说："天
人之道以周，巍巍之功已著，宜修礼地祇，登封泰山，致诚上帝，以答人神之
愿也。"又奏曰："臣闻处帝王之位者，必有历运之期，天命之应。"（同上）
反复讲述的，仍是天命论的内容。晋代讨论礼仪制度，常以汉魏故事为依据，
说明晋承汉制，当然也包括各种天人感应的制度。

隋唐时代，虽有一些开明的思想家如柳宗元、刘禹锡等不怎么相信天命
论，仍然有韩愈那样的大思想家相信上天能够赏善惩恶。韩愈不敢参加编写史
书，认为写史者"不有人祸，则有天刑"（柳宗元《与韩愈论史书》引）。他
给柳宗元的信中说："今夫人有疾病、倦辱、饥寒甚者，因仰而呼天曰：'残
民者昌，佑民者殃！'又仰而呼天曰：'何为使至此极戾也？'……吾意天闻其

呼且怨，则有功者受赏必大矣，其祸焉者受罚亦大矣。子以吾言为何如?"（柳宗元《天说》引）大呼哀怨，会得到上天的赏罚。这仍然是天命论。韩愈在《谏迎佛骨表》中表现了铁骨铮铮、志气凛然。后来被贬潮州，历经磨难。也许正因此产生了天命论思想。陈克明先生认为韩愈既"相信天命，又怀疑天命"[①]，是在相信的基础上的怀疑。

宋代陈亮也是高谈天命论者。他在上孝宗皇帝书中说中国是"天命之所钟"，又说："天人之际，岂不甚可畏哉!""皇天无亲，惟德是辅"，"天赐陛下以非常之智勇，而又启陛下以北向复仇之意"，"陛下聪明自天"，"陛下厉志复仇，足以对天命。"除此之外，陈亮在其他文章中也经常讲天命，分析历史上的兴衰成败，他也反复讲天命。这一时期的理学家、心学家都不怎样讲天命了，只有轻视理论探讨的陈亮一再讲天命，颇值研究。不想研究哲学的人，常常成为已经过时的哲学的俘虏。

元、明、清三代，从北京的天坛，就可以知道天命论的深刻影响。天坛是祭天的地方，是皇帝向上天祷告的场所，只有皇帝作为天子才有与上天联系的资格，因此，天坛在全国只有这么一个，而且十分神圣，也非常神秘。现在，天坛开放，成为游览的天坛公园。有些建筑物利用声学原理来增加神秘性，当大家了解声学以后，天人感应的面纱也就被揭破了。天坛的神秘被揭示，天人感应说也已没人相信。但人们思想深处天命论的影响仍然存在，不可低估。

（原载《东南大学学报》（哲学社会科学版）2001 年第 3 期）

---

①《韩愈述评》第 123 页，中国社会出版社 1985 年 7 月。

"李约瑟难题"试解

"李约瑟难题"是李约瑟先生在研究中国科学技术发展史中没有解决的问题，那就是：中国科技在过去几千年中都走在欧洲人的前面，为什么在近代没有发展出近代科学？也就是说，中国以前一直居于先进行列，到近代为什么落后了？现在世界上有不少学者在研究这个问题，特别是中国的一些学者非常关注这个问题。据我所知，主要有以下一些观点，试加评述：

1. 中国是黄色文化

有的学者提出：中国地理封闭，处于黄土高原，是黄色文化，因此落后。欧洲传统则是从地中海发迹的海洋文化，是开放的蓝色文化，因此进步。

所谓"黄色文化"云云，就是地理决定论。我认为这种说法是十分荒唐的，根本经不起历史的考察和理论的推敲。天下许多地方地理都没有什么大的变化，而政治、经济、文化诸方面却发生了急剧变化，例如现在称霸世界的美国，200多年前还是英国的殖民地。澳大利亚原是英国流放犯人的地方，现在却是很发达的国家。而许多世界文明古国，在几千年前都是高度发达的国家，如古埃及、古印度、古希腊、古罗马、古巴比伦以及玛雅文化等，后来都衰落了，有的中断了，有的换个地方发展。只有中华文明几千年延续下来，没有中断。如果论地理风水，应该说中国是最好的风水宝地。美国现在最强大，能不能说它风水好呢？不能。因为它200年前还是英国的殖民地，再往前，哥伦布航海的1492年以前，那里的印第安人还处于原始社会时期，远远落后于世界其他地区。英国有好风水吗？也不是。当中国已经是汉唐盛世的时候，英国还是名不见经传的小国，哥伦布航海的时候，西班牙是当时西欧最强盛的国家，英国国王还在利用美女巴结西班牙。英国强盛了一个时期，现在也已经成了明日黄花。

我们反对地理决定论，但并不否认地理环境对于经济政治、社会文化有影响，应该说有时这种影响还非常大。从历史上考察，在古代，科技不太发达的时候，特别是造船业水平不高的时候，海洋是交通的最大障碍，再往前，甚至大江大河也成为阻碍交通的天堑，难以逾越。例如中国在战国时代，主要还是陆路交通，马车是最主要的交通工具。秦统一中国以后，拆关隘，修栈道，是加强中央集权的重要措施，也成为交通史上的重要事件。随着造船业的发展，水路交通变得特别重要。因此，隋炀帝才会开凿运河。以后，航海业发展起来，海上交通也成为国际重要的交通方式。由高海拔地方，成了最为闭塞的地方，如西藏的拉萨市。但是，航空业发达起来以后，拉萨市"化腐朽为神奇"，缺点变成优点，那里的空气新鲜，污染最少，奇特的风光会成为旅游圣地，是众多旅行家向往的地方。简单地说，由于科学发达程度不同，交通状况也就随着发生变化，在世界历史上，不同时期的繁荣地都在不断变化之中，没有长开的鲜花，没有不散的宴席，也没有长盛不衰的城市。所谓"蓝色文化是开放的，黄色文化是封闭的"的说法，是不恰当的，只知其一，不知其二。原因在于缺乏世界历史的广博知识，缺乏发展变化的辩证法思维。如果蓝色文化是先进的，发达的，那么，以前的澳大利亚和现在的印度尼西亚，都是在海洋之中，海岸线最长，为什么都很落后？得不到说明。实际上，如果说有"蓝色文化"，那么，中国则是最典型的代表。中国的造船业与航海业从秦汉时代到明朝中期，都是在世界上处于领先地位的。

2. 孔子儒家的保守思想占主导地位

有的说，中国在2000多年前的春秋时代，孔子代表没落的奴隶主阶级，创立了儒家学派，提出了一系列保守落后的思想，特别是重义轻利，重农轻商，重"道"轻"技"，抑制商业发展，妨碍经济繁荣，影响科技进步，导致社会停滞。中国有悠久的历史，有丰厚的传统，这是沉重的翅膀，使中国这只雄鹰飞不起来。

孔子生于春秋末期，当时是乱世。到了汉代，汉武帝独尊儒术，孔子成为大圣人，儒家的教科书成为经典，从此以后，儒学就成为中国传统思想的主流。如果孔子儒学是落后的，那么就不应该在汉代出现盛世。如果说汉代文、景盛世还在汉武帝独尊儒术之前，那么，唐代无论如何也应该在独尊儒术以后，不是也很强大吗？即使到了明代，郑和下西洋的船队无论从哪一方面讲，也比西方哥伦布航海强得多。从时间上说，郑和航海比哥伦布早87年，从人数上说，郑和所率27800多人，比哥伦布所带的87人，要多出300倍！郑和舰队的船有200多艘，其中有62艘大船，长44丈（合146米），宽18丈（合60米），每艘可载2000余人。这是哥伦布3艘小舢板无可比拟的。郑和七次下西洋，哥伦布三渡大西洋。难怪李约瑟会说在15世纪以前，中国的科技发展是欧洲人所望尘莫及的。实际上，即使到了清代前期，中国占世界人口的1/3，生产粮食能养活这么多人，说明中国农业是世界上生产力最高的。据戴逸先生研究，当时中国的工业产值在全世界占32%，而全欧洲的工业产值仅占23%。可见中国当时的工农业总产值是世界上最高的，当时的生产力与总体国力都居于世界的前列。

3. 中国实行大一统：政治统一与思想统一

有的说，中国从汉代开始实行大一统政治，是一个大国，船大不便掉头，社会改革比较困难，稳定的因素大于改革的因素，形成超稳定的结构，尽管时不时被打破，但很快又会整合起来，所以整个社会处于缓慢发展的相对稳定的状态中。发展慢就落后了。思想统一以后，就没有了自由，自由创新就成为艰难的事情。独尊儒术，就像焚书坑儒一样，都是扼杀文化的做法，甚至比后者更为严重。思想没有自由，就不能创新，没有创新，科学就不可能发展。

大国发展慢，这种说法没有道理。现在的美国，过去的苏联，都是大国，还能称霸世界。以中国为例，中国是一个大国，在秦汉到清代的2000年中，长期处于强国的地位，而周边小国都无法与中国相匹敌。只是在近 100 多年中，中国在甲午战争中败给日本。怎么能根据这 100 多年的情况否定两千多年的事实呢？小国也有称霸世界的时候，但是，更多的还是大国称霸。至于独尊儒术是否妨碍了思想创新，是否阻碍了科技的发展，从历史事实上容易得出正确的判断。独尊儒术发生在 2000 年前的汉代，而中国科技的落后则是近二百年的事，如何能得到正确解释呢？

4. 中国实行科举制度

有的说，中国建立中央集权的封建专制制度，实行科举制度 1000 多年，科举只考"四书"、"五经"，使知识分子只重视儒家经典而不重视社会实践，只重视社会伦理而不重视自然科学。科举制度使知识分子热心于读书做官，注意力不在科学研究上。科学不发达，社会就难以进步。西方人认为，中国科举制度是一大创造，是四大发明之外的第五大发明，而中国的林毅夫教授认为科举考试的科目是阻碍中国科学进步的重要阻力①。另外，从隋唐开始实行科举制度，到清代，也差不多经过了 1000 年的时间，为什么中国在过去不落后，到了近代才落后呢？唐朝实行科举制度，不是很强大吗？明清时代也仍然实行科举制度，不是也很强大吗？

5. 中国官方控制科技研究，研究没有自由

有的说，中国没有私人的科研机构，只有政府的科研机构，这使科研受到政府意识形态的控制，不能自由研究。官办的科研管理体制不利于科研的发展，不能发挥民间科学家研究科学的积极性。

中国历史上曾经对有些科研项目加以控制。例如，关于天文问题，由于天命论的影响，中国古代统治者怕泄露天机，不许百姓研究天文学，设立专门机

---

① 林毅夫：《制度、技术与中国农业发展》，第 265—271 页，上海三联书店，1992 年。

构，派专人观察天文，作详细记录，进行对比研究，企图窥视天意。即使这样，中国的天文学在古代也并不落后。中国的浑天说与西方的地心说差不多，而中国的宣夜说，李约瑟认为比西方的天球说毫不逊色。其他许多问题都是可以由百姓自由研究的，例如医药学，张仲景的《伤寒杂病论》和李时珍的《本草纲目》，都是私下研究的重大科学成果，并非政府行为。

6. 闭关自守

闭关自守当然妨碍科技的发展。中国有过闭关自守，有些时候对外交流少，确实不利于科技发展。

我认为中国的闭关自守，是在特殊情况下的特殊政策，并非长期性的国策。例如明代，郑和七次下西洋，恐怕不能说是闭关自守吧。后来由于倭寇骚扰沿海一带，虽然组织兵力进行打击，仍然不能保证居民的平安，在不得已的情况下，采取封锁海疆的办法。那当然只是权宜之计。清代为了抵御欧洲列强的炮舰，也闭关自守过，那是世界局势发展的关键时刻，这一闭，世界发展了，中国落后了。结果，中国从此挨了100多年的打。清代的闭关自守当然与后来的落后有关系，但是，不能说中国历来就是闭关自守的，这不符合汉唐时代的事实，也不符合其他一些时代的事实。即使在清代，前期也是很开放的，西方科学家莱布尼兹给康熙皇帝写过七封信，这一小事也说明那时中国并不封闭。康熙皇帝学习数学，热心科学的研究与应用，同时设立了两个天文机构，一个按中国传统的方法研究天文，一个按西方的方法研究天文，二者还在天文变化时进行比较，看哪一种方法更准确。这完全符合科学精神，完全是开放的心态。

7. 中国用的是方块字

有人认为，中国使用方块形的汉字，难学难认，学文化困难，影响了科学的进步。这也是中国科技落后的一个重要因素。

这个说法也不妥。日本有的研究认为，学汉字有利于开发右脑，可以提高智商。法国人让小孩学汉语，是为了提高智力。德国哲学家伽达默尔预测二百年后，全世界学中文，也像现在学英文那样。埋怨汉字，是欧洲强盛后给中国造成的压力逼出来的，实在是无能的表现。

总之，中国古代有什么，就有人说那是中国科技落后的原因或因素。庞朴认为，整个文化背景的差异是东西方科技发展不同的根本原因。他说，东西文化的差别，"使得中国人在古代那种较为经验的、直观的、混一的科学技术中得以做出巨大贡献，而发展不出纯逻辑、数学以及建基于其上的分门别类的近代自然科学，致使自然科学在其近代面貌中独具西方思维的神采。"① 庞先生认为科技发展与整个文化背景有密切关系，中西的文化背景不同，因此产生了不同形式的科技。这种说法有合理性，可以说明科技的不同特点，但不能说明中国近代科技落后的原因。吴彤则认为，"李约瑟难题"的实质是自组织问题，"即中国古代社会未能向学术研究提供一个激发科学自组织演化的环境和条件，不仅基本阈值没有达到，而且对学术研究的控制基本是以国家行政命令和官办方式控制的，这种控制当然是被组织的方式。"②

我认为这些问题还可以继续探讨，以上这些意见，虽然各有一定的道理，都还不足以使大家信服。但即使没有达到共识，各种说法也会给人们带来许多启迪。

8. 中国有没有科学

有的人在解这个难题时，明确表示中国没有科学，他们认为：中国过去只是技术发达，不是科学进步。换句话说，中国古代只有技术，没有科学。"一般说来，科学应该是由概念、定律、定理、公式和原理等要素组成的具有逻辑自洽性的知识体系"。而中国从来没有这样的"知识体系"，李约瑟误把经验总结和对现象的描述当作科学。他们还认为："中国历史上的《墨经》、《徐霞客游记》等著作只是对自然现象进行了较为细致的描述；《九章算术》、《齐民

---

① 庞朴：《秋菊春兰各自妍》，《自然杂志》，1991年第11期，第728—729页。
② 吴彤：《生长的旋律》，第180—181页，山东教育出版社，1996年。

要术》、《农政全书》、《伤寒杂病论》、《开工开物》等著作也只是对解决有关计算问题，如何长好农作物，如何医治疾病和如何进行各种手工业等问题所作的较为系统的经验总结，而《梦溪笔谈》则兼有以上两者，它们都不能算作是自然科学著作。事实上，在这些著作中不仅没有任何科学的概念、定理、定律和公式，也没有提出任何定型的学说，更没有形成系统的科学理论。很显然，用科学的标准来衡量，它们既不能与欧几里德的《几何原本》，托勒密的《天文学大全》，亚里士多德的《物理学》同日而语，甚至也不能与阿基米德的静力学理论相提并论"。因此，这位作者断言："在 16 世纪前中国只是在技术和在对社会实践经验的总结上走在了世界的前头，而在自然科学方面从来就没有走在过世界的前头，甚至根本就没有出现过西方意义上的独立的、系统的自然科学理论"①。

我认为这位年轻学者的最大误区就是用现代的学科概念去套中国古代的科学。实际上，科学的概念是发展变化的，例如以前是被证实了的才是科学，现在说可以被证伪的才是科学。而 200 年前，西方人也不知道什么是科学，因为过去的科学都是与哲学、神学、技术融合在一起的，科学从融合体中分离出来，才有 100 多年的历史。关于这个问题，英国科技史专家 W·C·丹皮尔在《科学史及其与哲学和宗教的关系》一书的"原序"中说："在希腊人看来，哲学和科学是一个东西，在中世纪，两者又和神学合为一体。文艺复兴以后，采用实验方法研究自然，哲学和科学才分道扬镳。"② 为什么用实验方法，就使哲学和科学分开呢？因为科学可以实验，而哲学不能实验。他还认为，100 年前惠威尔写出关于归纳科学的历史和哲学以后，科学的历史才更清楚了，这时才有可能写一部这样的科学史，它有科学思想发展的完备的轮廓，又能反映科学与哲学和宗教的复杂联系。英国科学史家斯蒂芬·F·梅森在《自然科学

---

① 钱兆华：《对"李约瑟难题"的一种新解释》，《自然辩证法研究》，1998 年第 3 期，第 55—56 页。

② W·C·丹皮尔：《科学史及其与哲学和宗教的关系》，李珩译，张今校，商务印书馆，1975 年。

史》一书的"导言"中也说:"我们今天所知道的科学,是人类文明普遍进程中一个比较晚的成果。在近代历史以前,很少有什么不同于哲学家传统,又不同于工匠传统的科学传统可言。但是,科学是源远流长的,可以追溯到文明出现以前。"① 他认为科学的历史根源主要有两个:技术传统和精神传统。精神传统包括哲学和宗教。到了近代,科学才有独立的传统,它包含实践和理论两个部分。因此,科学发展所取得的成果也就具有技术和哲学两方面的意义。科学的发展反过来又影响了它的根源,影响了技术和哲学。人类用火的原始时代就已经有了科学,但是,科学成为独立的体系则是 100 多年前的事。

上述许多中国名著,外国科学家认为是了不起的科学著作,而中国的年轻学者却认为算不上科学著作,二者对科学这个概念缺乏一致的理解。到底谁的理解正确?我想还是让读者去判别。

9. 偶然性与必然性

中国有一句老话:祸福相依。还有一句老话:物极必反、物盛而衰。我认为这些话可以解释"李约瑟难题"。"李约瑟难题"的答案,一是偶然性,二是必然性。所谓必然性,就是规律性,这可以用祸福相依、物盛而衰、物极必反来概括;所谓偶然性,就是这种转化将在哪一位皇帝执政的特定时候发生。

汉代文景盛世,富极了,班固用"物盛而衰"来说明当时的情况,其后的汉武帝雄才大略,大量消耗财富,维持了一段时间,再后来就维持不下去了,于是出现王莽篡汉。唐朝虽盛,也只是唐太宗到唐玄宗时代,盛极而衰,安史之乱,标志唐代盛世的结束。

清代也是如此。戴逸先生的说法可供参考:"乾隆时期,英国国王派马戛尔尼出使中国,希望与中国通商。虽然其中有侵略性的要求。如果我国与之谈判,对不合理的要求予以拒绝,对于合理要求予以考虑,用和平的方式与之交

---

① 斯蒂芬·F·梅森:《自然科学史》,周煦良等译,上海译文出版社,1980 年。

往、接触，就能对英国、世界的情况有所了解，起码能逐渐改变天朝大国的变态心理。这对于当时人们了解世界，对于中国以后追赶世界就会产生非常积极的意义。乾隆皇帝看不到这一点，仅仅因为对方不给自己磕头这一礼节问题而把人赶走，就把谈判的大门关上了，也使中国失去了了解世界的一次大好机遇，非常可惜。等到列强打到家里来之后，再开始去了解世界为时已晚。从乾隆年间到鸦片战争仅仅相隔50年，中国与世界的力量对比完全改变。甲午战争前夕，中国工业生产总值占世界的6%，而全欧洲占62%，中国一下子远远地被落到后面去了。"① 而在乾隆时代，全世界有9亿人，中国有3亿，中国养活全世界1/3的人口；中国工业产品占世界工业总值的32%，而全欧洲只占世界产值的23%。这说明当时中国的工农业生产都是世界最强的，也就是说中国的生产力最强、总体国力最强，是名副其实的世界强国！由于骄傲自大，几十年间，就被抛到后面去了。

戴先生说的是一件小事，但它反映了中国当时的心态：骄傲自大。一个国家，一个民族，只要有这种心态，必然要失败，要衰亡。何时失败、衰亡，则是偶然的。曾经强盛的古印度、古埃及、古罗马、古巴比伦、古希腊，都亡过国。中国也不例外，秦朝亡于大泽乡农民起义，汉朝亡于王莽与曹魏的朝廷政变，魏晋南北朝，隋、唐、宋、元、明、清，没有不亡的朝代，否则，何来"二十四史"？如果李唐是少数民族掌权的话，那么，隋唐以后，就是汉族与少数民族轮流执政。这也不过是物盛而衰的必然性，何时衰败，谁来取代，则是偶然的。深入研究历史，都可以找出每一朝代的衰败的具体原因。那些事实都是必然性通过那些偶然的人物与事件表现出来。探讨中国近代科技落后的原因，抛开这些必然与偶然，企图从3000年的历史传统中寻找根本的原因，恐怕是徒劳的。

（原载《自然辩证法研究》2002年12月）

---

① 洪波：《盛世的沉沦——戴逸谈康雍乾历史》，《中华读书报》，2002年3月20日。

医学，西医与中医

有一次学术会议，有的学者提出，文化是有民族性的，而科学没有民族性。有欧洲文化、印度文化、中华文化、阿拉伯文化、玛雅文化、日本文化等，而没有德国生物学、法国天文学、英国数学、美国化学等。当时，我以为很有道理。会后，我从中医与西医的不同，对以上说法逐渐产生了怀疑。科学是文化的重要内容和组成部分，文化有民族性，科学自然也应该有民族性。科学发达与世界进步以后，各民族之间的文化交流与经济贸易大大发展了，强势群体的优势科学掩盖了弱势群体的落后科学，才出现了一统天下的科学。这种科学以欧洲模式作为代表。但是，这并不能否定其他民族科学的合理性。关于这一点，可以医学为例作一下说明。

关于医学，到底是不是自然科学，世界思想界有不同的看法。那么，医学是什么？医学是研究人类生命过程以及与疾病作斗争的科学体系。这个科学体系主要包括正常人体学、生理学、病理学、诊断学、治疗学、药物学、预防学、养生学等。都是研究人体与疾病的，研究对象是一样的，为什么会产生不同的科学体系呢？因为产生的文化背景不同，文化背景中包含不同的思维方式。我国现在医学界主要分为中医与西医两大体系。分析思维影响下的西医，分科很细，分为内科、外科、妇产科、儿科、五官科、肠胃消化科、泌尿生殖科、皮肤科、神经科、心血管科等等。五官科又分为眼科、耳鼻喉科、口腔科、牙科等。有心内科、心外科，还有神经内科、神经外科，有男科、不育症科，还有肿瘤科、传染病科等。各科都因科学的发展，分科越来越细，科类越多，甚至连医生都说不清究竟现在有多少科。综合思维影响下的中医，没有分那么仔细，只分为内科、外科、骨科、妇科、儿科、针灸、按摩等。

有人类的地方，都有人类与疾病作斗争，也就都有医病的经验，经过总结，加以提升，也就有了医学。治病经验的丰富、理论思维的特点，医学会有水平高低、特色不同的问题。又由于人的疾病与自然环境有很大的关系，疾病的种类、症状、治疗方法，也会由于地理气候、生态环境的不同而有很多差异。治病的药物也因地制宜，与地理环境密不可分。医学在产生的初期，还常与当地的迷信、巫术相联系，甚至纠缠在一起，难分难解，这就是所谓"巫医同源"。这也就决定了医学与民族文化的联系。后来，医的成分不断增加，巫的成分逐渐减少。从世界科学发展史来看，科学产生以后，长期与哲学、神学、工匠技术融合在一起。科学从融合体中独立出来才是一百多年的事，而后，医学才从科学中分离出来。医学真正形成自己体系的时间就更短了。现代西药也是在化学发达以后才成为可能。在化学不发达的时候，西医的治病水平很难说会比中医高明多少。中国在两千年前的汉代，人口达到五千九百多万，到清代康雍乾盛世，人口达到三亿，占世界总人口的三分之一。直至今天，中国的人口也是世界上最多的。在以前的两千多年中，中国一直是人口最多的国家，这一事实应该说可以间接说明中国的农业生产力是比较强的，也说明中国的医学水平是比较高的。

中医与西医，由于产生的文化背景不同，在许多方面都不一样，首先，对人体的生理的理解就有很大差别。西医以尸体解剖为基础，研究人体分几个大的系统：循环系统、消化系统、生殖系统、神经系统、呼吸系统、内分泌系统等，中医则以活体功能为基础，形成以五脏六腑与体表的症状相联系的"脏象学"和全身一个系统的"经络学"。以西医的模式来审察中医，认为所谓经络是无稽之谈，没有解剖学上的根据，谁也不能"拿"出经络来证明它的存在，用显微镜也看不到它的存在，于是就有人认为中医是"迷信"。后来由于针灸治病的大量的事实，以及用针灸麻醉动大手术的奇迹，使一些明智的西医医生承认针灸的有效性与经络的客观性。但是，还有很多西医医生将自己解释不了的现象判为"迷信"，将针灸说成是"伪科学"，有一位西医外科医生对于用拔火罐方法治关节痛，表明了自己的看法，他跟我说："还隔好几层组织，怎么能拔出来？没有科学根据！"其次，中西医对疾病的解释不同，有各自不同的病理学。西医认为疾病是由于细菌侵入、肌体受伤害引起的；中医认为疾病是由于环境变化、七情过激、阴阳失衡引起的。第三，诊病方法不同。西医用看、触、叩、听四种办法进行诊断，科学发达以后，还可以通过化验、透视、心电图、B超、同位素等方法诊断许多疾病，技术不断提高，诊断更加精确。中医使用望、闻、问、切来诊断。望，与西医的看是一样的。看的内容不尽相同。西医主要看营养如何，有什么痛苦。中医望的，首先是气色，了解阴阳盛衰，虚实升降。中西医都看舌苔，但理解也不一样。中医舌诊认为舌头的不同位置，反映不同内脏的功能变化。闻，闻气味，阳气出上窍，从口鼻出来的气味浓，说明阳气盛，偏于亢。问，是了解情况，问病史、感觉，也问生活变化以及社会地位的变化、经济状况等，因为这些与情绪有密切关系。情绪变化是重要的病因。切，是中国医学的以功能为基础的诊断疾病的特点，用三指头按在患者腕前的手脉上，根据脉搏的跳动情况来了解五脏六腑的功能状况。西医用听诊器听心脏的跳动与肺的声音，对心肺的毛病进行诊断。三指切脉与听诊器听诊，是中西医诊断的主要的有代表性的差别。第四，中西医治病方法的不同。西医使用化学药品进行杀菌，增加营养，修复肌体，来治疗疾病，恢复健康。化学药品在杀菌的同时，也伤害人体的正常细胞，副作用比较明显。中医使用中药（主要是植物根叶）来调整阴阳，使之平衡，提高身体的正气，抵抗邪气，排除病气，恢复健康。高明的医生还通过有针对性的说法，解开患者的思想症结，恢复心理健康，达到治病的目的。由于重视功能，中医可以用针灸、按摩等办法疏通经络，进行治疗。中医使用的药物主要是草药，是绿色药品，有利于环境保护，又少副作用，应该也算是一种特点和优点。针灸、按摩，不用药，好处就更不用说了。第五，对于健康，中西医的理解也不尽相同。西方人评选健美运动员，主要看肌肉的大小。中国医学认为健康主要是阴阳平衡的问题。在防病、保健方面，中国医学也有一些特殊的内容。例如，动为阳，静为阴，西方人讲"生命在于运动"，挑战极限，重视动；印度人讲静（瑜伽、坐禅）；中国人追求阴阳平衡，讲动静结合，劳逸适度。动后要静，静后要动。华佗创造"五禽戏"，自编模仿动物动作的五套体操，提倡在静坐时间较长以后要适当运动；但动又"不当使极尔"（《三国志·魏书·方技传》引华佗语），运动又不应当达到极限。这是很适合知识分子从事文化工作时的保养身体的形式。中医认为一种姿势时间太长，都会产生疲劳，疲劳会导致疾病，如说五种疲劳："久视伤血，久卧伤气，久坐伤肉，久立伤骨，久行伤筋。"（《黄帝内经·素问·宣明五气篇》）因此，中医认为，要经常改变姿势，可以消除疲劳。这也是一种防病保健的重要措施。现在有些人长时间看电视，或者长时间在电脑前工作，都是有害健康的，对血、对眼睛、对肝脏，都是不好的。哪一种姿势，会产生什么伤害，是可以讨论的。但是，长时间使用一种姿势，不利于健康，会产生相应的疾病，这就是西方医学所谓的"职业病"。

与西医不同的是，中医重视情绪对身体健康的影响，强调心气平和是健康长寿的重要基础。而心气平和则要通过提高心性修养来实现。因此，加强道德修养，对于保健也是很有意义的。做好事、合理的事，叫行义。做坏事、不合理的事，叫行不义。行不义的人，或者因犯罪死于国法的制裁，或者因害人受到别人的报复，或者因作恶多端死于恐惧，心灵不得安宁，很难长寿，所谓"多行不义，必自毙"（《左传》隐公元年）。行义的人，心安理得，君子坦荡荡，生活幸福，容易长寿。因此，古代哲学家董仲舒说："义之养生人，大于利而厚于财也。"（《春秋繁露·身之养重于义》）行义，行善，不仅对别人有好处，对自己有更大的好处。行义，对于养身，比任何财富都更重要。

西医用高科技，诊断准确，但造价贵；用西方的化学药品，药效快，但副作用大；强调运动，提高体力，增强免疫力，是其优点；不太重视心理平和，有其不足。综合来看，中医与西医好像两个相交的圆，各有治病的范围，有的重合，有的各自独立。有的病用中医或西医都可以治好的，有的病，中医治不了，西医能治；有的病，西医治不了，中医能治；有的病，中医与西医都治不了，当然可以试用藏医、泰医或者其他什么医学，也许还有希望。现在有的西医医生就认为西医治不了的病，就是绝症，到哪儿，用什么办法，都不可能治好。不让转院，拖死为止。有少数人经过其他治疗，果然好了，西医的医生经常采取不承认的态度。有的大医院的西医诊断为癌症，结果被某中医用中药治好了，而西医却说可能诊断错误，本来就不是癌症。有的病经过西医没有治好，中医治好了，西医却说，那种病可能不用治也会好，否定中医的医疗效果。这是科学的态度吗？中国人崇拜西医大大超过西方人对西医的信任。

德国哲学家一百零一岁的伽达默尔，洪汉鼎在采访他之后说了这样一些鲜为人知的情况，"惟一的长寿秘诀就是五十年来未看过医生，尽管走路已拄拐杖好几十年。他将他的健康归功于他的做化学家的父亲。他说他父亲在他小时候就通过实验告诉他药物的作用与副作用的危险，以致他从那时起就未吃过任何化学的药物，也从未去医院看过病。"洪汉鼎又回忆十年前在波恩与他见面时的情况，"他当时食欲很好，不仅饮了许多酒，而且也吃了很多肉，我尽管比他年轻四十多岁，食量却比他差多了，我说这可能是他长寿的要方，他立即笑了，他说他的酒量确实不小。"[1] 西医所使用的化学药品确实有严重的"副作用的危险"，由于误诊、用药不当，或者连续使用一种西药等原因，对于人类的健康与生命都造成严重的威胁。而在这一方面，中药是有开发前景的。中药本身就是绿色药品，又以君臣佐使相配制，副作用达到最低限度。

如果能够结合中医与西医的优长，对于保健、防病治病，都是有好处的。但是，在二十世纪的一百年中，西医发展很快，在全世界占了统治地位，各地方的本土医学受到排斥，取代。在中国，也是西医占了统治地位，同时也有一些人，特别是学过西医的人，推崇西医，排斥中医，甚至认为中医都是迷信，没有科学根据，应该取缔。美国有的人对于"草根能够治病"明确表示怀疑

---

① 洪汉鼎：《百岁西哲寄望东方——伽达默尔访问记》，《中华读书报》2001 年 7 月 25 日第五版。

的态度。但是，现在的事实是，中国的中药出口逐年缓慢增加。世界许多国家与地区都投下巨额资金来研究开发中医药。说明世界有识之士已经认识并开始重视中医的价值。我认为这是好的趋势，也是医学发展的正确路子。在中国，迷信西医与贬斥中医形成两大误区，严重阻碍医学的发展。解决的办法也要从两方面入手：一是提高中医的水平与中药的效力，增加中医在群众中的信任度；一是纠正西医工作者的一些错误观念，提高他们的思维水平。作为政府应该做的工作，要重视中医中药的研究开发，也要重视培养中医中药的人才。在世界上，科学界，特别是医学界的人士应该认识到各民族都有自己的文化与科学，尽管水平有高低之分，有时低水平的特长却可以补高水平的不足。中国古人有一句话说是"尺有所短，寸有所长"，就是这个意思。这一点是欧洲人应该特别注意的。

（原载《跨文化对话》第 10 期）

再论中医与西医

2002 年我在《跨文化对话》第 10 期上发表《医学、西医与中医》，对中西医的关系作了简单的比较。过了这几年，又有许多事实让我思考，值得提出来研究。

西医在诊断、治疗癌症中，经常出现一些令人疑惑的现象。在没有任何症状的情况下，北京师范大学财政处一位女职工在检查身体的时候，被确诊出患了癌症。过了三个月，她就与世长辞，年仅 39 岁。如果没有这次体检，也许她还好好地活着，天天上着班。这个假设是有根据的。请看以下事例：

一、许多人死亡与心理因素有关，对癌症的恐惧感，造成严重的精神负担，是死亡的主要原因。很多癌症是可以自己痊愈的。"据统计，我国病死的癌症患者中，80% 以上不是死于治疗期，而是在结束常规治疗以后的康复期。特别是手术化疗后的病人存在诸多心理问题，导致患者最终难过心理康复关。"①

二、北京师范大学有一职工到北医三院检查，说是得了胰腺癌，而且是晚期。再到协和医院和东西两所肿瘤医院检查，结果一样，化验单据都在，不可能误诊。预后如何？医生说："不动手术，最多可以活两个月；如果动手术，有几种可能，一是下不了手术台；二是可能活三个月、半年；三是最好情况可以活一年。不会超过一年。"患者感觉多活时间也不长，又要花许多钱，就弃医回家。找中医开一些药服用。两年后，不再服药，只是吃一些蜂王浆之类的补品，以增加免疫力。开始经常散步，现在每天打乒乓球，近日我见他在花坛

---

① 申谊：《难过"心理康复关"，八成肿瘤患者死于康复期》，《人民日报》2006 年 4 月 6 日第十五版。

里小跑。这距离北医三院的诊断已经两年多了。

三、钱学森患癌症，是全市高水平的专家会诊的结论，不可能误诊。当时他才 79 岁。如果住院，不会活一年以上。现在他还活着，西医能够解释这种现象吗？钱先生认为医院解决不了他的病，他相信气功，相信特异功能，科学界很多人批评他，而他正是利用气功保养自己的。对科学不能采取怀疑与批判的态度，是缺乏起码的科学精神，而在中国将科学当作绝对正确的东西，这是严重妨碍科学创新的僵化思维。一位西方人说得好："科学在西方是名词，在中国变成形容词。说它是科学的，就是正确的；说它不科学，说明它不正确。"

可见，癌症不一定死人，西医治不了癌症，就说癌症是不治之症。由于过度宣传癌症的可怕，癌症给一些人的精神压力太大。医生说患者得了癌症，在某种程度上就相当于法官宣判一个罪犯死刑。在这种压力下，容易死人。恐惧癌症，比患癌症更容易死人。关于这一方面的事例太多，著名医生洪昭光也讲过这类事例。说的是东北一个青年工人检查身体，被告知患肝癌晚期，等待死亡，日益消瘦，眼看不行了。工会主席问他有什么愿望，他说想上天安门城楼。工会研究决定满足他的愿望，派四人抬着他上火车进京。下火车，抬上天安门城楼。看过天安门广场，下来后，有的提议既然到了北京，是否再找大医院的医生看一下。医生看后说这是一般的肝脏囊肿，不是癌症。那四人觉得冤枉，跑了。这位青年也就自己起来回家了。病态随着心理上的解除而消失。实际上，中医能够治疗癌症的办法很多，也有很多患者用中药治疗成功。

2005 年 10 月 7 日上午，我们跟随许嘉璐副委员长参观朝阳医院。张朝堂医生今年 50 多岁，没上大学，在乡下当过赤脚医生，发现麻沸汤，创制"双止药"。敷上此药，止血止痛，手术方便。这家医院不收费，所有经费靠包玉刚、李嘉诚、曾宪梓等人的捐助。主要治疗骨质增生、鼻窦炎等病。介绍完后，开始现场治疗。我们在手术室中详细看了治疗全过程。第一名是从河南来的 40 岁左右妇女，要治膝盖骨增生。张医生用药擦膝盖周围的皮肤，然后用针扎在腿上，患者毫无感觉。医生用手术刀在膝盖处划开四厘米多长、一厘米深的口子，用夹子夹着皮，露出白骨，医生拿着锥子，让许嘉璐拿十多厘米长的铁管敲打，打了两下，医生说行了，用夹子夹下增生的白骨。肉上只有一些红点。伤口没有缝针，只用药棉敷上，外用胶布贴上。患者下床，跳两下，说不痛，走了。我问医生要几天好，他果断地说："三天。"第二名是从广东省来的55岁的妇女，很瘦小，趴在床上，撩起衣服，说在颈椎处骨质增生。用药擦颈椎处，用针一扎，患者没有反应。手术刀划开四厘米多长一厘米深，露出白骨，让台湾老学者葛建业来敲，也是两下。医生取出白骨一块，比蚕豆大一点。只有一些血点，没有出血。然后也是助手掩上药棉，加上胶布。患者一再说不痛，边说边走。第三名是男性患者，要治鼻窦炎。他仰卧于床上，医生在他的腿部皮肤擦药，用针扎腿部，不痛。医生用小刀在鼻孔中一划，鼻孔就出现一个囊状物，医生用夹子夹出，说这就是鼻窦炎。我问伤口何时痊愈，医生说："三分钟。"医生问谁需要治疗的，马上可以动手术，不用挂号。一年才挂一次号。台湾学者林安梧说自己有鼻窦炎。马上动。医生要他站着，动手术可以看得更清楚。也是一样程序，几分钟就好了。我们参观动手术时间大约十多分钟，动了四个手术。一般两分钟动一个手术。动刀前没有消毒，动刀后没有缝合，切开皮肉不出一滴血，没有任何痛感，是张医生"神刀"之神处。

咸阳是一个不大的城市，就有四大"神医"，"神刀"是其一，还有"神脉"、"神针"、"神医"。我们只参观了"神刀"，其他三"神"都没有见识过。中国这么大，还有多少神医，就说不清楚了。现在一些人为了维护自己的地位和利益，极力贬低中国医学传统，认为只有西医才是科学的，中医则是迷信。即使是针灸和按摩，根据经络学说，在很长的时间里，西医不承认经络学说。脉象学也不被承认。中医的四诊经常受到讥笑。

我认为不论中医、西医，只要能治好病，就是科学。科学要经得起考验，要经得起实践的检验。我认为中医、西医，都能治好一些病，但也都有治不好的病。任何一方也都不能包治百病。在欧洲，社会对医学界批评甚多，而在中国，没有人敢批评西医。这就是不正常的现象！科学精神的特征就是怀疑与批判，不许怀疑与批判，就是缺乏科学精神！医学界的领导层是否都是西医人士掌权？处于垄断地位的西医在政策方面肯定不利于中医的发展。解放后的五十多年中，西医医生增加了十七倍，而中医医生基本没有增加。在科学界仍然还有一些人说，中医不是科学！美国人惊奇地说："草根怎么能治病？"我以前以为美国人很开放，没有局限性，或者局限性特别小。发达国家的人，虽然有较好的受教育的机会，却也有不少思想局限，特别是以傲慢态度看待世界时，偏见就显得更加严重了。中国人用草根治病已经两三千年了，美国人还不知道草根能治病。

现在讲科学，有一门植物学。西方植物学就是讲植物的分类。只知道植物分类，不知道植物可以配方制药治病，算不算科学呢？算不算完整的科学呢？有些人说西方的植物学是科学，而中国几百年前，明代李时珍编写的《本草纲目》不是科学。科学是什么？没有客观标准！只要符合西方的思想体系就是科学的。怀疑与批判，在这里就不需要了。这哪有什么科学精神？

西医没有穷尽真理，人体的奥秘还远远没有揭开。北京东边不远处，河北香河县淑阳镇胡庄子村一位叫周凤臣的老人，于1992年11月24日平静地死去，其遗体没经过任何防腐处理，在自然环境中，十三年多了，至今不腐，而且逐渐演化成被佛教界称作的"金刚琉璃体"。

周凤臣老人是香河本地人，生于光绪三十一年十月初六（1905年11月2日），属蛇。1924年嫁与胡庄子村杨世杰为妻，其后几十年终日劳作，共生有两儿五女。老人一生可谓历尽坎坷：1940年，13岁的大女儿暴病身亡；1968年，34岁的大儿媳病故，周凤臣老人将4个孙儿抚养成人；1970年，丈夫在一夜之间撒手西去；1990年，二女儿又因病去世。她自己在38岁时曾大病一场，生命垂危，后虽活了下来，但身体虚弱，晚年疾病缠身。老人辞世时，享年88岁。逝世之前，有一段时间上吐下泄。其遗体停放在她生前居住的地方。这是一家普通的农户小院。十多年来有许多专家医生，科学界、宗教界、各界人士到此参观，作了一番感慨，却无完满的解释。佛教家说老人的肉身可以被看作"金刚琉璃体",道教家认为"紫金琼玉身",这与历史上存世1000多年,现仍存于广东韶关南华寺的唐朝高僧——六祖惠能的肉身情况相似,安徽九华山地藏王肉身也是这样。此现象说明古人能达到的修炼层次,现代人也能达到。医学专家认为,要用现代最先进的技术,以求从生理、心理、社会等角度研究和破译这一生命奇迹。平均每年约有七八万人前往探访,从省部级领导、国内知名专家教授到普通民众都有,但目前仍未有一定权威部门或机构能够对这种奇特的生命现象作出令人信服的解释。但专家们对"香河老人"奇迹研究的意义作出了充分肯定。我国人体科学研究的权威部门——中国人体科学学会前任理事长张震寰教授说:"对周凤臣老人身体变化过程的研究工作意义重大,与21世纪人体科学研究需要突破的前沿密切相关,此项研究也将在国际上引起震动和反响。"中国人体科学学会名誉理事长、著名科学家钱学森有一句名言:"21世纪将是人体科学与工程技术相结合产生继信息革命后又一次新的革命的时代。"在这个新时代,中医可以做些什么呢?西医可以贡献什么呢?医学界卫生界领导者应该做些什么呢?

科学需要辩证法

这种辩证哲学推翻了一切关于最终的绝对真理和与之相应的人类的绝对状态的想法。在它面前，不存在任何最终的、绝对的、神圣的东西；它指出所有一切事物的暂时性。

在很长的一段时间里，自然辩证法成为我国的一个学科。现在有的改称"科学哲学"或"科技哲学"。基本内容是一样的。当然应该说有了很大的发展。科学发展了，科学哲学自然也要跟着发展。而恩格斯所提示的规律，所提出的理论，还有很多没有过时，而且还能正确指导当前的科学研究。

科学思维不同于日常思维

太阳天天东升西落，大家都看到了，也都这么说。这是日常思维。而科学认为太阳不是东升西落，而是地球自西向东每天自转一周所看到的太阳现象。这叫"日视运动"。地球每年绕太阳运行一周，天文学家看到太阳在恒星天上画了一个大圆圈。这就是"年视运动"。学过中学几何学的人都知道，直线不同于曲线，两条平行线不能相交。这些说法在过去是数学研究的成果，现在成为一般人的日常思维了，好像都是千古不变的真理。但是，数学研究的发展，产生了高等数学即变数数学，使过去成为常识的常数数学即初等数学也受到挑战。恩格斯说："我们已经提到，高等数学的主要基础之一是这样一个矛盾：在一定条件下直线和曲线应当是一回事。高等数学还有另一个矛盾：在我们面前相交的线，只要离开交点五六厘米，就应当认为是平行的，即使无限延长也不会相交的线。可是，高等数学利用这些和其他一些更加尖锐的矛盾获得了不仅是正确的，而且是初等数学所完全达不到的成果。"这是难以想象的，却是可以成立的。如果科学是与常识一致的，那么，科学就成为多余的东西了。平民百姓都知道，还有必要让科学家去研究吗？恩格斯说："形而上学的思维方式，虽然在相当广泛的、各依对象的性质而大小不同的领域中是正当的，甚至是必要的，可是它每一次都迟早要达到一个界限，一超过这个界限，它就要变成片面的、狭隘的、抽象的，并且陷入不可解决的矛盾。"为什么呢？因为它只看到一个一个的事物的静止的存在，没有看到事物之间的联系、运动和消失。只见树木，不见森林。许多科学成果普及以后，就成为社会常识。如果只是按这些常识来思考科学问题，即形而上学的日常的思维方式，那就不可能有什么发明创造。科学思维，创新思维或创造性思维是需要辩证法的。为什么说，有一些科学知识的人并不一定就有科学精神，原因就在这里。

人的认识与客观事物不是完全同一的

客观事物的本质及其变化规律，西方人称之为"实在自身"。科学研究的每一次进步，都是人类的认识向"实在自身"的接近。但只能不断接近，永远不会达到。也正因为只能不断接近，科学的发展才是无止境的。科学研究的方法是有"数学的方式"和"物理学的概念"，来解释自然现象。解释与被解释之间存在一定的矛盾，不是完全同一的。因此，由人们所创造的概念形成的知识体系，不等于客观事物，只能在一定层面上反映了客观事物某些方面的性质，不能完全反映客观事物的全面本质，因此，它只能是假说。数学方式、物理学概念以及其他科学内容，都是人类的假说。恩格斯说："只要自然科学在思维着，它的发展形式就是假说。"恩格斯认为，真理和谬误"只有相对的意义：今天被认为是合乎真理的认识都有它隐藏着的、以后会显露出来的错误的方面，同样，今天已经被认为是错误的认识也有它合乎真理的方面，因而它以前才能被认为是合乎真理的"。是非对错的绝对化在日常生活中经常存在，对于科学研究来说，则需要哲学辩证法的指导，将真理看成是发展的过程，而不是死的不变的结论。恩格斯认为，在变数出现以后，"数学上的一切东西的绝对适用性、不可争辩的确定性的童贞状态一去不复返了"。天文学、力学、物理学、化学有了长足的发展，"最后的、终极的真理就这样随着时间的推移变得非常罕见了"。他又说："这种辩证哲学推翻了一切关于最终的绝对真理和与之相应的人类的绝对状态的想法。在它面前，不存在任何最终的、绝对的、神圣的东西；它指出所有一切事物的暂时性。"中国古人所说的"言不尽意"，语言可以表达思想，但不能完全表达思想。思想可以反映客观事物，但不能完全反映客观事物。科学的发展，人类认识对客观事物的反映不断深入，但不会穷尽。因此，科学的发展是无止境的。从事科学研究的人如果没有这种辩证法的思维能力，将现有的成果都看作是绝对的、永恒的，那么，就不会深入研究下去，就不可能有什么新的创造和发明。而现在科学界如果还有人想获取诺贝尔奖，却没有辩证法的创新思维，就可能像水中捞月。

关于实践检验的问题多少算够？

实践是检验真理的唯一标准。这个命题在上个世纪 80 年代进行过全国性的大讨论。在哲学界争论多，认识提高也大。局外人并不一定非常关注。在这一句中，除了"是"与"的"没有争议之外，其他每一个字都是有争议的。我在这里要讲的主要问题是对"社会实践"的理解。社会实践不是个别人个别地区在特定时间内的实践，而是所有人的所有实践，包括世界上所有的人在不同地区和任何时间的实践。任何时间包括过去、现在与未来。这实际上也是科学发展无止境的问题，人类认识无终点问题。有的人认为一种说法经过几次被证实以后就成为真理，就不需要再检验了。或者认为检验不必那么多次，100 太多，600 次没有必要，更不用说数千次、数万次了。但是，科学史的事实告诉我们，有的说法可能很容易证实有的则比较困难，多少次都很难说就够了。例如，打雷现象，是电的问题。已经过试验一再证实，好像已经成了社会常识，写入中学生课本。但是，现在世界每天都有许多球形闪电出现，一再试验也没有弄清楚它是怎么产生的，有什么特点，能量究竟是从哪儿来的。又如，中国的浑天说与西方的地心说，在天文学史上都是经过一千多年被反复证实的结论，最后却被日心说所推翻。关于艾滋病，全世界所做的试验可能不止数万次，至今不能说已经成功。关于 SARS 的问题，全世界也都在认真研究，试验多少次能解决问题，谁也没把握。创制防治艾滋病和 SARS 的新的试验一千次一万次能成功的话，就是奇迹了。我们不是诅咒科学，也不是怀疑科学的力量，只是相信：科学不是万能的，科学进步不是容易的，科学发展是无止境的。

（原载《科学时报》2003 年 8 月 22 日）

肥肉，该不该吃？

只要有一双智慧的眼睛，生活中琐碎的事情里也有学问。在肥肉身价的变迁后面隐含着人们对营养认识的变迁，而这种变迁更折射出人们对待科学的态度。

肥肉的价格变迁

肥肉，该不该吃？这好像没有多少科学的问题，而实际上却包含着一些科学问题和非常重要的思想方法问题。

在上个世纪 50 年代，我们在上中学时，就学习到从西方传播过来的科学知识，说营养有三大要素：脂肪、淀粉、蛋白质。三者中，同量营养所产生的热量，以脂肪为最多，而当时的西方科学认为营养就是热量，产生的热量多，就是营养高。当时，脂肪自然是身价比较高。六十年代，我到北京上大学，知道北京的猪肉，肥膘厚的为一级肉，一斤九角五分。肥膘中等的为二级肉，一斤八角四分。肥膘在一厘米以下的为三级肉，一斤七角五分。这就可以看出来动物脂肪的身价了。动物脂肪营养高，发达国家的人民生活提高了，食品中脂肪的成分就自然增加了。那时效法西方出现这样的问题：患心脑血管病的人多了，死亡率也增加了。经过多年研究发现，动物脂肪摄入量过多，容易导致心脑血管病。这个研究成果在世界上得到公认以后，动物脂肪的价值一落千丈。上个世纪 80 年代初，我曾问过从香港回来的人，他告诉我，在香港，瘦猪肉一斤 11 元，肥猪肉一斤 0.8 元，瘦猪肉价格比肥猪肉高出十多倍。而当时，北京的肥猪肉还比瘦猪肉贵，因为不开放，外面的信息还没有完全传进来，计划经济还没有改变这一方面的价格。后来的情况，大家都知道了，在中国瘦猪肉也提高了价格，肥猪肉也降价了。猪要养瘦肉型的品种，甚至使用瘦肉精来增加猪的瘦肉。所有与动物脂肪有关系的食品，都被消费者普遍嫌弃。特别一些想减肥的青年妇女和姑娘，甚至将动物脂肪视同毒品，似乎吃一点就会马上发胖，立即得心脑血管病，很快就会死亡。这种观念在社会上一再被强调，形成整个社会心理。还有一些已经很胖的人，在这种铺天盖地的宣传下，也就不敢吃肥肉，尽管平时很喜欢吃，为了健康、活命，在亲友的力劝下不得不放弃这种享受。

忌吃肥肉风行天下以后，全世界的糖尿病患者急剧增加。现在全世界有糖尿病患者一亿三千万多。有的地区，有的国家，糖尿病患者达到成人的四分之一。而以前则在千分之一以下。在中国，可能有一些以前没有查出来的病例，但总体上说，还是糖尿病患者急剧增加。在一次平衡论的学术研讨会上，有一位饮食卫生专家在发言中说到各种营养少了会出现什么疾病，多了又会导致什么毛病，但有的则没有说，例如脂肪摄入量多了，容易导致心脑血管病，少了没有说会引起什么病。同时，她又说许多病是与生活习惯有关系，例如什么病是吸烟引起的，什么病是酗酒引起。我注意到，她没有说糖尿病是怎么引起的。因为有的医生在电视上说，糖尿病与生活习惯有关，例如吸烟、饮酒、爱吃肥肉等，就可能是主要原因。但是，全世界至今没有明确糖尿病是如何发生的，有些人把自己所讨厌的吸烟之类当作发病的原因，是没有根据的。

结合几种情况，吃肥肉少了会引起什么病，没有说法。糖尿病如何发生，而且近二三十年急剧增加，得不到说明。再联系半个世纪以来的科学研究成果与社会思潮的变迁，我怀疑，吃肥肉少与糖尿病剧增也许有某种联系。后来从报上看到新西兰科学家研究成果认为，经常吃脱脂牛奶的人容易得糖尿病。如果不吃肥肉，多吃牛奶，牛奶中的脂肪已经足够补充人体的需要，将牛奶中的脂肪再提取走，脂肪的摄入量可能太少，因此容易引起脂肪缺乏症。现在一些医务工作者心里总觉得脂肪不好，已经成了迷信！这种观念改不过来，就很难探讨缺少脂肪会产生什么疾病。

对待科学的态度要从实际出发

脂肪摄入量过多，容易导致心脑血管疾病。这个科学研究成果是对的。但是，这个笼统的说法，还有如何正确理解的问题。首先，多少算多。是一天一斤，还是半斤？还是半两？还是一钱？其次，物极必反。太少了是否也不行，也会因此引起什么疾病？三，注意特殊性。具体到某个人，摄入量也应该有不同的范围，需要区别对待。体力劳动者与脑力劳动者不同，重体力劳动者与轻体力劳动者也应该不一样，而且个体素质也有特殊性，不能一概而论。我认识的研究西方哲学的一个人，他说吃肉容易消化，吃蔬菜不容易消化。这当然是很特别的。以前吃肉很多，身体一直很健康，后来在整个社会舆论吃肥肉不好的严重影响下，他也不敢吃肥肉，改吃蔬菜与鱼类，后来他也患了糖尿病。有的人吃鸡蛋过敏。有一个研究中西古代史的老先生不能吃鱼肉，猪牛羊的肉不吃，鸡鸭鹅的肉也不吃，各种海鱼和淡水鱼都不吃。一年到头只能吃蔬菜与鸡蛋，他买鸡蛋，几天就是一小筐。个体差异应该注意。我的心脏没有毛病。心电图却不正常而且似乎有严重问题。最后，营养偏差更加有害。脂肪不敢吃，三大营养只有淀粉和蛋白质。淀粉会分解出糖来，糖尿病患者都被告知不能吃糖，淀粉类食品也要少吃。许多患者在很短的时间内，体重大幅度下降。为了防止心血管病和糖尿病，不吃脂肪，少吃淀粉，只能吃蛋白质了，如果只吃蛋白质，那就会产生更加严重的疾病。上个世纪80年代初，《人民日报》曾经报道过两例：产妇在坐月子中只吃鸡蛋，每天吃十几个。出了月子，突然双目失明。什么原因还说不清楚，但是，可以肯定的是，三大营养，不吃脂肪与淀粉，只吃蛋白质，会导致更加严重的营养偏差，会引起更多更复杂的疾病。

任何一种理论出来，都要注意它的适用范围，对于个体来说，也都要注意特殊的反映。现代科学经常讲规范化，规范化有时很必要，便于掌握与传授，但是，规范化就容易忽视特殊性，缺乏具体问题具体分析，缺乏对特殊性的认识，因此很难完全适应千差万别的客观事物。自然界是辩证法的试金石，具体分析实际事物的特殊性，才能坚持辩证法。

科学家在研究中，对自己所研究的事物有很深刻的认识，但是，对研究范围之外的事物就缺乏了解，因此对于自己所研究的事物与外物的联系就不太清楚，因此对自己所研究的事物也不可能有真正全面的了解，所谓"不识庐山真面目，只缘身在此山中"。哲学家从世界历史这样宏观的角度审察下提出的问题，有助于科学家开阔思路，选择课题进行研究，这样才可能有所发现。对于科学家的研究成果，哲学家十分重视并进行深入研究，概括总结，提出新的理论模式，对于科学家的研究也会有促进作用。在这个意义上，哲学家与科学家的联盟是非常必要的，对双方都是有利的。教条主义的"哲学家"与形而上学的科学家，都是不利于科学发展的。

（原载《科学时报》2004 年 1 月 30 日）

科学精神的哲学思考

科学精神与人文素养，是现代人类生活的两大精神支柱。现代许多人缺乏人文素养，也缺乏科学精神。前者许多人已经认识到了。后者则有很多人不认识。所以需要认真加以探讨。没有科学知识，就不可能有科学精神。有了一些科学知识，也不能说就有了科学精神。科学精神与唯物辩证法是相一致的，既要从实际出发，实事求是，又要联系地、发展地、辩证地看问题。有些人学习了一些科学知识，就以为这些都是不容怀疑的绝对真理，永恒不变的金科玉律，而且认为这个唯一的绝对真理就掌握在自己的手中，唯我独是，目空一切，将不同见解视为伪科学、反科学，乱加横扫，冒充科学英雄，实是"科学疯子"。有些人借用科学知识，或者只是借用科学的名义，大作广告，谋取商业利润，是"科学骗子"。还有一些人一听传媒讲"科学"，就盲目相信，就大把花钱，以为可以买到自己所追求的东西，结果往往事与愿违，反受其害，那是"科学傻子"。这"三子"虽然都讲"科学"，却谈不上有科学精神。科学精神是比较抽象的，不是轻易就会有的，是需要经过培养的。要培养科学精神，我以为需要学习科学知识，学习科学史，了解科学发展的过程和规律，科学研究的经验与教训，还需要学习辩证法，需要经常联系现实，联系实际经验，思考科学问题，关注并讨论科学的最新进展。可以说没有唯物辩证法理论思维能力的人，很难有真正的科学精神。正如恩格斯所说："许许多多自然科学家已经给我们证明了，他们在他们自己那门科学的范围内是坚定的唯物主义者，但是在这以外就不仅是唯心主义者，而且甚至是虔诚的正教教徒。"① 因

---

① 《马克思恩格斯选集》第三卷，第528页，人民出版社，1972年。

此，我认为有必要对科学精神进行哲学思考。如何思考？还是从我的切身体会说起。

一、我的三次心电图危机

我的三次心电图危机发生在 1995 年秋天，2001 年冬天和 2003 年秋天。都是我没有不适的情况下去检查身体，做了心电图，发现心肌梗塞，需要急送医院抢救，经多方检查，最后确定没有心肌梗塞。最后一次，在阜外医院做了心脏造影，准备安支架，结果也是没有发现梗塞，无处可安，住两天出院。如果安支架，要住院两周。又是虚惊一场。最后，拿到的病历诊断书诊断："早期复极综合症。实行冠造检查，未见明显狭窄及异常。"还作了 37 项检查，医生还说我的血糖、血脂、胆固醇等各项都正常，肾脏还比较好。

三次心电图危机，可以得出什么教训？有什么体会？其一，心电图多次结果是一样的，特别是第三次，校医院、120 急救车上、阜外医院在急诊室、在手术室、手术后到监护室，前后七次做的心电图都一样，可以排除某一心电图机器可能出了故障。其二，几乎所有看到这个心电图的医生，包括做心电图的医生与门诊医生的看法也都一样，都同样得出心肌梗塞的结论。不是个别水平低的医生不太了解心电图而产生的误诊。其三，对于急救车送来的患者，马上采取扩张血管的措施，进行抢救，也是医生正常执行职责的范围。不存在处理不当的问题。第四，正常来进行身体检查，不论是北医三院，还是阜外医院，只要根据多种方式进行检查后，也都会得出没有心肌梗塞的结论。

经过三次心电图危机，我感觉到医生都是负责任的，白衣天使责任心，是令人钦佩的。那么，误诊的问题在哪儿？我认为：首先在心电图机器设计问题。人有千差万别，心电图机器设计者只能按照一般人的情况设计，没有也不可能按各种特殊情况来设计，于是就自然会出现机器不适合特殊的情况，导致误诊。这是一般与特殊的矛盾。机器只能解决一般问题，不能解决所有特殊问题。其次，不能单凭心电图诊断。心电图为现代医学诊断心血管病做出了非常大的贡献，在个别情况下产生少数的误诊，这是"智者千虑，必有一失"。不能因此否定心电图机器的重大贡献。但是，只要采取几种方式检查，互相参照，就会得出正确的结论。中国医学讲"望、闻、问、切"四诊，不能只用一种方式诊病，水平再高、经验再丰富的老医生，个别病也许可以一诊就可以诊断得了什么病，多数情况下不能不四诊并用。第一次在合同医院、第二次、第三次在阜外医院，都是采取多种方式诊断，才得出正确的结论。这是复杂与简单的关系。事物本来是复杂的，要用简单的方式来看待，来处理，就有可能产生错误。第三，医患关系。医生是专门学习过系统的医学知识，从理论的整体上把握医学理论，是患者所不具备的，是医生的职业专长。患者对自己的情况有更多的了解，所谓"久病成良医"，就是说他因为长期患病，积累了丰富的经验。患者这种个体经验则是一般医生所缺乏的。师生的教学关系，有一条道理叫"教学相长"，这个道理是否也可以用于医患关系呢？高明的医生总是非常重视患者的感受和意见，道理就在这里。第四，关于检查身体。许多关于医学通俗读物上常说有病要及时检查，即使没有什么病，也要定期检查。有许多人的病都是在普查中查出来的。由于及时查出早期患者，及时治疗，得以挽救生命的事例很多。但是，这是问题的一个方面。还有另一面是，因为查体的结果，或者是误诊，给患者带来严重的思想负担，甚至有更严重的后果——死亡。有一个人走着去检查身体，医生说他得了癌症，他当时腿就软了，抬着回到学校，第二天就去世了。完全可以相信，要不是检查身体，要不是诊断为癌症，他再活一段时间是没有问题的。这类吓死的事时有发生。在 20 世纪 60 年代，有一个中专学校的教师，检查身体，转氨酶 72，正常是 32，过一周他就去世了。现在知道转氨酶高过 200 也不会那么容易死人的。第五，住院治疗。危急患者住院当然是必要的，有的病，特别是一些慢性病，没有必要住院治疗。钱学森得了病，没有去住院，他知道住院不解决他的病。他已经活过九十多岁了。还有一位我的同事张教授，患的是肝硬化，相当严重，曾经多次吐血。医生让他住院。他说知道病情以后，就好好在家保养，不必住院。他一边教学不停，一边还随时搞一点科学研究，花十几年时间，写出了一本高水平的学术专著。现在，他说："如果当时去住院，最多活半年到一年，不会活到现在。"第六，是否都听医生的。医生不是圣人，他们也跟别的行业的人是一样的，对于自己专业的事情比较了解，有更多的发言权，但也不是没有错误。特别是有些医生责任心不太强，有的则受到社会坏风气影响，不认真看病，以别人的生命当儿戏，这叫"庸医杀人"。这虽然只是少数的，但也不是个别的。郭先生告诉我：她的胃有点难受，到一个医院看病，医生在诊断书上写下两个字：疑癌。她感到很紧张。后到一个中医研究院看，医生说："这不是癌症，是脾胃不和。"开个方，服药后，果然好了。现在有的医生很负责任，仔细了解情况，让患者了解病情、几种可以选择的治疗方案以及预后情况，由患者自己选择治疗方案。经常倾听患者的意见。"多想想别人，多听听人家的！"① 各行业的人都应该这样，医生尤其应该这样。因此，我认为对于医生的意见，也要认真思考分析，作出自己的选择。最后，学习科学知识，更需要科学精神。我认为有必要提醒大家，在大众传媒上，为商业利润服务的明星广告，是最不科学的，切不可都相信！那是为了骗钱！建议多读专家撰写的书，如中国科协促进自然科学与社会科学联盟专门委员会编的，由洪昭光等专家撰写的《走出健康误区》，就是比较好的书。最好还要学习一些马克思主义哲学，特别是恩格斯的《自然辩证法》，深入思考，培养科学精神，提高分析问题和解决问题的能力。凡事多问几个为什么，不要盲目相信社会上流行的说法。

要培养科学精神，最重要的是要学习科学发展史和唯物辩证法，要经常联系实际加以思考。首先对科学与迷信的关系要有所了解。

---

① 郭良玉《治牙》，见《三国一谈》，新世纪出版社。

二、科学与迷信的辩证关系

科学与迷信的关系是对立统一的。许多人都能认识到科学与迷信的对立关系，却不容易了解二者之间的统一关系。科学与迷信的统一关系，长期被人们所忽视。说明科学与迷信的辩证关系，没有被全面认识。这也说明现在写这篇文章的必要性。

这个问题本来是很复杂的，必须从多方面去探讨。现在为了说明提出这个问题的合理性，要先进行最简要的论证。

"科学"这个词，才提出来二百年时间。在二百年前，全世界还没有这个词。但是，没有"科学"这个词，不等于没有科学，因此，全世界撰写的科学史著作都不是只写近二百年的科学发展史，而是写三千年、五千年，乃至七千年的科学发展史。三千年前，不论是中国，还是世界上任何一个国家，科学都不可能象现代这么发达。古代科学也是科学，也不论西方的，还是中国的，都一样。不能用现代的科学水平来衡量古代科学，从而不承认古代科学是科学。在古代，科学还没有独立出来的时候，与迷信、哲学、宗教以及技术混杂在一起，科学与迷信很难分开。在那个时候，科学存在于迷信中，迷信中包含着科学。因为迷信而对事物进行观察研究、客观上就有可能促进科学的发展。例如，远古时代的中国，人们相信天命论，认为上天主宰整个世界，不仅主宰自然界，同时也主宰着人类社会。现在可以说这是迷信。正因为有这种信仰，历代统治者都设立观察天文的机构，派专人负责观察天文，将日月五星运行的情况以及各种天象变化都详细记录下来，为以后天文学研究积累了丰富的资料。这不仅是中国的情况，西方也有这种情况。正如英国科技史专家梅森在《自然科学史》的第二章中所说的："可能是巴比伦人相信占星术的缘故，他们对于天象的观察很仔细，遗留下不少天文学记录。"① 又说："希帕克测算分点岁差，可能也是利用巴比伦人的观测资料，因为巴比伦人吉旦那斯很早就发现这种现象了。"② 这就是说巴比伦人相信占星术，观察天象留下很多天文学记录，这些资料为天文学研究提供了重要的基础，促进了天文学的发展。另一位英国科技史专家丹皮尔在《科学史及其与哲学和宗教的关系》一书"绪论"中说："经院哲学也维持了理性的崇高地位，断言上帝和宇宙是人的心灵所能把握，甚至部分理解的。这样，它就为科学铺平了道路，因为科学必须假定自然是可以理解的。文艺复兴时期的人们在创立现代科学时，应该感谢经院学派作出这个假定。"③ 人的心灵能够把握上帝的宗教观念，也为科学发展做出贡献。世界著名科学史专家在系统研究科学发展时，都容易发现一些后来被认为是迷信的说法，当初却为科学的发展作出了重大的贡献。

古代天文学的研究水平从历法制订中表现出来。中国在汉代的时候，一个回归年长度为 365.25 日，达到很高水平。与现代相比，一年只差十几分钟。《史记·天官书》中所记载的人物，都既是古代的天文学家和历法家，又是古代占星家、迷信家。即使象东汉张衡那样伟大的天文学家，也在他重要的科学著作《灵宪》中说："动变挺占，实司王命。四布于方，为二十八宿。日月运行，历示吉凶，五纬经次，用告祸福，则天心于是见矣。……庶物蠢蠢，咸得系命。"④ 相信日月运行与吉凶祸福有关，为后代选择黄道吉日提供了迷信的依据。虞喜发现岁差，也是根据前人详细记录天文的资料研究出来的。中国古代的医学也是与巫相联系的，所谓巫医，也是科学与迷信的结合。司马迁讲到阴阳家时说："夫阴阳四时、八位、十二度、二十四节各有教令，顺之者昌，逆之者不死则亡。未必然也，故日'使人拘而多畏'。夫春生夏长，秋收冬

---

① 梅森：《自然科学史》第二章，第 8 页，上海译文出版社，1980 年。
② 同上书，第 38 页。
③ 丹皮尔：《科学史及其与哲学和宗教的关系》，第 12 页，商务印书馆，1979 年。
④ 见《后汉书·天文志上》刘昭注引，中华书局新标点本，第 3217 页。

藏，此天道之大经也，弗顺则无以为天下纲纪，故曰'四时之大顺，不可失也'。"（《史记·太史公自序》）阴阳家定出的吉凶时刻，有各种说法，并且说：按他们说的做就吉，如果不按他们说的做就凶。历法本来是科学的，加上吉凶说法，就变成"使人拘而多畏"的东西，即迷信的内容。司马迁认为"未必然也"，否定迷信的观点。四季节气变化，是天道之大经，还应该顺应，不能违背。可见，司马迁的头脑是清醒的，是有科学精神的。现代科学有了长足的发展，仍然有一些"使人拘而多畏"的东西，例如电视上有广告说，中国人，人人缺钙，人人需要补钙。观众该不该去买补钙的药品？又如许多事情只要冠以"科学"，似乎就是正确的，用科学的方法增加身高，用科学的方法提高智力，服用补脑的药品，可以增加记忆力，提高高考的成绩，如此等等。又如用人参、珍珠等作原料来制造护肤膏，究竟有没有护肤作用？还经常看到传媒说不能吃什么，应该吃什么，传统有一种菜，菠菜炖豆腐，现在说那是不科学的，如何破坏营养了。《光明日报》2004 年 1 月 16 日《科技周刊》上发表《这样饮食不科学》，列举不科学的饮食有"土豆烧牛肉"、"小葱拌豆腐"、"豆浆冲鸡蛋"、"茶叶煮蛋"、"炒鸡蛋放味精"、"酒与胡萝卜同食"、"红白萝卜混吃"、"萝卜水果同吃"、"海味与水果同食"、"牛奶与桔子同食"、"白酒与汽水同饮"、"吃肉时喝茶"、"螃蟹与柿子混吃"等十三项。大概还容易记住。如果将所有报刊上发表文章讲"不科学"的内容，都汇集起来，那一定是非常可观的，不下一万条禁忌。有一本小书，书名就是《生活六百忌》，虽然还不全，要都能记住也就很不容易了。这不就是司马迁所说的"使人拘而多畏"吗？我的意见也是"未必然也"。例如其中讲"海味与水果同食"，会怎样呢？"使人出现腹痛、呕吐、恶心等症状。"我是福建海边人，海味与水果同食，是经常的事，从来也没有出现过腹痛、呕吐和恶心这些症状。许多讲科学的人都很强调证据，我们可以当场试验。我不知道是否有人因为这样吃法而出现这些症状。如果没有人发生过类似现象，这个"不科学"的说法又是怎么来的呢？是从理论上推导出来的？现在应该怎么吃法才"科学"呢？

现在许多"科学"也使人拘谨，增加了畏惧心理，也就成了与迷信分不开的东西。太相信科学，迷信科学，可以叫做"唯科学"，或"科学主义"，也都是现代的一种迷信。科学也是有界限的，跨越这个界限，就进入迷信。也象真理有界限一样，跨出半步，就会陷入谬误。从事实上看，从古至今，科学与迷信有对立的一面，也有相互统一的能够互相转化的一面。迷信有时客观上无意中促进科学的发展，科学也经常与迷信划不清界限。我们提倡科学，宣传科学，如果缺少辩证法，采用形而上学的僵化方法对待科学，那么，就会产生科学迷信，走向科学的反面，成为反科学的现代迷信。

三、科学是辩证发展的

只要是发展的，就是不完善的。如果已经完善，那就没有了发展的余地，也就不能发展了。因为不完善，我们对于所有的科学成果，都应该以辩证的眼光来看待它，以分析的态度，经常根据实践经验来审视它，思考它。这才是科学精神，才是辩证方法。科学在发展过程中，很多人有今是昨非的观念，过去被否定的似乎就是谬误，现在新研究的成果就是真理。这种绝对观念，似乎是非分明，却遗失了辩证方法。恩格斯认为，真理和谬误"只有相对的意义：今天被认为是合乎真理的认识都有它隐藏着的、以后会显露出来的错误的方面，同样，今天已经被认为是错误的认识也有它合乎真理的方面，因而它以前才能被认为是合乎真理的。"[①] 已经被否定的过去的认识，包含真理的内容。现在新发现的认识也包含错误。这种错误会被以后的实践所发现，所认识，所否定。没有这种观念，就缺乏辩证法，就没有科学精神。真理是一个过程，不是一成不变的教条。

---

① 恩格斯：《路德维希·费尔巴哈和德国古典哲学的终结》，《马克思恩格斯选集》第四卷，第240页，人民出版社，1972年。

恩格斯说："只要自然科学在思维着，它的发展形式就是假说。"① 现在的自然科学当然还在思维着，还在发展中，那么，至今为止的所有科学成果也都是发展过程中的假说。各种假说只能不断接近客观实在，但不能达到客观实在。如果把假说当真，以为这些成果完全真实反映了客观实在的情况，那自然会导致各种偏差。恩格斯对此有过全面丰富的论述。物理、化学、生物各学科的发展，都是容易理解的。有些人认为数学是最可靠的、最客观的。例如一加一等于二，二乘二等于四，两条相交的直线不能平行，两条平行的直线不能相交。这在地球的任何地方都是对的，即使在其他星球上，也应该是对的。但是，恩格斯说："全部所谓纯数学都是研究抽象的，它的一切数量严格说来都是想像的数量，一切抽象在推到极端时都变成荒谬或走向自己的反面。"② 恩格斯的说法，是从科学史中研究概括出来的，不能说没有根据。恩格斯所说的"想像的数量"，是人的精神的产物，是人的精神对客观事物的反映。这种反映是不完全的，包含着正确与错误、真理与谬误。是非对错的绝对化在日常生活中经常存在，对于科学研究来说，则需要哲学辩证法的指导，将真理看成是发展的过程，而不是死的不变的结论。恩格斯认为，在变数出现以后，"数学上的一切东西的绝对适用性、不可争辩的确定性的童贞状态一去不复返了。"天文学、力学、物理学、化学有了长足的发展，"最后的、终极的真理就这样随着时间的推移变得非常罕见了。"③ 他又说："这种辩证哲学推翻了一切关于最终的绝对真理和与之相应的人类的绝对状态的想法。在它面前，不存在任何最终的、绝对的、神圣的东西；它指出所有一切事物的暂时性。"④ 中国古人所说的"言不尽意"，语言可以表达思想，但不能完全表达思想。思想可以反映客观事物，但不能完全反映客观事物。科学的发展，人类认识对客观事物的

①《马克思恩格斯选集》第三卷，第561页，人民出版社，1972年。
② 同上书，第569页。
③ 同上书，第130页。
④ 恩格斯：《路德维希·费尔巴哈和德国古典哲学的终结》，《马克思恩格斯选集》第四卷，第213页，人民出版社，1972年。

反映不断深入，但不会穷尽。例如我们讲甜，只有一个词，人类在吃东西时，有糖的甜，蜜的甜，也有其他各种水果的甜，人们可以感觉到的甜比语言要丰富得多。实际上这就是"言不尽意"。人们感觉到的甜与实际存在的客观事物也还有很大差别，例如人们可说桃是甜的，甜到什么程度？就说不太清楚了。特别是酒，一般人都可以分出白酒、果酒、黄酒和啤酒。度数高的与低度的也可以区分。水平高的还可以分得细一些。如果将二百种白酒放在那里，能够尝出一小杯中的酒是哪一种品牌的，就是高级品酒也不一定能做到。颜色也是一样，一般人可以分清五色。但是，黑色的程度不同，能够区分几百种，那就很难了。这都可以说是人类认识客观事物的局限性，相对性。因此，科学的发展是无止境的。从事科学研究的人如果没有这种辩证法的思维能力，将现有的成果都看作是绝对的、永恒的，那么，就不会深入研究下去，就不可能有什么新的创造和发明。而现在科学界如果还有人想获取诺贝尔奖，却没有辩证法的创新思维，就可能象水中捞月。

四、科学研究需要假设

王大珩先生说，科学的第一个特征叫一元性，"万物运动都有自然的规律性，不以人的意志为转移。"[1] 这是对的，但是，科学的"一元性"，不能理解为"一点论"。例如对于光的研究，粒子说与波动说长期争论，双方都有根据，谁也不能完全否定对方，最后只好共存。关于几何学，有传统的欧几里得几何，还有非欧几何，表面上似有矛盾，却都反映了现实空间的相对真理。现在许多人不太了解"可以被证伪的才是科学的"这种提法，更不了解这种提法所包含的科学精神与辩证方法。思想还停留在过去那种"已经被实践证实

---

[1] 王大衍：《漫谈科学的特征》，载《光明日报》2004 年 1 月 16 日《科技周刊》B1 版。

了的才是科学的"水平上。王大珩先生在谈到"科学进步的辩证关系"时，说"假想是创新的前奏和理性认识的先驱，是从不知到知的必经过程，因而是科学认识的一个重要组成部分。"① 假想在科学发展中的重大意义，参加科学研究的人都会体会到的。研究科学的人都是先有假想，然后在实践中修正自己的假想。王大珩先生举一个例子："一次我和一位美国科学家同坐一辆车子，我问他，你的研究工作结果和你原来料想的完全一样，你是高兴还是不高兴？他说那是最倒霉的，因为我什么新东西都没有得到。"② 大胆假设，是创新的必要。没有假设，或者假设而不大胆，那么，就很难有创新，更不可能有大的创新。美国的科学家高兴的是自己的想法不完满，在研究过程中，在实验过程中，发现新东西，使原来的设想得到纠正、充实、提高，使之更加完美。从此我想到，如果我们的政治家也是这样，自己提出一个思想，如果没有人反对或者批评，就不高兴，因为那样就不能使自己的想法完美。但是，一些政治家总以为自己是高明的，有人批评，就以为"那是最倒霉的"。下级和群众一片欢呼声，他才高兴！在我看来，这才是"最倒霉的"，因为他的不足之处，得不到纠正，有点小毛病，也会在全国造成重大损失。美国科学家的科学精神，很值得我国许多人学习。而这种思想也是我国二千多年前的春秋时代思想家说过的"和"的思想。孔子说："君子和而不同"就是这个意思。"和而不同"是科学家、政治家、学者从事其工作所需要的正确态度，也是普通人处理人际关系的一项重要原则。

经过实践证明的结论是有真理性的，但它并不就是客观事物，也不是绝对真理。因为它还是人类对客观事物的认识，是将这种认识归纳为一种假说，并不等于客观事物，以后的实践还要对它进行检验，也还可能对它进行修正和补充，有的甚至全部推翻，提出新的假说。科学史大量事实都给我们证明了这一点。有的结论在几百年甚至上千年中一直被奉为经典，结果还是被后来的新发

---

① 王大珩：《漫谈科学的特征》，载《光明日报》2004 年 1 月 16 日《科技周刊》B1 版。
② 同上。

现所否定。浑天说与地心说就是这样，被日心说所推翻。日心说不久也被现代天文学所推翻。而现代天文学是不是最后结论呢？很难说。只要它需要发展，被修正则是必然的。在没有被修正之前，许多人将它视为全是真理，被修正以后，又将它视为谬误。这种观念就是形而上学的绝对化观念，是不利于科学研究的。有科学精神的人，对于现有的所有科学结论都看作是相对真理，认为是需要继续发展的，不是绝对真理。同时对于已经被否定的过去的科学理论，往往承认它有合理因素，在历史上起过的作用，给予适当肯定。总之，对于过去与现在的所有科学结论都是要进行辩证分析的，不采取全盘肯定与全盘否定的态度。

科学研究非常重要的一点，是要有怀疑的精神。在一定意义上说，没有怀疑，就没有创新。有怀疑，才有需要研究的课题，才能着手研究，否则研究什么呀？所谓大胆怀疑，实质上就是提倡创新。小创新，容易被大家接受。大创新，则会招来许多非议。这是很正常的，因为人们都在习惯中生活，头脑也都在习惯中思考，思维观念也都是有习惯性的。但是，一些人先自诩为科学权威，再对别人的新说法进行猛烈抨击，咄咄逼人地要对方马上拿出证据来。拿不出证据，或者证据不充分，那就宣布为"伪科学"或者"反科学"。如果读一下科学史，再用唯物辩证法进行一番思考，那就会知道，这是很没有道理的，是要扼杀创新精神的。杨振宁与李政道获诺贝尔奖的论文，虽然提出了创新的见解，却没有拿出证据来。证据还是后来由吴健雄通过实验才拿出来的。证据也不完全，后来许多科学家用各种方法进行长期实验，证据才逐渐达到比较全面。拿出证据的吴健雄没有获奖，却奖给了提出新说法还暂时拿不出证据的杨振宁和李政道。他们的论文如果放在那些只有"科学权威"而没有"科学精神"的人面前，其命运将是如何，是否也会被扼杀，不得而知。当年爱因斯坦提出相对论，魏格纳提出大陆漂移说，如果一定要他们立即拿出证据来，不知道会是如何景况。

有一句话是：偏见比无知离真理更远。无知，远离真理，是迷信；盲目相信科学知识，是一种偏见，也是一种迷信，比无知离真理更远。我们现在一方面应该宣传科学知识，破除迷信，同时又要向广大干部和知识分子宣传辩证法，培养科学精神，提高对科学的正确认识，对"伪科学"与"唯科学"的两种偏向，都要保持应有的警惕。

（原载《湖南社会科学》2005 年第 2 期）

关于吸烟利弊的思考

关于吸烟利弊的问题，似乎没有争议，在社会上一边倒，全都认为吸烟是"有百害而无一利"的。而且以科学的权威进行过无数次的论证、无数次的普及教育、无数次的统计资料证明。"吸烟有害健康"，好像在科学上已经是无可争议的定论，甚至在烟盒上也印有这样的话！总之，吸烟有害是绝对的，但不是没有争议的。

最近在《科学时报·科学周末》的周刊上发表一组不同意见的文章。一边是吸烟者的"歪理邪说"，一边是反对吸烟者的警告——都是吸烟"惹"的"祸"。

我是学哲学的，先学马克思主义哲学，后学中国哲学。头脑中有辩证法思想和重视实践的实事求是精神，也有中庸的观念。对科学理论虽有涉及，肯定还属于外行。我之所以交代自己的底细和学科的局限，是为了不至于误导读者。先声明自己不是科学权威，妄议科学问题，仅供参考。

反对吸烟者的文章第一句就是："说到吸烟，那可绝对是'有百害而无一利'。"这一句话中的"绝对"、"有百害而无一利"，都是绝对化的观点，没有分析。在哲学上说，缺乏辩证法，有点形而上学，不符合一分为二的观点。但是，让我分析，如何分析？科学实验从来不提供吸烟好处的证据！因此，真正要对吸烟有什么好处进行分析，是艰难的。巧媳妇难为无米之炊嘛！但也不是没话可说。我们可以从实际生活经验中探讨问题。任何科学必须能够解释经验，背离经验而后回归经验。任何科学结论也都是要接受实践经验的检验。

很多人一讲吸烟的害处，就会提到吸烟者不能长寿。我没有做过什么调查研究，我们看得到的是：一、有些国家领导人或名人吸烟也有长寿的。二、个别人不能说明问题，而科学研究有许多统计资料可以说明问题。所谓统计资料，我认为有很多疑点：首先，全社会吸烟的人是少数而不吸烟的人是多数，所有的人都要死亡，那么每天死亡的人数当然就是不吸烟的人多，如果说吸烟的人是因为吸烟死亡，那么，不吸烟的人能否说是因为不吸烟死亡呢？其次，吸烟者患肺癌的危险增加十倍，患咽喉癌、食道癌也会增加若干倍。同时，患心血管病而死亡的，不吸烟的比吸烟的也会多出若干倍，得精神病的、自杀的等其他死亡率，也是不吸烟的比吸烟的高得多。相比较以后，人们发现，这种所谓死亡率是根本站不住脚的。三、国外学者有的说每吸一支烟，就会减少寿命零点几秒钟。十年前，《文汇报》（1995 年 3 月 28 日第九版）发表胡培炯的文章《长命百岁梦成真》。文章中提到一个人物：陈惠贞，女 108 岁，每天抽两包烟。家庭不富裕，两包烟也不可能是特制的，只是最普通的低档烟。报纸上还说了陈女士在上海的住地，人们可以去查。《文汇报》说上海的事，我相信不会是假的。现在人不肯承认这样的事实，带着“科学”的眼光过滤各种信息，造成新闻上的严重偏向。外国学者的说法，在陈女士身上就彻底破产了。

吸烟的害处在于有毒：香烟是由烟草制作而成的。一支香烟点燃时，大约能释放 6800 种化学物质，对人体有害的约有 3800 种。这都是耸人听闻的说法！烟草是一种植物，为什么只有它有这么多有害物质？别的植物是否也有几千种有害物质？有人研究过，在其他植物中也含有尼古丁等有害物质，例如西红柿、茄子、白菜等，有的说吃一顿烧茄子，进入人体的尼古丁，等于吸两包香烟的量。有人又说，进入胃里与进入肺里，作用是不同的。如何不同？说不清楚。有的说煮了吃、炒了吃，与烧了吸，是不一样的。也许如此，但是差异何在？也说不清楚。进入胃里会不会比进入肺里更伤害人体呀？还没有研究。这么一说，烧茄子就没有人吃了。但是，所有植物都有尼古丁，只是含量多少的区别，而且烟草中所含并不是最多的。我们如果因为植物含尼古丁，就不吃植物，那么我们该吃什么呢？动物。许多“科学研究”表明，动物食品不如植物食品。于是社会上一再提倡多吃蔬菜与豆腐。现在认真地实行只吃蔬菜和豆腐的人，出的毛病最多，死亡率更高，寿命更短。是不是其中尼古丁太多了？"科学"还要继续"研究"。许多长寿者，一般都是什么都吃，不挑食。以前，中国患糖尿病的人很少，现在很多，为什么？是不是"科学"挑食造成的？电视观众跟着传媒改变自己的生活方式，于是患病。这是什么病？"盲从传媒"病？"迷信科学"病？盲目迷信病？电视对于普及科学和宣传文明都是有非常大的贡献的，但是有些商品广告利用科学作反科学的宣传，误导观众，为了谋取商业利润。对这些广告内容，电视台应该严格审查，观众也要冷静分析，不要轻信，免得上当受骗。

吸烟者的"歪理邪说"，也有不妥之处，值得继续探讨。我认为这不是小事，在科学迷信流行的情况下，也许这就是一个最典型的突破口。中国文化层次太复杂，有的不懂科学，有的知之甚少，有的知之略多，有的知道不少，只是有的僵化，陷入迷信。我们提倡科学，一些科学迷信的人就很猖獗，偏激严重，偏见比无知离真理更远。我们反对唯科学主义，可这又妨碍科学知识的普及宣传，实在有点难办。还是一句老话：反左要防右，反右要防左。于是，要坚持中庸，就要在两条战线上作战。用科学知识反对迷信，同时要用辩证法反对唯科学主义。

（原载《科学时报》2005 年 10 月 24 日）

儒家养生之道：养心重于养身
——儒家养生中的科学与信仰

孔子讲："天地之性人为贵。"（《孝经·圣治章》）人的生命是非常珍贵的，保养生命就是非常重要的，所谓"人命关天"。生命包括两个方面：身与心。养身需要科学，养心需要信仰。关于身心关系的问题，也包括养身与养心的关系，中国古人有很多论述。无论儒家、道家、医家以及其他各家的见解多么不同，深入研究，就会发现其中多有相通之处。这就是强调心重于身，养心重于养身。养身与养心是人生的最重要的生活内容。养身追求健康长寿，包括两个方面：养备、动时。《荀子·天论》中说："养备而动时，则天不能病……养略而动罕，则天不能使之全。"在这里，养是指一切生活资料，包括衣食住行所需要的所有资料，如粮食、衣服、房屋、车辆等。备，齐备。生活资料齐备，是养身非常重要的内容，也是最基本的内容。动，指活动。时，指时常、适时。时常活动，是在保证生活资料之后最为重要的养身内容。吃饱喝足以后，没有活动，或者活动太少，身体就会失去活力，是养身之大忌。荀子的说法，对养身的复杂内容归纳为最重要的两条：养备和动时。养心，综合各家的说法，就是信仰。在儒家，养心可以归纳出最重要的三条：知道、寡欲、行义。这就是儒家的信仰。下面分别加以论述。

一、养身：养备和动时

养身的第一方面就是"养备"，包括衣食住行各方面的生活资料齐全完备。民以食为天，不吃饭就会饿死，营养不足也不行，衣服不够也会冻死，或者着凉生病。住宿需要房屋，没有房屋，在寒暑、风雨、霜雪的侵蚀下，也会引起各种疾病。住宿条件，《吕氏春秋·重己篇》："室大则多阴，台高则多阳，多阴则蹶，多阳则痿，此阴阳不适之患也。是故先王不处大室，不为高台，……所以养性也。"董仲舒的说法："高台多阳，广室多阴，远天地之和也。故圣人不为。适中而已矣。"（《春秋繁露·循天之道》）也就是说，住房不宜太高太大。由于时代不同，养备的内容也会有变化，在古代养身所需要的物质条件即生活资料可能比现在简单得多，生产力的提高，社会的进步，经济的发展，养身所需要的生活资料也有很大的提高。这一方面容易理解，不必多讲。

令人感到惊奇的是，在两千多年前，人们已经完全知道，为了健康，为了养身，必须经常活动。但是，中国古人对于活动的看法与西方所谓"生命在于运动"是不一样的。中国古人讲的是"动时"。时，有时常，适时的意思。时常运动，也包含适当运动的意思，而不是无限制的盲目的运动。这可以从华佗的说法中得到明确的说明。三国名医华佗对他的学生吴普说："人体欲得劳动。但不当使极尔。动摇则谷气得消，血脉流通，病不得生，譬犹户枢不朽是也。"（《三国志·魏书·方技传》）人体需要运动，但不应当运动到极限。运动身体，使胃里的食物能够消化，又能使血脉流通，不会生病，也像户枢不会腐朽那样。华佗发明五禽之戏，就是五套模仿动物动作的体操，他说：坐在那里，工作疲乏了，就站起来做一套体操，有一点小汗出来，身体就感觉轻松了，肚子也饿了，想吃东西。这是保养身体的好办法。吴普按照这种方法保养身体，到了90多岁，耳聪目明，牙齿完好。"不当使极尔"，说明运动不要追求极限，追求极限反而对健康不利。正如司马谈所说："神大用则竭，形大劳则敝。"（《史记·太史公自序》）适当运动，是中国人的追求。劳累过度所引起的疾病，一般人注意不够。动的劳累容易理解，静的劳累更可能被忽视。《黄帝内经·素问·宣明五气篇》载："五劳：久视伤血，久卧伤气，久坐伤肉，久立伤骨，久行伤筋。是谓五劳所伤。"经常长时间看电视，用电脑，或者看书，就会伤血。伤血是与伤目、伤肝关联的，而伤肝又会引起其他疾病。当今的眼病、肝病与血病很多，是否与现代生活有关，值得研究。久卧伤气，经常躺着，或者睡懒觉，肺功能受到严重影响，血液供氧不足，会导致一系列疾病。这五劳，有四项是静止状态，有一项是运动状态。持续时间太长的任何静止状态，都会出现疲劳。这种疲劳，就会导致生病。无论动静，时间长了，都会疲劳，也都会引起疾病。因此要动静结合，或叫劳逸结合。

北京西山大觉寺，大雄宝殿前有一块匾上写着"动静等观"。这反映了中国阴阳平衡、动静结合的传统思想。印度练瑜伽功，佛教讲坐禅入静，是主静的；西方强调动，认为"生命在于运动"，是主动的。中国持中庸之道，介于二者之间，主阴阳平衡、动静结合。

养身所需要的生活资料即物质条件齐备，又有运动，是否就可以保证养身成功了呢？还不行。生活资料充足时，要懂得如何正确利用。否则，滥用，误用，乱用，都可能导致严重危害健康，甚至伤身害命。运动是应该的，如何正确运动，也有很多学问，如果全不了解，盲目运动，也有可能造成损伤，不仅不能保健，反而损害健康。古今这一类教训很多，都是由于不了解保健的规律性，不知"道"。因此，要健身，首先就要知"道"。知"道"是养心的第一项内容。

二、养心之一：知道

道家庄子认为如果真正重视养身，就要将身外之物看得轻一些。如果极端重视身外之物，看得比自己的身体还重要，那么，就不可能养好身。《庄子·让王》："能尊生者，虽富贵不以养伤身，虽贫贱不以利累形。今世之人居高官尊爵者，皆重失之。见利轻亡其身，岂不惑哉！"能够珍惜生命的人，即使富贵也不会因为保养而伤害身体，即使贫贱也不会因为财利而拖累形骸。现在身居高位尊爵的人都把爵位看得非常重要，见到利益就拼命去争，岂不太糊涂了！庄子认为自己的身体、生命，比任何官位和爵禄都更重要。古代，尧以天下让给许由，许由不接受，又让给子州支父，子州支父推说自己正在治病，没有空闲治理天下。舜也曾经让天下给别人，没有一个愿意接受的。越国的王子搜不想当国君，躲藏在山洞里，就是为了养生。子华子跟韩昭僖侯的对话很有启发性。韩魏争夺一块土地，韩昭僖侯正发愁。子华子说："现在如果将天下版图放在你的面前，并且说：'左手去拿，就砍去右手，右手去拿，就砍去左手。拿了就可以得天下。'你能去拿吗？"韩昭僖侯说："我不拿。"子华子说："很好。由此可见，两臂比天下还重要。整个身体比两臂重要。韩国没有天下重要，所争的地也没有韩国重要。那么，你值得愁坏身体担心得不到那块地吗？"身体比胳膊重要，胳膊比天下重要，天下比韩国重要，韩国比所争的那块地重要。为了那块地而忧心，是不知轻重，譬如"以随侯之珠，弹千仞之雀"，"所用者重而所要者轻也"。总之，"帝王之功，圣人之余事也，非所以完身养生也。今世俗之君子，多危身弃生以殉物，岂不悲哉！"帝王的功业，都是身外之物，对养身没有好处。而现在有些人拼着生命去争比帝王功业小得多的事情，不是很可悲吗？

养身，"虽富贵不以养伤身"，这是一条非常重要的原则，也是对古今大量教训的总结。关于这一点，《吕氏春秋·本生》有很好的论述："贵富而不知道，适足以为患，不如贫贱。贫贱之致物也难，虽欲过之，奚由？出则以车，入则以辇，务以自逸，命曰招蹶之机；肥肉厚酒，务以自强，命曰烂肠之食；靡曼皓齿，郑卫之音，务以自乐，命曰伐性之斧。三患者，贵富之所致也。故古之人有不肯贵富者矣，由重生故也，非夸以名也，为其实也。"这段话的大意是：高贵富裕如果不知道客观规律，会成为人的祸患，还不如贫穷卑贱。贫穷卑贱的人要弄到享受的物质很困难，虽然也想高消费，却没有条件做到。出入都坐车，为了自己舒服，这叫做制造蹶子的机械；肥肉浓酒，为了增强体质，这叫做腐烂肠子的饮食。美女的美色与郑卫的音乐，为了娱乐，叫做损伤本性的斧头。三大祸患，是高贵富裕所造成的。所以古代人有的人不愿意当高官发大财，是由于重视自己的生命，不是为了向别人夸耀自己清高的名声，是为了实际的好处。关于这些说法，西汉文学家枚乘《七发》，北齐刘昼《刘子·防欲》也有类似论述。富贵人家如果不懂"道"，有了充足的生活资料，乱用滥用，就会以养伤身，给健康带来严重危害。

历史上有许多人爱自己，结果害了自己。不懂得爱护自己的人很多。这都是指贵富人家，平民百姓想爱还没有条件。秦始皇、汉武帝、唐太宗都是强者，都因想长生而早逝。富贵者以养伤身，古今中外，比比皆是。同样道理，运动如果不掌握规律，也会给健康造成损害。

这里说的是"贵富而不知道"的危害，因此，"知道"是养身的一项非常重要的原则。

关于养生之道，司马迁的说法是："至于大道之要，去健羡，绌聪明，释此而任术，夫神大用则竭，形大劳则敝。形神骚动，欲与天地长久，非所闻也。"如淳曰："'知雄守雌'，是去健也。'不见可欲，使心不乱'，是去羡也。"绌聪明，如淳曰："'不尚贤'，'绝圣弃智'也。"去掉欲望与聪明，使形神都处于平静的状态，才能长寿。关于形神之道，司马迁阐释道："凡人所生者神也，所托者形也。神大用则竭，形大劳则敝，形神离则死。死者不可复生，离者不可复反，故圣人重之。由是观之，神者生之本也，形者生之具也。不先定其神，而曰'我有以治天下'，何由哉？"（《史记·太史公自序》）这个道，就是道家所讲的清静无为，清心无欲。

三、养心之二：寡欲

养心，要知"道"。但是，有的人知了道，却控制不住自己的强烈欲望，陷入灾难的深渊。因此在知"道"的基础上，还应该强调"寡欲"。《孟子·尽心下》载："养心莫善于寡欲，其为人也寡欲，虽有不存焉者寡矣；其为人也多欲，虽有存焉者寡矣。"为了理解这段话的意思，可以参考上文，孟子说："说大人则藐之，勿视其巍巍然。堂高数仞，榱（cuī）题数尺，我得志，弗为也；食前方丈，侍妾数百人，我得志，弗为也；般乐饮酒，驱骋田猎，后车千乘，我得志，弗为也。在彼者，皆我所不为也；在我者，皆古之制也。吾何畏彼哉！"这里说当时许多得志者生活很讲排场，房屋高大，饮食讲究，侍候人多，音乐、酒宴、打猎、随从，都很奢侈。孟子说自己如果得志，就不这么做，都要按古代制度做。也就是说，没有那么高的欲望。寡欲，不是无欲，而是少欲。道家提倡无欲，儒家提倡寡欲。朱熹注曰："欲，如口鼻耳目四支之欲，虽人之所不能无，然多而不节，未有不失其本心者。学者所当深戒也。程子曰：'所欲不必沈溺，只有所向便是欲。'"朱熹的意思，人都有欲望，但是，如果不加节制，就会失去本心，学者应当深刻理解，引以为戒。程子的说法，所谓欲，不必整天迷在享受之中，只要一心想着享受，就是贪欲的表现。刘昼以"防欲"为题，来讲各种享受，"所以养生，亦以伤生"。这些能够满足物欲的美好东西都是双刃剑，可以养生，也可以伤生。孟子的话，就是说人要养心，最好的办法是寡欲。如果欲望少，不保存善性本心的会很少；如果多欲，能够保存善性本心的就会很少。寡欲，才能将所知的"道"贯彻于行动上。如果欲望很强烈，即使知"道"，也控制不住自己炽热的欲望，而陷入贪欲的深渊。我问过百岁老人钟敬文先生（1903 年 3 月 20 日～2002 年 1 月 10 日）长寿有什么秘诀，他告诉我：欲望不要太多，就是不要太贪。钟先生所讲的"欲望"和"贪"，不但指钱财，物质利益，而且也包括精神方面，如荣誉、地位等。20 世纪 80 年代中期，曾经有一些非常出色的学者，为了赶出成果而累死，其中有钟先生的学生，是很可惜的。因此，寡欲与知道是相辅相成的。真正知道的应该自觉寡欲。只有寡欲，才能遵循道而不违背。

中国医学里还有许多关于保养身体的理论，最重要的恐怕就是关于平衡理论，阴阳平衡，五行协调。包括膳食、营养、内外、动静、情绪诸方面。膳食方面，不能过饥过饱，还要精粗结合，不偏食，不挑食。专挑精的吃，又吃得过饱，有害健康。肥肉厚酒，是烂肠之食。是药三分毒，无病乱吃药，追求长生，保健，而服各种补药，经常危害健康，这叫"以养伤身"。西方讲"生命在于运动"，如果只注意运动，而不注意保养，也会出毛病。劳逸结合，充分休息，才有利于健康。懒于运动，当然对健康也不利。"动静等观"是对的，华佗发明的五禽戏就是针对知识分子运动少而创造的，以补其运动不足的缺陷。中国医学非常重视情绪对健康的影响。《黄帝内经·五运行大论篇》有所谓"喜伤心，怒伤肝，思伤脾，忧伤肺，恐伤肾。"情绪过激会伤害脏腑，脏腑出了毛病，就会导致各种病症，影响健康。以上各种表现多与欲望有关，特别是情绪过激往往产生于多欲，真正寡欲的人，情绪都比较平和，就不容易过激。

总之，正如孟子所说："养心莫善于寡欲。"寡欲是养心的一项重要原则。

四、养心之三：行义

汉代董仲舒认为人天生的就有好义与欲利两种心理。他说："天之生人也，使人生义与利，利以养其体，义以养其心。心不得义不能乐，体不得利不能安。义者心之养也，利者体之养也。体莫贵于心，故养莫重于义。"（《春秋繁露·身之养重于义》）义与利都是人所需要的。义可以养心，利可以养身。身与心比较，心更重要，因此养心的义也比养身的利更重要。例如，历史上如孔子的学生原宪、曾参、闵损等人都是很穷的人，生活不富裕，但他们都有高尚的道德，别人都羡慕他们。他们自己也都很乐观，精神很充实。正如《新语·本行篇》所说："贱而好德者尊，贫而有义者荣。"另一些人，身居高位，享受荣华富贵，却不肯行义，甚至做伤天害理的亏心事。"大无义者，虽富不能自存。""虽甚富且贵……莫能以乐生而终其身。"（同上）他们虽然物质丰富，心里却不踏实，精神空虚。他们或者死于犯罪，或者死于忧愁。又如《新语·本行篇》所说："尊于位而无德者黜，富于财而无义者刑。"总之他们都不能安乐地生活一辈子。董仲舒经过论证以后，得出结论说："义之养生人，大于利而厚于财也。"（《春秋繁露·身之养重于义》）义，对于养身比财利都更重要。实际上是说人的精神需要超过物质需要。极端地说，人没有饭吃，就要饿死；没有衣穿，就要冻死。在这种特殊的情况下，物质对于生命来说比什么都重要。但在一般情况下，人的精神状态对于健康却是非常重要的。《光明日报》1996 年 11 月 18 日刊登过一个消息：孙世贵在 1968 年冬的一天夜里，那是困难的岁月。他在洛阳火车站拉脚，忽然，火车站广场有一个妇女喊："抓贼啊！他把我的钱包偷跑了！"一个家伙慌慌张张从孙世贵身边跑过去。后面一个解放军战士一边追一边喊："抓住他！"战士跑到孙老汉跟前时，把一个包丢给他，说一声给他看着，就追小偷去。老孙在那里等了个把小时，不见战士回来，他就打开提包，里面有 90 斤粮票和 124 元钱，这在当时是很大的数字，贪心突然冒出，带着包拉着车跑 100 多里回家了。连吓带累就病了。从那往后，天天做恶梦，身子一天比一天瘦，吃药打针都管不住，一直拖了半年多。这患的是心病，药是没法治的。过了 28 年，孙世贵一家生活越来越好，大儿子买了汽车，要带他逛街，他坚决不去，怕见到解放军战士。在电视里看到解放军战士抢险救灾，就会难受好几天。有一天，解放军战士尚光远把孙老汉迷失三天的孙子送回来，还给他买吃的、穿的。对孙老汉受到巨大震动。他再也睡不着了。他自己感觉做了一件老天爷不可饶恕的亏心事。孙世贵拿了自己不该拿的钱，伤天害理，做了不义的事，精神上一直不能安宁。这一事例充分证明了董仲舒关于义可以养心的问题。后来老汉在济南军区的操场包了一场电影给战士看，电影开映之前，老汉把这些话说出来，送电影算是赔罪，也摆脱了自己心上的多年抹不去的阴影。这是良心没有泯灭的表现，最终回头是岸，心灵得以解脱。

为此，董仲舒提倡："正其谊不谋其利，明其道不计其功。"（《汉书·董仲舒传》）董仲舒从政治大局来考虑义与利的问题。他认为，现实是高贵的人贪得无厌，越富越贪利，越不肯为义，骄奢淫逸，违法害人。贫困的人越来越穷，没有"立锥之地"，"衣马牛之衣，而食犬彘之食"（《汉书·食货志上》）。过着悲惨的生活。这种两极分化，必然造成社会混乱。富者无恶不作，穷人只好落草为寇，社会秩序怎么能安定下来？富者利用自己所掌握的权力，与人民争利，人民怎么能争过他们呢？董仲舒反对当官的还搞什么副业赚钱，反对与民争利。他提倡以公仪休做榜样。

公仪休任鲁国相，他办完公事，回家，吃饭的时候，就问葵菜价钱，家里人说不要钱，是自己家种的。他听后很生气，说："我们拿了俸禄，还要自己种菜，这不是夺了菜农的利益吗？"说完就到菜园里，把葵菜都拔掉。他有一次回家，看见夫人正在织布，他认为她夺了女工的利益，就把夫人休了。这是有名的"拔葵出妻"的故事。现在对于公仪休的看法有争议；认为能够参加劳动的国相夫人是多么好，不应该休掉。再说，即使犯了错误，也应该允许改正。而我们现在社会上一些干部夫人，劳动不参加，大家也没有要求她参加，但是，通过夫人贪污受贿的事，时有发生，一旦被揭发却说是夫人干的，不关首长的事。两相比较，不是也可以给人以启迪吗？公仪休任国相，有人投其所好，给他送鱼来，他不受。了解他的人说："您不是很喜欢吃鱼吗？给您送鱼来，为什么不要呢？"公仪休说："我收了鱼，以后当不成国相，就没有人给我送鱼，我就吃不上鱼了。我不收鱼，当着国相，可以用俸禄买鱼吃。一辈子有鱼吃。正因为我爱吃鱼，所以我不收别人送的鱼。"当时有人议论，认为公仪休真正会为自己打算，真正懂得珍爱自己。

董仲舒一辈子没有置自己的产业，只是研究社会问题和哲学理论问题，教学著述，终其一生。可以说是言行一致的人，实践自己信仰的人。关于"正其谊不谋其利，明其道不计其功"这句话，历代许多人有误解，以为董仲舒只讲道义，不讲功利。所有儒家没有不讲功利的。董仲舒也不例外。谊，就是义。"正其谊不谋其利"，就是说做事情，要考虑如何做才符合义的原则，不要谋自己的私利。或者说，做事情要考虑怎样才合理，不要考虑是否对自己有利。后来有些官员制订政策，不是从实际出发，而是从自己的个人利益出发，或者从自己所在的小团体的利益出发。那怎么能够做好工作呢？"明其道不计其功"，这个功，不是"立功不朽"的那个"功"，而是贪天之功，急功近利的那个功。做事情要按客观规律办，不要急于求成。现在有的官员，不是"为官一任，造福一方"，而是为官一任，造了一批纪念碑工程。为什么许多领导干部对教育不感兴趣，不想投资，也不去关心？因为抓教育不容易见效，是软工程。为什么有些人对建筑楼堂馆所特别感兴趣？因为那是看得见，摸得着的。可以夸耀于人前。至于当地人民生活提高了多少，对文化事业都做了些什么，全民的文化素质究竟提高了没有？没人提起。不重视教育的领导，不是远见卓识的领导。不抓教育而在那里抓纪念碑工程的干部，就是急功近利的干部。他们天天在那里"计"自己的"功"，至于"道"在何方，他们是不"明"白的。

义，就是适宜、合理的意思。当政者做合理的事才能得民心。按贾谊的说法："民无不为本也……吏以为本。……吏以民为贵贱，……吏以民为贤不肖。"（《新书·大政上》）官吏的评价应该以人民的意愿为准。为人民做了好事，心胸是坦然的。关于个人，实际上也有这样的问题，如果做了合理的事，自己心中认可的事，以后无论被误解，受迫害，遭冤屈，都问心无愧，无怨无悔。一生坦然自若，活得自在。如果做了不合理的事，勉强做了违心的事，一辈子心虚，不敢面对，怕人提起，或者被揭发，受处治、遭惩罚，后悔莫及。儒家的说法是："仁者寿"（《论语·雍也篇》），"多行不义，必自毙。"（《左传》鲁隐公元年）董仲舒的说法："仁人之所以多寿者，外无贪而内清净，心和平而不失中正。"（《春秋繁露·循天之道》）夫妻都长寿的郭良玉在《人生杂谈》中写了一篇短文《仁者寿》，其中有一段话说："试看那杀人越货的匪徒，贪赃受贿枉法的赃官，常有被捉住，被揭露而伏法死的，即便一时侥幸，没被捉住，没被揭露，也将寝食不安，不可终日，自然和多为善，不为恶，心怀坦荡，身心愉快的不可同日而语！"（《三论一谈》，新世界出版社2001年9月）长寿者的人生经验之谈，值得玩味！2005年95岁的张岱年先生的长寿经验是："任其自然，什么事都不勉强。"如何才能自然？一是有爱心，与人为善；二是不固执、偏激，因顺环境，入乡随俗，随遇而安。

这里所说的行义，也就是宗教家所说的行善。做好事，可以养心，养心有益于养身。总之，行义，行善，有益于健康，这比任何补药都更好。当今世界出现许多注重实力的霸道行为，不讲道义，正是"以强凌弱，以众暴寡，以智欺愚，以富制贫"的乱世。国内受大气候的影响，也流行急功近利的思潮，浮躁情绪不可遏制，伪劣之风上下劲吹。从官场、商界漫延到文化、教育界，危害当代，祸及子孙，此最为堪忧。束手无策，只好大呼，呼声软弱，无济于事，知其不可而为之，期望得到呼应，产生细微影响，亦可足慰平生。

（原载《甘肃社会科学》2006年第1期）

"崇尚科学"二题

一、北极星动不动

中国古人讲天人关系，因此有两门科学比较发达，一是天文学，一是医学。

古代天文学主要用于制订精确的历法。历法水平高低，表现在精确度上，这也是天文学水平高低的标准。在两千多年前的汉代，中国人就已经将一年长度定为365又1/4日。这是长期观察推算的结果。那时确定了一年分四个季度：春夏秋冬，分十二个月，二十四节气。这是当时最前沿的科学水平，是阴阳家研究的成果。同时他们说，每一天都有自己的特点，有的不宜动土，就是说这一天不能挖土；有的不宜出门，就是说不能出去做事，指出哪一天应该做什么事，不应该做什么事。并且说如果按他们说的做，就吉利；不按他们说的做，就有凶祸。西汉著名的史学家司马迁说"未必然也"，并认为这种说法"使人拘而多畏"。司马迁说"未必然"，也就是说，不宜动土的那一天，即使动土了，也不一定会招灾惹祸。这是对当时科学界的某些说法持一种怀疑态度。怀疑与批判是科学精神的基本特征。由此可见，司马迁是有科学精神的，头脑是清醒的，不被当时的科学权威所迷惑。但他还是充分肯定当时的科学成果，认为四季变化是客观规律，不可违背，人们还是应该遵循的。

人的认识要受到社会实践的检验。一般的实践都是人动手去做，但是天文学的实践却不是那样，人不能到太阳上去实践，更不能到北极星上去实践。天文学的实践主要是观测。中国古代许多天文学家都讲北极星是天的中央，不动，众星围绕着它转。祖冲之的儿子祖暅认为用仪器观测北天不动的地方，是在北极星外面一度多的地方。到底是多数天文学家的传统说法对，还是祖暅的说法对呢？几百年后的北宋科学家沈括用长窥管来观察北极星。初夜，北极星在窥管中，过一会儿再从窥管中观察，看不到北极星，北极星到窥管外面去了。他逐渐放大窥管，经过三个月校正，让北极星在窥管内旋转。每天都可以看到北极星在窥管内旋转，"夜夜不差"。最后，他测定北极星离不动点（即北极）有三度多，因此只能说北极星是离北极最近的一颗明星。

祖暅和沈括通过观测，肯定了北极星不在北极点上，北极星不是不动的天中央，而是围绕北极点旋转着。因为它离北极点最近，所以它旋转的圈子最小。这个问题解决了。但是，他们两个都是经过认真观测，得到的结果却不一样，祖暅说是一度多，沈括认为有三度多，相差约两度。这是怎么回事？有几种可能：一、"度"量不同，祖暅所用的度大，而沈括所用的度小；二、度没有变化，测量的误差不一样，这有四种情况：一是前对后错，二是前错后对，三是前后都错，四是前后都对。一度多与三度多，怎么会都对呢？这里还有一种可能：观测对象变化了。究竟是哪一种情况呢？这里留给读者去思考。天文学家是有答案的。

二、学会吃东西

这个问题太奇怪了，谁不会吃东西呀？婴儿一出生，就会吃东西，这是人的本能，根本就不用学。别着急，请听我慢慢道来。

中国几千年来，有很多人研究饮食问题，形成独具特色的饮食文化。做菜讲究形色香味，注重赏心悦目，清香可口，但不讲营养，有很多教训。古代人总结说："肥肉厚酒，务以自强，命之曰烂肠之食。"古人认为肥肉和浓酒最有营养，吃这些能够强壮身体。但是，吃多了，会坏肚子，所以把它称为"烂肠之食"。肥肉和浓酒成为腐烂肠胃的食物，这叫物极必反。

以后，西方科学发达了，从科学营养的角度对食物进行深入研究。20世纪50年代，西方科学研究成果认为，人的营养主要有三要素：脂肪、淀粉、蛋白质。这三者在人体内都会转化成能量即热量，同样量所产生的热量，脂肪最多。因此认为脂肪营养最高，于是脂肪身价就提高了。当时国家定价，猪肉肥膘厚的最贵，瘦肉最便宜。于是，有钱人就能够经常吃肥肉，穷人望着肥肉流口水。二十年后，有的国家心血管病患者大幅增加，死亡率升到第一位。科学家进行研究发现，病因在于动物脂肪摄入量过高，也就是吃肥肉太多。为了减少心血管疾病，当然应该少吃动物脂肪，主要是肥肉。各种媒体也反复报道这样的信息，医生也告诫患者要戒烟戒肥肉，提倡吃蔬菜和海鲜。在这样铺天盖地的舆论攻势下，谁能不信科学？一说吃肥肉多，容易得心血管病，许多人就不敢吃肥肉，甚至一见肥肉就恶心。特别是有钱人，讲究吃，也有钱讲究，于是不吃肥肉，连瘦肉也不吃了，天天吃鱼虾和蔬菜水果。这算学会吃的科学了吗？不见得！江苏太仓的金星村，年人均纯收入超过六千元，但该村部分村民却得了一种怪病，经常出现头晕症状，个别严重的会无缘无故地晕倒，有的甚至丧失劳动能力。卫生部、科技部和国家统计局联合进行调查研究，结论是：江苏省人均贫血患病率是26.5%，太仓的贫血患病率达到61.9%。我国人均贫血患病率只有20%。经研究发现，太仓人患头晕病主要是因为缺铁性贫血所致。这些富人为什么会缺铁呢？科学研究表明，缺铁的原因主要有四种：食物短缺，钩虫病，妇女月经影响，胃部疾病。后三种被排除了，那只有"食物短缺"。他们很富裕，不可能短缺。这究竟怎么回事呢？在深入调查后，发现村民饮食结构存在问题。村民袁建英说："现在我们生活条件好了，鱼虾、蔬菜我们一直吃，就是肉不大喜欢。"喜欢吃鱼虾、海鲜和蔬菜，很少吃肉，是这个村的普遍现象。鱼虾海鲜食品，铁的含量很低，偏食造成缺铁，缺铁引起怪病。猪肉吃太多，容易引起心血管疾病，但太少也不行。科学研究只讲了吃得太多容易患病，没有讲太少如何，也没有说多少为宜，这说明科学还不全面。再加上片面宣传，推向极端，造成偏食，最后导致"怪病"。不能正确理解科学，自然不会正确利用科学，好的东西被歪曲成有害的东西。这里缺的正是科学精神。

提倡崇尚科学，要分清科学知识与科学精神的区别。有科学知识不等于有科学精神，科学知识是死的，科学精神是活的，因此我们需要学习辩证法，需要在实践中理解。科学精神最重要的特征就是怀疑与批判。所谓创新，都是在怀疑和批判中产生的。如果现有的科学成果不允许批评，都认为是绝对正确的，那就没有了科学精神，即使有很多科学知识，也不可能创新，甚至对科学成果也不能正确利用。

中国医学讲阴阳五行，都是重视平衡的。失衡就会引起疾病。不挑食，不偏食，什么都吃，营养就不会失衡。一类食品从来不吃，容易引起营养短缺；一类食品吃的过多，也会导致某种疾病。什么营养都是缺少了不行，过多也不行。如何吃东西，是否需要学一学呢？有的人跟着电视广告吃东西，电视上说要补钙，第二天就去买了吃。要知道那不是科学，而是商家为了赚钱，借用科学的名义。不要以为讲"科学"的，就是科学。

（原载《中国德育》2006 年第 6 期）

图书在版编目(CIP)数据

中国传统科技／周桂钿著.—福州:福建教育出版社,
2016.6

ISBN 978-7-5334-7054-8

Ⅰ.①中… Ⅱ.①周… Ⅲ.①科学技术－技术史－中
国－古代－文集 Ⅳ.①N092－53

中国版本图书馆 CIP 数据核字(2016)第 276667 号

Zhongguo Chuantong Keji

中国传统科技

周桂钿　著

出版发行	海峡出版发行集团
	福建教育出版社
	(福州梦山路 27 号　邮编:350001　网址:www.fep.com.cn
	编辑部电话:010-62027445
	发行部电话:010-62024258　0591-87115073)
出 版 人	黄　旭
印　　刷	福州万达印刷有限公司
	(福州市仓山区橘园洲工业园仓山园 19 号楼　邮编:350002)
开　　本	720 毫米×1000 毫米　1/16
印　　张	45.75
字　　数	628 千
插　　页	4
版　　次	2016 年 6 月第 1 版　2016 年 6 月第 1 次印刷
书　　号	ISBN 978-7-5334-7054-8
定　　价	138.00 元(上、下册)

如发现本书印装质量问题,请向本社出版科(电话:0591-83726019)调换。